2025 올림포스

전국연합학력평가
기출문제집

기 출 로 개 념 잡 고 내 신 잡 자 !

수학 (고1)

정답과 풀이는 EBS*i* 사이트(www.ebs*i*.co.kr)에서 내려받으실 수 있습니다.

| 교재
내용
문의 | 교재 및 강의 내용 문의는 EBS*i* 사이트
(www.ebs*i*.co.kr)의 학습 Q&A 서비스를
이용하시기 바랍니다. | 교 재
정오표
공 지 | 발행 이후 발견된 정오 사항을 EBS*i* 사이트
정오표 코너에서 알려 드립니다.
교재 ▶ 교재 자료실 ▶ 교재 정오표 | 교재
정정
신청 | 공지된 정오 내용 외에 발견된 정오 사항이
있다면 EBS*i* 사이트를 통해 알려 주세요.
교재 ▶ 교재 정정 신청 |

2025

올림포스

전국연합학력평가
기출문제집

기출로 개념 잡고 내신 잡자!

수학(고1)

Structure 이 책의 **구성**과 **특징**

대표 기출 유형 수록**부터** 꼼꼼한 경향 분석, 상세한 해설, 풀이**까지**

영역별로 꼭 알아 두어야 할 핵심 개념과 대표 유형 문제를 수록 및 분석하였습니다.
핵심 개념으로 기본기를 탄탄히 하고 전국연합학력평가 기출문제를 풀어 봄으로써 실력을 다질 수 있게 구성하였습니다.
EBS 올림포스 전국연합학력평가 기출문제집으로 지금까지 출제된 기출문제를 정확히 분석하고, 자신의 실력을 점검
하고 약점을 보완한다면 전국연합학력평가 시험과 내신 시험에 효과적으로 대비할 수 있을 것입니다.

3 내신 & 학평 유형 연습

2 개념 확인 문제

1 개념 짚어보기

교과서 핵심 개념을 간단하고 명쾌하게
요약, 정리하였으며 보기, 참고, 주의 등
을 통해 개념을 이해하는데 도움을 주도
록 하였습니다.

개념을 다지는 기본적인 문제를 풀어 봄
으로써 개념을 확실히 이해할 수 있도록
하였습니다.

전국연합학력평가 기출문제를 선별하여
최신 경향과 기출 유형을 파악하도록 하
였습니다. 유형별로 대표문제를 Point와
함께 제시하여 해당 유형의 문제를 완벽
하게 연습할 수 있도록 하였습니다.

4 1등급 도전

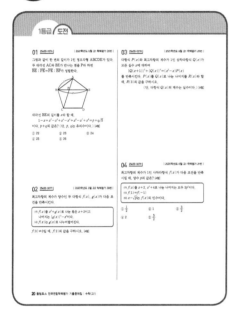

고난도 문항을 구성하여 1등급에 도전할
수 있도록 하였습니다.

● 정답과 풀이

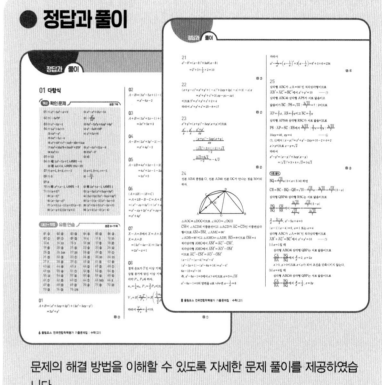

문제의 해결 방법을 이해할 수 있도록 자세한 문제 풀이를 제공하였습니다.

특히, 1등급 도전 코너의 문제는 풀이 전략과 단계별 풀이 방법을 제시하여 어려운 부분을 쉽게 이해할 수 있도록 구성하였습니다.

학생

인공지능 DANCHOQ
푸리봇 문|제|검|색

EBS*i* 사이트와 EBS*i* 고교강의 APP 하단의 AI 학습도우미 푸리봇을 통해 문항코드를 검색하면 푸리봇이 해당 문제의 해설과 해설 강의를 찾아 줍니다. **사진 촬영으로도 검색**할 수 있습니다.

문제별 문항코드 확인 　　　　문항코드 검색

[25455-0001]

1. 아래 그래프를 이해한 내용으로 가장 적절한 것은?

[25455-0001]
사진 촬영 검색

선생님

EBS 교사지원센터
교재 관련 자|료|제|공

교재의 문항 한글(HWP) 파일과 교재이미지, 강의자료를 무료로 제공합니다.

⬇ 한글다운로드　　🖼 교재이미지　　📋 강의자료

• 교사지원센터(teacher.ebsi.co.kr)에서 '교사인증' 이후 이용하실 수 있습니다.
• 교사지원센터에서 제공하는 자료는 교재별로 다를 수 있습니다.

Contents 이 책의 차례

1. 다항식의 덧셈과 뺄셈

(1) **다항식의 덧셈**: 다항식의 덧셈은 동류항끼리 모아서 정리한다.

(2) **다항식의 뺄셈**: 다항식의 뺄셈은 빼는 식의 각 항의 부호를 바꾸어서 더한다.

2. 다항식의 곱셈

(1) **다항식의 곱셈**: 다항식의 곱셈은 분배법칙을 이용하여 식을 전개한 다음 동류항끼리 모아서 정리한다.

(2) **곱셈 공식**

    ① $(a+b+c)^2=a^2+b^2+c^2+2ab+2bc+2ca$

    ② $(a+b)^3=a^3+3a^2b+3ab^2+b^3$, $(a-b)^3=a^3-3a^2b+3ab^2-b^3$

    ③ $(a+b)(a^2-ab+b^2)=a^3+b^3$, $(a-b)(a^2+ab+b^2)=a^3-b^3$

3. 다항식의 나눗셈

(1) **다항식의 나눗셈**: 다항식의 나눗셈은 각 다항식을 내림차순으로 정리한 다음 자연수의 나눗셈과 같은 방법으로 계산한다.

(2) 다항식 A를 다항식 $B(B\neq0)$로 나누었을 때의 몫을 Q, 나머지를 R이라 하면 다음이 성립한다.

    $A=BQ+R$ (단, R의 차수는 B의 차수보다 낮다.)

    특히 $R=0$일 때, A는 B로 나누어떨어진다고 한다.

4. 항등식

(1) **항등식의 성질**

    ① 등식 $ax^2+bx+c=0$이 x에 대한 항등식이면 $a=b=c=0$이다.

    ② 등식 $ax^2+bx+c=a'x^2+b'x+c'$이 x에 대한 항등식이면 $a=a'$, $b=b'$, $c=c'$이다.

(2) 항등식의 성질을 이용하여 주어진 등식에서 정해져 있지 않은 계수를 정하는 방법을 미정계수법이라 한다.

5. 나머지정리

(1) **나머지정리**: 다항식 $f(x)$를 일차식 $x-\alpha$로 나누었을 때의 나머지를 R이라 하면 $R=f(\alpha)$이다.

(2) **인수정리**: 다항식 $f(x)$가 일차식 $x-\alpha$로 나누어떨어지면 $f(\alpha)=0$이다.

(3) 다항식을 일차식으로 나눌 때, 계수만을 사용하여 몫과 나머지를 구하는 방법을 조립제법이라 한다.

6. 인수분해

(1) **인수분해 공식**

    ① $a^2+b^2+c^2+2ab+2bc+2ca=(a+b+c)^2$

    ② $a^3+3a^2b+3ab^2+b^3=(a+b)^3$, $a^3-3a^2b+3ab^2-b^3=(a-b)^3$

    ③ $a^3+b^3=(a+b)(a^2-ab+b^2)$, $a^3-b^3=(a-b)(a^2+ab+b^2)$

(2) **복잡한 식의 인수분해**

    ① 두 개 이상의 문자를 포함하는 식은 한 문자에 대하여 내림차순으로 정리한 다음 인수분해한다.

    ② 삼차 이상의 다항식은 인수정리를 이용하여 인수분해한다.

다항식의 정리 방법

(1) 내림차순: 한 문자에 대하여 차수가 높은 항부터 낮은 항의 순서로 나타내는 것

(2) 오름차순: 한 문자에 대하여 차수가 낮은 항부터 높은 항의 순서로 나타내는 것

(3) 동류항: 다항식에서 곱해진 문자와 차수가 각각 같은 항

(참고)

(1) $(a+b)^2=a^2+2ab+b^2$
    $(a-b)^2=a^2-2ab+b^2$

(2) $(a+b)(a-b)=a^2-b^2$

(3) $(x+a)(x+b)$
    $=x^2+(a+b)x+ab$

(4) $(ax+b)(cx+d)$
    $=acx^2+(ad+bc)x+bd$

항등식의 여러 가지 표현

(1) x의 값에 관계없이 성립한다.

(2) 모든 x에 대하여 성립한다.

(3) 임의의 x에 대하여 성립한다.

(4) x가 어떤 값을 갖더라도 성립한다.

주의

조립제법을 이용할 때에는 차수가 높은 항의 계수부터 차례로 적는다. 단, 해당되는 차수의 항이 없으면 그 자리에 0을 적는다.

중요

공통부분이 있는 다항식은 공통부분을 하나의 문자로 바꾸어 인수분해한다.

01 세 다항식 $A=x^3-x^2+2x+4$, $B=-2x^2-3x+5$, $C=x^2-5x+6$에 대하여 다음을 계산하시오.

(1) $A+B$ (2) $A-(B+2C)$

02 다음 식을 간단히 하시오.

(1) $2ab^2\times(-3a^2b)$ (2) $(-x^2y^3)^3\div(2x^4y^2)^2$

03 다음 식을 전개하시오.

(1) $(x+1)(x^2-x-1)$

(2) $(2x^2-3xy+4y^2)(3x+2y)$

04 다음 식을 전개하시오.

(1) $(2x+1)^2$

(2) $(a-3b)^2$

(3) $(2x+y)(2x-y)$

(4) $(x+2)(x+3)$

(5) $(2x+1)(3x-4)$

(6) $(a-2b+c)^2$

(7) $(2a+3b)^3$

(8) $(x-2)^3$

(9) $(2x+1)(4x^2-2x+1)$

(10) $(3a-b)(9a^2+3ab+b^2)$

05 $x+y=3$, $xy=-2$일 때, 다음 식의 값을 구하시오.

(1) x^2+y^2 (2) x^3+y^3

06 다음 나눗셈의 몫과 나머지를 구하시오.

(1) $(2x^3-5x^2+3)\div(x+1)$

(2) $(4x^3+2x^2-5x+3)\div(x^2-3x+2)$

07 다음 등식이 x에 대한 항등식이 되도록 상수 a, b, c의 값을 각각 구하시오.

(1) $(2a-b)x^2+(2-b)x+(c+1)=0$

(2) $x^2+2x-4=a(x-1)^2+b(x-1)+c$

08 다항식 $P(x)=x^3+2x^2-4x-5$를 다음 일차식으로 나누었을 때의 나머지를 구하시오.

(1) $x+2$ (2) $2x-1$

09 다항식 $f(x)=x^3+4x^2-5x-a$가 $x+1$로 나누어떨어질 때, 상수 a의 값을 구하시오.

10 조립제법을 이용하여 다음 나눗셈의 몫과 나머지를 구하시오.

(1) $(2x^3+3x^2-x-4)\div(2x+1)$

(2) $(6x^3-x^2-5x+3)\div(3x-2)$

11 다음 식을 인수분해하시오.

(1) $a^3+6a^2+12a+8$

(2) x^3-27y^3

(3) $a^3-9a^2+27a-27$

(4) $27x^3+8y^3$

(5) $x^2+4y^2+z^2-4xy+4yz-2zx$

(6) $(a^2-3a+1)(a^2-3a+5)+3$

(7) x^4-5x^2+4

(8) x^4+2x^2+9

(9) $2x^2-xy-y^2+3x+1$

(10) $x^3-5x^2-2x+24$

유형 1 다항식의 연산

01 | 25455-0001 | | 2024학년도 9월 고1 학력평가 1번 |

두 다항식
$$A=x^2+3xy+2y^2, \; B=2x^2-3xy-y^2$$
에 대하여 $A+B$를 간단히 하면? [2점]

① x^2+3y^2 ② $3x^2-2y^2$ ③ $3x^2+y^2$
④ $x^2-2xy+3y^2$ ⑤ $3x^2-2xy+y^2$

Point

다항식의 덧셈과 뺄셈은 다음과 같은 순서로 한다.

(ⅰ) 괄호가 있으면 괄호를 푼다.

(ⅱ) 다항식을 한 문자에 대하여 내림차순으로 정리한다.

(ⅲ) 동류항끼리 모아서 간단히 정리한다.

02 | 25455-0002 | | 2024학년도 6월 고1 학력평가 2번 |

두 다항식
$$A=3x^2-5x+1, \; B=2x^2+x+3$$
에 대하여 $A-B$를 간단히 하면? [2점]

① x^2-4x-2 ② x^2-4x+2 ③ x^2-4x+4
④ x^2-6x-2 ⑤ x^2-6x+2

03 | 25455-0003 | | 2024학년도 3월 고2 학력평가 1번 |

두 다항식
$$A=3x^2+2x-1, \; B=-x^2+x+3$$
에 대하여 $A+B$를 간단히 하면? [2점]

① $2x^2-x+2$ ② $2x^2+x-2$ ③ $2x^2+3x+2$
④ $4x^2+x+4$ ⑤ $4x^2+3x+4$

04 | 25455-0004 | | 2023학년도 11월 고1 학력평가 1번 |

두 다항식
$$A=2x^2+3y^2-2, \; B=x^2-y^2$$
에 대하여 $A-B$를 간단히 하면? [2점]

① $-x^2+y^2-2$ ② $-x^2+4y^2$ ③ x^2+y^2
④ x^2+y^2+2 ⑤ x^2+4y^2-2

05 | 25455-0005 | | 2022학년도 6월 고1 학력평가 2번 |

두 다항식
$$A=4x^2+2x-1, \; B=x^2+x-3$$
에 대하여 $A-2B$를 간단히 하면? [2점]

① x^2+2 ② x^2+5 ③ $2x^2+5$
④ x^2-x+4 ⑤ $2x^2-x+4$

06 | 25455-0006 | | 2013학년도 11월 고1 학력평가 3번 |

세 다항식
$$A=x^2-xy+2y^2, \; B=x^2+xy+y^2, \; C=x^2-y^2$$
에 대하여 $(A+2B)-(B+C)$를 간단히 한 것은? [2점]

① x^2+y^2 ② x^2-2y^2 ③ x^2+4y^2
④ $2x^2-2y^2$ ⑤ $2x^2+4y^2$

07 | 25455-0007 | | 2016학년도 9월 고1 학력평가 2번 |

두 다항식
$$A=2x^2-4x-2, \; B=3x+3$$
에 대하여 $X-A=B$를 만족시키는 다항식 X는? [2점]

① $2x^2-x+1$ ② $2x^2+x+1$ ③ $2x^2+x-1$
④ $-2x^2-x+1$ ⑤ $-2x^2+x+1$

08 25455-0008

| 2023학년도 6월 고1 학력평가 14번 |

분자 사이에 인력이나 반발력이 작용하지 않고 분자의 크기를 무시할 수 있는 가상의 기체를 이상 기체라 한다. 강철 용기에 들어 있는 이상 기체의 부피를 $V(\text{L})$, 몰수를 $n(\text{mol})$, 절대 온도를 $T(\text{K})$, 압력을 $P(\text{atm})$이라 할 때, 다음과 같은 관계식이 성립한다.

$$V=R\left(\frac{nT}{P}\right) \text{ (단, } R\text{은 기체 상수이다.)}$$

강철 용기 A와 강철 용기 B에 부피가 각각 V_A, V_B인 이상 기체가 들어 있다. 강철 용기 A에 담긴 이상 기체의 몰수는 강철 용기 B에 담긴 이상 기체의 몰수의 $\frac{1}{4}$배이고, 강철 용기 A에 담긴 이상 기체의 압력은 강철 용기 B에 담긴 이상 기체의 압력의 $\frac{3}{2}$배이다. 강철 용기 A와 강철 용기 B에 담긴 이상 기체의 절대 온도가 같을 때, $\frac{V_A}{V_B}$의 값은? [4점]

① $\frac{1}{6}$　　　② $\frac{1}{3}$　　　③ $\frac{1}{2}$

④ $\frac{2}{3}$　　　⑤ $\frac{5}{6}$

09 25455-0009

| 2019학년도 6월 고1 학력평가 14번 |

망원경에서 대물렌즈 지름의 길이를 구경이라 하고 천체로부터 오는 빛을 모으는 능력을 집광력이라 한다. 구경이 $D(\text{mm})$인 망원경의 집광력 F는 다음과 같은 관계식이 성립한다.

$$F=kD^2 \text{ (단, } k\text{는 양의 상수이다.)}$$

구경이 40인 망원경 A의 집광력은 구경이 x인 망원경 B의 집광력의 2배일 때, x의 값은? [4점]

① $10\sqrt{2}$　　　② $15\sqrt{2}$　　　③ $20\sqrt{2}$

④ $25\sqrt{2}$　　　⑤ $30\sqrt{2}$

유형 2 다항식의 전개식에서 계수 구하기

10 25455-0010

| 2023학년도 6월 고1 학력평가 22번 |

다항식 $(4x-y-3z)^2$의 전개식에서 yz의 계수를 구하시오. [3점]

Point

다항식의 전개식에서 계수를 구하는 방법은 다음과 같다.

[방법 1] 분배법칙을 이용하여 식을 전개한 후 동류항끼리 정리한다.

[방법 2] 분배법칙을 이용하여 필요한 항이 나오는 부분만 선택하여 전개한다.

11 25455-0011

| 2021학년도 6월 고1 학력평가 22번 |

다항식 $(x+4)(2x^2-3x+1)$의 전개식에서 x^2의 계수를 구하시오. [3점]

12 25455-0012

| 2019학년도 9월 고1 학력평가 22번 |

$(x+3)(x^2+2x+4)$의 전개식에서 x의 계수를 구하시오. [3점]

유형 3 곱셈 공식

13 25455-0013 | 2024학년도 6월 고1 학력평가 22번 |

다항식 $(2x+y)^3$의 전개식에서 xy^2의 계수를 구하시오.

[3점]

Point

(1) $(a+b+c)^2=a^2+b^2+c^2+2ab+2bc+2ca$

(2) $(a+b)^3=a^3+3a^2b+3ab^2+b^3$

$(a-b)^3=a^3-3a^2b+3ab^2-b^3$

(3) $(a+b)(a^2-ab+b^2)=a^3+b^3$

$(a-b)(a^2+ab+b^2)=a^3-b^3$

14 25455-0014 | 2022학년도 6월 고1 학력평가 22번 |

다항식 $(x+2y)^3$을 전개한 식에서 xy^2의 계수를 구하시오.

[3점]

15 25455-0015 | 2021학년도 11월 고1 학력평가 23번 |

다항식 $(x+a)^3+x(x-4)$의 전개식에서 x^2의 계수가 10일 때, 상수 a의 값을 구하시오. [3점]

16 25455-0016 | 2020학년도 3월 고2 학력평가 25번 |

세 실수 x, y, z가

$$x^2+y^2+4z^2=62, \quad xy-2yz+2zx=13$$

을 만족시킬 때, $(x-y-2z)^2$의 값을 구하시오. [3점]

17 25455-0017 | 2018학년도 11월 고1 학력평가 10번 |

두 실수 a, b에 대하여

$$(a+b-1)\{(a+b)^2+a+b+1\}=8$$

일 때, $(a+b)^3$의 값은? [3점]

① 5   ② 6   ③ 7

④ 8   ⑤ 9

18 25455-0018 | 2019학년도 6월 고1 학력평가 8번 |

$2016 \times 2019 \times 2022 = 2019^3 - 9a$가 성립할 때, 상수 a의 값은? [3점]

① 2018   ② 2019   ③ 2020

④ 2021   ⑤ 2022

19 25455-0019 | 2017학년도 6월 고1 학력평가 12번 |

서로 다른 두 양수 a, b에 대하여 한 변의 길이가 각각 a, $2b$인 두 개의 정사각형과 가로와 세로의 길이가 각각 a, b이고 넓이가 4인 직사각형이 있다. 두 정사각형의 넓이의 합이 가로와 세로의 길이가 각각 a, b인 직사각형의 넓이의 5배와 같을 때, 한 변의 길이가 $a+2b$인 정사각형의 넓이는? [3점]

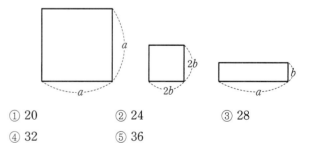

① 20   ② 24   ③ 28

④ 32   ⑤ 36

유형 4 곱셈 공식의 변형

20 25455-0020 | 2023학년도 3월 고2 학력평가 6번 |

$a+b=2$, $a^3+b^3=10$일 때, ab의 값은? [3점]

① $-\dfrac{2}{3}$　　② $-\dfrac{1}{3}$　　③ 0

④ $\dfrac{1}{3}$　　⑤ $\dfrac{2}{3}$

Point

(1) $a^2+b^2=(a+b)^2-2ab=(a-b)^2+2ab$

(2) $(a-b)^2=(a+b)^2-4ab$

(3) $a^3+b^3=(a+b)^3-3ab(a+b)$

$a^3-b^3=(a-b)^3+3ab(a-b)$

(4) $a^2+b^2+c^2=(a+b+c)^2-2(ab+bc+ca)$

21 25455-0021 | 2021학년도 3월 고2 학력평가 6번 |

$a-b=2$, $ab=\dfrac{1}{3}$일 때, a^3-b^3의 값은? [3점]

① 8　　② 9　　③ 10

④ 11　　⑤ 12

22 25455-0022 | 2024학년도 6월 고1 학력평가 6번 |

$x+y-z=5$, $xy-yz-zx=4$일 때, $x^2+y^2+z^2$의 값은? [3점]

① 15　　② 17　　③ 19

④ 21　　⑤ 23

23 25455-0023 | 2022학년도 3월 고2 학력평가 9번 |

$x+y=\sqrt{2}$, $xy=-2$일 때, $\dfrac{x^2}{y}+\dfrac{y^2}{x}$의 값은? [3점]

① $-5\sqrt{2}$　　② $-4\sqrt{2}$　　③ $-3\sqrt{2}$

④ $-2\sqrt{2}$　　⑤ $-\sqrt{2}$

24 25455-0024 | 2024학년도 6월 고1 학력평가 19번 |

그림과 같이 길이가 $2a$인 선분 AB를 지름으로 하는 반원이 있다. 호 AB 위의 두 점 C, D가 $\overline{AC}=\overline{CD}=a-1$, $\overline{BD}=8$을 만족시킬 때, $a^3-\dfrac{1}{a^3}$의 값은?

(단, a는 $a>4$인 상수이다.) [4점]

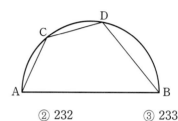

① 231　　② 232　　③ 233

④ 234　　⑤ 235

25 25455-0025 | 2024학년도 3월 고2 학력평가 16번 |

그림과 같이 $\angle A=90°$, $\overline{BC}=\sqrt{10}$, $\overline{AB}=x$, $\overline{AC}=y$인 삼각형 ABC에 대하여 선분 AB 위에 점 P, 선분 BC 위에 두 점 Q, R, 선분 AC 위에 점 S를 사각형 PQRS가 정사각형이 되도록 잡는다. $\overline{PQ}=\dfrac{2\sqrt{10}}{7}$일 때, x^3-y^3의 값은? (단, $x>y$)

[4점]

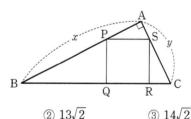

① $12\sqrt{2}$　　② $13\sqrt{2}$　　③ $14\sqrt{2}$

④ $15\sqrt{2}$　　⑤ $16\sqrt{2}$

26 25455-0026 | 2023학년도 11월 고1 학력평가 28번 |

그림과 같이 직육면체 ABCD−EFGH에서 단면 AFC가 생기도록 사면체 F−ABC를 잘라내었다.

입체도형 ACD−EFGH의 모든 모서리의 길이의 합을 l_1, 겉넓이를 S_1이라 하고, 사면체 F−ABC의 모든 모서리의 길이의 합을 l_2, 겉넓이를 S_2라 하자. $l_1-l_2=28$, $S_1-S_2=61$일 때, $\overline{AC}^2+\overline{CF}^2+\overline{FA}^2$의 값을 구하시오. [4점]

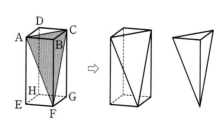

유형 5 다항식의 나눗셈

27 25455-0027 | 2024학년도 6월 고1 학력평가 25번 |

다항식 $x^4+2x^3+11x-4$를 x^2+2x+3으로 나누었을 때의 몫과 나머지를 각각 $Q(x)$, $R(x)$라 하자. $Q(2)+R(1)$의 값을 구하시오. [3점]

Point
다항식의 나눗셈에서 몫과 나머지를 구할 때에는 다항식을 내림차순으로 정리한 후 나머지의 차수가 나누는 식의 차수보다 작아질 때까지 나눈다.

28 25455-0028 | 2014학년도 9월 고1 학력평가 14번 |

두 다항식 $P(x)=3x^3+x+11$, $Q(x)=x^2-x+1$에 대하여 다항식 $P(x)+4x$를 다항식 $Q(x)$로 나눈 나머지가 $5x+a$일 때, 상수 a의 값은? [3점]

① 5　　　　　② 6　　　　　③ 7

④ 8　　　　　⑤ 9

29 25455-0029 | 2023학년도 11월 고1 학력평가 18번 |

다항식 $f(x)$와 최고차항의 계수가 1인 삼차다항식 $g(x)$가 다음 조건을 만족시킨다.

> 다항식 $f(x)+g(x)$를 x로 나누었을 때의 나머지와
> 다항식 $f(x)+g(x)$를 x^2+2x-2로 나누었을 때의 나머지
> 가 $x^2+2x-\dfrac{1}{2}f(x)$로 같다.

$g(1)=7$일 때, $f(3)$의 값은? [4점]

① 20　　　　　② 22　　　　　③ 24

④ 26　　　　　⑤ 28

유형 6 항등식과 미정계수법

30 25455-0030 | 2024학년도 9월 고1 학력평가 3번 |

등식
$$x^2+ax+b=x(x+3)+4$$
가 x에 대한 항등식일 때, 두 상수 a, b에 대하여 ab의 값은? [2점]

① 12　　　　　② 14　　　　　③ 16

④ 18　　　　　⑤ 20

Point
항등식에서 미정계수를 구할 때, 계수비교법과 수치대입법 중 하나를 이용한다.
(1) 계수비교법: 등식의 양변의 동류항의 계수를 비교하여 계수를 정하는 방법
(2) 수치대입법: 등식의 문자에 적당한 수를 대입하여 계수를 정하는 방법

31 25455-0031 | 2023학년도 9월 고1 학력평가 2번 |

등식
$$x^2+(a+2)x=x^2+4x+(b-1)$$
이 x에 대한 항등식일 때, 두 상수 a, b에 대하여 $a+b$의 값은? [2점]

① 1　　　　　② 2　　　　　③ 3

④ 4　　　　　⑤ 5

32 25455-0032 | 2024학년도 6월 고1 학력평가 5번 |

등식
$$2x^2+ax+b=x(x-3)+(x+1)(x+3)$$
이 x에 대한 항등식일 때, ab의 값은? (단, a, b는 상수이다.) [3점]

① 1　　　　　② 2　　　　　③ 3

④ 4　　　　　⑤ 5

33 | 25455-0033 | | 2022학년도 6월 고1 학력평가 8번 |

다항식 $Q(x)$에 대하여 등식
$$x^3-5x^2+ax+1=(x-1)Q(x)-1$$
이 x에 대한 항등식일 때, $Q(a)$의 값은?

(단, a는 상수이다.) [3점]

① -6 ② -5 ③ -4
④ -3 ⑤ -2

34 25455-0034 | 2020학년도 3월 고2 학력평가 10번 |

다항식 $P(x)$가 모든 실수 x에 대하여 등식
$$x(x+1)(x+2)=(x+1)(x-1)P(x)+ax+b$$
를 만족시킬 때, $P(a-b)$의 값은? (단, a, b는 상수이다.)

[3점]

① 1   ② 2   ③ 3
④ 4   ⑤ 5

35 25455-0035 | 2024학년도 6월 고1 학력평가 28번 |

이차다항식 $f(x)$와 일차다항식 $g(x)$에 대하여 $f(x)g(x)$를 $f(x)-2x^2$으로 나누었을 때의 몫은 x^2-3x+3이고 나머지는 $f(x)+xg(x)$이다. $f(-2)$의 값을 구하시오. [4점]

유형 7 나머지정리

36 | 25455-0036 | | 2024학년도 9월 고1 학력평가 22번 |

x에 대한 다항식 x^3+2x^2-9x+a를 $x-1$로 나눈 나머지가 7일 때, 상수 a의 값을 구하시오. [3점]

Point

(1) 다항식 $f(x)$를 $x-\alpha$로 나누었을 때의 나머지는 $f(\alpha)$이다.

(2) 다항식을 이차식으로 나누었을 때의 나머지를 구할 때에는 나머지를 $ax+b$ (a, b는 상수)로 놓고 나눗셈에 대한 항등식을 세운다.

(3) 다항식 $f(ax+b)$를 $x-\alpha$로 나누었을 때의 나머지는 $f(a\alpha+b)$이다.

37 25455-0037 | 2023학년도 6월 고1 학력평가 24번 |

다항식 x^3+2를 $(x+1)(x-2)$로 나누었을 때의 나머지를 $ax+b$라 할 때, $a+b$의 값을 구하시오.

(단, a, b는 상수이다.) [3점]

38 25455-0038 | 2024학년도 3월 고2 학력평가 5번 |

x에 대한 다항식 x^3+ax^2+12를 $x-2$로 나눈 나머지가 $2a-8$일 때, 상수 a의 값은? [3점]

① -6 ② -8 ③ -10
④ -12 ⑤ -14

39 25455-0039 | 2021학년도 11월 고1 학력평가 7번 |

다항식 $f(x)$에 대하여 다항식 $(x+3)\{f(x)-2\}$를 $x-1$로 나눈 나머지가 16일 때, 다항식 $f(x)$를 $x-1$로 나눈 나머지는? [3점]

① 6   ② 7   ③ 8
④ 9   ⑤ 10

40 | 25455-0040 | | 2023학년도 6월 고1 학력평가 11번 |

최고차항의 계수가 1인 이차다항식 $P(x)$가 다음 조건을 만족시킬 때, $P(4)$의 값은? [3점]

> (가) $P(x)$를 $x-1$로 나누었을 때의 나머지는 1이다.
> (나) $xP(x)$를 $x-2$로 나누었을 때의 나머지는 2이다.

① 6 ② 7 ③ 8
④ 9 ⑤ 10

41 | 25455-0041 | | 2023학년도 6월 고1 학력평가 13번 |

x에 대한 다항식 $x^5+ax^2+(a+1)x+2$를 $x-1$로 나누었을 때의 몫은 $Q(x)$이고 나머지는 6이다. $a+Q(2)$의 값은? (단, a는 상수이다.) [3점]

① 33 ② 35 ③ 37
④ 39 ⑤ 41

42 | 25455-0042 | | 2024학년도 6월 고1 학력평가 8번 |

2024^4+2024^2+1을 2022로 나눈 나머지는? [3점]

① 17 ② 18 ③ 19
④ 20 ⑤ 21

43 | 25455-0043 | | 2023학년도 9월 고1 학력평가 27번 |

다항식 $P(x)$에 대하여 $(x-2)P(x)-x^2$을 $P(x)-x$로 나누었을 때의 몫은 $Q(x)$, 나머지는 $P(x)-3x$이다. $P(x)$를 $Q(x)$로 나눈 나머지가 10일 때, $P(30)$의 값을 구하시오. (단, 다항식 $P(x)-x$는 0이 아니다.) [4점]

유형 8 인수정리

44 | 25455-0044 | | 2023학년도 6월 고1 학력평가 3번 |

x에 대한 다항식 x^3-2x^2-8x+a가 $x-3$으로 나누어떨어질 때, 상수 a의 값은? [2점]

① 6 ② 9 ③ 12
④ 15 ⑤ 18

Point

(1) 다항식 $f(x)$가 $x-\alpha$로 나누어떨어지면 $f(x)$는 $x-\alpha$를 인수로 갖는다. ➡ $f(\alpha)=0$

(2) 다항식 $f(x)$가 $(x-\alpha)(x-\beta)$로 나누어떨어지면 $f(x)$는 $x-\alpha$, $x-\beta$를 인수로 갖는다. ➡ $f(\alpha)=0$, $f(\beta)=0$

45 | 25455-0045 | | 2021학년도 3월 고2 학력평가 25번 |

다항식 $(x+2)(x-1)(x+a)+b(x-1)$이 x^2+4x+5로 나누어떨어질 때, $a+b$의 값을 구하시오. (단, a, b는 상수이다.) [3점]

46 | 25455-0046 | | 2021학년도 6월 고1 학력평가 8번 |

다항식 $f(x)=x^3+ax^2+bx+6$을 $x-1$로 나누었을 때의 나머지는 4이다. $f(x+2)$가 $x-1$로 나누어떨어질 때, $b-a$의 값은 (단, a, b는 상수이다.) [3점]

① 4 ② 5 ③ 6
④ 7 ⑤ 8

47 25455-0047 | 2024학년도 6월 고1 학력평가 16번 |

x에 대한 다항식 x^3+ax^2+bx-4를 $x+1$로 나누었을 때의 몫은 $Q(x)$이고 나머지는 3이다. $(x^2+a)Q(x-2)$가 $x-2$로 나누어떨어질 때, $Q(1)$의 값은? (단, a, b는 상수이다.) [4점]

① -15 ② -13 ③ -11
④ -9 ⑤ -7

48 25455-0048 | 2024학년도 9월 고1 학력평가 18번 |

다항식 $f(x)$가 다음 조건을 만족시킨다.

> (가) $f(x)$를 x^3-1로 나눈 몫과 나머지는 서로 같다.
> (나) $f(x)-x$는 x^2+x+1로 나누어떨어진다.

$f(x)$를 $x-2$로 나눈 나머지가 72일 때, $f(1)$의 값은? [4점]

① 4   ② 7   ③ 10
④ 13   ⑤ 16

유형 9 조립제법

49 25455-0049 | 2023학년도 6월 고1 학력평가 26번 |

다음은 삼차다항식 $P(x)=ax^3+bx^2+cx+11$을 $x-3$으로 나누었을 때의 몫과 나머지를 조립제법을 이용하여 구하는 과정의 일부를 나타낸 것이다.

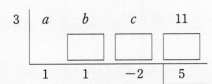

$P(x)$를 $x-4$로 나누었을 때의 나머지를 구하시오.
(단, a, b, c는 상수이다.) [4점]

Point
조립제법을 할 때에는 먼저 나누어지는 식을 x에 대한 내림차순으로 정리하고 식의 계수를 순서대로 쓴다.

50 25455-0050 | 2020학년도 6월 고1 학력평가 10번 |

다음은 다항식 $3x^3-7x^2+5x+1$을 $3x-1$로 나눈 몫과 나머지를 구하기 위하여 조립제법을 이용하는 과정이다.

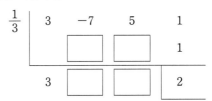

조립제법을 이용하면

이므로
$$3x^3-7x^2+5x+1=\left(x-\frac{1}{3}\right)(\boxed{\text{(가)}})+2$$
$$=(3x-1)(\boxed{\text{(나)}})+2$$
이다. 따라서 몫은 $\boxed{\text{(나)}}$이고, 나머지는 2이다.

위의 (가), (나)에 들어갈 식을 각각 $f(x)$, $g(x)$라 할 때, $f(2)+g(2)$의 값은? [3점]

① 1   ② 2   ③ 3
④ 4   ⑤ 5

51 25455-0051 | 2023학년도 3월 고2 학력평가 15번 |

다항식 $P(x)$와 상수 a에 대하여 등식
$$x^3-x^2+3x-2=(x+2)P(x)+ax$$
가 x에 대한 항등식일 때, $P(-2)$의 값은? [4점]

① 9   ② 10   ③ 11
④ 12   ⑤ 13

유형 10 인수분해 공식

52 25455-0052 | 2018학년도 9월 고1 학력평가 2번 |

다항식 x^3-27이 $(x-3)(x^2+ax+b)$로 인수분해될 때, $a+b$의 값은? (단, a, b는 상수이다.) [2점]

① 8   ② 9   ③ 10

④ 11   ⑤ 12

Point

(1) $a^3+3a^2b+3ab^2+b^3=(a+b)^3$

$a^3-3a^2b+3ab^2-b^3=(a-b)^3$

(2) $a^3+b^3=(a+b)(a^2-ab+b^2)$

$a^3-b^3=(a-b)(a^2+ab+b^2)$

53 25455-0053 | 2022학년도 9월 고1 학력평가 7번 |

다항식 x^4-x^2-12가 $(x-a)(x+a)(x^2+b)$로 인수분해될 때, 두 양수 a, b에 대하여 $a+b$의 값은? [3점]

① 4   ② 5   ③ 6

④ 7   ⑤ 8

54 25455-0054 | 2024학년도 6월 고1 학력평가 11번 |

x에 대한 두 다항식 x^3+2x^2+3x+6과 x^3+x+a가 모두 $x+b$로 나누어떨어질 때, $a+b$의 값은?

(단, a, b는 실수이다.) [3점]

① 11   ② 12   ③ 13

④ 14   ⑤ 15

55 25455-0055 | 2018학년도 6월 고1 학력평가 22번 |

$x+y=6$, $xy=2$일 때, x^2y+xy^2의 값을 구하시오. [3점]

56 25455-0056 | 2019학년도 6월 고1 학력평가 9번 |

$x=\sqrt{3}+\sqrt{2}$, $y=\sqrt{3}-\sqrt{2}$일 때, x^2y+xy^2+x+y의 값은? [3점]

① $\sqrt{3}$ ② $2\sqrt{3}$ ③ $3\sqrt{3}$

④ $4\sqrt{3}$ ⑤ $5\sqrt{3}$

57 25455-0057 | 2019학년도 9월 고1 학력평가 7번 |

다항식 $P(x)$에 대하여 등식

$$x^3+3x^2-x-3=(x^2-1)P(x)$$

가 x에 대한 항등식일 때, $P(1)$의 값은? [3점]

① 1   ② 2   ③ 3

④ 4   ⑤ 5

58 25455-0058　　　　| 2019학년도 6월 고1 학력평가 7번 |

그림과 같이 한 변의 길이가 $a+6$인 정사각형 모양의 색종이에서 한 변의 길이가 a인 정사각형 모양의 색종이를 오려 내었다. 오려낸 후 남아 있는 ⬜ 모양의 색종이의 넓이가 $k(a+3)$일 때, 상수 k의 값은? [3점]

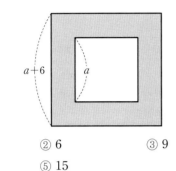

① 3　　　　② 6　　　　③ 9
④ 12　　　　⑤ 15

59 25455-0059　　　　| 2019학년도 3월 고1 학력평가 15번 |

[그림 1]은 한 변의 길이가 $3x$인 정사각형 모양의 색종이에서 사다리꼴 모양의 A부분과 직사각형 모양의 B부분을 잘라 내고 남은 부분을 나타낸 것이다.

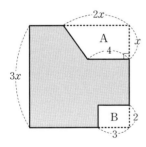

[그림 1]

[그림 1]의 색종이를 여러 조각으로 나누어 겹치지 않게 빈틈 없이 붙여서 [그림 2]와 같이 세로의 길이가 $2x-2$인 직사각형 모양을 만들었다.

[그림 2]

이 직사각형의 가로의 길이는? (단, $x>2$) [4점]

① $3x+3$　　　　② $3x+4$　　　　③ $4x+2$
④ $4x+3$　　　　⑤ $4x+4$

정답과 풀이 13쪽

유형 11 공통부분이 있는 식의 인수분해

60 25455-0060　　　　| 2024학년도 9월 고1 학력평가 12번 |

다항식 $(x^2+x)(x^2+x+2)-8$이 $(x-1)(x+a)(x^2+x+b)$로 인수분해될 때, 두 상수 a, b에 대하여 $a+b$의 값은? [3점]

① 3　　　　② 4　　　　③ 5
④ 6　　　　⑤ 7

Point

(1) 공통부분이 있으면 공통부분을 한 문자로 치환하여 인수분해한다.

(2) 공통부분이 없으면 공통부분이 생기도록 식을 변형한 후 인수분해한다.

61 25455-0061　　　　| 2023학년도 11월 고1 학력평가 10번 |

다항식 $(x^2+4)^2-3x(x^2+4)-4x^2$이 $(x+a)^2(x^2+bx+c)$로 인수분해될 때, 세 정수 a, b, c에 대하여 $a+b+c$의 값은? [3점]

① 3　　　　② 5　　　　③ 7
④ 9　　　　⑤ 11

62 25455-0062　　　　| 2024학년도 6월 고1 학력평가 15번 |

x에 대한 다항식 $(x+2)(x+3)(x+4)(x+5)+k$가 $(x^2+ax+b)^2$으로 인수분해되도록 하는 세 실수 a, b, k에 대하여 $a+b+k$의 값은? [4점]

① 11　　　　② 13　　　　③ 15
④ 17　　　　⑤ 19

유형 **12** x^4+ax^2+b 꼴의 식의 인수분해

63 | 25455-0063 | | 2017학년도 6월 고1 학력평가 7번 |

다항식 x^4+7x^2+16이
$$(x^2+ax+b)(x^2-ax+b)$$
로 인수분해될 때, 두 양수 a, b에 대하여 $a+b$의 값은?

[3점]

① 5   ② 6   ③ 7
④ 8   ⑤ 9

Point

(1) $x^2=X$로 치환하여 인수분해가 되는지 확인한다.

(2) 치환하여 인수분해가 되지 않을 때에는 이차항을 더하거나 빼서 A^2-B^2 꼴로 변형한다.

64 | 25455-0064 | | 2015학년도 6월 고1 학력평가 11번 |

다항식 x^4+4x^2+16이 $(x^2+ax+b)(x^2-cx+d)$로 인수분해될 때, $a+b+c+d$의 값은?

(단, a, b, c, d는 양수이다.) [3점]

① 12   ② 14   ③ 16
④ 18   ⑤ 20

65 | 25455-0065 | | 2012학년도 6월 고1 학력평가 24번 |

다항식 x^4-8x^2+16을 인수분해하면 $(x+a)^2(x+b)^2$이다. $\dfrac{2012}{a-b}$의 값을 구하시오. (단, $a>b$이다.) [3점]

유형 **13** 여러 개의 문자를 포함한 식의 인수분해

66 | 25455-0066 | | 2021학년도 6월 고1 학력평가 25번 |

x, y에 대한 이차식 $x^2+kxy-3y^2+x+11y-6$이 x, y에 대한 두 일차식의 곱으로 인수분해 되도록 하는 자연수 k의 값을 구하시오. [3점]

Point

여러 개의 문자를 포함한 식은

(1) 차수가 가장 낮은 한 문자에 대하여 내림차순으로 정리하여 인수분해한다.

(2) 모든 문자의 차수가 같으면 어느 한 문자에 대하여 내림차순으로 정리하여 인수분해한다.

67 | 25455-0067 | | 2006학년도 11월 고1 학력평가 8번 |

x, y, z에 대한 다항식 $xy(x+y)-yz(y+z)-zx(z-x)$의 인수는? [3점]

① $x-y$ ② $x-z$ ③ $y-z$
④ $x-y+z$ ⑤ $x+y+z$

68 | 25455-0068 | | 2009학년도 9월 고1 학력평가 17번 |

삼각형의 세 변의 길이가 각각 a, b, c이고,
$$a^3+c^3+a^2c+ac^2-ab^2-b^2c=0$$
을 만족할 때, 이 삼각형은 어떤 삼각형인가? [3점]

① 정삼각형
② $a=b$인 이등변삼각형
③ $b=c$인 이등변삼각형
④ a가 빗변인 직각삼각형
⑤ b가 빗변인 직각삼각형

유형 14 인수정리와 조립제법을 이용한 인수분해

69 25455-0069 | 2016학년도 3월 고2 학력평가 가형 9번 |

다항식 $2x^3-3x^2-12x-7$을 인수분해하면
$(x+a)^2(bx+c)$일 때, $a+b+c$의 값은?
(단, a, b, c는 상수이다.) [3점]

① -6 ② -5 ③ -4
④ -3 ⑤ -2

Point
삼차 이상의 다항식 $f(x)$를 인수분해할 때에는 $f(\alpha)=0$을 만족시키는 상수 α의 값을 구한 후, 조립제법을 이용하여 $f(x)=(x-\alpha)Q(x)$ 꼴로 인수분해한다.

70 25455-0070 | 2020학년도 11월 고1 학력평가 10번 |

그림과 같이 세 모서리의 길이가 각각 x, x, $x+3$인 직육면체 모양에 한 모서리의 길이가 1인 정육면체 모양의 구멍이 두 개 있는 나무 블록이 있다. 세 정수 a, b, c에 대하여 이 나무 블록의 부피를 $(x+a)(x^2+bx+c)$로 나타낼 때, $a \times b \times c$의 값은? (단, $x>1$) [3점]

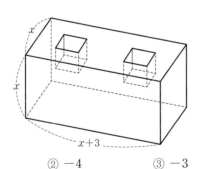

① -5 ② -4 ③ -3
④ -2 ⑤ -1

71 25455-0071 | 2016학년도 11월 고1 학력평가 14번 |

다항식 $x^4-2x^3+2x^2-x-6$이
$(x+1)(x+a)(x^2+bx+c)$로 인수분해될 때, 세 정수 a, b, c의 합 $a+b+c$의 값은? [4점]

① -2 ② -1 ③ 0
④ 1 ⑤ 2

유형 15 인수분해를 이용한 수의 계산

72 25455-0072 | 2023학년도 6월 고1 학력평가 7번 |

$\dfrac{2022 \times (2023^2+2024)}{2024 \times 2023+1}$의 값은? [3점]

① 2018 ② 2020 ③ 2022
④ 2024 ⑤ 2026

Point
인수분해를 이용하여 수를 계산하는 방법은 다음과 같은 순서로 한다.
(ⅰ) 적당한 큰 수를 문자로 치환한다.
(ⅱ) 치환하여 얻은 식을 인수분해한다.
(ⅲ) 간단해진 식의 문자 대신 원래의 수를 넣어 계산한다.

73 25455-0073 | 2022학년도 6월 고1 학력평가 6번 |

$101^3-3 \times 101^2+3 \times 101-1$의 값은? [3점]

① 10^5 ② 3×10^5 ③ 10^6
④ 3×10^6 ⑤ 10^7

74 25455-0074 | 2021학년도 11월 고1 학력평가 16번 |

2 이상의 네 자연수 a, b, c, d에 대하여
$(14^2+2 \times 14)^2-18 \times (14^2+2 \times 14)+45=a \times b \times c \times d$일 때, $a+b+c+d$의 값은? [4점]

① 56 ② 58 ③ 60
④ 62 ⑤ 64

75 25455-0075 | 2019학년도 3월 고2 학력평가 가형 26번 |

$\sqrt{10 \times 13 \times 14 \times 17+36}$의 값을 구하시오. [4점]

01 | 25455-0076 | | 2021학년도 6월 고1 학력평가 20번 |

그림과 같이 한 변의 길이가 1인 정오각형 ABCDE가 있다.
두 대각선 AC와 BE가 만나는 점을 P라 하면
$\overline{BE} : \overline{PE} = \overline{PE} : \overline{BP}$가 성립한다.

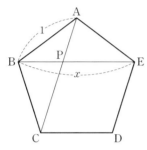

대각선 $\overline{BE}$의 길이를 x라 할 때,
$$1 - x + x^2 - x^3 + x^4 - x^5 + x^6 - x^7 + x^8 = p + q\sqrt{5}$$
이다. $p + q$의 값은? (단, p, q는 유리수이다.) [4점]

① 22　　　② 23　　　③ 24
④ 25　　　⑤ 26

02 | 25455-0077 | | 2022학년도 3월 고2 학력평가 29번 |

최고차항의 계수가 양수인 두 다항식 $f(x)$, $g(x)$가 다음 조건을 만족시킨다.

> (가) $f(x)$를 $x^2 + g(x)$로 나눈 몫은 $x + 2$이고
> 나머지는 $\{g(x)\}^2 - x^2$이다.
> (나) $f(x)$는 $g(x)$로 나누어떨어진다.

$f(0) \neq 0$일 때, $f(2)$의 값을 구하시오. [4점]

03 | 25455-0078 | | 2021학년도 9월 고1 학력평가 29번 |

다항식 $P(x)$와 최고차항의 계수가 1인 삼차다항식 $Q(x)$가 모든 실수 x에 대하여
$$\{Q(x+1)\}^2 + \{Q(x)\}^2 = (x^2 - x)P(x)$$
를 만족시킨다. $P(x)$를 $Q(x)$로 나눈 나머지를 $R(x)$라 할 때, $R(3)$의 값을 구하시오.
(단, 다항식 $Q(x)$의 계수는 실수이다.) [4점]

04 | 25455-0079 | | 2020학년도 6월 고1 학력평가 21번 |

최고차항의 계수가 1인 사차다항식 $f(x)$가 다음 조건을 만족시킬 때, 양수 p의 값은? [4점]

> (가) $f(x)$를 $x + 2$, $x^2 + 4$로 나눈 나머지는 모두 $3p^2$이다.
> (나) $f(1) = f(-1)$
> (다) $x - \sqrt{p}$는 $f(x)$의 인수이다.

① $\dfrac{1}{2}$　　　② 1　　　③ $\dfrac{3}{2}$
④ 2　　　⑤ $\dfrac{5}{2}$

05 25455-0080

모든 실수 x에 대하여 두 이차다항식 $P(x)$, $Q(x)$가 다음 조건을 만족시킨다.

(가) $P(x)+Q(x)=4$
(나) $\{P(x)\}^3+\{Q(x)\}^3=12x^4+24x^3+12x^2+16$

$P(x)$의 최고차항의 계수가 음수일 때, $P(2)+Q(3)$의 값은? [4점]

① 6　　　　　② 7　　　　　③ 8
④ 9　　　　　⑤ 10

06 25455-0081

삼차다항식 $P(x)$와 일차다항식 $Q(x)$가 다음 조건을 만족시킨다.

(가) $P(x)Q(x)$는 $(x^2-3x+3)(x-1)$로 나누어떨어진다.
(나) 모든 실수 x에 대하여 $x^3-10x+13-P(x)=\{Q(x)\}^2$이다.

$Q(0)<0$일 때, $P(2)+Q(8)$의 값을 구하시오. [4점]

07 25455-0082

두 자연수 a, b에 대하여 일차식 $x-a$를 인수로 가지는 다항식 $P(x)=x^4-290x^2+b$가 다음 조건을 만족시킨다.

계수와 상수항이 모두 정수인 서로 다른 세 개의 다항식의 곱으로 인수분해된다.

모든 다항식 $P(x)$의 개수를 p라 하고, b의 최댓값을 q라 할 때, $\dfrac{q}{(p-1)^2}$의 값을 구하시오. [4점]

08 25455-0083

다음 조건을 만족시키는 모든 이차다항식 $P(x)$의 합을 $Q(x)$라 하자.

(가) $P(1)P(2)=0$
(나) 사차다항식 $P(x)\{P(x)-3\}$은 $x(x-3)$으로 나누어떨어진다.

$Q(x)$를 $x-4$로 나눈 나머지를 구하시오. [4점]

1. 복소수

(1) 실수 a, b에 대하여 $a+bi$ 꼴의 수를 복소수라 하고, a를 실수부분, b를 허수부분이라 한다.

(2) **복소수가 서로 같을 조건**: 두 복소수 $a+bi$, $c+di$ (a, b, c, d는 실수)에 대하여 $a=c$, $b=d$일 때, $a+bi=c+di$이다.

(3) **켤레복소수**: a, b가 실수일 때, $\overline{a+bi}=a-bi$

(4) **복소수의 사칙연산**: a, b, c, d가 실수일 때
   ① $(a+bi)+(c+di)=(a+c)+(b+d)i$
   ② $(a+bi)-(c+di)=(a-c)+(b-d)i$
   ③ $(a+bi)(c+di)=(ac-bd)+(ad+bc)i$
   ④ $\dfrac{a+bi}{c+di}=\dfrac{ac+bd}{c^2+d^2}+\dfrac{bc-ad}{c^2+d^2}i$ (단, $c+di\neq0$)

(5) **음수의 제곱근**: $a>0$일 때
   ① $\sqrt{-a}=\sqrt{a}i$ ② $-a$의 제곱근은 $\sqrt{a}i$와 $-\sqrt{a}i$이다.

> (참고)
> **허수단위** i
> 제곱하여 -1이 되는 수
> 즉, $i^2=-1$, $i=\sqrt{-1}$

2. 이차방정식의 판별식

계수가 실수인 이차방정식 $ax^2+bx+c=0$ ($a\neq0$)에서 판별식을 $D=b^2-4ac$라 할 때
(1) $D>0$이면 서로 다른 두 실근을 갖는다.
(2) $D=0$이면 중근(서로 같은 두 실근)을 갖는다.
(3) $D<0$이면 서로 다른 두 허근을 갖는다.

> (참고)
> 계수가 실수인 이차방정식
> $ax^2+bx+c=0$ ($a\neq0$)의 근은
> $$x=\frac{-b\pm\sqrt{b^2-4ac}}{2a}$$

3. 이차방정식의 근과 계수의 관계

(1) 이차방정식 $ax^2+bx+c=0$ ($a\neq0$)의 두 근을 α, β라 하면 $\alpha+\beta=-\dfrac{b}{a}$, $\alpha\beta=\dfrac{c}{a}$

(2) 두 수 α, β를 근으로 하고 x^2의 계수가 1인 이차방정식은 $x^2-(\alpha+\beta)x+\alpha\beta=0$

4. 이차방정식과 이차함수의 관계

이차방정식 $ax^2+bx+c=0$ ($a\neq0$)의 판별식 $D=b^2-4ac$의 값의 부호에 따라 이차함수 $y=ax^2+bx+c$의 그래프와 x축의 위치 관계는 다음과 같다.
(1) $D>0$이면 서로 다른 두 점에서 만난다.
(2) $D=0$이면 한 점에서 만난다.(접한다.)
(3) $D<0$이면 만나지 않는다.

> (중요)
> 이차함수 $y=ax^2+bx+c$의 그래프와 x축의 교점의 x좌표는 이차방정식 $ax^2+bx+c=0$의 실근과 같다.

5. 이차함수의 그래프와 직선의 위치 관계

이차함수 $y=ax^2+bx+c$ ($a\neq0$)의 그래프와 직선 $y=mx+n$의 위치 관계는 이차방정식 $ax^2+(b-m)x+c-n=0$의 판별식 D의 값의 부호에 따라 다음과 같다.
(1) $D>0$이면 서로 다른 두 점에서 만난다.
(2) $D=0$이면 한 점에서 만난다.(접한다.)
(3) $D<0$이면 만나지 않는다.

> (참고)
> 이차함수의 그래프와 직선의 위치 관계
>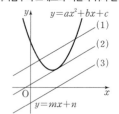

6. 제한된 범위에서 이차함수의 최대, 최소

$\alpha\leq x\leq\beta$일 때, 이차함수 $f(x)=a(x-p)^2+q$의 최댓값과 최솟값은 다음과 같다.
(1) $\alpha\leq p\leq\beta$이면 $f(\alpha)$, $f(p)$, $f(\beta)$ 중 가장 큰 값이 최댓값이고 가장 작은 값이 최솟값이다.
(2) $p<\alpha$ 또는 $p>\beta$이면 $f(\alpha)$, $f(\beta)$ 중 큰 값이 최댓값이고 작은 값이 최솟값이다.

> (참고)
> 모든 함숫값 중에서 가장 큰 값을 그 함수의 최댓값이라 하고, 가장 작은 값을 그 함수의 최솟값이라 한다.

01 다음 등식을 만족시키는 실수 a, b의 값을 구하시오.

(1) $a+bi=3+2i$

(2) $(a+1)+(b-1)i=-1+2i$

02 다음 복소수의 켤레복소수를 구하시오.

(1) $2-3i$ (2) $-1+\sqrt{2}i$

(3) -5 (4) $4i$

03 다음을 계산하시오.

(1) $(1+3i)+(5-i)$ (2) $(5+4i)-(2-3i)$

(3) $(2+3i)(1-2i)$ (4) $\dfrac{1-i}{3+2i}$

04 다음 수의 제곱근을 구하시오.

(1) -9 (2) $-\dfrac{1}{2}$

05 다음 이차방정식의 근을 판별하시오.

(1) $x^2+4x-3=0$

(2) $x^2-6x+9=0$

(3) $x^2-2x+5=0$

06 이차방정식 $x^2-4x+k-5=0$이 실근을 가질 때, 실수 k의 값의 범위를 구하시오.

07 이차방정식 $x^2-3x+4=0$의 두 근을 α, β라 할 때, 다음 식의 값을 구하시오.

(1) $\alpha^2+\beta^2$ (2) $\dfrac{1}{\alpha}+\dfrac{1}{\beta}$

08 다음 두 수를 근으로 하고 x^2의 계수가 1인 이차방정식을 구하시오.

(1) $1+\sqrt{3}$, $1-\sqrt{3}$ (2) $2+5i$, $2-5i$

09 다음 이차식을 복소수의 범위에서 인수분해하시오.

(1) x^2+12 (2) x^2+2x+2

10 이차함수 $y=x^2-4x+k$의 그래프와 x축의 위치 관계가 다음과 같을 때, 실수 k의 값 또는 k의 값의 범위를 구하시오.

(1) 서로 다른 두 점에서 만난다.

(2) 한 점에서 만난다.

(3) 만나지 않는다.

11 이차함수 $y=x^2-2x-1$의 그래프와 직선 $y=2x+a$의 위치 관계가 다음과 같을 때, 실수 a의 값 또는 a의 값의 범위를 구하시오.

(1) 서로 다른 두 점에서 만난다.

(2) 한 점에서 만난다.

(3) 만나지 않는다.

12 주어진 x의 값의 범위에서 다음 이차함수의 최댓값과 최솟값을 구하시오.

(1) $y=x^2-4x+6$ $(-1 \leq x \leq 4)$

(2) $y=-x^2+6x+4$ $(0 \leq x \leq 2)$

유형 1 복소수의 사칙연산

01 25455-0084
| 2024학년도 6월 고1 학력평가 1번 |

$(1-3i)+2i$의 값은? (단, $i=\sqrt{-1}$) [2점]

① $-1-2i$ ② $-1-i$ ③ $1-i$
④ $1+i$ ⑤ $1+2i$

Point

복소수의 사칙연산은 허수단위 i를 문자처럼 생각하여 실수부분은 실수부분끼리, 허수부분은 허수부분끼리 계산한다.

02 25455-0085
| 2022학년도 9월 고1 학력평가 2번 |

$(3+i)+(1-3i)$의 값은? (단, $i=\sqrt{-1}$) [2점]

① $2-2i$ ② $3-2i$ ③ $4-2i$
④ $3+2i$ ⑤ $4+2i$

03 25455-0086
| 2023학년도 6월 고1 학력평가 1번 |

$i(1-i)$의 값은? (단, $i=\sqrt{-1}$) [2점]

① $-1-i$ ② $-1+i$ ③ i
④ $1-i$ ⑤ $1+i$

04 25455-0087
| 2024학년도 3월 고2 학력평가 2번 |

$1+\dfrac{2}{1-i}$의 값은? (단, $i=\sqrt{-1}$) [2점]

① i ② $1-i$ ③ $1+i$
④ $2+i$ ⑤ $2+2i$

05 25455-0088
| 2018학년도 9월 고1 학력평가 11번 |

버튼을 한 번 누르면 복소수가 하나씩 적힌 세 개의 공이 굴러 나오는 기계가 있다.

어느 상점에서 이 기계를 이용한 사람에게 굴러 나온 세 개의 공 중 두 개를 선택하게 하여 적힌 수의 곱이 자연수가 될 때, 그 자연수만큼 사탕으로 교환해 준다고 한다. 한 학생이 버튼을 한 번 눌렀더니 세 복소수 $2-3i$, $1+2i$, $6+9i$가 각각 적힌 세 개의 공이 굴러 나왔다. 이 학생이 a개의 사탕으로 교환해 갔을 때, 자연수 a의 값은? (단, $i=\sqrt{-1}$) [3점]

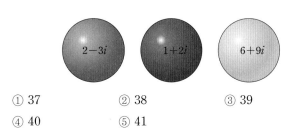

① 37   ② 38   ③ 39
④ 40   ⑤ 41

06 25455-0089
| 2022학년도 11월 고1 학력평가 14번 |

5 이하의 두 자연수 m, n에 대하여 복소수 z를 $z=(m-n)+(m+n-4)i$라 하자. z^2이 실수가 되도록 하는 m, n의 모든 순서쌍 (m, n)의 개수는? (단, $i=\sqrt{-1}$) [4점]

① 5   ② 7   ③ 9
④ 11   ⑤ 13

유형 2 복소수가 서로 같을 조건

07 25455-0090 | 2021학년도 3월 고2 학력평가 2번 |

등식 $3x+(2+i)y=1+2i$를 만족시키는 두 실수 x, y에 대하여 $x+y$의 값은? (단, $i=\sqrt{-1}$) [2점]

① 1 ② 2 ③ 3
④ 4 ⑤ 5

Point

두 복소수 $a+bi$, $c+di$ (a, b, c, d는 실수)에 대하여

(1) $a=c$, $b=d$이면 $a+bi=c+di$

　$a+bi=c+di$이면 $a=c$, $b=d$

(2) $a=0$, $b=0$이면 $a+bi=0$

　$a+bi=0$이면 $a=0$, $b=0$

08 25455-0091 | 2022학년도 6월 고1 학력평가 23번 |

$(3+ai)(2-i)=13+bi$를 만족시키는 두 실수 a, b에 대하여 $a+b$의 값을 구하시오. (단, $i=\sqrt{-1}$이다.) [3점]

09 25455-0092 | 2019학년도 9월 고1 학력평가 10번 |

두 실수 a, b에 대하여 $\dfrac{2a}{1-i}+3i=2+bi$일 때, $a+b$의 값은? (단, $i=\sqrt{-1}$) [3점]

① 6 ② 7 ③ 8
④ 9 ⑤ 10

유형 3 복소수에 대한 식의 값

10 25455-0093 | 2023학년도 6월 고1 학력평가 8번 |

$x=1-2i$, $y=1+2i$일 때, $x^3y+xy^3-x^2-y^2$의 값은? (단, $i=\sqrt{-1}$) [3점]

① -24 ② -22 ③ -20
④ -18 ⑤ -16

Point

(1) $x=a+bi$ (a, b는 실수)가 주어지고 x에 대한 식의 값을 구할 때에는 $x-a=bi$로 변형한 후 양변을 제곱하여 x에 대한 이차방정식을 만들고 이것을 주어진 식에 대입하여 계산한다.

(2) 두 복소수에 대한 식의 값을 구할 때에는 두 복소수의 합 또는 곱을 구하여 주어진 식에 대입하여 계산한다.

11 25455-0094 | 2021학년도 11월 고1 학력평가 6번 |

복소수 $z=2+\sqrt{2}i$에 대하여 z^2-4z의 값은? (단, $i=\sqrt{-1}$) [3점]

① -12 ② -10 ③ -8
④ -6 ⑤ -4

12 25455-0095 | 2019학년도 6월 고1 학력평가 13번 |

두 복소수 $\alpha=\dfrac{1-i}{1+i}$, $\beta=\dfrac{1+i}{1-i}$에 대하여 $(1-2\alpha)(1-2\beta)$의 값은? (단, $i=\sqrt{-1}$이다.) [3점]

① 1 ② 2 ③ 3
④ 4 ⑤ 5

유형 4 켤레복소수

13 25455-0096 | 2024학년도 9월 고1 학력평가 2번 |

복소수 $z=1-2i$에 대하여 $z+\overline{z}$의 값은?

(단, $i=\sqrt{-1}$이고, $\overline{z}$는 z의 켤레복소수이다.)

[2점]

① 1   ② 2   ③ 3

④ 4   ⑤ 5

Point

복소수 $z=a+bi$ (a, b는 실수)의 켤레복소수는

$\overline{z}=a-bi$이다.

14 25455-0097 | 2023학년도 11월 고1 학력평가 8번 |

실수부분이 1인 복소수 z에 대하여 $\dfrac{z}{2+i}+\dfrac{\overline{z}}{2-i}=2$일 때, $z\overline{z}$의 값은? (단, $i=\sqrt{-1}$이고, $\overline{z}$는 z의 켤레복소수이다.)

[3점]

① 2   ② 4   ③ 6

④ 8   ⑤ 10

15 25455-0098 | 2024학년도 3월 고2 학력평가 15번 |

다음 조건을 만족시키는 복소수 z가 존재하도록 하는 모든 실수 k의 값의 곱은? (단, $\overline{z}$는 z의 켤레복소수이다.) [4점]

(가) $\overline{z}=-z$
(나) $z^2+(k^2-3k-4)z+(k^2+2k-8)=0$

① -32 ② -16 ③ -8

④ -4 ⑤ -2

유형 5 복소수의 거듭제곱

16 25455-0099 | 2020학년도 6월 고1 학력평가 22번 |

$i+2i^2+3i^3+4i^4+5i^5=a+bi$일 때, $3a+2b$의 값을 구하시오. (단, $i=\sqrt{-1}$이고, a, b는 실수이다.) [3점]

Point

(1) 허수단위 i의 거듭제곱: k가 자연수일 때,

$$i^{4k-3}=i,\ i^{4k-2}=-1,\ i^{4k-1}=-i,\ i^{4k}=1$$

(2) 복소수의 거듭제곱: 복소수 z에 대하여 z^2, z^3, z^4, $\cdots$을 구하여 z^n의 규칙을 찾는다.

17 25455-0100 | 2022학년도 6월 고1 학력평가 27번 |

100 이하의 자연수 n에 대하여

$$(1-i)^{2n}=2^n i$$

를 만족시키는 모든 n의 개수를 구하시오.

(단, $i=\sqrt{-1}$) [4점]

18 25455-0101 | 2021학년도 6월 고1 학력평가 27번 |

$\left(\dfrac{\sqrt{2}}{1+i}\right)^n+\left(\dfrac{\sqrt{3}+i}{2}\right)^n=2$를 만족시키는 자연수 n의 최솟값을 구하시오. (단, $i=\sqrt{-1}$) [4점]

유형 6 음수의 제곱근

19 25455-0102 | 2023학년도 3월 고2 학력평가 5번 |

$(\sqrt{2}+\sqrt{-2})^2$의 값은? (단, $i=\sqrt{-1}$) [3점]

① $-4i$ ② $-2i$ ③ 0

④ $2i$ ⑤ $4i$

Point

(1) $\sqrt{-a}=\sqrt{a}i$ $(a>0)$임을 이용하여 음수의 제곱근을 허수단위 i를 사용하여 나타낸다.

(2) a, b가 실수일 때
  ① $a<0$, $b<0$이면 $\sqrt{a}\sqrt{b}=-\sqrt{ab}$
  ② $a>0$, $b<0$이면 $\dfrac{\sqrt{a}}{\sqrt{b}}=-\sqrt{\dfrac{a}{b}}$

20 25455-0103 | 2011학년도 9월 고1 학력평가 2번 |

$\sqrt{2}\times\sqrt{-2}+\dfrac{\sqrt{2}}{\sqrt{-2}}$의 값은? (단, $i=\sqrt{-1}$) [2점]

① $-2i$ ② $-i$ ③ 0

④ i ⑤ $2i$

21 25455-0104 | 2013학년도 6월 고1 학력평가 13번 |

0이 아닌 세 실수 a, b, c가 다음 조건을 만족시킨다.

┌─────────────────┐
(가) $b+c<a$
(나) $\dfrac{\sqrt{b}}{\sqrt{a}}=-\sqrt{\dfrac{b}{a}}$
└─────────────────┘

세 수 a, b, c의 대소 관계로 옳은 것은? [3점]

① $a<c<b$ ② $b<a<c$ ③ $b<c<a$

④ $c<a<b$ ⑤ $c<b<a$

유형 7 이차방정식과 근

22 25455-0105 | 2020학년도 6월 고1 학력평가 8번 |

이차방정식 $2x^2-2x+1=0$의 한 근을 α라 할 때, $\alpha^4-\alpha^2+\alpha$의 값은? [3점]

① $\dfrac{1}{4}$ ② $\dfrac{5}{16}$ ③ $\dfrac{3}{8}$

④ $\dfrac{7}{16}$ ⑤ $\dfrac{1}{2}$

Point

(1) 계수가 실수인 이차방정식 $ax^2+bx+c=0$ $(a\neq0)$의 근은 근의 공식을 이용하면
$$x=\dfrac{-b\pm\sqrt{b^2-4ac}}{2a}$$

(2) 이차방정식 $ax^2+bx+c=0$ $(a\neq0)$의 한 근이 α이면 $a\alpha^2+b\alpha+c=0$이다.

23 25455-0106 | 2022학년도 6월 고1 학력평가 11번 |

x에 대한 이차방정식 $x^2+k(2p-3)x-(p^2-2)k+q+2=0$이 실수 k의 값에 관계없이 항상 1을 근으로 가질 때, 두 상수 p, q에 대하여 $p+q$의 값은? [3점]

① -5 ② -2 ③ 1

④ 4 ⑤ 7

24 25455-0107 | 2023학년도 6월 고1 학력평가 19번 |

그림과 같이 선분 AB를 빗변으로 하는 직각삼각형 ABC가 있다. 점 C에서 선분 AB에 내린 수선의 발을 H라 할 때, $\overline{CH}=1$이고 삼각형 ABC의 넓이는 $\dfrac{4}{3}$이다.

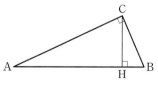

$\overline{BH}=x$라 할 때, $3x^3-5x^2+4x+7$의 값은? (단, $x<1$) [4점]

① $13-3\sqrt{7}$ ② $14-3\sqrt{7}$ ③ $15-3\sqrt{7}$

④ $16-3\sqrt{7}$ ⑤ $17-3\sqrt{7}$

유형 8 이차방정식의 판별식

25 25455-0108 　　　　| 2024학년도 6월 고1 학력평가 7번 |

x에 대한 이차방정식 $x^2-2kx+k^2+3k-22=0$이 서로 다른 두 허근을 갖도록 하는 자연수 k의 최솟값은? [3점]

① 5　　　　　② 6　　　　　③ 7

④ 8　　　　　⑤ 9

Point

계수가 실수인 이차방정식 $ax^2+bx+c=0\ (a\neq0)$에서 판별식을 $D=b^2-4ac$라 할 때

(1) $D>0$이면 서로 다른 두 실근을 갖는다.

(2) $D=0$이면 중근(서로 같은 두 실근)을 갖는다.

(3) $D<0$이면 서로 다른 두 허근을 갖는다.

26 25455-0109 　　　　| 2023학년도 11월 고1 학력평가 22번 |

x에 대한 이차방정식 $x^2+10x+a=0$이 중근을 갖도록 하는 상수 a의 값을 구하시오. [3점]

27 25455-0110 　　　　| 2024학년도 9월 고1 학력평가 14번 |

x에 대한 이차방정식 $x^2-2(k-a)x+k^2-4k+b=0$이 실수 k의 값에 관계없이 항상 중근을 가질 때, 두 상수 a, b에 대하여 $a+b$의 값은? [4점]

① 2　　　　　② 3　　　　　③ 4

④ 5　　　　　⑤ 6

유형 9 이차방정식의 근과 계수의 관계

28 25455-0111 　　　　| 2024학년도 6월 고1 학력평가 23번 |

x에 대한 이차방정식 $x^2-3x+a=0$의 두 근이 1, b일 때, ab의 값을 구하시오. (단, a, b는 상수이다.) [3점]

Point

이차방정식 $ax^2+bx+c=0\ (a\neq0)$의 두 근을 α, β라 하면

$$\alpha+\beta=-\frac{b}{a},\ \alpha\beta=\frac{c}{a}$$

29 25455-0112 　　　　| 2023학년도 11월 고1 학력평가 3번 |

이차방정식 $x^2-2x+5=0$의 두 근을 α, β라 할 때, $\dfrac{1}{\alpha}+\dfrac{1}{\beta}$의 값은? [2점]

① $\dfrac{1}{10}$　　　② $\dfrac{1}{5}$　　　③ $\dfrac{3}{10}$

④ $\dfrac{2}{5}$　　　⑤ $\dfrac{1}{2}$

30 25455-0113 　　　　| 2024학년도 9월 고1 학력평가 7번 |

x에 대한 이차방정식 $x^2-x+k=0$이 서로 다른 두 근 α, β를 갖는다. $\alpha^3+\beta^3=10$일 때, 상수 k의 값은? [3점]

① -7　　　　② -6　　　　③ -5

④ -4　　　　⑤ -3

31 25455-0114 　　　　| 2024학년도 6월 고1 학력평가 26번 |

x에 대한 이차방정식 $3x^2-5x+k=0$의 두 근을 α, β라 할 때, $(3\alpha-k)(\alpha-1)+(3\beta-k)(\beta-1)=-10$을 만족시키는 실수 k의 값을 구하시오. [4점]

32 | 25455-0115 |　　　　| 2022학년도 6월 고1 학력평가 25번 |

x에 대한 이차방정식 $x^2-3x+k=0$의 두 근을 α, β라 할 때, $\dfrac{1}{\alpha^2-\alpha+k}+\dfrac{1}{\beta^2-\beta+k}=\dfrac{1}{4}$을 만족시키는 실수 k의 값을 구하시오. [3점]

33 | 25455-0116 |　　　　| 2022학년도 6월 고1 학력평가 14번 |

x에 대한 이차방정식 $x^2-2kx-k+20=0$이 서로 다른 두 실근 α, β를 가질 때, $\alpha\beta>0$을 만족시키는 모든 자연수 k의 개수는? [4점]

① 14　　　　② 15　　　　③ 16
④ 17　　　　⑤ 18

34 | 25455-0117 |　　　　| 2022학년도 9월 고1 학력평가 29번 |

두 실수 a, b에 대하여 이차방정식 $x^2+ax+b=0$의 서로 다른 두 근은 α, β이고, 이차방정식 $x^2+3ax+3b=0$의 서로 다른 두 근은 $\alpha+2$, $\beta+2$이다. 다음 조건을 만족시키는 자연수 n의 최솟값을 구하시오. [4점]

> (가) $\alpha^n+\beta^n>0$
> (나) $\alpha^n+\beta^n=\alpha^{n+1}+\beta^{n+1}$

유형 10 이차방정식의 근과 켤레복소수

35 | 25455-0118 |　　　　| 2023학년도 6월 고1 학력평가 10번 |

x에 대한 이차방정식 $2x^2+ax+b=0$의 한 근이 $2-i$일 때, $b-a$의 값은? (단, a, b는 실수이고, $i=\sqrt{-1}$이다.) [3점]

① 12　　　　② 14　　　　③ 16
④ 18　　　　⑤ 20

Point

(1) 계수가 모두 유리수인 이차방정식의 한 근이 $p+q\sqrt{m}$이면 $p-q\sqrt{m}$도 근이다. (단, p, q는 유리수, $q\neq0$, $\sqrt{m}$은 무리수)

(2) 계수가 모두 실수인 이차방정식의 한 근이 $p+qi$이면 $p-qi$도 근이다. (단, p, q는 실수, $q\neq0$, $i=\sqrt{-1}$)

36 | 25455-0119 |　　　　| 2023학년도 9월 고1 학력평가 25번 |

x에 대한 이차방정식 $x^2-px+p+19=0$이 서로 다른 두 허근을 갖는다. 한 허근의 허수부분이 2일 때, 양의 실수 p의 값을 구하시오. [3점]

37 | 25455-0120 |　　　　| 2023학년도 3월 고2 학력평가 17번 |

다음 조건을 만족시키는 허수 z가 존재하도록 하는 두 정수 m, n에 대하여 $m+n$의 최솟값은?
(단, $\bar{z}$는 z의 켤레복소수이다.) [4점]

> (가) $z^2+mz+n=0$
> (나) $z+\bar{z}=8$

① 3　　　　② 5　　　　③ 7
④ 9　　　　⑤ 11

유형 11 이차방정식과 이차함수의 관계

38 25455-0121 | 2022학년도 9월 고1 학력평가 12번 |

두 상수 a, b에 대하여 이차함수 $y=x^2+ax+b$의 그래프가 점 $(1, 0)$에서 x축과 접할 때, 이차함수 $y=x^2+bx+a$의 그래프가 x축과 만나는 두 점 사이의 거리는? [3점]

① 1　　　　② 2　　　　③ 3

④ 4　　　　⑤ 5

Point

이차함수 $y=ax^2+bx+c$ $(a\neq0)$의 그래프와 x축의 교점의 x좌표가 α, β이면 이차방정식 $ax^2+bx+c=0$의 두 실근이 α, β이다.

39 25455-0122 | 2024학년도 9월 고1 학력평가 19번 |

최고차항의 계수의 절댓값이 같은 두 이차함수 $y=f(x)$, $y=g(x)$의 그래프가 서로 다른 두 점 A, B에서 만나고, 직선 AB의 기울기는 -1이다. 두 함수 $f(x)$, $g(x)$가 다음 조건을 만족시킬 때, $f(-1)+g(-1)$의 값은? [4점]

(가) $f(x)-g(x)=-4(x+3)(x-2)$
(나) $f(-3)+g(2)=5$

① 4　　　　② 5　　　　③ 6

④ 7　　　　⑤ 8

40 25455-0123 | 2023학년도 3월 고2 학력평가 28번 |

자연수 n에 대하여 직선 $y=n$이 이차함수 $y=x^2-4x+4$의 그래프와 만나는 두 점의 x좌표를 각각 x_1, x_2라 하자. $\dfrac{|x_1|+|x_2|}{2}$의 값이 자연수가 되도록 하는 100 이하의 자연수 n의 개수를 구하시오. [4점]

유형 12 이차함수의 그래프와 x축의 위치 관계

41 25455-0124 | 2021학년도 6월 고1 학력평가 3번 |

이차함수 $y=x^2+4x+a$의 그래프가 x축과 접할 때, 상수 a의 값은? [2점]

① 4　　　　② 5　　　　③ 6

④ 7　　　　⑤ 8

Point

이차함수 $y=ax^2+bx+c$ $(a\neq0)$의 그래프와 x축의 위치 관계는 이차방정식 $ax^2+bx+c=0$의 판별식을 D라 할 때

(1) $D>0$ ➡ 서로 다른 두 점에서 만난다.

(2) $D=0$ ➡ 한 점에서 만난다. (접한다.)

(3) $D<0$ ➡ 만나지 않는다.

42 25455-0125 | 2022학년도 6월 고1 학력평가 10번 |

이차함수 $y=x^2+2(a-1)x+2a+13$의 그래프가 x축과 만나지 않도록 하는 모든 정수 a의 값의 합은? [3점]

① 12　　　　② 14　　　　③ 16

④ 18　　　　⑤ 20

43 25455-0126 | 2022학년도 9월 고1 학력평가 18번 |

함수 $f(x)=x^2+4x-3k^2-12k+40$의 그래프와 x축이 만나는 점의 개수와, 함수 $g(x)=x^2-12x+3k^2-36k+96$의 그래프와 x축이 만나는 점의 개수가 서로 같도록 하는 모든 정수 k의 개수는? [4점]

① 11　　　　② 13　　　　③ 15

④ 17　　　　⑤ 19

유형 13 이차함수의 그래프와 직선의 위치 관계

44 | 25455-0127 | | 2024학년도 9월 고1 학력평가 24번 |

직선 $y=2x$를 y축의 방향으로 m만큼 평행이동한 직선이 이차함수 $y=x^2-4x+12$의 그래프에 접할 때, 상수 m의 값을 구하시오. [3점]

Point

이차함수 $y=ax^2+bx+c$ $(a \neq 0)$의 그래프와 직선 $y=mx+n$의 위치 관계는 이차방정식 $ax^2+bx+c=mx+n$, 즉 $ax^2+(b-m)x+c-n=0$의 판별식을 D라 할 때

(1) $D>0$ ➡ 서로 다른 두 점에서 만난다.

(2) $D=0$ ➡ 한 점에서 만난다. (접한다.)

(3) $D<0$ ➡ 만나지 않는다.

45 | 25455-0128 | | 2022학년도 11월 고1 학력평가 23번 |

이차함수 $y=x^2+4x+k$의 그래프와 직선 $y=-2x+1$이 서로 다른 두 점에서 만나도록 하는 자연수 k의 최댓값을 구하시오. [3점]

46 | 25455-0129 | | 2024학년도 3월 고2 학력평가 24번 |

직선 $y=-x+k$가 이차함수 $y=x^2-2x+6$의 그래프와 만나도록 하는 자연수 k의 최솟값을 구하시오. [3점]

47 | 25455-0130 | | 2022학년도 3월 고2 학력평가 10번 |

점 $(-1, 0)$을 지나고 기울기가 m인 직선이 곡선 $y=x^2+x+4$에 접할 때, 양수 m의 값은? [3점]

① $\dfrac{3}{2}$ ② 2 ③ $\dfrac{5}{2}$

④ 3 ⑤ $\dfrac{7}{2}$

48 | 25455-0131 | | 2021학년도 9월 고1 학력평가 13번 |

직선 $y=x+k$가 이차함수 $y=x^2-2x+4$의 그래프와 만나고, 이차함수 $y=x^2-5x+15$의 그래프와 만나지 않도록 하는 모든 정수 k의 개수는? [3점]

① 3 ② 4 ③ 5

④ 6 ⑤ 7

49 | 25455-0132 | | 2018학년도 9월 고1 학력평가 14번 |

x에 대한 이차함수 $y=x^2-4kx+4k^2+k$의 그래프와 직선 $y=2ax+b$가 실수 k의 값에 관계없이 항상 접할 때, $a+b$의 값은? (단, a, b는 상수이다.) [4점]

① $\dfrac{1}{8}$ ② $\dfrac{3}{16}$ ③ $\dfrac{1}{4}$

④ $\dfrac{5}{16}$ ⑤ $\dfrac{3}{8}$

유형 -14 이차함수의 그래프와 직선의 교점

50 25455-0133 | 2020학년도 3월 고2 학력평가 8번 |

곡선 $y=2x^2-5x+a$와 직선 $y=x+12$가 서로 다른 두 점에서 만나고 두 교점의 x좌표의 곱이 -4일 때, 상수 a의 값은? [3점]

① 3   ② 4   ③ 5

④ 6   ⑤ 7

Point
이차함수 $y=f(x)$의 그래프와 직선 $y=g(x)$의 교점의 x좌표가 α, β이면 이차방정식 $f(x)=g(x)$의 두 실근이 α, β이다.

51 25455-0134 | 2024학년도 6월 고1 학력평가 14번 |

그림과 같이 이차함수 $y=-x^2+4x+5$의 그래프와 직선 $y=2x+a$가 한 점 A에서만 만난다.
이차함수 $y=-x^2+4x+5$의 그래프가 x축과 만나는 두 점 B, C에 대하여 삼각형 ABC의 넓이는? (단, a는 상수이다.)
[4점]

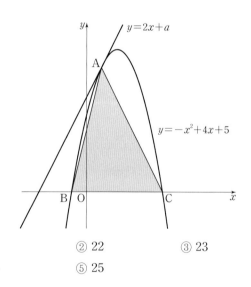

① 21   ② 22   ③ 23

④ 24   ⑤ 25

52 25455-0135 | 2022학년도 9월 고1 학력평가 16번 |

이차함수 $y=\dfrac{1}{2}(x-k)^2$의 그래프와 직선 $y=x$가 서로 다른 두 점 A, B에서 만난다. 두 점 A, B에서 x축에 내린 수선의 발을 각각 C, D라 하자. 선분 CD의 길이가 6일 때, 상수 k의 값은? [4점]

① $\dfrac{7}{2}$ ② 4   ③ $\dfrac{9}{2}$

④ 5   ⑤ $\dfrac{11}{2}$

53 25455-0136 | 2022학년도 6월 고1 학력평가 19번 |

이차함수 $y=x^2-3x+1$의 그래프와 직선 $y=x+2$로 둘러싸인 도형의 내부에 있는 점 중에서 x좌표와 y좌표가 모두 정수인 점의 개수는? [4점]

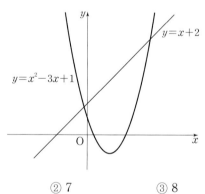

① 6   ② 7   ③ 8

④ 9   ⑤ 10

54 25455-0137 | 2023학년도 6월 고1 학력평가 17번 |

그림과 같이 이차함수 $y=ax^2\ (a>0)$의 그래프와 직선 $y=x+6$이 만나는 두 점 A, B의 x좌표를 각각 α, β라 하자. 점 B에서 x축에 내린 수선의 발을 H, 점 A에서 선분 BH에 내린 수선의 발을 C라 하자. $\overline{BC}=\dfrac{7}{2}$일 때, $\alpha^2+\beta^2$의 값은?

(단, $\alpha<\beta$) [4점]

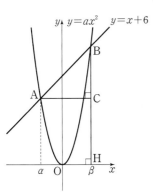

① $\dfrac{23}{4}$ ② $\dfrac{25}{4}$ ③ $\dfrac{27}{4}$

④ $\dfrac{29}{4}$ ⑤ $\dfrac{31}{4}$

55 25455-0138 | 2023학년도 6월 고1 학력평가 28번 |

그림과 같이 이차함수 $y=x^2-4x+\dfrac{25}{4}$의 그래프가 직선 $y=ax\ (a>0)$과 한 점 A에서만 만난다.

이차함수 $y=x^2-4x+\dfrac{25}{4}$의 그래프가 y축과 만나는 점을 B, 점 A에서 x축에 내린 수선의 발을 H라 하고, 선분 OA와 선분 BH가 만나는 점을 C라 하자.

삼각형 BOC의 넓이를 S_1, 삼각형 ACH의 넓이를 S_2라 할 때, $S_1-S_2=\dfrac{q}{p}$이다. $p+q$의 값을 구하시오.

(단, O는 원점이고, p와 q는 서로소인 자연수이다.) [4점]

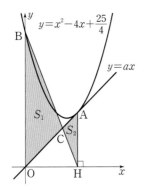

유형 15 제한된 범위에서 이차함수의 최대, 최소

56 25455-0139 | 2021학년도 9월 고1 학력평가 23번 |

$1\le x\le4$에서 이차함수 $f(x)=-(x-2)^2+15$의 최솟값을 구하시오. [3점]

Point

$\alpha\le x\le\beta$에서 이차함수 $f(x)=a(x-p)^2+q\ (a\ne0)$의 최댓값과 최솟값은

(1) $\alpha\le p\le\beta$일 때, $f(p)$, $f(\alpha)$, $f(\beta)$ 중 가장 큰 값이 최댓값, 가장 작은 값이 최솟값이다.

(2) $p<\alpha$ 또는 $p>\beta$일 때, $f(\alpha)$, $f(\beta)$ 중 큰 값이 최댓값, 작은 값이 최솟값이다.

57 25455-0140 | 2021학년도 11월 고1 학력평가 26번 |

$0\le x\le2$에서 정의된 이차함수 $f(x)=x^2-2ax+2a^2$의 최솟값이 10일 때, 함수 $f(x)$의 최댓값을 구하시오.

(단, a는 양수이다.) [4점]

58 25455-0141 | 2022학년도 6월 고1 학력평가 16번 |

그림과 같이 한 변의 길이가 2인 정삼각형 ABC에 대하여 변 BC의 중점을 P라 하고, 선분 AP 위의 점 Q에 대하여 선분 PQ의 길이를 x라 하자. $\overline{AQ}^2+\overline{BQ}^2+\overline{CQ}^2$은 $x=a$에서 최솟값 m을 가진다. $\dfrac{m}{a}$의 값은?

(단, $0<x<\sqrt{3}$이고, a는 실수이다.) [4점]

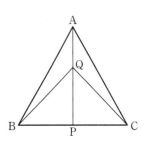

① $3\sqrt{3}$ ② $\dfrac{7\sqrt{3}}{2}$ ③ $4\sqrt{3}$

④ $\dfrac{9\sqrt{3}}{2}$ ⑤ $5\sqrt{3}$

59 25455-0142 | 2024학년도 6월 고1 학력평가 18번 |

$-2 \leq x \leq 2$에서 이차함수 $f(x)=x^2-(2a-b)x+a^2-4b$가 다음 조건을 만족시킨다.

> (가) 함수 $f(x)$는 $x=1$에서 최솟값을 가진다.
> (나) 함수 $f(x)$의 최댓값은 0이다.

$a+b$의 값은? (단, a, b는 상수이다.) [4점]

① 10 ② 11 ③ 12
④ 13 ⑤ 14

60 25455-0143 | 2022학년도 6월 고1 학력평가 21번 |

$1 \leq x \leq 2$에서 이차함수 $f(x)=(x-a)^2+b$의 최솟값이 5일 때, 두 실수 a, b에 대하여 옳은 것만을 <보기>에서 있는 대로 고른 것은? [4점]

> • 보기 •
> ㄱ. $a=\dfrac{3}{2}$일 때, $b=5$이다.
> ㄴ. $a \leq 1$일 때, $b=-a^2+2a+4$이다.
> ㄷ. $a+b$의 최댓값은 $\dfrac{29}{4}$이다.

① ㄱ ② ㄱ, ㄴ ③ ㄱ, ㄷ
④ ㄴ, ㄷ ⑤ ㄱ, ㄴ, ㄷ

61 25455-0144 | 2024학년도 9월 고1 학력평가 29번 |

두 양수 p, q에 대하여 이차함수 $f(x)=(x-p)^2+q$와 자연수 m이 다음 조건을 만족시킬 때, $f(10)$의 값을 구하시오.

[4점]

> (가) $0 \leq x \leq 3$에서 함수 $f(x)$의 최솟값은 m이고 최댓값은 $m+4$이다.
> (나) $0 \leq x \leq 5$에서 함수 $f(x)$의 최솟값은 m이고 최댓값은 $4m$이다.

유형 16 조건이 주어진 이차식의 최대, 최소

62 25455-0145 | 2017학년도 6월 고1 학력평가 16번 |

직선 $y=-\dfrac{1}{4}x+1$이 y축과 만나는 점을 A, x축과 만나는 점을 B라 하자. 점 $P(a, b)$가 점 A에서 직선 $y=-\dfrac{1}{4}x+1$을 따라 점 B까지 움직일 때, a^2+8b의 최솟값은? [4점]

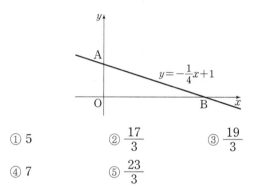

① 5 ② $\dfrac{17}{3}$ ③ $\dfrac{19}{3}$
④ 7 ⑤ $\dfrac{23}{3}$

Point

등식의 조건이 주어진 경우, 이차식의 최댓값과 최솟값은 다음과 같은 순서로 구한다.

(i) 주어진 등식을 한 문자에 대한 식으로 나타낸다.
(ii) (i)의 식을 이차식에 대입하여 한 문자에 대한 이차식으로 변형하여 최댓값 또는 최솟값을 구한다.

63 25455-0146 | 2017학년도 9월 고1 학력평가 29번 |

$2 \leq x \leq 4$에서 이차함수 $y=x^2-4ax+4a^2+b$의 최솟값이 4가 되도록 하는 두 실수 a, b에 대하여 $2a+b$의 최댓값을 M이라 하자. $4M$의 값을 구하시오. [4점]

유형 17 이차함수의 최대, 최소의 활용

64 25455-0147 | 2024학년도 9월 고1 학력평가 17번 |

$1 \le k \le 3$인 실수 k에 대하여 직선 $y=k(x+4)$ 위에 x좌표가 $-k$인 점 P가 있다. 두 점 $Q(-2, 0)$, $R(0, 1)$에 대하여 사각형 PQOR의 넓이의 최댓값은?

(단, O는 원점이다.) [4점]

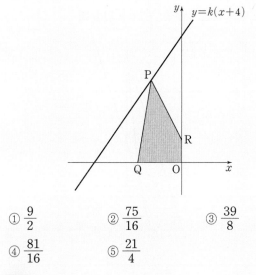

① $\dfrac{9}{2}$ ② $\dfrac{75}{16}$ ③ $\dfrac{39}{8}$

④ $\dfrac{81}{16}$ ⑤ $\dfrac{21}{4}$

Point
이차함수의 최대, 최소의 활용 문제를 풀 때에는 이차식을 완전제곱식으로 변형하여 제한된 범위에서 최댓값 또는 최솟값을 구한다.

65 25455-0148 | 2023학년도 11월 고1 학력평가 17번 |

양수 k에 대하여 이차함수 $f(x)=-x^2+4x+k+3$의 그래프와 직선 $y=2x+3$이 서로 다른 두 점 $(\alpha, f(\alpha))$, $(\beta, f(\beta))$에서 만난다. $\alpha \le x \le \beta$에서 함수 $f(x)$의 최댓값이 10일 때, $\alpha \le x \le \beta$에서 함수 $f(x)$의 최솟값은? (단, $\alpha < \beta$) [4점]

① 1   ② 2   ③ 3

④ 4   ⑤ 5

66 25455-0149 | 2024학년도 6월 고1 학력평가 29번 |

그림과 같이 반지름의 길이가 1이고 중심각의 크기가 $90°$인 부채꼴 OAB가 있다. 호 AB 위의 점 C에 대하여 선분 BC를 지름으로 하는 원을 그린다. 선분 BC의 중점을 지나고 직선 OB에 평행한 직선이 원과 만나는 점 중 점 B에 가까운 점을 P라 하자. $\overline{BC}=x$일 때, 삼각형 OAP의 넓이를 $S(x)$라 하자. $S(x)$의 최댓값이 $\dfrac{q}{p}$일 때, $p+q$의 값을 구하시오.

(단, $0<x<\sqrt{2}$이고, p와 q는 서로소인 자연수이다.) [4점]

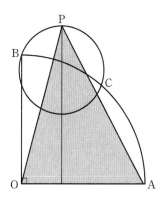

67 25455-0150 | 2023학년도 9월 고1 학력평가 28번 |

그림과 같이 $2<a<4$인 실수 a에 대하여 두 함수 $f(x)=ax^2$, $g(x)=-a(x-a)^2+a^2$의 그래프가 있다.

직선 $y=4a$와 함수 $y=f(x)$의 그래프가 만나는 점을 각각 A, B라 하고, 직선 $y=ax$와 함수 $y=g(x)$의 그래프가 만나는 점을 각각 C, D라 하자. 사각형 ACDB의 넓이의 최댓값을 M이라 할 때, $8 \times M$의 값을 구하시오.

(단, 점 A의 x좌표는 점 B의 x좌표보다 작고, 점 C의 x좌표는 점 D의 x좌표보다 작다.) [4점]

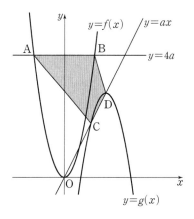

01 25455-0151

| 2024학년도 6월 고1 학력평가 17번 |

실수 a에 대하여 복소수 z를 $z=a^2-1+(a-1)i$라 하자. z^2이 음의 실수일 때,

$$\left(\frac{1-i}{\sqrt{2}}\right)^n=\frac{(z-\overline{z})i}{4}$$

가 되도록 하는 100 이하의 자연수 n의 개수는?

(단, $\overline{z}$는 z의 켤레복소수이고, $i=\sqrt{-1}$이다.) [4점]

① 8   ② 9   ③ 10

④ 11   ⑤ 12

02 25455-0152

| 2023학년도 6월 고1 학력평가 21번 |

1이 아닌 양수 k에 대하여 직선 $y=k$와 이차함수 $y=x^2$의 그래프가 만나는 두 점을 각각 A, B라 하고, 직선 $y=k$와 이차함수 $y=x^2-6x+6$의 그래프가 만나는 두 점을 각각 C, D라 할 때, <보기>에서 옳은 것만을 있는 대로 고른 것은? (단, 점 A의 x좌표는 점 B의 x좌표보다 작고, 점 C의 x좌표는 점 D의 x좌표보다 작다.) [4점]

━━ 보기 ━━
ㄱ. $k=6$일 때, $\overline{CD}=6$이다.
ㄴ. k의 값에 관계없이 $\overline{CD}^2-\overline{AB}^2$의 값은 일정하다.
ㄷ. $\overline{CD}+\overline{AB}=4$일 때, $k+\overline{BC}=\dfrac{17}{16}$이다.

① ㄱ   ② ㄱ, ㄴ   ③ ㄱ, ㄷ

④ ㄴ, ㄷ   ⑤ ㄱ, ㄴ, ㄷ

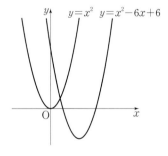

03 25455-0153

| 2018학년도 9월 고1 학력평가 20번 |

그림과 같이 최고차항의 계수가 1인 이차함수 $y=f(x)$의 그래프가 두 점 A$(1, 0)$, B$(a, 0)$을 지난다. 이차함수 $y=f(x)$의 그래프의 꼭짓점을 P, 점 A를 지나고 직선 PB에 평행한 직선이 이차함수 $y=f(x)$의 그래프와 만나는 점 중 A가 아닌 점을 Q, 점 Q에서 x축에 내린 수선의 발을 R라 하자. 직선 PB의 기울기를 m이라 할 때, <보기>에서 옳은 것만을 있는 대로 고른 것은? (단, $a>1$) [4점]

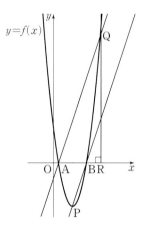

━━ 보기 ━━
ㄱ. $f(2)=2-a$
ㄴ. $\overline{AR}=3m$
ㄷ. 삼각형 BRQ의 넓이가 $\dfrac{81}{2}$일 때, $a+m=10$이다.

① ㄱ   ② ㄷ   ③ ㄱ, ㄴ

④ ㄴ, ㄷ   ⑤ ㄱ, ㄴ, ㄷ

04 | 25455-0154 | | 2024학년도 9월 고1 학력평가 21번 |

세 양수 a, b, c에 대하여 두 이차함수

$$f(x)=(x-a)^2+b,\ g(x)=-\frac{1}{2}(x-c)^2+11$$

이 있다. x에 대한 이차방정식 $f(x)=g(x)$는 서로 다른 두 실근 α, β $(\alpha<\beta)$를 갖는다.

함수 $h(x)$가

$$h(x)=\begin{cases} f(x) & (\alpha\le x\le\beta) \\ g(x) & (x<\alpha\ \text{또는}\ x>\beta) \end{cases}$$

일 때, 함수 $h(x)$는 다음 조건을 만족시킨다.

> 함수 $y=h(x)$의 그래프와 직선 $y=k$가 서로 다른 세 점에서만 만나도록 하는 실수 k의 값은 2와 3이다.

함수 $y=h(x)$의 그래프가 직선 $y=2$와 만나는 서로 다른 세 점의 x좌표의 합을 S라 하고, 직선 $y=3$과 만나는 서로 다른 세 점의 x좌표의 합을 T라 하자. $T-S=\dfrac{a}{2}$일 때, $h(\alpha+\beta)$의 값은? [4점]

① $\dfrac{17}{2}$ ② 9   ③ $\dfrac{19}{2}$

④ 10   ⑤ $\dfrac{21}{2}$

05 | 25455-0155 | | 2019학년도 6월 고1 학력평가 29번 |

$-2\le x\le5$에서 정의된 이차함수 $f(x)$가

$$f(0)=f(4),\ f(-1)+|f(4)|=0$$

을 만족시킨다. 함수 $f(x)$의 최솟값이 -19일 때, $f(3)$의 값을 구하시오. [4점]

06 | 25455-0156 | | 2024학년도 6월 고1 학력평가 30번 |

두 이차함수 $f(x)$, $g(x)$가 다음 조건을 만족시킨다.

> (가) 모든 실수 x에 대하여 $f(x)\le0\le g(x)$이다.
> (나) $k-2\le x\le k+2$에서 함수 $f(x)$의 최댓값과 $k-2\le x\le k+2$에서 함수 $g(x)$의 최솟값이 같게 되도록 하는 실수 k의 최솟값은 0, 최댓값은 1이다.
> (다) 방정식 $f(x)=f(0)$의 모든 실근의 합은 음수이다.

$f(1)=-2$, $g(1)=2$일 때, $f(3)+g(11)$의 값을 구하시오. [4점]

07 | 25455-0157 | | 2024학년도 3월 고2 학력평가 29번 |

다항식 $f(x)=x^4+(a+2)x^3+bx^2+ax+6$과 최고차항의 계수가 1이고 계수와 상수항이 모두 실수인 두 다항식 $g(x)$, $h(x)$가 다음 조건을 만족시킨다.

> (가) 방정식 $f(x)=0$은 실근을 갖지 않는다.
> (나) 다항식 $f(x)$는 두 다항식 $g(x)$, $h(x)$를 인수로 갖고, $h(x)$를 $g(x)$로 나눈 나머지는 $-4x-1$이다.

a^2+b^2의 값을 구하시오. (단, a, b는 상수이다.) [4점]

짚어보기 | 03 방정식과 부등식(2)

1. 삼차방정식과 사차방정식

(1) **삼차방정식과 사차방정식**: 다항식 $P(x)$가 x에 대한 삼차식, 사차식일 때, 방정식 $P(x)=0$을 각각 x에 대한 삼차방정식, 사차방정식이라 한다.

(2) **삼차방정식과 사차방정식의 풀이**
  ① 인수분해 공식을 이용한다.
  ② 공통부분이 있을 때에는 공통부분을 하나의 문자로 바꾸어 푼다.
  ③ 인수정리를 이용하여 인수를 찾아낸 다음 조립제법을 이용하여 인수분해한다.

(참고)
인수분해 공식을 적용할 수 없는 (사차식)=0 꼴의 사차방정식은 인수정리와 조립제법을 이용하여 해결할 수 있다.

2. 연립이차방정식

(1) **연립이차방정식**: 미지수가 2개인 연립방정식에서 차수가 가장 높은 방정식이 이차방정식일 때, 이 연립방정식을 연립이차방정식이라 한다.

(2) **연립이차방정식의 풀이**
  ① 일차방정식과 이차방정식으로 이루어진 연립이차방정식은 일차방정식을 한 미지수에 대해 정리한 것을 이차방정식에 대입하여 푼다.
  ② 이차방정식으로만 이루어진 연립이차방정식은 한 이차방정식에서 이차식을 두 일차식의 곱으로 인수분해한 후 일차방정식과 이차방정식으로 이루어진 연립이차방정식으로 만들어 ①의 방법을 이용하여 푼다.

중요
연립방정식 $x+y=u$, $xy=v$에 대하여 두 수 x, y를 근으로 하고, 이차항의 계수가 1인 t에 대한 이차방정식 $t^2-(x+y)t+xy=0$ 의 해가 연립방정식의 해가 된다.

3. 연립일차부등식

(1) 두 개 이상의 부등식을 한 쌍으로 묶어서 나타낸 것을 연립부등식이라 하며, 일차부등식으로 이루어진 연립부등식을 연립일차부등식이라 한다.

(2) 연립부등식을 풀 때는 연립부등식을 이루고 있는 각 부등식의 해를 구하고, 이들을 한 수직선 위에 나타내어 공통부분을 찾는다.

(참고)
실수 a, b, c에 대하여
(1) $a>b$, $b>c$이면 $a>c$
(2) $a>b$이면
  $a+c>b+c$, $a-c>b-c$
(3) $a>b$, $c>0$이면
  $ac>bc$, $\dfrac{a}{c}>\dfrac{b}{c}$
(4) $a>b$, $c<0$이면
  $ac<bc$, $\dfrac{a}{c}<\dfrac{b}{c}$

4. 절댓값 기호를 포함한 일차부등식

(1) $a>0$일 때
  ① $|x|<a$이면 $-a<x<a$
  ② $|x|>a$이면 $x<-a$ 또는 $x>a$

(2) 절댓값 기호를 포함한 부등식은 절댓값 기호 안의 식의 값이 0이 되는 미지수의 값을 기준으로 범위를 나누어 절댓값 기호를 없애고 푼다.

5. 이차부등식

(1) 부등식의 모든 항을 좌변으로 이항하여 정리하였을 때, 좌변이 x에 대한 이차식인 부등식을 x에 대한 이차부등식이라 한다.

(2) $f(x)=ax^2+bx+c$ $(a>0)$이라 할 때

$f(x)=0$의 판별식 D	$D>0$	$D=0$	$D<0$
$y=f(x)$의 그래프	(그래프) α β x	(그래프) α x	(그래프) x
$f(x)>0$의 해	$x<\alpha$ 또는 $x>\beta$	$x\neq\alpha$인 모든 실수	모든 실수
$f(x)<0$의 해	$\alpha<x<\beta$	없다.	없다.
$f(x)\geq0$의 해	$x\leq\alpha$ 또는 $x\geq\beta$	모든 실수	모든 실수
$f(x)\leq0$의 해	$\alpha\leq x\leq\beta$	$x=\alpha$	없다.

(참고)
이차부등식과 이차함수의 그래프의 관계
$a>0$
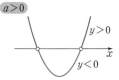
$a<0$
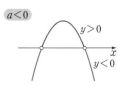

6. 연립이차부등식

연립이차부등식을 풀 때는 연립부등식을 이루고 있는 각 부등식의 해를 구한 다음 이들의 공통부분을 구한다.

주의
$a<0$일 때에는 이차부등식의 양변에 -1을 곱하여 x^2의 계수를 양수로 바꾸어 푼다.
이때 부등호의 방향에 주의한다.

정답과 풀이 **38**쪽

01 다음 방정식을 푸시오.

(1) $x^3 - 8 = 0$

(2) $x^4 - 5x^2 + 4 = 0$

(3) $x^3 - 7x + 6 = 0$

(4) $x^4 - 3x^3 - x^2 + 9x - 6 = 0$

02 계수가 실수인 삼차방정식 $x^3 + ax^2 + x + b = 0$의 한 근이 $2 + i$일 때, 나머지 두 근을 구하시오.

03 다음 연립방정식을 푸시오.

(1) $\begin{cases} x + y = 1 \\ x^2 + y^2 = 13 \end{cases}$

(2) $\begin{cases} x^2 - 4xy + 3y^2 = 0 \\ x^2 + xy - 8 = 0 \end{cases}$

04 다음 연립부등식을 푸시오.

(1) $\begin{cases} -3x + 7 \leq 1 \\ 4x + 3 > 3(2 + x) \end{cases}$

(2) $\begin{cases} x - 4 \leq -5 \\ 3x - 8 \geq -2 \end{cases}$

05 다음 부등식을 푸시오.

(1) $5x - 3 < 2x + 6 < 4x + 4$

(2) $3 + 2(x - 6) \leq -(x + 9) < 2(x - 1) - 1$

06 다음 부등식을 푸시오.

(1) $|x + 3| < 5$

(2) $|3x - 4| \geq 5$

07 다음 부등식을 푸시오.

(1) $|x| + |x - 3| \leq 7$

(2) $|x + 2| + |2x - 3| > 10$

08 다음 이차부등식을 푸시오.

(1) $x^2 - 5x + 4 > 0$

(2) $-2x^2 + 3x + 5 \geq 0$

(3) $x^2 - 2x + 1 < 0$

(4) $-4x^2 + 12x - 9 \geq 0$

(5) $x^2 + 5x + 9 > 0$

09 다음 연립부등식을 푸시오.

(1) $\begin{cases} 3x - 1 > 8 \\ x^2 - 5x - 6 \leq 0 \end{cases}$

(2) $\begin{cases} x^2 - 9x + 18 \geq 0 \\ x^2 - 3x < 4 \end{cases}$

유형 1 삼차방정식과 사차방정식의 풀이

01 25455-0158 | 2023학년도 6월 고1 학력평가 16번 |

x에 대한 삼차방정식 $(x-a)\{x^2+(1-3a)x+4\}=0$이 서로 다른 세 실근 1, α, β를 가질 때, $\alpha\beta$의 값은? (단, a는 상수이다.) [4점]

① 4   ② 6   ③ 8

④ 10   ⑤ 12

Point

$P(x)=0$ 꼴의 삼차방정식과 사차방정식은 다음과 같은 방법으로 푼다.

(1) 인수분해 공식을 이용하여 $P(x)$를 인수분해한다.

(2) $P(\alpha)=0$을 만족시키는 α를 찾은 후 인수정리와 조립제법을 이용하여 $P(x)$를 인수분해한다.

(3) 방정식에 공통부분이 있으면 공통부분을 한 문자로 치환하여 그 문자에 대한 식으로 변형한 후 인수분해한다.

02 25455-0159 | 2024학년도 3월 고2 학력평가 10번 |

삼차방정식 $x^3+x^2-2=0$의 한 허근을 $a+bi$라 할 때, $|a|+|b|$의 값은? (단, a, b는 실수이고, $i=\sqrt{-1}$이다.) [3점]

① 4   ② $\dfrac{7}{2}$ ③ 3

④ $\dfrac{5}{2}$ ⑤ 2

03 25455-0160 | 2022학년도 11월 고1 학력평가 11번 |

삼차방정식 $x^3+(k+1)x^2+(4k-3)x+k+7=0$은 서로 다른 세 실근 1, α, β를 갖는다. $|\alpha-\beta|$의 값은? (단, k는 상수이다.) [3점]

① 5   ② 7   ③ 9

④ 11   ⑤ 13

04 25455-0161 | 2016학년도 11월 고1 학력평가 10번 |

사차방정식 $(x^2-3x)^2+5(x^2-3x)+6=0$의 모든 실근의 곱은? [3점]

① -4 ② -1 ③ 2

④ 5   ⑤ 8

05 25455-0162 | 2024학년도 6월 고1 학력평가 12번 |

삼차방정식 $x^3+x^2+x-3=0$의 서로 다른 두 허근을 α, β라 할 때, $(\alpha^2+2\alpha+6)(\beta^2+2\beta+8)$의 값은? [3점]

① 11   ② 12   ③ 13

④ 14   ⑤ 15

06 25455-0163 | 2020학년도 9월 고1 학력평가 15번 |

x에 대한 삼차방정식 $x^3+(k-1)x^2-k=0$의 한 허근을 z라 할 때, $z+\bar{z}=-2$이다. 실수 k의 값은? (단, $\bar{z}$는 z의 켤레복소수이다.) [4점]

① $\dfrac{3}{2}$ ② 2   ③ $\dfrac{5}{2}$

④ 3   ⑤ $\dfrac{7}{2}$

07 25455-0164 | 2018학년도 6월 고1 학력평가 14번 |

삼차방정식 $x^3+2x^2-3x+4=0$의 세 근을 α, β, γ라 할 때, $(3+\alpha)(3+\beta)(3+\gamma)$의 값은? [4점]

① -5 ② -4 ③ -3
④ -2 ⑤ -1

08 25455-0165 | 2023학년도 11월 고1 학력평가 27번 |

삼차방정식 $x^3-3x^2+4x-2=0$의 한 허근을 ω라 할 때, $\{\omega(\overline{\omega}-1)\}^n=256$을 만족시키는 자연수 n의 값을 구하시오. (단, $\overline{\omega}$는 ω의 켤레복소수이다.) [4점]

09 25455-0166 | 2019학년도 9월 고1 학력평가 20번 |

9 이하의 자연수 n에 대하여 다항식 $P(x)$가
$$P(x)=x^4+x^2-n^2-n$$
일 때, <보기>에서 옳은 것만을 있는 대로 고른 것은? [4점]

┌─ 보기 ─────────────────────┐
ㄱ. $P(\sqrt{n})=0$
ㄴ. 방정식 $P(x)=0$의 실근의 개수는 2이다.
ㄷ. 모든 정수 k에 대하여 $P(k)\ne0$이 되도록 하는 모든 n의 값의 합은 31이다.
└──────────────────────────┘

① ㄱ   ② ㄷ   ③ ㄱ, ㄴ
④ ㄴ, ㄷ   ⑤ ㄱ, ㄴ, ㄷ

유형 **2** 근 또는 근의 조건이 주어진 삼차방정식, 사차방정식

10 25455-0167 | 2024학년도 9월 고1 학력평가 15번 |

x에 대한 삼차방정식 $x^3+5x^2+(a-6)x-a=0$의 서로 다른 실근의 개수가 2가 되도록 하는 모든 실수 a의 값의 합은? [4점]

① 1   ② 2   ③ 3
④ 4   ⑤ 5

Point

(1) 방정식 $P(x)=0$의 한 근이 α이면 $P(\alpha)=0$이다.

(2) 삼차방정식 $P(x)=0$의 근의 조건이 주어지면 $P(\alpha)=0$임을 이용하여 $P(x)=(x-\alpha)(ax^2+bx+c)$ 꼴로 변형한 후 이차방정식 $ax^2+bx+c=0$의 판별식을 이용한다.

11 25455-0168 | 2024학년도 6월 고1 학력평가 10번 |

사차방정식 $(x^2-3x)(x^2-3x+6)+5=0$의 서로 다른 두 실근을 α, β라 할 때, $\alpha\beta$의 값은? [3점]

① 1   ② 2   ③ 3
④ 4   ⑤ 5

12 25455-0169 | 2023학년도 9월 고1 학력평가 18번 |

세 실수 a, b, c에 대하여 삼차다항식
$$P(x)=x^3+ax^2+bx+c$$
가 다음 조건을 만족시킨다.

┌──────────────────────────┐
(가) x에 대한 삼차방정식 $P(x)=0$은 한 실근과 서로 다른 두 허근을 갖고, 서로 다른 두 허근의 곱은 5이다.
(나) x에 대한 삼차방정식 $P(3x-1)=0$은 한 근 0과 서로 다른 두 허근을 갖고, 서로 다른 두 허근의 합은 2이다.
└──────────────────────────┘

$a+b+c$의 값은? [4점]

① 3   ② 4   ③ 5
④ 6   ⑤ 7

13 25455-0170 ｜ 2023학년도 6월 고1 학력평가 18번 ｜

다음은 자연수 n에 대하여 x에 대한 사차방정식

$$4x^4-4(n+2)x^2+(n-2)^2=0$$

이 서로 다른 네 개의 정수해를 갖도록 하는 20 이하의 모든 n의 값을 구하는 과정이다.

$P(x)=4x^4-4(n+2)x^2+(n-2)^2$이라 하자.

$x^2=X$라 하면 주어진 방정식 $P(x)=0$은

$4X^2-4(n+2)X+(n-2)^2=0$이고

근의 공식에 의해 $X=\dfrac{n+2\pm\sqrt{\boxed{\text{(가)}}}}{2}$이다.

그러므로 $X=\left(\sqrt{\dfrac{n}{2}}+1\right)^2$ 또는 $X=\left(\sqrt{\dfrac{n}{2}}-1\right)^2$에서

$x=\sqrt{\dfrac{n}{2}}+1$ 또는 $x=-\sqrt{\dfrac{n}{2}}-1$ 또는 $x=\sqrt{\dfrac{n}{2}}-1$

또는 $x=-\sqrt{\dfrac{n}{2}}+1$이다.

방정식 $P(x)=0$이 정수해를 갖기 위해서는 $\sqrt{\dfrac{n}{2}}$이 자연수가 되어야 한다.

따라서 자연수 n에 대하여 방정식 $P(x)=0$이 서로 다른 네 개의 정수해를 갖도록 하는 20 이하의 모든 n의 값은 $\boxed{\text{(나)}}$, $\boxed{\text{(다)}}$이다.

위의 (가)에 알맞은 식을 $f(n)$이라 하고, (나), (다)에 알맞은 수를 각각 a, b라 할 때, $f(b-a)$의 값은? (단, $a<b$) [4점]

① 48 ② 56 ③ 64
④ 72 ⑤ 80

14 25455-0171 ｜ 2024학년도 6월 고1 학력평가 20번 ｜

x에 대한 삼차방정식

$$x^3-(a^2+a-1)x^2-a(a-3)x+4a=0$$

이 서로 다른 세 실근 α, β, γ $(\alpha<\beta<\gamma)$를 가질 때, $\alpha\times\gamma=-4$가 되도록 하는 모든 실수 a의 값의 합은? [4점]

① 1 ② 2 ③ 3
④ 4 ⑤ 5

유형 3 방정식 $x^3=1$의 허근의 성질

15 25455-0172 ｜ 2005학년도 11월 고1 학력평가 27번 ｜

삼차방정식 $x^3=1$의 한 허근을 ω라 할 때,

$$\frac{1}{\omega+1}+\frac{1}{\omega^2+1}+\frac{1}{\omega^3+1}+\cdots+\frac{1}{\omega^{30}+1}$$

의 값을 구하시오. [4점]

Point

방정식 $x^3=1$의 한 허근을 ω라 할 때 (단, $\overline{\omega}$는 ω의 켤레복소수)

(1) $\omega^3=1$, $\omega^2+\omega+1=0$

(2) $\omega+\overline{\omega}=-1$, $\omega\overline{\omega}=1$

(3) 다른 한 허근은 ω^2이고, $\omega^2=\overline{\omega}=\dfrac{1}{\omega}$이다.

16 25455-0173 ｜ 2017학년도 11월 고1 학력평가 18번 ｜

삼차방정식 $x^3=1$의 한 허근을 ω라 할 때, <보기>에서 옳은 것만을 있는 대로 고른 것은?

(단, $\overline{\omega}$는 ω의 켤레복소수이다.) [4점]

보기

ㄱ. $\overline{\omega}^3=1$

ㄴ. $\dfrac{1}{\omega}+\left(\dfrac{1}{\omega}\right)^2=\dfrac{1}{\overline{\omega}}+\left(\dfrac{1}{\overline{\omega}}\right)^2$

ㄷ. $(-\omega-1)^n=\left(\dfrac{\overline{\omega}}{\omega+\overline{\omega}}\right)^n$을 만족시키는 100 이하의 자연수 n의 개수는 50이다.

① ㄱ ② ㄷ ③ ㄱ, ㄴ
④ ㄴ, ㄷ ⑤ ㄱ, ㄴ, ㄷ

유형 4 일차방정식과 이차방정식으로 이루어진 연립이차방정식

17 25455-0174 | 2023학년도 11월 고1 학력평가 24번 |

연립방정식

$$\begin{cases} x-y=3 \\ x^2-3xy+2y^2=6 \end{cases}$$

의 해를 $x=\alpha$, $y=\beta$라 할 때, $\alpha+\beta$의 값을 구하시오. [3점]

Point

일차방정식과 이차방정식으로 이루어진 연립이차방정식은 다음과 같은 순서로 푼다.

(ⅰ) 일차방정식을 한 문자에 대하여 정리한다.

(ⅱ) (ⅰ)의 식을 이차방정식에 대입하여 푼다.

18 25455-0175 | 2023학년도 6월 고1 학력평가 9번 |

연립방정식

$$\begin{cases} 4x^2-y^2=27 \\ 2x+y=3 \end{cases}$$

의 해를 $x=\alpha$, $y=\beta$라 할 때, $\alpha-\beta$의 값은? [3점]

① 2   ② 4   ③ 6

④ 8   ⑤ 10

19 25455-0176 | 2023학년도 9월 고1 학력평가 9번 |

연립방정식

$$\begin{cases} 2x-y=1 \\ 5x^2-y^2=-5 \end{cases}$$

의 해를 $x=\alpha$, $y=\beta$라 할 때, $\alpha-\beta$의 값은? [3점]

① 1   ② 2   ③ 3

④ 4   ⑤ 5

20 25455-0177 | 2021학년도 11월 고1 학력평가 12번 |

연립방정식

$$\begin{cases} 3x-2y=7 \\ 6x^2-xy-2y^2=0 \end{cases}$$

의 해를 $x=\alpha$, $y=\beta$라 할 때, $\alpha-\beta$의 값은? [3점]

① 1   ② 2   ③ 3

④ 4   ⑤ 5

21 25455-0178 | 2018학년도 6월 고1 학력평가 11번 |

x, y에 대한 두 연립방정식

$$\begin{cases} 3x+y=a \\ 2x+2y=1 \end{cases}, \begin{cases} x^2-y^2=-1 \\ x-y=b \end{cases}$$

의 해가 일치할 때, 두 상수 a, b에 대하여 ab의 값은? [3점]

① 1   ② 2   ③ 3

④ 4   ⑤ 5

22 25455-0179 | 2024학년도 6월 고1 학력평가 13번 |

x, y에 대한 연립방정식

$$\begin{cases} x-y=3 \\ x^2-xy-y^2=k \end{cases}$$

의 해를 $\begin{cases} x=\alpha \\ y=\alpha-3 \end{cases}$ 또는 $\begin{cases} x=\beta \\ y=\beta-3 \end{cases}$ 이라 하자.

α, β가 서로 다른 두 실수가 되도록 하는 자연수 k의 최댓값은? [3점]

① 10   ② 11   ③ 12

④ 13   ⑤ 14

유형 **5** 두 이차방정식으로 이루어진 연립이차방정식

23 25455-0180 | 2024학년도 9월 고1 학력평가 25번 |

연립방정식
$$\begin{cases} x^2-4xy+4y^2=0 \\ x^2-6x-12y+36=0 \end{cases}$$
의 해가 $x=\alpha$, $y=\beta$일 때, $\alpha\beta$의 값을 구하시오. [3점]

Point

이차방정식과 이차방정식으로 이루어진 연립이차방정식은 다음과 같은 순서로 푼다.

(i) 인수분해가 되는 이차방정식을 두 일차식의 곱으로 인수분해하여 두 일차방정식을 얻는다.

(ii) (i)의 두 일차방정식을 다른 이차방정식에 각각 대입하여 푼다.

24 25455-0181 | 2020학년도 3월 고2 학력평가 13번 |

연립방정식
$$\begin{cases} x^2-3xy+2y^2=0 \\ x^2-y^2=9 \end{cases}$$
의 해를
$$\begin{cases} x=\alpha_1 \\ y=\beta_1 \end{cases} \text{ 또는 } \begin{cases} x=\alpha_2 \\ y=\beta_2 \end{cases}$$
라 하자. $\alpha_1<\alpha_2$일 때, $\beta_1-\beta_2$의 값은? [3점]

① $-2\sqrt{3}$ ② $-2\sqrt{2}$ ③ $2\sqrt{2}$
④ $2\sqrt{3}$ ⑤ 4

25 25455-0182 | 2022학년도 6월 고1 학력평가 12번 |

연립방정식
$$\begin{cases} x+y+xy=8 \\ 2x+2y-xy=4 \end{cases}$$
의 해를 $x=\alpha$, $y=\beta$라 할 때, $\alpha^2+\beta^2$의 값은? [3점]

① 8 ② 10 ③ 12
④ 14 ⑤ 16

26 25455-0183 | 2016학년도 9월 고1 학력평가 9번 |

등식 $(3+2i)x^2-5(2y+i)x=8+12i$를 만족시키는 두 정수 x, y에 대하여 $x+y$의 값은? (단, $i=\sqrt{-1}$) [3점]

① 1 ② 2 ③ 3
④ 4 ⑤ 5

27 25455-0184 | 2018학년도 6월 고1 학력평가 28번 |

한 모서리의 길이가 a인 정육면체 모양의 입체도형이 있다. 이 입체도형에서 그림과 같이 밑면의 반지름의 길이가 b이고 높이가 a인 원기둥 모양의 구멍을 뚫었다. 남아 있는 입체도형의 겉넓이가 $216+16\pi$일 때, 두 유리수 a, b에 대하여 $15(a-b)$의 값을 구하시오. (단, $a>2b$) [4점]

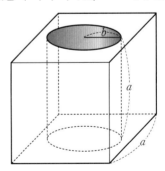

유형 6 연립일차부등식의 풀이

28 25455-0185 | 2024학년도 9월 고1 학력평가 23번 |

연립부등식

$$\begin{cases} 2x \le x+11 \\ x+5 < 4x-2 \end{cases}$$

를 만족시키는 모든 정수 x의 개수를 구하시오. [3점]

Point

연립일차부등식은 다음과 같은 순서로 푼다.

(i) 주어진 각각의 일차부등식의 해를 구한다.

(ii)(i)의 해를 수직선 위에 나타내어 공통부분을 찾아 연립부등식의
　　해를 구한다.

29 25455-0186 | 2023학년도 11월 고1 학력평가 4번 |

연립부등식

$$\begin{cases} 3x \ge 2x+3 \\ x-10 \le -x \end{cases}$$

를 만족시키는 모든 정수 x의 값의 합은? [3점]

① 10   ② 12   ③ 14

④ 16   ⑤ 18

30 25455-0187 | 2019학년도 6월 고1 학력평가 15번 |

x에 대한 연립부등식

$$\begin{cases} x+2 > 3 \\ 3x < a+1 \end{cases}$$

을 만족시키는 모든 정수 x의 값의 합이 9가 되도록 하는 자연수 a의 최댓값은? [4점]

① 10   ② 11   ③ 12

④ 13   ⑤ 14

31 25455-0188 | 2018학년도 9월 고1 학력평가 26번 |

x에 대한 연립부등식

$$3x-1 < 5x+3 \le 4x+a$$

를 만족시키는 정수 x의 개수가 8이 되도록 하는 자연수 a의
값을 구하시오. [4점]

32 25455-0189 | 2020학년도 3월 고1 학력평가 28번 |

다음은 어느 학교의 수학 캠프에서 두 학생이 참가자들에게
나눠줄 초콜릿을 상자에 담으면서 나눈 대화의 일부이다.

위 학생들의 대화를 만족시키는 상자의 개수의 최댓값을 M,
최솟값을 m이라 할 때, $M+m$의 값을 구하시오. [4점]

유형 7 절댓값 기호를 포함한 일차부등식

33 25455-0190 | 2023학년도 6월 고1 학력평가 5번 |

부등식 $|2x-3|<5$의 해가 $a<x<b$일 때, $a+b$의 값은?

[3점]

① 2   ② $\dfrac{5}{2}$ ③ 3

④ $\dfrac{7}{2}$ ⑤ 4

Point

(1) 양수 a에 대하여

   ① $|x|<a$의 해는 $-a<x<a$

   ② $|x|>a$의 해는 $x<-a$ 또는 $x>a$

(2) 절댓값 기호를 포함한 부등식은 절댓값 기호 안의 식의 값이 0이 되는 미지수의 값을 경계로 범위를 나누어 푼다.

34 25455-0191 | 2023학년도 9월 고1 학력평가 23번 |

부등식 $|x-5|<2$를 만족시키는 모든 정수 x의 값의 합을 구하시오. [3점]

35 25455-0192 | 2018학년도 6월 고1 학력평가 7번 |

x에 대한 부등식

$$|x-a|<2$$

를 만족시키는 모든 정수 x의 값의 합이 33일 때, 자연수 a의 값은? [3점]

① 11   ② 12   ③ 13

④ 14   ⑤ 15

36 25455-0193 | 2024학년도 6월 고1 학력평가 9번 |

x에 대한 부등식 $|x-1|<n$을 만족시키는 정수 x의 개수가 9가 되도록 하는 자연수 n의 값은? [3점]

① 3   ② 4   ③ 5

④ 6   ⑤ 7

37 25455-0194 | 2019학년도 11월 고1 학력평가 10번 |

부등식 $x>|3x+1|-7$을 만족시키는 모든 정수 x의 값의 합은? [3점]

① -2 ② -1 ③ 0

④ 1   ⑤ 2

38 25455-0195 | 2011학년도 11월 고1 학력평가 23번 |

부등식 $|x+1|+|x-2|<5$를 만족시키는 정수 x의 개수를 구하시오. [3점]

유형 8 이차부등식의 풀이

39 | 25455-0196 |　　　　　　　　| 2017학년도 6월 고1 학력평가 4번 |

이차부등식 $x^2-7x+12 \geq 0$의 해가 $x \leq \alpha$ 또는 $x \geq \beta$일 때, $\beta-\alpha$의 값은? [3점]

① 1　　　　　② 3　　　　　③ 5
④ 7　　　　　⑤ 9

Point

이차부등식 $f(x)>0$, $f(x)<0$, $f(x)\geq 0$, $f(x)\leq 0$에 대하여 이차 방정식 $f(x)=0$의 판별식을 D라 할 때, 이차부등식의 해는 다음과 같이 구한다.

(1) $D>0$일 때, $f(x)$를 인수분해하거나 근의 공식을 이용한다.

(2) $D=0$ 또는 $D<0$일 때는 $f(x)$를 $a(x-p)^2+q$ 꼴로 변형한다.

40 | 25455-0197 |　　　　　　　　| 2016학년도 11월 고1 학력평가 5번 |

이차부등식 $x^2-4x-21<0$을 만족시키는 정수 x의 개수는? [3점]

① 3　　　　　② 6　　　　　③ 9
④ 12　　　　　⑤ 15

41 | 25455-0198 |　　　　　　　　| 2024학년도 6월 고1 학력평가 21번 |

최고차항의 계수가 2인 이차함수 $f(x)$와 최고차항의 계수가 -1인 이차함수 $g(x)$가 다음 조건을 만족시킨다.

> (가) 함수 $y=f(x)$의 그래프가 직선 $y=x$와 원점이 아닌 서로 다른 두 점 P, Q에서 만난다.
> (나) 함수 $y=g(x)$의 그래프가 직선 $y=x$와 한 점 P에서만 만난다.
> (다) 점 P의 x좌표는 점 Q의 x좌표보다 작고, $\overline{OP}=\overline{PQ}$이다.

부등식 $f(x)+g(x)\geq 0$의 해가 모든 실수일 때, 점 P의 x좌표의 최댓값은? (단, O는 원점이다.) [4점]

① $1+\sqrt{3}$　　　② $2+\sqrt{3}$　　　③ $3+\sqrt{3}$
④ $4+\sqrt{3}$　　　⑤ $5+\sqrt{3}$

유형 9 해가 주어진 이차부등식

42 | 25455-0199 |　　　　　　　　| 2024학년도 6월 고1 학력평가 4번 |

x에 대한 이차부등식 $x^2+ax+6<0$의 해가 $2<x<3$일 때, 상수 a의 값은? [3점]

① -5　　　　② -4　　　　③ -3
④ -2　　　　⑤ -1

Point

(1) 해가 $x<\alpha$ 또는 $x>\beta$ $(\alpha<\beta)$이고 x^2의 계수가 1인 x에 대한 이차부등식은
$$(x-\alpha)(x-\beta)>0,\ \text{즉}\ x^2-(\alpha+\beta)x+\alpha\beta>0$$

(2) 해가 $\alpha<x<\beta$이고 x^2의 계수가 1인 x에 대한 이차부등식은
$$(x-\alpha)(x-\beta)<0,\ \text{즉}\ x^2-(\alpha+\beta)x+\alpha\beta<0$$

43 | 25455-0200 |　　　　　　　　| 2024학년도 9월 고1 학력평가 8번 |

x에 대한 이차부등식 $x^2+ax-12\leq 0$의 해가 $-4\leq x \leq b$일 때, 두 상수 a, b에 대하여 $a-b$의 값은? [3점]

① -6　　　　② -5　　　　③ -4
④ -3　　　　⑤ -2

44 | 25455-0201 |　　　　　　　　| 2022학년도 6월 고1 학력평가 15번 |

이차다항식 $P(x)$가 다음 조건을 만족시킬 때, $P(-1)$의 값은? [4점]

> (가) 부등식 $P(x)\geq -2x-3$의 해는 $0\leq x \leq 1$이다.
> (나) 방정식 $P(x)=-3x-2$는 중근을 가진다.

① -3　　　　② -4　　　　③ -5
④ -6　　　　⑤ -7

유형 10 항상 성립하는 이차부등식

45 25455-0202 | 2023학년도 9월 고1 학력평가 13번 |

모든 실수 x에 대하여 이차부등식

$$x^2+(m+2)x+2m+1>0$$

이 성립하도록 하는 모든 정수 m의 값의 합은? [3점]

① 3   ② 4   ③ 5

④ 6   ⑤ 7

Point

(1) 이차방정식 $ax^2+bx+c=0$의 판별식을 D라 할 때, 모든 실수 x에 대하여 주어진 이차부등식이 항상 성립할 조건은 다음과 같다.

① $ax^2+bx+c>0$이 성립한다. ➡ $a>0$, $D<0$

② $ax^2+bx+c \geq 0$이 성립한다. ➡ $a>0$, $D \leq 0$

③ $ax^2+bx+c<0$이 성립한다. ➡ $a<0$, $D<0$

④ $ax^2+bx+c \leq 0$이 성립한다. ➡ $a<0$, $D \leq 0$

(2) 제한된 범위에서 항상 성립하는 이차부등식은 이차함수의 그래프를 그린 후 주어진 범위에서 최솟값(또는 최댓값)의 부호와 경계에서의 함숫값의 부호를 확인한다.

46 25455-0203 | 2021학년도 6월 고1 학력평가 24번 |

x에 대한 이차부등식 $x^2+8x+(a-6)<0$이 해를 갖지 않도록 하는 실수 a의 최솟값을 구하시오. [3점]

47 25455-0204 | 2015학년도 6월 고1 학력평가 12번 |

$3 \leq x \leq 5$인 실수 x에 대하여 부등식

$$x^2-4x-4k+3 \leq 0$$

이 항상 성립하도록 하는 상수 k의 최솟값은? [3점]

① 1   ② 2   ③ 3

④ 4   ⑤ 5

유형 11 연립이차부등식의 풀이

48 25455-0205 | 2024학년도 9월 고1 학력평가 11번 |

연립부등식

$$\begin{cases} x^2-x-12 \leq 0 \\ x^2-3x+2>0 \end{cases}$$

을 만족시키는 모든 정수 x의 값의 합은? [3점]

① 1   ② 2   ③ 3

④ 4   ⑤ 5

Point

연립이차부등식은 다음과 같은 순서로 푼다.

(ⅰ) 각 부등식의 해를 구한다.

(ⅱ) (ⅰ)의 해를 수직선 위에 나타내어 공통부분을 구한다.

49 25455-0206 | 2024학년도 3월 고2 학력평가 7번 |

연립부등식

$$\begin{cases} 2x+1<3 \\ x^2-2x-15 \leq 0 \end{cases}$$

을 만족시키는 모든 정수 x의 개수는? [3점]

① 4   ② 5   ③ 6

④ 7   ⑤ 8

50 25455-0207 | 2022학년도 11월 고1 학력평가 7번 |

연립부등식

$$\begin{cases} 2x-6 \geq 0 \\ x^2-8x+12 \leq 0 \end{cases}$$

을 만족시키는 모든 자연수 x의 값의 합은? [3점]

① 15   ② 16   ③ 17

④ 18   ⑤ 19

51 `25455-0208`

| 2017학년도 11월 고1 학력평가 9번 |

연립부등식

$$\begin{cases} |x-1| \le 3 \\ x^2 - 8x + 15 > 0 \end{cases}$$

을 만족시키는 정수 x의 개수는? [3점]

① 1   ② 2   ③ 3

④ 4   ⑤ 5

52 `25455-0209`

| 2021학년도 3월 고2 학력평가 17번 |

$a < 0$일 때, x에 대한 연립부등식

$$\begin{cases} (x-a)^2 < a^2 \\ x^2 + a < (a+1)x \end{cases}$$

의 해가 $b < x < b+1$이다. $a+b$의 값은?

(단, a, b는 상수이다.) [4점]

① 2   ② 1   ③ 0

④ −1   ⑤ −2

53 `25455-0210`

| 2024학년도 6월 고1 학력평가 27번 |

x에 대한 연립부등식

$$\begin{cases} x^2 - 11x + 24 < 0 \\ x^2 - 2kx + k^2 - 9 > 0 \end{cases}$$

의 해가 $\alpha < x < \beta$일 때, $\beta - \alpha = 2$를 만족시키는 모든 실수 k의 값의 합을 구하시오. [4점]

유형 12 해가 주어진 연립이차부등식

54 `25455-0211`

| 2023학년도 6월 고1 학력평가 27번 |

자연수 n에 대하여 x에 대한 연립부등식

$$\begin{cases} |x-n| > 2 \\ x^2 - 14x + 40 \le 0 \end{cases}$$

을 만족시키는 자연수 x의 개수가 2가 되도록 하는 모든 n의 값의 합을 구하시오. [4점]

Point

연립이차부등식의 해가 주어지면 각각의 부등식의 해의 공통부분이 주어진 연립부등식의 해와 일치하도록 수직선 위에 나타낸다.

55 `25455-0212`

| 2023학년도 11월 고1 학력평가 11번 |

x에 대한 연립부등식

$$\begin{cases} |x-5| < 1 \\ x^2 - 4ax + 3a^2 > 0 \end{cases}$$

이 해를 갖지 않도록 하는 자연수 a의 개수는? [3점]

① 3   ② 4   ③ 5

④ 6   ⑤ 7

56 `25455-0213`

| 2022학년도 3월 고2 학력평가 15번 |

연립부등식

$$\begin{cases} |x-k| \le 5 \\ x^2 - x - 12 > 0 \end{cases}$$

을 만족시키는 모든 정수 x의 값의 합이 7이 되도록 하는 정수 k의 값은? [4점]

① −2   ② −1   ③ 0

④ 1   ⑤ 2

01 25455-0214 | 2018학년도 6월 고1 학력평가 29번 |

최고차항의 계수가 음수인 이차다항식 $P(x)$가 모든 실수 x
에 대하여
$$\{P(x)+x\}^2=(x-a)(x+a)(x^2+5)+9$$
를 만족시킨다. $\{P(a)\}^2$의 값을 구하시오. (단, $a>0$) [4점]

03 25455-0216 | 2021학년도 6월 고1 학력평가 30번 |

5 이상의 자연수 n에 대하여 다항식
$$P_n(x)=(1+x)(1+x^2)(1+x^3)\cdots(1+x^{n-1})(1+x^n)-64$$
가 x^2+x+1로 나누어떨어지도록 하는 모든 자연수 n의 값
의 합을 구하시오. [4점]

04 25455-0217 | 2020학년도 3월 고2 학력평가 20번 |

x에 대한 사차방정식
$$x^4+(3-2a)x^2+a^2-3a-10=0$$
이 실근과 허근을 모두 가질 때, 이 사차방정식에 대하여
<보기>에서 옳은 것만을 있는 대로 고른 것은?

(단, a는 실수이다.) [4점]

▪ 보기 ▪

ㄱ. $a=1$이면 모든 실근의 곱은 -3이다.
ㄴ. 모든 실근의 곱이 -4이면 모든 허근의 곱은 3이다.
ㄷ. 정수인 근을 갖도록 하는 모든 실수 a의 값의 합은 -1
이다.

① ㄱ   ② ㄱ, ㄴ   ③ ㄱ, ㄷ
④ ㄴ, ㄷ   ⑤ ㄱ, ㄴ, ㄷ

02 25455-0215 | 2016학년도 6월 고1 학력평가 21번 |

모든 실수 x에 대하여 부등식
$$-x^2+3x+2\le mx+n\le x^2-x+4$$
가 성립할 때, m^2+n^2의 값은? (단, m, n은 상수이다.) [4점]

① 8   ② 10   ③ 12
④ 14   ⑤ 16

05 25455-0218 | 2019학년도 3월 고2 학력평가 가형 20번 |

x에 대한 삼차식

$$f(x)=x^3+(2a-1)x^2+(b^2-2a)x-b^2$$

에 대하여 <보기>에서 옳은 것만을 있는 대로 고른 것은? [4점]

■ 보기 ■

ㄱ. $f(x)$는 $x-1$을 인수로 갖는다.

ㄴ. $a<b<0$인 어떤 두 실수 a, b에 대하여 방정식 $f(x)=0$의 서로 다른 실근의 개수는 2이다.

ㄷ. 방정식 $f(x)=0$이 서로 다른 세 실근을 갖고 세 근의 합이 7이 되도록 하는 두 정수 a, b의 모든 순서쌍 (a, b)의 개수는 5이다.

---

① ㄱ   ② ㄱ, ㄴ   ③ ㄱ, ㄷ

④ ㄴ, ㄷ   ⑤ ㄱ, ㄴ, ㄷ

06 25455-0219 | 2021학년도 11월 고1 학력평가 29번 |

그림과 같이 $\overline{AD}=4$인 등변사다리꼴 ABCD에 대하여 선분 AB를 지름으로 하는 원과 선분 CD를 지름으로 하는 원이 오직 한 점에서 만난다. 사각형 ABCD의 넓이와 둘레의 길이를 각각 S, l이라 하면 $S^2+8l=6720$이다. $\overline{BD}^2$의 값을 구하시오. (단, $\overline{AD}<\overline{BC}$, $\overline{AB}=\overline{CD}$) [4점]

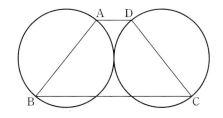

07 25455-0220 | 2018학년도 3월 고2 학력평가 가형 29번 |

함수 $f(x)=x^2+2x-8$에 대하여 부등식

$$\frac{|f(x)|}{3}-f(x)\geq m(x-2)$$

를 만족시키는 정수 x의 개수가 10이 되도록 하는 양수 m의 최솟값을 구하시오. [4점]

08 25455-0221 | 2017학년도 6월 고1 학력평가 21번 |

x에 대한 연립부등식

$$\begin{cases} x^2-a^2x\geq 0 \\ x^2-4ax+4a^2-1<0 \end{cases}$$

을 만족시키는 정수 x의 개수가 1이 되기 위한 모든 실수 a의 값의 합은? (단, $0<a<\sqrt{2}$) [4점]

① $\dfrac{3}{2}$ ② $\dfrac{25}{16}$ ③ $\dfrac{13}{8}$

④ $\dfrac{27}{16}$ ⑤ $\dfrac{7}{4}$

짚어보기 | 04 경우의 수

1. 경우의 수

(1) 합의 법칙
두 사건 A, B가 동시에 일어나지 않을 때, 사건 A와 사건 B가 일어나는 경우의 수가 각각 m, n이면, 사건 A 또는 사건 B가 일어나는 경우의 수는 $m+n$이다.

(2) 곱의 법칙
두 사건 A, B에 대하여 사건 A가 일어나는 경우의 수가 m이고 그 각각에 대하여 사건 B가 일어나는 경우의 수가 n일 때, 두 사건 A, B가 동시에 일어나는 경우의 수는 $m \times n$이다.

> (참고)
> 합의 법칙은 어느 두 사건도 동시에 일어나지 않는 셋 이상의 사건에 대해서도 성립한다.

> (참고)
> 곱의 법칙은 두 사건이 잇달아 일어나는 경우에도 성립하고 동시에 일어나는 셋 이상의 사건에 대해서도 성립한다.

2. 순열

(1) 서로 다른 n개에서 $r\,(0 < r \leq n)$개를 택하여 일렬로 나열하는 것을 n개에서 r개를 택하는 순열이라 하고, 이 순열의 수를 기호로 $_n\mathrm{P}_r$과 같이 나타낸다.

(2) 1부터 n까지의 자연수를 차례대로 곱한 것을 n의 계승이라 하며, 이것을 기호로 $n!$과 같이 나타낸다. 즉, $n! = n(n-1)(n-2) \times \cdots \times 3 \times 2 \times 1$이다.

(3) 순열의 수
서로 다른 n개에서 r개를 택하는 순열의 수는

$$_n\mathrm{P}_r = \underbrace{n(n-1)(n-2) \times \cdots \times (n-r+1)}_{r\text{개}} \ (\text{단}, 0 < r \leq n)$$

첫 번째	두 번째	세 번째	...	r번째
↑	↑	↑		↑
n가지	$(n-1)$가지	$(n-2)$가지		$(n-r+1)$가지

① $_n\mathrm{P}_r = \dfrac{n!}{(n-r)!}$ (단, $0 \leq r \leq n$)

② $0! = 1$, $_n\mathrm{P}_n = n!$, $_n\mathrm{P}_0 = 1$

> $_n\mathrm{P}_r$의 P는 순열을 뜻하는 Permutation의 첫 글자이다.

> $n!$은 'n팩토리얼(factorial)'이라고 읽기도 한다.

> (참고)
> $_n\mathrm{P}_r$
> 서로 다른 ↰ ↱ 택하는 것의
> 것의 개수   개수

> (참고)
> 사건이 일어나는 모든 경우를 나뭇가지 모양의 그림으로 나타낸 것을 수형도 (tree graph)라 한다.

3. 조합

(1) 서로 다른 n개에서 순서를 생각하지 않고 $r\,(0 < r \leq n)$개를 택하는 것을 n개에서 r개를 택하는 조합이라 하고, 이 조합의 수를 기호로 $_n\mathrm{C}_r$과 같이 나타낸다.

(2) 조합의 수
① $_n\mathrm{C}_r = \dfrac{_n\mathrm{P}_r}{r!} = \dfrac{n!}{r!(n-r)!}$ (단, $0 \leq r \leq n$)

② $_n\mathrm{C}_n = 1$, $_n\mathrm{C}_0 = 1$

③ $_n\mathrm{C}_r = {_n\mathrm{C}_{n-r}}$ (단, $0 \leq r \leq n$)

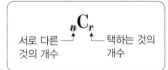

> $_n\mathrm{C}_r$의 C는 조합을 뜻하는 Combination의 첫 글자이다.

4. 조합과 순열의 비교

	조합	순열
정의	서로 다른 n개에서 순서를 생각하지 않고 $r\,(0 < r \leq n)$개를 택하는 경우의 수 $_n\mathrm{C}_r$	서로 다른 n개에서 $r\,(0 < r \leq n)$개를 택하여 일렬로 나열하는 경우의 수 $_n\mathrm{P}_r$
순서	고려하지 않는다.	고려한다.

01 서로 다른 두 개의 주사위를 동시에 던질 때, 나오는 눈의 수의 합이 4의 배수인 경우의 수를 구하시오.

02 음이 아닌 정수 x, y에 대하여 $x+y \leq 4$를 만족시키는 순서쌍 (x, y)의 개수를 구하시오.

03 서로 다른 꽃병 2개와 서로 다른 꽃 5송이가 있다. 꽃병에 꽃을 꽂기 위해서 꽃병 한 개와 꽃 한 송이를 동시에 택하는 경우의 수를 구하시오.

04 하영이는 서로 다른 종류의 티셔츠, 바지, 점퍼를 각각 4개, 5개, 2개 가지고 있다. 하영이가 이 중에서 티셔츠, 바지, 점퍼를 각각 하나씩 택하여 입는 경우의 수를 구하시오.

05 다음 수의 약수의 개수를 구하시오.
(1) 54
(2) 360

06 그림과 같이 네 지점 A, B, C, D를 연결하는 도로망이 있다. 주어진 도로를 이용하여 A지점에서 D지점까지 가는 경우의 수를 구하시오.
(단, 같은 지점은 두 번 이상 지나지 않는다.)

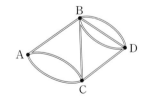

07 다음 값을 구하시오.
(1) $_6P_2$
(2) $_4P_3$
(3) $_7P_3$
(4) $_9P_1$
(5) $0! \times 5!$
(6) $_8P_0$

08 세 개의 숫자 1, 2, 3과 두 개의 문자 a, b를 일렬로 나열할 때, 다음을 구하시오.
(1) 두 개의 문자를 서로 이웃하게 나열하는 경우의 수
(2) 숫자와 문자를 교대로 나열하는 경우의 수

09 다섯 개의 숫자 0, 1, 2, 3, 4를 모두 사용하여 만들 수 있는 다섯 자리 자연수 중에서 짝수의 개수를 구하시오.

10 다음 값을 구하시오.
(1) $_7C_2$
(2) $_8C_6$
(3) $_5C_5$
(4) $_4C_0$

11 다음을 구하시오.
(1) 색이 서로 다른 8장의 색종이 중에서 2장을 뽑는 경우의 수
(2) 10명의 학생 중에서 4명의 줄다리기 선수를 정하는 경우의 수
(3) 어느 세 점도 일직선 위에 있지 않은 7개의 점 중에서 택한 3개의 점을 꼭짓점으로 하는 삼각형의 개수

12 1부터 9까지의 숫자가 각각 하나씩 적힌 9개의 공이 들어 있는 주머니에서 3개의 공을 동시에 꺼낼 때, 다음을 구하시오.
(1) 1이 적힌 공을 포함하는 경우의 수
(2) 짝수가 적힌 공 1개와 홀수가 적힌 공 2개를 꺼내는 경우의 수

유형 1 합의 법칙

01 25455-0222 | 2004학년도 4월 고3 학력평가 가형 29번 |

각 면에 1에서부터 6까지의 정수가 적힌 정육면체의 주사위를 세 번 던져서 나온 수를 차례로 x, y, z라 할 때, $x+2y+3z=15$를 만족시키는 순서쌍 (x, y, z)의 개수는? [4점]

① 9 　　　 ② 10 　　　 ③ 11
④ 12 　　　 ⑤ 13

Point

두 사건 A, B가 동시에 일어나지 않을 때, 사건 A와 사건 B가 일어나는 경우의 수가 각각 m, n이면

(사건 A 또는 사건 B가 일어나는 경우의 수)$=m+n$

02 25455-0223 | 2016학년도 10월 고3 학력평가 가형 26번 |

장미 8송이, 카네이션 6송이, 백합 8송이가 있다. 이 중 1송이를 골라 꽃병 A에 꽂고, 이 꽃과는 다른 종류의 꽃들 중 꽃병 B에 꽂을 꽃 9송이를 고르는 경우의 수를 구하시오.

(단, 같은 종류의 꽃은 서로 구분하지 않는다.) [4점]

꽃병 A　　　　　꽃병 B

03 25455-0224 | 2010학년도 6월 고1 학력평가 18번 |

출발점에 말을 놓고 주사위를 던져 나온 눈의 수만큼 말을 이동시켜 20번 칸에 도착하면 끝나게 되는 게임이 있다. 그림과 같이 게임판에는 1번부터 20번까지의 숫자가 차례대로 적혀 있고, 5번(★)이나 15번(◉) 칸에 말이 도착하면 게임판의 〈게임 규칙〉에 따르기로 한다. 혼자서 게임할 때, 주사위를 세 번 던져 게임이 끝나는 경우의 수는? [4점]

〈게임 규칙〉

5번 칸 (★) : 뒤로 두 칸 이동

15번 칸 (◉) : 20번 칸으로 이동

① 6 　　　 ② 7 　　　 ③ 8
④ 9 　　　 ⑤ 10

유형 2 곱의 법칙

04 25455-0225 | 2005학년도 4월 고3 학력평가 가형 27번 |

한 개의 주사위를 두 번 던져 나온 눈의 수의 합이 짝수가 되는 경우의 수는? [3점]

① 9   ② 12   ③ 16

④ 18   ⑤ 21

Point

두 사건 A, B에 대하여 사건 A가 일어나는 경우의 수가 m이고 그 각각에 대하여 사건 B가 일어나는 경우의 수가 n이면

(두 사건 A, B가 동시에 일어나는 경우의 수)$=m \times n$

05 25455-0226 | 2005학년도 7월 고3 학력평가 나형 5번 |

다항식 $(a+b+c)(p+q+r)-(a+b)(s+t)$를 전개하였을 때 항의 개수는? [3점]

① 5   ② 7   ③ 9

④ 11   ⑤ 13

06 25455-0227 | 2010학년도 3월 고1 학력평가 16번 |

어느 고등학교의 방학 중 방과후학교에서 1교시에는 2개 강좌, 2교시에는 3개 강좌, 3교시에는 4개 강좌를 개설하였다. 어떤 학생이 개설된 서로 다른 9개 강좌 중 2개 강좌를 선택하여 수강하려고 할 때, 그 방법의 수는?

(단, 한 교시에는 1개 강좌만 수강할 수 있다.) [3점]

① 20   ② 26   ③ 30

④ 36   ⑤ 40

07 25455-0228 | 2009학년도 4월 고3 학력평가 가형 13번 |

서로 다른 네 가지의 색이 있다. 이 중 네 가지 이하의 색을 이용하여 인접한 행정 구역을 구별할 수 있도록 모두 칠하고자 한다. 다섯 개의 구역을 서로 다른 색으로 칠할 수 있는 모든 경우의 수는?

(단, 행정 구역에는 한 가지 색만을 칠한다.) [3점]

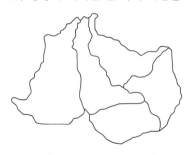

① 108   ② 144   ③ 216

④ 288   ⑤ 324

08 25455-0229 | 2008학년도 10월 고3 학력평가 나형 28번 |

어떤 인터넷 사이트의 회원인 철수는 자신의 회원번호를 이용하여 다음과 같은 규칙에 따라 4자리 자연수인 비밀번호를 만들려고 한다.

> (가) 각 자리의 숫자는 모두 다르다.
> (나) 회원번호의 각 자리에 쓰인 숫자와 0은 사용할 수 없다.
> (다) 회원번호가 나타내는 수보다 큰 4의 배수이다.

철수의 회원번호가 6549일 때, 만들 수 있는 서로 다른 비밀번호의 개수는? [3점]

① 12　　　　② 14　　　　③ 16
④ 18　　　　⑤ 20

09 25455-0230 | 2007학년도 10월 고3 학력평가 가형 24번/나형 24번 |

그림과 같이 다섯 개의 영역으로 나누어진 도형이 있다. 각 영역에 빨간색, 노란색, 파란색 중 한 가지 색을 칠하는데, 인접한 영역은 서로 다른 색을 칠하여 구별하려고 한다. 칠할 수 있는 방법의 수를 구하시오. [4점]

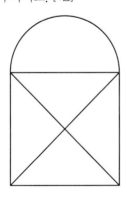

10 25455-0231 | 2007학년도 4월 고3 학력평가 가형 29번 |

동전 한 개를 던져 앞면이 나오면 H, 뒷면이 나오면 T로 나타내자. 동전 한 개를 6번 던져 HTHTTT, THTHHT와 같이 H 바로 다음에 T가 나오는 경우가 2번만 나타나는 모든 경우의 수는? [4점]

① 19　　　　② 21　　　　③ 23
④ 25　　　　⑤ 27

11 25455-0232 | 2020학년도 3월 고2 학력평가 17번 |

그림과 같이 크기가 같은 6개의 정사각형에 1부터 6까지의 자연수가 하나씩 적혀 있다.

1	2	3
4	5	6

서로 다른 4가지 색의 일부 또는 전부를 사용하여 다음 조건을 만족시키도록 6개의 정사각형에 색을 칠하는 경우의 수는? (단, 한 정사각형에 한 가지 색만을 칠한다.) [4점]

> (가) 1이 적힌 정사각형과 6이 적힌 정사각형에는 같은 색을 칠한다.
> (나) 변을 공유하는 두 정사각형에는 서로 다른 색을 칠한다.

① 72　　　　② 84　　　　③ 96
④ 108　　　　⑤ 120

유형 3 수형도를 이용한 경우의 수

12 25455-0233 | 2012학년도 3월 고1 학력평가 28번 |

숫자 1, 2, 3을 전부 또는 일부를 사용하여 같은 숫자가 이웃하지 않도록 다섯 자리 자연수를 만든다. 이때 만의 자리 숫자와 일의 자리 숫자가 같은 경우의 수를 구하시오. [4점]

Point

규칙성을 찾기 어려운 경우의 수를 구할 때에는 수형도를 이용하면 중복되지 않고 빠짐없이 모든 경우를 나열할 수 있다.

13 25455-0234 | 2009학년도 11월 고2 학력평가 가형 25번 |

다음 조건을 모두 만족하는 5자리 자연수의 개수를 구하시오. [4점]

㈎ 각 자리의 숫자는 1 또는 2이다.
㈏ 같은 숫자가 연속해서 3번 이상 나올 수 없다.

유형 4 순열의 수

14 25455-0235 | 2018학년도 10월 고3 학력평가 가형 22번 |

4명의 학생을 일렬로 세우는 경우의 수를 구하시오. [3점]

Point

(1) 서로 다른 n개에서 $r\ (0 < r \le n)$개를 택하는 순열의 수 ➡ $_n\mathrm{P}_r$

(2) 서로 다른 n개를 모두 나열하는 순열의 수 ➡ $_n\mathrm{P}_n = n!$

15 25455-0236 | 2023학년도 3월 고2 학력평가 3번 |

$_5\mathrm{P}_3$의 값은? [2점]

① 20   ② 30   ③ 40
④ 50   ⑤ 60

16 25455-0237 | 2016학년도 4월 고3 학력평가 나형 10번 |

할머니, 아버지, 어머니, 아들, 딸로 구성된 5명의 가족이 있다. 이 가족이 그림과 같이 번호가 적힌 5개의 의자에 모두 앉을 때, 아버지, 어머니가 모두 홀수 번호가 적힌 의자에 앉는 경우의 수는? [3점]

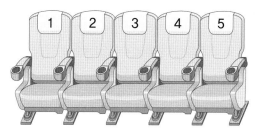

① 28   ② 30   ③ 32
④ 34   ⑤ 36

17 25455-0238 | 2023학년도 3월 고2 학력평가 12번 |

1학년 학생 2명과 2학년 학생 4명이 있다. 이 6명의 학생이 일렬로 나열된 6개의 의자에 다음 조건을 만족시키도록 모두 앉는 경우의 수는? [3점]

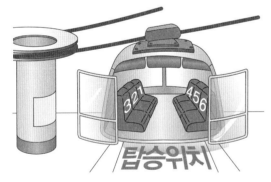

(가) 1학년 학생끼리는 이웃하지 않는다.
(나) 양 끝에 있는 의자에는 모두 2학년 학생이 앉는다.

① 96   ② 120   ③ 144
④ 168   ⑤ 192

18 25455-0239 | 2019학년도 3월 고2 학력평가 가형 10번 |

그림과 같이 한 줄에 3개씩 모두 6개의 좌석이 있는 케이블카가 있다. 두 학생 A, B를 포함한 5명의 학생이 이 케이블카에 탑승하여 A, B는 같은 줄의 좌석에 앉고 나머지 세 명은 맞은편 줄의 좌석에 앉는 경우의 수는? [3점]

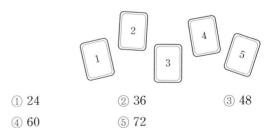

① 48   ② 54   ③ 60
④ 66   ⑤ 72

유형 5 이웃하거나 이웃하지 않는 순열의 수

19 25455-0240 | 2021학년도 3월 고2 학력평가 24번 |

7개의 문자 c, h, e, e, r, u, p를 모두 일렬로 나열할 때, 2개의 문자 e가 서로 이웃하게 되는 경우의 수를 구하시오. [3점]

Point

(1) 이웃하는 순열의 수
➡ 이웃하는 것을 하나로 묶어 생각하여 일렬로 나열하는 방법의 수를 구한 후, 이웃하는 것끼리 자리를 바꾸는 방법의 수를 곱하여 구한다.

(2) 이웃하지 않는 순열의 수
➡ 이웃해도 되는 것을 일렬로 나열하는 방법의 수를 구한 후, 나열한 것 사이사이와 양 끝에 이웃하지 않는 것을 나열하는 방법의 수를 곱하여 구한다.

20 25455-0241 | 2022학년도 3월 고2 학력평가 7번 |

숫자 1, 2, 3, 4, 5가 하나씩 적혀 있는 5장의 카드가 있다. 이 5장의 카드를 모두 일렬로 나열할 때, 짝수가 적혀 있는 카드끼리 서로 이웃하지 않도록 나열하는 경우의 수는? [3점]

① 24   ② 36   ③ 48
④ 60   ⑤ 72

21 25455-0242 | 2011학년도 3월 고2 학력평가 29번 |

그림과 같이 의자 6개가 나란히 설치되어 있다. 여학생 2명과 남학생 3명이 모두 의자에 앉을 때, 여학생이 이웃하지 않게 앉는 경우의 수를 구하시오. (단, 두 학생 사이에 빈 의자가 있는 경우는 이웃하지 않는 것으로 한다.) [4점]

22 25455-0243 | 2019학년도 3월 고2 학력평가 나형 28번 |

어느 관광지에서 7명의 관광객 A, B, C, D, E, F, G가 마차를 타려고 한다. 그림과 같이 이 마차에는 4개의 2인용 의자가 있고, 마부는 가장 앞에 있는 2인용 의자의 오른쪽 좌석에 앉는다. 7명의 관광객이 다음 조건을 만족시키도록 비어 있는 7개의 좌석에 앉는 경우의 수를 구하시오. [4점]

(가) A와 B는 같은 2인용 의자에 이웃하여 앉는다.

(나) C와 D는 같은 2인용 의자에 이웃하여 앉지 않는다.

유형 6 $_n\mathrm{P}_r$과 $_n\mathrm{C}_r$의 계산과 증명

23 25455-0244 | 2017학년도 7월 고3 학력평가 나형 23번 |

$_5\mathrm{P}_2 + _4\mathrm{C}_3$의 값을 구하시오. [3점]

Point

(1) $_n\mathrm{P}_r = n(n-1)(n-2) \times \cdots \times (n-r+1)$ (단, $0 < r \le n$)

$\qquad = \dfrac{n!}{(n-r)!}$ (단, $0 \le r \le n$)

(2) $0! = 1$, $_n\mathrm{P}_n = n!$, $_n\mathrm{P}_0 = 1$

(3) $_n\mathrm{C}_r = \dfrac{_n\mathrm{P}_r}{r!} = \dfrac{n!}{r!(n-r)!}$ (단, $0 \le r \le n$)

(4) $_n\mathrm{C}_n = 1$, $_n\mathrm{C}_0 = 1$

(5) $_n\mathrm{C}_r = _n\mathrm{C}_{n-r}$ (단, $0 \le r \le n$)

24 25455-0245 | 2024학년도 3월 고2 학력평가 3번 |

$_4\mathrm{C}_2$의 값은? [2점]

① 6   ② 7   ③ 8

④ 9   ⑤ 10

25 25455-0246 | 2022학년도 3월 고2 학력평가 3번 |

$_5\mathrm{C}_3 \times 3!$의 값은? [2점]

① 15   ② 30   ③ 45

④ 60   ⑤ 75

26 25455-0247 | 2021학년도 3월 고2 학력평가 4번 |

등식 $_{10}P_3 = n \times {}_{10}C_3$을 만족시키는 n의 값은? [3점]

① 2   ② 4   ③ 6

④ 8   ⑤ 10

27 25455-0248 | 2016학년도 10월 고3 학력평가 나형 4번 |

등식 $_nP_2 - {}_7C_2 = 21$을 만족시키는 자연수 n의 값은? [3점]

① 6   ② 7   ③ 8

④ 9   ⑤ 10

28 25455-0249 | 2014학년도 3월 고2 학력평가 B형 4번 |

$_nC_2 + {}_{n+1}C_3 = 2 \cdot {}_nP_2$를 만족시키는 자연수 n의 값은?

(단, $n \geq 2$) [3점]

① 5   ② 6   ③ 7

④ 8   ⑤ 9

29 25455-0250 | 2005학년도 10월 고3 학력평가 가형 12번/나형 12번 |

다음은 서로 다른 n개에서 r개를 선택하는 조합의 수 $_nC_r (r \leq n)$에 대한 어떤 성질을 설명하는 과정이다.

서로 다른 n개를 ①, ②, ③, $\cdots$, Ⓝ이라 하자.

(i) ①을 포함하여 r개를 선택하는 조합의 수는 (가) 이다.

②를 포함하여 r개를 선택하는 조합의 수는 (가) 이다.

③을 포함하여 r개를 선택하는 조합의 수는 (가) 이다.

$\vdots$

Ⓝ을 포함하여 r개를 선택하는 조합의 수는 (가) 이다.

이상을 모두 합하면 $n \times$ (가) 이다. $\cdots\cdots$ ㉠

(ii) 그런데 위의 ㉠에 있는 조합의 수 중에는 ①, ②, ③, $\cdots$, Ⓡ의 r개로 구성된 하나의 조합이 (나) 번 반복되어 계산되었다.

(중략)

(i), (ii)로부터 서로 다른 n개에서 r개를 선택하는 조합의 수 $_nC_r$는

$$_nC_r = \boxed{\text{(다)}} \times {}_{n-1}C_{r-1}$$

위의 과정에서 (가), (나), (다)에 알맞은 것은? [3점]

	(가)	(나)	(다)
①	$_{n-1}C_{r-1}$	r	$\dfrac{r}{n}$
②	$_nC_{r-1}$	r	$\dfrac{n}{r}$
③	$_{n-1}C_{r-1}$	n	$\dfrac{r}{n}$
④	$_{n-1}C_{r-1}$	r	$\dfrac{n}{r}$
⑤	$_nC_{r-1}$	n	$\dfrac{r}{n}$

유형 7 조합의 수

30 | 25455-0251 | | 2019학년도 3월 고2 학력평가 나형 6번 |

서로 다른 6개의 과목 중에서 서로 다른 3개를 선택하는 경우의 수는? [3점]

① 12   ② 14   ③ 16
④ 18   ⑤ 20

Point

(1) 서로 다른 n개에서 순서를 생각하지 않고 $r(0<r\leq n)$개를 택하는 경우의 수 ➡ $_n\mathrm{C}_r$

(2) 서로 다른 n개에서 m개를 택한 후 나머지에서 k개를 택하는 경우의 수 ➡ $_n\mathrm{C}_m\times_{n-m}\mathrm{C}_k$

31 | 25455-0252 | | 2019학년도 3월 고2 학력평가 가형 8번 |

9개의 숫자 0, 0, 0, 1, 1, 1, 1, 1, 1을 0끼리는 어느 것도 이웃하지 않도록 일렬로 나열하여 만들 수 있는 아홉 자리의 자연수의 개수는? [3점]

① 12   ② 14   ③ 16
④ 18   ⑤ 20

32 | 25455-0253 | | 2017학년도 3월 고3 학력평가 가형 12번 |

$c<b<a<10$인 자연수 a, b, c에 대하여 백의 자리의 수, 십의 자리의 수, 일의 자리의 수가 각각 a, b, c인 세 자리의 자연수 중 500보다 크고 700보다 작은 모든 자연수의 개수는? [3점]

① 12   ② 14   ③ 16
④ 18   ⑤ 20

33 | 25455-0254 | | 2023학년도 3월 고2 학력평가 27번 |

서로 다른 네 종류의 인형이 각각 2개씩 있다. 이 8개의 인형 중에서 5개를 선택하는 경우의 수를 구하시오.

(단, 같은 종류의 인형끼리는 서로 구별하지 않는다.) [4점]

34 | 25455-0255 | | 2022학년도 3월 고2 학력평가 28번 |

그림과 같이 한 개의 정삼각형과 세 개의 정사각형으로 이루어진 도형이 있다.

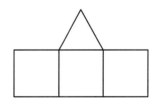

숫자 1, 2, 3, 4, 5, 6 중에서 중복을 허락하여 네 개를 택해 네 개의 정다각형 내부에 하나씩 적을 때, 다음 조건을 만족시키는 경우의 수를 구하시오. [4점]

⑺ 세 개의 정사각형에 적혀 있는 수는 모두 정삼각형에 적혀 있는 수보다 작다.
⑻ 변을 공유하는 두 정사각형에 적혀 있는 수는 서로 다르다.

35 25455-0256 | 2016학년도 3월 고3 학력평가 가형 17번 |

1부터 8까지의 자연수가 각각 하나씩 적혀 있는 8장의 카드 중에서 동시에 5장의 카드를 선택하려고 한다. 선택한 카드에 적혀 있는 수의 합이 짝수인 경우의 수는? [4점]

① 24   ② 28   ③ 32

④ 36   ⑤ 40

유형 8 도형의 개수

36 25455-0257 | 2004학년도 4월 고3 학력평가 가형 26번 |

그림과 같이 삼각형 위에 7개의 점이 있다. 이 중 두 점을 연결하여 만들 수 있는 직선의 개수는? [3점]

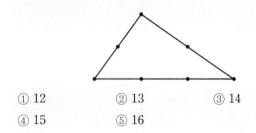

① 12   ② 13   ③ 14

④ 15   ⑤ 16

Point

(1) 어느 세 점도 일직선 위에 있지 않은 서로 다른 n개의 점 중에서

① 두 점을 이어 만들 수 있는 직선의 개수 ➡ $_nC_2$

② 세 점을 이어 만들 수 있는 삼각형의 개수 ➡ $_nC_3$

(2) m개의 평행선과 n개의 평행선이 서로 만날 때 생기는 평행사변형의 개수 ➡ $_mC_2 \times _nC_2$

37 25455-0258 | 2020학년도 3월 고2 학력평가 15번 |

삼각형 ABC에서, 꼭짓점 A와 선분 BC 위의 네 점을 연결하는 4개의 선분을 그리고, 선분 AB 위의 세 점과 선분 AC 위의 세 점을 연결하는 3개의 선분을 그려 그림과 같은 도형을 만들었다. 이 도형의 선들로 만들 수 있는 삼각형의 개수는? [4점]

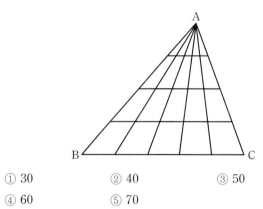

① 30   ② 40   ③ 50

④ 60   ⑤ 70

38 25455-0259 | 2010학년도 4월 고3 학력평가 가형 26번 |

그림은 평행사변형의 각 변을 4등분하여 얻은 도형이다. 이 도형의 선들로 만들 수 있는 평행사변형 중에서 색칠한 부분을 포함하는 평행사변형의 개수는? [3점]

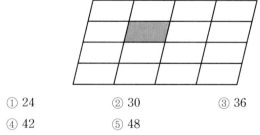

① 24   ② 30   ③ 36

④ 42   ⑤ 48

01 25455-0260 | 2020학년도 3월 고2 학력평가 29번 |

서로 다른 종류의 꽃 4송이와 같은 종류의 초콜릿 2개를 5명의 학생에게 남김없이 나누어 주려고 한다. 아무것도 받지 못하는 학생이 없도록 꽃과 초콜릿을 나누어 주는 경우의 수를 구하시오. [4점]

02 25455-0261 | 2024학년도 3월 고2 학력평가 18번 |

그림과 같이 둥근 의자 3개와 사각 의자 3개가 교대로 나열되어 있다.

1학년 학생 2명, 2학년 학생 2명, 3학년 학생 2명이 다음 조건을 만족시키도록 이 6개의 의자에 모두 앉는 경우의 수는? [4점]

> ㈎ 2학년 학생은 사각 의자에만 앉는다.
> ㈏ 같은 학년 학생은 서로 이웃하여 앉지 않는다.

① 64   ② 72   ③ 80
④ 88   ⑤ 96

03 25455-0262 | 2021학년도 3월 고2 학력평가 21번 |

그림과 같이 좌석 번호가 적힌 10개의 의자가 배열되어 있다.

두 학생 A, B를 포함한 5명의 학생이 다음 규칙에 따라 10개의 의자 중에서 서로 다른 5개의 의자에 앉는 경우의 수는? [4점]

> ㈎ A의 좌석 번호는 24 이상이고, B의 좌석 번호는 14 이하이다.
> ㈏ 5명의 학생 중에서 어느 두 학생도 좌석 번호의 차가 1이 되도록 앉지 않는다.
> ㈐ 5명의 학생 중에서 어느 두 학생도 좌석 번호의 차가 10이 되도록 앉지 않는다.

① 54   ② 60   ③ 66
④ 72   ⑤ 78

1. 행렬

(1) **행렬**: 수 또는 수를 나타내는 문자를 직사각형 모양으로 배열하여 괄호로 묶어 나타낸 것을 행렬이라 하고, 행렬을 이루는 각각의 수 또는 문자를 행렬의 성분, 행렬의 가로줄을 행, 행렬의 세로줄을 열이라 한다.

(2) **$m \times n$ 행렬**: m개의 행과 n개의 열로 이루어진 행렬을 $m \times n$ 행렬이라 한다. 특히 행과 열의 개수가 n개로 같은 $n \times n$ 행렬을 n차정사각행렬이라 한다.

(3) **행렬 A의 (i, j) 성분**: 행렬 A의 제i행과 제j열이 만나는 위치의 성분
➡ 기호로 a_{ij}와 같이 나타낸다.

(4) **서로 같은 행렬**: 두 행렬 A, B가 같은 꼴이고, 대응하는 성분이 각각 같을 때, 두 행렬 A, B는 서로 같은 행렬 ➡ 기호로 $A=B$와 같이 나타낸다.

> **(참고)**
> 이차정사각행렬 A는
> $A=(a_{ij})$ $(i, j=1, 2)$
> 와 같이 나타내기도 한다.

> 같은 꼴의 행렬: 행과 열의 개수가 각각 같은 행렬

> **(참고)**
> 같은 꼴의 세 행렬 A, B, C에 대하여
> $A=B, B=C$이면 $A=C$

2. 행렬의 덧셈과 뺄셈

(1) **덧셈과 뺄셈**: 두 행렬 $A=\begin{pmatrix} a_{11} & a_{12} \\ a_{21} & a_{22} \end{pmatrix}$, $B=\begin{pmatrix} b_{11} & b_{12} \\ b_{21} & b_{22} \end{pmatrix}$에 대하여

① $A+B=\begin{pmatrix} a_{11}+b_{11} & a_{12}+b_{12} \\ a_{21}+b_{21} & a_{22}+b_{22} \end{pmatrix}$ ② $A-B=\begin{pmatrix} a_{11}-b_{11} & a_{12}-b_{12} \\ a_{21}-b_{21} & a_{22}-b_{22} \end{pmatrix}$

(2) **행렬의 덧셈의 성질**: 같은 꼴의 세 행렬 A, B, C에 대하여
① $A+B=B+A$ ② $(A+B)+C=A+(B+C)$

> 같은 꼴의 세 행렬 A, B, X에 대하여
> $X+A=B$이면
> $X+A-A=B-A$
> ➡ $X=B-A$

3. 여러 가지 행렬 (영행렬과 행렬 $-A$)

(1) **영행렬**: 모든 성분이 0인 행렬 ➡ 기호로 O와 같이 나타낸다.

(2) **행렬 $-A$**: 행렬 A의 모든 성분의 부호를 바꾼 것

> **(참고)**
> 같은 꼴의 두 행렬 A, B와 같은 꼴의 영행렬 O에 대하여
> ① $A+O=O+A=A$
> ② $A+(-A)=A-A=O$
> ③ $A+(-B)=A-B$
> ④ $A+B=O$이면 $B=-A$

4. 행렬의 실수배

행렬 $A=\begin{pmatrix} a & b \\ c & d \end{pmatrix}$와 두 실수 k, l에 대하여

① $kA=\begin{pmatrix} a & b \\ c & d \end{pmatrix}=\begin{pmatrix} ka & kb \\ kc & kd \end{pmatrix}$ ② $(kl)A=k(lA)=l(kA)$

> **(참고)**
> 행렬 A와 실수 k에 대하여
> ① $k=1$이면 $kA=A$
> ② $k=-1$이면 $kA=-A$
> ③ $k=0$이면 $kA=O$

5. 행렬의 곱셈

(1) **행렬의 곱셈**: ($m \times n$ 행렬) $\times$ ($n \times l$ 행렬)$=$($m \times l$ 행렬)

① $\begin{pmatrix} a & b \\ c & d \end{pmatrix}\begin{pmatrix} x \\ y \end{pmatrix}=\begin{pmatrix} ax+by \\ cx+dy \end{pmatrix}$ ② $\begin{pmatrix} a & b \\ c & d \end{pmatrix}\begin{pmatrix} x & y \\ z & w \end{pmatrix}=\begin{pmatrix} ax+bz & ay+bw \\ cx+dz & cy+dw \end{pmatrix}$

(2) **행렬의 곱셈의 성질**: 곱셈이 정의되는 세 행렬 A, B, C와 두 실수 k, l에 대하여
① $AB \neq BA$ ② $(AB)C=A(BC)$
③ $A(B+C)=AB+AC$, $(A+B)C=AC+BC$ ④ $(kA)(lB)=klAB$

(3) **행렬의 거듭제곱**: 행렬 A가 정사각행렬이고 m, n이 자연수일 때,
① $A^2=AA$, $A^3=A^2A$, $A^4=A^3A$, $\cdots$, $A^{n+1}=A^nA$
② $A^mA^n=A^{m+n}$, $(A^m)^n=A^{mn}$

(4) **n차단위행렬**: n차정사각행렬 중에서 $a_{11}=a_{22}=a_{33}=\cdots=a_{nn}=1$이고 그 외의 나머지 성분은 모두 0인 행렬 ➡ 기호로 E와 같이 나타낸다.

> **(참고)**
> ① $A=O$ 또는 $B=O$이면 $AB=O$
> ② $AB=O$라 해서 $A=O$ 또는 $B=O$인 것은 아니다.

> **(참고)**
> 행렬 A와 영행렬 O, 단위행렬 E에 대하여
> ① $AO=OA=O$
> ② $AE=EA=E$
> ③ $E^n=E$ (단, n은 자연수)

01 행렬 $\begin{pmatrix} -2 & 4 & -3 \\ 5 & -1 & 0 \end{pmatrix}$에 대하여 다음을 구하시오.

(1) 열의 개수

(2) $(1, 2)$ 성분

(3) 제1열의 모든 성분의 합

(4) 제2행의 모든 성분의 합

02 행렬 A의 (i, j) 성분 a_{ij}가 다음과 같을 때, 행렬 A를 구하시오.

(1) $a_{ij} = 3i + j \ (i, j = 1, 2)$

(2) $a_{ij} = (-1)^i j + i + j \ (i = 1, 2, \ j = 1, 2, 3)$

03 다음 등식을 만족시키는 상수 a, b에 대하여 $a + b$의 값을 구하시오.

(1) $\begin{pmatrix} a-b & 3 \\ 4 & 2 \end{pmatrix} = \begin{pmatrix} 1 & 3 \\ 2a-b & 2a-2b \end{pmatrix}$

(2) $\begin{pmatrix} 2a & 1 \\ a & 3a-b \end{pmatrix} = \begin{pmatrix} b & 1 \\ a & 3 \end{pmatrix}$

04 두 행렬 $A = \begin{pmatrix} 2 & 1 \\ -1 & 3 \end{pmatrix}$, $B = \begin{pmatrix} -2 & 3 \\ 5 & -1 \end{pmatrix}$에 대하여 다음 행렬을 구하시오.

(1) $A + B$

(2) $A - B$

(3) $2A + B$

(4) $\dfrac{1}{2}A + \dfrac{1}{2}B$

05 두 행렬 $A = \begin{pmatrix} 3 & -1 \\ 2 & -3 \end{pmatrix}$, $B = \begin{pmatrix} -2 & 5 \\ -4 & 6 \end{pmatrix}$에 대하여 다음 등식을 만족시키는 이차정사각행렬 X를 구하시오.

(1) $2A + X = B$

(2) $2A - X = X - 4B$

06 세 행렬 $A = \begin{pmatrix} 0 & 1 \\ 2 & 3 \end{pmatrix}$, $B = \begin{pmatrix} 2 & 0 \\ 1 & 1 \end{pmatrix}$, $C = \begin{pmatrix} -1 & 5 \\ 3 & -2 \end{pmatrix}$에 대하여 다음 행렬의 모든 성분의 합을 구하시오.

(1) $A + 2B - C$

(2) $2A - 3B + 4C$

07 세 행렬 $A = \begin{pmatrix} 1 & 0 \\ 2 & 3 \end{pmatrix}$, $B = \begin{pmatrix} -2 & 1 \\ 0 & -4 \end{pmatrix}$, $C = \begin{pmatrix} 1 & 3 \\ 3 & 1 \end{pmatrix}$에 대하여 다음 행렬을 구하시오.

(1) AB

(2) BA

(3) $A(B+C)$

(4) $AC + BC$

08 다음 등식을 만족시키는 실수 x, y의 값을 구하시오.

(1) $\begin{pmatrix} 3 & -2 \\ -2 & 1 \end{pmatrix}\begin{pmatrix} x \\ y \end{pmatrix} = \begin{pmatrix} 8 \\ -5 \end{pmatrix}$

(2) $\begin{pmatrix} x & 1 \\ 2 & -2 \end{pmatrix}\begin{pmatrix} -2 & 4 \\ y & -y \end{pmatrix} = \begin{pmatrix} -2 & 8 \\ -4x & 16 \end{pmatrix}$

09 두 이차정사각행렬 A, $B = \begin{pmatrix} a & -1 \\ b & -2 \end{pmatrix}$와 영행렬 O, 이차단위행렬 E에 대하여

$$A + 2B = O, \ AB = -2E$$

일 때, 두 상수 a, b의 값을 구하시오.

10 행렬 $A = \begin{pmatrix} 1 & -1 \\ 1 & 0 \end{pmatrix}$에 대하여 다음 행렬을 구하시오.

(1) A^2

(2) A^3

(3) A^{61}

(4) $A + A^2 + A^3 + A^4 + A^5$

유형 1 행렬의 뜻

01 25455-0263 | 2014학년도 6월 고2 학력평가 A형 3번 |

이차정사각행렬 A의 (i, j) 성분 a_{ij}를
$$a_{ij} = i + 3j \ (i=1, 2, j=1, 2)$$
라 하자. 행렬 A의 $(2, 1)$ 성분은? [2점]

① 4 ② 5 ③ 6
④ 7 ⑤ 8

Point

행렬 A의 (i, j) 성분: a_{ij}의 식이 주어진 경우, i, j에 차례로 수를 대입하여 a_{ij}의 값을 구한다.

02 25455-0264 | 2013학년도 6월 고2 학력평가 A형 3번 |

이차정사각행렬 A의 (i, j) 성분 a_{ij}를
$$a_{ij} = ij + 1 \ (i=1, 2, j=1, 2)$$
라 하자. 행렬 A의 모든 성분의 합은? [2점]

① 10 ② 11 ③ 12
④ 13 ⑤ 14

03 25455-0265 | 2013학년도 9월 고2 학력평가 A형 22번 |

이차정사각행렬 A의 (i, j) 성분 a_{ij}가
$$a_{ij} = 2i + j + 1 \ (i=1, 2, j=1, 2)$$
이다. 행렬 A의 모든 성분의 합을 구하시오. [3점]

04 25455-0266 | 2010학년도 11월 고2 학력평가 나형 5번 |

이차정사각행렬 A의 (i, j) 성분 a_{ij}를
$$a_{ij} = \begin{cases} 3i+j \ (i가 \ 홀수일 \ 때) \\ 3i-j \ (i가 \ 짝수일 \ 때) \end{cases}$$
로 정의하자. 이때 행렬 A의 모든 성분의 합은? [3점]

① 12 ② 15 ③ 18
④ 21 ⑤ 24

05 25455-0267 | 2012학년도 6월 고2 학력평가 B형 17번 |

번호가 부여된 4개의 키워드와 이 키워드 중 일부를 포함하고 있는 4권의 책이 다음 표와 같다.

번호	키워드	책번호	포함하고 있는 키워드
1	기초	1	기초, 이론
2	수학	2	기초, 수학, 이론
3	심화	3	심화
4	이론	4	수학, 심화

행렬 A의 (i, j) 성분 a_{ij}를
$$a_{ij} = \begin{cases} 1 \ (i번 \ 책이 \ j번 \ 키워드를 \ 포함한다.) \\ 0 \ (i번 \ 책이 \ j번 \ 키워드를 \ 포함하지 \ 않는다.) \end{cases}$$
$$(i=1, 2, 3, 4, j=1, 2, 3, 4)$$
로 정의하자. 행렬 A는? [3점]

① $\begin{pmatrix} 1 & 0 & 0 & 1 \\ 1 & 1 & 0 & 1 \\ 0 & 0 & 1 & 0 \\ 0 & 1 & 1 & 0 \end{pmatrix}$ ② $\begin{pmatrix} 0 & 1 & 1 & 0 \\ 0 & 0 & 1 & 0 \\ 1 & 1 & 0 & 1 \\ 1 & 0 & 0 & 1 \end{pmatrix}$ ③ $\begin{pmatrix} 1 & 0 & 0 & 1 \\ 0 & 1 & 1 & 0 \\ 0 & 0 & 1 & 0 \\ 1 & 1 & 0 & 1 \end{pmatrix}$

④ $\begin{pmatrix} 0 & 0 & 1 & 1 \\ 1 & 0 & 1 & 0 \\ 1 & 0 & 0 & 0 \\ 0 & 1 & 1 & 1 \end{pmatrix}$ ⑤ $\begin{pmatrix} 1 & 1 & 0 & 0 \\ 0 & 1 & 0 & 1 \\ 0 & 1 & 1 & 1 \\ 1 & 0 & 0 & 0 \end{pmatrix}$

유형 2 서로 같은 행렬

06 25455-0268
| 2014학년도 9월 고2 학력평가 A형 2번 |

두 행렬 $A=\begin{pmatrix} a-1 & 4 \\ 2 & 6 \end{pmatrix}$, $B=\begin{pmatrix} 5 & 4 \\ 2 & b+2 \end{pmatrix}$에 대하여
$A=B$일 때, $a+b$의 값은? [2점]

① 9   ② 10   ③ 11
④ 12   ⑤ 13

Point

(1) 같은 꼴의 두 행렬 A, B가 서로 같은 행렬, 즉 $A=B$이면 행렬 A
의 (i, j) 성분과 B의 (i, j) 성분이 각각 같다.

(2) (1)을 이용하여 미지수의 개수만큼 방정식을 만들고 연립하여 해를
구한다.

07 25455-0269
| 2012학년도 6월 고2 학력평가 A형 22번 |

두 행렬 $A=\begin{pmatrix} 10 & -b \\ 3 & a-b \end{pmatrix}$, $B=\begin{pmatrix} 2a & a-15 \\ 3 & -5 \end{pmatrix}$에 대하여
$A=B$가 성립할 때, 두 실수 a, b의 곱 ab의 값을 구하시오.

[3점]

08 25455-0270
| 2010학년도 6월 고2 학력평가 나형 3번 |

두 행렬 $A=\begin{pmatrix} 1-x & x+y \\ -1 & xy \end{pmatrix}$, $B=\begin{pmatrix} y-2 & xy+1 \\ -1 & 4-xy \end{pmatrix}$에 대하여
$A=B$일 때, x^3+y^3의 값은? [2점]

① 7   ② 8   ③ 9
④ 10   ⑤ 11

유형 3 행렬의 덧셈, 뺄셈과 실수배

09 25455-0271
| 2013학년도 11월 고2 학력평가 B형 2번 |

두 행렬 $A=\begin{pmatrix} 1 & -1 \\ 0 & 1 \end{pmatrix}$, $B=\begin{pmatrix} 2 & 0 \\ 1 & 2 \end{pmatrix}$에 대하여 행렬
$A+2B$의 모든 성분의 합은? [2점]

① 8   ② 9   ③ 10
④ 11   ⑤ 12

Point

두 행렬 $A=\begin{pmatrix} a_{11} & a_{12} \\ a_{21} & a_{22} \end{pmatrix}$, $B=\begin{pmatrix} b_{11} & b_{12} \\ b_{21} & b_{22} \end{pmatrix}$와 두 실수 k, l에 대하여

(1) $A+B=\begin{pmatrix} a_{11}+b_{11} & a_{12}+b_{12} \\ a_{21}+b_{21} & a_{22}+b_{22} \end{pmatrix}$

(2) $A-B=\begin{pmatrix} a_{11}-b_{11} & a_{12}-b_{12} \\ a_{21}-b_{21} & a_{22}-b_{22} \end{pmatrix}$

(3) $kA=k\begin{pmatrix} a_{11} & a_{12} \\ a_{21} & a_{22} \end{pmatrix}=\begin{pmatrix} ka_{11} & ka_{12} \\ ka_{21} & ka_{22} \end{pmatrix}$

(4) $(kl)A=k(lA)=l(kA)$

10 25455-0272
| 2014학년도 11월 고2 학력평가 A형 2번 |

두 행렬 $A=\begin{pmatrix} 1 & 3 \\ 3 & 2 \end{pmatrix}$, $B=\begin{pmatrix} 1 & 1 \\ 2 & 0 \end{pmatrix}$에 대하여 행렬 $A-B$의 모든
성분의 합은? [2점]

① 3   ② 4   ③ 5
④ 6   ⑤ 7

11 25455-0273 | 2012학년도 11월 고2 학력평가 B형 2번 |

두 행렬 $A=\begin{pmatrix} 2 & -1 \\ -2 & 4 \end{pmatrix}$, $B=\begin{pmatrix} -2 & 3 \\ 2 & 2 \end{pmatrix}$에 대하여 행렬 $A-2B$는? [2점]

① $\begin{pmatrix} 6 & -7 \\ 6 & 0 \end{pmatrix}$　　② $\begin{pmatrix} 6 & -7 \\ -6 & 0 \end{pmatrix}$　　③ $\begin{pmatrix} 6 & 7 \\ -6 & 0 \end{pmatrix}$

④ $\begin{pmatrix} -6 & 7 \\ -6 & 0 \end{pmatrix}$　　⑤ $\begin{pmatrix} -6 & -7 \\ 6 & 0 \end{pmatrix}$

12 25455-0274 | 2012학년도 6월 고2 학력평가 B형 2번 |

두 행렬 $A=\begin{pmatrix} -3 & 1 \\ 2 & 4 \end{pmatrix}$, $B=\begin{pmatrix} 2 & 3 \\ 4 & -1 \end{pmatrix}$에 대하여 행렬 $2A+B$는? [2점]

① $\begin{pmatrix} -4 & 5 \\ 8 & 7 \end{pmatrix}$　　② $\begin{pmatrix} -1 & 5 \\ 6 & 7 \end{pmatrix}$　　③ $\begin{pmatrix} -4 & 4 \\ 8 & 3 \end{pmatrix}$

④ $\begin{pmatrix} -1 & 4 \\ 6 & 3 \end{pmatrix}$　　⑤ $\begin{pmatrix} -2 & 5 \\ 6 & 2 \end{pmatrix}$

13 25455-0275 | 2010학년도 9월 고2 학력평가 나형 26번 |

두 이차정사각행렬 A, B에 대하여 행렬 A의 (i, j) 성분 a_{ij}와 행렬 B의 (i, j) 성분 b_{ij}가 각각 $a_{ij}=a_{ji}$, $b_{ij}=-b_{ji}$를 만족한다. $A+B=\begin{pmatrix} 8 & 15 \\ -1 & 7 \end{pmatrix}$일 때, $a_{21}+a_{22}$의 값을 구하시오. [4점]

유형 4 행렬의 덧셈의 성질

14 25455-0276 | 2013학년도 9월 고2 학력평가 A형 2번 |

두 이차정사각행렬 A, B에 대하여

$$A+B=\begin{pmatrix} 2 & 5 \\ -4 & 1 \end{pmatrix}, A-B=\begin{pmatrix} 4 & 5 \\ 2 & 3 \end{pmatrix}$$

일 때, 행렬 A는? [2점]

① $\begin{pmatrix} 2 & 5 \\ 1 & 2 \end{pmatrix}$　　② $\begin{pmatrix} 2 & 4 \\ -1 & 2 \end{pmatrix}$　　③ $\begin{pmatrix} 3 & 5 \\ -1 & 2 \end{pmatrix}$

④ $\begin{pmatrix} 3 & 5 \\ 1 & 1 \end{pmatrix}$　　⑤ $\begin{pmatrix} 3 & 4 \\ -1 & 1 \end{pmatrix}$

Point
(1) $A+B=B+A$
(2) $(A+B)+C=A+(B+C)$

15 25455-0277 | 2013학년도 9월 고2 학력평가 B형 2번 |

두 이차정사각행렬 A, B에 대하여

$$A+B=\begin{pmatrix} 1 & 2 \\ 3 & 4 \end{pmatrix}, B=\begin{pmatrix} 2 & 1 \\ 1 & 2 \end{pmatrix}$$

일 때, 행렬 A의 모든 성분의 합은? [2점]

① 0　　　　② 2　　　　③ 4
④ 6　　　　⑤ 8

16 25455-0278 | 2012학년도 10월 고3 학력평가 나형 2번 |

두 이차정사각행렬 A, B에 대하여

$$A+B=\begin{pmatrix} 1 & 3 \\ 2 & 3 \end{pmatrix}, A-B=\begin{pmatrix} 1 & -1 \\ 2 & -1 \end{pmatrix}$$

이 성립할 때, 행렬 A의 모든 성분의 합은? [2점]

① 1　　　　② 2　　　　③ 3
④ 4　　　　⑤ 5

17 25455-0279 | 2011학년도 9월 고2 학력평가 나형 2번 |

두 행렬 $A=\begin{pmatrix} 1 & -2 \\ -5 & 3 \end{pmatrix}$, $B=\begin{pmatrix} 1 & -2 \\ 3 & 1 \end{pmatrix}$에 대하여

$2A+3X=A+3B+X$를 만족시키는 행렬 X는? [2점]

① $\begin{pmatrix} 1 & -2 \\ 7 & 0 \end{pmatrix}$　　② $\begin{pmatrix} 2 & -2 \\ 9 & -7 \end{pmatrix}$　　③ $\begin{pmatrix} 1 & -2 \\ 0 & -6 \end{pmatrix}$

④ $\begin{pmatrix} 1 & -2 \\ 1 & -1 \end{pmatrix}$　　⑤ $\begin{pmatrix} 1 & -1 \\ 5 & -3 \end{pmatrix}$

18 25455-0280 | 2013학년도 6월 고2 학력평가 A형 23번 |

이차정사각행렬 A, B가

$$A+2B=\begin{pmatrix} 5 & 13 \\ 2 & 10 \end{pmatrix}, 2A+B=\begin{pmatrix} 4 & 11 \\ 1 & 11 \end{pmatrix}$$

을 만족시킬 때, 행렬 $A+B$의 모든 성분의 합을 구하시오.

[3점]

19 25455-0281 | 2011학년도 6월 고2 학력평가 나형 5번 |

두 행렬 A, B에 대하여

$$A+B=\begin{pmatrix} -3 & 4 \\ 2 & 3 \end{pmatrix}, A-2B=\begin{pmatrix} -2 & 3 \\ 1 & 4 \end{pmatrix}$$

일 때, 행렬 $A-B$의 모든 성분의 합은? [3점]

① 5　　　　② 6　　　　③ 7

④ 8　　　　⑤ 9

유형 5 행렬의 곱셈

20 25455-0282 | 2014학년도 11월 고2 학력평가 B형 2번 |

두 행렬 $A=\begin{pmatrix} 1 & 0 \\ 2 & 1 \end{pmatrix}$, $B=\begin{pmatrix} 1 & 0 \\ -2 & 1 \end{pmatrix}$에 대하여 행렬

$A(A+B)$의 모든 성분의 합은? [2점]

① 7　　　　② 8　　　　③ 9

④ 10　　　⑤ 11

Point

행렬의 곱셈

(1) $\begin{pmatrix} a & b \\ c & d \end{pmatrix}\begin{pmatrix} x \\ y \end{pmatrix}=\begin{pmatrix} ax+by \\ cx+dy \end{pmatrix}$

(2) $\begin{pmatrix} a & b \\ c & d \end{pmatrix}\begin{pmatrix} x & y \\ z & w \end{pmatrix}=\begin{pmatrix} ax+bz & ay+bw \\ cx+dz & cy+dw \end{pmatrix}$

21 25455-0283 | 2014학년도 6월 고2 학력평가 B형 3번 |

두 행렬 $A=\begin{pmatrix} 3 & 0 \\ -1 & 2 \end{pmatrix}$, $B=\begin{pmatrix} 0 & 2 \\ 1 & 0 \end{pmatrix}$에 대하여 행렬 $2A-AB$

는? [2점]

① $\begin{pmatrix} 6 & 6 \\ 4 & 6 \end{pmatrix}$　　② $\begin{pmatrix} 6 & -6 \\ -4 & 6 \end{pmatrix}$　　③ $\begin{pmatrix} 6 & 4 \\ -4 & 6 \end{pmatrix}$

④ $\begin{pmatrix} 6 & -4 \\ 4 & 6 \end{pmatrix}$　　⑤ $\begin{pmatrix} 6 & -6 \\ -4 & -6 \end{pmatrix}$

22 25455-0284 | 2012학년도 6월 고2 학력평가 A형 3번 |

세 행렬 $A=\begin{pmatrix} 4 & 3 \\ -2 & 1 \end{pmatrix}$, $B=\begin{pmatrix} 1 & 2 \\ 6 & 0 \end{pmatrix}$, $C=\begin{pmatrix} 2 & 0 \\ -7 & 3 \end{pmatrix}$에 대하여 행렬 $A(B+C)$는? [2점]

① $\begin{pmatrix} -9 & -17 \\ 7 & 1 \end{pmatrix}$　　② $\begin{pmatrix} -9 & 17 \\ -7 & 1 \end{pmatrix}$　　③ $\begin{pmatrix} -9 & 17 \\ 7 & -1 \end{pmatrix}$

④ $\begin{pmatrix} 9 & 17 \\ 7 & 1 \end{pmatrix}$　　⑤ $\begin{pmatrix} 9 & 17 \\ -7 & -1 \end{pmatrix}$

23 25455-0285 | 2011학년도 6월 고2 학력평가 나형 3번 |

두 행렬 $A = \begin{pmatrix} 2 & 1 \\ 6 & 3 \end{pmatrix}$, $B = \begin{pmatrix} 3 & -2 \\ -6 & 4 \end{pmatrix}$에 대하여 행렬 $AB - BA$는? [2점]

① $\begin{pmatrix} 0 & 0 \\ 0 & 0 \end{pmatrix}$　　② $\begin{pmatrix} 2 & 1 \\ -4 & -2 \end{pmatrix}$　　③ $\begin{pmatrix} -2 & -1 \\ 4 & 2 \end{pmatrix}$

④ $\begin{pmatrix} 6 & 3 \\ -12 & -6 \end{pmatrix}$　　⑤ $\begin{pmatrix} 6 & -3 \\ 12 & -6 \end{pmatrix}$

24 25455-0286 | 2014학년도 6월 고2 학력평가 A형 8번 |

이차정사각행렬 A에 대하여 $A\begin{pmatrix} 1 \\ 0 \end{pmatrix} = \begin{pmatrix} 2 \\ 3 \end{pmatrix}$, $A\begin{pmatrix} 0 \\ 1 \end{pmatrix} = \begin{pmatrix} -1 \\ 2 \end{pmatrix}$이다.

$A\begin{pmatrix} 1 \\ 2 \end{pmatrix} = \begin{pmatrix} p \\ q \end{pmatrix}$일 때, $p+q$의 값은? [3점]

① 6　　　　② 7　　　　③ 8

④ 9　　　　⑤ 10

25 25455-0287 | 2010학년도 9월 고2 학력평가 나형 22번 |

세 행렬 $A = \begin{pmatrix} 1 & 4 \\ 5 & 1 \end{pmatrix}$, $B = \begin{pmatrix} 0 & 2 \\ 2 & 0 \end{pmatrix}$, $C = \begin{pmatrix} 3 \\ 3 \end{pmatrix}$에 대하여 행렬 $(A-B)C$의 모든 성분의 합을 구하시오. [3점]

26 25455-0288 | 2010학년도 9월 고2 학력평가 나형 6번 |

이차방정식 $x^2 - 5x - 4 = 0$의 두 근을 α, β라 하자. 두 행렬

$$A = \begin{pmatrix} 1 & \alpha \\ 2 & -1 \end{pmatrix}, B = \begin{pmatrix} 1 & -1 \\ -1 & \beta \end{pmatrix}$$

에 대하여 행렬 AB의 모든 성분의 합은? [3점]

① -4　　　② -5　　　③ -6

④ -7　　　⑤ -8

유형 6 행렬의 거듭제곱

27 25455-0289 | 2014학년도 9월 고2 학력평가 B형 24번 |

행렬 $A = \begin{pmatrix} 1 & 2 \\ 0 & 2 \end{pmatrix}$에 대하여 $A^9 = \begin{pmatrix} 1 & a \\ 0 & b \end{pmatrix}$일 때, $a-b$의 값을 구하시오. [3점]

Point

행렬 A가 정사각행렬이고 m, n이 자연수일 때

(1) $A^2 = AA$, $A^3 = A^2 A$, $A^4 = A^3 A$, $\cdots$, $A^{n+1} = A^n A$

(2) $A^m A^n = A^{m+n}$, $(A^m)^n = A^{mn}$

28 25455-0290 | 2012학년도 6월 고2 학력평가 B형 4번 |

행렬 $A = \begin{pmatrix} -1 & a \\ a & 1 \end{pmatrix}$에 대하여 $A^2 = \begin{pmatrix} 4 & 0 \\ 0 & 4 \end{pmatrix}$일 때, a^2의 값은? [3점]

① 2　　　　② 3　　　　③ 4

④ 5　　　　⑤ 6

29 25455-0291 　　　　　| 2012학년도 6월 고2 학력평가 B형 24번 |

행렬 $A=\begin{pmatrix} -1 & a \\ 0 & -1 \end{pmatrix}$에 대하여 행렬 A^3의 모든 성분의 합이 91일 때, 실수 a의 값을 구하시오. [3점]

30 25455-0292 　　　　　| 2010학년도 6월 고2 학력평가 나형 28번 |

두 행렬 $A=\begin{pmatrix} a & -1 \\ 1 & b \end{pmatrix}$, $B=\begin{pmatrix} -1 & -1 \\ 0 & -2 \end{pmatrix}$에 대하여 $AB+A=O$를 만족시킬 때,

$$A+A^2+A^3+\cdots+A^{2010}=\begin{pmatrix} p & q \\ r & s \end{pmatrix}$$

이다. $p^2+q^2+r^2+s^2$의 값을 구하시오.

（단, O는 영행렬이다.）[4점]

유형 7 단위행렬

31 25455-0293 　　　　　| 2013학년도 9월 고2 학력평가 A형 24번 |

두 행렬 $A=\begin{pmatrix} 1 & 0 \\ 2 & 1 \end{pmatrix}$, $B=\begin{pmatrix} 3 & p \\ q & 3 \end{pmatrix}$이 $AB=3E$를 만족시킬 때, 두 상수 p, q에 대하여 p^2+q^2의 값을 구하시오.

（단, E는 단위행렬이다.）[3점]

Point
정사각행렬 중에서 왼쪽 위에서 오른쪽 아래로 내려가는 대각선 위의 모든 성분은 1이고, 그 외의 성분은 모두 0인 행렬을 단위행렬이라 하고, 기호로 E와 같이 나타낸다.

32 25455-0294 　　　　　| 2014학년도 6월 고2 학력평가 A형 2번 |

행렬 $B=\begin{pmatrix} 1 & 2 \\ -1 & 1 \end{pmatrix}$에 대하여 $A-B=E$를 만족시키는 행렬 A는? （단, E는 단위행렬이다.）[2점]

① $\begin{pmatrix} 2 & 2 \\ -1 & 2 \end{pmatrix}$　　② $\begin{pmatrix} 0 & -2 \\ 1 & 0 \end{pmatrix}$　　③ $\begin{pmatrix} -1 & -4 \\ 2 & -1 \end{pmatrix}$

④ $\begin{pmatrix} 3 & 4 \\ -2 & 3 \end{pmatrix}$　　⑤ $\begin{pmatrix} 2 & 4 \\ 1 & -2 \end{pmatrix}$

33 25455-0295 　　　　　| 2013학년도 6월 고2 학력평가 A형 2번 |

행렬 $A=\begin{pmatrix} 2 & -3 \\ 4 & -1 \end{pmatrix}$에 대하여 $A+B=E$를 만족시키는 행렬 B는? （단, E는 단위행렬이다.）[2점]

① $\begin{pmatrix} 3 & -3 \\ 4 & 0 \end{pmatrix}$　　② $\begin{pmatrix} 2 & -3 \\ 1 & -2 \end{pmatrix}$　　③ $\begin{pmatrix} -1 & 3 \\ -1 & -2 \end{pmatrix}$

④ $\begin{pmatrix} -2 & -3 \\ 4 & 1 \end{pmatrix}$　　⑤ $\begin{pmatrix} -1 & 3 \\ -4 & 2 \end{pmatrix}$

34 25455-0296 　　　　　| 2010학년도 11월 고2 학력평가 나형 1번 |

행렬 $A=\begin{pmatrix} -1 & 2 \\ 4 & 1 \end{pmatrix}$에 대하여 행렬 B가 $A-2B=E$를 만족시킬 때, 행렬 B의 모든 성분의 합은? （단, E는 단위행렬이다.）. [2점]

① 1　　　　　② 2　　　　　③ 3
④ 4　　　　　⑤ 5

유형 8 단위행렬의 성질

35 25455-0297 | 2014학년도 11월 고2 학력평가 A형 5번 |

행렬 $A=\begin{pmatrix} 0 & -3 \\ -3 & 0 \end{pmatrix}$에 대하여 $A^3=kA$일 때, 실수 k의 값은? [3점]

① 9 ② 12 ③ 15
④ 18 ⑤ 21

Point

(1) 행렬의 거듭제곱에서 단위행렬이 나오는 경우 단위행렬의 성질을 이용한다.

(2) 단위행렬의 성질: 행렬의 곱이 정의되는 행렬 A와 단위행렬 E에 대하여
① $AE=EA=A$
② $E^n=E$ (단, n은 자연수)

36 25455-0298 | 2014학년도 6월 고2 학력평가 A형 6번 |

행렬 $A=\begin{pmatrix} 2 & -1 \\ 3 & -2 \end{pmatrix}$에 대하여 행렬 A^2+A^3의 모든 성분의 합은? [3점]

① 4 ② 5 ③ 6
④ 7 ⑤ 8

37 25455-0299 | 2010학년도 6월 고2 학력평가 나형 22번 |

두 행렬 $A=\begin{pmatrix} 3 & 1 \\ -1 & 4 \end{pmatrix}$, $B=\begin{pmatrix} 4 & -1 \\ 1 & 3 \end{pmatrix}$에 대하여 A^2+AB의 모든 성분의 합을 구하시오. [3점]

38 25455-0300 | 2011학년도 6월 고2 학력평가 나형 24번 |

행렬 $A=\begin{pmatrix} 1 & -1 \\ 1 & 1 \end{pmatrix}$에 대하여 행렬 $A^2+A^4+A^6+A^8+A^{10}$의 모든 성분의 합을 구하시오. [3점]

39 25455-0301 | 2010학년도 9월 고2 학력평가 나형 11번 |

행렬 $A=\begin{pmatrix} -4 & -3 \\ 7 & 5 \end{pmatrix}$일 때, $E+A^2+A^4+A^6+\cdots+A^{100}$을 간단히 하면? [3점]

① E ② A ③ O
④ $-A$ ⑤ $-2A$

40 25455-0302 | 2013학년도 6월 고2 학력평가 B형 23번 |

행렬 $A=\begin{pmatrix} 2 & -1 \\ 5 & -2 \end{pmatrix}$에 대하여 행렬 A^{2013}의 모든 성분의 합을 구하시오. [3점]

41 25455-0303 | 2012학년도 6월 고2 학력평가 B형 9번 |

행렬 $A=\begin{pmatrix} -2 & 3 \\ -1 & 2 \end{pmatrix}$에 대하여 등식 $A^{2012}\begin{pmatrix} p \\ q \end{pmatrix}=\begin{pmatrix} -2 \\ 3 \end{pmatrix}$이 성립할 때, 두 실수 p, q의 합 $p+q$의 값은? [3점]

① -5 ② -1 ③ 0

④ 1 ⑤ 5

42 25455-0304 | 2013학년도 9월 고2 학력평가 A형 16번 |

다음은 이차정사각행렬 $A=\begin{pmatrix} a & b \\ c & a+6 \end{pmatrix}$에 대하여 $A^2=E$를 만족시키는 행렬 A의 개수를 구하는 과정이다.

(단, a, b, c는 정수이고 E는 단위행렬이다.)

A가 $A^2=E$를 만족시키므로

$A^2=\begin{pmatrix} a^2+bc & 2b\times(a+3) \\ 2c\times(a+3) & (a+6)^2+bc \end{pmatrix}=\begin{pmatrix} 1 & 0 \\ 0 & 1 \end{pmatrix}$이다.

(i) $a\neq$ (가) 인 경우

$b=0$이고 $c=0$이므로 $A^2=\begin{pmatrix} a^2 & 0 \\ 0 & (a+6)^2 \end{pmatrix}$ ……㉠

이다.

㉠에서 $A^2\neq E$이므로 주어진 조건에 모순이다.

(ii) $a=$ (가) 인 경우

주어진 조건 $A^2=E$에서 $bc=$ (나) 이다.

b, c가 정수이므로

$bc=$ (나) 를 만족시키는 순서쌍 (b, c)의 개수는 (다)

이다.

따라서 $A^2=E$를 만족시키는 행렬 A의 개수는 (다) 이다.

위의 (가), (나), (다)에 알맞은 수를 각각 p, q, r이라 할 때, $p+q+r$의 값은? [4점]

① -3 ② -1 ③ 0

④ 1 ⑤ 3

유형 **9** 행렬의 곱셈의 성질(1)

43 25455-0305 | 2014학년도 9월 고2 학력평가 A형 25번 |

두 실수 x, y에 대하여 두 행렬 A, B를

$$A=\begin{pmatrix} -1 & x \\ 3 & 0 \end{pmatrix}, B=\begin{pmatrix} -2 & 2 \\ y & -1 \end{pmatrix}$$

이라 하자. $(A+B)(A-B)=A^2-B^2$일 때 x^2+y^2의 값을 구하시오. [3점]

Point

행렬의 곱셈의 성질: 곱셈이 정의되는 세 행렬 A, B, C와 두 실수 k, l에 대하여

(1) $AB\neq BA$

(2) $(AB)C=A(BC)$

(3) $A(B+C)=AB+AC$, $(A+B)C=AC+BC$

(4) $(kA)(lB)=kl\,AB$

44 25455-0306 | 2014학년도 9월 고2 학력평가 B형 2번 |

두 행렬 $A=\begin{pmatrix} 2 & 1 \\ 1 & 1 \end{pmatrix}$, $B=\begin{pmatrix} 1 & 2 \\ -1 & 0 \end{pmatrix}$에 대하여 행렬 $AB-A$의 모든 성분의 합은? [2점]

① -2 ② -1 ③ 0

④ 1 ⑤ 2

45 25455-0307 | 2012학년도 9월 고2 학력평가 B형 2번 |

두 행렬 A, B에 대하여 $A=\begin{pmatrix} 1 & 1 \\ 2 & 1 \end{pmatrix}$, $B-A=\begin{pmatrix} 3 & 1 \\ 0 & 1 \end{pmatrix}$일 때, $BA-A^2$은? [2점]

① $\begin{pmatrix} 3 & 4 \\ 2 & 1 \end{pmatrix}$ ② $\begin{pmatrix} 3 & 4 \\ 2 & 2 \end{pmatrix}$ ③ $\begin{pmatrix} 5 & 4 \\ 2 & 1 \end{pmatrix}$

④ $\begin{pmatrix} 5 & 4 \\ 4 & 1 \end{pmatrix}$ ⑤ $\begin{pmatrix} 5 & 5 \\ 4 & 2 \end{pmatrix}$

46 25455-0308 | 2011학년도 9월 고2 학력평가 나형 22번 |

두 행렬 A, B에 대하여 $A=\begin{pmatrix} 1 & 1 \\ 0 & 2 \end{pmatrix}$, $A+B=\begin{pmatrix} 2 & 3 \\ 1 & 2 \end{pmatrix}$일 때, 행렬 A^2+AB의 모든 성분의 합을 구하시오. [3점]

47 25455-0309 | 2010학년도 9월 고2 학력평가 나형 5번 |

이차정사각행렬 A에 대하여 $A^2=2A-E$, $A\begin{pmatrix} 2 \\ 1 \end{pmatrix}=\begin{pmatrix} 1 \\ 2 \end{pmatrix}$를 만족할 때, 행렬 $A^2\begin{pmatrix} 2 \\ 1 \end{pmatrix}$은? [3점]

① $\begin{pmatrix} 1 \\ 2 \end{pmatrix}$　　② $\begin{pmatrix} 2 \\ 1 \end{pmatrix}$　　③ $\begin{pmatrix} 0 \\ 3 \end{pmatrix}$

④ $\begin{pmatrix} 3 \\ 3 \end{pmatrix}$　　⑤ $\begin{pmatrix} 4 \\ 1 \end{pmatrix}$

48 25455-0310 | 2014학년도 6월 고2 학력평가 A형 4번 |

이차정사각행렬 A, B가

$$(A+B)^2=\begin{pmatrix} 2 & 2 \\ -1 & -1 \end{pmatrix}, A^2+B^2=\begin{pmatrix} 0 & -2 \\ 1 & 3 \end{pmatrix}$$

을 만족시킬 때, 행렬 $AB+BA$는? [3점]

① $\begin{pmatrix} -1 & -3 \\ 5 & -2 \end{pmatrix}$　② $\begin{pmatrix} 1 & 5 \\ -1 & 8 \end{pmatrix}$　③ $\begin{pmatrix} 1 & 7 \\ 8 & 4 \end{pmatrix}$

④ $\begin{pmatrix} 2 & 4 \\ -2 & -4 \end{pmatrix}$　⑤ $\begin{pmatrix} 2 & -7 \\ 6 & -2 \end{pmatrix}$

49 25455-0311 | 2011학년도 9월 고2 학력평가 나형 6번 |

두 이차정사각행렬 $A=\begin{pmatrix} 1 & 0 \\ 2 & 0 \end{pmatrix}$, $B=\begin{pmatrix} 0 & x \\ 2y & -3 \end{pmatrix}$이

$$(A+B)^2=A^2+2AB+B^2$$

을 만족시킬 때, $x+y$의 값은? [3점]

① 1　　② 2　　③ 3

④ 4　　⑤ 5

유형 10 행렬의 곱셈의 성질(2)

50 25455-0312 | 2014학년도 6월 고2 학력평가 A형 11번 |

이차정사각행렬 A, B가

$$A+B=E,\ (E-A)(E-B)=E$$

를 만족시킬 때, 행렬 A^6+B^6의 모든 성분의 합은?
(단, E는 단위행렬이다.) [3점]

① 4　　② 6　　③ 8

④ 10　　⑤ 12

Point

행렬의 식이 여러 개 주어지는 경우

(1) 주어진 조건을 이용하여 행렬의 계산을 한다.

(2) 단위행렬의 성질과 행렬의 거듭제곱을 이용하여 식을 간단히 한다.

(3) 행렬의 곱셈의 성질을 이용하여 식을 변형하거나 간단히 한다.

51 25455-0313 | 2010학년도 6월 고2 학력평가 나형 10번 |

이차정사각행렬 A, B가 $A+B=-E$, $AB=E$를 만족시킬 때, $(A+B)+(A^2+B^2)+\cdots+(A^{2011}+B^{2011})$을 간단히 한 것은? (단, E는 단위행렬이다.) [3점]

① $-2E$　　② $-E$　　③ E

④ $2E$　　⑤ $3E$

52 25455-0314 | 2013학년도 11월 고2 학력평가 A형 10번 |

두 이차정사각행렬 A, B가 다음 조건을 만족시킨다.
(단, E는 단위행렬이다.)

(가) $AB+A=E$

(나) $AB\begin{pmatrix} 1 \\ 2 \end{pmatrix}=\begin{pmatrix} 0 \\ 3 \end{pmatrix}$

$(B+E)\begin{pmatrix} x \\ y \end{pmatrix}=B\begin{pmatrix} 2 \\ 4 \end{pmatrix}$를 만족시키는 두 실수 x, y에 대하여 $x+y$의 값은? [3점]

① -6　　② -3　　③ 0

④ 3　　⑤ 6

53 25455-0315 | 2012학년도 11월 고2 학력평가 A형 13번 |

이차정사각행렬 A가 다음 조건을 만족시킨다.

(단, E는 단위행렬이고, O는 영행렬이다.)

(가) $A^2-2A+E=O$

(나) $A\begin{pmatrix} 2 \\ 0 \end{pmatrix}=\begin{pmatrix} 1 \\ 2 \end{pmatrix}$

$A\begin{pmatrix} 1 \\ 2 \end{pmatrix}=\begin{pmatrix} a \\ b \end{pmatrix}$를 만족시키는 두 실수 a, b에 대하여 $a+b$의 값은? [4점]

① 1 ② 2 ③ 3
④ 4 ⑤ 5

54 25455-0316 | 2012학년도 11월 고2 학력평가 B형 19번 |

두 이차정사각행렬 A, B에 대하여 옳은 것만을 <보기>에서 있는 대로 고른 것은?

(단, E는 단위행렬이고, O는 영행렬이다.) [4점]

■ 보기 ■
ㄱ. $A^2=E$이면 $A=E$이다.
ㄴ. $(A+2B)^2=(A-2B)^2$이면 $AB+BA=O$이다.
ㄷ. $AB=A$, $BA=B$이면 $A^2+B^2=A+B$이다.

① ㄱ ② ㄴ ③ ㄷ
④ ㄴ, ㄷ ⑤ ㄱ, ㄴ, ㄷ

유형 11 행렬의 곱셈의 활용

55 25455-0317 | 2013학년도 6월 고2 학력평가 A형 9번 |

표는 2013학년도 수시 모집에서 어느 대학 A학과와 B학과의 선발 인원수와 경쟁률을 나타낸 것이다.

〈선발 인원수〉

구분	A학과	B학과
일반 전형	30	40
특별 전형	10	20

〈경쟁률〉

구분	일반 전형	특별 전형
A학과	5.1	21.4
B학과	10.7	11.5

경쟁률은 $\dfrac{(\text{지원자 수})}{(\text{선발 인원수})}$의 값이고, 일반 전형과 특별 전형에 동시에 지원할 수 없으며, A학과와 B학과에 동시에 지원할 수 없다고 한다. 2013학년도 수시 모집에서 이 대학 A, B 두 학과의 일반 전형 지원자 수의 합을 m, B학과의 일반 전형과 특별 전형 지원자 수의 합을 n이라 하자. 두 행렬

$$P=\begin{pmatrix} 30 & 40 \\ 10 & 20 \end{pmatrix}, \quad Q=\begin{pmatrix} 5.1 & 21.4 \\ 10.7 & 11.5 \end{pmatrix}$$

에 대하여 $m+n$의 값과 같은 것은? [3점]

① 행렬 PQ의 $(1, 1)$ 성분과 $(2, 2)$ 성분의 합
② 행렬 PQ의 $(1, 1)$ 성분과 행렬 QP의 $(1, 1)$ 성분의 합
③ 행렬 PQ의 $(1, 1)$ 성분과 행렬 QP의 $(2, 2)$ 성분의 합
④ 행렬 PQ의 $(2, 2)$ 성분과 행렬 QP의 $(1, 1)$ 성분의 합
⑤ 행렬 PQ의 $(2, 2)$ 성분과 행렬 QP의 $(2, 2)$ 성분의 합

Point
두 행렬의 곱셈의 결과를 두 행렬의 각 성분의 계산식으로 나타낸 후, 계산 결과의 각 성분이 의미하는 것이 무엇인지를 파악한다.

56 25455-0318 | 2011학년도 9월 고2 학력평가 나형 11번 |

어느 고등학교 A와 B에서는 체육활동으로 테니스와 배드민턴을 배우고 있다. 두 학교 A, B의 1학년과 2학년의 학생 수는 <표 1>과 같다. 두 학교 모두 <표 2>와 같이 1학년 학생의 70%는 테니스를, 30%는 배드민턴을 배우고, 2학년 학생의 60%는 테니스를, 40%는 배드민턴을 배운다고 한다.

(단위: 명)

학교 학년	A	B
1학년	300	200
2학년	250	150

〈표 1〉

(단위: %)

학년 활동	1학년	2학년
테니스	70	60
배드민턴	30	40

〈표 2〉

<표 1>과 <표 2>를 각각 행렬

$$P=\begin{pmatrix} 300 & 200 \\ 250 & 150 \end{pmatrix}, Q=\begin{pmatrix} 0.7 & 0.6 \\ 0.3 & 0.4 \end{pmatrix}$$

로 나타낼 때, A학교에서 배드민턴을 배우는 학생 수를 나타낸 것은? [3점]

① PQ의 $(1, 2)$ 성분
② PQ의 $(2, 1)$ 성분
③ QP의 $(1, 2)$ 성분
④ QP의 $(2, 1)$ 성분
⑤ QP의 $(2, 2)$ 성분

57 25455-0319 | 2010학년도 6월 고2 학력평가 나형 8번 |

어느 식품회사의 숙성창고 출입문은 다음 규칙에 따라 생성되는 번호 $\boxed{a}\boxed{b}\boxed{c}\boxed{d}$ 에 의하여 작동된다.

㈎ 출입문 번호 $\boxed{a}\boxed{b}\boxed{c}\boxed{d}$ 는 다음 날
$$\begin{pmatrix} 1 & 0 \\ 2 & 1 \end{pmatrix}\begin{pmatrix} a & b \\ c & d \end{pmatrix}=\begin{pmatrix} a' & b' \\ c' & d' \end{pmatrix}$$ 에 의해 얻어지는 새로운 수
a', b', c', d'의 각각의 일의 자리 숫자로 구성된 $\boxed{p}\boxed{q}\boxed{r}\boxed{s}$ 로 자동으로 바뀐다.
㈏ 출입문 번호는 ㈎에 따라 매일 한 번씩 바뀐다.
㈐ 처음 설정한 번호가 $\boxed{a}\boxed{b}\boxed{c}\boxed{d}$ 일 때, 바뀐 번호가 다시 $\boxed{a}\boxed{b}\boxed{c}\boxed{d}$ 가 되는 날 숙성창고 출입문이 처음으로 열린다.

예를 들어, 어느 날 번호가 $\boxed{3}\boxed{8}\boxed{2}\boxed{4}$ 이면
$$\begin{pmatrix} 1 & 0 \\ 2 & 1 \end{pmatrix}\begin{pmatrix} 3 & 8 \\ 2 & 4 \end{pmatrix}=\begin{pmatrix} 3 & 8 \\ 8 & 20 \end{pmatrix}$$

이므로 다음날 번호는 $\boxed{3}\boxed{8}\boxed{8}\boxed{0}$ 으로 자동으로 바뀐다. 수요일에 처음 설정한 번호가 $\boxed{1}\boxed{1}\boxed{2}\boxed{5}$ 일 때, 숙성창고 출입문이 처음으로 열리는 요일은? [3점]

① 월요일
② 화요일
③ 수요일
④ 목요일
⑤ 금요일

01 25455-0320 | 2013학년도 6월 고2 학력평가 A형 17번 |

이차정사각행렬 A가 등식 $A^2-2A+E=O$를 만족시킨다. 다음은 n이 2 이상의 자연수일 때, 행렬 A^n을 구하는 과정이다. (단, E는 단위행렬이고, O는 영행렬이다.)

$A^2-2A+E=O$에서

$A^2-A=A-E$

$A^3-A^2=A(A^2-A)=A(A-E)=A^2-A$
$\qquad\quad =A-E$

$A^4-A^3=A(A^3-A^2)=A(A-E)=A^2-A$
$\qquad\quad =A-E$

$\qquad\qquad\qquad\vdots$

$A^n-A^{n-1}=A-E$

위 등식들을 변끼리 더하면

$A^n-A=\boxed{(가)}(A-E)$

따라서 $A^n=\boxed{(나)}A-\boxed{(가)}E$

위의 과정에서 (가), (나)에 알맞은 식을 각각 $f(n)$, $g(n)$이라 할 때, $f(100)+g(100)$의 값은? [4점]

① 191   ② 193   ③ 195

④ 197   ⑤ 199

02 25455-0321 | 2014학년도 6월 고2 학력평가 A형 27번 |

이차정사각행렬 $A=\begin{pmatrix}2&0\\1&1\end{pmatrix}$, $B=\dfrac{1}{2}\begin{pmatrix}-1&0\\1&-2\end{pmatrix}$에 대하여 행렬 B^4A^8의 모든 성분의 합을 구하시오. [4점]

03 25455-0322 | 2010학년도 6월 고2 학력평가 나형 26번 |

이차정사각행렬 A, B와 실수 k에 대하여

$$A+kB=\begin{pmatrix}2&2\\1&3\end{pmatrix},\ A+B=E,\ B^2=B$$

가 성립할 때, $10k$의 값을 구하시오.

(단, E는 단위행렬이다.) [4점]

1. 두 점 사이의 거리

(1) 수직선 위의 두 점 사이의 거리
  수직선 위의 두 점 $A(x_1)$, $B(x_2)$ 사이의 거리는 $\overline{AB}=|x_2-x_1|$

(2) 좌표평면 위의 두 점 사이의 거리
  좌표평면 위의 두 점 $A(x_1,\ y_1)$, $B(x_2,\ y_2)$ 사이의 거리는 $\overline{AB}=\sqrt{(x_2-x_1)^2+(y_2-y_1)^2}$

2. 선분의 내분점

(1) 수직선 위의 선분의 내분점
  수직선 위의 두 점 $A(x_1)$, $B(x_2)$에 대하여 선분 AB를 $m:n\ (m>0,\ n>0)$으로 내분하는 점 P는

$$P\left(\frac{mx_2+nx_1}{m+n}\right)$$

(2) 좌표평면 위의 선분의 내분점
  좌표평면 위의 두 점 $A(x_1,\ y_1)$, $B(x_2,\ y_2)$에 대하여 선분 AB를 $m:n\ (m>0,\ n>0)$으로 내분하는 점 P는

$$P\left(\frac{mx_2+nx_1}{m+n},\ \frac{my_2+ny_1}{m+n}\right)$$

3. 직선의 방정식

(1) 한 점과 기울기가 주어진 직선의 방정식
  점 $(x_1,\ y_1)$을 지나고 기울기가 m인 직선의 방정식은 $y-y_1=m(x-x_1)$
  특히, 점 $(x_1,\ y_1)$을 지나고 x축에 평행한 직선의 방정식은 $y=y_1$

(2) 두 점을 지나는 직선의 방정식
  서로 다른 두 점 $A(x_1,\ y_1)$, $B(x_2,\ y_2)$를 지나는 직선의 방정식은

  ① $x_1\neq x_2$일 때, $y-y_1=\dfrac{y_2-y_1}{x_2-x_1}(x-x_1)$

  ② $x_1=x_2$일 때, $x=x_1$

(3) $x,\ y$에 대한 일차방정식 $ax+by+c=0$이 나타내는 도형은 직선이다.

4. 두 직선의 위치 관계

(1) 두 직선의 평행 조건
  두 직선 $y=mx+n$과 $y=m'x+n'$에서
  ① 두 직선이 서로 평행하면 $m=m'$, $n\neq n'$이다.
  ② $m=m'$, $n\neq n'$이면 두 직선은 서로 평행하다.

(2) 두 직선의 수직 조건
  두 직선 $y=mx+n$과 $y=m'x+n'$에서
  ① 두 직선이 서로 수직이면 $mm'=-1$이다.
  ② $mm'=-1$이면 두 직선은 서로 수직이다.

5. 점과 직선 사이의 거리

  점 $(x_1,\ y_1)$과 직선 $ax+by+c=0$ 사이의 거리는 $\dfrac{|ax_1+by_1+c|}{\sqrt{a^2+b^2}}$

(참고)

(1) 원점 O와 점 $A(x_1)$ 사이의 거리는
$$\overline{OA}=|x_1|$$

(2) 원점 O와 점 $A(x_1,\ y_1)$ 사이의 거리는
$$\overline{OA}=\sqrt{x_1{}^2+y_1{}^2}$$

중요

선분 AB의 중점의 좌표

(1) 수직선 위의 선분 AB의 중점 M은 선분 AB를 $1:1$로 내분하는 점이므로 점 M의 좌표는 $\left(\dfrac{x_1+x_2}{2}\right)$이다.

(2) 좌표평면 위의 선분 AB의 중점 M은 선분 AB를 $1:1$로 내분하는 점이므로 점 M의 좌표는
$$\left(\frac{x_1+x_2}{2},\ \frac{y_1+y_2}{2}\right)$$
이다.

중요

삼각형의 무게중심
  좌표평면 위의 세 점
  $A(x_1,\ y_1)$, $B(x_2,\ y_2)$, $C(x_3,\ y_3)$
을 꼭짓점으로 하는 삼각형 ABC의 무게중심을 G라 하면
$$G\left(\frac{x_1+x_2+x_3}{3},\ \frac{y_1+y_2+y_3}{3}\right)$$

두 점을 지나는 직선의 방정식

① $x_1\neq x_2$일 때,
$$y-y_1=\frac{y_2-y_1}{x_2-x_1}(x-x_1)$$

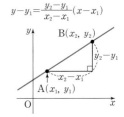

② $x_1=x_2$일 때, $x=x_1$

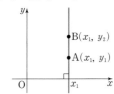

(참고)
  원점과 직선 $ax+by+c=0$ 사이의 거리는 $\dfrac{|c|}{\sqrt{a^2+b^2}}$

01 수직선 위의 다음 두 점 사이의 거리를 구하시오.

(1) A(6), B(−3)　　　　(2) A(−1), B(5)

02 좌표평면 위의 다음 두 점 사이의 거리를 구하시오.

(1) A(2, 4), B(−2, 1)

(2) A(−5, −4), B(0, −4)

03 수직선 위의 두 점 A(−3), B(7)에 대하여 다음 점의 좌표를 구하시오.

(1) 선분 AB를 2 : 3으로 내분하는 점

(2) 선분 AB의 중점

04 좌표평면 위의 두 점 A(3, −2), B(−6, 4)에 대하여 다음 점의 좌표를 구하시오.

(1) 선분 AB를 2 : 1로 내분하는 점

(2) 선분 AB의 중점

05 세 점 A(4, 5), B(−1, 3), C(3, −5)를 꼭짓점으로 하는 삼각형 ABC의 무게중심의 좌표를 구하시오.

06 다음 직선의 방정식을 구하시오.

(1) 점 (−2, 3)을 지나고 기울기가 3인 직선

(2) 점 (1, 3)을 지나고 y축에 수직인 직선

07 다음 두 점을 지나는 직선의 방정식을 구하시오.

(1) A(3, 2), B(7, −2)　　(2) A(−2, 3), B(1, 7)

(3) A(−7, 4), B(0, 4)　　(4) A(3, 4), B(3, −1)

08 점 (3, −1)을 지나고 다음 직선에 평행한 직선의 방정식을 구하시오.

(1) $y=-x-5$　　　　(2) $2x-3y+1=0$

09 점 (1, 2)를 지나고 다음 직선에 수직인 직선의 방정식을 구하시오.

(1) $y=-\dfrac{1}{2}x+2$　　　(2) $3x-2y+7=0$

10 다음 점과 직선 사이의 거리를 구하시오.

(1) 점 (−1, 2)와 직선 $y=-\dfrac{3}{4}x+\dfrac{1}{4}$

(2) 원점과 직선 $2x-y-4=0$

11 두 직선 $3x-y+4=0$과 $3x-y-1=0$ 사이의 거리를 구하시오.

12 다음 직선의 방정식을 구하시오.

(1) 직선 $3x-4y+2=0$에 평행하고 원점과의 거리가 1인 직선

(2) 직선 $2x+y-1=0$에 평행하고 점 (0, 1)과의 거리가 3인 직선

유형 1 두 점 사이의 거리

01 25455-0323
| 2024학년도 9월 고1 학력평가 4번 |

좌표평면 위의 두 점 A(1, 3), B(2, a) 사이의 거리가 $\sqrt{17}$일 때, 양수 a의 값은? [3점]

① 5 　　② 6 　　③ 7

④ 8 　　⑤ 9

Point

좌표평면 위의 두 점 A(x_1, y_1), B(x_2, y_2) 사이의 거리는
$$\overline{\text{AB}} = \sqrt{(x_2 - x_1)^2 + (y_2 - y_1)^2}$$

02 25455-0324
| 2022학년도 9월 고1 학력평가 4번 |

좌표평면 위의 원점 O와 두 점 A(5, −5), B(1, a)에 대하여 $\overline{\text{OA}} = \overline{\text{OB}}$를 만족시킬 때, 양수 a의 값은? [3점]

① 6 　　② 7 　　③ 8

④ 9 　　⑤ 10

03 25455-0325
| 2019학년도 3월 고2 학력평가 나형 23번 |

좌표평면 위의 두 점 A(−1, 3), B(4, 1)에 대하여 선분 AB를 한 변으로 하는 정사각형의 넓이를 구하시오. [3점]

04 25455-0326
| 2020학년도 9월 고1 학력평가 12번 |

그림과 같이 좌표평면 위의 세 점 A(0, a), B(−3, 0), C(1, 0)을 꼭짓점으로 하는 삼각형 ABC가 있다. ∠ABC의 이등분선이 선분 AC의 중점을 지날 때, 양수 a의 값은? [3점]

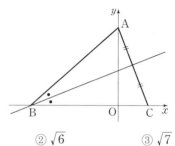

① $\sqrt{5}$ 　　② $\sqrt{6}$ 　　③ $\sqrt{7}$

④ $2\sqrt{2}$ 　　⑤ 3

05 25455-0327
| 2021학년도 11월 고1 학력평가 25번 |

세 양수 a, b, c에 대하여 좌표평면 위에 서로 다른 네 점 O(0, 0), A(a, 7), B(b, c), C(5, 5)가 있다. 사각형 OABC가 선분 OB를 대각선으로 하는 마름모일 때, $a+b+c$의 값을 구하시오. (단, 네 점 O, A, B, C 중 어느 세 점도 한 직선 위에 있지 않다.) [3점]

06 25455-0328
| 2019학년도 9월 고1 학력평가 13번 |

이차함수 $f(x) = x^2 + 4x + 3$의 그래프와 직선 $y = 2x + k$가 서로 다른 두 점 P, Q에서 만난다. 점 P가 이차함수 $y = f(x)$의 그래프의 꼭짓점일 때, 선분 PQ의 길이는?

(단, k는 상수이다.) [3점]

① $\sqrt{5}$ 　　② $2\sqrt{5}$ 　　③ $3\sqrt{5}$

④ $4\sqrt{5}$ 　　⑤ $5\sqrt{5}$

유형 2 두 점으로부터 같은 거리에 있는 점

07 25455-0329 | 2010학년도 9월 고1 학력평가 3번 |

두 점 A$(1, 2)$, B$(6, 3)$에서 같은 거리에 있는 x축 위의 점 P의 좌표를 $(a, 0)$이라 할 때, a의 값은? [2점]

① 3 ② 4 ③ 5
④ 6 ⑤ 7

Point

두 점 A, B에서 같은 거리에 있는 점 P의 좌표를 구할 때에는 점 P의 좌표를 미지수로 나타낸 후 $\overline{AP}=\overline{BP}$, 즉 $\overline{AP}^2=\overline{BP}^2$임을 이용한다.

08 25455-0330 | 2023학년도 11월 고1 학력평가 9번 |

좌표평면 위에 두 점 A$(2, 4)$, B$(5, 1)$이 있다.
직선 $y=-x$ 위의 점 P에 대하여 $\overline{AP}=\overline{BP}$일 때, 선분 OP의 길이는? (단, O는 원점이다.) [3점]

① $\dfrac{\sqrt{2}}{4}$ ② $\dfrac{\sqrt{2}}{2}$ ③ $\sqrt{2}$
④ $2\sqrt{2}$ ⑤ $4\sqrt{2}$

09 25455-0331 | 2010학년도 3월 고2 학력평가 20번 |

세 지점 A, B, C에 대리점이 있는 회사가 세 지점에서 같은 거리에 있는 지점에 물류창고를 지으려고 한다. 그림과 같이 B지점은 A지점에서 서쪽으로 4 km만큼 떨어진 위치에 있고, C지점은 A지점에서 동쪽으로 1 km, 북쪽으로 1 km만큼 떨어진 위치에 있을 때, 물류창고를 지으려는 지점에서 A지점에 이르는 거리는? [4점]

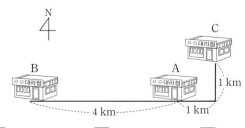

① $2\sqrt{2}$ km ② $\sqrt{13}$ km ③ $\sqrt{17}$ km
④ $2\sqrt{5}$ km ⑤ $\sqrt{29}$ km

유형 3 선분의 내분점

10 25455-0332 | 2024학년도 9월 고1 학력평가 6번 |

좌표평면 위의 두 점 A$(1, 2)$, B(a, b)에 대하여 선분 AB를 $1 : 2$로 내분하는 점의 좌표가 $(2, 3)$일 때 $a+b$의 값은? [3점]

① 6 ② 7 ③ 8
④ 9 ⑤ 10

Point

(1) 수직선 위의 두 점 A(x_1), B(x_2)에 대하여 선분 AB를
$m : n \,(m>0, n>0)$으로 내분하는 점 P는

$$P\left(\frac{mx_2+nx_1}{m+n}\right)$$

(2) 좌표평면 위의 두 점 A(x_1, y_1), B(x_2, y_2)에 대하여 선분 AB를
$m : n \,(m>0, n>0)$으로 내분하는 점 P는

$$P\left(\frac{mx_2+nx_1}{m+n}, \frac{my_2+ny_1}{m+n}\right)$$

11 25455-0333 | 2022학년도 9월 고1 학력평가 5번 |

좌표평면 위의 두 점 A$(-4, 0)$, B$(5, 3)$에 대하여 선분 AB를 $2 : 1$로 내분하는 점의 좌표가 (a, b)일 때, $a+b$의 값은? [3점]

① 1 ② 2 ③ 3
④ 4 ⑤ 5

12 25455-0334 | 2022학년도 3월 고2 학력평가 8번 |

두 점 A$(a, 0)$, B$(2, -4)$에 대하여 선분 AB를 $3 : 1$로 내분하는 점이 y축 위에 있을 때, 선분 AB의 길이는? [3점]

① $2\sqrt{5}$ ② $3\sqrt{5}$ ③ $4\sqrt{5}$
④ $5\sqrt{5}$ ⑤ $6\sqrt{5}$

13 25455-0335 | 2020학년도 11월 고1 학력평가 25번 |

좌표평면 위의 두 점 A, B에 대하여 선분 AB의 중점의 좌표가 (1, 2)이고, 선분 AB를 3 : 1로 내분하는 점의 좌표가 (4, 3)일 때, $\overline{AB}^2$의 값을 구하시오. [3점]

유형 4 선분의 내분점의 활용

14 25455-0336 | 2022학년도 11월 고1 학력평가 19번 |

좌표평면 위에 세 점 A(2, 3), B(7, 1), C(4, 5)가 있다. 직선 AB 위의 점 D에 대하여 점 D를 지나고 직선 BC와 평행한 직선이 직선 AC와 만나는 점을 E라 하자. 삼각형 ABC와 삼각형 ADE의 넓이의 비가 4 : 1이 되도록 하는 모든 점 D의 y좌표의 곱은?

(단, 점 D는 점 A도 아니고 점 B도 아니다.) [4점]

① 8　　　② $\dfrac{17}{2}$　　　③ 9

④ $\dfrac{19}{2}$　　　⑤ 10

Point

넓이의 비가 4 : 1이면 대응하는 변의 길이의 비는 2 : 1임을 이용한다.

15 25455-0337 | 2024학년도 9월 고1 학력평가 20번 |

그림과 같이 좌표평면 위에 세 점 A(-8, a), B(7, 3), C(-6, 0)이 있다. 선분 AB를 2 : 1로 내분하는 점을 P라 할 때, 직선 PC가 삼각형 AOB의 넓이를 이등분한다. 양수 a의 값은? (단, O는 원점이다.) [4점]

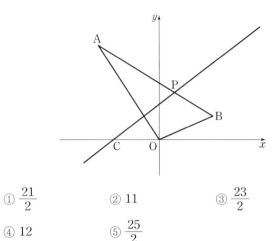

① $\dfrac{21}{2}$　　　② 11　　　③ $\dfrac{23}{2}$

④ 12　　　⑤ $\dfrac{25}{2}$

유형 5 삼각형의 무게중심

16 25455-0338 | 2022학년도 11월 고1 학력평가 12번 |

좌표평면 위의 세 점 A, B, C를 꼭짓점으로 하는 삼각형 ABC의 무게중심이 원점이고 선분 BC의 중점의 좌표가 (1, 2)이다. 점 A의 좌표를 (a, b)라 할 때, $a \times b$의 값은? [3점]

① 6　　　② 8　　　③ 10

④ 12　　　⑤ 14

Point

좌표평면 위의 세 점 A(x_1, y_1), B(x_2, y_2), C(x_3, y_3)을 꼭짓점으로 하는 삼각형 ABC의 무게중심을 G라 하면

$$G\left(\dfrac{x_1+x_2+x_3}{3}, \dfrac{y_1+y_2+y_3}{3}\right)$$

17 25455-0339 | 2021학년도 11월 고1 학력평가 24번 |

좌표평면 위의 세 점 $A(2, 6)$, $B(4, 1)$, $C(8, a)$에 대하여 삼각형 ABC의 무게중심이 직선 $y=x$ 위에 있을 때, 상수 a의 값을 구하시오. (단, 점 C는 제1사분면 위의 점이다.) [3점]

18 25455-0340 | 2021학년도 3월 고2 학력평가 12번 |

좌표평면에 세 점 $A(-2, 0)$, $B(0, 4)$, $C(a, b)$를 꼭짓점으로 하는 삼각형 ABC가 있다. $\overline{AC}=\overline{BC}$이고 삼각형 ABC의 무게중심이 y축 위에 있을 때, $a+b$의 값은? [3점]

① $\dfrac{1}{2}$ ② 1 ③ $\dfrac{3}{2}$

④ 2 ⑤ $\dfrac{5}{2}$

유형 6 **직선의 방정식**

19 25455-0341 | 2022학년도 11월 고1 학력평가 5번 |

좌표평면 위의 두 점 $(-2, 5)$, $(1, 1)$을 지나는 직선의 y절편은? [3점]

① 2 ② $\dfrac{7}{3}$ ③ $\dfrac{8}{3}$

④ 3 ⑤ $\dfrac{10}{3}$

Point

(1) 점 (x_1, y_1)을 지나고 기울기가 m인 직선의 방정식은
$$y-y_1=m(x-x_1)$$

(2) 서로 다른 두 점 $A(x_1, y_1)$, $B(x_2, y_2)$를 지나는 직선의 방정식은
$$y-y_1=\dfrac{y_2-y_1}{x_2-x_1}(x-x_1)$$

20 25455-0342 | 2022학년도 3월 고2 학력평가 5번 |

점 $(2, 3)$을 지나고 직선 $3x+2y-5=0$과 평행한 직선의 y절편은? [3점]

① 6 ② 7 ③ 8

④ 9 ⑤ 10

21 25455-0343 | 2017학년도 11월 고1 학력평가 7번 |

좌표평면 위의 두 점 $(-1, 2)$, $(2, a)$를 지나는 직선이 y축과 점 $(0, 5)$에서 만날 때, 상수 a의 값은? [3점]

① 5 ② 7 ③ 9

④ 11 ⑤ 13

22 25455-0344 | 2024학년도 3월 고2 학력평가 9번 |

두 직선 $x+3y+2=0$, $2x-3y-14=0$의 교점을 지나고 직선 $2x+y+1=0$과 평행한 직선의 x절편은? [3점]

① 1   ② 2   ③ 3

④ 4   ⑤ 5

23 25455-0345 | 2022학년도 9월 고1 학력평가 9번 |

두 직선 $3x+2y-5=0$, $3x+y-1=0$의 교점을 지나고 직선 $2x-y+4=0$에 평행한 직선의 y절편은? [3점]

① 2   ② 3   ③ 4

④ 5   ⑤ 6

24 25455-0346 | 2023학년도 9월 고1 학력평가 10번 |

좌표평면 위의 점 $(1, a)$를 지나고 직선 $4x-2y+1=0$과 평행한 직선의 방정식이 $bx-y+5=0$일 때, 두 상수 a, b에 대하여 $a \times b$의 값은? [3점]

① 6   ② 8   ③ 10

④ 12   ⑤ 14

유형 7 두 직선의 위치 관계

25 25455-0347 | 2020학년도 3월 고2 학력평가 4번 |

두 직선 $y=-2x+3$, $y=ax+1$이 서로 수직일 때, 상수 a의 값은? [3점]

① $-\dfrac{1}{2}$ ② $-\dfrac{1}{3}$ ③ $\dfrac{1}{3}$

④ $\dfrac{1}{2}$ ⑤ $\dfrac{2}{3}$

Point

두 직선 $y=mx+n$과 $y=m'x+n'$에서

(1) 두 직선의 평행 조건

  ① 두 직선이 서로 평행하면 $m=m'$, $n \neq n'$이다.

  ② $m=m'$, $n \neq n'$이면 두 직선은 서로 평행하다.

(2) 두 직선의 수직 조건

  ① 두 직선이 서로 수직이면 $mm'=-1$이다.

  ② $mm'=-1$이면 두 직선은 서로 수직이다.

26 25455-0348 | 2024학년도 9월 고1 학력평가 10번 |

점 $(1, a)$를 지나고 직선 $2x+3y+1=0$에 수직인 직선의 y절편이 $\dfrac{5}{2}$일 때, 상수 a의 값은? [3점]

① 3   ② 4   ③ 5

④ 6   ⑤ 7

27 25455-0349 | 2019학년도 11월 고1 학력평가 5번 |

두 직선 $y=7x-1$과 $y=(3k-2)x+2$가 서로 평행할 때, 상수 k의 값은? [3점]

① 1   ② 2   ③ 3

④ 4   ⑤ 5

유형 8 두 직선의 위치 관계의 활용

28 25455-0350
| 2022학년도 3월 고2 학력평가 20번 |

두 직선 $l_1 : 2x+y+2=0$, $l_2 : x-2y-4=0$의 교점을 A, 두 직선 l_1, l_2가 x축과 만나는 점을 각각 B, C라 하자. 제1사분면에 있는 점 P와 삼각형 ABC의 외접원 위의 점 Q가 다음 조건을 만족시킨다.

> (가) 점 Q는 삼각형 PBC의 무게중심이다.
> (나) 삼각형 PBC의 넓이는 삼각형 ABC의 넓이의 3배이다.

<보기>에서 옳은 것만을 있는 대로 고른 것은? [4점]

보기

ㄱ. 두 직선 l_1, l_2는 서로 수직이다.
ㄴ. 점 Q의 y좌표는 2이다.
ㄷ. 점 P의 x좌표와 y좌표의 합은 10이다.

① ㄱ 　　　　② ㄴ 　　　　③ ㄱ, ㄴ
④ ㄱ, ㄷ 　　　⑤ ㄱ, ㄴ, ㄷ

Point
두 직선의 평행 또는 수직 조건과 선분의 내분점, 외분점, 무게중심의 성질 등을 이용한다.

29 25455-0351
| 2023학년도 3월 고2 학력평가 26번 |

좌표평면 위의 네 점
$$A(0, 1), B(0, 4), C(\sqrt{2}, p), D(3\sqrt{2}, q)$$
가 다음 조건을 만족시킬 때, $p+q$의 값을 구하시오. [4점]

> (가) 직선 CD의 기울기는 음수이다.
> (나) $\overline{AB}=\overline{CD}$이고 $\overline{AD} \parallel \overline{BC}$이다.

30 25455-0352
| 2019학년도 9월 고1 학력평가 18번 |

0이 아닌 실수 m에 대하여 직선 $l : y=\dfrac{1}{m}x+2$ 위의 점 A$(a, 4)$에서 x축에 내린 수선의 발을 B라 하고, 점 B에서 직선 l에 내린 수선의 발을 H라 하자. 다음은 삼각형 OBH가 m의 값에 관계없이 이등변삼각형임을 보이는 과정이다.
(단, O는 원점이다.)

> 점 A$(a, 4)$는 직선 $l : y=\dfrac{1}{m}x+2$ 위의 점이므로
> $$a=\boxed{(가)}$$
> 직선 BH는 직선 l에 수직이므로
> 직선 BH의 방정식은 $y=-m\left(x-\boxed{(가)}\right)$
> 직선 l과 직선 BH가 만나는 점 H의 좌표는
> $$H\left(\dfrac{2m^3-2m}{\boxed{(나)}}, \dfrac{4m^2}{\boxed{(나)}}\right)$$
> 선분 OH의 길이는
> $$\sqrt{\left(\dfrac{2m^3-2m}{\boxed{(나)}}\right)^2+\left(\dfrac{4m^2}{\boxed{(나)}}\right)^2}$$
> $$=\dfrac{|2m|}{\boxed{(나)}}\sqrt{m^4+\boxed{(다)}\times m^2+1}$$
> $$=\left|\boxed{(가)}\right|$$
> 이므로 선분 OH의 길이와 선분 OB의 길이가 서로 같다.
> 따라서 삼각형 OBH는 m의 값에 관계없이 이등변삼각형이다.

위의 (가), (나)에 알맞은 식을 각각 $f(m)$, $g(m)$이라 하고, (다)에 알맞은 수를 k라 할 때, $f(k) \times g(k)$의 값은? [4점]

① 14 　　　　② 16 　　　　③ 18
④ 20 　　　　⑤ 22

31 25455-0353
| 2023학년도 11월 고1 학력평가 26번 |

좌표평면에서 점 (a, a)를 지나고 곡선 $y=x^2-4x+10$에 접하는 두 직선이 서로 수직일 때, 이 두 직선의 기울기의 합을 구하시오. [4점]

32 25455-0354 | 2018학년도 9월 고1 학력평가 28번 |

그림과 같이 좌표평면에서 이차함수 $y=x^2$의 그래프 위의 점 P(1, 1)에서의 접선을 l_1, 점 P를 지나고 직선 l_1과 수직인 직선을 l_2라 하자. 직선 l_1이 y축과 만나는 점을 Q, 직선 l_2가 이차함수 $y=x^2$의 그래프와 만나는 점 중 점 P가 아닌 점을 R이라 하자. 삼각형 PRQ의 넓이를 S라 할 때, $40S$의 값을 구하시오. [4점]

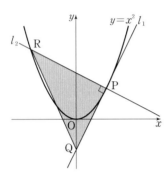

33 25455-0355 | 2018학년도 11월 고1 학력평가 17번 |

그림과 같이 좌표평면에서 직선 $y=-x+10$과 y축과의 교점을 A, 직선 $y=3x-6$과 x축과의 교점을 B, 두 직선 $y=-x+10$, $y=3x-6$의 교점을 C라 하자. x축 위의 점 D$(a, 0)(a>2)$에 대하여 삼각형 ABD의 넓이가 삼각형 ABC의 넓이와 같도록 하는 a의 값은? [4점]

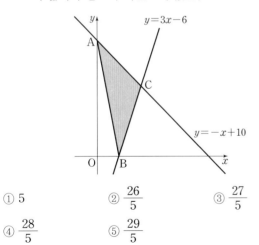

① 5   ② $\dfrac{26}{5}$ ③ $\dfrac{27}{5}$

④ $\dfrac{28}{5}$ ⑤ $\dfrac{29}{5}$

유형 9 점과 직선 사이의 거리

34 25455-0356 | 2024학년도 9월 고1 학력평가 13번 |

점 (1, 3)을 지나고 기울기가 k인 직선 l이 있다. 원점과 직선 l 사이의 거리가 $\sqrt{5}$일 때, 양수 k의 값은? [3점]

① $\dfrac{1}{4}$ ② $\dfrac{3}{8}$ ③ $\dfrac{1}{2}$

④ $\dfrac{5}{8}$ ⑤ $\dfrac{3}{4}$

Point

점 (x_1, y_1)과 직선 $ax+by+c=0$ 사이의 거리는

$$\dfrac{|ax_1+by_1+c|}{\sqrt{a^2+b^2}}$$

35 25455-0357 | 2024학년도 9월 고1 학력평가 28번 |

최고차항의 계수가 양수인 이차함수 $y=f(x)$의 그래프가 x축과 두 점 A(2, 0), B$(a, 0)(a>2)$에서 만나고 y축과 점 C에서 만난다. 이차함수 $y=f(x)$의 그래프의 꼭짓점을 P, 두 점 A, P에서 직선 BC에 내린 수선의 발을 각각 Q, R이라 하자. 사각형 APRQ가 정사각형일 때, $f(12)$의 값을 구하시오. [4점]

36 25455-0358 | 2016학년도 3월 고2 학력평가 나형 18번 |

그림과 같이 좌표평면에 세 점 $O(0, 0)$, $A(8, 4)$, $B(7, a)$ 와 삼각형 OAB의 무게중심 $G(5, b)$가 있다. 점 G와 직선 OA 사이의 거리가 $\sqrt{5}$일 때, $a+b$의 값은?

(단, a는 양수이다.) [4점]

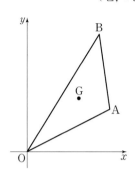

① 16 ② 17 ③ 18
④ 19 ⑤ 20

37 25455-0359 | 2024학년도 9월 고1 학력평가 26번 |

그림과 같이 좌표평면 위에 직선 $l_1 : x-2y-2=0$과 평행하고 y절편이 양수인 직선 l_2가 있다. 직선 l_1이 x축, y축과 만나는 점을 각각 A, B라 하고 직선 l_2가 x축, y축과 만나는 점을 각각 C, D라 할 때, 사각형 ADCB의 넓이가 25이다. 두 직선 l_1과 l_2 사이의 거리를 d라 할 때, d^2의 값을 구하시오.

[4점]

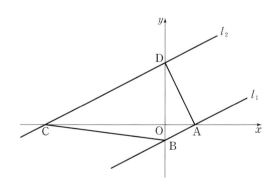

38 25455-0360 | 2020학년도 3월 고2 학력평가 18번 |

좌표평면의 제1사분면에 있는 두 점 A, B와 원점 O에 대하여 삼각형 OAB의 무게중심 G의 좌표는 $(8, 4)$이고, 점 B와 직선 OA 사이의 거리는 $6\sqrt{2}$이다. 다음은 직선 OB의 기울기가 직선 OA의 기울기보다 클 때, 직선 OA의 기울기를 구하는 과정이다.

> 선분 OA의 중점을 M이라 하자.
>
>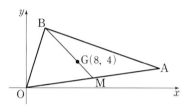
>
> 점 G가 삼각형 OAB의 무게중심이므로
> $$\overline{BG} : \overline{GM} = 2 : 1$$
> 이고, 점 B와 직선 OA 사이의 거리가 $6\sqrt{2}$이므로 점 G와 직선 OA 사이의 거리는 $\boxed{(가)}$ 이다.
> 직선 OA의 기울기를 m이라 하면 점 G와 직선 OA 사이의 거리는
> $$\frac{\boxed{(나)}}{\sqrt{m^2+(-1)^2}}$$
> 이고 $\boxed{(가)}$ 와 같다. 즉,
> $$\boxed{(나)} = \boxed{(가)} \times \sqrt{m^2+1}$$
> 이다. 양변을 제곱하여 m의 값을 구하면
> $$m = \boxed{} \quad \text{또는} \quad m = \boxed{}$$
> 이다.
> 이때 직선 OG의 기울기가 $\dfrac{1}{2}$이므로 직선 OA의 기울기는 $\boxed{(다)}$ 이다.

위의 (가), (다)에 알맞은 수를 각각 p, q라 하고, (나)에 알맞은 식을 $f(m)$이라 할 때, $\dfrac{f(q)}{p^2}$의 값은? [4점]

① $\dfrac{2}{7}$ ② $\dfrac{5}{14}$ ③ $\dfrac{3}{7}$
④ $\dfrac{1}{2}$ ⑤ $\dfrac{4}{7}$

01 25455-0361 | 2017학년도 9월 고1 학력평가 21번 |

$\overline{AB}=2\sqrt{3}$, $\overline{BC}=2$인 삼각형 ABC에서 선분 BC의 중점을 D라 할 때, $\overline{AD}=\sqrt{7}$이다. 각 ACB의 이등분선이 선분 AB와 만나는 점을 E, 선분 CE와 선분 AD가 만나는 점을 P, 각 APE의 이등분선이 선분 AB와 만나는 점을 R, 선분 PR의 연장선이 선분 BC와 만나는 점을 Q라 하자. 삼각형 PRE의 넓이를 S_1, 삼각형 PQC의 넓이를 S_2라 할 때, $\dfrac{S_2}{S_1}=a+b\sqrt{7}$ 이다. ab의 값은? (단, a, b는 유리수이다.) [4점]

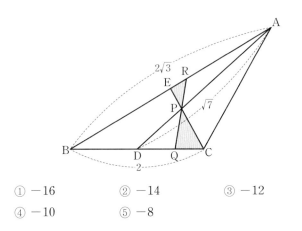

① -16 ② -14 ③ -12

④ -10 ⑤ -8

02 25455-0362 | 2023학년도 9월 고1 학력평가 20번 |

좌표평면 위에 세 점 A$(0, 4)$, B$(4, 4)$, C$(4, 0)$이 있다. 세 선분 OA, AB, BC를 $m:n\,(m>0,\ n>0)$으로 내분하는 점을 각각 P, Q, R이라 하고, 세 점 P, Q, R을 지나는 원을 C라 할 때, <보기>에서 옳은 것만을 있는 대로 고른 것은? (단, O는 원점이다.) [4점]

• 보기 •

ㄱ. $m=n$일 때, 점 P의 좌표는 $(0, 2)$이다.

ㄴ. 점 $\left(\dfrac{4m}{m+n}, 0\right)$은 원 C 위의 점이다.

ㄷ. 원 C가 x축과 만나는 서로 다른 두 점 사이의 거리가 3일 때, $\overline{PQ}=\dfrac{5\sqrt{2}}{2}$이다.

① ㄱ   ② ㄷ   ③ ㄱ, ㄴ

④ ㄱ, ㄷ   ⑤ ㄱ, ㄴ, ㄷ

03 25455-0363 | 2020학년도 9월 고1 학력평가 29번 |

제1사분면 위의 점 A와 제3사분면 위의 점 B에 대하여 두 점 A, B가 다음 조건을 만족시킨다.

㉮ 두 점 A, B는 직선 $y=x$ 위에 있다.
㉯ $\overline{OB}=2\,\overline{OA}$

점 A에서 y축에 내린 수선의 발을 H, 점 B에서 x축에 내린 수선의 발을 L이라 하자. 직선 AL과 직선 BH가 만나는 점을 P, 직선 OP가 직선 LH와 만나는 점을 Q라 하자. 세 점 O, Q, L을 지나는 원의 넓이가 $\dfrac{81}{2}\pi$일 때, $\overline{OA}\times\overline{OB}$의 값을 구하시오. (단, O는 원점이다.) [4점]

04 25455-0364 | 2019학년도 9월 고1 학력평가 29번 |

그림과 같이 좌표평면 위의 세 점 A$(0, 2+2\sqrt{2})$, B$(-2, 0)$, C$(2, 0)$을 꼭짓점으로 하는 삼각형 ABC가 있다. 점 B에서 선분 AC에 내린 수선의 발을 D, 점 C에서 선분 AB에 내린 수선의 발을 E, 선분 BD와 선분 CE가 만나는 점을 F라 할 때, 사각형 AEFD의 둘레의 길이를 l이라 하자. $l^2=a+b\sqrt{2}$일 때, $a+b$의 값을 구하시오.

(단, a와 b는 자연수이다.) [4점]

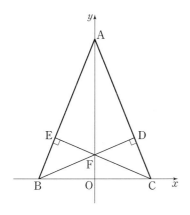

05 25455-0365 | 2017학년도 11월 고1 학력평가 19번 |

좌표평면에서 $3<a<7$인 실수 a에 대하여 이차함수 $y=x^2-2ax-20$의 그래프 위의 점 P와 직선 $y=2x-12a$ 사이의 거리의 최솟값을 $f(a)$라 하자. $f(a)$의 최댓값은? [4점]

① $\dfrac{4\sqrt{5}}{5}$ ② $\sqrt{5}$ ③ $\dfrac{6\sqrt{5}}{5}$

④ $\dfrac{7\sqrt{5}}{5}$ ⑤ $\dfrac{8\sqrt{5}}{5}$

06 25455-0366 | 2022학년도 11월 고1 학력평가 30번 |

두 양수 a, m에 대하여 두 함수 $f(x)$, $g(x)$를
$$f(x)=ax^2,$$
$$g(x)=mx+4a$$
라 하자. 그림과 같이 곡선 $y=f(x)$와 직선 $y=g(x)$가 만나는 두 점을 A, B라 할 때, 선분 AB를 지름으로 하고 원점 O를 지나는 원 C가 있다. 원 C와 곡선 $y=f(x)$는 서로 다른 네 점에서 만나고, 원 C와 곡선 $y=f(x)$가 만나는 네 점 중 O, A, B가 아닌 점을 P$(k, f(k))$라 하자. 삼각형 ABP의 넓이가 삼각형 AOB의 넓이의 5배일 때, $f(k)\times g(-k)$의 값을 구하시오. [4점]

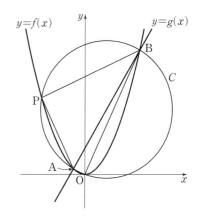

1. 원의 방정식

(1) 중심의 좌표가 (a, b)이고 반지름의 길이가 r인 원의 방정식은 $(x-a)^2+(y-b)^2=r^2$
특히, 중심이 원점이고 반지름의 길이가 r인 원의 방정식은 $x^2+y^2=r^2$

(2) x, y에 대한 이차방정식 $x^2+y^2+Ax+By+C=0 \ (A^2+B^2-4C>0)$이 나타내는 도형은
중심의 좌표가 $\left(-\dfrac{A}{2}, -\dfrac{B}{2}\right)$, 반지름의 길이가 $\dfrac{\sqrt{A^2+B^2-4C}}{2}$인 원이다.

참고

x축 또는 y축에 접하는 원의 방정식
$$(a>0, b>0)$$
(1) 점 (a, b)를 중심으로 하고 x축에 접하는 원
➡ $(x-a)^2+(y-b)^2=b^2$
(2) 점 (a, b)를 중심으로 하고 y축에 접하는 원
➡ $(x-a)^2+(y-b)^2=a^2$
(3) x축과 y축에 동시에 접하는 원
➡ $(x-a)^2+(y-a)^2=a^2$

2. 원과 직선의 위치 관계

원의 방정식 $x^2+y^2=r^2$에 직선의 방정식 $y=mx+n$을 대입하여 얻은 x에 대한 이차방정식의 판별식을 D라 하면 D의 값의 부호에 따라 원과 직선의 위치 관계는 다음과 같다.

(1) $D>0$이면 서로 다른 두 점에서 만난다.

(2) $D=0$이면 한 점에서 만난다. (접한다.)

(3) $D<0$이면 만나지 않는다.

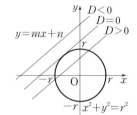

참고

원과 직선의 위치 관계
원의 중심과 직선 사이의 거리를 d, 원의 반지름의 길이를 r이라 하면
(1) $d<r$이면 서로 다른 두 점에서 만난다.
(2) $d=r$이면 한 점에서 만난다.
(접한다.)
(3) $d>r$이면 만나지 않는다.

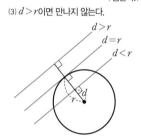

3. 원의 접선의 방정식

(1) 원 $x^2+y^2=r^2$에 접하고 기울기가 m인 직선의 방정식은 $y=mx\pm r\sqrt{m^2+1}$

(2) 원 $x^2+y^2=r^2$ 위의 점 $P(x_1, y_1)$에서의 접선의 방정식은 $x_1 x+y_1 y=r^2$

4. 평행이동

(1) **점의 평행이동**
점 (x, y)를 x축의 방향으로 a만큼, y축의 방향으로 b만큼 평행이동한 점의 좌표는
$$(x+a, y+b)$$

(2) **도형의 평행이동**
방정식 $f(x, y)=0$이 나타내는 도형을 x축의 방향으로 a만큼, y축의 방향으로 b만큼 평행이동한 도형의 방정식은
$$f(x-a, y-b)=0$$

5. 대칭이동

(1) 어떤 도형을 주어진 직선 또는 점에 대하여 대칭인 도형으로 옮기는 것을 대칭이동이라 한다.

(2) **점의 대칭이동**
점 (x, y)를
① x축에 대하여 대칭이동한 점의 좌표는 $(x, -y)$
② y축에 대하여 대칭이동한 점의 좌표는 $(-x, y)$
③ 원점에 대하여 대칭이동한 점의 좌표는 $(-x, -y)$
④ 직선 $y=x$에 대하여 대칭이동한 점의 좌표는 (y, x)

(3) **도형의 대칭이동**
방정식 $f(x, y)=0$이 나타내는 도형을
① x축에 대하여 대칭이동한 도형의 방정식은 $f(x, -y)=0$
② y축에 대하여 대칭이동한 도형의 방정식은 $f(-x, y)=0$
③ 원점에 대하여 대칭이동한 도형의 방정식은 $f(-x, -y)=0$
④ 직선 $y=x$에 대하여 대칭이동한 도형의 방정식은 $f(y, x)=0$

참고

점 (x, y)를 점 (a, b)에 대하여 대칭이동한 점의 좌표는
$$(2a-x, 2b-y)$$

참고

(1) 점 (x, y)를 직선 $y=-x$에 대하여 대칭이동한 점의 좌표는
$$(-y, -x)$$
(2) 방정식 $f(x, y)=0$이 나타내는 도형을 직선 $y=-x$에 대하여 대칭이동한 도형의 방정식은
$$f(-y, -x)=0$$

01 다음 원의 방정식을 구하시오.

(1) 중심의 좌표가 $(0, 2)$이고 반지름의 길이가 1인 원

(2) 중심이 원점이고 점 $(-3, 4)$를 지나는 원

02 두 점 $A(4, -6)$, $B(-6, 2)$를 지름의 양 끝 점으로 하는 원의 방정식을 구하시오.

03 다음 원의 중심의 좌표와 반지름의 길이를 구하시오.

(1) $x^2 + y^2 - 6x = 0$

(2) $x^2 + y^2 - 2x - 8y - 10 = 0$

04 세 점 $O(0, 0)$, $P(3, 0)$, $Q(2, 1)$을 지나는 원의 방정식을 구하시오.

05 다음 원의 방정식을 구하시오.

(1) 중심이 $(2, -3)$이고 x축에 접하는 원

(2) 중심이 $(-4, 5)$이고 y축에 접하는 원

(3) 중심이 $(-1, -1)$이고 x축과 y축에 동시에 접하는 원

06 원 $x^2 + y^2 = 1$과 직선 $y = 2x + k$의 위치 관계가 다음과 같도록 하는 실수 k의 값 또는 범위를 구하시오.

(1) 서로 다른 두 점에서 만난다.

(2) 한 점에서 만난다. (접한다.)

(3) 만나지 않는다.

07 다음 직선의 방정식을 구하시오.

(1) 원 $x^2 + y^2 = 6$에 접하고 기울기가 1인 직선

(2) 원 $x^2 + y^2 = 4$ 위의 점 $(1, -\sqrt{3})$에서의 접선

(3) 점 $(2, -4)$에서 원 $x^2 + y^2 = 2$에 그은 접선

08 다음 점을 x축의 방향으로 4만큼, y축의 방향으로 -1만큼 평행이동한 점의 좌표를 구하시오.

(1) $A(-3, 4)$ (2) $B(2, -5)$

09 다음 방정식이 나타내는 도형을 x축의 방향으로 3만큼, y축의 방향으로 -2만큼 평행이동한 도형의 방정식을 구하시오.

(1) $2x - y - 3 = 0$

(2) $(x-2)^2 + (y+1)^2 = 5$

10 점 $(3, -7)$을 다음에 대하여 대칭이동한 점의 좌표를 구하시오.

(1) x축   (2) y축

(3) 원점   (4) 직선 $y = x$

11 원 $(x-5)^2 + (y+6)^2 = 9$를 다음에 대하여 대칭이동한 원의 방정식을 구하시오.

(1) x축   (2) y축

(3) 원점   (4) 직선 $y = x$

12 원 $(x+2)^2 + (y-1)^2 = 4$를 x축의 방향으로 1만큼, y축의 방향으로 2만큼 평행이동한 다음 y축에 대하여 대칭이동한 원의 방정식을 구하시오.

유형 1 원의 방정식

01 25455-0367 | 2023학년도 9월 고1 학력평가 11번 |

두 상수 a, b에 대하여 이차함수 $y=x^2-4x+a$의 그래프의 꼭짓점을 A라 할 때, 점 A는 원 $x^2+y^2+bx+4y-17=0$의 중심과 일치한다. $a+b$의 값은? [3점]

① -1 ② -2 ③ -3
④ -4 ⑤ -5

Point
중심의 좌표가 (a, b)이고 반지름의 길이가 r인 원의 방정식은
$$(x-a)^2+(y-b)^2=r^2$$

02 25455-0368 | 2020학년도 9월 고1 학력평가 25번 |

좌표평면 위의 세 점 $(0, 0)$, $(6, 0)$, $(-4, 4)$를 지나는 원의 중심의 좌표를 (p, q)라 할 때, $p+q$의 값을 구하시오.

[3점]

03 25455-0369 | 2021학년도 9월 고1 학력평가 28번 |

그림과 같이 원의 중심 $C(a, b)$가 제1사분면 위에 있고, 반지름의 길이가 r이며 원점 O를 지나는 원이 있다. 원과 x축, y축이 만나는 점 중 O가 아닌 점을 각각 A, B라 하자. 네 점 O, A, B, C가 다음 조건을 만족시킬 때, $a+b+r^2$의 값을 구하시오. [4점]

(가) $\overline{OB}-\overline{OA}=4$
(나) 두 점 O, C를 지나는 직선의 방정식은 $y=3x$이다.

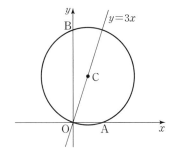

04 25455-0370 | 2024학년도 3월 고2 학력평가 19번 |

좌표평면 위의 두 점 A$(0, 6)$, B$(9, 0)$에 대하여 선분 AB를 $2:1$로 내분하는 점을 P라 하자. 원 $x^2+y^2-2ax-2by=0$과 직선 AB가 점 P에서만 만날 때, $a+b$의 값은? (단, a, b는 상수이다.) [4점]

① $\dfrac{16}{9}$ ② 2 ③ $\dfrac{20}{9}$
④ $\dfrac{22}{9}$ ⑤ $\dfrac{8}{3}$

05 25455-0371 | 2022학년도 11월 고1 학력평가 20번 |

양수 k에 대하여 좌표평면 위에 두 점 A$(k, 0)$, B$(0, k)$가 있다. 삼각형 OAB의 내부에 있으며 $\angle AOP=\angle BAP$를 만족시키는 점 P에 대하여 점 P의 y좌표의 최댓값을 $M(k)$라 하자. 다음은 $M(k)$를 구하는 과정이다.
(단, O는 원점이고, $\angle AOP<180°$, $\angle BAP<180°$이다.)

원의 접선과 그 접점을 지나는 현이 이루는 각의 크기는 이 각의 내부에 있는 호에 대한 원주각의 크기와 같다. 그러므로 점 O를 지나고 직선 AB와 점 A에서 접하는 원을 C라 할 때, 삼각형 OAB의 내부에 있으며 $\angle AOP=\angle BAP$를 만족시키는 점 P는 원 C 위의 점이다.
원 C의 중심을 C라 하면 $\angle OAC=45°$이므로
점 C의 좌표는 $\left(\dfrac{k}{2}, \boxed{\text{(가)}}\right)$이고 원 C의 반지름의 길이는 $\boxed{\text{(나)}}$이다.
점 P의 y좌표는 $\angle PCO=45°$일 때 최대이므로
$M(k)=\left(\boxed{\text{(다)}}\right)\times k$이다.

위의 (가), (나)에 알맞은 식을 각각 $f(k)$, $g(k)$라 하고, (다)에 알맞은 수를 p라 할 때, $f(p)+g\left(\dfrac{1}{2}\right)$의 값은? [4점]

① $\dfrac{\sqrt{2}}{16}$ ② $\dfrac{1}{8}$ ③ $\dfrac{\sqrt{2}}{8}$
④ $\dfrac{1}{4}$ ⑤ $\dfrac{\sqrt{2}}{4}$

유형 2 원과 직선의 위치 관계

06 25455-0372 | 2022학년도 11월 고1 학력평가 10번 |

좌표평면에서 두 점 $(-3, 0)$, $(1, 0)$을 지름의 양 끝점으로 하는 원과 직선 $kx+y-2=0$이 오직 한 점에서 만나도록 하는 양수 k의 값은? [3점]

① $\dfrac{1}{3}$ ② $\dfrac{2}{3}$ ③ 1

④ $\dfrac{4}{3}$ ⑤ $\dfrac{5}{3}$

Point

원과 직선의 위치 관계는 다음과 같은 방법 중 하나를 이용한다.

(1) 원의 방정식과 직선의 방정식을 연립하여 얻은 이차방정식의 판별식의 부호를 조사한다.

(2) 원의 중심과 직선 사이의 거리를 원의 반지름의 길이와 비교한다.

07 25455-0373 | 2021학년도 3월 고2 학력평가 10번 |

직선 $x+2y+5=0$이 원 $(x-1)^2+y^2=r^2$에 접할 때, 양수 r의 값은? [3점]

① $\dfrac{7\sqrt{5}}{5}$ ② $\dfrac{6\sqrt{5}}{5}$ ③ $\sqrt{5}$

④ $\dfrac{4\sqrt{5}}{5}$ ⑤ $\dfrac{3\sqrt{5}}{5}$

08 25455-0374 | 2024학년도 3월 고2 학력평가 13번 |

좌표평면에서 원 $(x-2)^2+(y-3)^2=r^2$과 직선 $y=x+5$가 서로 다른 두 점 A, B에서 만나고, $\overline{AB}=2\sqrt{2}$이다. 양수 r의 값은? [3점]

① 3 ② $\sqrt{10}$ ③ $\sqrt{11}$

④ $2\sqrt{3}$ ⑤ $\sqrt{13}$

09 25455-0375 | 2024학년도 9월 고1 학력평가 16번 |

그림과 같이 좌표평면 위에 원 $C : (x-a)^2+(y-a)^2=10$이 있다. 원 C의 중심과 직선 $y=2x$ 사이의 거리가 $\sqrt{5}$이고 직선 $y=kx$가 원 C에 접할 때, 상수 k의 값은?

(단, $a>0$, $0<k<1$) [4점]

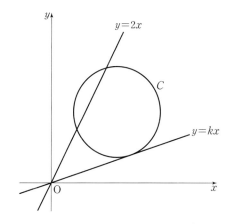

① $\dfrac{2}{9}$ ② $\dfrac{5}{18}$ ③ $\dfrac{1}{3}$

④ $\dfrac{7}{18}$ ⑤ $\dfrac{4}{9}$

10 25455-0376 | 2023학년도 11월 고1 학력평가 20번 |

실수 t $(t>0)$에 대하여 좌표평면 위에 네 점 A$(1, 4)$, B$(5, 4)$, C$(2t, 0)$, D$(0, t)$가 있다. 선분 CD 위에 $\angle APB=90°$인 점 P가 존재하도록 하는 t의 최댓값을 M, 최솟값을 m이라 할 때, $M-m$의 값은? [4점]

① $2\sqrt{5}$ ② $\dfrac{5\sqrt{5}}{2}$ ③ $3\sqrt{5}$

④ $\dfrac{7\sqrt{5}}{2}$ ⑤ $4\sqrt{5}$

11 25455-0377 | 2019학년도 9월 고1 학력평가 21번 |

좌표평면 위의 세 점 $A(6, 0)$, $B(0, -3)$, $C(10, -8)$에 대하여 삼각형 ABC에 내접하는 원의 중심을 P라 할 때, 선분 OP의 길이는? (단, O는 원점이다.) [4점]

① $2\sqrt{7}$ ② $\sqrt{30}$ ③ $4\sqrt{2}$

④ $\sqrt{34}$ ⑤ 6

12 25455-0378 | 2021학년도 11월 고1 학력평가 17번 |

좌표평면 위에 두 점 $A(0, \sqrt{3})$, $B(1, 0)$과 원 $C : (x-1)^2 + (y-10)^2 = 9$가 있다. 원 C 위의 점 P에 대하여 삼각형 ABP의 넓이가 자연수가 되도록 하는 모든 점 P의 개수는? [4점]

① 9 ② 10 ③ 11

④ 12 ⑤ 13

13 25455-0379 | 2019학년도 3월 고2 학력평가 가형 27번 |

원 $C : x^2 + y^2 - 5x = 0$ 위의 점 P가 다음 조건을 만족시킨다.

> (가) $\overline{OP} = 3$
> (나) 점 P는 제1사분면 위의 점이다.

원 C 위의 점 P에서의 접선의 기울기가 $\dfrac{q}{p}$일 때, $p+q$의 값을 구하시오.

(단, O는 원점이고, p와 q는 서로소인 자연수이다.) [4점]

유형 ③ 원 위를 움직이는 점과 최대, 최소

14 25455-0380 | 2016학년도 9월 고1 학력평가 26번 |

좌표평면 위의 점 $(3, 4)$를 지나는 직선 중에서 원점과의 거리가 최대인 직선을 l이라 하자. 원 $(x-7)^2 + (y-5)^2 = 1$ 위의 점 P와 직선 l 사이의 거리의 최솟값을 m이라 할 때, $10m$의 값을 구하시오. [4점]

Point

(1) 원 밖의 한 점 A와 원의 중심 O 사이의 거리를 d, 원의 반지름의 길이를 r이라 할 때, 점 A와 원 위의 점 P 사이의 거리의 최댓값과 최솟값은

(최댓값) $= d+r$, (최솟값) $= d-r$

(2) 원의 중심 O와 직선 l 사이의 거리를 d ($d > r$), 원의 반지름의 길이를 r이라 할 때, 원 위의 점과 직선 l 사이의 거리의 최댓값과 최솟값은

(최댓값) $= d+r$, (최솟값) $= d-r$

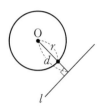

15 25455-0381 | 2024학년도 9월 고1 학력평가 9번 |

좌표평면에서 점 $A(5, 5)$와 원 $x^2 + y^2 = 8$ 위의 점 P에 대하여 선분 AP의 길이의 최솟값은? [3점]

① $\dfrac{5\sqrt{2}}{2}$ ② $3\sqrt{2}$ ③ $\dfrac{7\sqrt{2}}{2}$

④ $4\sqrt{2}$ ⑤ $\dfrac{9\sqrt{2}}{2}$

16 25455-0382 | 2022학년도 9월 고1 학력평가 14번 |

중심이 점 $(3, 2)$이고 반지름의 길이가 $\sqrt{5}$인 원 위의 점과 직선 $2x - y + 8 = 0$ 사이의 거리의 최솟값은? [4점]

① $\dfrac{7\sqrt{5}}{5}$ ② $\dfrac{8\sqrt{5}}{5}$ ③ $\dfrac{9\sqrt{5}}{5}$

④ $2\sqrt{5}$ ⑤ $\dfrac{11\sqrt{5}}{5}$

17 25455-0383 | 2023학년도 11월 고1 학력평가 14번 |

원 $C : x^2+y^2-2x-ay-b=0$에 대하여 좌표평면에서 원 C의 중심이 직선 $y=2x-1$ 위에 있다. 원 C와 직선 $y=2x-1$이 만나는 서로 다른 두 점을 A, B라 하자. 원 C 위의 점 P에 대하여 삼각형 ABP의 넓이의 최댓값이 4일 때, $a+b$의 값은? (단, a, b는 상수이고, 점 P는 점 A도 아니고 점 B도 아니다.) [4점]

① 1   ② 2   ③ 3
④ 4   ⑤ 5

18 25455-0384 | 2022학년도 9월 고1 학력평가 21번 |

그림과 같이 원 $x^2+y^2=25$ 위에 세 점 A$(-5, 0)$, B$(0, -5)$, C$(4, 3)$이 있다. 점 B를 포함하지 않는 호 AC 위에 점 P가 있을 때, <보기>에서 옳은 것만을 있는 대로 고른 것은? [4점]

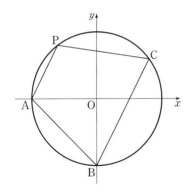

┌─ **보기** ─────────────────┐
ㄱ. 점 B와 직선 AC 사이의 거리는 $2\sqrt{10}$이다.
ㄴ. 사각형 PABC의 넓이가 최대일 때, 직선 PB와 직선 AC는 서로 수직이다.
ㄷ. 사각형 PABC의 넓이의 최댓값은 $\dfrac{15(3+\sqrt{10})}{2}$이다.
└───────────────────────┘

① ㄱ   ② ㄷ   ③ ㄱ, ㄴ
④ ㄱ, ㄷ   ⑤ ㄱ, ㄴ, ㄷ

유형 4 현의 길이

19 25455-0385 | 2023학년도 9월 고1 학력평가 19번 |

그림과 같이 기울기가 2인 직선 l이 원 $x^2+y^2=10$과 제2사분면 위의 점 A, 제3사분면 위의 점 B에서 만나고 $\overline{AB}=2\sqrt{5}$이다. 직선 OA와 원이 만나는 점 중 A가 아닌 점을 C라 하자. 점 C를 지나고 x축과 평행한 직선이 직선 l과 만나는 점을 D(a, b)라 할 때, 두 상수 a, b에 대하여 $a+b$의 값은? (단, O는 원점이다.) [4점]

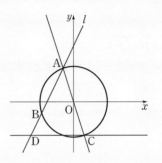

① -8 ② $-\dfrac{15}{2}$ ③ -7
④ $-\dfrac{13}{2}$ ⑤ -6

Point

반지름의 길이가 r인 원의 중심에서 d만큼 떨어진 현의 길이를 l이라 하면
$$l=2\sqrt{r^2-d^2}$$

20 25455-0386 | 2019학년도 3월 고2 학력평가 나형 17번 |

좌표평면에서 원 $C : x^2+y^2-4x-2ay+a^2-9=0$이 다음 조건을 만족시킨다.

┌───────────────────────┐
㈎ 원 C는 원점을 지난다.
㈏ 원 C는 직선 $y=-2$와 서로 다른 두 점에서 만난다.
└───────────────────────┘

원 C와 직선 $y=-2$가 만나는 두 점 사이의 거리는? (단, a는 상수이다.) [4점]

① $4\sqrt{2}$ ② 6   ③ $2\sqrt{10}$
④ $2\sqrt{11}$ ⑤ $4\sqrt{3}$

유형 5 원의 접선의 방정식 (1)

21 25455-0387 | 2023학년도 3월 고2 학력평가 9번 |

원 $x^2+y^2=r^2$ 위의 점 $(a, 4\sqrt{3})$에서의 접선의 방정식이 $x-\sqrt{3}y+b=0$일 때, $a+b+r$의 값은?

(단, r은 양수이고, a, b는 상수이다.) [3점]

① 17　　　　② 18　　　　③ 19

④ 20　　　　⑤ 21

Point

(1) 원 $x^2+y^2=r^2$에 접하고 기울기가 m인 직선의 방정식은

$$y=mx\pm r\sqrt{m^2+1}$$

(2) 원 $x^2+y^2=r^2$ 위의 점 $P(x_1, y_1)$에서의 접선의 방정식은

$$x_1 x+y_1 y=r^2$$

22 25455-0388 | 2023학년도 9월 고1 학력평가 26번 |

좌표평면에서 원 $x^2+y^2=25$ 위의 점 $(3, -4)$에서의 접선이 원 $(x-6)^2+(y-8)^2=r^2$과 만나도록 하는 자연수 r의 최솟값을 구하시오. [4점]

23 25455-0389 | 2020학년도 11월 고1 학력평가 20번 |

그림과 같이 좌표평면에 원 $C: x^2+y^2=4$와 점 $A(-2, 0)$이 있다. 원 C 위의 제1사분면 위의 점 P에서의 접선이 x축과 만나는 점을 B, 점 P에서 x축에 내린 수선의 발을 H라 하자. $2\overline{AH}=\overline{HB}$일 때, 삼각형 PAB의 넓이는? [4점]

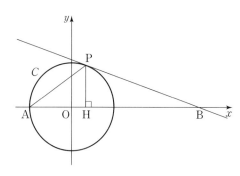

① $\dfrac{10\sqrt{2}}{3}$　　② $4\sqrt{2}$　　③ $\dfrac{14\sqrt{2}}{3}$

④ $\dfrac{16\sqrt{2}}{3}$　　⑤ $6\sqrt{2}$

유형 6 원의 접선의 방정식 (2)

24 25455-0390 | 2018학년도 3월 고2 학력평가 가형 25번 |

점 $(0, 3)$에서 원 $x^2+y^2=1$에 그은 접선이 x축과 만나는 점의 x좌표를 k라 할 때, $16k^2$의 값을 구하시오. [3점]

Point

원 밖의 점에서 원에 그은 접선의 방정식은 다음과 같은 방법 중 하나를 이용한다.

(1) 원 위의 점에서의 접선의 방정식을 이용한다.

(2) (원의 중심과 직선 사이의 거리) = (원의 반지름의 길이)임을 이용한다.

(3) (원과 직선의 방정식을 연립한 이차방정식의 판별식) = 0임을 이용한다.

25 25455-0391 | 2019학년도 11월 고1 학력평가 14번 |

좌표평면 위의 점 $(2, -4)$에서 원 $x^2+y^2=2$에 그은 두 접선이 각각 y축과 만나는 점의 좌표를 $(0, a)$, $(0, b)$라 할 때, $a+b$의 값은? [4점]

① 4　　　　② 6　　　　③ 8

④ 10　　　　⑤ 12

26 25455-0392 | 2019학년도 3월 고2 학력평가 나형 29번 |

좌표평면에 원 $C_1: (x+7)^2+(y-2)^2=20$이 있다. 그림과 같이 점 $P(a, 0)$에서 원 C_1에 그은 두 접선을 l_1, l_2라 하자. 두 직선 l_1, l_2가 원 $C_2: x^2+(y-b)^2=5$에 모두 접할 때, 두 직선 l_1, l_2의 기울기의 곱을 c라 하자. $11(a+b+c)$의 값을 구하시오. (단, a, b는 양의 상수이다.) [4점]

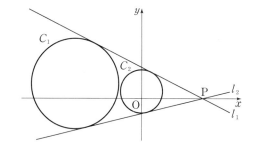

유형 7 점의 평행이동

27 25455-0393 | 2022학년도 11월 고1 학력평가 22번 |

좌표평면 위의 점 $(2, -1)$을 x축의 방향으로 a만큼, y축의 방향으로 5만큼 평행이동한 점의 좌표가 $(4, b)$일 때, $a+b$의 값을 구하시오. (단, a, b는 상수이다.) [3점]

Point

점 (x, y)를 x축의 방향으로 a만큼, y축의 방향으로 b만큼 평행이동한 점의 좌표는

$$(x+a, y+b)$$

28 25455-0394 | 2019학년도 11월 고1 학력평가 12번 |

좌표평면 위의 점 $\mathrm{P}(a, a^2)$을 x축의 방향으로 $-\dfrac{1}{2}$만큼, y축의 방향으로 2만큼 평행이동한 점이 직선 $y=4x$ 위에 있을 때, 상수 a의 값은? [3점]

① -2 ② -1 ③ 0
④ 1 ⑤ 2

29 25455-0395 | 2019학년도 9월 고1 학력평가 19번 |

좌표평면 위에 세 점 $\mathrm{A}(0, 9)$, $\mathrm{B}(-9, 0)$, $\mathrm{C}(9, 0)$이 있다. 실수 t $(0<t<18)$에 대하여 세 점 O, A, B를 x축의 방향으로 t만큼 평행이동한 점을 각각 O′, A′, B′이라 하자. 삼각형 OCA의 내부와 삼각형 O′A′B′의 내부의 공통부분의 넓이를 $S(t)$라 할 때, $S(t)$의 최댓값은? (단, O는 원점이다.) [4점]

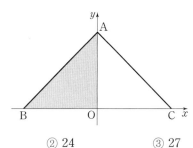

① 21 ② 24 ③ 27
④ 30 ⑤ 33

유형 8 도형의 평행이동

30 25455-0396 | 2024학년도 9월 고1 학력평가 5번 |

직선 $y=kx+1$을 x축의 방향으로 1만큼, y축의 방향으로 -2만큼 평행이동한 직선이 점 $(3, 1)$을 지날 때, 상수 k의 값은? [3점]

① 1 ② 2 ③ 3
④ 4 ⑤ 5

Point

방정식 $f(x, y)=0$이 나타내는 도형을 x축의 방향으로 a만큼, y축의 방향으로 b만큼 평행이동한 도형의 방정식은

$$f(x-a, y-b)=0$$

31 25455-0397 | 2023학년도 11월 고1 학력평가 5번 |

좌표평면에서 원 $(x-a)^2+(y+4)^2=16$을 x축의 방향으로 2만큼, y축의 방향으로 5만큼 평행이동한 도형이 원 $(x-8)^2+(y-b)^2=16$일 때, $a+b$의 값은?

(단, a, b는 상수이다.) [3점]

① 5 ② 6 ③ 7
④ 8 ⑤ 9

32 25455-0398 | 2024학년도 3월 고2 학력평가 25번 |

좌표평면 위의 점 $\mathrm{A}(3, -1)$을 x축의 방향으로 1만큼, y축의 방향으로 -4만큼 평행이동한 점을 B라 하자. 직선 AB를 x축의 방향으로 3만큼, y축의 방향으로 1만큼 평행이동한 직선의 y절편을 구하시오. [3점]

33 25455-0399 | 2022학년도 3월 고2 학력평가 27번 |

두 양수 a, b에 대하여 원 $C : (x-1)^2+y^2=r^2$을 x축의 방향으로 a만큼, y축의 방향으로 b만큼 평행이동한 원을 C'이라 할 때, 두 원 C, C'이 다음 조건을 만족시킨다.

(개) 원 C'은 원 C의 중심을 지난다.
(내) 직선 $4x-3y+21=0$은 두 원 C, C'에 모두 접한다.

$a+b+r$의 값을 구하시오. (단, r는 양수이다.) [4점]

34 25455-0400 | 2019학년도 3월 고2 학력평가 가형 28번 |

두 자연수 m, n에 대하여 원 $C : (x-2)^2+(y-3)^2=9$를 x축의 방향으로 m만큼 평행이동한 원을 C_1, 원 C_1을 y축의 방향으로 n만큼 평행이동한 원을 C_2라 하자. 두 원 C_1, C_2와 직선 $l : 4x-3y=0$은 다음 조건을 만족시킨다.

(개) 원 C_1은 직선 l과 서로 다른 두 점에서 만난다.
(내) 원 C_2는 직선 l과 서로 다른 두 점에서 만난다.

$m+n$의 최댓값을 구하시오. [4점]

35 25455-0401 | 2016학년도 3월 고2 학력평가 나형 28번 |

그림과 같이 좌표평면에서 세 점 $O(0, 0)$, $A(4, 0)$, $B(0, 3)$을 꼭짓점으로 하는 삼각형 OAB를 평행이동한 도형을 삼각형 O′A′B′이라 하자. 점 A′의 좌표가 $(9, 2)$일 때, 삼각형 O′A′B′에 내접하는 원의 방정식은 $x^2+y^2+ax+by+c=0$이다. $a+b+c$의 값을 구하시오.

(단, a, b, c는 상수이다.) [4점]

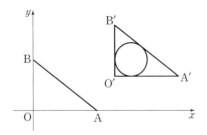

유형 9 점의 대칭이동

36 25455-0402 | 2023학년도 11월 고1 학력평가 12번 |

좌표평면 위의 두 점 $A(1, 0)$, $B(6, 5)$와 직선 $y=x$ 위의 점 P에 대하여 $\overline{AP}+\overline{BP}$의 값이 최소가 되도록 하는 점 P를 P_0이라 하자. 직선 AP_0을 직선 $y=x$에 대하여 대칭이동한 직선이 점 $(9, a)$를 지날 때, a의 값은? [3점]

① 4   ② 5   ③ 6
④ 7   ⑤ 8

Point

점 (x, y)를
(1) x축에 대하여 대칭이동한 점의 좌표는 $(x, -y)$
(2) y축에 대하여 대칭이동한 점의 좌표는 $(-x, y)$
(3) 원점에 대하여 대칭이동한 점의 좌표는 $(-x, -y)$
(4) 직선 $y=x$에 대하여 대칭이동한 점의 좌표는 (y, x)

37 25455-0403 | 2024학년도 9월 고1 학력평가 27번 |

그림과 같이 좌표평면 위의 점 $A(a, 2)$ $(a>2)$를 직선 $y=x$에 대하여 대칭이동한 점을 B, 점 B를 x축에 대하여 대칭이동한 점을 C라 하자. 두 삼각형 ABC, AOC의 외접원의 반지름의 길이를 각각 r_1, r_2라 할 때, $r_1 \times r_2 = 18\sqrt{2}$이다. 상수 a에 대하여 a^2의 값을 구하시오. (단, O는 원점이다.) [4점]

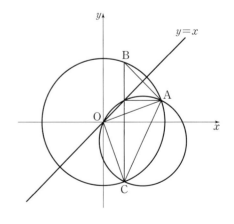

유형 10 도형의 대칭이동

38 25455-0404 | 2018학년도 9월 고1 학력평가 7번 |

직선 $y=ax-6$을 x축에 대하여 대칭이동한 직선이 점 $(2, 4)$를 지날 때, 상수 a의 값은? [3점]

① 1 　　　　② 2 　　　　③ 3

④ 4 　　　　⑤ 5

Point

방정식 $f(x, y)=0$이 나타내는 도형을

(1) x축에 대하여 대칭이동한 도형의 방정식은 $f(x, -y)=0$

(2) y축에 대하여 대칭이동한 도형의 방정식은 $f(-x, y)=0$

(3) 원점에 대하여 대칭이동한 도형의 방정식은 $f(-x, -y)=0$

(4) 직선 $y=x$에 대하여 대칭이동한 도형의 방정식은 $f(y, x)=0$

39 25455-0405 | 2021학년도 11월 고1 학력평가 5번 |

좌표평면에서 직선 $3x-2y+a=0$을 원점에 대하여 대칭이동한 직선이 점 $(3, 2)$를 지날 때, 상수 a의 값은? [3점]

① 1 　　　　② 2 　　　　③ 3

④ 4 　　　　⑤ 5

40 25455-0406 | 2018학년도 3월 고2 학력평가 나형 24번 |

좌표평면에서 원 $x^2+y^2+10x-12y+45=0$을 원점에 대하여 대칭이동한 원을 C_1이라 하고, 원 C_1을 x축에 대하여 대칭이동한 원을 C_2라 하자. 원 C_2의 중심의 좌표를 (a, b)라 할 때, $10a+b$의 값을 구하시오. [3점]

41 25455-0407 | 2014학년도 9월 고1 학력평가 13번 |

직선 $x-2y=9$를 직선 $y=x$에 대하여 대칭이동한 도형이 원 $(x-3)^2+(y+5)^2=k$에 접할 때, 실수 k의 값은? [3점]

① 80 　　　　② 83 　　　　③ 85

④ 88 　　　　⑤ 90

유형 11 평행이동과 대칭이동

42 25455-0408 | 2024학년도 3월 고2 학력평가 6번 |

원 $(x+5)^2+(y+11)^2=25$를 y축의 방향으로 1만큼 평행이동한 후, x축에 대하여 대칭이동한 원이 점 $(0, a)$를 지날 때, a의 값은? [3점]

① 8 　　　　② 9 　　　　③ 10

④ 11 　　　　⑤ 12

Point

점 또는 도형의 평행이동과 대칭이동이 섞여 있는 경우 문제에 주어진 순서대로 이동을 하여 점의 좌표 또는 도형의 방정식을 구한다.

43 25455-0409 | 2022학년도 9월 고1 학력평가 13번 |

좌표평면 위의 점 $A(-3, 4)$를 직선 $y=x$에 대하여 대칭이동한 점을 B라 하고, 점 B를 x축의 방향으로 2만큼, y축의 방향으로 k만큼 평행이동한 점을 C라 하자. 세 점 A, B, C가 한 직선 위에 있을 때, 실수 k의 값은? [3점]

① -5 　　　　② -4 　　　　③ -3

④ -2 　　　　⑤ -1

44 25455-0410 | 2023학년도 9월 고1 학력평가 15번 |

이차함수 $y=-x^2$의 그래프를 x축에 대하여 대칭이동한 후, x축의 방향으로 4만큼, y축의 방향으로 m만큼 평행이동한 그래프가 직선 $y=2x+3$에 접할 때, 상수 m의 값은? [4점]

① 8 　　　　② 9 　　　　③ 10

④ 11 　　　　⑤ 12

45 25455-0411 | 2017학년도 9월 고1 학력평가 13번 |

좌표평면에서 방정식 $f(x, y)=0$이 나타내는 도형이 그림과 같은 ㄱ 모양일 때, 다음 중 방정식 $f(x+1, 2-y)=0$이 좌표평면에 나타내는 도형은? [3점]

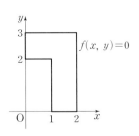

①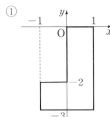

②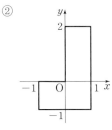

③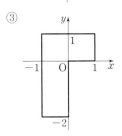

④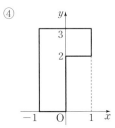

⑤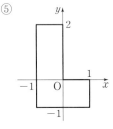

유형 12 대칭이동을 이용한 거리의 최솟값

46 25455-0412 | 2020학년도 11월 고1 학력평가 14번 |

좌표평면 위에 점 $A(0, 1)$과 직선 $l : y=-x+2$가 있다. 직선 l 위의 제1사분면 위의 점 $B(a, b)$와 x축 위의 점 C에 대하여 $\overline{AC}+\overline{BC}$의 값이 최소일 때, a^2+b^2의 값은? [4점]

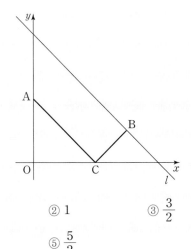

① $\dfrac{1}{2}$ ② 1 ③ $\dfrac{3}{2}$

④ 2 ⑤ $\dfrac{5}{2}$

Point

두 점 A, B와 x축(또는 y축 또는 직선 $y=x$) 위의 점 P에 대하여 $\overline{AP}+\overline{BP}$의 최솟값은 다음과 같은 순서로 구한다.

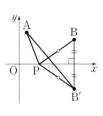

(ⅰ) 점 B를 x축(또는 y축 또는 직선 $y=x$)에 대하여 대칭이동한 점 B'의 좌표를 구한다.

(ⅱ) $\overline{AP}+\overline{BP}=\overline{AP}+\overline{B'P}\geq\overline{AB'}$이므로 구하는 최솟값은 $\overline{AB'}$의 길이와 같음을 이용한다.

47 25455-0413 | 2019학년도 11월 고1 학력평가 27번 |

좌표평면 위에 두 점 $A(1, 2)$, $B(2, 1)$이 있다. x축 위의 점 C에 대하여 삼각형 ABC의 둘레의 길이의 최솟값이 $\sqrt{a}+\sqrt{b}$일 때, 두 자연수 a, b의 합 $a+b$의 값을 구하시오.

(단, 점 C는 직선 AB 위에 있지 않다.) [4점]

48 25455-0414 | 2023학년도 9월 고1 학력평가 16번 |

그림과 같이 좌표평면 위에 두 원
$$C_1 : (x-8)^2+(y-2)^2=4,$$
$$C_2 : (x-3)^2+(y+4)^2=4$$
와 직선 $y=x$가 있다. 점 A는 원 C_1 위에 있고, 점 B는 원 C_2 위에 있다. 점 P는 x축 위에 있고, 점 Q는 직선 $y=x$ 위에 있을 때, $\overline{AP}+\overline{PQ}+\overline{QB}$의 최솟값은?

(단, 세 점 A, P, Q는 서로 다른 점이다.) [4점]

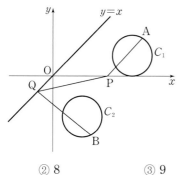

① 7   ② 8   ③ 9
④ 10   ⑤ 11

49 25455-0415 | 2022학년도 9월 고1 학력평가 17번 |

그림과 같이 좌표평면 위에 두 점 A$(2, 3)$, B$(-3, 1)$이 있다. 서로 다른 두 점 C와 D가 각각 x축과 직선 $y=x$ 위에 있을 때, $\overline{AD}+\overline{CD}+\overline{BC}$의 최솟값은? [4점]

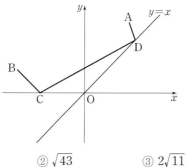

① $\sqrt{42}$ ② $\sqrt{43}$ ③ $2\sqrt{11}$
④ $3\sqrt{5}$ ⑤ $\sqrt{46}$

50 25455-0416 | 2017학년도 11월 고1 학력평가 16번 |

좌표평면 위에 세 점 A$(0, 1)$, B$(0, 2)$, C$(0, 4)$와 직선 $y=x$ 위의 두 점 P, Q가 있다. $\overline{AP}+\overline{PB}+\overline{BQ}+\overline{QC}$의 값이 최소가 되도록 하는 두 점 P, Q에 대하여 선분 PQ의 길이는? [4점]

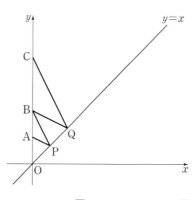

① $\dfrac{\sqrt{2}}{2}$ ② $\dfrac{2\sqrt{2}}{3}$ ③ $\dfrac{5\sqrt{2}}{6}$
④ $\sqrt{2}$ ⑤ $\dfrac{7\sqrt{2}}{6}$

01 25455-0417

| 2021학년도 3월 고2 학력평가 29번 |

원 $(x-a)^2+(y+a)^2=9a^2$ $(a>0)$과 x축이 만나는 두 점을 각각 A, B라 하자. 삼각형 ABP의 넓이가 $8\sqrt{2}$가 되도록 하는 원 위의 점 P의 개수가 3일 때, 이 3개의 점을 각각 P_1, P_2, P_3이라 하자. 삼각형 $P_1P_2P_3$의 넓이를 S라 할 때, $a \times S$의 값을 구하시오. (단, a는 상수이다.) [4점]

02 25455-0418

| 2024학년도 3월 고2 학력평가 21번 |

그림과 같이 두 직선 $l_1 : y=mx$ $(m>1)$과 $l_2 : y=\dfrac{1}{m}x$에 동시에 접하는 원의 중심을 A라 하자. 직선 l_1과 원의 접점을 P, 직선 l_2와 원의 접점을 Q, 직선 PQ가 x축과 만나는 점을 R이라 할 때, 세 점 P, Q, R이 다음 조건을 만족시킨다.

(가) $\overline{PQ}=\overline{QR}$
(나) 삼각형 OPQ의 넓이는 24이다.

직선 l_1과 직선 AQ의 교점을 B라 할 때, 선분 BQ의 길이는?
(단, 원의 중심 A는 제1사분면 위에 있고, O는 원점이다.)

[4점]

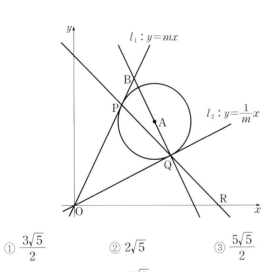

① $\dfrac{3\sqrt{5}}{2}$ ② $2\sqrt{5}$ ③ $\dfrac{5\sqrt{5}}{2}$

④ $3\sqrt{5}$ ⑤ $\dfrac{7\sqrt{5}}{2}$

03 25455-0419

| 2018학년도 11월 고1 학력평가 21번 |

좌표평면에서 반지름의 길이가 r이고 중심이 이차함수 $y=\dfrac{1}{2}x^2+\dfrac{7}{2}$의 그래프 위에 있는 원 중에서, 직선 $y=x+7$에 접하는 원의 개수를 m이라 하고 직선 $y=x$에 접하는 원의 개수를 n이라 하자. m이 홀수일 때, $m+n+r^2$의 값은?
(단, r는 상수이다.) [4점]

① 11   ② 12   ③ 13
④ 14   ⑤ 15

04 25455-0420

| 2018학년도 3월 고2 학력평가 가형 28번 |

그림과 같이 좌표평면 위에 제1사분면의 점 A와 y축 위의 점 B에 대하여 $\overline{AB}=\overline{AO}=2\sqrt{5}$인 이등변삼각형 OAB가 있다. 점 A를 직선 $y=x$에 대하여 대칭이동한 점을 C라 하면 점 C는 직선 $y=2x$ 위의 점이다. 선분 AB가 두 직선 $y=x$, $y=2x$와 만나는 점을 각각 D, E라 할 때, 삼각형 ODE의 외접원의 둘레의 길이를 $k\pi$라 하자. $9k^2$의 값을 구하시오.
(단, O는 원점이다.) [4점]

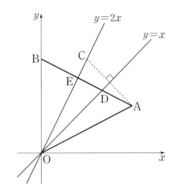

05 25455-0421 | 2023학년도 3월 고2 학력평가 21번 |

좌표평면 위에 사분원의 호 $C : x^2+y^2=25$ $(x\leq 0,\ y\geq 0)$과 점 $A(4,\ 2)$가 있다. 호 C 위를 움직이는 점 P에 대하여 점 Q를 삼각형 APQ의 무게중심이 원점과 일치하도록 잡는다. 점 A를 원점에 대하여 대칭이동한 점을 A′이라 할 때, <보기>에서 옳은 것만을 있는 대로 고른 것은? [4점]

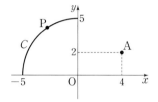

▪ 보기 ▪

ㄱ. 선분 PQ의 중점의 좌표는 $(-2,\ -1)$이다.
ㄴ. 선분 A′Q의 길이는 항상 일정하다.
ㄷ. 삼각형 A′QP의 넓이의 최댓값과 최솟값을 각각 $M,\ m$이라 할 때, $M\times m=20\sqrt{5}$이다.

① ㄱ   ② ㄱ, ㄴ   ③ ㄱ, ㄷ
④ ㄴ, ㄷ   ⑤ ㄱ, ㄴ, ㄷ

06 25455-0422 | 2024학년도 9월 고1 학력평가 30번 |

두 실수 $a,\ b$에 대하여 이차함수 $f(x)=a(x-b)^2$이 있다. 중심이 함수 $y=f(x)$의 그래프 위에 있고 직선 $y=\dfrac{4}{3}x$와 x축에 동시에 접하는 서로 다른 원의 개수는 3이다.
이 세 원의 중심의 x좌표를 각각 $x_1,\ x_2,\ x_3$이라 할 때, 세 실수 $x_1,\ x_2,\ x_3$이 다음 조건을 만족시킨다.

(가) $x_1\times x_2\times x_3>0$
(나) 세 점 $(x_1,\ f(x_1)),\ (x_2,\ f(x_2)),\ (x_3,\ f(x_3))$을 꼭짓점으로 하는 삼각형의 무게중심의 y좌표는 $-\dfrac{7}{3}$이다.

$f(4)\times f(6)$의 값을 구하시오. [4점]

07 25455-0423 | 2023학년도 9월 고1 학력평가 30번 |

이차함수 $y=f(x)$가 있다. 중심이 함수 $y=f(x)$의 그래프 위에 있고 반지름의 길이가 1인 원 중에서 다음 조건을 만족시키는 중심이 서로 다른 원의 개수는 5이다.

원을 x축의 방향으로 m만큼, y축의 방향으로 m만큼 평행이동한 원이 x축과 y축에 동시에 접하도록 하는 실수 m의 값이 1개 이상 존재한다.

이 5개의 원의 중심의 x좌표를 작은 수부터 크기 순서대로 $x_1,\ x_2,\ x_3,\ x_4,\ x_5$라 하자.
$$x_1=0,\ x_2+x_3+x_4+x_5=20$$
이고 $x_1\leq x\leq x_5$에서 함수 $f(x)$의 최솟값이 0보다 클 때, $f(20)$의 값을 구하시오. [4점]

08 25455-0424 | 2023학년도 3월 고2 학력평가 29번 |

원 $(x-6)^2+y^2=r^2$ 위를 움직이는 두 점 P, Q가 있다. 점 P를 직선 $y=x$에 대하여 대칭이동한 점의 좌표를 $(x_1,\ y_1)$이라 하고, 점 Q를 x축의 방향으로 k만큼 평행이동한 점의 좌표를 $(x_2,\ y_2)$라 하자. $\dfrac{y_2-y_1}{x_2-x_1}$의 최솟값이 0이고 최댓값이 $\dfrac{4}{3}$일 때, $|r+k|$의 값을 구하시오.

(단, $x_1\neq x_2$이고, r는 양수이다.) [4점]

짚어보기 ㅣ 08 집합과 명제(1)

1. 집합

(1) **집합**: 어떤 기준에 따라 대상을 분명하게 정할 수 있을 때, 그 대상들의 모임
(2) **원소**: 집합을 이루는 대상 하나하나

> **집합의 표현 방법**
> (1) 원소나열법: 집합에 속하는 모든 원소를 { } 안에 나열하는 방법
> (2) 조건제시법: 집합에 속하는 원소들의 공통된 성질을 제시하는 방법
> (3) 벤다이어그램: 집합을 나타낸 그림
> 예 5 이하의 홀수의 집합 A를 나타내는 방법
> ① 원소나열법: $A=\{1, 3, 5\}$
> ② 조건제시법:
> $A=\{x \mid x$는 5 이하의 홀수$\}$
> ③ 벤다이어그램:
>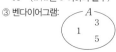

2. 집합 사이의 포함 관계

(1) **부분집합**: 두 집합 A, B에 대하여 A의 모든 원소가 B에 속할 때, A를 B의 부분집합이라 하고, 이것을 기호로 $A \subset B$와 같이 나타낸다. 집합 A가 집합 B에 포함되지 않을 때, 이것을 기호로 $A \not\subset B$와 같이 나타낸다.
(2) **서로 같은 집합**: 두 집합 A, B에 대하여 $A \subset B$이고 $B \subset A$일 때, 두 집합 A, B는 서로 같다고 하고, 이것을 기호로 $A=B$와 같이 나타낸다.
(3) **진부분집합**: 두 집합 A, B에 대하여 $A \subset B$이고 $A \neq B$일 때, A를 B의 진부분집합이라 한다.

> $A \subset B$는 A가 B의 진부분집합이거나 $A=B$임을 뜻한다.

3. 합집합과 교집합

(1) **합집합과 교집합**
　① 합집합: $A \cup B=\{x \mid x \in A$ 또는 $x \in B\}$
　② 교집합: $A \cap B=\{x \mid x \in A$ 그리고 $x \in B\}$
　③ 서로소: 두 집합 A, B에 공통된 원소가 하나도 없을 때, 즉 $A \cap B=\varnothing$일 때, A와 B는 서로소라 한다.

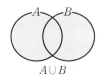

(2) **합집합과 교집합의 원소의 개수 사이의 관계**
　두 집합 A, B의 원소가 각각 유한개일 때
　$$n(A \cup B)=n(A)+n(B)-n(A \cap B)$$
(3) **집합의 연산 법칙**
　임의의 세 집합 A, B, C에 대하여
　① 교환법칙: $A \cup B=B \cup A$, $A \cap B=B \cap A$
　② 결합법칙: $(A \cup B) \cup C=A \cup (B \cup C)$, $(A \cap B) \cap C=A \cap (B \cap C)$
　③ 분배법칙: $A \cap (B \cup C)=(A \cap B) \cup (A \cap C)$, $A \cup (B \cap C)=(A \cup B) \cap (A \cup C)$

> **집합의 원소의 개수**
> 집합 A의 원소가 유한개일 때, 집합 A의 원소의 개수를 기호로 $n(A)$와 같이 나타낸다. 한편, 원소가 하나도 없는 집합을 공집합이라 하고, 이것을 기호로 $\varnothing$와 같이 나타낸다.
> 또, $n(\varnothing)=0$이다.

> 공집합은 모든 집합과 서로소이다.

> $A \cap B=\varnothing$이면
> $\qquad n(A \cup B)=n(A)+n(B)$

> (참고)
> $A \cap B=\varnothing$와 같은 표현
> (1) $A-B=A$
> (2) $B-A=B$
> (3) $A \subset B^C$
> (4) $B \subset A^C$

4. 여집합과 차집합

(1) **여집합과 차집합**
　① 여집합: $A^C=\{x \mid x \in U$ 그리고 $x \notin A\}$
　② 차집합: $A-B=\{x \mid x \in A$ 그리고 $x \notin B\}$
(2) **여집합과 차집합의 성질**
　전체집합 U의 두 부분집합 A, B에 대하여
　① $U^C=\varnothing$, $\varnothing^C=U$　　　　② $(A^C)^C=A$
　③ $A \cup A^C=U$, $A \cap A^C=\varnothing$　　④ $A-B=A \cap B^C$
(3) **드모르간의 법칙**
　전체집합 U의 두 부분집합 A, B에 대하여
　① $(A \cup B)^C=A^C \cap B^C$　　　　② $(A \cap B)^C=A^C \cup B^C$

> **주의**
> 여집합을 생각할 때에는 반드시 전체집합을 먼저 생각한다.

> (참고)
> $A \subset B$와 같은 표현
> (1) $A \cup B=B$
> (2) $A \cap B=A$
> (3) $A-B=\varnothing$
> (4) $A \cap B^C=\varnothing$
> (5) $B^C \subset A^C$

01 다음 중에서 집합인 것을 모두 찾고, 그 집합의 원소를 구하시오.

(1) 12의 양의 약수의 모임

(2) $\sqrt{3}$에 가까운 유리수의 모임

(3) 이차방정식 $x^2-4x+3=0$의 해의 모임

02 유리수 전체의 집합을 Q라 할 때, 다음 □ 안에 기호 $\in$, $\notin$ 중에서 알맞은 것을 써넣으시오.

(1) $1 \,\square\, Q$ (2) $-\dfrac{1}{2} \,\square\, Q$ (3) $\sqrt{7} \,\square\, Q$

03 다음 집합에서 원소나열법으로 나타낸 것은 조건제시법으로, 조건제시법으로 나타낸 것은 원소나열법으로 나타내시오.

(1) $\{1, 2, 4\}$

(2) $\{3, 6, 9, \cdots\}$

(3) $\{x \,|\, x^2=1\}$

(4) $\{x \,|\, x$는 1 이상 100 이하의 짝수$\}$

04 다음 집합 A에 대하여 $n(A)$를 구하시오.

(1) $A=\{1, 3, 9\}$

(2) $A=\{x \,|\, x$는 $x^2=-1$인 실수$\}$

05 다음 두 집합 A, B 사이의 포함 관계를 $\subset$, $=$ 중 알맞은 것을 사용하여 나타내시오.

(1) $A=\{1, 3, 4\}$, $B=\{x \,|\, x$는 5 이하의 자연수$\}$

(2) $A=\{x \,|\, x^2-3x+2=0\}$,
     $B=\{x \,|\, x$는 2의 양의 약수$\}$

06 다음 두 집합 A, B에 대하여 $A \cup B$와 $A \cap B$를 구하시오.

(1) $A=\{1, 2, 4, 8\}$, $B=\{2, 4, 6, 8, 10\}$

(2) $A=\{x \,|\, x^2+2x-15=0\}$, $B=\{x \,|\, x$는 정수$\}$

07 두 집합 A, B에 대하여 $n(A)=6$, $n(B)=10$, $n(A \cup B)=13$일 때, $n(A \cap B)$를 구하시오.

08 세 집합 A, B, C에 대하여 $A \cap B=\{1, 2\}$, $A \cap C=\{2, 3, 4\}$일 때, $A \cap (B \cup C)$를 구하시오.

09 전체집합 $U=\{x \,|\, x$는 10 이하의 자연수$\}$에 대하여 다음 집합의 여집합을 구하시오.

(1) $A=\{2, 4, 6, 8\}$

(2) $B=\{1, 5, 9\}$

10 다음 두 집합 A, B에 대하여 $A-B$를 구하시오.

(1) $A=\{a, b, c, d, e\}$, $B=\{b, e\}$

(2) $A=\{2, 4, 6, 8, 10\}$, $B=\{x \,|\, x$는 12의 양의 약수$\}$

11 전체집합 U의 두 부분집합 A, B에 대하여 다음을 간단히 하시오.

(1) $A \cap (B \cap A^C)$ (2) $A^C \cap (A \cup B)$

12 전체집합 U의 두 부분집합 A, B에 대하여 $n(U)=50$, $n(A)=25$, $n(B)=16$, $n(A \cap B)=6$일 때, $n(A^C \cap B^C)$를 구하시오.

유형 1 집합과 포함 관계

01 25455-0425 | 2023학년도 11월 고1 학력평가 2번 |

두 집합

$$A=\{1,\ 4\},\ B=\{1,\ 2,\ a\}$$

에 대하여 $A \subset B$가 되도록 하는 상수 a의 값은? [2점]

① 4   ② 5   ③ 6

④ 7   ⑤ 8

Point

(1) x가 집합 A의 원소이면 ➡ $x \in A$, $\{x\} \subset A$

(2) 모든 $x \in A$에 대하여 $x \in B$가 성립하면 ➡ $A \subset B$

02 25455-0426 | 2019학년도 11월 고1 학력평가 24번 |

두 집합

$$A=\{x \mid (x-5)(x-a)=0\},$$

$$B=\{-3,\ 5\}$$

에 대하여 $A \subset B$를 만족시키는 양수 a의 값을 구하시오. [3점]

03 25455-0427 | 2019학년도 3월 고2 학력평가 가형 25번 |

자연수 n에 대하여 자연수 전체 집합의 부분집합 A_n을 다음과 같이 정의하자.

$$A_n=\{x \mid x 는 \sqrt{n} \text{ 이하의 홀수}\}$$

$A_n \subset A_{25}$를 만족시키는 n의 최댓값을 구하시오. [3점]

유형 2 서로 같은 집합

04 25455-0428 | 2015학년도 3월 고2 학력평가 가형 5번 |

두 집합 $A=\{a+2,\ a^2-2\}$, $B=\{2,\ 6-a\}$에 대하여 $A=B$일 때, a의 값은? [3점]

① -2 ② -1 ③ 0

④ 1   ⑤ 2

Point

두 집합 A, B에 대하여

$A \subset B$이고 $B \subset A$ ➡ $A=B$

              ➡ A, B가 서로 같다.

              ➡ A, B의 모든 원소가 같다.

05 25455-0429 | 2019학년도 11월 고1 학력평가 2번 |

두 집합 $A=\{1,\ 2,\ a\}$, $B=\{1,\ 4,\ b\}$에 대하여 $A=B$일 때, $a \times b$의 값은? (단, a, b는 상수이다.) [2점]

① 7   ② 8   ③ 9

④ 10   ⑤ 11

06 25455-0430 | 2013학년도 3월 고1 학력평가 5번 |

두 집합 $A=\{1,\ 20,\ a\}$, $B=\{1,\ 5,\ a+b\}$에 대하여 $A \subset B$이고 $B \subset A$일 때, b의 값은? [3점]

① 5   ② 10   ③ 15

④ 20   ⑤ 25

유형 **3** 부분집합의 개수

07 25455-0431 | 2018학년도 9월 고2 학력평가 나형 23번 |

집합 $A=\{x\,|\,x$는 6의 양의 약수$\}$의 모든 부분집합의 개수를 구하시오. [3점]

Point

(1) 집합 $A=\{a_1,\ a_2,\ a_3,\ \cdots,\ a_n\}$에 대하여

　① A의 부분집합의 개수: 2^n

　② A의 진부분집합의 개수: 2^n-1

　③ 집합 A의 원소 중에서 특정한 k개를 원소로 갖는(또는 갖지 않는) 부분집합의 개수: 2^{n-k} (단, $k<n$)

(2) 세 집합 A, B, X에 대하여 $A\subset X\subset B$를 만족시키는 집합 X의 개수

　➡ 집합 B의 부분집합 중에서 집합 A의 모든 원소를 반드시 원소로 갖는 집합의 개수

08 25455-0432 | 2013학년도 6월 고1 학력평가 7번 |

집합 $A=\{1,\ 2,\ 3,\ 4,\ 5\}$의 부분집합 중에서 홀수가 한 개 이상 속해 있는 집합의 개수는? [3점]

① 16 　　② 20 　　③ 24
④ 28 　　⑤ 32

09 25455-0433 | 2016학년도 9월 고2 학력평가 나형 25번 |

두 집합 $A=\{1,\ 2,\ 3,\ 4,\ 5\}$, $B=\{1,\ 2\}$에 대하여 $B\subset X\subset A$를 만족시키는 모든 집합 X의 개수를 구하시오.

[3점]

10 25455-0434 | 2015학년도 9월 고2 학력평가 가형 23번 |

전체집합 $U=\{x\,|\,x$는 자연수$\}$의 두 부분집합 A, B에 대하여 $A=\{x\,|\,x$는 4의 약수$\}$, $B=\{x\,|\,x$는 12의 약수$\}$일 때, $A\subset X\subset B$를 만족시키는 집합 X의 개수를 구하시오. [3점]

11 25455-0435 | 2017학년도 6월 고2 학력평가 나형 8번 |

전체집합 $U=\{1,\ 2,\ 3,\ 4,\ 5\}$에 대하여 $\{1,\ 2\}\subset X$를 만족시키는 U의 모든 부분집합 X의 개수는? [3점]

① 2 　　② 4 　　③ 6
④ 8 　　⑤ 10

12 25455-0436 | 2015학년도 9월 고2 학력평가 나형 20번 |

집합 $X=\{x\,|\,x$는 10 이하의 자연수$\}$의 원소 n에 대하여 X의 부분집합 중 n을 최소의 원소로 갖는 모든 집합의 개수를 $f(n)$이라 하자. <보기>에서 옳은 것만을 있는 대로 고른 것은? [4점]

보기

ㄱ. $f(8)=4$
ㄴ. $a\in X$, $b\in X$일 때, $a<b$이면 $f(a)<f(b)$
ㄷ. $f(1)+f(3)+f(5)+f(7)+f(9)=682$

① ㄱ 　　② ㄱ, ㄴ 　　③ ㄱ, ㄷ
④ ㄴ, ㄷ 　　⑤ ㄱ, ㄴ, ㄷ

유형 4 합집합과 교집합

13 25455-0437 | 2023학년도 3월 고2 학력평가 22번 |

두 집합
$$A=\{-7, -5, 3\}, B=\{-7, -5, 9\}$$
에 대하여 집합 $A \cap B$의 모든 원소의 곱을 구하시오. [3점]

Point

(1) 합집합: $A \cup B = \{x \mid x \in A$ 또는 $x \in B\}$

　➡ 두 집합 A와 B의 모든 원소로 이루어진 집합

(2) 교집합: $A \cap B = \{x \mid x \in A$ 그리고 $x \in B\}$

　➡ 두 집합 A와 B에 공통으로 속하는 원소로 이루어진 집합

14 25455-0438 | 2019학년도 3월 고2 학력평가 가형 2번 |

두 집합 $A=\{1, 2, 3\}$, $B=\{3, 5\}$에 대하여 집합 $A \cup B$의 모든 원소의 합은? [2점]

① 9　　　　② 10　　　　③ 11

④ 12　　　　⑤ 13

15 25455-0439 | 2018학년도 9월 고2 학력평가 가형 2번 |

두 집합
$$A=\{2, 4, 6, 8, 10\}, B=\{2, 3, 4, 5, 6\}$$
에 대하여 $n(A \cap B)$의 값은? [2점]

① 1　　　　② 2　　　　③ 3

④ 4　　　　⑤ 5

16 25455-0440 | 2018학년도 3월 고2 학력평가 가형 2번 |

두 집합
$$A=\{1, 2, 4, 6\}, B=\{2, 4, 5\}$$
에 대하여 집합 $A \cap B$의 모든 원소의 합은? [2점]

① 5　　　　② 6　　　　③ 7

④ 8　　　　⑤ 9

17 25455-0441 | 2017학년도 9월 고1 학력평가 1번 |

두 집합 $A=\{1, 2, 4, 8, 16\}$, $B=\{1, 2, 3, 4, 5\}$에 대하여 집합 $A \cap B$의 원소의 개수는? [2점]

① 1　　　　② 2　　　　③ 3

④ 4　　　　⑤ 5

18 25455-0442 | 2017학년도 9월 고2 학력평가 가형 2번 |

두 집합
$$A=\{1, 3, 5, 7, 9\}, B=\{3, 4, 5, 6\}$$
에 대하여 $n(A \cup B)$의 값은? [2점]

① 5　　　　② 6　　　　③ 7

④ 8　　　　⑤ 9

19 25455-0443 | 2021학년도 3월 고2 학력평가 3번 |

두 집합
$$A=\{2,\ 3,\ 4,\ 5,\ 6\},\ B=\{1,\ 3,\ a\}$$
에 대하여 집합 $A\cap B$의 모든 원소의 합이 8일 때, 자연수 a의 값은? [2점]

① 4 　　　　② 5 　　　　③ 6
④ 7 　　　　⑤ 8

20 25455-0444 | 2022학년도 3월 고2 학력평가 22번 |

두 집합
$$A=\{6,\ 8\},\ B=\{a,\ a+2\}$$
에 대하여 $A\cup B=\{6,\ 8,\ 10\}$일 때, 실수 a의 값을 구하시오. [3점]

21 25455-0445 | 2016학년도 11월 고1 학력평가 15번 |

집합 $A=\{1,\ 2,\ 3,\ 4,\ 5,\ 6,\ 7\}$의 공집합이 아닌 부분집합 X에 대하여 집합 X의 모든 원소의 합을 $S(X)$라 하자. 집합 X가 다음 조건을 만족시킬 때, $S(X)$의 최댓값은? [4점]

(가) $X\cap\{1,\ 2,\ 3\}=\{2\}$
(나) $S(X)$의 값은 홀수이다.

① 11 　　　　② 13 　　　　③ 15
④ 17 　　　　⑤ 19

22 25455-0446 | 2017학년도 11월 고2 학력평가 나형 20번 |

전체집합 $U=\{x\,|\,x$는 21 이하의 자연수$\}$의 두 부분집합 X, Y가 다음 조건을 만족시킨다.

(가) $n(X\cup Y)=17$, $n(X\cap Y)=1$
(나) 집합 X의 임의의 서로 다른 두 원소는 서로 나누어떨어지지 않는다.

집합 X의 모든 원소의 합을 $S(X)$, 집합 Y의 모든 원소의 합을 $S(Y)$라 할 때, $S(X)-S(Y)$의 최댓값은?
(단, $n(X)\geq2$) [4점]

① 140 　　　　② 144 　　　　③ 148
④ 152 　　　　⑤ 156

유형 5 여집합과 차집합

23 25455-0447 | 2024학년도 3월 고2 학력평가 22번 |

두 집합
$$A=\{3,\ 8,\ 12\},\ B=\{3,\ 5,\ 9\}$$
에 대하여 집합 $A-B$의 모든 원소의 합을 구하시오. [3점]

Point
(1) 여집합: $A^C=\{x\,|\,x\in U$ 그리고 $x\notin A\}$
　➡ 전체집합 U에서 집합 A의 원소를 제외한 집합
(2) 차집합: $A-B=\{x\,|\,x\in A$ 그리고 $x\notin B\}$
　➡ 집합 A에서 집합 B의 원소를 제외한 집합

24 25455-0448 | 2020학년도 11월 고1 학력평가 3번 |

전체집합 $U=\{1, 2, 3, 4, 5\}$의 부분집합 $A=\{1, 2\}$에 대하여 $n(A^C)$의 값은? [2점]

① 1 ② 2 ③ 3
④ 4 ⑤ 5

25 25455-0449 | 2017학년도 3월 고2 학력평가 나형 7번 |

두 집합 $A=\{1, 2, 3, 6\}$, $B=\{2, 4, 6, 8\}$에 대하여 집합 $(A\cup B)-(A\cap B)$의 모든 원소의 합은? [3점]

① 12 ② 14 ③ 16
④ 18 ⑤ 20

26 25455-0450 | 2020학년도 3월 고2 학력평가 9번 |

집합 $A=\{1, 2, 3, 4\}$에 대하여 집합 B가
$$B-A=\{5, 6\}$$
을 만족시킨다. 집합 B의 모든 원소의 합이 12일 때, 집합 $A-B$의 모든 원소의 합은? [3점]

① 5 ② 6 ③ 7
④ 8 ⑤ 9

유형 6 서로소

27 25455-0451 | 2012학년도 6월 고1 학력평가 4번 |

집합 $S=\{1, 2, 3, 4, 5\}$의 부분집합 중에서 집합 $\{1, 2\}$와 서로소인 집합의 개수는? [3점]

① 1 ② 2 ③ 4
④ 7 ⑤ 8

Point

두 집합 A, B는 서로소이다.

➡ 공통된 원소가 하나도 없다.

➡ $A\cap B=\varnothing$

28 25455-0452 | 2012학년도 3월 고2 학력평가 9번 |

두 집합
$$A=\{x\,|\,(x-1)(x-26)>0\},$$
$$B=\{x\,|\,(x-a)(x-a^2)\le 0\}$$
에 대하여 $A\cap B=\varnothing$이 되도록 하는 정수 a의 개수는? [3점]

① 1 ② 2 ③ 3
④ 4 ⑤ 5

29 25455-0453 | 2016학년도 3월 고2 학력평가 가형 11번 |

전체집합 $U=\{x\,|\,x$는 10 이하의 자연수$\}$의 두 부분집합
$$A=\{x\,|\,x$는 6의 약수$\},\ B=\{2, 3, 5, 7\}$$
에 대하여 <보기>에서 옳은 것만을 있는 대로 고른 것은? [3점]

· 보기 ·

ㄱ. $5\notin A\cap B$
ㄴ. $n(B-A)=2$
ㄷ. U의 부분집합 중 집합 $A\cup B$와 서로소인 집합의 개수는 16이다.

① ㄱ ② ㄷ ③ ㄱ, ㄴ
④ ㄴ, ㄷ ⑤ ㄱ, ㄴ, ㄷ

유형 7 집합의 연산과 포함 관계

30 25455-0454 | 2016학년도 9월 고2 학력평가 가형 2번 |

전체집합 U의 서로 다른 두 부분집합 A, B에 대하여 $A \subset B$일 때, 집합 $A \cap B$와 같은 집합은?

(단, 집합 A는 공집합이 아니다.) [2점]

① A ② B ③ A^C
④ B^C ⑤ $A \cup B$

Point

(1) 여러 가지 집합의 표현은 집합의 연산의 성질 또는 벤다이어그램을 이용한다.

(2) 전체집합 U의 두 부분집합 A, B에 대하여

   ① $A \cap B = \varnothing$와 같은 표현

     $A - B = A$, $B - A = B$, $A \subset B^C$, $B \subset A^C$

   ② $A \subset B$와 같은 표현

     $A \cup B = B$, $A \cap B = A$, $A - B = \varnothing$, $A \cap B^C = \varnothing$, $B^C \subset A^C$

31 25455-0455 | 2010학년도 6월 고1 학력평가 1번 |

전체집합 U의 공집합이 아닌 두 부분집합 A, B가 서로소일 때, 다음 중 옳은 것은? [2점]

① $A \subset B^C$ ② $B \subset A$ ③ $A \cap B^C = \varnothing$
④ $B - A = \varnothing$ ⑤ $A \cup B = U$

32 25455-0456 | 2012학년도 3월 고2 학력평가 12번 |

두 집합 $A = \{-1, 2\}$, $B = \{x \mid mx+1 = x\}$에 대하여 $A \cup B = A$를 만족시키는 모든 실수 m의 값의 합은? [4점]

① $-\dfrac{5}{2}$ ② -1 ③ $\dfrac{1}{2}$
④ 2 ⑤ $\dfrac{7}{2}$

유형 8 조건을 만족시키는 부분집합의 개수

33 25455-0457 | 2017학년도 9월 고2 학력평가 가형 25번 |

전체집합 $U = \{x \mid x$는 10 이하의 자연수$\}$의 부분집합 $A = \{x \mid x$는 10의 약수$\}$에 대하여

$$(X - A) \subset (A - X)$$

를 만족시키는 U의 모든 부분집합 X의 개수를 구하시오.

[3점]

Point

집합 X와 주어진 집합 사이의 포함 관계를 확인하여 집합 X가 반드시 포함하는 원소와 포함하지 않는 원소를 찾은 후, 집합 X의 개수를 구한다.

34 25455-0458 | 2018학년도 11월 고2 학력평가 나형 6번 |

전체집합 $U = \{1, 2, 3, 4, 5\}$의 부분집합 A에 대하여 $\{3, 4, 5\} \cap A = \varnothing$을 만족시키는 모든 집합 A의 개수는? [3점]

① 2   ② 4   ③ 8
④ 16   ⑤ 32

35 25455-0459 | 2017학년도 6월 고2 학력평가 가형 8번 |

전체집합 $U = \{x \mid x$는 10 이하의 자연수$\}$의 두 부분집합 A, B에 대하여 $A = \{2, 3, 5, 6\}$일 때, $A \cap B = \varnothing$을 만족시키는 집합 B의 개수는? [3점]

① 8   ② 16   ③ 32
④ 64   ⑤ 128

36 25455-0460 | 2022학년도 3월 고2 학력평가 13번 |

전체집합 $U=\{x\,|\,x$는 50 이하의 자연수$\}$의 두 부분집합
$$A=\{x\,|\,x$는 6의 배수$\},\ B=\{x\,|\,x$는 4의 배수$\}$$
가 있다. $A\cup X=A$이고 $B\cap X=\varnothing$인 집합 X의 개수는?

[3점]

① 8   ② 16   ③ 32

④ 64   ⑤ 128

37 25455-0461 | 2018학년도 6월 고2 학력평가 가형 9번 |

전체집합 $U=\{1,\ 2,\ 3,\ 4\}$의 부분집합 A에 대하여
$$\{1,\ 2\}\cap A\neq\varnothing$$
을 만족시키는 모든 집합 A의 개수는? [3점]

① 6   ② 8   ③ 10

④ 12   ⑤ 14

38 25455-0462 | 2017학년도 11월 고1 학력평가 25번 |

두 집합 $A=\{1,\ 2,\ 3,\ 4,\ 5\}$, $B=\{1,\ 3,\ 5,\ 9\}$에 대하여
$$(A-B)\cap C=\varnothing,\ A\cap C=C$$
를 만족시키는 집합 C의 개수를 구하시오. [3점]

39 25455-0463 | 2016학년도 9월 고2 학력평가 가형 13번 |

집합 $A=\{3,\ 4,\ 5,\ 6,\ 7\}$에 대하여 다음 조건을 만족시키는
집합 A의 모든 부분집합 X의 개수는? [3점]

> (가) $n(X)\geq 2$
> (나) 집합 X의 모든 원소의 곱은 6의 배수이다.

① 18   ② 19   ③ 20

④ 21   ⑤ 22

40 25455-0464 | 2016학년도 11월 고2 학력평가 나형 15번 |

전체집합 $U=\{x\,|\,x$는 10 이하의 자연수$\}$의 두 부분집합
$A=\{1,\ 2,\ 3\}$, $B=\{4,\ 5,\ 6\}$에 대하여 다음 조건을 만족시
키는 U의 부분집합 X의 개수는? [4점]

> (가) $A-X=\varnothing$
> (나) $B\cap X=\varnothing$

① 4   ② 8   ③ 16

④ 32   ⑤ 64

41 25455-0465 | 2020학년도 3월 고2 학력평가 28번 |

전체집합 $U=\{x\,|\,x$는 5 이하의 자연수$\}$의 두 부분집합
$$A=\{1,\ 2\},\ B=\{2,\ 3,\ 4\}$$
에 대하여
$$X\cap A\neq\varnothing,\ X\cap B\neq\varnothing$$
을 만족시키는 U의 부분집합 X의 개수를 구하시오. [4점]

유형 9 집합의 연산 법칙

42 25455-0466 | 2019학년도 3월 고2 학력평가 나형 26번 |

전체집합 $U=\{x \mid x$는 20 이하의 자연수$\}$의 두 부분집합
$$A=\{x \mid x$는 4의 배수$\},$$
$$B=\{x \mid x$는 20의 약수$\}$$
에 대하여 집합 $(A^C \cup B)^C$의 모든 원소의 합을 구하시오.
[4점]

Point

(1) 집합의 연산이 복잡하게 주어지면 집합의 연산 법칙과 드모르간의
법칙을 이용하여 간단히 한다.

(2) 드모르간의 법칙: 전체집합 U의 두 부분집합 A, B에 대하여
$$(A\cup B)^C=A^C\cap B^C,\ (A\cap B)^C=A^C\cup B^C$$

43 25455-0467 | 2013학년도 9월 고1 학력평가 2번 |

전체집합 U의 임의의 두 부분집합 A, B에 대하여 다음 중
집합 $A\cup(A^C\cap B)$와 같은 집합은? [2점]

① $\varnothing$ ② $A\cap B$ ③ A
④ B ⑤ $A\cup B$

44 25455-0468 | 2015학년도 3월 고2 학력평가 나형 11번 |

그림은 전체집합 U의 서로 다른 두 부분집합 A, B 사이의
관계를 벤다이어그램으로 나타낸 것이다.

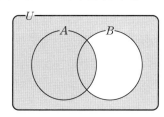

다음 중 어두운 부분을 나타낸 집합과 같은 것은? [3점]

① $A\cap B^C$
② $(A\cap B)\cup B^C$
③ $(A\cap B^C)\cup A^C$
④ $(A\cup B)\cap(A\cap B)^C$
⑤ $(A-B)\cup(A^C\cap B^C)$

45 25455-0469 | 2024학년도 3월 고2 학력평가 11번 |

전체집합 $U=\{1,\ 2,\ 4,\ 8,\ 16,\ 32\}$의 두 부분집합 A, B가
다음 조건을 만족시킨다.

(가) $A\cap B=\{2,\ 8\}$
(나) $A^C\cup B=\{1,\ 2,\ 8,\ 16\}$

집합 A의 모든 원소의 합은? [3점]

① 26   ② 31   ③ 36
④ 41   ⑤ 46

46 25455-0470 | 2021학년도 11월 고1 학력평가 20번 |

전체집합 $U=\{x \mid x$는 10 이하의 자연수$\}$의 두 부분집합
$$A=\{1,\ 2,\ 3,\ 4,\ 5\},\ B=\{3,\ 4,\ 5,\ 6,\ 7\}$$
에 대하여 집합 U의 부분집합 X가 다음 조건을 만족시킬 때,
집합 X의 모든 원소의 합의 최솟값은? [4점]

(가) $n(X)=6$
(나) $A-X=B-X$
(다) $(X-A)\cap(X-B)\ne\varnothing$

① 26   ② 27   ③ 28
④ 29   ⑤ 30

47 25455-0471 | 2021학년도 3월 고2 학력평가 28번 |

전체집합 U의 두 부분집합 A, B가 다음 조건을 만족시킬 때,
집합 B의 모든 원소의 합을 구하시오. [4점]

(가) $A=\{3,\ 4,\ 5\}$, $A^C\cup B^C=\{1,\ 2,\ 4\}$
(나) $X\subset U$이고 $n(X)=1$인 모든 집합 X에 대하여
집합 $(A\cup X)-B$의 원소의 개수는 1이다.

48 25455-0472 | 2023학년도 3월 고2 학력평가 11번 |

전체집합 $U=\{x|x$는 50 이하의 자연수$\}$의 두 부분집합

$$A=\{x|x$$는 30의 약수$\},\ B=\{x|x$는 3의 배수$\}$$

에 대하여 $n(A^C\cup B)$의 값은? [3점]

① 40   ② 42   ③ 44

④ 46   ⑤ 48

Point

전체집합 U의 두 부분집합 A, B에 대하여

(1) $n(A\cup B)=n(A)+n(B)-n(A\cap B)$

(2) $n(A^C)=n(U)-n(A)$

(3) $n(A-B)=n(A)-n(A\cap B)$
$$=n(A\cup B)-n(B)$$

49 25455-0473 | 2022학년도 3월 고2 학력평가 19번 |

두 자연수 k, $m\ (k\geq m)$에 대하여 전체집합

$$U=\{x|x$$는 k 이하의 자연수$\}$$

의 두 부분집합 $A=\{x|x$는 m의 약수$\}$, B가 다음 조건을 만족시킨다.

(가) $B-A=\{4,\ 7\}$, $n(A\cup B^C)=7$
(나) 집합 A의 모든 원소의 합과 집합 B의 모든 원소의 합은 서로 같다.

집합 $A^C\cap B^C$의 모든 원소의 합은? [4점]

① 18   ② 19   ③ 20

④ 21   ⑤ 22

50 25455-0474 | 2022학년도 11월 고1 학력평가 28번 |

전체집합 $U=\{1,\ 2,\ 4,\ 8,\ 16,\ 32\}$의 두 부분집합 A, B가 다음 조건을 만족시킨다.

(가) 집합 $A\cup B^C$의 모든 원소의 합은 집합 $B-A$의 모든 원소의 합의 6배이다.
(나) $n(A\cup B)=5$

집합 A의 모든 원소의 합의 최솟값을 구하시오.

(단, $2\leq n(B-A)\leq 4$) [4점]

51 25455-0475 | 2016학년도 6월 고2 학력평가 나형 25번 |

어느 학교 56명의 학생들을 대상으로 두 동아리 A, B의 가입여부를 조사한 결과 다음과 같은 사실을 알게 되었다.

(가) 학생들은 두 동아리 A, B 중 적어도 한 곳에 가입하였다.
(나) 두 동아리 A, B에 가입한 학생의 수는 각각 35명, 27명이었다.

동아리 A에만 가입한 학생의 수를 구하시오. [3점]

Point

전체집합 U의 두 부분집합 A, B에 대하여 조건을 집합으로 나타낼 때, 다음을 이용한다.

(1) A, B 둘 다 ~하는 ➡ $A\cap B$

(2) A 또는 B ➡ $A\cup B$

(3) A, B 둘 다 ~하지 않는 ➡ $A^C\cap B^C$

(4) A만 ➡ $A-B$

(5) A, B 중 하나만 ➡ $(A-B)\cup(B-A)$

52 25455-0476 | 2019학년도 3월 고2 학력평가 가형 18번 |

은행 A 또는 은행 B를 이용하는 고객 중 남자 35명과 여자 30명을 대상으로 두 은행 A, B의 이용 실태를 조사한 결과가 다음과 같다.

(가) 은행 A를 이용하는 고객의 수와 은행 B를 이용하는 고객의 수의 합은 82이다.
(나) 두 은행 A, B 중 한 은행만 이용하는 남자 고객의 수와 두 은행 A, B 중 한 은행만 이용하는 여자 고객의 수는 같다.

이 고객 중 은행 A와 은행 B를 모두 이용하는 여자 고객의 수는? [4점]

① 5   ② 6   ③ 7

④ 8   ⑤ 9

53 25455-0477 | 2018학년도 3월 고2 학력평가 나형 14번 |

2018 평창 동계 올림픽 대회 및 동계 패럴림픽 대회 자원봉사 포털 사이트에 접속한 사람 중에서 100명을 대상으로 자원봉사 활동 신청 여부를 조사하였다. 그 결과 동계 올림픽 대회의 자원봉사 활동을 신청한 사람이 51명, 동계 패럴림픽 대회의 자원봉사 활동을 신청한 사람이 42명, 두 대회의 자원봉사 활동 중 어느 것도 신청하지 않은 사람이 25명이다. 두 대회의 자원봉사 활동 중에서 하나만 신청한 사람의 수는? [4점]

① 55   ② 57   ③ 59
④ 61   ⑤ 63

54 25455-0478 | 2017학년도 3월 고2 학력평가 가형 15번 |

어느 학급 학생 30명을 대상으로 두 봉사 활동 A, B에 대한 신청을 받았다. 봉사 활동 A를 신청한 학생 수와 봉사 활동 B를 신청한 학생 수의 합이 36일 때, 봉사 활동 A, B를 모두 신청한 학생 수의 최댓값을 M, 최솟값을 m이라 하자. $M+m$의 값은? [4점]

봉사 활동 A   봉사 활동 B

① 18   ② 20   ③ 22
④ 24   ⑤ 26

55 25455-0479 | 2018학년도 6월 고2 학력평가 나형 27번 |

어느 학급 전체 학생 30명 중 지역 A를 방문한 학생이 17명, 지역 B를 방문한 학생이 15명이라 하자. 이 학급 학생 중에서 지역 A와 지역 B 중 어느 한 지역만 방문한 학생의 수의 최댓값을 M, 최솟값을 m이라 할 때, Mm의 값을 구하시오. [4점]

56 25455-0480 | 2016학년도 3월 고2 학력평가 가형 26번 |

어느 학교 학생 200명을 대상으로 두 체험 활동 A, B를 신청한 학생 수를 조사하였더니 체험 활동 A를 신청한 학생은 체험 활동 B를 신청한 학생보다 20명이 많았고, 어느 체험 활동도 신청하지 않은 학생은 하나 이상의 체험 활동을 신청한 학생보다 100명이 적었다. 체험 활동 A만 신청한 학생 수의 최댓값을 구하시오. [4점]

01 25455-0481 | 2019학년도 11월 고1 학력평가 21번 |

전체집합 $U=\{x\,|\,x$는 20 이하의 자연수$\}$의 부분집합

$$A_k=\{x\,|\,x(y-k)=30,\ y\in U\}$$

$$B=\left\{x\,\middle|\,\frac{30-x}{5}\in U\right\}$$

에 대하여 $n(A_k\cap B^C)=1$이 되도록 하는 모든 자연수 k의 개수는? [4점]

① 3   ② 5   ③ 7

④ 9   ⑤ 11

02 25455-0482 | 2023학년도 11월 고1 학력평가 21번 |

$n(U)=5$인 전체집합 U의 세 부분집합 A, B, C에 대하여

$$n(B\cap C)=2,\ n(B-A)=1,\ n(C-A)=2$$

일 때, <보기>에서 옳은 것만을 있는 대로 고른 것은? [4점]

```
┌─ 보기 ─────────────────────────────────┐
│ ㄱ. n(A∩B∩C)≠0                         │
│ ㄴ. n(A∩B∩C)=2이면 n(C)=4이다.         │
│ ㄷ. n(A)×n(B)×n(C)의 최댓값과 최솟값의 합은 42이 │
│    다.                                   │
└────────────────────────────────────────┘
```

① ㄱ   ② ㄱ, ㄴ   ③ ㄱ, ㄷ

④ ㄴ, ㄷ   ⑤ ㄱ, ㄴ, ㄷ

03 25455-0483 | 2022학년도 3월 고2 학력평가 30번 |

최고차항의 계수가 2인 이차함수 $f(x)$와 최고차항의 계수가 1인 이차함수 $g(x)$가 있다.

방정식 $\{f(x)-1\}\{g(x)-1\}=0$의 모든 실근의 집합을 A라 하고, 방정식 $f(x)=g(x)$의 모든 실근의 집합을 B라 하면 두 실수 α, β $(\alpha<\beta)$에 대하여

$$A=\{\alpha,\ \beta\},\ B=\{\alpha,\ \beta+3\}$$

이다. 상수 k에 대하여 방정식

$$\{f(x)-k\}\{g(x)-k\}=0$$

의 서로 다른 실근의 개수가 3이고 이 세 실근의 합이 12일 때, $\alpha+\beta+k$의 값을 구하시오. [4점]

04 25455-0484 | 2020학년도 11월 고1 학력평가 21번 |

9 이하의 자연수 k에 대하여 집합 A_k를

$$A_k = \{x \mid k-1 \leq x \leq k+1, \ x는 \ 실수\}$$

라 하자. <보기>에서 옳은 것만을 있는 대로 고른 것은?

[4점]

보기

ㄱ. $A_1 \cap A_2 \cap A_3 = \{2\}$

ㄴ. 9 이하의 두 자연수 l, m에 대하여 $|l-m| \leq 2$이면 두 집합 A_l과 A_m은 서로소가 아니다.

ㄷ. 모든 A_k와 서로소가 아니고 원소가 유한개인 집합 중 원소의 개수가 최소인 집합의 원소의 개수는 4이다.

---

① ㄱ   ② ㄴ   ③ ㄱ, ㄴ

④ ㄴ, ㄷ   ⑤ ㄱ, ㄴ, ㄷ

05 25455-0485 | 2024학년도 3월 고2 학력평가 28번 |

1보다 큰 자연수 k에 대하여 전체집합

$$U = \{x \mid x는 \ k \ 이하의 \ 자연수\}$$

의 두 부분집합

$$A = \{x \mid x는 \ k \ 이하의 \ 짝수\}, \ B = \{x \mid x는 \ k의 \ 약수\}$$

가 $n(A) \times n((A \cup B)^C) = 15$를 만족시킨다.
집합 $(A \cup B)^C$의 모든 원소의 곱을 구하시오. [4점]

06 25455-0486 | 2021학년도 11월 고1 학력평가 21번 |

$1 \leq a < b$인 두 상수 a, b에 대하여 세 집합

$$A = \left\{(x, y) \mid y = \frac{4}{3}x이고 \ (x+2)^2 + (y+1)^2 = 1\right\},$$

$$B = \left\{(x, y) \mid y = \frac{4}{3}x이고 \ (x-a-1)^2 + (y-a)^2 = a^2\right\},$$

$$C = \left\{(x, y) \mid y = \frac{4}{3}x이고 \ (x-b-1)^2 + (y-b)^2 = b^2\right\}$$

이 있다. $n(A \cup B \cup C) = 3$일 때, $a+b$의 값은? [4점]

① $\dfrac{14}{5}$ ② 3 ③ $\dfrac{16}{5}$

④ $\dfrac{17}{5}$ ⑤ $\dfrac{18}{5}$

1. 명제와 조건

(1) 명제와 그 부정
① 명제: 참 또는 거짓을 명확하게 판별할 수 있는 문장이나 식
② 부정: 명제 p에 대하여 'p가 아니다.'를 p의 부정이라 하고, 기호로 $\sim p$와 같이 나타낸다.

(2) 조건과 진리집합
① 조건: 변수의 값에 따라 참, 거짓을 판별할 수 있는 문장이나 식
② 진리집합: 전체집합 U의 원소 중에서 조건 p를 참이 되게 하는 모든 원소의 집합

(3) 명제 $p \longrightarrow q$의 참, 거짓
두 조건 p, q의 진리집합을 각각 P, Q라 할 때
① $P \subset Q$이면 명제 $p \longrightarrow q$는 참이다.
② $P \not\subset Q$이면 명제 $p \longrightarrow q$는 거짓이다.

(4) '모든'이나 '어떤'을 포함한 명제
전체집합 U에 대하여 조건 p의 진리집합을 P라 할 때
① $P = U$이면 '모든 x에 대하여 p이다.'는 참이다.
② $P \neq \varnothing$이면 '어떤 x에 대하여 p이다.'는 참이다.

2. 명제의 역과 대우

(1) 명제의 역과 대우
① 명제 $p \longrightarrow q$에서 가정과 결론을 서로 바꾼 명제 $q \longrightarrow p$를 명제 $p \longrightarrow q$의 역이라 한다.
② 명제 $p \longrightarrow q$에서 가정과 결론을 각각 부정하여 서로 바꾼 명제 $\sim q \longrightarrow \sim p$를 명제 $p \longrightarrow q$의 대우라 한다.
③ 명제 $p \longrightarrow q$가 참이면 그 대우 $\sim q \longrightarrow \sim p$도 참이다.

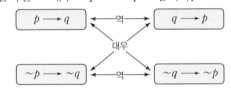

(2) 증명법
① 대우를 이용한 증명법: 명제 $p \longrightarrow q$가 참이면 그 대우 $\sim q \longrightarrow \sim p$도 참임을 이용하여 어떤 명제가 참임을 보이는 증명 방법
② 귀류법: 명제 또는 명제의 결론을 부정하면 모순이 생긴다는 것을 보여 원래 명제가 참임을 증명하는 방법

3. 충분조건과 필요조건

(1) 명제 $p \longrightarrow q$가 참일 때, 기호로 $p \Longrightarrow q$와 같이 나타내고, p는 q이기 위한 충분조건, q는 p이기 위한 필요조건이라 한다.
(2) 명제 $p \longrightarrow q$에 대하여 $p \Longrightarrow q$이고 $q \Longrightarrow p$일 때, 기호로 $p \Longleftrightarrow q$와 같이 나타내고, p는 q이기 위한 필요충분조건이라 한다.

4. 절대부등식

전체집합에 속한 모든 값에 대하여 성립하는 부등식을 절대부등식이라 한다.

(1) $a > 0$, $b > 0$일 때, $\dfrac{a+b}{2} \geq \sqrt{ab}$

(2) a, b가 실수일 때, $|a+b| \leq |a| + |b|$

(3) a, b, x, y가 실수일 때, $(a^2 + b^2)(x^2 + y^2) \geq (ax + by)^2$

정의, 증명, 정리
(1) 정의: 용어의 뜻을 명확하게 정한 것
(2) 증명: 정의나 명제의 가정 또는 이미 옳다고 밝혀진 성질을 이용하여 어떤 명제가 참임을 설명하는 것
(3) 정리: 참임이 증명된 명제 중에서 기본이 되는 것이나 다른 명제를 증명할 때 이용할 수 있는 것

[참고]
명제 $p \longrightarrow q$가 거짓임을 보이려면 p는 만족시키지만 q는 만족시키지 않는 예를 찾으면 된다. 이와 같은 예를 반례라 한다.

(중요)
'모든'이나 '어떤'을 포함한 명제의 부정
(1) '모든 x에 대하여 p이다.'의 부정은 '어떤 x에 대하여 $\sim p$이다.'이다.
(2) '어떤 x에 대하여 p이다.'의 부정은 '모든 x에 대하여 $\sim p$이다.'이다.

[주의]
명제 $p \longrightarrow q$가 참일 때, 그 명제의 역 $q \longrightarrow p$가 반드시 참인 것은 아니다.

두 조건 p, q의 진리집합을 각각 P, Q라 할 때, $P \subset Q$이면 $p \Longrightarrow q$이므로 p는 q이기 위한 충분조건이고, q는 p이기 위한 필요조건이다.
특히, $P = Q$이면 $p \Longleftrightarrow q$이므로 p는 q이기 위한 필요충분조건이다.

(중요)
부등식의 증명에 이용되는 실수의 성질
a, b가 실수일 때
(1) $a > b \Longleftrightarrow a - b > 0$
(2) $a^2 \geq 0$, $a^2 + b^2 \geq 0$
(3) $a^2 + b^2 = 0 \Longleftrightarrow a = b = 0$
(4) $|a|^2 = a^2$, $|ab| = |a||b|$
(5) $a \geq b \Longleftrightarrow a^2 \geq b^2$
(단, $a \geq 0$, $b \geq 0$)

01 다음 중에서 명제를 모두 찾고, 명제인 것은 참, 거짓을 판별하시오.

(1) π는 무리수이다.

(2) 낙동강은 긴 강이다.

(3) $2+3=6$

(4) 두 집합 A, B에 대하여 $(A \cap B) \subset A$이다.

02 다음 명제의 부정을 말하고, 그것의 참, 거짓을 판별하시오.

(1) 2는 소수이다.

(2) $3 \leq \sqrt{3}$

03 전체집합 U가 자연수 전체의 집합일 때, 조건 '$p : x \leq 7$'에 대하여 p의 진리집합과 $\sim p$의 진리집합을 구하시오.

04 다음 명제의 참, 거짓을 판별하시오.

(1) $x \leq 7$이면 $x \leq 3$이다.

(2) 6의 배수는 짝수이다.

05 다음 명제의 참, 거짓을 판별하시오.

(1) 모든 실수 x에 대하여 $x^2+1>0$이다.

(2) 어떤 실수 x에 대하여 $x^2=-9$이다.

06 다음 명제의 부정을 말하고, 그것의 참, 거짓을 판별하시오.

(1) 모든 실수 x에 대하여 $x^2-x+1<0$이다.

(2) 어떤 직사각형은 정사각형이다.

07 다음 명제의 역과 대우를 구하시오.

(1) $x>9$이면 $\sqrt{x}>3$이다.

(2) 사다리꼴은 평행사변형이다.

08 두 조건 p, q가 다음과 같을 때, p는 q이기 위한 어떤 조건인지 구하시오.

(1) $p : x=2$ $q : x^2=2x$

(2) $p : x^2 \leq 9$ $q : |x| \leq 3$

09 다음은 $a>0$, $b>0$일 때, 부등식 $\dfrac{a+b}{2} \geq \sqrt{ab}$가 성립함을 증명하는 과정이다. (가), (나)에 알맞은 것을 구하시오.

▪ 증명 ▪

$$\frac{a+b}{2}-\sqrt{ab}=\frac{(\sqrt{a})^2-2\sqrt{a}\sqrt{b}+(\sqrt{b})^2}{2}$$

$$=\frac{\left(\boxed{}\right)^2}{2} \geq 0$$

따라서 $\dfrac{a+b}{2} \boxed{} \sqrt{ab}$

여기서 등호는 $\sqrt{a}=\sqrt{b}$, 즉 $a=b$일 때 성립한다.

유형 1 조건과 진리집합

유형 1 조건과 진리집합

01 25455-0487 | 2017학년도 9월 고1 학력평가 6번 |

전체집합 $U = \{1, 2, 3, 4, 5, 6, 7, 8\}$에 대하여 조건 p가

$p : x$는 짝수 또는 6의 약수이다.

일 때, 조건 $\sim p$의 진리집합의 모든 원소의 합은? [3점]

① 11   ② 12   ③ 13

④ 14   ⑤ 15

Point

전체집합 U에서 두 조건 p, q의 진리집합을 각각 P, Q라 할 때

(1) $\sim p$의 진리집합 ➡ P^C

(2) 'p 또는 q'의 진리집합 ➡ $P \cup Q$

(3) 'p이고 q'의 진리집합 ➡ $P \cap Q$

02 25455-0488 | 2022학년도 3월 고2 학력평가 2번 |

실수 x에 대한 조건

'x는 1보다 크다.'

의 부정은? [2점]

① $x < 1$ ② $x \leq 1$ ③ $x = 1$

④ $x \geq 1$ ⑤ $x > 1$

03 25455-0489 | 2023학년도 3월 고2 학력평가 2번 |

실수 x에 대한 조건

'x는 음이 아닌 실수이다.'

의 진리집합은? [2점]

① $\{x | x < 0\}$ ② $\{x | x \leq 0\}$ ③ $\{x | x \neq 0\}$

④ $\{x | x \geq 0\}$ ⑤ $\{x | x > 0\}$

유형 2 명제와 진리집합의 포함 관계

04 25455-0490 | 2012학년도 9월 고1 학력평가 5번 |

전체집합 U에 대하여 세 조건 p, q, r의 진리집합 P, Q, R의 포함 관계를 벤다이어그램으로 나타내면 그림과 같을 때, 다음 명제 중 항상 참인 것은? [3점]

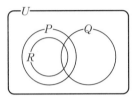

① $p \longrightarrow q$ ② $q \longrightarrow r$ ③ $r \longrightarrow \sim q$

④ $\sim r \longrightarrow \sim p$ ⑤ $\sim p \longrightarrow \sim r$

Point

두 조건 p, q의 진리집합을 각각 P, Q라 할 때

(1) $P \subset Q$이면 명제 $p \longrightarrow q$가 참이다.

(2) 명제 $p \longrightarrow q$가 참이면 $P \subset Q$이다.

05 25455-0491 | 2011학년도 9월 고1 학력평가 5번 |

세 조건 p, q, r의 진리집합을 각각 P, Q, R라 하자.

$(P \cup Q) \cap R = \varnothing$일 때, 다음 중 항상 참인 명제는? [3점]

① p이면 r이다.   ② q이면 r이다.

③ p이면 $\sim r$이다.   ④ $\sim r$이면 p이다.

⑤ $\sim r$이면 q이다.

06 25455-0492 | 2014학년도 11월 고1 학력평가 17번 |

전체집합 U의 공집합이 아닌 세 부분집합 P, Q, R가 각각 세 조건 p, q, r의 진리집합이라 하자.

$P \cap Q = P$, $R^C \cup Q = U$일 때, 참인 명제만을 <보기>에서 있는 대로 고른 것은? [4점]

┌─ **보기** ─────────────────────────┐

ㄱ. $p \longrightarrow q$ ㄴ. $r \longrightarrow q$ ㄷ. $p \longrightarrow \sim r$

└──────────────────────────────┘

① ㄱ   ② ㄷ   ③ ㄱ, ㄴ

④ ㄴ, ㄷ   ⑤ ㄱ, ㄴ, ㄷ

07 | 25455-0493 | | 2015학년도 11월 고1 학력평가 17번 |

전체집합 U의 공집합이 아닌 세 부분집합 P, Q, R이 각각 세 조건 p, q, r의 진리집합이라 하자. 세 명제

$$\sim p \longrightarrow r, \ r \longrightarrow \sim q, \ \sim r \longrightarrow q$$

가 모두 참일 때, <보기>에서 옳은 것만을 있는 대로 고른 것은? [4점]

● 보기 ●
ㄱ. $P^C \subset R$
ㄴ. $P \subset Q$
ㄷ. $P \cap Q = R^C$

① ㄱ   ② ㄴ   ③ ㄱ, ㄷ
④ ㄴ, ㄷ   ⑤ ㄱ, ㄴ, ㄷ

08 | 25455-0494 | | 2015학년도 6월 고2 학력평가 나형 16번 |

전체집합 U가 실수 전체의 집합일 때, 실수 x에 대한 두 조건 p, q가

$$p : a(x-1)(x-2) < 0, \ q : x > b$$

이다. 두 조건 p, q의 진리집합을 각각 P, Q라 할 때, 옳은 것만을 <보기>에서 있는 대로 고른 것은?

(단, a, b는 실수이다.) [4점]

● 보기 ●
ㄱ. $a=0$일 때, $P=\varnothing$이다.
ㄴ. $a>0$, $b=0$일 때, $P \subset Q$이다.
ㄷ. $a<0$, $b=3$일 때, 명제 '$\sim p$이면 q이다.'는 참이다.

① ㄱ   ② ㄱ, ㄴ   ③ ㄱ, ㄷ
④ ㄴ, ㄷ   ⑤ ㄱ, ㄴ, ㄷ

유형 3 명제가 참이 되도록 하는 미지수 구하기

09 | 25455-0495 | | 2016학년도 11월 고1 학력평가 11번 |

실수 x에 대하여 두 조건 p, q가

$$p : |x-2| < 2, \ q : 5-k < x < k$$

일 때, 명제 $p \longrightarrow q$가 참이 되도록 하는 실수 k의 최솟값은? [3점]

① 3   ② 5   ③ 7
④ 9   ⑤ 11

Point

두 조건 p, q의 진리집합을 각각 P, Q라 할 때, 명제 $p \longrightarrow q$가 참이 되려면 $P \subset Q$이어야 한다.

10 | 25455-0496 | | 2018학년도 3월 고2 학력평가 나형 11번 |

실수 x에 대한 두 조건

$$p : |x-a| \leq 1,$$
$$q : x^2 - 2x - 8 > 0$$

에 대하여 $p \longrightarrow \sim q$가 참이 되도록 하는 실수 a의 최댓값은? [3점]

① 1   ② 2   ③ 3
④ 4   ⑤ 5

11 | 25455-0497 | | 2023학년도 3월 고2 학력평가 18번 |

실수 x에 대한 두 조건

$$p : |x-k| \leq 2,$$
$$q : x^2 - 4x - 5 \leq 0$$

이 있다. 명제 $p \longrightarrow q$와 명제 $p \longrightarrow \sim q$가 모두 거짓이 되도록 하는 모든 정수 k의 값의 합은? [4점]

① 14   ② 16   ③ 18
④ 20   ⑤ 22

유형 4 '모든'이나 '어떤'을 포함한 명제의 참, 거짓

12 25455-0498 | 2023학년도 11월 고1 학력평가 25번 |

정수 k에 대한 두 조건 p, q가 모두 참인 명제가 되도록 하는 모든 k의 값의 합을 구하시오. [3점]

> p : 모든 실수 x에 대하여 $x^2+2kx+4k+5>0$이다.
> q : 어떤 실수 x에 대하여 $x^2=k-2$이다.

Point

전체집합 U에 대하여 조건 p의 진리집합을 P라 할 때

(1) 모든 x에 대하여 p이다.

➡ $P=U$이면 참, $P \neq U$이면 거짓이다.

(2) 어떤 x에 대하여 p이다.

➡ $P \neq \varnothing$이면 참, $P=\varnothing$이면 거짓이다.

13 25455-0499 | 2020학년도 3월 고2 학력평가 27번 |

명제

'어떤 실수 x에 대하여 $x^2+8x+2k-1 \leq 0$이다.'

가 거짓이 되도록 하는 정수 k의 최솟값을 구하시오. [4점]

14 25455-0500 | 2019학년도 3월 고2 학력평가 나형 15번 |

명제

'모든 실수 x에 대하여 $2x^2+6x+a \geq 0$이다.'

가 거짓이 되도록 하는 정수 a의 최댓값은? [4점]

① 0   ② 2   ③ 4
④ 6   ⑤ 8

15 25455-0501 | 2021학년도 3월 고2 학력평가 19번 |

자연수 n에 대한 조건

'$2 \leq x \leq 5$인 어떤 실수 x에 대하여 $x^2-8x+n \geq 0$이다.'

가 참인 명제가 되도록 하는 n의 최솟값은? [4점]

① 12   ② 13   ③ 14
④ 15   ⑤ 16

유형 5 명제의 역과 대우

16 25455-0502 | 2015학년도 6월 고2 학력평가 나형 6번 |

명제

'$x^2-6x+5 \neq 0$이면 $x-a \neq 0$이다.'

가 참이 되기 위한 모든 상수 a의 값의 합은? [3점]

① 6   ② 7   ③ 8
④ 9   ⑤ 10

Point

(1) 명제 $p \longrightarrow q$에서

① 역: $q \longrightarrow p$ ② 대우: $\sim q \longrightarrow \sim p$

(2) 명제가 참이면 그 대우도 참이고, 명제가 거짓이면 그 대우도 거짓이다.

17 25455-0503 | 2018학년도 11월 고1 학력평가 5번 |

세 조건 p, q, r에 대하여 두 명제 $p \longrightarrow \sim r$와 $q \longrightarrow r$가 모두 참일 때, 다음 명제 중에서 항상 참인 것은? [3점]

① $p \longrightarrow \sim q$ ② $q \longrightarrow p$ ③ $\sim q \longrightarrow \sim r$
④ $r \longrightarrow p$ ⑤ $r \longrightarrow q$

18 25455-0504 | 2023학년도 3월 고2 학력평가 19번 |

다음 조건을 만족시키는 집합 A의 개수는? [4점]

> (가) $\{0\} \subset A \subset \{x \,|\, x$는 실수$\}$
> (나) $a^2-2 \notin A$이면 $a \notin A$이다.
> (다) $n(A)=4$

① 3   ② 4   ③ 5
④ 6   ⑤ 7

유형 6 귀류법

19 25455-0505 | 2013학년도 6월 고1 학력평가 19번 |

다음은 $n \geq 2$인 자연수 n에 대하여 $\sqrt{n^2-1}$이 무리수임을 증명한 것이다.

• 증명 •

$\sqrt{n^2-1}$이 유리수라고 가정하면 $\sqrt{n^2-1}=\dfrac{q}{p}$ (p, q는 서로소인 자연수)로 놓을 수 있다.

이 식의 양변을 제곱하여 정리하면 $p^2(n^2-1)=q^2$이다.

p는 q^2의 약수이고 p, q는 서로소인 자연수이므로

$n^2 = \boxed{(가)}$ 이다.

자연수 k에 대하여

(i) $q=2k$일 때

$(2k)^2 < n^2 < \boxed{(나)}$ 인 자연수 n이 존재하지 않는다.

(ii) $q=2k+1$일 때

$\boxed{(나)} < n^2 < (2k+2)^2$인 자연수 n이 존재하지 않는다.

(i)과 (ii)에 의하여 $\sqrt{n^2-1}=\dfrac{q}{p}$ (p, q는 서로소인 자연수)를 만족하는 자연수 n은 존재하지 않는다.

따라서 $\sqrt{n^2-1}$은 무리수이다.

위의 (가), (나)에 알맞은 식을 각각 $f(q)$, $g(k)$라 할 때, $f(2)+g(3)$의 값은? [4점]

① 50 ② 52 ③ 54
④ 56 ⑤ 58

Point

귀류법: 명제 또는 명제의 결론을 부정하면 모순이 생긴다는 것을 보여 원래 명제가 참임을 증명한다.

(참고) 대우를 이용한 증명: 명제가 참임을 직접 증명하기 어려울 때에는 명제의 대우가 참임을 이용하여 증명한다.

20 25455-0506 | 2012학년도 3월 고2 학력평가 13번 |

한 변의 길이가 p인 정사각형과 세 변의 길이가 각각 a, b, c인 직각삼각형이 있다. 직각삼각형의 빗변의 길이가 c이고 $c=a+2$를 만족한다. 다음은 '두 도형의 넓이가 같으면 a, b, p 중 적어도 하나는 정수가 아니다.'라는 것을 증명하는 과정이다.

• 증명 •

두 도형의 넓이가 같으므로 $ab = \boxed{(가)}$ 이다.

$a^2+b^2=c^2$이므로 $b^2 = \boxed{(나)}$ 이고

$8p^2 = \boxed{(다)}$ 이다.

여기서 a, b, p를 모두 정수라 하면,

$b^2 = \boxed{(나)}$ 에서 b는 짝수이므로 $b=2b'$ (b'은 자연수)라

할 때, $p^2 = \dfrac{2b'}{2} \times \dfrac{2b'+2}{2} \times \dfrac{2b'-2}{2} = b'(b'+1)(b'-1)$

이 된다.

우변은 연속된 세 자연수의 곱이므로 제곱수가 될 수 없다.

따라서 모순이다. 그러므로 a, b, p 중 적어도 하나는 정수가 아니다.

위의 증명에서 (가), (나), (다)에 들어갈 식을 각각 $f(p)$, $g(a)$, $h(b)$라 할 때, $f(1)+g(2)+h(3)$의 값은? [4점]

① 25 ② 27 ③ 29
④ 31 ⑤ 33

유형 7 충분조건, 필요조건, 필요충분조건

21 25455-0507 | 2012학년도 6월 고1 학력평가 9번 |

정수 x에 대하여 조건 p가 조건 q이기 위한 필요조건이지만 충분조건이 아닌 것만을 <보기>에서 있는 대로 고른 것은? [3점]

보기
ㄱ. $p : x=2$ $q : x^2+x-6=0$
ㄴ. $p : x$는 16의 양의 약수 $q : x$는 8의 양의 약수
ㄷ. $p : x^2-1=0$ $q : |x|=1$

① ㄱ   ② ㄴ   ③ ㄷ
④ ㄱ, ㄷ   ⑤ ㄴ, ㄷ

Point
(1) $p \Longrightarrow q$: p는 q이기 위한 충분조건이고, q는 p이기 위한 필요조건이다.
(2) $p \Longleftrightarrow q$: p는 q이기 위한 필요충분조건이다.

22 25455-0508 | 2015학년도 11월 고2 학력평가 나형 17번 |

두 실수 a, b에 대하여 조건 p가 조건 q이기 위한 충분조건이지만 필요조건이 아닌 것만을 <보기>에서 있는 대로 고른 것은? [4점]

보기
ㄱ. $p : a^2+b^2=0$ $q : a=b$
ㄴ. $p : ab<0$ $q : a<0$ 또는 $b<0$
ㄷ. $p : a^3-b^3=0$ $q : a^2-b^2=0$

① ㄱ   ② ㄷ   ③ ㄱ, ㄴ
④ ㄴ, ㄷ   ⑤ ㄱ, ㄴ, ㄷ

23 25455-0509 | 2013학년도 9월 고1 학력평가 13번 |

두 실수 a, b에 대하여 세 조건 p, q, r은
$$p : |a|+|b|=0$$
$$q : a^2-2ab+b^2=0$$
$$r : |a+b|=|a-b|$$
이다. 옳은 것만을 <보기>에서 있는 대로 고른 것은? [4점]

보기
ㄱ. p는 q이기 위한 충분조건이다.
ㄴ. $\sim p$는 $\sim r$이기 위한 필요조건이다.
ㄷ. q이고 r은 p이기 위한 필요충분조건이다.

① ㄱ   ② ㄷ   ③ ㄱ, ㄴ
④ ㄴ, ㄷ   ⑤ ㄱ, ㄴ, ㄷ

유형 8 충분, 필요, 필요충분조건이 되도록 하는 미지수 구하기

24 25455-0510 | 2023학년도 11월 고1 학력평가 13번 |

실수 x에 대한 두 조건
$$p : (x+1)(x+2)(x-3)=0,$$
$$q : x^2+kx+k-1=0$$
에 대하여 p가 q이기 위한 필요조건이 되도록 하는 모든 정수 k의 값의 곱은? [3점]

① -18 ② -16 ③ -14
④ -12 ⑤ -10

Point
두 조건 p, q의 진리집합을 각각 P, Q라 할 때
(1) p는 q이기 위한 충분조건, q는 p이기 위한 필요조건 ➡ $P \subset Q$
(2) p는 q이기 위한 필요충분조건 ➡ $P=Q$

25 25455-0511 | 2021학년도 11월 고1 학력평가 11번 |

실수 x에 대한 두 조건
$$p : |x| \leq n,$$
$$q : x^2+2x-8 \leq 0$$
에 대하여 p가 q이기 위한 필요조건이 되도록 하는 자연수 n의 최솟값은? [3점]

① 1   ② 2   ③ 3
④ 4   ⑤ 5

26 25455-0512 | 2020학년도 11월 고1 학력평가 24번 |

실수 x에 대한 두 조건 p, q가 다음과 같다.

$$p : 3 \leq x \leq 4,$$
$$q : (x+k)(x-k) < 0$$

p는 q이기 위한 충분조건이 되도록 하는 자연수 k의 최솟값을 구하시오. [3점]

27 25455-0513 | 2024학년도 3월 고2 학력평가 26번 |

실수 x에 대한 두 조건

$$p : 2x-a=0,$$
$$q : x^2-bx+9 > 0$$

이 있다. 명제 $p \longrightarrow \sim q$와 명제 $\sim p \longrightarrow q$가 모두 참이 되도록 하는 두 양수 a, b의 값의 합을 구하시오. [4점]

28 25455-0514 | 2021학년도 3월 고2 학력평가 14번 |

실수 x에 대한 두 조건 p, q가 다음과 같다.

$$p : x^2-4x-12=0,$$
$$q : |x-3| > k$$

p가 $\sim q$이기 위한 충분조건이 되도록 하는 자연수 k의 최솟값은? [4점]

① 3　　　　② 4　　　　③ 5
④ 6　　　　⑤ 7

유형 9 절대부등식 (1)

29 25455-0515 | 2009학년도 11월 고1 학력평가 15번 |

다음은 양의 실수 a, b, c에 대하여 부등식

$$\frac{1}{a+b} + \frac{1}{b+c} + \frac{1}{c+a} \leq \frac{(a+b+c)^2}{6abc}$$

이 성립함을 증명한 것이다.

● 증명 ●

양의 실수 a, b, c에 대하여

$$(a+b)^2-4ab = \boxed{\text{(가)}} \geq 0$$

이므로 $4ab \leq (a+b)^2$이고,

같은 방법으로 $4bc \leq (b+c)^2$, $4ca \leq (c+a)^2$이므로

$$4abc\left(\frac{1}{a+b} + \frac{1}{b+c} + \frac{1}{c+a}\right)$$

$$= \frac{4ab}{a+b}c + \frac{4bc}{b+c}a + \frac{4ca}{c+a}b \leq \boxed{\text{(나)}} \quad \cdots\cdots \ \bigcirc$$

이다.

한편, $a^2+b^2+c^2-ab-bc-ca \geq 0$에서

$$ab+bc+ca \leq \frac{(a+b+c)^2}{\boxed{\text{(다)}}} \quad \cdots\cdots \ \bigcirc$$

이다.

따라서 ㉠, ㉡으로부터

$$4abc\left(\frac{1}{a+b} + \frac{1}{b+c} + \frac{1}{c+a}\right) \leq \frac{2}{3}(a+b+c)^2$$

$$\cdots\cdots \ \boxdot$$

이다.

이때, ㉢의 양변을 $4abc$로 나누면

$$\frac{1}{a+b} + \frac{1}{b+c} + \frac{1}{c+a} \leq \frac{(a+b+c)^2}{6abc}$$이다.

위 증명에서 (가), (나), (다)에 알맞은 것은? [4점]

	(가)	(나)	(다)
①	$(a-b)^2$	$2(ab+bc+ca)$	4
②	$(a-b)^2$	$2(ab+bc+ca)$	3
③	$(a-b)^2$	$4(ab+bc+ca)$	4
④	$(a-2b)^2$	$2(ab+bc+ca)$	3
⑤	$(a-2b)^2$	$4(ab+bc+ca)$	4

Point

(1) 절대부등식: 전체집합에 속한 모든 값에 대하여 성립하는 부등식

(2) a, b가 실수일 때

① $a > b \Longleftrightarrow a-b > 0$　　② $a^2 \geq 0$, $a^2+b^2 \geq 0$

③ $a^2+b^2=0 \Longleftrightarrow a=b=0$　　④ $|a|^2=a^2$, $|ab|=|a||b|$

⑤ $a \geq b \Longleftrightarrow a^2 \geq b^2$ (단, $a \geq 0$, $b \geq 0$)

30 25455-0516 | 2011학년도 9월 고1 학력평가 17번 |

다음은 임의의 두 실수 a, b와 $p \geq 0$, $q \geq 0$, $p+q=1$을 만족하는 p, q에 대하여

$$|ap+bq| \leq \sqrt{a^2 p + b^2 q}$$

임을 증명한 것이다.

증명

$|ap+bq|^2 - (\sqrt{a^2 p + b^2 q})^2$

$= a^2 p(p-1) + b^2 q \boxed{\text{(가)}} + 2abpq$

$= \boxed{\text{(나)}} p(p-1)$

$p \geq 0$, $q \geq 0$, $p+q=1$이므로 $p(p-1) \boxed{\text{(다)}} 0$이다.

따라서 $|ap+bq|^2 - (\sqrt{a^2 p + b^2 q})^2 \leq 0$

그러므로 $|ap+bq| \leq \sqrt{a^2 p + b^2 q}$이다.

위의 증명 과정에서 (가), (나), (다)에 알맞은 것은? [4점]

	(가)	(나)	(다)
①	$(p-1)$	$(a+b)^2$	$\leq$
②	$(p-1)$	$-(a-b)^2$	$\geq$
③	$(q-1)$	$(a-b)^2$	$\geq$
④	$(q-1)$	$-(a+b)^2$	$\geq$
⑤	$(q-1)$	$(a-b)^2$	$\leq$

31 25455-0517 | 2010학년도 9월 고1 학력평가 16번 |

$ab<0$을 만족시키는 두 실수 a, b에 대하여 <보기>에서 옳은 것만을 있는 대로 고른 것은? [3점]

보기

ㄱ. $a+b<0$

ㄴ. $|a-b|>|a+b|$

ㄷ. $\dfrac{a-b}{a} > \dfrac{a+b}{b}$

---

① ㄴ ② ㄷ ③ ㄱ, ㄴ
④ ㄴ, ㄷ ⑤ ㄱ, ㄴ, ㄷ

유형 10 절대부등식 (2)

32 25455-0518 | 2017학년도 6월 고2 학력평가 가형 25번 |

$a>1$일 때, $9a + \dfrac{1}{a-1}$의 최솟값을 구하시오. [3점]

Point

산술평균과 기하평균의 관계

➡ $a>0$, $b>0$일 때, $\dfrac{a+b}{2} \geq \sqrt{ab}$ (단, 등호는 $a=b$일 때 성립한다.)

(참고) $a>0$, $b>0$일 때, $\dfrac{a+b}{2}$ 를 a와 b의 산술평균, $\sqrt{ab}$를 a와 b의 기하평균이라 한다.

33 25455-0519 | 2015학년도 9월 고2 학력평가 나형 16번 |

$x>0$, $y>0$일 때, $\left(4x+\dfrac{1}{y}\right)\left(\dfrac{1}{x}+16y\right)$의 최솟값은? [4점]

① 34 ② 36 ③ 38
④ 40 ⑤ 42

34 25455-0520 | 2021학년도 11월 고1 학력평가 14번 |

$\angle C = 90°$인 직각삼각형 ABC에 대하여 삼각형 ABC의 넓이가 16일 때, $\overline{AB}^2$의 최솟값은? [4점]

① 48 ② 56 ③ 64
④ 72 ⑤ 80

35 25455-0521 | 2020학년도 11월 고1 학력평가 16번 |

두 양수 a, b에 대하여 좌표평면 위의 점 $P(a, b)$를 지나고 직선 OP에 수직인 직선이 y축과 만나는 점을 Q라 하자. 점 $R\left(-\dfrac{1}{a}, 0\right)$에 대하여 삼각형 OQR의 넓이의 최솟값은?

(단, O는 원점이다.) [4점]

① $\dfrac{1}{2}$ ② 1 ③ $\dfrac{3}{2}$
④ 2 ⑤ $\dfrac{5}{2}$

01 25455-0522

| 2009학년도 9월 고1 학력평가 10번 |

전체집합 U에 대하여 세 조건 p, q, r의 진리집합을 각각 P, Q, R라 하자. 명제 $p \longrightarrow q$, $\sim p \longrightarrow q$, $\sim p \longrightarrow r$가 참일 때, <보기>에서 옳은 것만을 있는 대로 고른 것은? [4점]

┌─ **보기** ─────────────
│ ㄱ. $Q - R^C = R$
│ ㄴ. $P - R = \varnothing$
│ ㄷ. $Q - P \subset R$
└───────────────────

① ㄱ   ② ㄷ   ③ ㄱ, ㄷ

④ ㄴ, ㄷ   ⑤ ㄱ, ㄴ, ㄷ

02 25455-0523

| 2015학년도 11월 고1 학력평가 14번 |

그림과 같이 양수 a에 대하여 이차함수 $f(x) = x^2 - 2ax$의 그래프와 직선 $g(x) = \dfrac{1}{a}x$가 두 점 O, A에서 만난다. 이차함수 $y = f(x)$의 그래프의 꼭짓점을 B라 하고 선분 AB의 중점을 C라 하자. 점 C에서 y축에 내린 수선의 발을 H라 할 때, 선분 CH의 길이의 최솟값은? (단, O는 원점이다.) [4점]

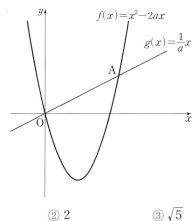

① $\sqrt{3}$ ② 2   ③ $\sqrt{5}$

④ $\sqrt{6}$ ⑤ $\sqrt{7}$

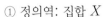

1. 함수

(1) **대응**: 두 집합 X, Y에 대하여 X의 원소에 Y의 원소를 짝 지어 주는 것을 집합 X에서 집합 Y로의 대응이라 한다.

(2) **함수**: 두 집합 X, Y에 대하여 X의 각 원소에 Y의 원소가 오직 하나씩 대응할 때, 이 대응을 X에서 Y로의 함수라 하고, 이것을 기호로 $f : X \longrightarrow Y$와 같이 나타낸다.

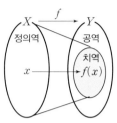

① 정의역: 집합 X
② 공역: 집합 Y
③ 치역: 함숫값 전체의 집합, 즉 $\{f(x) \mid x \in X\}$

(3) **서로 같은 함수**: 두 함수 f, g에 대하여 정의역과 공역이 각각 같고 정의역의 모든 원소 x에 대하여 $f(x) = g(x)$일 때, 두 함수 f와 g는 서로 같다고 하며, 이것을 기호로 $f = g$와 같이 나타낸다.

(4) **함수의 그래프**: 함수 $f : X \longrightarrow Y$에서 정의역 X의 원소 x와 이에 대응하는 함숫값 $f(x)$의 순서쌍 $(x, f(x))$ 전체의 집합 $\{(x, f(x)) \mid x \in X\}$를 함수 f의 그래프라 한다.

> **(참고)**
> 함수 $y = f(x)$의 정의역이나 공역이 주어져 있지 않은 경우, 정의역은 $f(x)$가 정의되는 실수 x의 값 전체의 집합으로, 공역은 실수 전체의 집합으로 생각한다.

2. 여러 가지 함수

(1) **일대일함수**: 함수 $f : X \longrightarrow Y$에서 정의역 X의 원소 x_1, x_2에 대하여
$$x_1 \neq x_2 \text{이면 } f(x_1) \neq f(x_2)$$
가 성립할 때, 함수 f를 일대일함수라 한다.

(2) **일대일대응**: 함수 $f : X \longrightarrow Y$가 일대일함수이고 치역과 공역이 같을 때, 함수 f를 일대일대응이라 한다.

(3) **항등함수**: 함수 $f : X \longrightarrow X$에서 정의역 X의 각 원소 x에 그 자신인 x가 대응할 때, 즉 $f(x) = x$일 때, 함수 f를 집합 X에서의 항등함수라 한다.

(4) **상수함수**: 함수 $f : X \longrightarrow Y$에서 정의역 X의 모든 원소 x에 공역 Y의 단 하나의 원소 c가 대응할 때, 즉 $f(x) = c$ (c는 상수)일 때, 함수 f를 상수함수라 한다.

> **중요**
> 일대일대응이면 일대일함수이지만 일대일함수라고 해서 모두 일대일대응인 것은 아니다.

> **(참고)**
> 항등함수는 일대일대응이며, 정의역이 실수 전체의 집합인 항등함수는 좌표평면 위에서 직선 $y = x$로 나타난다.

3. 합성함수

두 함수 $f : X \longrightarrow Y$, $g : Y \longrightarrow Z$에 대하여 집합 X의 각 원소 x에 집합 Z의 원소 $g(f(x))$를 대응시키는 함수를 f와 g의 합성함수라 하고, 기호로 다음과 같이 나타낸다.
$$g \circ f : X \longrightarrow Z, \ (g \circ f)(x) = g(f(x))$$

> **주의**
> 일반적으로 두 함수 f, g에 대하여
> $$g \circ f \neq f \circ g$$
> 이다. 즉, 함수의 합성에서 교환법칙이 성립하지 않는다.

4. 역함수

함수 $f : X \longrightarrow Y$가 일대일대응일 때, 집합 Y의 각 원소 y에 대하여 $f(x) = y$인 집합 X의 원소 x를 대응시키는 함수를 f의 역함수라 하고, 기호로 다음과 같이 나타낸다.
$$f^{-1} : Y \longrightarrow X, \ x = f^{-1}(y)$$

(1) 함수 $f : X \longrightarrow Y$가 일대일대응일 때
① f의 역함수 $f^{-1} : Y \longrightarrow X$가 존재한다.
② $y = f(x) \Longleftrightarrow x = f^{-1}(y)$
③ $(f^{-1} \circ f)(x) = x \ (x \in X)$, $(f \circ f^{-1})(y) = y \ (y \in Y)$
④ $(f^{-1})^{-1}(x) = f(x) \ (x \in X)$

(2) 두 함수 f, g의 역함수를 각각 f^{-1}, g^{-1}라 할 때,
$$(g \circ f)^{-1} = f^{-1} \circ g^{-1}$$

> **중요**
> **역함수의 그래프의 성질**
> (1) 함수 $y = f(x)$의 그래프와 그 역함수 $y = f^{-1}(x)$의 그래프는 직선 $y = x$에 대하여 대칭이다.
> (2) 세 함수 $y = f(x)$, $y = f^{-1}(x)$, $y = x$의 그래프의 교점은 서로 일치한다.

01 다음 대응 중에서 집합 X에서 집합 Y로의 함수인 것을 찾으시오.

(1) 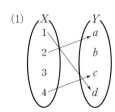 (2)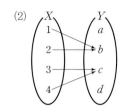

(3)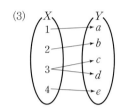

02 두 집합 $X=\{-1,\ 0,\ 1\}$, $Y=\{0,\ 1,\ 2\}$에 대하여 다음 중 X에서 Y로의 함수인 것을 모두 찾으시오.

(1) $f(x)=x+1$ (2) $g(x)=x^2$

(3) $h(x)=|x+2|$ (4) $i(x)=|2x|$

03 집합 $X=\{-1,\ 0,\ 1,\ 2\}$에서 집합 $Y=\{-1,\ 0,\ 1,\ 3,\ 5\}$로의 함수 $f(x)=x^2-1$에 대하여 정의역, 공역, 치역을 구하시오.

04 다음 함수 중에서 일대일함수인 것을 모두 찾으시오.

ㄱ. $y=2x-3$ ㄴ. $y=-x^2+4$

ㄷ. $y=|x|$ ㄹ. $y=\begin{cases} 3x & (x\geq 0) \\ x & (x<0) \end{cases}$

05 다음 함수 중에서 일대일대응, 항등함수, 상수함수를 각각 찾으시오.

ㄱ. $y=-1$ ㄴ. $y=x$

ㄷ. $y=-3x+5$ ㄹ. $y=x^2-1$

06 두 함수 $f(x)=x+2$와 $g(x)=-x^2$에 대하여 다음을 구하시오.

(1) $(g\circ f)(x)$ (2) $(f\circ g)(x)$

(3) $(f\circ f)(2)$ (4) $(g\circ g)(2)$

07 함수 $f:X\longrightarrow Y$의 대응 관계가 그림과 같을 때, 다음을 구하시오.

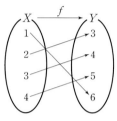

(1) $f^{-1}(4)$

(2) $(f^{-1}\circ f)(2)$

(3) $(f\circ f^{-1})(5)$

(4) $(f^{-1})^{-1}(1)$

08 함수 $f(x)=3x-1$에 대하여 다음을 구하시오.

(1) $f^{-1}(-4)$

(2) $(f^{-1}\circ f)(1)$

(3) $(f\circ f^{-1})(-3)$

(4) $(f^{-1})^{-1}(-4)$

09 다음 함수의 역함수를 구하시오.

(1) $y=x+4$

(2) $y=-\dfrac{1}{3}x+2$

10 $(g\circ f)(x)=3x-5$일 때, $(f^{-1}\circ g^{-1})(1)$의 값을 구하시오.

유형 1 함수

01 25455-0524 | 2018학년도 11월 고1 학력평가 23번 |

두 집합 $X=\{1,\,2,\,3\}$, $Y=\{4,\,5,\,6\}$에 대하여 함수 $f:X \longrightarrow Y$가 그림과 같을 때, 함수 f의 치역의 모든 원소의 합을 구하시오. [3점]

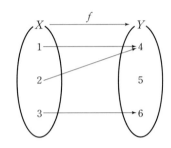

Point

(1) 함수 $f:X \longrightarrow Y$에서

　① 정의역: 집합 X　② 공역: 집합 Y　③ 치역: $\{f(x)\,|\,x\in X\}$

(2) 서로 같은 함수: 두 함수 f, g가 서로 같은 함수이면

　① 두 함수의 정의역과 공역이 각각 같다.

　② 정의역의 모든 원소 x에 대하여 $f(x)=g(x)$이다.

02 25455-0525 | 2013학년도 11월 고1 학력평가 10번 |

두 집합 $X=\{0,\,1,\,2\}$, $Y=\{1,\,2,\,3,\,4\}$에 대하여 두 함수 $f:X \longrightarrow Y$, $g:X \longrightarrow Y$를

$$f(x)=2x^2-4x+3,\ g(x)=a\,|\,x-1\,|+b$$

라 하자. 두 함수 f와 g가 서로 같도록 하는 상수 a, b에 대하여 $2a-b$의 값은? [3점]

① -3　　　② -1　　　③ 1

④ 3　　　⑤ 5

03 25455-0526 | 2018학년도 3월 고2 학력평가 나형 13번 |

집합 $X=\{1,\,2,\,3,\,4,\,5\}$에서 집합 $Y=\{0,\,2,\,4,\,6,\,8\}$로의 함수 f를

$$f(x)=(2x^2의\ 일의\ 자리의\ 숫자)$$

로 정의하자. $f(a)=2$, $f(b)=8$을 만족시키는 X의 원소 a, b에 대하여 $a+b$의 최댓값은? [3점]

① 5　　　② 6　　　③ 7

④ 8　　　⑤ 9

04 25455-0527 | 2018학년도 11월 고1 학력평가 28번 |

집합 $X=\{1,\,2,\,3,\,4,\,5,\,6,\,7,\,8\}$에 대하여 함수 $f:X \longrightarrow X$가 다음 조건을 만족시킨다.

> ㈎ 함수 f의 치역의 원소의 개수는 7이다.
> ㈏ $f(1)+f(2)+f(3)+f(4)+f(5)+f(6)+f(7)+f(8)=42$
> ㈐ 함수 f의 치역의 원소 중 최댓값과 최솟값의 차는 6이다.

집합 X의 어떤 두 원소 a, b에 대하여 $f(a)=f(b)=n$을 만족하는 자연수 n의 값을 구하시오. (단, $a\neq b$) [4점]

유형 2 일대일함수와 일대일대응

05 25455-0528 | 2023학년도 3월 고2 학력평가 16번 |

집합 $X=\{x\,|\,0\leq x\leq 4\}$에 대하여 X에서 X로의 함수

$$f(x)=\begin{cases} ax^2+b & (0\leq x<3) \\ x-3 & (3\leq x\leq 4) \end{cases}$$

가 일대일대응일 때, $f(1)$의 값은?

(단, a, b는 상수이다.) [4점]

① $\dfrac{7}{3}$　　　② $\dfrac{8}{3}$　　　③ 3

④ $\dfrac{10}{3}$　　　⑤ $\dfrac{11}{3}$

Point

(1) 함수 $f:X \longrightarrow Y$가 일대일함수이다.

　➡ $x_1\neq x_2$이면 $f(x_1)\neq f(x_2)$ $(x_1\in X,\ x_2\in X)$

　➡ $f(x_1)=f(x_2)$이면 $x_1=x_2$ $(x_1\in X,\ x_2\in X)$

(2) 함수 $f:X \longrightarrow Y$가 일대일대응이다.

　➡ 일대일함수이고 $\{f(x)\,|\,x\in X\}=Y$이다.

06 25455-0529 | 2016학년도 3월 고3 학력평가 나형 6번 |

두 집합 $X=\{1,\,2,\,3\}$, $Y=\{1,\,2,\,3,\,4\}$에 대하여 집합 X에서 집합 Y로의 일대일함수를 $f(x)$라 하자. $f(2)=4$일 때, $f(1)+f(3)$의 최댓값은? [3점]

① 3　　　② 4　　　③ 5

④ 6　　　⑤ 7

07 25455-0530 | 2017학년도 9월 고2 학력평가 가형 11번 |

두 집합

$$X=\{x\,|\,-3\le x\le 5\}, \ Y=\{y\,|\,|y|\le a, \ a>0\}$$

에 대하여 X에서 Y로의 함수 $f(x)=2x+b$가 일대일대응이다. 두 상수 a, b에 대하여 a^2+b^2의 값은? [3점]

① 66 ② 68 ③ 70
④ 72 ⑤ 74

08 25455-0531 | 2022학년도 3월 고2 학력평가 26번 |

집합 $X=\{x\,|\,x\ge a\}$에서 집합 $Y=\{y\,|\,y\ge b\}$로의 함수 $f(x)=x^2-4x+3$이 일대일대응이 되도록 하는 두 실수 a, b에 대하여 $a-b$의 최댓값은 $\dfrac{q}{p}$이다. $p+q$의 값을 구하시오.

(단, p와 q는 서로소인 자연수이다.) [4점]

09 25455-0532 | 2023학년도 11월 고1 학력평가 29번 |

집합 $X=\{-3, \ -2, \ -1, \ 0, \ 1, \ 2\}$에서 실수 전체의 집합으로의 일대일함수 $f(x)$가 다음 조건을 만족시킨다.

> (가) 집합 X의 모든 원소 x에 대하여
> $$\{f(x)+x^2-5\}\times\{f(x)+4x\}=0$$
> 이다.
> (나) $f(0)\times f(1)\times f(2)<0$

$f(-3)+f(-2)+f(-1)+f(0)+f(1)+f(2)$의 값을 구하시오. [4점]

유형 3 항등함수와 상수함수

10 25455-0533 | 2022학년도 11월 고1 학력평가 8번 |

집합 $X=\{0, 2, 4\}$에 대하여 X에서 X로의 함수

$$f(x)=\begin{cases} 3x+2 & (x<2) \\ x^2+ax+b & (x\ge 2) \end{cases}$$

가 상수함수일 때, $a+b$의 값은?

(단, a, b는 상수이다.) [3점]

① 1 ② 2 ③ 3
④ 4 ⑤ 5

Point

(1) 항등함수: 함수 $f:X \longrightarrow X$에서 $f(x)=x \ (x\in X)$

(2) 상수함수: 함수 $f:X \longrightarrow Y$에서 $f(x)=c \ (x\in X, c\in Y)$

11 25455-0534 | 2019학년도 11월 고1 학력평가 11번 |

집합 $X=\{-3, 1\}$에 대하여 X에서 X로의 함수

$$f(x)=\begin{cases} 2x+a & (x<0) \\ x^2-2x+b & (x\ge 0) \end{cases}$$

이 항등함수일 때, $a\times b$의 값은? (단, a, b는 상수이다.) [3점]

① 4 ② 6 ③ 8
④ 10 ⑤ 12

12 25455-0535 | 2023학년도 3월 고2 학력평가 13번 |

집합 $X=\{1, 2, 3, 4, 5\}$에 대하여 X에서 X로의 세 함수 f, g, h가 다음 조건을 만족시킨다.

> (가) f는 항등함수이고 g는 상수함수이다.
> (나) 집합 X의 모든 원소 x에 대하여
> $$f(x)+g(x)+h(x)=7$$
> 이다.

$g(3)+h(1)$의 값은? [3점]

① 2 ② 3 ③ 4
④ 5 ⑤ 6

유형 **4** 합성함수

13 25455-0536 | 2018학년도 3월 고2 학력평가 나형 5번 |

두 함수 $f(x)=2x+3$과 $g(x)=x-2$에 대하여 $(g \circ f)(3)$의 값은? [3점]

① 5   ② 7   ③ 9

④ 11   ⑤ 13

Point

두 함수 f, g에 대하여 $(g \circ f)(a)$의 값을 구하는 방법은 다음과 같다.

[방법 1] 합성함수 $(g \circ f)(x)$를 구한 후 x 대신 a를 대입한다.

[방법 2] $(g \circ f)(a)=g(f(a))$이므로 $f(a)$의 값을 구한 후 $g(x)$의 x 대신 $f(a)$의 값을 대입한다.

14 25455-0537 | 2022학년도 3월 고2 학력평가 4번 |

그림은 두 함수 $f : X \longrightarrow Y$, $g : Y \longrightarrow Z$를 나타낸 것이다.

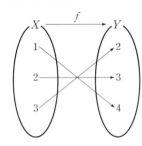 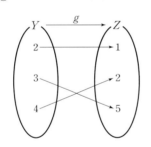

$(g \circ f)(2)$의 값은? [3점]

① 1   ② 2   ③ 3

④ 4   ⑤ 5

15 25455-0538 | 2023학년도 11월 고1 학력평가 6번 |

실수 전체의 집합에서 정의된 두 함수 $f(x)=2x+1$, $g(x)$가 있다. 모든 실수 x에 대하여 $(g \circ g)(x)=3x-1$일 때, $((f \circ g) \circ g)(a)=a$를 만족시키는 실수 a의 값은? [3점]

① $\dfrac{1}{5}$ ② $\dfrac{3}{5}$ ③ 1

④ $\dfrac{7}{5}$ ⑤ $\dfrac{9}{5}$

16 25455-0539 | 2015학년도 9월 고2 학력평가 가형 6번 |

두 함수 $f(x)=\dfrac{1}{2}x+1$, $g(x)=-x^2+5$가 있다. 모든 실수 x에 대하여 함수 $h(x)$가 $(f \circ h)(x)=g(x)$를 만족시킬 때, $h(3)$의 값은? [3점]

① -10 ② -5 ③ 0

④ 5   ⑤ 10

17 25455-0540 | 2021학년도 11월 고1 학력평가 27번 |

집합 $X=\{2, 3\}$을 정의역으로 하는 함수 $f(x)=ax-3a$와 함수 $f(x)$의 치역을 정의역으로 하고 집합 X를 공역으로 하는 함수 $g(x)=x^2+2x+b$가 있다. 함수 $g \circ f : X \longrightarrow X$가 항등함수일 때, $a+b$의 값을 구하시오.

(단, a, b는 상수이다.) [4점]

18 25455-0541 | 2020학년도 3월 고2 학력평가 14번 |

함수 $f(x)=x^2-2x+a$가
$$(f \circ f)(2)=(f \circ f)(4)$$
를 만족시킬 때, $f(6)$의 값은? (단, a는 상수이다.) [4점]

① 21   ② 22   ③ 23

④ 24   ⑤ 25

19 25455-0542 | 2021학년도 11월 고1 학력평가 28번 |

실수 전체의 집합에서 정의된 함수
$$f(x)=\begin{cases} 2x+2 & (x<2) \\ x^2-7x+16 & (x \geq 2) \end{cases}$$
에 대하여 $(f \circ f)(a)=f(a)$를 만족시키는 모든 실수 a의 값의 합을 구하시오. [4점]

20 25455-0543 | 2018학년도 6월 고2 학력평가 나형 15번 |

그림은 두 함수 $f : X \longrightarrow X$, $g : X \longrightarrow X$를 나타낸 것이다.

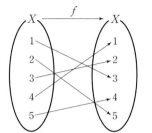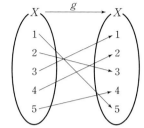

함수 $h : X \longrightarrow X$가 $f \circ h = g$를 만족시킬 때, $(h \circ f)(3)$의 값은? [4점]

① 1   ② 2   ③ 3

④ 4   ⑤ 5

21 25455-0544 | 2019학년도 3월 고2 학력평가 가형 16번 |

함수 $f(x) = x^2 - (k+1)x + 2k$ (k는 2가 아닌 실수)에 대하여 함수 $g(x)$를

$$g(x) = (f \circ f)(x)$$

라 하자. 다음은 다항식 $g(x) - x$는 다항식 $f(x) - x$로 나누어떨어짐을 보이는 과정이다.

모든 실수 x에 대하여

$$f(x) - x = (x - k)(\boxed{\text{(가)}})$$

이다. 함수 $g(x) = (f \circ f)(x) = f(f(x))$에 대하여

$$g(k) = f(f(k)) = \boxed{\text{(나)}}$$

$$g(2) = f(f(2)) = \boxed{\text{(다)}}$$

다항식 $g(x) - x$는 $x - k$와 $\boxed{\text{(가)}}$ (을/를) 인수로 가지므로 다항식 $g(x) - x$는 다항식 $f(x) - x$로 나누어떨어진다.

위의 (가), (나)에 알맞은 식을 각각 $p(x)$, $q(k)$라 하고, (다)에 알맞은 수를 a라 할 때, $p(5) + q(4) + a$의 값은? [4점]

① 9   ② 10   ③ 11

④ 12   ⑤ 13

유형 5 역함수

22 25455-0545 | 2018학년도 9월 고2 학력평가 나형 24번 |

함수 $f(x) = 3x - 7$에 대하여 $f^{-1}(5)$의 값을 구하시오.

[3점]

Point

함수 f의 역함수 f^{-1}에 대하여

$$f(a) = b \Longleftrightarrow f^{-1}(b) = a$$

23 25455-0546 | 2024학년도 3월 고2 학력평가 4번 |

그림은 함수 $f : X \longrightarrow X$를 나타낸 것이다.

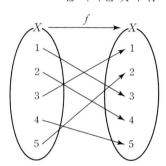

$f^{-1}(4)$의 값은? [3점]

① 1   ② 2   ③ 3

④ 4   ⑤ 5

24 25455-0547 | 2017학년도 6월 고2 학력평가 나형 5번 |

함수 $f(x) = 2x + k$에 대하여 $f^{-1}(5) = 1$일 때, 상수 k의 값은? [3점]

① 1   ② 2   ③ 3

④ 4   ⑤ 5

25 25455-0548 | 2017학년도 9월 고2 학력평가 가형 24번 |

일차함수 $f(x)$의 역함수를 $g(x)$라 하자. $f(14)=3$, $g(2)=11$일 때, $g(6)$의 값을 구하시오. [3점]

26 25455-0549 | 2024학년도 3월 고2 학력평가 12번 |

실수 전체의 집합에서 정의된 함수

$$f(x)=\begin{cases}(a+7)x-1 & (x<1)\\(-a+5)x+2a+1 & (x\geq1)\end{cases}$$

의 역함수가 존재하도록 하는 모든 정수 a의 개수는? [3점]

① 10　　　② 11　　　③ 12
④ 13　　　⑤ 14

27 25455-0550 | 2018학년도 6월 고2 학력평가 나형 14번 |

두 정수 a, b에 대하여 함수

$$f(x)=\begin{cases}a(x-2)^2+b & (x<2)\\-2x+10 & (x\geq2)\end{cases}$$

는 실수 전체의 집합에서 정의된 역함수를 갖는다. $a+b$의 최솟값은? [4점]

① 1　　　② 3　　　③ 5
④ 7　　　⑤ 9

유형 6 합성함수와 역함수

28 25455-0551 | 2022학년도 11월 고1 학력평가 9번 |

그림은 두 함수 $f:X\longrightarrow Y$, $g:Y\longrightarrow X$를 나타낸 것이다.

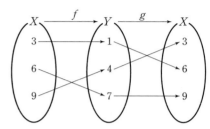

$(g\circ f)(3)+(g\circ f)^{-1}(9)$의 값은? [3점]

① 6　　　② 9　　　③ 12
④ 15　　　⑤ 18

Point

두 함수 f, g의 역함수가 각각 f^{-1}, g^{-1}일 때

(1) $(f^{-1}\circ g)(a)$의 값은 다음과 같은 순서로 구한다.

　(i) $g(a)$의 값을 구한다.

　(ii) $f^{-1}(g(a))=k$라 하면 $f(k)=g(a)$이므로 이를 만족시키는 k의 값을 구한다.

(2) $(f\circ g^{-1})(a)$의 값은 다음과 같은 순서로 구한다.

　(i) $g^{-1}(a)=k$라 하면 $g(k)=a$이므로 이를 만족시키는 k의 값을 구한다.

　(ii) $f(k)$의 값을 구한다.

29 25455-0552 | 2023학년도 3월 고2 학력평가 23번 |

그림은 함수 $f:X\longrightarrow X$를 나타낸 것이다.

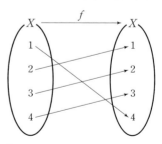

$(f\circ f)(1)+f^{-1}(1)$의 값을 구하시오. [3점]

30 25455-0553 | 2018학년도 9월 고2 학력평가 가형 12번 |

두 함수

$$f(x)=4x-5, \quad g(x)=3x+1$$

에 대하여 $(f \circ g^{-1})(k)=7$을 만족시키는 실수 k의 값은? [3점]

① 4   ② 7   ③ 10

④ 13   ⑤ 16

31 25455-0554 | 2023학년도 11월 고1 학력평가 15번 |

실수 전체의 집합에서 정의된 함수 $f(x)$가 역함수를 갖는다. 모든 실수 x에 대하여

$$f(x)=f^{-1}(x), \quad f(x^2+1)=-2x^2+1$$

일 때, $f(-2)$의 값은? [4점]

① $\dfrac{3}{2}$ ② 2   ③ $\dfrac{5}{2}$

④ 3   ⑤ $\dfrac{7}{2}$

32 25455-0555 | 2024학년도 3월 고2 학력평가 27번 |

집합 $X=\{1, 2, 3, 4, 5, 6\}$에 대하여 다음 조건을 만족시키는 함수 $f : X \longrightarrow X$의 개수를 구하시오. [4점]

(가) $x_1 \in X$, $x_2 \in X$인 임의의 x_1, x_2에 대하여
$1 \leq x_1 < x_2 \leq 4$이면 $f(x_1) > f(x_2)$이다.

(나) 함수 f의 역함수가 존재하지 않는다.

유형 7 역함수의 성질

33 25455-0556 | 2017학년도 3월 고2 학력평가 가형 25번 |

함수 $f(x)=x^3+1$에 대하여 $(f^{-1} \circ f \circ f^{-1})(a)=3$을 만족시키는 실수 a의 값을 구하시오. [3점]

Point

두 함수 f, g의 역함수가 각각 f^{-1}, g^{-1}일 때

(1) $(f^{-1} \circ f)(x)=x, \ (f \circ f^{-1})(y)=y$

(2) $(f^{-1})^{-1}=f$

(3) $(g \circ f)^{-1}=f^{-1} \circ g^{-1}$

34 25455-0557 | 2015학년도 6월 고2 학력평가 가형 9번 |

일차함수 $f(x)$의 역함수를 $g(x)$라 할 때, 함수

$$y=f(2x+3)$$

의 역함수를 $g(x)$에 대한 식으로 나타내면 $y=ag(x)+b$이다. 두 상수 a, b에 대하여 $a+b$의 값은? [3점]

① $-\dfrac{5}{2}$ ② -2 ③ $-\dfrac{3}{2}$

④ -1 ⑤ $-\dfrac{1}{2}$

유형 8 함수의 그래프와 합성함수, 역함수

35 25455-0558 | 2009학년도 3월 고2 학력평가 9번 |

그림은 $x \geq 0$에서 정의된 두 함수 $y=f(x)$, $y=g(x)$의 그래프와 직선 $y=x$를 나타낸 것이다. $g^{-1}(f(c))$의 값은? (단, g는 역함수가 존재하는 함수이다.) [3점]

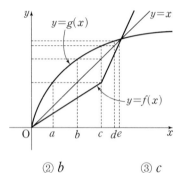

① a ② b ③ c
④ d ⑤ e

Point

(1) 함수 $y=f(x)$의 그래프가 두 점 (a, b), (b, c)를 지나면
   $(f \circ f)(a)=f(f(a))=f(b)=c$이다.

(2) 함수 f와 그 역함수 f^{-1}에 대하여 함수 $y=f(x)$의 그래프가 점 (a, b)를 지나면 함수 $y=f^{-1}(x)$의 그래프는 점 (b, a)를 지난다.

36 25455-0559 | 2016학년도 11월 고1 학력평가 19번 |

그림과 같이 좌표평면 위에 점 $(2, -9)$를 꼭짓점으로 하고 점 $(0, -5)$를 지나는 이차함수 $y=f(x)$의 그래프가 있다. 방정식 $f(f(x))=-5$를 만족시키는 모든 실근의 합은? [4점]

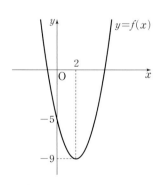

① 6   ② 7   ③ 8
④ 9   ⑤ 10

37 25455-0560 | 2015학년도 9월 고2 학력평가 가형 16번 |

집합 $A=\{1, 2, 3, 4, 5\}$에 대하여 집합 A에서 집합 A로의 두 함수 $f(x)$, $g(x)$가 있다. 두 함수 $y=f(x)$, $y=(f \circ g)(x)$의 그래프가 각각 그림과 같을 때, $g(2)+(g \circ f)^{-1}(1)$의 값은? [4점]

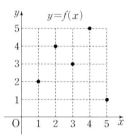

① 6   ② 7   ③ 8
④ 9   ⑤ 10

38 25455-0561 | 2017학년도 6월 고2 학력평가 나형 20번 |

함수

    $f(x)=|2x-4|$ $(0 \leq x \leq 4)$

에 대하여 <보기>에서 옳은 것만을 있는 대로 고른 것은? [4점]

┌─ 보기 ─────────────────────
ㄱ. $f(f(1))=0$
ㄴ. 방정식 $f(x)=x$의 모든 실근의 개수는 2이다.
ㄷ. 방정식 $f(f(x))=f(x)$의 모든 실근의 합은 8이다.
└──────────────────────────

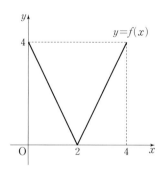

① ㄱ   ② ㄱ, ㄴ   ③ ㄱ, ㄷ
④ ㄴ, ㄷ   ⑤ ㄱ, ㄴ, ㄷ

유형 9 역함수의 그래프의 성질

39 25455-0562 | 2012학년도 3월 고2 학력평가 16번 |

그림과 같이 점 $(1, 0)$을 지나는 함수 $y=f(x)$의 그래프와 $y=x$의 그래프가 두 점 $(-1, -1)$, $(4, 4)$에서 만나고 그 외의 점에서 만나지 않는다. $\{f(x)\}^2=f(x)f^{-1}(x)$를 만족시키는 모든 실수 x의 값의 합은?

(단, f^{-1}는 f의 역함수이다.) [3점]

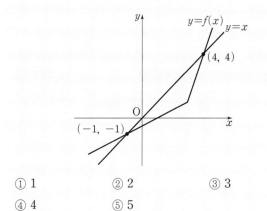

① 1   ② 2   ③ 3
④ 4   ⑤ 5

Point

함수 $y=f(x)$의 그래프와 그 역함수 $y=f^{-1}(x)$의 그래프는 직선 $y=x$에 대하여 서로 대칭이므로 $y=f(x)$의 그래프와 직선 $y=x$의 교점이 존재하면 그 교점은 $y=f(x)$의 그래프와 $y=f^{-1}(x)$의 그래프의 교점이다.

40 25455-0563 | 2018학년도 6월 고2 학력평가 가형 13번 |

$k<0$인 실수 k에 대하여 함수 $f(x)=x^2-2x+k$ $(x\geq 1)$의 그래프와 그 역함수 $y=f^{-1}(x)$의 그래프가 만나는 점을 P라 하고, 점 P에서 x축에 내린 수선의 발을 H라 하자. 삼각형 POH의 넓이가 8일 때, k의 값은? (단, O는 원점이다.) [3점]

① -6 ② -5 ③ -4
④ -3 ⑤ -2

41 25455-0564 | 2003학년도 12월 고1 학력평가 9번 |

함수 $y=f(x)$의 그래프는 그림과 같이 원점과 두 점 $(1, 1)$, $(-1, -2)$를 각각 지나는 두 반직선으로 이루어져 있다. 이때, <보기> 중 옳은 것을 모두 고르면? [3점]

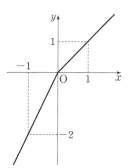

보기

ㄱ. $f(10)=f(f(10))$이다.
ㄴ. $f^{-1}(-2)=-1$이다.
ㄷ. $y=f(x)$의 그래프와 역함수 $y=f^{-1}(x)$의 그래프의 교점은 두 개뿐이다.

① ㄱ   ② ㄷ   ③ ㄱ, ㄴ
④ ㄴ, ㄷ   ⑤ ㄱ, ㄴ, ㄷ

42 25455-0565 | 2016학년도 9월 고2 학력평가 나형 17번 |

정의역이 $\{x \,|\, x$는 $x\geq k$인 모든 실수$\}$이고, 공역이 $\{y \,|\, y$는 $y\geq 1$인 모든 실수$\}$인 함수
$$f(x)=x^2-2kx+k^2+1$$
에 대하여 함수 $f(x)$의 역함수를 $g(x)$라 하자. 두 함수 $y=f(x)$와 $y=g(x)$의 그래프가 서로 다른 두 점에서 만나도록 하는 실수 k의 최댓값은? [4점]

① $\dfrac{7}{8}$ ② 1   ③ $\dfrac{9}{8}$
④ $\dfrac{5}{4}$ ⑤ $\dfrac{11}{8}$

01 25455-0566 | 2022학년도 3월 고2 학력평가 21번 |

그림과 같이 한 변의 길이가 1인 정육각형 ABCDEF가 있다. 점 P는 점 A에서 출발하여 점 F까지 화살표 방향으로 정육각형 ABCDEF의 변을 따라 움직인다. 점 P가 점 A로부터 움직인 거리가 x $(0 < x < 5)$일 때, 삼각형 PFA의 넓이를 $f(x)$라 하자. 다음은 함수 $f(x)$에 대하여 $(f \circ f)(a) = \dfrac{9}{32}$인 모든 실수 a의 값의 곱을 구하는 과정이다.

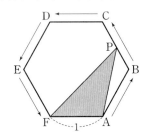

$(f \circ f)(a) = f(f(a)) = \dfrac{9}{32}$에서 $f(a) = b$라 하면

$$f(b) = \dfrac{9}{32}$$

이고, 함수 $f(x)$의 최댓값은 $\boxed{(가)}$ 이므로

$$0 < b \leq \boxed{(가)}$$

이다. 점 P가 점 A로부터 움직인 거리가 b인 점을 Q라 하면 삼각형 QFA의 넓이는 $\dfrac{9}{32}$이다.

점 Q에서 직선 FA에 내린 수선의 발을 H라 하면

$$\overline{QH} = \dfrac{9}{16}$$

이므로

$$b = \boxed{(나)}$$

이다.

같은 방법으로 $f(a) = \boxed{(나)}$를 만족시키는 a $(0 < a < 5)$의 값을 구하면

$$a = \boxed{} \ \text{또는} \ a = \boxed{}$$

이다. 따라서 $(f \circ f)(a) = \dfrac{9}{32}$를 만족시키는 모든 실수 a의 값의 곱은 $\boxed{(다)}$ 이다.

위의 ㈎, ㈏, ㈐에 알맞은 수를 각각 p, q, r라 할 때, $\dfrac{r}{p \times q}$의 값은? [4점]

① $\dfrac{26}{3}$ ② $\dfrac{28}{3}$ ③ 10

④ $\dfrac{32}{3}$ ⑤ $\dfrac{34}{3}$

02 25455-0567 | 2024학년도 3월 고2 학력평가 20번 |

집합 $X = \{1, 2, 3, 4\}$에 대하여 함수 $f : X \longrightarrow X$가 다음 조건을 만족시킨다.

㈎ 집합 X의 모든 원소 x에 대하여 $x + f(f(x)) \leq 5$이다.
㈏ 함수 f의 치역은 $\{1, 2, 4\}$이다.

<보기>에서 옳은 것만을 있는 대로 고른 것은? [4점]

■ 보기 ■
ㄱ. $f(f(4)) = 1$
ㄴ. $f(3) = 4$
ㄷ. 가능한 함수 f의 개수는 4이다.

① ㄱ   ② ㄱ, ㄴ   ③ ㄱ, ㄷ
④ ㄴ, ㄷ   ⑤ ㄱ, ㄴ, ㄷ

03 25455-0568 | 2022학년도 11월 고1 학력평가 21번 |

두 실수 a, b와 두 함수

$$f(x) = -x^2 - 2x + 1,$$
$$g(x) = x^2 - 2x - 1$$

에 대하여 함수 $h(x)$를

$$h(x) = \begin{cases} f(x) & (x < a) \\ g(x+b) & (x \geq a) \end{cases}$$

라 하자. 함수 $h(x)$가 실수 전체의 집합에서 실수 전체의 집합으로의 일대일대응이 되도록 하는 a, b의 모든 순서쌍 (a, b)만을 원소로 하는 집합을 A라 할 때, <보기>에서 옳은 것만을 있는 대로 고른 것은? [4점]

━ 보기 ━
ㄱ. $(0, k) \in A$를 만족시키는 실수 k는 존재하지 않는다.
ㄴ. $(-1, 4) \in A$
ㄷ. 집합 $\{m+b \,|\, (m, b) \in A$이고 m은 정수$\}$의 모든 원소의 합은 $5 + \sqrt{3}$이다.

① ㄱ   ② ㄷ   ③ ㄱ, ㄴ
④ ㄱ, ㄷ   ⑤ ㄱ, ㄴ, ㄷ

04 25455-0569 | 2019학년도 3월 고2 학력평가 나형 21번 |

최고차항의 계수가 양수인 이차함수 $f(x)$에 대하여 함수 $g(x)$를 다음과 같이 정의하자.

$$g(x) = \begin{cases} -x+4 & (x < -2) \\ f(x) & (-2 \leq x \leq 1) \\ -x-2 & (x > 1) \end{cases}$$

함수 $g(x)$의 치역이 실수 전체의 집합이고, 함수 $g(x)$의 역함수가 존재할 때, <보기>에서 옳은 것만을 있는 대로 고른 것은? [4점]

━ 보기 ━
ㄱ. $f(-2) + f(1) = 3$
ㄴ. $g(0) = -1$, $g(1) = -3$이면 곡선 $y = f(x)$의 꼭짓점의 x좌표는 $\dfrac{5}{2}$이다.
ㄷ. 곡선 $y = f(x)$의 꼭짓점의 x좌표가 -2이면 $g^{-1}(1) = 0$이다.

① ㄱ   ② ㄴ   ③ ㄱ, ㄴ
④ ㄱ, ㄷ   ⑤ ㄱ, ㄴ, ㄷ

짚어보기 | 11 함수와 그래프(2)

1. 유리식

두 다항식 A, B $(B \neq 0)$에 대하여 $\dfrac{A}{B}$ 꼴로 나타낼 수 있는 식을 유리식이라 한다.

특히, B가 0이 아닌 상수이면 $\dfrac{A}{B}$는 다항식이 되므로 다항식도 유리식이다.

2. 유리함수

(1) 함수 $y = f(x)$에서 $f(x)$가 x에 대한 유리식일 때, 이 함수를 유리함수라 한다.
　　특히, $f(x)$가 x에 대한 다항식일 때, 이 함수를 다항함수라 한다.

(2) **유리함수 $y = \dfrac{k}{x}$ $(k \neq 0)$의 그래프**

　　① 정의역과 치역은 모두 0이 아닌 실수 전체의 집합이다.
　　② $k > 0$이면 그래프는 제1사분면과 제3사분면에 있고,
　　　 $k < 0$이면 그래프는 제2사분면과 제4사분면에 있다.
　　③ 원점에 대하여 대칭이다.
　　④ 점근선은 x축과 y축이다.

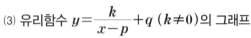

(3) **유리함수 $y = \dfrac{k}{x-p} + q$ $(k \neq 0)$의 그래프**

　　① 유리함수 $y = \dfrac{k}{x}$의 그래프를 x축의 방향으로 p만큼, y축의 방향으로 q만큼 평행이동한
　　　 것이다.
　　② 정의역은 $\{x \mid x \neq p \text{인 실수}\}$, 치역은 $\{y \mid y \neq q \text{인 실수}\}$이다.
　　③ 점 (p, q)에 대하여 대칭이다.
　　④ 점근선은 두 직선 $x = p$와 $y = q$이다.

3. 무리식

근호 안에 문자가 포함된 식 중에서 유리식으로 나타낼 수 없는 것을 무리식이라 한다.
무리식의 값이 실수가 되려면 근호 안의 식의 값이 양수 또는 0이어야 하므로 무리식을 계산할
때에는 (근호 안의 식의 값) ≥ 0, (분모) $\neq 0$이 되는 문자의 값의 범위에서만 생각한다.

4. 무리함수

(1) 함수 $y = f(x)$에서 $f(x)$가 x에 대한 무리식일 때, 이 함수를 무리함수라 한다.

(2) **무리함수 $y = \sqrt{ax}$ $(a \neq 0)$의 그래프**

　　① 함수 $y = \dfrac{x^2}{a}$ $(x \geq 0)$의 그래프와 직선 $y = x$에 대하여 대칭
　　　 이다.
　　② $a > 0$일 때, 정의역은 $\{x \mid x \geq 0\}$, 치역은 $\{y \mid y \geq 0\}$이다.
　　　 $a < 0$일 때, 정의역은 $\{x \mid x \leq 0\}$, 치역은 $\{y \mid y \geq 0\}$이다.

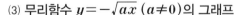

(3) **무리함수 $y = -\sqrt{ax}$ $(a \neq 0)$의 그래프**
　　① 함수 $y = \sqrt{ax}$의 그래프와 x축에 대하여 대칭이다.
　　② $a > 0$일 때, 정의역은 $\{x \mid x \geq 0\}$, 치역은 $\{y \mid y \leq 0\}$이다.
　　　 $a < 0$일 때, 정의역은 $\{x \mid x \leq 0\}$, 치역은 $\{y \mid y \leq 0\}$이다.

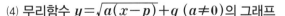

(4) **무리함수 $y = \sqrt{a(x-p)} + q$ $(a \neq 0)$의 그래프**
　　① 무리함수 $y = \sqrt{ax}$의 그래프를 x축의 방향으로 p만큼, y축의 방향으로 q만큼 평행이동한
　　　 것이다.
　　② $a > 0$일 때, 정의역은 $\{x \mid x \geq p\}$, 치역은 $\{y \mid y \geq q\}$이다.
　　　 $a < 0$일 때, 정의역은 $\{x \mid x \leq p\}$, 치역은 $\{y \mid y \geq q\}$이다.

다항식 A, B, C, D에 대하여

(1) $\dfrac{A}{C} + \dfrac{B}{C} = \dfrac{A+B}{C}$ (단, $C \neq 0$)

(2) $\dfrac{A}{C} - \dfrac{B}{C} = \dfrac{A-B}{C}$ (단, $C \neq 0$)

(3) $\dfrac{A}{B} \times \dfrac{C}{D} = \dfrac{A \times C}{B \times D}$
　　　　　　(단, $B \neq 0$, $D \neq 0$)

(4) $\dfrac{A}{B} \div \dfrac{C}{D} = \dfrac{A}{B} \times \dfrac{D}{C}$
　　　 $= \dfrac{A \times D}{B \times C}$
　　　　(단, $B \neq 0$, $C \neq 0$, $D \neq 0$)

(참고)
유리함수 $y = \dfrac{k}{x}$ $(k \neq 0)$의 그래프는
k의 절댓값이 커질수록 원점으로부터
멀어진다.

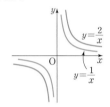

(참고)
곡선 위의 점이 어떤 직선에 한없이 가
까워질 때, 이 직선을 그 곡선의 점근선
이라 한다.

$y = \sqrt{ax}$ $(a \neq 0)$에서
$x = \dfrac{y^2}{a}$ $(y \geq 0)$이므로 그 역함수는
$y = \dfrac{x^2}{a}$ $(x \geq 0)$이다.

(참고)
무리함수 $y = \sqrt{ax}$ $(a \neq 0)$의 그래프는
a의 절댓값이 커질수록 x축으로부터
멀어진다.

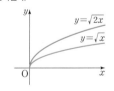

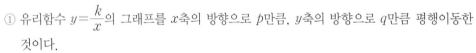

01 다음 식을 계산하시오.

(1) $\dfrac{2}{x-2}+\dfrac{1}{x+1}$

(2) $\dfrac{x+5}{x^2-1}-\dfrac{3}{x^2+x}$

02 다음 식을 계산하시오.

(1) $\dfrac{x^2-x-2}{x^2+2x-3}\times\dfrac{x+3}{x^2-1}$

(2) $\dfrac{x^2-3x-4}{x-1}\div\dfrac{x-4}{x^2-1}$

03 다음 함수의 그래프를 그리시오.

(1) $y=\dfrac{4}{x}$ (2) $y=-\dfrac{4}{x}$

(3) $y=\dfrac{1}{2x}$ (4) $y=-\dfrac{1}{2x}$

04 다음 함수의 그래프를 그리고, 정의역과 치역, 점근선을 구하시오.

(1) $y=\dfrac{3}{x+1}$

(2) $y=-\dfrac{1}{x-2}+2$

05 다음 함수의 그래프를 그리고, 정의역과 치역, 점근선을 구하시오.

(1) $y=\dfrac{2x}{x-1}$

(2) $y=\dfrac{-3x+1}{x-2}$

06 다음 식을 간단히 하시오.

(1) $(\sqrt{x+1}-2)(\sqrt{x+1}+2)$

(2) $\dfrac{\sqrt{x}-1}{\sqrt{x}+1}+\dfrac{\sqrt{x}+1}{\sqrt{x}-1}$

07 분모를 유리화하여 다음 식을 간단히 하시오.

(1) $\dfrac{2}{\sqrt{x+1}-\sqrt{x+3}}$

(2) $\dfrac{\sqrt{x}-\sqrt{x-1}}{\sqrt{x}+\sqrt{x-1}}$

08 다음 함수의 그래프를 그리시오.

(1) $y=\sqrt{2x}$ (2) $y=\sqrt{-2x}$

(3) $y=-\sqrt{2x}$ (4) $y=-\sqrt{-2x}$

09 다음 함수의 그래프를 그리고, 정의역과 치역을 구하시오.

(1) $y=\sqrt{x-1}$

(2) $y=\sqrt{-2(x-2)}-2$

10 다음 함수의 그래프를 그리고, 정의역과 치역을 구하시오.

(1) $y=\sqrt{4x+8}-3$

(2) $y=-\sqrt{9-3x}+2$

유형 1 유리식

01 | 25455-0570 |　　　| 2013학년도 6월 고1 학력평가 23번 |

서로 다른 두 실수 a, b에 대하여

$$\frac{(a-5)^2}{a-b}+\frac{(b-5)^2}{b-a}=0$$

일 때, $a+b$의 값을 구하시오. [3점]

Point

유리식을 계산할 때에는 통분, 약분, 곱셈 공식, 인수분해 등을 이용한다.

(참고) 분모 또는 분자가 분수식일 때

$$\frac{\dfrac{A}{B}}{\dfrac{C}{D}}=\frac{A}{B}\div\frac{C}{D}=\frac{AD}{BC}$$

02 | 25455-0571 |　　　| 2010학년도 3월 고2 학력평가 5번 |

다음 식의 분모를 0으로 만들지 않는 모든 실수 x에 대하여

$$\frac{1-\dfrac{1}{x+1}}{1+\dfrac{1}{x-1}}=\frac{px+q}{x+1}$$

이 성립할 때, 상수 p, q의 합 $p+q$의 값은? [3점]

① -2　　　② -1　　　③ 0
④ 1　　　⑤ 2

03 | 25455-0572 |　　　| 2012학년도 3월 고2 학력평가 4번 |

$abc\neq0$인 세 실수 a, b, c에 대하여 $a+b+c=0$일 때,

$\dfrac{b+c}{a}+\dfrac{c+a}{b}+\dfrac{a+b}{c}$의 값은? [3점]

① -5　　　② -4　　　③ -3
④ -2　　　⑤ -1

04 | 25455-0573 |　　　| 2011학년도 3월 고2 학력평가 24번 |

정수 m에 대하여 $\dfrac{3m+9}{m^2-9}$ $(m\neq-3$, $m\neq3)$의 값이 정수가 되도록 하는 모든 m의 값의 합을 구하시오. [3점]

05 | 25455-0574 |　　　| 2012학년도 6월 고1 학력평가 8번 |

$x-y+z=0$, $2x-3y+z=0$일 때, $\dfrac{x^2-y^2+2z^2}{2xy+yz-3zx}$의 값은?

（단, $xyz\neq0$이다.） [3점]

① $\dfrac{1}{3}$　　　② $\dfrac{4}{9}$　　　③ $\dfrac{5}{9}$
④ $\dfrac{2}{3}$　　　⑤ $\dfrac{7}{9}$

유형 2 유리함수의 그래프의 평행이동

06 | 25455-0575 |　　　| 2016학년도 6월 고2 학력평가 나형 7번 |

함수 $y=\dfrac{2}{x}$의 그래프를 x축의 방향으로 a만큼, y축의 방향으로 b만큼 평행이동하였더니 함수 $y=\dfrac{3x-1}{x-1}$의 그래프와 일치하였다. 두 상수 a, b에 대하여 $a+b$의 값은?

[3점]

① 2　　　② 4　　　③ 6
④ 8　　　⑤ 10

Point

유리함수 $y=\dfrac{k}{x-p}+q$ $(k\neq0)$의 그래프는 유리함수 $y=\dfrac{k}{x}$의 그래프를 x축의 방향으로 p만큼, y축의 방향으로 q만큼 평행이동한 것이다.

07 25455-0576 | 2015학년도 6월 고2 학력평가 가형 4번 |

유리함수 $y=\dfrac{1}{x+1}-3$의 그래프를 y축의 방향으로 a만큼 평행이동한 그래프가 원점을 지날 때, 상수 a의 값은? [3점]

① 2   ② 4   ③ 6
④ 8   ⑤ 10

08 25455-0577 | 2015학년도 6월 고2 학력평가 나형 8번 |

유리함수 $y=\dfrac{3}{x}$의 그래프를 x축의 방향으로 4만큼, y축의 방향으로 5만큼 평행이동한 그래프가 점 $(5, a)$를 지날 때, 상수 a의 값은? [3점]

① 4   ② 5   ③ 6
④ 7   ⑤ 8

유형 **3** 유리함수의 그래프의 점근선

09 25455-0578 | 2024학년도 3월 고2 학력평가 8번 |

함수 $y=\dfrac{b}{x-a}$의 그래프가 점 $(2, 4)$를 지나고 한 점근선의 방정식이 $x=4$일 때, $a-b$의 값은?
(단, a, b는 상수이다.) [3점]

① 6   ② 8   ③ 10
④ 12   ⑤ 14

Point

유리함수 $y=\dfrac{ax+b}{cx+d}$ $(ad-bc\neq0, c\neq0)$의 그래프의 점근선의 방정식은 $y=\dfrac{k}{x-p}+q$ $(k\neq0)$ 꼴로 변형하여 구한다.

10 25455-0579 | 2018학년도 11월 고2 학력평가 나형 13번 |

유리함수 $f(x)=\dfrac{3x+1}{x-k}$의 그래프의 두 점근선의 교점이 직선 $y=x$ 위에 있을 때, 상수 k의 값은? $\left(\text{단}, k\neq-\dfrac{1}{3}\right)$ [3점]

① 1   ② 2   ③ 3
④ 4   ⑤ 5

11 25455-0580 | 2018학년도 9월 고2 학력평가 나형 12번 |

함수 $y=\dfrac{ax+1}{bx+1}$의 그래프가 점 $(2, 3)$을 지나고 직선 $y=2$를 한 점근선으로 가질 때, a^2+b^2의 값은?
(단, a와 b는 0이 아닌 상수이다.) [3점]

① 2   ② 5   ③ 8
④ 11   ⑤ 14

12 25455-0581 | 2021학년도 3월 고2 학력평가 16번 |

좌표평면에서 곡선
$$y=\dfrac{k}{x-2}+1 \ (k<0)$$
이 x축, y축과 만나는 점을 각각 A, B라 하고, 이 곡선의 두 점근선의 교점을 C라 하자. 세 점 A, B, C가 한 직선 위에 있도록 하는 상수 k의 값은? [4점]

① -5 ② -4 ③ -3
④ -2 ⑤ -1

유형 4 유리함수의 그래프의 대칭성

13 25455-0582 | 2016학년도 3월 고2 학력평가 나형 13번 |

함수 $f(x) = \dfrac{x+1}{2x-1}$ 이고, 유리함수 $y=f(x)$의 그래프가 점 (p, q)에 대하여 대칭일 때, $p+q$의 값은? [3점]

① $\dfrac{1}{4}$ ② $\dfrac{1}{2}$ ③ $\dfrac{3}{4}$

④ 1   ⑤ $\dfrac{5}{4}$

Point

유리함수 $y = \dfrac{k}{x-p}+q \ (k \ne 0)$의 그래프는

(1) 점근선 $x=p$, $y=q$의 교점 (p, q)에 대하여 대칭이다.

(2) 점 (p, q)를 지나고 기울기가 ± 1인 두 직선에 대하여 각각 대칭이다.

14 25455-0583 | 2016학년도 6월 고2 학력평가 가형 9번 |

유리함수 $y = \dfrac{3x-14}{x-5}$의 그래프가 직선 $y=x+k$에 대하여 대칭일 때, 상수 k의 값은? [3점]

① -1 ② -2 ③ -3

④ -4 ⑤ -5

15 25455-0584 | 2017학년도 3월 고2 학력평가 가형 8번 |

유리함수 $y = \dfrac{3x+b}{x+a}$의 그래프가 점 $(2, 1)$을 지나고, 점 $(-2, c)$에 대하여 대칭일 때, $a+b+c$의 값은? (단, a, b는 상수이다.) [3점]

① 1   ② 2   ③ 3

④ 4   ⑤ 5

유형 5 유리함수의 그래프의 성질

16 25455-0585 | 2009학년도 11월 고1 학력평가 6번 |

유리함수 $y = \dfrac{3x+5}{x-1}$의 그래프에 대한 설명으로 옳은 것만을 <보기>에서 있는 대로 고른 것은? [3점]

─ 보기 ─
ㄱ. 점근선의 방정식은 $x=1$, $y=3$이다.
ㄴ. 그래프는 제3사분면을 지난다.
ㄷ. 그래프는 직선 $y=x+3$에 대하여 대칭이다.

① ㄱ   ② ㄷ   ③ ㄱ, ㄴ

④ ㄴ, ㄷ   ⑤ ㄱ, ㄴ, ㄷ

Point

유리함수 $y = \dfrac{k}{x-p}+q \ (k \ne 0)$의 그래프

(1) 유리함수 $y = \dfrac{k}{x}$의 그래프를 x축의 방향으로 p만큼, y축의 방향으로 q만큼 평행이동한 것이다.

(2) 정의역: $\{x \mid x \ne p$인 실수$\}$, 치역: $\{y \mid y \ne q$인 실수$\}$

(3) 점 (p, q)에 대하여 대칭이다.

(4) 점근선의 방정식: $x=p$, $y=q$

17 25455-0586 | 2018학년도 9월 고2 학력평가 가형 8번 |

두 상수 a, b에 대하여 정의역이 $\{x \mid 2 \le x \le a\}$인 함수 $y = \dfrac{3}{x-1}-2$의 치역이 $\{y \mid -1 \le y \le b\}$일 때, $a+b$의 값은? (단, $a > 2$, $b > -1$) [3점]

① 5   ② 6   ③ 7

④ 8   ⑤ 9

18 25455-0587 | 2017학년도 6월 고2 학력평가 나형 15번 |

함수 $y = \dfrac{3x+k-10}{x+1}$의 그래프가 제4사분면을 지나도록 하는 모든 자연수 k의 개수는? [4점]

① 5   ② 7   ③ 9

④ 11   ⑤ 13

유형 6 유리함수의 합성함수와 역함수

19 25455-0588 | 2017학년도 6월 고2 학력평가 가형 10번 |

유리함수 $f(x)=\dfrac{2x+5}{x+3}$의 역함수 $y=f^{-1}(x)$의 그래프는 점 (p, q)에 대하여 대칭이다. $p-q$의 값은? [3점]

① 1 ② 2 ③ 3
④ 4 ⑤ 5

Point

유리함수 $y=\dfrac{ax+b}{cx+d}\ (ad-bc\neq0,\ c\neq0)$을 x에 대한 식으로 나타낸 후 x와 y를 서로 바꾸면 역함수는 $y=\dfrac{-dx+b}{cx-a}$이다.

20 25455-0589 | 2022학년도 3월 고2 학력평가 18번 |

함수 $f(x)=\dfrac{a}{x}+b\ (a\neq0)$이 다음 조건을 만족시킨다.

> ㈎ 곡선 $y=|f(x)|$는 직선 $y=2$와 한 점에서만 만난다.
> ㈏ $f^{-1}(2)=f(2)-1$

$f(8)$의 값은? (단, a, b는 상수이다.) [4점]

① $-\dfrac{1}{2}$ ② $-\dfrac{1}{4}$ ③ 0
④ $\dfrac{1}{4}$ ⑤ $\dfrac{1}{2}$

21 25455-0590 | 2017학년도 3월 고3 학력평가 나형 16번 |

두 함수 $f(x)$, $g(x)$가

$$f(x)=\dfrac{6x+12}{2x-1},$$

$$g(x)=\begin{cases} 1\ (x가\ 정수인\ 경우) \\ 0\ (x가\ 정수가\ 아닌\ 경우) \end{cases}$$

일 때, 방정식 $(g\circ f)(x)=1$을 만족시키는 모든 자연수 x의 개수는? [4점]

① 4 ② 5 ③ 6
④ 7 ⑤ 8

유형 7 유리함수의 활용

22 25455-0591 | 2023학년도 11월 고1 학력평가 16번 |

유리함수 $f(x)=\dfrac{4}{x-a}-4\ (a>1)$에 대하여 좌표평면에서 함수 $y=f(x)$의 그래프가 x축, y축과 만나는 점을 각각 A, B라 하고 함수 $y=f(x)$의 그래프의 두 점근선이 만나는 점을 C라 하자. 사각형 OBCA의 넓이가 24일 때, 상수 a의 값은? (단, O는 원점이다.) [4점]

① 3 ② $\dfrac{7}{2}$ ③ 4
④ $\dfrac{9}{2}$ ⑤ 5

Point

유리함수의 그래프의 성질을 이용하여 도형의 넓이를 구하거나 절대부등식의 성질을 이용하여 최대, 최소를 구한다.

23 25455-0592 | 2017학년도 11월 고1 학력평가 13번 |

그림과 같이 원점을 지나는 직선 l과 함수 $y=\dfrac{2}{x}$의 그래프가 두 점 P, Q에서 만난다. 점 P를 지나고 x축에 수직인 직선과 점 Q를 지나고 y축에 수직인 직선이 만나는 점을 R라 할 때, 삼각형 PQR의 넓이는? [3점]

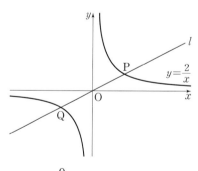

① 4 ② $\dfrac{9}{2}$ ③ 5
④ $\dfrac{11}{2}$ ⑤ 6

24 25455-0593 | 2024학년도 3월 고2 학력평가 17번 |

두 양수 a, k에 대하여 $f(x)=\dfrac{k}{x}$의 그래프 위의 두 점

$P(a, f(a))$, $Q(a+2, f(a+2))$가 다음 조건을 만족시킬 때, k의 값은? [4점]

> (가) 직선 PQ의 기울기는 -1이다.
> (나) 두 점 P, Q를 원점에 대하여 대칭이동한 점을 각각 R, S 라 할 때, 사각형 PQRS의 넓이는 $8\sqrt{5}$이다.

① $\dfrac{5}{2}$ ② 3   ③ $\dfrac{7}{2}$

④ 4   ⑤ $\dfrac{9}{2}$

25 25455-0594 | 2016학년도 3월 고2 학력평가 가형 18번 |

그림과 같이 유리함수 $y=\dfrac{k}{x}\ (k>0)$의 그래프가 직선

$y=-x+6$과 두 점 P, Q에서 만난다. 삼각형 OPQ의 넓이 가 14일 때, 상수 k의 값은? (단, O는 원점이다.) [4점]

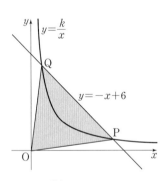

① $\dfrac{32}{9}$ ② $\dfrac{34}{9}$ ③ 4

④ $\dfrac{38}{9}$ ⑤ $\dfrac{40}{9}$

유형 8 무리식

26 25455-0595 | 2016학년도 11월 고1 학력평가 9번 |

$x=8$일 때, $\dfrac{1}{\sqrt{x+1}+\sqrt{x}}+\dfrac{1}{\sqrt{x+1}-\sqrt{x}}$의 값은? [3점]

① 5   ② 6   ③ 7

④ 8   ⑤ 9

Point

분모에 무리식이 포함된 식이 있으면 분모를 유리화한다.

➡ $a>0$, $b>0$일 때

(1) $\dfrac{a}{\sqrt{b}}=\dfrac{a\sqrt{b}}{b}$

(2) $\dfrac{c}{\sqrt{a}+\sqrt{b}}=\dfrac{c(\sqrt{a}-\sqrt{b})}{(\sqrt{a}+\sqrt{b})(\sqrt{a}-\sqrt{b})}=\dfrac{c(\sqrt{a}-\sqrt{b})}{a-b}$ (단, $a\neq b$)

27 25455-0596 | 2012학년도 9월 고1 학력평가 7번 |

임의의 양수 a, b에 대하여 $\dfrac{1}{a+\sqrt{ab}}+\dfrac{1}{b+\sqrt{ab}}$을 간단히 하 면? [3점]

① $\sqrt{a}-\sqrt{b}$ ② $\sqrt{a}+\sqrt{b}$ ③ $\sqrt{ab}$

④ $\dfrac{1}{\sqrt{ab}}$ ⑤ $\dfrac{1}{\sqrt{a}+\sqrt{b}}$

28 25455-0597 | 2012학년도 6월 고1 학력평가 11번 |

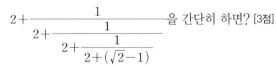

$2+\cfrac{1}{2+\cfrac{1}{2+\cfrac{1}{2+(\sqrt{2}-1)}}}$ 을 간단히 하면? [3점]

① $2\sqrt{2}+1$ ② $\sqrt{2}+2$ ③ $\sqrt{2}+1$

④ $2\sqrt{2}-1$ ⑤ $\sqrt{2}-1$

29 25455-0598

| 2014학년도 3월 고2 학력평가 A형 10번 |

모든 실수 x에 대하여 $\sqrt{kx^2-kx+3}$의 값이 실수가 되도록 하는 정수 k의 개수는? [3점]

① 10 ② 11 ③ 12
④ 13 ⑤ 14

30 25455-0599

| 2015학년도 11월 고1 학력평가 16번 |

별에서 단위시간동안 방출되는 복사에너지의 양을 별의 광도라 한다. 별의 표면 온도를 T, 별의 반지름의 길이를 R, 별의 광도를 L이라 하면 다음과 같은 관계식이 성립한다고 한다.

$$T^2=\frac{1}{R}\sqrt{\frac{L}{4\pi\sigma}}$$ (단, σ는 슈테판－볼츠만 상수이다.)

두 별 A, B에 대하여 별 A의 표면 온도는 별 B의 표면 온도의 $\frac{1}{2}$배이고, 별 A의 반지름의 길이는 별 B의 반지름의 길이의 36배일 때, 별 A의 광도는 별 B의 광도의 k배이다. k의 값은? [4점]

① 49 ② 64 ③ 81
④ 100 ⑤ 121

9 무리함수의 그래프의 평행이동

31 25455-0600

| 2016학년도 6월 고2 학력평가 가형 5번 |

무리함수 $y=\sqrt{x}$의 그래프를 x축의 방향으로 a만큼, y축의 방향으로 b만큼 평행이동하였더니 무리함수 $y=\sqrt{x+2}+9$의 그래프와 일치하였다. 두 상수 a, b에 대하여 $a+b$의 값은? [3점]

① 5 ② 6 ③ 7
④ 8 ⑤ 9

Point

무리함수 $y=\sqrt{a(x-p)}+q\ (a\neq0)$의 그래프는 무리함수 $y=\sqrt{ax}$의 그래프를 x축의 방향으로 p만큼, y축의 방향으로 q만큼 평행이동한 것이다.

[참고] 무리함수 $y=\sqrt{ax+b}+c\ (a\neq0)$의 그래프를

(1) x축에 대하여 대칭이동 ➡ y 대신 $-y$를 대입한다.
(2) y축에 대하여 대칭이동 ➡ x 대신 $-x$를 대입한다.
(3) 원점에 대하여 대칭이동 ➡ x 대신 $-x$, y 대신 $-y$를 대입한다.

32 25455-0601

| 2018학년도 3월 고2 학력평가 나형 8번 |

함수 $y=\sqrt{2x}$의 그래프를 x축의 방향으로 1만큼, y축의 방향으로 3만큼 평행이동한 그래프가 점 $(9, a)$를 지날 때, a의 값은? [3점]

① 5 ② 6 ③ 7
④ 8 ⑤ 9

33 25455-0602

| 2022학년도 3월 고2 학력평가 11번 |

함수 $y=-\sqrt{x-a}+a+2$의 그래프가 점 $(a, -a)$를 지날 때, 이 함수의 치역은? (단, a는 상수이다.) [3점]

① $\{y|y\leq1\}$ ② $\{y|y\geq1\}$ ③ $\{y|y\leq0\}$
④ $\{y|y\leq-1\}$ ⑤ $\{y|y\geq-1\}$

34 25455-0603 | 2017학년도 9월 고2 학력평가 가형 10번 |

정의역이 $\{x \mid x \geq -2\}$인 무리함수
$$f(x) = -\sqrt{ax+b}+3$$
의 그래프가 그림과 같다.

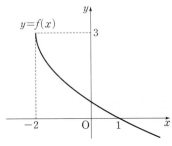

함수 $y=f(x)$의 그래프가 점 $(1, 0)$을 지날 때, 두 상수 a, b의 곱 ab의 값은? [3점]

① 10 ② 12 ③ 14
④ 16 ⑤ 18

Point

주어진 그래프를 이용하여 무리함수의 식은 다음과 같은 순서로 구한다.

(i) 그래프가 시작하는 점의 좌표 (p, q)를 이용하여
$$y = \sqrt{a(x-p)}+q \ (a \neq 0)$$으로 놓는다.

(ii) 그래프가 지나는 점의 좌표를 (i)의 식에 대입하여 a의 값을 구한다.

35 25455-0604 | 2017학년도 11월 고2 학력평가 나형 10번 |

무리함수 $f(x) = \sqrt{x+a}+b$의 그래프가 그림과 같을 때, $f(7)$의 값은? (단, a, b는 상수이다.) [3점]

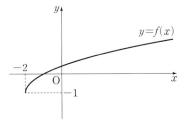

① $\dfrac{3}{2}$ ② 2 ③ $\dfrac{5}{2}$

④ 3 ⑤ $\dfrac{7}{2}$

36 25455-0605 | 2017학년도 9월 고2 학력평가 나형 8번 |

그림과 같이 집합 $\{x \mid x \geq 2\}$에서 정의된 무리함수 $y = -\sqrt{2x+a}+3$의 그래프가 점 $(2, b)$를 지날 때, 두 상수 a, b에 대하여 $a+b$의 값은? [3점]

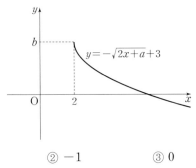

① -2 ② -1 ③ 0
④ 1 ⑤ 2

37 25455-0606 | 2017학년도 6월 고2 학력평가 나형 11번 |

함수 $f(x) = \sqrt{-x+a}+b$의 그래프가 그림과 같을 때, 두 상수 a, b에 대하여 $a+b$의 값은? [3점]

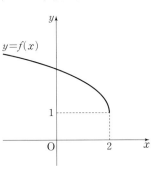

① 1 ② 2 ③ 3
④ 4 ⑤ 5

유형 **11** 무리함수의 그래프의 성질

38 | 25455-0607 | | 2023학년도 3월 고2 학력평가 25번 |

$-5 \leq x \leq -1$에서 함수 $f(x) = \sqrt{-ax+1}$ $(a>0)$의 최 댓값이 4가 되도록 하는 상수 a의 값을 구하시오. [3점]

Point

무리함수 $y = \sqrt{a(x-p)} + q$ $(a \neq 0)$의 그래프

(1) 무리함수 $y = \sqrt{ax}$의 그래프를 x축의 방향으로 p만큼, y축의 방향 으로 q만큼 평행이동한 것이다.

(2) $a>0$일 때, 정의역은 $\{x | x \geq p\}$, 치역은 $\{y | y \geq q\}$이다. $a<0$일 때, 정의역은 $\{x | x \leq p\}$, 치역은 $\{y | y \geq q\}$이다.

39 | 25455-0608 | | 2017학년도 6월 고2 학력평가 가형 6번 |

정의역이 $\{x | -3 \leq x \leq 5\}$인 무리함수 $y = \sqrt{x+4} + 5$의 최솟 값은? [3점]

① 5 ② 6 ③ 7
④ 8 ⑤ 9

40 | 25455-0609 | | 2019학년도 3월 고2 학력평가 나형 24번 |

함수 $f(x) = \sqrt{2x+a} + 7$은 $x = -2$일 때 최솟값 m을 갖는다. $a+m$의 값을 구하시오. (단, a는 상수이다.) [3점]

유형 **12** 무리함수의 합성함수와 역함수

41 | 25455-0610 | | 2021학년도 3월 고2 학력평가 23번 |

함수 $f(x) = \sqrt{x-2} + 2$에 대하여 $f^{-1}(7)$의 값을 구하시 오. [3점]

Point

무리함수 $y = \sqrt{ax+b} + c$ $(a \neq 0)$을 x에 대한 식으로 나타낸 후 x와 y를 서로 바꾸면 역함수는 $y = \dfrac{1}{a}\{(x-c)^2 - b\}$이다.

이때 무리함수 $y = \sqrt{ax+b} + c$의 치역이 $\{y | y \geq c\}$이므로 역함수의 정의역은 $\{x | x \geq c\}$이다.

42 | 25455-0611 | | 2016학년도 3월 고2 학력평가 가형 23번 |

무리함수 $y = \sqrt{ax+b}$의 역함수의 그래프가 두 점 $(2, 0)$, $(5, 7)$ 을 지날 때, $a+b$의 값을 구하시오. (단, a, b는 상수이다.) [3점]

43 | 25455-0612 | | 2020학년도 3월 고2 학력평가 16번 |

함수 $f(x) = \sqrt{3x-12}$가 있다. 함수 $g(x)$가 2 이상의 모든 실수 x에 대하여
$$f^{-1}(g(x)) = 2x$$
를 만족시킬 때, $g(3)$의 값은? [4점]

① 2 ② $\sqrt{5}$ ③ $\sqrt{6}$
④ $\sqrt{7}$ ⑤ $2\sqrt{2}$

유형 13 무리함수의 활용

44 | 25455-0613 | | 2017학년도 3월 고2 학력평가 가형 11번 |

함수 $y=\sqrt{a(6-x)}$ $(a>0)$의 그래프와 함수 $y=\sqrt{x}$의 그래프가 만나는 점을 A라 하자. 원점 O와 점 B$(6,\ 0)$에 대하여 삼각형 AOB의 넓이가 6일 때, 상수 a의 값은? [3점]

① 1   ② 2   ③ 3

④ 4   ⑤ 5

Point

주어진 조건을 만족시키는 그래프를 그린 후 무리함수의 그래프와 함수의 성질을 이용하여 문제를 해결한다.

45 | 25455-0614 | | 2018학년도 6월 고2 학력평가 가형 10번 |

좌표평면에서 실수 a에 대하여 곡선 $y=\sqrt{x+a}$가 두 점 $(2,\ 3)$, $(3,\ 2)$를 이은 선분과 만나기 위한 a의 최댓값을 M, 최솟값을 m이라 할 때, $M+m$의 값은? [3점]

① 4   ② 5   ③ 6

④ 7   ⑤ 8

46 | 25455-0615 | | 2019학년도 3월 고2 학력평가 가형 15번 |

함수 $y=5-2\sqrt{1-x}$의 그래프와 직선 $y=-x+k$가 제1사분면에서 만나도록 하는 모든 정수 k의 값의 합은? [4점]

① 11   ② 13   ③ 15

④ 17   ⑤ 19

47 | 25455-0616 | | 2023학년도 3월 고2 학력평가 20번 |

함수

$$f(x)=\begin{cases} -(x-a)^2+b & (x\le a) \\ -\sqrt{x-a}+b & (x>a) \end{cases}$$

와 서로 다른 세 실수 α, β, γ가 다음 조건을 만족시킨다.

> ㈎ 방정식 $\{f(x)-\alpha\}\{f(x)-\beta\}=0$을 만족시키는
> 실수 x의 값은 α, β, γ뿐이다.
> ㈏ $f(\alpha)=\alpha$, $f(\beta)=\beta$

$\alpha+\beta+\gamma=15$일 때, $f(\alpha+\beta)$의 값은?

(단, a, b는 상수이다.) [4점]

① 1   ② 2   ③ 3

④ 4   ⑤ 5

48 | 25455-0617 | | 2024학년도 3월 고2 학력평가 14번 |

그림과 같이 $k>1$인 상수 k에 대하여 점 A$(k,\ 0)$을 지나고 y축에 평행한 직선이 두 곡선 $y=\sqrt{x}$, $y=\sqrt{kx}$와 만나는 점을 각각 B, C라 하자. 삼각형 OBC의 넓이가 삼각형 OAB의 넓이의 2배일 때, 삼각형 OBC의 넓이는? (단, O는 원점이다.) [4점]

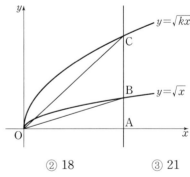

① 15   ② 18   ③ 21

④ 24   ⑤ 27

01 | 25455-0618 | | 2015학년도 6월 고2 학력평가 나형 26번 |

함수 $f(x)=\begin{cases}\sqrt{x} & (x\geq0) \\ x^2 & (x<0)\end{cases}$ 의 그래프와 직선 $x+3y-10=0$

이 두 점 A$(-2, 4)$, B$(4, 2)$에서 만난다. 그림과 같이 주어진 함수 $f(x)$의 그래프와 직선으로 둘러싸인 부분의 넓이를 구하시오. (단, O는 원점이다.) [4점]

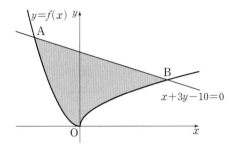

02 | 25455-0619 | | 2016학년도 6월 고2 학력평가 가형 17번 |

곡선 $y=\dfrac{1}{x}$ 위의 두 점 A$(-1, -1)$, B$\left(a, \dfrac{1}{a}\right)$ $(a>1)$를 지나는 직선이 x축, y축과 만나는 점을 각각 P, Q라 하자. 점 B에서 x축에 내린 수선의 발을 B′라 할 때, 두 삼각형 POQ, PB′B의 넓이를 각각 S_1, S_2라 하자. S_1+S_2의 최솟값은? (단, O는 원점이다.) [4점]

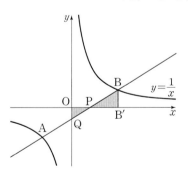

① $\dfrac{2-\sqrt{3}}{2}$ ② $\dfrac{\sqrt{2}-1}{2}$ ③ $2-\sqrt{3}$

④ $\dfrac{\sqrt{3}-1}{2}$ ⑤ $\sqrt{2}-1$

03 | 25455-0620 | | 2018학년도 3월 고2 학력평가 가형 20번 |

좌표평면 위의 두 곡선
$$y=-\sqrt{kx+2k}+4, \quad y=\sqrt{-kx+2k}-4$$
에 대하여 <보기>에서 옳은 것만을 있는 대로 고른 것은? (단, k는 0이 아닌 실수이다.) [4점]

▪ 보기 ▪
ㄱ. 두 곡선은 서로 원점에 대하여 대칭이다.
ㄴ. $k<0$이면 두 곡선은 한 점에서 만난다.
ㄷ. 두 곡선이 서로 다른 두 점에서 만나도록 하는 k의 최댓값은 16이다.

① ㄱ   ② ㄴ   ③ ㄱ, ㄴ
④ ㄱ, ㄷ   ⑤ ㄱ, ㄴ, ㄷ

04 | 25455-0621 | | 2021학년도 3월 고2 학력평가 30번 |

함수 $f(x)=\dfrac{bx}{x-a}$ $(a>0, b\neq0)$에 대하여 함수 $g(x)$를
$$g(x)=\begin{cases}f(x) & (x<a) \\ f(x+2a)+a & (x\geq a)\end{cases}$$
라 하자. 실수 t에 대하여 함수 $y=g(x)$의 그래프와 직선 $y=t$의 교점의 개수를 $h(t)$라 하면, 상수 k에 대하여
$$\{t\,|\,h(t)=1\}=\{t\,|\,-9\leq t\leq -8\}\cup\{t\,|\,t\geq k\}$$
이다. $a\times b\times g(-k)$의 값을 구하시오. (단, a, b는 상수이다.) [4점]

05 25455-0622 | 2019학년도 3월 고2 학력평가 가형 30번 |

최고차항의 계수가 양수인 이차함수 $f(x)$와 $x<5$에서 정의된 함수 $g(x)=1-\dfrac{2}{x-5}$가 있다. 3보다 작은 실수 t에 대하여 $t\leq x\leq t+2$에서 함수 $(f\circ g)(x)$의 최솟값을 $h(t)$라 할 때, $h(t)$는 다음 조건을 만족시킨다.

> (가) $h(t)=\begin{cases} f(g(t+2)) & (t<1) \\ 6 & (1\leq t<3) \end{cases}$
>
> (나) $h(-1)=7$

$f(5)$의 값을 구하시오. [4점]

06 25455-0623 | 2020학년도 3월 고2 학력평가 30번 |

함수 $f(x)=\sqrt{ax-3}+2\left(a\geq\dfrac{3}{2}\right)$에 대하여 집합 $\{x\,|\,x\geq 2\}$ 에서 정의된 함수

$$g(x)=\begin{cases} f(x) & (f(x)<f^{-1}(x)\text{인 경우}) \\ f^{-1}(x) & (f(x)\geq f^{-1}(x)\text{인 경우}) \end{cases}$$

가 있다. 자연수 n에 대하여 함수 $y=g(x)$의 그래프와 직선 $y=x-n$이 만나는 서로 다른 점의 개수를 $h(n)$이라 하자.

$$h(1)=h(3)<h(2)$$

일 때, $g(4)=\dfrac{q}{p}$이다. $p+q$의 값을 구하시오.

(단, a는 상수이고, p와 q는 서로소인 자연수이다.) [4점]

07 25455-0624 | 2023학년도 3월 고2 학력평가 30번 |

두 실수 $a\,(a<1)$, b에 대하여 함수 $f(x)$를

$$f(x)=\begin{cases} \dfrac{1-a}{x-1}+2 & (x\leq a) \\ bx(x-a)+1 & (x>a) \end{cases}$$

라 하자. 함수 $f(x)$가 다음 조건을 만족시키도록 하는 a, b의 모든 순서쌍이 (a_1, b_1), (a_2, b_2)일 때, $-40\times(a_1+b_1+a_2+b_2)$의 값을 구하시오. [4점]

> (가) $x\leq 0$인 모든 실수 x에 대하여 $f(x)\geq f(-2)$이다.
>
> (나) 방정식 $|f(x)|=2$의 서로 다른 실근의 개수는 2이다.

08 25455-0625 | 2024학년도 3월 고2 학력평가 30번 |

두 상수 a, b에 대하여 함수 $f(x)=\sqrt{-x+a}-b$라 하자. 함수

$$g(x)=\begin{cases} |f(x)|+b & (x\leq a) \\ -f(-x+2a)+|b| & (x>a) \end{cases}$$

와 두 실수 α, $\beta\,(\alpha<\beta)$는 다음 조건을 만족시킨다.

> (가) 실수 t에 대하여 함수 $y=g(x)$의 그래프와 직선 $y=t$의 교점의 개수를 $h(t)$라 하면 $h(\alpha)\times h(\beta)=4$이다.
>
> (나) 방정식 $\{g(x)-\alpha\}\{g(x)-\beta\}=0$을 만족시키는 실수 x의 최솟값은 -30, 최댓값은 15이다.

$\{g(150)\}^2$의 값을 구하시오. [4점]

EBS

하루 6개
1등급
영어독해

내신과
학력평가를
모————두
책임지는

하루 6개
1등급
영어독해

매일매일 밥 먹듯이,
EBS랑 영어 1등급 완성하자!

✓ 규칙적인 일일 학습으로
영어 1등급 수준 미리 성취

✓ 최신 기출문제 + 실전 같은
문제 풀이 연습으로
내신과 학력평가 등급 UP!

✓ 대학별 최저 등급 기준 충족을 위한
변별력 높은 문항 집중 학습

EBS

하루 6개
1등급
영어독해
전국연합학력평가 기출

문제별 사진 찍고
해설 강의 보기
Google Play · App Store

EBS / 사이트
무료 강의 제공

고1

수능 영어 절대평가 1등급 5주 완성 전략!

EBS

하루 6개
1등급
영어독해
전국연합학력평가 기출

문제별 사진 찍고
해설 강의 보기
Google Play · App Store

EBS / 사이트
무료 강의 제공

고2

수능 영어 절대평가 1등급 5주 완성 전략!

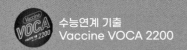

수능연계 기출
Vaccine VOCA 2200

휴대용 **포켓 단어장** 제공

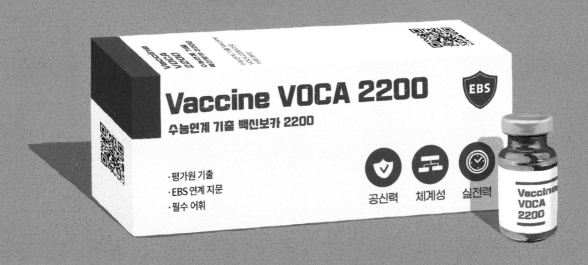

○ **수능 영단어장의 끝판왕!**
10개년 수능 빈출 어휘 + 7개년 연계교재 핵심 어휘

○ **수능 적중 어휘 자동암기 3종 세트 제공**
휴대용 포켓 단어장 / 표제어 & 예문 MP3 파일 / 수능형 어휘 문항 실전 테스트

휴대용 **포켓 단어장** 제공

EBS

2025
올림포스

전국연합학력평가
기출문제집

기출로 개념 잡고 내신 잡자!

'한눈에 보는 정답'
& 정답과 풀이 바로가기

수학 (고1)

2025

올림포스

전국연합학력평가
기출문제집

기출로 개념 잡고 내신 잡자!

수학 (고1)

정답과 풀이

한눈에 보는 정답

01 다항식

개념 확인 문제 본문 7쪽

01 (1) x^3-3x^2-x+9 (2) $x^3-x^2+15x-13$

02 (1) $-6a^3b^3$ (2) $-\dfrac{y^5}{4x^2}$

03 (1) x^3-2x-1 (2) $6x^3-5x^2y+6xy^2+8y^3$

04 (1) $4x^2+4x+1$ (2) $a^2-6ab+9b^2$

   (3) $4x^2-y^2$ (4) x^2+5x+6

   (5) $6x^2-5x-4$

   (6) $a^2+4b^2+c^2-4ab-4bc+2ca$

   (7) $8a^3+36a^2b+54ab^2+27b^3$ (8) $x^3-6x^2+12x-8$

   (9) $8x^3+1$ (10) $27a^3-b^3$

05 (1) 13 (2) 45

06 (1) 몫: $2x^2-7x+7$, 나머지: -4

   (2) 몫: $4x+14$, 나머지: $29x-25$

07 (1) $a=1$, $b=2$, $c=-1$ (2) $a=1$, $b=4$, $c=-1$

08 (1) 3 (2) $-\dfrac{51}{8}$

09 8

10 (1) 몫: x^2+x-1, 나머지: -3 (2) 몫: $2x^2+x-1$, 나머지: 1

11 (1) $(a+2)^3$ (2) $(x-3y)(x^2+3xy+9y^2)$

   (3) $(a-3)^3$ (4) $(3x+2y)(9x^2-6xy+4y^2)$

   (5) $(x-2y-z)^2$ (6) $(a-1)(a-2)(a^2-3a+4)$

   (7) $(x+1)(x-1)(x+2)(x-2)$ (8) $(x^2+2x+3)(x^2-2x+3)$

   (9) $(x-y+1)(2x+y+1)$ (10) $(x+2)(x-3)(x-4)$

내신 + 학평 유형 연습 본문 8~19쪽

01 ③	02 ④	03 ③	04 ⑤	05 ③	06 ⑤	07 ①
08 ①	09 ③	10 6	11 5	12 10	13 6	14 12
15 3	16 36	17 ⑤	18 ②	19 ⑤	20 ②	21 ③
22 ②	23 ②	24 ④	25 ②	26 148	27 23	28 ④
29 ②	30 ①	31 ③	32 ③	33 ①	34 ③	35 20
36 13	37 7	38 ⑤	39 ①	40 ②	41 ③	42 ⑤
43 91	44 ④	45 3	46 ②	47 ③	48 ①	49 23
50 ④	51 ①	52 ⑤	53 ②	54 ②	55 12	56 ④
57 ④	58 ④	59 ④	60 ④	61 ①	62 ⑤	63 ①
64 ①	65 503	66 2	67 ②	68 ⑤	69 ③	70 ②
71 ③	72 ④	73 ③	74 ③	75 176		

1등급 도전 본문 20~21쪽

01 ①	02 33	03 54	04 ④
05 ⑤	06 13	07 146	08 27

---

02 방정식과 부등식(1)

개념 확인 문제 본문 23쪽

01 (1) $a=3$, $b=2$ (2) $a=-2$, $b=3$

02 (1) $2+3i$ (2) $-1-\sqrt{2}i$ (3) -5 (4) $-4i$

03 (1) $6+2i$ (2) $3+7i$ (3) $8-i$ (4) $\dfrac{1-5i}{13}$

04 (1) $\pm3i$ (2) $\pm\dfrac{\sqrt{2}}{2}i$

05 (1) 서로 다른 두 실근   (2) 중근

   (3) 서로 다른 두 허근

06 $k\leq9$

07 (1) 1 (2) $\dfrac{3}{4}$

08 (1) $x^2-2x-2=0$ (2) $x^2-4x+29=0$

09 (1) $(x-2\sqrt{3}i)(x+2\sqrt{3}i)$ (2) $(x+1-i)(x+1+i)$

10 (1) $k<4$ (2) $k=4$ (3) $k>4$

11 (1) $a>-5$ (2) $a=-5$ (3) $a<-5$

12 (1) 최댓값: 11, 최솟값: 2   (2) 최댓값: 12, 최솟값: 4

내신 + 학평 유형 연습 본문 24~35쪽

01 ③	02 ③	03 ⑤	04 ④	05 ③	06 ②	07 ①
08 18	09 ②	10 ①	11 ④	12 ⑤	13 ②	14 ⑤
15 ①	16 12	17 25	18 24	19 ⑤	20 ⑤	21 ④
22 ①	23 ②	24 ④	25 ④	26 25	27 ⑤	28 4
29 ④	30 ⑤	31 8	32 6	33 ②	34 6	35 ④
36 10	37 ④	38 ③	39 ③	40 12	41 ①	42 ④
43 ③	44 3	45 9	46 6	47 ④	48 ②	49 ⑤
50 ②	51 ④	52 ②	53 ⑤	54 ②	55 91	56 11
57 18	58 ②	59 ①	60 ⑤	61 67	62 ④	63 33
64 ④	65 ①	66 13	67 121			

1등급 도전 본문 36~37쪽

01 ⑤	02 ⑤	03 ⑤	04 ⑤
05 11	06 154	07 5	

---

03 방정식과 부등식(2)

개념 확인 문제 본문 39쪽

01 (1) $x=2$ 또는 $x=-1\pm\sqrt{3}i$

   (2) $x=\pm1$ 또는 $x=\pm2$

   (3) $x=-3$ 또는 $x=1$ 또는 $x=2$

   (4) $x=1$ 또는 $x=2$ 또는 $x=\pm\sqrt{3}$

02 -1, $2-i$

03 (1) $\begin{cases}x=-2\\y=3\end{cases}$ 또는 $\begin{cases}x=3\\y=-2\end{cases}$

   (2) $\begin{cases}x=2\\y=2\end{cases}$ 또는 $\begin{cases}x=-2\\y=-2\end{cases}$ 또는 $\begin{cases}x=\sqrt{6}\\y=\dfrac{\sqrt{6}}{3}\end{cases}$ 또는 $\begin{cases}x=-\sqrt{6}\\y=-\dfrac{\sqrt{6}}{3}\end{cases}$

04 (1) $x>3$ (2) 해는 없다.

05 (1) $1<x<3$ (2) $-2<x\leq0$

06 (1) $-8<x<2$ (2) $x\leq-\dfrac{1}{3}$ 또는 $x\geq3$

07 (1) $-2\leq x\leq5$ (2) $x<-3$ 또는 $x>\dfrac{11}{3}$

08 (1) $x<1$ 또는 $x>4$ (2) $-1\leq x\leq\dfrac{5}{2}$

   (3) 해는 없다.   (4) $x=\dfrac{3}{2}$

   (5) 모든 실수

09 (1) $3 < x \leq 6$ (2) $-1 < x \leq 3$

내신 + 학평 유형 연습

01 ③	**02** ⑤	**03** ①	**04** ③	**05** ⑤	**06** ②	**07** ②
08 16	**09** ⑤	**10** ②	**11** ①	**12** ①	**13** ⑤	**14** ①
15 15	**16** ⑤	**17** 5	**18** ③	**19** ③	**20** ③	**21** ⑤
22 ②	**23** 18	**24** ①	**25** ①	**26** ⑤	**27** 60	**28** 9
29 ②	**30** ⑤	**31** 9	**32** 59	**33** ③	**34** 15	**35** ①
36 ③	**37** ⑤	**38** 4	**39** ①	**40** ③	**41** ②	**42** ①
43 ⑤	**44** ①	**45** ④	**46** 22	**47** ②	**48** ①	**49** ①
50 ④	**51** ⑤	**52** ⑤	**53** 11	**54** 21	**55** ①	**56** ④

1등급 도전
본문 50~51쪽

01 16	**02** ②	**03** 38	**04** ⑤
05 ⑤	**06** 164	**07** 2	**08** ①

---

04 경우의 수
개념 확인 문제
본문 53쪽

01 9   **02** 15   **03** 10

04 40   **05** (1) 8 (2) 24   **06** 12

07 (1) 30   (2) 24   (3) 210   (4) 9   (5) 120   (6) 1

08 (1) 48   (2) 12   **09** 60

10 (1) 21   (2) 28   (3) 1   (4) 1

11 (1) 28   (2) 210   (3) 35   **12** (1) 28 (2) 40

내신 + 학평 유형 연습
본문 54~62쪽

01 ①	**02** 20	**03** ③	**04** ④	**05** ⑤	**06** ②	**07** ②
08 ①	**09** 36	**10** ②	**11** ③	**12** 18	**13** 16	**14** 24
15 ⑤	**16** ⑤	**17** ③	**18** ⑤	**19** 720	**20** ⑤	**21** 480
22 576	**23** 24	**24** ①	**25** ④	**26** ③	**27** ②	**28** ④
29 ④	**30** ⑤	**31** ⑤	**32** ③	**33** 16	**34** 130	**35** ②
36 ①	**37** ④	**38** ③				

1등급 도전
본문 63쪽

01 960   **02** ①   **03** ②

---

05 행렬
개념 확인 문제
본문 65쪽

01 (1) 3 (2) 4 (3) 3 (4) 4   **02** (1) $\begin{pmatrix} 4 & 5 \\ 7 & 8 \end{pmatrix}$ (2) $\begin{pmatrix} 1 & 1 & 1 \\ 4 & 6 & 8 \end{pmatrix}$

03 (1) 5 (2) 9

04 (1) $\begin{pmatrix} 0 & 4 \\ 4 & 2 \end{pmatrix}$ (2) $\begin{pmatrix} 4 & -2 \\ -6 & 4 \end{pmatrix}$ (3) $\begin{pmatrix} 2 & 5 \\ 3 & 5 \end{pmatrix}$ (4) $\begin{pmatrix} 0 & 2 \\ 2 & 1 \end{pmatrix}$

05 (1) $\begin{pmatrix} -8 & 7 \\ -8 & 12 \end{pmatrix}$ (2) $\begin{pmatrix} -1 & 9 \\ -6 & 9 \end{pmatrix}$ **06** (1) 9 (2) 20

07 (1) $\begin{pmatrix} -2 & 1 \\ -4 & -10 \end{pmatrix}$ (2) $\begin{pmatrix} 0 & 3 \\ -8 & -12 \end{pmatrix}$ (3) $\begin{pmatrix} -1 & 4 \\ 7 & -1 \end{pmatrix}$

(4) $\begin{pmatrix} 2 & -2 \\ -1 & 5 \end{pmatrix}$

---

08 (1) $x=2$, $y=-1$ (2) $x=3$, $y=4$

09 $a=2$, $b=3$

10 (1) $\begin{pmatrix} 0 & -1 \\ 1 & -1 \end{pmatrix}$ (2) $\begin{pmatrix} -1 & 0 \\ 0 & -1 \end{pmatrix}$ (3) $\begin{pmatrix} 1 & -1 \\ 1 & 0 \end{pmatrix}$ (4) $\begin{pmatrix} -1 & 0 \\ 0 & -1 \end{pmatrix}$

내신 + 학평 유형 연습
본문 66~76쪽

01 ②	**02** ④	**03** 22	**04** ③	**05** ①	**06** ②	**07** 50
08 ③	**09** ④	**10** ③	**11** ②	**12** ①	**13** 14	**14** ③
15 ③	**16** ⑤	**17** ①	**18** 19	**19** ②	**20** ②	**21** ②
22 ⑤	**23** ④	**24** ②	**25** 21	**26** ③	**27** 510	**28** ②
29 31	**30** 4	**31** 36	**32** ①	**33** ⑤	**34** ②	**35** ①
36 ①	**37** 49	**38** 24	**39** ③	**40** 4	**41** ①	**42** ①
43 13	**44** ⑤	**45** ③	**46** 14	**47** ③	**48** ④	**49** ③
50 ①	**51** ②	**52** ⑤	**53** ④	**54** ④	**55** ③	**56** ④
57 ①						

1등급 도전
본문 77쪽

01 ⑤   **02** 32   **03** 40

---

06 도형의 방정식(1)
개념 확인 문제
본문 79쪽

01 (1) 9   (2) 6

02 (1) 5   (2) 5

03 (1) 1   (2) 2

04 (1) $(-3, 2)$ (2) $\left(-\dfrac{3}{2}, 1 \right)$

05 $(2, 1)$

06 (1) $y=3x+9$ (2) $y=3$

07 (1) $y=-x+5$ (2) $y=\dfrac{4}{3}x+\dfrac{17}{3}$

    (3) $y=4$ (4) $x=3$

08 (1) $y=-x+2$ (2) $y=\dfrac{2}{3}x-3$

09 (1) $y=2x$ (2) $y=-\dfrac{2}{3}x+\dfrac{8}{3}$

10 (1) $\dfrac{4}{5}$ (2) $\dfrac{4\sqrt{5}}{5}$ **11** $\dfrac{\sqrt{10}}{2}$

12 (1) $3x-4y+5=0$ 또는 $3x-4y-5=0$

    (2) $2x+y+3\sqrt{5}-1=0$ 또는 $2x+y-3\sqrt{5}-1=0$

내신 + 학평 유형 연습
본문 80~87쪽

01 ③	**02** ②	**03** 29	**04** ③	**05** 19	**06** ②	**07** ②
08 ②	**09** ②	**10** ④	**11** ④	**12** ③	**13** 160	**14** ①
15 ④	**16** ②	**17** 7	**18** ⑤	**19** ②	**20** ①	**21** ④
22 ③	**23** ⑤	**24** ⑤	**25** ④	**26** ②	**27** ③	**28** ③
29 9	**30** ④	**31** 15	**32** 125	**33** ②	**34** ③	**35** 30
36 ①	**37** 20	**38** ②				

1등급 도전
본문 88~89쪽

01 ①	**02** ⑤	**03** 162	**04** 96
05 ①	**06** 48		

07 도형의 방정식(2)

개념 확인 문제 본문 91쪽

01 (1) $x^2+(y-2)^2=1$ (2) $x^2+y^2=25$

02 $(x+1)^2+(y+2)^2=41$

03 (1) 중심의 좌표: $(3, 0)$, 반지름의 길이: 3

   (2) 중심의 좌표: $(1, 4)$, 반지름의 길이: $3\sqrt{3}$

04 $x^2+y^2-3x+y=0$

05 (1) $(x-2)^2+(y+3)^2=9$ (2) $(x+4)^2+(y-5)^2=16$

   (3) $(x+1)^2+(y+1)^2=1$

06 (1) $-\sqrt{5}<k<\sqrt{5}$ (2) $k=\pm\sqrt{5}$

   (3) $k<-\sqrt{5}$ 또는 $k>\sqrt{5}$

07 (1) $y=x\pm2\sqrt{3}$ (2) $x-\sqrt{3}y=4$

   (3) $x+y=-2$, $7x+y=10$

08 (1) $(1, 3)$ (2) $(6, -6)$

09 (1) $2x-y-11=0$ (2) $(x-5)^2+(y+3)^2=5$

10 (1) $(3, 7)$ (2) $(-3, -7)$

   (3) $(-3, 7)$ (4) $(-7, 3)$

11 (1) $(x-5)^2+(y-6)^2=9$ (2) $(x+5)^2+(y+6)^2=9$

   (3) $(x+5)^2+(y-6)^2=9$ (4) $(x+6)^2+(y-5)^2=9$

12 $(x-1)^2+(y-3)^2=4$

내신 + 학평 유형 연습 본문 92~101쪽

01 ②	02 10	03 14	04 ④	05 ④	06 ④	07 ②
08 ②	09 ③	10 ①	11 ④	12 ④	13 31	14 22
15 ②	16 ①	17 ④	18 ④	19 ③	20 ⑤	21 ④
22 8	23 ④	24 18	25 ③	26 87	27 6	28 ⑤
29 ③	30 ①	31 ③	32 24	33 12	34 11	35 26
36 ④	37 32	38 ①	39 ⑤	40 56	41 ①	42 ②
43 ④	44 ⑤	45 ②	46 ⑤	47 12	48 ①	49 ④
50 ②						

1등급 도전 본문 102~103쪽

01 32	02 ④	03 ③	04 128
05 ②	06 144	07 82	08 15

---

08 집합과 명제(1)

개념 확인 문제 본문 105쪽

01 집합: (1), (3)

   (1)의 원소는 1, 2, 3, 4, 6, 12

   (3)의 원소는 1, 3

02 (1) $\in$ (2) $\in$ (3) $\notin$

03 (1) $\{x\,|\,x$는 4의 양의 약수$\}$ (2) $\{x\,|\,x$는 3의 배수$\}$

   (3) $\{-1, 1\}$ (4) $\{2, 4, 6, \cdots, 100\}$

04 (1) 3   (2) 0

05 (1) $A\subset B$ (2) $A=B$

06 (1) $A\cup B=\{1, 2, 4, 6, 8, 10\}$, $A\cap B=\{2, 4, 8\}$

   (2) $A\cup B=\{x\,|\,x$는 정수$\}$, $A\cap B=\{-5, 3\}$

07 3

08 $\{1, 2, 3, 4\}$

---

09 (1) $\{1, 3, 5, 7, 9, 10\}$ (2) $\{2, 3, 4, 6, 7, 8, 10\}$

10 (1) $\{a, c, d\}$ (2) $\{8, 10\}$

11 (1) $\varnothing$ (2) $B-A$

12 15

내신 + 학평 유형 연습 본문 106~115쪽

01 ①	02 5	03 48	04 ⑤	05 ②	06 ③	07 16
08 ④	09 8	10 8	11 ④	12 ③	13 35	14 ③
15 ③	16 ②	17 ③	18 ③	19 ②	20 8	21 ⑤
22 ②	23 20	24 ③	25 ②	26 ⑤	27 ⑤	28 ⑤
29 ⑤	30 ①	31 ①	32 ⑤	33 16	34 ②	35 ④
36 ②	37 ④	38 8	39 ②	40 ③	41 22	42 36
43 ⑤	44 ②	45 ⑤	46 ②	47 11	48 ④	49 ⑤
50 22	51 29	52 ⑤	53 ②	54 ④	55 56	56 85

1등급 도전 본문 116~117쪽

01 ②	02 ⑤	03 50	04 ③
05 189	06 ⑤		

---

09 집합과 명제(2)

개념 확인 문제 본문 119쪽

01 명제: (1), (3), (4)

   (1) 참   (3) 거짓   (4) 참

02 (1) 2는 소수가 아니다. (거짓)

   (2) $3>\sqrt{3}$ (참)

03 조건 p의 진리집합을 P라 하면 $P=\{1, 2, 3, 4, 5, 6, 7\}$

   $\sim p$의 진리집합은 $P^c=\{x\,|\,x>7$인 자연수$\}$

04 (1) 거짓   (2) 참

05 (1) 참   (2) 거짓

06 (1) 어떤 실수 x에 대하여 $x^2-x+1\geq0$이다. (참)

   (2) 모든 직사각형은 정사각형이 아니다. (거짓)

07 (1) 역: $\sqrt{x}>3$이면 $x>9$이다.

      대우: $\sqrt{x}\leq3$이면 $x\leq9$이다.

   (2) 역: 평행사변형은 사다리꼴이다.

      대우: 평행사변형이 아니면 사다리꼴이 아니다.

08 (1) 충분조건   (2) 필요충분조건

09 (가) $\sqrt{a}-\sqrt{b}$ (나) $\geq$

내신 + 학평 유형 연습 본문 120~126쪽

01 ②	02 ②	03 ④	04 ⑤	05 ③	06 ③	07 ③
08 ②	09 ②	10 ③	11 ②	12 9	13 9	14 ③
15 ①	16 ①	17 ②	18 ①	19 ③	20 ③	21 ②
22 ⑤	23 ⑤	24 ④	25 ④	26 5	27 12	28 ③
29 ③	30 ⑤	31 ④	32 15	33 ②	34 ③	35 ②

1등급 도전 본문 127쪽

01 ③	02 ①

10 함수와 그래프(1)

개념 확인 문제
본문 129쪽

01 (2)

02 (1), (2), (4)

03 정의역: $\{-1, 0, 1, 2\}$, 공역: $\{-1, 0, 1, 3, 5\}$, 치역: $\{-1, 0, 3\}$

04 ㄱ, ㄹ

05 일대일대응: ㄴ, ㄷ, 항등함수: ㄴ, 상수함수: ㄱ

06 (1) $(g \circ f)(x) = -x^2 - 4x - 4$　　(2) $(f \circ g)(x) = -x^2 + 2$
　　(3) 6　　　　　　　　　　　　(4) -16

07 (1) 3　　　(2) 2　　　(3) 5　　　(4) 6

08 (1) -1　　(2) 1　　(3) -3　　(4) -13

09 (1) $y = x - 4$　　(2) $y = -3x + 6$

10 2

내신 + 학평 유형 연습
본문 130~137쪽

01 10	**02** ④	**03** ③	**04** 7	**05** ⑤	**06** ③	**07** ②
08 17	**09** 26	**10** ④	**11** ②	**12** ⑤	**13** ②	**14** ⑤
15 ①	**16** ①	**17** 4	**18** ①	**19** 6	**20** ①	**21** ①
22 4	**23** ②	**24** ③	**25** 23	**26** ②	**27** ④	**28** ③
29 5	**30** ③	**31** ③	**32** 510	**33** 28	**34** ④	**35** ①
36 ③	**37** ⑤	**38** ⑤	**39** ④	**40** ③	**41** ③	**42** ②

1등급 도전
본문 138~139쪽

01 ②　　　**02** ②　　　**03** ⑤　　　**04** ⑤

---

11 함수와 그래프(2)

개념 확인 문제
본문 141쪽

01 (1) $\dfrac{3x}{(x-2)(x+1)}$　　(2) $\dfrac{x^2+2x+3}{x(x+1)(x-1)}$

02 (1) $\dfrac{x-2}{(x-1)^2}$　　(2) $(x+1)^2$

03 (1)
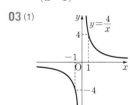
(2)
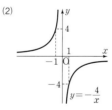

(3)
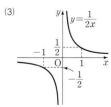
(4)
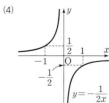

04 (1)
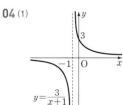
(2)
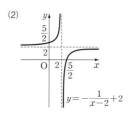

정의역: $\{x \mid x \neq -1\}$　　　정의역: $\{x \mid x \neq 2\}$
치역: $\{y \mid y \neq 0\}$　　　　치역: $\{y \mid y \neq 2\}$
점근선: $x = -1$, $y = 0$　　점근선: $x = 2$, $y = 2$

05 (1)
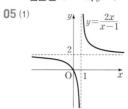
(2)
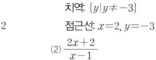

정의역: $\{x \mid x \neq 1\}$　　　정의역: $\{x \mid x \neq 2\}$
치역: $\{y \mid y \neq 2\}$　　　　치역: $\{y \mid y \neq -3\}$
점근선: $x = 1$, $y = 2$　　점근선: $x = 2$, $y = -3$

06 (1) $x - 3$　　(2) $\dfrac{2x+2}{x-1}$

07 (1) $-\sqrt{x+1} - \sqrt{x+3}$
　　(2) $2x - 1 - 2\sqrt{x^2 - x}$

08
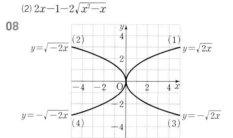

09 (1)
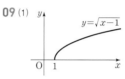
(2)
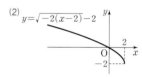

정의역: $\{x \mid x \geq 1\}$　　　정의역: $\{x \mid x \leq 2\}$
치역: $\{y \mid y \geq 0\}$　　　　치역: $\{y \mid y \geq -2\}$

10 (1)
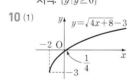
(2)
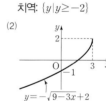

정의역: $\{x \mid x \geq -2\}$　　정의역: $\{x \mid x \leq 3\}$
치역: $\{y \mid y \geq -3\}$　　　치역: $\{y \mid y \leq 2\}$

내신 + 학평 유형 연습
본문 142~150쪽

01 10	**02** ③	**03** ③	**04** 12	**05** ③	**06** ②	**07** ①
08 ⑤	**09** ④	**10** ③	**11** ②	**12** ④	**13** ④	**14** ②
15 ③	**16** ③	**17** ①	**18** ③	**19** ⑤	**20** ①	**21** ①
22 ⑤	**23** ①	**24** ④	**25** ①	**26** ②	**27** ④	**28** ③
29 ④	**30** ③	**31** ③	**32** ③	**33** ①	**34** ⑤	**35** ②
36 ②	**37** ③	**38** 3	**39** ②	**40** 11	**41** 27	**42** 7
43 ③	**44** ②	**45** ⑤	**46** ③	**47** ③	**48** ⑤	

1등급 도전
본문 151~152쪽

01 10	**02** ⑤	**03** ④	**04** 192
05 42	**06** 13	**07** 250	**08** 36

01 다항식

개념 확인 문제

본문 7쪽

01 (1) x^3-3x^2-x+9 (2) $x^3-x^2+15x-13$

02 (1) $-6a^3b^3$ (2) $-\dfrac{y^5}{4x^2}$

03 (1) x^3-2x-1 (2) $6x^3-5x^2y+6xy^2+8y^3$

04 (1) $4x^2+4x+1$ (2) $a^2-6ab+9b^2$

     (3) $4x^2-y^2$ (4) x^2+5x+6

     (5) $6x^2-5x-4$

     (6) $a^2+4b^2+c^2-4ab-4bc+2ca$

     (7) $8a^3+36a^2b+54ab^2+27b^3$ (8) $x^3-6x^2+12x-8$

     (9) $8x^3+1$ (10) $27a^3-b^3$

05 (1) 13   (2) 45

06 (1) 몫: $2x^2-7x+7$, 나머지: -4

     (2) 몫: $4x+14$, 나머지: $29x-25$

07 (1) $a=1$, $b=2$, $c=-1$ (2) $a=1$, $b=4$, $c=-1$

08 (1) 3   (2) $-\dfrac{51}{8}$

09 8

10 (1) 몫: x^2+x-1, 나머지: -3 (2) 몫: $2x^2+x-1$, 나머지: 1

11 (1) $(a+2)^3$ (2) $(x-3y)(x^2+3xy+9y^2)$

     (3) $(a-3)^3$ (4) $(3x+2y)(9x^2-6xy+4y^2)$

     (5) $(x-2y-z)^2$ (6) $(a-1)(a-2)(a^2-3a+4)$

     (7) $(x+1)(x-1)(x+2)(x-2)$ (8) $(x^2+2x+3)(x^2-2x+3)$

     (9) $(x-y+1)(2x+y+1)$ (10) $(x+2)(x-3)(x-4)$

내신 + 학평 유형 연습

본문 8~19쪽

01 ③	**02** ④	**03** ③	**04** ⑤	**05** ③	**06** ③
07 ①	**08** ①	**09** ③	**10** 6	**11** 5	**12** 10
13 6	**14** 12	**15** 3	**16** 36	**17** ⑤	**18** ②
19 ⑤	**20** ②	**21** ④	**22** ②	**23** ②	**24** ④
25 ③	**26** 148	**27** 23	**28** ④	**29** ②	**30** ①
31 ③	**32** ③	**33** ①	**34** ③	**35** 20	**36** 13
37 7	**38** ⑤	**39** ①	**40** ②	**41** ③	**42** ⑤
43 91	**44** ④	**45** 3	**46** ②	**47** ③	**48** ①
49 23	**50** ④	**51** ①	**52** ⑤	**53** ②	**54** ②
55 12	**56** ④	**57** ④	**58** ④	**59** ④	**60** ④
61 ①	**62** ⑤	**63** ①	**64** ①	**65** 503	**66** 2
67 ②	**68** ⑤	**69** ③	**70** ②	**71** ③	**72** ③
73 ③	**74** ③	**75** 176			

01

$A+B=(x^2+3xy+2y^2)+(2x^2-3xy-y^2)$
$\qquad =3x^2+y^2$

답 ③

02

$A-B=(3x^2-5x+1)-(2x^2+x+3)$
$\qquad =x^2-6x-2$

답 ④

03

$A+B=(3x^2+2x-1)+(-x^2+x+3)$
$\qquad =2x^2+3x+2$

답 ③

04

$A-B=(2x^2+3y^2-2)-(x^2-y^2)$
$\qquad =x^2+4y^2-2$

답 ⑤

05

$A-2B=4x^2+2x-1-2(x^2+x-3)$
$\qquad\quad =4x^2+2x-1-2x^2-2x+6$
$\qquad\quad =2x^2+5$

답 ③

06

$(A+2B)-(B+C)$
$=A+2B-B-C=A+B-C$
$=(x^2-xy+2y^2)+(x^2+xy+y^2)-(x^2-y^2)$
$=x^2-xy+2y^2+x^2+xy+y^2-x^2+y^2$
$=x^2+4y^2$

답 ③

07

$X-A=B$에서 $X=A+B$이므로
$X=A+B$
$\quad =(2x^2-4x-2)+(3x+3)$
$\quad =2x^2-x+1$

답 ①

08

절대 온도가 T인 이상 기체가 담긴 두 강철 용기 A, B에 대하여 각 강철 용기에 담긴 이상 기체의 몰수를 각각 n_A, n_B라 하고, 압력을 각각 P_A, P_B라 하자.

$n_A=\dfrac{1}{4}n_B$, $P_A=\dfrac{3}{2}P_B$이므로

$V_A=R\left(\dfrac{n_A T}{P_A}\right)=R\left(\dfrac{\frac{1}{4}n_B T}{\frac{3}{2}P_B}\right)=\dfrac{1}{6}R\left(\dfrac{n_B T}{P_B}\right)=\dfrac{1}{6}V_B$

따라서 $\dfrac{V_A}{V_B}=\dfrac{1}{6}$이다.

답 ①

09

구경이 40인 망원경 A의 집광력을 F_1이라 하고, 구경이 x인 망원경 B의 집광력을 F_2라 하면

$F_1 = k \times 40^2 = 1600k$, $F_2 = k \times x^2 = kx^2$

망원경 A의 집광력 F_1은 망원경 B의 집광력 F_2의 2배이므로

$F_1 = 2F_2$

즉, $1600k = 2kx^2$이므로 $x^2 = 800$

$x > 0$이므로 $x = \sqrt{800} = 20\sqrt{2}$

답 ③

10

$(4x-y-3z)^2 = 16x^2+y^2+9z^2-8xy+6yz-24zx$

따라서 yz의 계수는 6이다.

답 6

11

$(x+4)(2x^2-3x+1) = x(2x^2-3x+1)+4(2x^2-3x+1)$
$= 2x^3-3x^2+x+8x^2-12x+4$
$= 2x^3+5x^2-11x+4$

따라서 x^2의 계수는 5이다.

답 5

(다른 풀이)

$(x+4)(2x^2-3x+1)$에서 x^2항은 $x \times (-3x)+4 \times 2x^2 = 5x^2$

따라서 x^2의 계수는 5이다.

12

$(x+3)(x^2+2x+4) = x(x^2+2x+4)+3(x^2+2x+4)$
$= x^3+2x^2+4x+3x^2+6x+12$
$= x^3+5x^2+10x+12$

따라서 x의 계수는 10이다.

답 10

(다른 풀이)

$(x+3)(x^2+2x+4)$에서 x항은 $x \times 4+3 \times 2x = 10x$

따라서 x의 계수는 10이다.

13

$(2x+y)^3 = 8x^3+12x^2y+6xy^2+y^3$

따라서 xy^2의 계수는 6이다.

답 6

14

$(x+2y)^3 = x^3+6x^2y+12xy^2+8y^3$

따라서 xy^2의 계수는 12이다.

답 12

15

$(x+a)^3+x(x-4) = (x^3+3ax^2+3a^2x+a^3)+(x^2-4x)$
$= x^3+(3a+1)x^2+(3a^2-4)x+a^3$

에서 x^2의 계수는 $3a+1$

따라서 $3a+1 = 10$이므로 $a=3$

답 3

16

$(x-y-2z)^2 = x^2+(-y)^2+(-2z)^2+2 \times x \times (-y)$
$+2 \times (-y) \times (-2z)+2 \times (-2z) \times x$
$= x^2+y^2+4z^2-2xy+4yz-4zx$
$= x^2+y^2+4z^2-2(xy-2yz+2zx)$
$= 62-2 \times 13 = 36$

답 36

17

$(a+b-1)\{(a+b)^2+a+b+1\} = 8$에서

$a+b = X$로 놓으면

$(X-1)(X^2+X+1) = 8$, $X^3-1 = 8$, $X^3 = 9$

따라서 $(a+b)^3 = 9$

답 ⑤

18

$2019 = k$로 놓으면

$2016 \times 2019 \times 2022 = (k-3)k(k+3) = k(k^2-9)$
$= k^3-9k = 2019^3-9 \times 2019$

따라서 $a = 2019$

답 ②

19

두 정사각형의 넓이의 합은 $a^2+(2b)^2 = a^2+4b^2$, 직사각형의 넓이는 ab이고, 두 정사각형의 넓이의 합이 직사각형의 넓이의 5배이므로

$a^2+4b^2 = 5ab$

이때 $ab = 4$이고 $(a+2b)^2 = a^2+4b^2+4ab$이므로

$(a+2b)^2 = 9ab = 9 \times 4 = 36$

따라서 한 변의 길이가 $a+2b$인 정사각형의 넓이는 36이다.

답 ⑤

20

$(a+b)^3 = a^3+3a^2b+3ab^2+b^3 = a^3+b^3+3ab(a+b)$에서

$a+b = 2$, $a^3+b^3 = 10$이므로

$8 = 10+3ab \times 2$, $6ab = -2$

따라서 $ab = -\dfrac{1}{3}$

답 ②

21

$a^3-b^3=(a-b)^3+3ab(a-b)$

$\qquad =2^3+3\times\dfrac{1}{3}\times 2=10$

답 ③

22

$(x+y-z)^2=x^2+y^2+(-z)^2+2xy+2y(-z)+2(-z)x$

$\qquad\qquad\qquad =x^2+y^2+z^2+2(xy-yz-zx)$

이므로 $5^2=x^2+y^2+z^2+2\times 4$

따라서 $x^2+y^2+z^2=25-8=17$

답 ②

23

$x^3+y^3=(x+y)^3-3xy(x+y)$이므로

$\dfrac{x^2}{y}+\dfrac{y^2}{x}=\dfrac{x^3+y^3}{xy}$

$\qquad =\dfrac{(x+y)^3-3xy(x+y)}{xy}$

$\qquad =\dfrac{(\sqrt{2})^3-3\times(-2)\times\sqrt{2}}{-2}$

$\qquad =\dfrac{2\sqrt{2}+6\sqrt{2}}{-2}=-4\sqrt{2}$

답 ②

24

선분 AB의 중점을 O, 선분 AD와 선분 OC가 만나는 점을 M이라 하자.

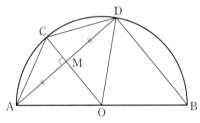

$\triangle AOC\equiv\triangle DOC$이므로 $\angle ACO=\angle DCO$

$\overline{CM}$이 $\angle ACD$의 이등분선이고 $\triangle ACD$가 $\overline{AC}=\overline{CD}$인 이등변삼각형이므로 $\overline{AM}=\overline{DM}$, $\angle AMC=90°$

$\angle ADB=90°$이고 $\triangle AMO\backsim\triangle ADB$, $\overline{BD}=8$이므로 $\overline{OM}=4$

직각삼각형 AMC에서 $\overline{AM}^2=\overline{AC}^2-\overline{CM}^2$,

직각삼각형 AMO에서 $\overline{AM}^2=\overline{AO}^2-\overline{OM}^2$

이므로 $\overline{AC}^2-\overline{CM}^2=\overline{AO}^2-\overline{OM}^2$

$(a-1)^2-(a-4)^2=a^2-4^2$

$(a^2-2a+1)-(a^2-8a+16)=a^2-4^2$

$6a-15=a^2-16$

즉, $a^2-6a-1=0$에서 $a>4$이므로 $a=3+\sqrt{10}$

$a^2-6a-1=0$의 양변을 a로 나누면 $a-\dfrac{1}{a}=6$

따라서

$a^3-\dfrac{1}{a^3}=\left(a-\dfrac{1}{a}\right)^3+3\left(a-\dfrac{1}{a}\right)=6^3+3\times 6=234$

답 ④

25

삼각형 ABC가 $\angle A=90°$인 직각삼각형이므로

$\overline{AB}^2+\overline{AC}^2=\overline{BC}^2$에서 $x^2+y^2=10$ ······ ㉠

삼각형 ABC와 삼각형 APS가 서로 닮음이고

닮음비가 $\overline{BC}:\overline{PS}=\sqrt{10}:\dfrac{2\sqrt{10}}{7}=7:2$이므로

$\overline{AP}=\dfrac{2}{7}x$, $\overline{AS}=\dfrac{2}{7}y$이고 $\overline{SC}=\dfrac{5}{7}y$

삼각형 APS와 삼각형 RSC가 서로 닮음이므로

$\overline{PS}:\overline{AP}=\overline{SC}:\overline{RS}$에서 $\dfrac{2\sqrt{10}}{7}:\dfrac{2}{7}x=\dfrac{5}{7}y:\dfrac{2\sqrt{10}}{7}$

$10xy=40$, $xy=4$ ······ ㉡

㉠, ㉡에서 $(x-y)^2=x^2+y^2-2xy=10-2\times 4=2$

$x>y$이므로 $x-y=\sqrt{2}$

따라서

$x^3-y^3=(x-y)^3+3xy(x-y)$

$\qquad =(\sqrt{2})^3+3\times 4\times\sqrt{2}=14\sqrt{2}$

답 ③

다른 풀이

$\overline{BQ}=\dfrac{\sqrt{10}}{7}a\,(0<a<5)$라 하면

$\overline{CR}=\overline{BC}-\overline{BQ}-\overline{QR}=\sqrt{10}-\dfrac{\sqrt{10}}{7}a-\dfrac{2\sqrt{10}}{7}=\dfrac{\sqrt{10}}{7}(5-a)$

삼각형 QBP와 삼각형 RSC는 서로 닮음이므로

$\dfrac{\overline{PQ}}{\overline{BQ}}=\dfrac{\overline{CR}}{\overline{SR}}$에서 $\dfrac{\dfrac{2\sqrt{10}}{7}}{\dfrac{\sqrt{10}}{7}a}=\dfrac{\dfrac{\sqrt{10}}{7}(5-a)}{\dfrac{2\sqrt{10}}{7}}$

$\dfrac{2}{a}=\dfrac{5-a}{2}$, $a^2-5a+4=0$

$(a-1)(a-4)=0$, $a=1$ 또는 $a=4$

삼각형 ABC가 $\angle A=90°$인 직각삼각형이므로

$\overline{AB}^2+\overline{AC}^2=\overline{BC}^2$에서 $x^2+y^2=10$ ······ ㉠

(i) $a=1$일 때

삼각형 ABC와 삼각형 QBP는 서로 닮음이므로

$\dfrac{\overline{CA}}{\overline{BA}}=\dfrac{\overline{PQ}}{\overline{BQ}}$에서 $\dfrac{y}{x}=2$, $y=2x$

$x>0$, $y>0$이므로 $x<y$가 되어 조건을 만족시키지 않는다.

(ii) $a=4$일 때

삼각형 ABC와 삼각형 QBP는 서로 닮음이므로

$\dfrac{\overline{CA}}{\overline{BA}}=\dfrac{\overline{PQ}}{\overline{BQ}}$에서 $\dfrac{y}{x}=\dfrac{1}{2}$, $x=2y$

$x=2y$를 ㉠에 대입하여 x, y의 값을 구하면

$(2y)^2+y^2=10$, $y^2=2$

$x>0$, $y>0$이므로 $x=2\sqrt{2}$, $y=\sqrt{2}$

$x^3-y^3=(2\sqrt{2})^3-(\sqrt{2})^3=16\sqrt{2}-2\sqrt{2}=14\sqrt{2}$

따라서 (i), (ii)에서 $x^3-y^3=14\sqrt{2}$

26

$\overline{AB}=x$, $\overline{AD}=y$, $\overline{AE}=z$라 하면

$l_1=3x+3y+3z+\overline{AC}+\overline{CF}+\overline{FA}$

$l_2=x+y+z+\overline{AC}+\overline{CF}+\overline{FA}$

이므로 $l_1-l_2=2x+2y+2z=28$에서 $x+y+z=14$

$S_1=xy+yz+zx+\dfrac{1}{2}xy+\dfrac{1}{2}yz+\dfrac{1}{2}zx$

$\qquad +$(삼각형 AFC의 넓이)

$S_2=\dfrac{1}{2}xy+\dfrac{1}{2}yz+\dfrac{1}{2}zx+$(삼각형 AFC의 넓이)

이므로 $S_1-S_2=xy+yz+zx=61$

따라서

$\overline{AC}^2+\overline{CF}^2+\overline{FA}^2=(x^2+y^2)+(y^2+z^2)+(z^2+x^2)$

$\qquad\qquad\qquad\qquad =2(x^2+y^2+z^2)$

$\qquad\qquad\qquad\qquad =2\{(x+y+z)^2-2(xy+yz+zx)\}$

$\qquad\qquad\qquad\qquad =2\times(14^2-2\times61)=148$

답 148

27

$$
\begin{array}{r}
x^2\phantom{{}+2x}-3 \\
x^2+2x+3\overline{)x^4+2x^3+11x-4} \\
\underline{x^4+2x^3+3x^2} \\
-3x^2+11x-4 \\
\underline{-3x^2-6x-9} \\
17x+5
\end{array}
$$

이므로 $Q(x)=x^2-3$, $R(x)=17x+5$

따라서 $Q(2)=1$, $R(1)=22$이므로

$Q(2)+R(1)=1+22=23$

답 23

28

$P(x)+4x=3x^3+x+11+4x=3x^3+5x+11$이므로 다항식

$P(x)+4x$를 다항식 $Q(x)=x^2-x+1$로 나누면 다음과 같다.

$$
\begin{array}{r}
3x+3 \\
x^2-x+1\overline{)3x^3+5x+11} \\
\underline{3x^3-3x^2+3x} \\
3x^2+2x+11 \\
\underline{3x^2-3x+3} \\
5x+8
\end{array}
$$

따라서 나머지는 $5x+8$이므로 $a=8$

답 ④

29

다항식 $f(x)+g(x)$를 x로 나누었을 때의 나머지 $x^2+2x-\dfrac{1}{2}f(x)$

는 상수이므로

$x^2+2x-\dfrac{1}{2}f(x)=R$ (R은 상수)라 하면

$f(x)=2x^2+4x-2R$

다항식 $f(x)+g(x)$는 최고차항의 계수가 1인 삼차다항식이고

다항식 $f(x)+g(x)$를 x^2+2x-2로 나누었을 때의 나머지도 R이므로

$f(x)+g(x)=x(x^2+2x-2)+R$

$g(x)=x(x^2+2x-2)+R-f(x)$

$\qquad =x(x^2+2x-2)+R-(2x^2+4x-2R)$

$\qquad =x^3-6x+3R$

$g(1)=7$에서 $R=4$

따라서 $f(x)=2x^2+4x-8$이므로

$f(3)=18+12-8=22$

답 ②

30

$x^2+ax+b=x(x+3)+4$에서

$x^2+ax+b=x^2+3x+4$

위의 식이 x에 대한 항등식이므로

$a=3$, $b=4$

따라서 $ab=12$

답 ①

31

등식 $x^2+(a+2)x=x^2+4x+(b-1)$에서

$a=2$, $b=1$

따라서 $a+b=3$

답 ③

32

$x(x-3)+(x+1)(x+3)$

$=x^2-3x+x^2+4x+3$

$=2x^2+x+3$

이고, 주어진 등식은 x에 대한 항등식이므로 좌변과 우변의 계수를 비교하면

$a=1$, $b=3$

따라서 $ab=3$

답 ③

다른 풀이

주어진 등식의 양변에 $x=0$을 대입하면 $b=3$

주어진 등식의 양변에 $x=-1$을 대입하면

$2-a+3=4$, $a=1$

따라서 $ab=3$

33

x에 대한 항등식이므로 $x=1$을 대입하면

$1-5+a+1=-1$에서 $a=2$

$x^3-5x^2+2x+1=(x-1)Q(x)-1$에 $x=2$를 대입하면

$2^3-5\times2^2+2\times2+1=(2-1)\times Q(2)-1$

$8-20+4+1=Q(2)-1$

따라서 $Q(2)=-6$

답 ①

34

주어진 등식의 양변에 $x=-1$을 대입하면

$0=-a+b$ ······ ㉠

주어진 등식의 양변에 $x=1$을 대입하면

$6=a+b$ ······ ㉡

㉠, ㉡을 연립하여 풀면 $a=3$, $b=3$

그러므로 주어진 등식은

$x(x+1)(x+2)=(x+1)(x-1)P(x)+3x+3$

이때 $a-b=0$이므로 위 등식의 양변에 $x=0$을 대입하면

$0=-P(0)+3$, $P(0)=3$

따라서 $P(a-b)=P(0)=3$

답 ③

다른 풀이

주어진 등식의 좌변을 전개한 후 x에 대하여 내림차순으로 정리하면

$x^3+3x^2+2x=(x+1)(x-1)P(x)+ax+b$

$x^3+3x^2+2x=(x^2-1)P(x)+ax+b$

다항식 x^3+3x^2+2x를 x^2-1로
나누면 오른쪽과 같으므로

$P(x)=x+3$, $a=3$, $b=3$

따라서

$P(a-b)=P(0)$

$\qquad =3$

$$\begin{array}{r}
x+3 \\
x^2-1\overline{\smash)x^3+3x^2+2x} \\
\underline{x^3-x} \\
3x^2+3x \\
\underline{3x^2-3} \\
3x+3
\end{array}$$

35

$f(x)g(x)$를 $f(x)-2x^2$으로 나누었을 때의 몫은 x^2-3x+3이고 나머지는 $f(x)+xg(x)$이므로

$f(x)g(x)=\{f(x)-2x^2\}(x^2-3x+3)+f(x)+xg(x)$ ······ ㉠

㉠의 좌변이 삼차식이므로 우변도 삼차식이다.

$\{f(x)-2x^2\}(x^2-3x+3)$이 삼차식이므로

$f(x)-2x^2$은 일차식이고 나머지 $f(x)+xg(x)$는 상수이다.

$f(x)-2x^2=ax+b$라 하면

나머지 $f(x)+xg(x)=(2x^2+ax+b)+xg(x)$는 상수이므로

$g(x)=-2x-a$, $f(x)+xg(x)=b$

㉠에 $f(x)=2x^2+ax+b$, $g(x)=-2x-a$를 대입하면

$(2x^2+ax+b)(-2x-a)=(ax+b)(x^2-3x+3)+b$ ······ ㉡

㉡의 좌변의 최고차항의 계수가 -4이므로 $a=-4$

㉡의 양변에 $x=2$를 대입하면

$0=(-8+b)\times1+b$, $b=4$

따라서 $f(x)=2x^2-4x+4$이므로

$f(-2)=8+8+4=20$

답 20

36

$f(x)=x^3+2x^2-9x+a$라 하면 나머지정리에 의하여

$f(1)=1+2-9+a=-6+a=7$

따라서 $a=13$

답 13

37

다항식 x^3+2를 $(x+1)(x-2)$로 나누었을 때의
몫을 $Q(x)$, 나머지를 $ax+b$라 하면

$x^3+2=(x+1)(x-2)Q(x)+ax+b$

$x=-1$을 대입하면 $-a+b=1$ ······ ㉠

$x=2$를 대입하면 $2a+b=10$ ······ ㉡

㉠, ㉡을 연립하면 $a=3$, $b=4$

따라서 $a+b=7$

답 7

38

$P(x)=x^3+ax^2+12$라 하면 $P(x)$를 $x-2$로 나눈 나머지가 $2a-8$
이므로

$P(2)=4a+20=2a-8$

$2a=-28$

따라서 $a=-14$

답 ⑤

39

다항식 $f(x)$를 일차식 $x-1$로 나누었을 때의 몫을 $Q(x)$, 나머지를
R이라 하면

$f(x)=(x-1)Q(x)+R$

나머지정리에 의하여 $4\times\{f(1)-2\}=16$이므로

$f(1)=6$

따라서 구하는 나머지는

$R=f(1)=6$

답 ①

40

두 상수 a, b에 대하여 $P(x)=x^2+ax+b$라 하자.

조건 ㈎에서 나머지정리에 의하여 $P(1)=1$이므로

$a+b=0$ ······ ㉠

조건 ㈏에서 나머지정리에 의하여

$2P(2)=2$, $P(2)=1$이므로

$2a+b=-3$ ······ ㉡

㉠, ㉡을 연립하면 $a=-3$, $b=3$

따라서 $P(4)=4^2-3\times4+3=7$

답 ②

41

$x^5+ax^2+(a+1)x+2=(x-1)Q(x)+6$ ······ ㉠

㉠에 $x=1$을 대입하면

$1+a+(a+1)+2=6$이므로 $a=1$

$x^5+x^2+2x+2=(x-1)Q(x)+6$ ······ ㉡

㉡에 $x=2$를 대입하면

$32+4+4+2=Q(2)+6$이므로 $Q(2)=36$

따라서 $a+Q(2)=37$

답 ③

42

다항식 x^4+x^2+1을 $x-2$로 나누었을 때의 몫을 $Q(x)$, 나머지를 R이라 하면 나머지정리에 의하여

$R=2^4+2^2+1=21$

그러므로 $x^4+x^2+1=(x-2)Q(x)+21$

위의 식에 $x=2024$를 대입하면

$2024^4+2024^2+1=(2024-2)Q(2024)+21$

따라서 2024^4+2024^2+1을 2022로 나눈 나머지는 21이다.

답 ⑤

43

다항식 $(x-2)P(x)-x^2$을 $P(x)-x$로 나누었을 때의 나머지가 $P(x)-3x$이므로 나머지 $P(x)-3x$의 차수는 $P(x)-x$의 차수보다 낮아야 한다.

다항식 $P(x)$의 차수가 1이 아니면 $P(x)-x$의 차수와 $P(x)-3x$의 차수는 같아지므로 $P(x)$의 차수는 1이다.

$P(x)=ax+b$ ($a\neq0$, a, b는 실수)라 하자.

$P(x)-3x=(a-3)x+b$는 상수이므로

$a=3$

$P(x)=3x+b$에 대하여

$(x-2)P(x)-x^2=\{P(x)-x\}Q(x)+P(x)-3x$

위 식을 정리하면

$\{P(x)-x\}Q(x)=(x-2)P(x)-x^2-\{P(x)-3x\}$

$\{P(x)-x\}Q(x)=\{P(x)-x\}(x-3)$

이므로 $Q(x)=x-3$

$P(x)$를 $x-3$으로 나눈 나머지는 10이므로 나머지정리에 의하여

$P(3)=9+b=10$, $b=1$

$P(x)=3x+1$

따라서 $P(30)=91$

답 91

44

$P(x)=x^3-2x^2-8x+a$라 하면

$P(x)$가 $x-3$으로 나누어떨어지므로

나머지정리에 의하여

$P(3)=3^3-2\times3^2-8\times3+a=0$

따라서 $a=15$

답 ④

45

다항식 $(x+2)(x-1)(x+a)+b(x-1)$을 x^2+4x+5로 나누었을 때의 몫을 $Q(x)$라 하면 $(x+2)(x-1)(x+a)+b(x-1)$은 x^2+4x+5로 나누어떨어지므로 인수정리에 의하여

$(x+2)(x-1)(x+a)+b(x-1)=(x^2+4x+5)Q(x)$

$(x-1)\{(x+2)(x+a)+b\}=(x^2+4x+5)Q(x)$

x^2+4x+5는 $x-1$을 인수로 갖지 않고, 좌변은 최고차항의 계수가 1인 삼차식이므로 $Q(x)=x-1$이고

$x^2+4x+5=(x+2)(x+a)+b$

$x^2+4x+5=x^2+(2+a)x+2a+b$

이 식은 x에 대한 항등식이므로

$4=2+a$, $5=2a+b$에서 $a=2$, $b=1$

따라서 $a+b=3$

답 3

46

다항식 $f(x)$를 $x-1$로 나누었을 때의 나머지가 4이므로 나머지정리에 의하여

$f(1)=1+a+b+6=4$, $a+b=-3$ ······ ㉠

$f(x+2)$를 $x-1$로 나누었을 때의 몫을 $Q(x)$라 하면 $f(x+2)$는 $x-1$로 나누어떨어지므로 인수정리에 의하여

$$f(x+2)=(x-1)Q(x)$$

이 식의 양변에 $x=1$을 대입하면 $f(3)=0$이므로

$$9a+3b=-33,\ 3a+b=-11 \qquad \cdots\cdots \text{ⓛ}$$

㉠, ㉡을 연립하여 풀면 $a=-4$, $b=1$

따라서 $b-a=5$

답 ②

47

다항식 x^3+ax^2+bx-4를 $x+1$로 나누었을 때의 몫은 $Q(x)$이고 나머지는 3이므로

$$x^3+ax^2+bx-4=(x+1)Q(x)+3 \qquad \cdots\cdots \text{㉠}$$

㉠의 양변에 $x=-1$을 대입하면

$$-1+a-b-4=3,\ a-b=8$$

$(x^2+a)Q(x-2)$가 $x-2$로 나누어떨어지므로 인수정리에 의하여

$$(4+a)Q(0)=0 \qquad \cdots\cdots \text{㉡}$$

㉠의 양변에 $x=0$을 대입하면

$$-4=Q(0)+3,\ Q(0)=-7$$

$Q(0)\ne0$이므로 ㉡에서 $4+a=0$, $a=-4$

$a=-4$를 $a-b=8$에 대입하면 $b=-12$

$a=-4$, $b=-12$를 ㉠에 대입하면

$$x^3-4x^2-12x-4=(x+1)Q(x)+3$$

위 식의 양변에 $x=1$을 대입하면

$$1-4-12-4=2Q(1)+3$$

따라서 $Q(1)=-11$

답 ③

48

조건 ㈎에 의하여 $f(x)$를 x^3-1로 나눈 몫과 나머지를 $Q(x)$라 하면 $Q(x)$는 차수가 2 이하인 다항식이고,

$$f(x)=(x^3-1)Q(x)+Q(x)$$

$f(x)$를 $x-2$로 나눈 나머지가 72이므로

$$f(2)=(8-1)Q(2)+Q(2)=8Q(2)=72$$

$$Q(2)=9 \qquad \cdots\cdots \text{㉠}$$

조건 ㈏에 의하여

$f(x)-x$는 x^2+x+1로 나누어떨어지므로

$$f(x)-x=(x-1)(x^2+x+1)Q(x)+Q(x)-x$$

$Q(x)-x=0$ 또는 $Q(x)-x=a(x^2+x+1)$ (단, $a\ne0$)

(i) $Q(x)-x=0$인 경우

$$Q(x)=x$$

$Q(2)=2\ne9$이므로 ㉠을 만족시키지 않는다.

(ii) $Q(x)-x=a(x^2+x+1)$인 경우

$$Q(x)=a(x^2+x+1)+x$$

$$Q(2)=a\times(4+2+1)+2=9$$에서

$$7a=7,\ a=1$$

그러므로 $Q(x)=(x^2+x+1)+x=x^2+2x+1$

(i), (ii)에 의하여

$$f(x)=(x^3-1)(x^2+2x+1)+x^2+2x+1$$
$$=x^3(x+1)^2$$

따라서 $f(1)=4$

답 ①

49

$$P(x)=ax^3+bx^2+cx+11$$
$$=(x-3)(x^2+x-2)+5$$

다항식 $P(x)$를 $x-4$로 나누었을 때의 나머지는 $P(4)$이다.

따라서 $P(4)=1\times18+5=23$

답 23

50

다항식 $3x^3-7x^2+5x+1$을 $3x-1$로 나눈 몫과 나머지를 조립제법을 이용하면

$\frac{1}{3}$	3	-7	5	1
		1	-2	1
	3	-6	3	2

이므로

$$3x^3-7x^2+5x+1=\left(x-\frac{1}{3}\right)(\boxed{3x^2-6x+3})+2$$
$$=(3x-1)(\boxed{x^2-2x+1})+2$$

따라서 몫은 $\boxed{x^2-2x+1}$이고, 나머지는 2이다.

즉, $f(x)=3x^2-6x+3$, $g(x)=x^2-2x+1$이므로

$$f(2)+g(2)=3+1=4$$

답 ④

51

주어진 항등식의 양변에 $x=-2$를 대입하면

$$-8-4-6-2=0-2a$$

$$a=10$$

$x^3-x^2+3x-2=(x+2)P(x)+10x$에서

$$(x+2)P(x)=x^3-x^2-7x-2$$

$Q(x)=x^3-x^2-7x-2$라 하면 $Q(-2)=0$이므로 $Q(x)$는 $x+2$를 인수로 갖는다.

이때 조립제법을 이용하여 $Q(x)$를 인수분해하면

$$
\begin{array}{r|rrrr}
-2 & 1 & -1 & -7 & -2 \\
   &   & -2 & 6 & 2 \\
\hline
   & 1 & -3 & -1 & \;\,0
\end{array}
$$

$$
\begin{aligned}
Q(x) &= x^3 - x^2 - 7x - 2 \\
     &= (x+2)(x^2 - 3x - 1)
\end{aligned}
$$

$(x+2)P(x) = (x+2)(x^2 - 3x - 1)$

이 등식이 x에 대한 항등식이고 $P(x)$가 다항식이므로

$P(x) = x^2 - 3x - 1$

따라서 $P(-2) = 4 + 6 - 1 = 9$

답 ①

52

다항식 $x^3 - 27$을 인수분해하면

$x^3 - 27 = x^3 - 3^3 = (x-3)(x^2 + 3x + 9)$

따라서 $a=3$, $b=9$이므로 $a+b=12$

답 ⑤

(다른 풀이)

$x^3 - 27 = (x-3)(x^2 + ax + b)$가 x에 대한 항등식이므로 양변에

$x=1$을 대입하면

$-26 = -2(1+a+b)$, $1+a+b=13$

따라서 $a+b=12$

53

$x^4 - x^2 - 12 = (x-2)(x+2)(x^2+3)$

a가 양수이므로 $a=2$, $b=3$

따라서 $a+b = 2+3 = 5$

답 ②

54

$$
\begin{aligned}
x^3 + 2x^2 + 3x + 6 &= x^2(x+2) + 3(x+2) \\
&= (x+2)(x^2+3)
\end{aligned}
$$

이므로 $b=2$

$x^3 + x + a$가 $x+2$로 나누어떨어지므로 인수정리에 의하여

$-8 - 2 + a = 0$, $a = 10$

따라서 $a+b = 10 + 2 = 12$

답 ②

55

$x+y=6$, $xy=2$이므로

$x^2 y + x y^2 = xy(x+y) = 2 \times 6 = 12$

답 12

(다른 풀이)

$x+y=6$의 양변에 xy를 곱하면

$xy(x+y) = 6xy$

$x^2 y + xy^2 = 6xy$

이때 $xy=2$이므로

$x^2 y + xy^2 = 6 \times 2 = 12$

56

$x+y = (\sqrt{3}+\sqrt{2}) + (\sqrt{3}-\sqrt{2}) = 2\sqrt{3}$,

$xy = (\sqrt{3}+\sqrt{2})(\sqrt{3}-\sqrt{2}) = 3 - 2 = 1$이므로

$$
\begin{aligned}
x^2 y + xy^2 + x + y &= xy(x+y) + (x+y) = (x+y)(xy+1) \\
&= 2\sqrt{3} \times 2 = 4\sqrt{3}
\end{aligned}
$$

답 ④

57

다항식 $x^3 + 3x^2 - x - 3$을 인수분해하면

$x^3 + 3x^2 - x - 3 = x^2(x+3) - (x+3) = (x^2-1)(x+3)$

이므로 $x^3 + 3x^2 - x - 3 = (x^2-1)P(x)$에서

$(x^2-1)(x+3) = (x^2-1)P(x)$

이 등식이 x에 대한 항등식이므로 $P(x) = x+3$

따라서 $P(1) = 1 + 3 = 4$

답 ④

58

한 변의 길이가 $a+6$인 정사각형 모양의 색종이의 넓이는 $(a+6)^2$

이다.

한 변의 길이가 a인 정사각형 모양의 색종이를 오려낸 후 남아 있는

□ 모양의 색종이의 넓이는

$$
\begin{aligned}
(a+6)^2 - a^2 &= (a+6+a)(a+6-a) \\
&= (2a+6) \times 6 = 12(a+3)
\end{aligned}
$$

따라서 $k=12$

답 ④

59

[그림 1]에서 A부분의 넓이는 $\dfrac{1}{2} \times (2x+4) \times x = x(x+2)$

[그림 1]에서 B부분의 넓이는 $3 \times 2 = 6$

[그림 1]의 넓이는 한 변의 길이가 $3x$인 정사각형에서 A부분과 B부

분을 뺀 부분의 넓이와 같으므로

$$
\begin{aligned}
(3x)^2 - x(x+2) - 6 &= 8x^2 - 2x - 6 \\
&= (4x+3)(2x-2) \qquad \cdots\cdots \ \text{㉠}
\end{aligned}
$$

[그림 2]의 직사각형에서 가로의 길이를 a라 하면 이 직사각형의 넓

이는

$a(2x-2)$ $\qquad\qquad\qquad \cdots\cdots \ \text{㉡}$

[그림 1]의 색종이를 여러 조각으로 나누어 겹치지 않게 빈틈없이 붙여서 [그림 2]와 같은 모양을 만들었으므로 [그림 1]의 도형의 넓이와 [그림 2]의 도형의 넓이는 같다.

㉠, ㉡에서 $a(2x-2)=(4x+3)(2x-2)$이므로 $a=4x+3$

따라서 직사각형의 가로의 길이는 $4x+3$이다.

답 ④

다른 풀이

[그림 1]의 색종이를 오른쪽 그림과 같이 점선을 따라 잘라 내어 여섯 개의 조각으로 나눈다.

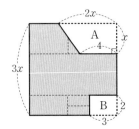

이렇게 여러 조각으로 나누어진 색종이를 다음 그림과 같이 겹치지 않게 빈틈없이 붙이면 문제의 [그림 2]와 같이 세로의 길이가 $2x-2$인 직사각형을 만들 수 있다.

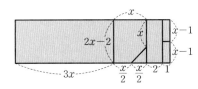

따라서 이 직사각형의 가로의 길이는 $4x+3$이다.

60

$x^2+x=X$라 하면

$(x^2+x)(x^2+x+2)-8$

$=X(X+2)-8$

$=X^2+2X-8$

$=(X-2)(X+4)$

$=(x^2+x-2)(x^2+x+4)$

$=(x-1)(x+2)(x^2+x+4)$

이므로 $a=2$, $b=4$

따라서 $a+b=2+4=6$

답 ④

61

$x^2+4=t$라 하면

$t^2-3xt-4x^2=(t-4x)(t+x)$

$\qquad\qquad\quad=(x^2-4x+4)(x^2+x+4)$

$\qquad\qquad\quad=(x-2)^2(x^2+x+4)$

이므로 $a=-2$, $b=1$, $c=4$

따라서 $a+b+c=3$

답 ①

62

$(x+2)(x+3)(x+4)(x+5)+k$

$=(x+2)(x+5)(x+3)(x+4)+k$

$=(x^2+7x+10)(x^2+7x+12)+k$

이때 $x^2+7x=X$라 하면

$(X+10)(X+12)+k=X^2+22X+120+k$가 완전제곱식이 되어야 하므로

$120+k=11^2=121$에서 $k=1$

$X^2+22X+121=(X+11)^2$

$\qquad\qquad\qquad=(x^2+7x+11)^2$

$\qquad\qquad\qquad=(x^2+ax+b)^2$

이므로 $a=7$, $b=11$

따라서 $a+b+k=7+11+1=19$

답 ⑤

다른 풀이

$x^2+7x+10=X$라 하면

$X(X+2)+k=X^2+2X+k$에서 $k=1$

$X^2+2X+1=(X+1)^2$

$\qquad\qquad=(x^2+7x+11)^2$

$\qquad\qquad=(x^2+ax+b)^2$

이므로 $a=7$, $b=11$

따라서 $a+b+k=7+11+1=19$

63

다항식 x^4+7x^2+16을 인수분해하면

$x^4+7x^2+16=(x^4+8x^2+16)-x^2=(x^2+4)^2-x^2$

$\qquad\qquad\qquad=(x^2+x+4)(x^2-x+4)$

따라서 $a=1$, $b=4$이므로 $a+b=5$

답 ①

64

다항식 x^4+4x^2+16을 인수분해하면

$x^4+4x^2+16=(x^4+8x^2+16)-4x^2=(x^2+4)^2-(2x)^2$

$\qquad\qquad\qquad=(x^2+2x+4)(x^2-2x+4)$

따라서 $a=2$, $b=4$, $c=2$, $d=4$이므로

$a+b+c+d=12$

답 ①

65

$x^2=X$로 놓으면

$x^4-8x^2+16=X^2-8X+16=(X-4)^2$

$\qquad\qquad\qquad=(x^2-4)^2=(x+2)^2(x-2)^2$

이때 $a>b$이므로 $a=2$, $b=-2$

따라서

$\dfrac{2012}{a-b}=\dfrac{2012}{2-(-2)}=503$

답 503

66

주어진 식을 x에 대하여 내림차순으로 정리하면

$x^2+kxy-3y^2+x+11y-6=x^2+(ky+1)x-3y^2+11y-6$

$\qquad\qquad\qquad\qquad\qquad\quad =x^2+(ky+1)x-(3y-2)(y-3)$

x, y에 대한 두 일차식의 곱으로 인수분해되려면

$(3y-2)-(y-3)=ky+1$, $2y+1=ky+1$

따라서 $k=2$

답 2

67

주어진 식을 전개한 후 x에 대하여 내림차순으로 정리하면

$xy(x+y)-yz(y+z)-zx(z-x)$

$=x^2y+xy^2-y^2z-yz^2-z^2x+zx^2$

$=(y+z)x^2+(y^2-z^2)x-yz(y+z)$

$=(y+z)\{x^2+(y-z)x-yz\}$

$=(y+z)(x+y)(x-z)$

$=(x+y)(y+z)(x-z)$

따라서 인수인 것은 ② $x-z$이다.

답 ②

68

주어진 조건에서 좌변을 b에 대하여 내림차순으로 정리하여 인수분해하면

$a^3+c^3+a^2c+ac^2-ab^2-b^2c$

$=-(a+c)b^2+a^3+c^3+ac(a+c)$

$=-(a+c)b^2+(a+c)(a^2-ac+c^2)+ac(a+c)$

$=(a+c)(-b^2+a^2-ac+c^2+ac)$

$=(a+c)(-b^2+a^2+c^2)$

이때 $(a+c)(a^2+c^2-b^2)=0$에서 a, b, c가 삼각형의 세 변의 길이이므로 $a>0$, $c>0$

즉, $a+c>0$이므로 $a^2+c^2=b^2$

따라서 주어진 조건을 만족시키는 삼각형은 b가 빗변인 직각삼각형이다.

답 ⑤

69

$f(x)=2x^3-3x^2-12x-7$이라 하면 $f(-1)=0$이므로 $x+1$은 $f(x)$의 인수이다.

조립제법을 이용하여 $f(x)$를 인수분해하면

$$
\begin{array}{r|rrrr}
-1 & 2 & -3 & -12 & -7 \\
   &   & -2 & 5 & 7 \\
\hline
-1 & 2 & -5 & -7 & \boxed{0} \\
   &   & -2 & 7 & \\
\hline
   & 2 & -7 & \boxed{0} &
\end{array}
$$

$f(x)=2x^3-3x^2-12x-7=(x+1)^2(2x-7)$

따라서 $a=1$, $b=2$, $c=-7$이므로 $a+b+c=-4$

답 ③

70

나무 블록의 부피는

$x^2(x+3)-1^3\times2=x^3+3x^2-2$

$f(x)=x^3+3x^2-2$라 하면 $f(-1)=0$이므로 $x+1$은 $f(x)$의 인수이다.

조립제법을 이용하여 $f(x)$를 인수분해하면

$$
\begin{array}{r|rrrr}
-1 & 1 & 3 & 0 & -2 \\
   &   & -1 & -2 & 2 \\
\hline
   & 1 & 2 & -2 & \boxed{0}
\end{array}
$$

$f(x)=(x+1)(x^2+2x-2)$

따라서 $a=1$, $b=2$, $c=-2$이므로 $a\times b\times c=-4$

답 ②

71

$f(x)=x^4-2x^3+2x^2-x-6$이라 하면 $f(-1)=0$, $f(2)=0$이므로 $x+1$, $x-2$는 $f(x)$의 인수이다.

조립제법을 이용하여 $f(x)$를 인수분해하면

$$
\begin{array}{r|rrrrr}
-1 & 1 & -2 & 2 & -1 & -6 \\
   &   & -1 & 3 & -5 & 6 \\
\hline
2 & 1 & -3 & 5 & -6 & \boxed{0} \\
  &   & 2 & -2 & 6 & \\
\hline
  & 1 & -1 & 3 & \boxed{0} &
\end{array}
$$

$f(x)=(x+1)(x-2)(x^2-x+3)$

따라서 $a=-2$, $b=-1$, $c=3$이므로 $a+b+c=0$

답 ③

72

$a=2023$이라 하면

$\dfrac{2022\times(2023^2+2024)}{2024\times2023+1}=\dfrac{(a-1)\times(a^2+a+1)}{(a+1)\times a+1}$

$\qquad\qquad\qquad\qquad\quad =\dfrac{(a-1)\times(a^2+a+1)}{a^2+a+1}=a-1$

$\qquad\qquad\qquad\qquad\quad =2023-1=2022$

답 ③

73

$101=x$로 놓으면

$101^3-3\times101^2+3\times101-1=x^3-3x^2+3x-1=(x-1)^3$

$\qquad\qquad\qquad\qquad\qquad\qquad =(101-1)^3=100^3=10^6$

답 ③

74

$14=X$로 놓으면

$(14^2+2\times14)^2-18\times(14^2+2\times14)+45$

$=(X^2+2X)^2-18(X^2+2X)+45$

$=(X^2+2X-3)(X^2+2X-15)$

$=(X-1)(X+3)(X-3)(X+5)$

$X=14$를 대입하면

$(14-1)\times(14+3)\times(14-3)\times(14+5)=13\times17\times11\times19$

따라서 $a+b+c+d=60$

답 ③

75

$10=x$로 놓으면

$10\times13\times14\times17+36$

$=x(x+3)(x+4)(x+7)+36=(x^2+7x)(x^2+7x+12)+36$

$=(x^2+7x)^2+12(x^2+7x)+36=(x^2+7x+6)^2$

$=(10^2+7\times10+6)^2=176^2$

따라서 $\sqrt{10\times13\times14\times17+36}=176$

답 176

1등급 도전

본문 20~21쪽

| 01 ① | 02 33 | 03 54 | 04 ④ |
| 05 ⑤ | 06 13 | 07 146 | 08 27 |

01

풀이 전략 다항식의 연산을 이용한다.

[STEP 1] 정오각형의 한 내각의 크기를 구한 후 이등변삼각형의 성질과 조건을 이용하여 $\overline{PE}$의 길이를 구한다.

> 정 n각형의 한 내각의 크기는 $\dfrac{180^\circ\times(n-2)}{n}$

정오각형의 한 내각의 크기는 $\dfrac{180^\circ\times(5-2)}{5}=108^\circ$

삼각형 ABE는 $\overline{AB}=\overline{AE}$인 이등변삼각형이고 $\angle BAE=108^\circ$이므로

$\angle ABE=\dfrac{1}{2}\times(180^\circ-108^\circ)=36^\circ$

> 이등변삼각형은 두 밑각의 크기가 같다.

삼각형 BAC는 $\overline{BA}=\overline{BC}$인 이등변삼각형이고 $\angle ABC=108^\circ$이므로

$\angle BAC=\dfrac{1}{2}\times(180^\circ-108^\circ)=36^\circ$

삼각형 ABP에서 $\angle BAP=\angle ABP=36^\circ$이므로 $\angle APE=72^\circ$

또, $\angle EAP=108^\circ-36^\circ=72^\circ$

따라서 삼각형 APE는 $\angle APE=\angle EAP$이므로

$\overline{PE}=\overline{AE}=1$

> 두 내각의 크기가 같으므로 삼각형 APE는 이등변삼각형이다.

[STEP 2] $\overline{BE}:\overline{PE}=\overline{PE}:\overline{BP}$를 이용하여 x의 값을 구한다.

$\overline{BE}:\overline{PE}=\overline{PE}:\overline{BP}$에서

$x:1=1:(x-1)$, $x^2-x-1=0$

$x>0$이므로 $x=\dfrac{1+\sqrt{5}}{2}$

> $x(x-1)=1$

[STEP 3] p, q의 값을 구한다.

$x^2=x+1$, $x^3=(x+1)x=2x+1$, $x^4=(2x+1)x=3x+2$,

$x^5=(3x+2)x=5x+3$, $x^6=(5x+3)x=8x+5$이므로

$1-x+x^2-x^3+x^4-x^5+x^6-x^7+x^8$

$=1+(-x+x^2)+x^2(-x+x^2)+x^4(-x+x^2)+x^6(-x+x^2)$

$=1+1+x^2+x^4+x^6$

$=2+(x+1)+(3x+2)+(8x+5)=12x+10$

> $=(1+3+8)x+(2+1+2+5)$

$=12\times\dfrac{1+\sqrt{5}}{2}+10$

$=16+6\sqrt{5}$

따라서 $p=16$, $q=6$이므로

$p+q=22$

답 ①

02

풀이 전략 $g(x)$의 차수를 구한 후 인수정리를 이용한다.

[STEP 1] 조건 (가)를 이용하여 다항식 $g(x)$의 차수를 구한다.

조건 (가)에서 다항식 $f(x)$를 $x^2+g(x)$로 나눈 몫은 $x+2$이고 나머지는 $\{g(x)\}^2-x^2$이므로

$f(x)=\{x^2+g(x)\}(x+2)+\{g(x)\}^2-x^2$　　······ ㉠

이때 $\{g(x)\}^2-x^2$의 차수는 $x^2+g(x)$의 차수보다 작다.

$g(x)$의 차수가 n $(n\geq2)$이면 $\{g(x)\}^2-x^2$의 차수가 $2n$으로 $x^2+g(x)$의 차수인 n보다 크게 되어 조건을 만족시키지 않는다.

$g(x)$가 상수이면 $x^2+g(x)$의 차수와 $\{g(x)\}^2-x^2$의 차수가 2로 같게 되어 조건을 만족시키지 않는다.

그러므로 $g(x)$의 차수는 1이다.

[STEP 2] 다항식의 차수를 이용하여 $g(x)$의 꼴을 구한다.

이때 $x^2+g(x)$는 이차식이므로 $\{g(x)\}^2-x^2$은 일차식 또는 상수이어야 한다.

> $\{g(x)\}^2-x^2$이 일차식 또는 상수이려면 $-x^2$이 없어져야 하므로 $g(x)$의 일차항의 계수는 1 또는 -1인데 최고차항의 계수가 양수이므로 1이다.

$g(x)$의 일차항의 계수가 양수이므로

$g(x)=x+a$ (a는 상수)로 놓을 수 있다.

[STEP 3] 조건 ㈏를 이용하여 다항식 $f(x)$를 구한다.

㉠에서

$f(x)=(x^2+x+a)(x+2)+(x+a)^2-x^2$

$\quad\quad=(x^2+x+a)(x+2)+2ax+a^2$

조건 ㈏에서 $f(x)$가 $g(x)=x+a$로 나누어떨어지므로

$f(-a)=0$

$f(-a)=(a^2-a+a)(-a+2)-2a^2+a^2=-a^3+a^2=0$

$a^2(a-1)=0$에서 $a=0$ 또는 $a=1$

$a=0$이면 $f(x)=(x^2+x)(x+2)$에서 $f(0)=0$이 되어 조건을 만족시키지 않는다.

$a=1$이면 $f(x)=(x^2+x+1)(x+2)+2x+1$에서 $f(0)\neq0$이므로 조건을 만족시킨다.

따라서 $f(x)=(x^2+x+1)(x+2)+2x+1$이므로

$f(2)=7\times4+4+1=33$

답 33

다른 풀이

다항식 $f(x)$를 $x^2+g(x)$로 나눈 몫이 $x+2$이고 나머지가 $\{g(x)\}^2-x^2$이므로

$f(x)=\{x^2+g(x)\}(x+2)+\{g(x)\}^2-x^2$

$\quad\quad=x^2(x+2)+(x+2)g(x)+\{g(x)\}^2-x^2$

$\quad\quad=(x+2)g(x)+\{g(x)\}^2+x^2(x+2)-x^2$

$\quad\quad=g(x)\{x+2+g(x)\}+x^3+x^2$

$\quad\quad=g(x)\{x+2+g(x)\}+x^2(x+1)$

이때 $f(x)$는 $g(x)$로 나누어떨어지므로 $x^2(x+1)$도 $g(x)$로 나누어떨어져야 한다. …… ㉠

$f(0)=g(0)\{2+g(0)\}\neq0$에서

$g(0)\neq0$이고 $g(0)\neq-2$ …… ㉡

$g(x)$의 최고차항의 계수가 양수이고 ㉠, ㉡에 의하여

$g(x)=k(x+1)$ (단, $k>0$)

한편, $x^2+g(x)$로 나눈 나머지가 $\{g(x)\}^2-x^2$이므로

$\{g(x)\}^2-x^2$의 차수가 $x^2+g(x)$의 차수보다 작아야 한다.

$x^2+g(x)=x^2+k(x+1)$

$\quad\quad\quad\quad\quad=x^2+kx+k$

$\{g(x)\}^2-x^2=\{k(x+1)\}^2-x^2$

$\quad\quad\quad\quad\quad\quad=(k^2-1)x^2+2k^2x+k^2$

즉, $\{g(x)\}^2-x^2$의 차수가 $x^2+g(x)$의 차수보다 작으려면

$k^2-1=0$이어야 한다.

이때 $k>0$이므로 $k=1$

$f(x)=(x+1)\{x+2+(x+1)\}+x^2(x+1)$

$\quad\quad=(x+1)(2x+3)+x^2(x+1)$

따라서

$f(2)=(2+1)(2\times2+3)+2^2\times(2+1)=3\times7+4\times3=33$

03

풀이 전략 $Q(x)$를 구한 후 $P(x)$를 몫 $Q(x)$와 나머지 $R(x)$에 대한 관계식으로 나타낸다.

[STEP 1] 다항식 $Q(x)$를 구한다.

$\{Q(x+1)\}^2+\{Q(x)\}^2=(x^2-x)P(x)$에서

$\{Q(x+1)\}^2+\{Q(x)\}^2=x(x-1)P(x)$ …… ㉠

㉠의 양변에 $x=0$, $x=1$을 각각 대입하면

$\{Q(1)\}^2+\{Q(0)\}^2=0$ → $\{Q(0)\}^2=\{Q(1)\}^2=0$

$\{Q(2)\}^2+\{Q(1)\}^2=0$ → $\{Q(1)\}^2=\{Q(2)\}^2=0$

그러므로

$Q(0)=Q(1)=Q(2)=0$ → $Q(x)$는 x, $x-1$, $x-2$를 인수로 갖는다.

다항식 $Q(x)$는 최고차항의 계수가 1인 삼차다항식이므로

$Q(x)=x(x-1)(x-2)$ …… ㉡

[STEP 2] $P(x)$를 변형하여 $R(x)$를 구한다.

㉡을 ㉠에 대입하면

$\{(x+1)x(x-1)\}^2+\{x(x-1)(x-2)\}^2=x(x-1)P(x)$

이므로

$P(x)=x(x-1)\{(x+1)^2+(x-2)^2\}$

$\quad\quad=x(x-1)(2x^2-2x+5)$

$\quad\quad=x(x-1)\{2(x-2)(x+1)+9\}$

$\quad\quad=2x(x-1)(x-2)(x+1)+9x(x-1)$

$\quad\quad=2(x+1)Q(x)+9x(x-1)$

따라서 $R(x)=9x(x-1)$이므로

$R(3)=9\times3\times2=54$

$2x^2-2x+5$를 $x-2$로 나누면

$\quad\quad\quad\quad 2x+2$

$x-2)\overline{2x^2-2x+5}$

$\quad\quad\quad 2x^2-4x$

$\quad\quad\quad\overline{\quad\quad 2x+5}$

$\quad\quad\quad\quad\quad 2x-4$

$\quad\quad\quad\quad\overline{\quad\quad\quad 9}$

$2x^2-2x+5=(x-2)(2x+2)+9$

$\quad\quad\quad\quad\quad=2(x-2)(x+1)+9$

답 54

04

풀이 전략 인수정리를 이용한다.

[STEP 1] 조건 ㈎를 이용하여 $f(x)$를 몫과 나머지 $3p^2$으로 표현한다.

조건 ㈎에 의하여 $f(x)$를 $x+2$, x^2+4로 나누었을 때의 몫을 각각 $Q_1(x)$, $Q_2(x)$라 하면 나머지가 $3p^2$으로 같으므로

$f(x)=(x+2)Q_1(x)+3p^2$, $f(x)=(x^2+4)Q_2(x)+3p^2$

$Q_1(x)$는 x^2+4를 인수로 갖고 $Q_2(x)$는 $x+2$를 인수로 가져야 하므로 $Q_1(x)$와 $Q_2(x)$의 공통인수를 $x+a$ (a는 상수)라 하면

$f(x)=(x+2)(x^2+4)(x+a)+3p^2$

→ $f(x)$는 최고차항의 계수가 1인 사차다항식이므로 $Q_1(x)$와 $Q_2(x)$의 공통인수는 x의 계수가 1인 일차식이다.

[STEP 2] 조건 ㈏, ㈐를 이용하여 p의 값을 구한다.

조건 ㈏에서 $f(1)=f(-1)$이고

$f(1)=15(1+a)+3p^2$, $f(-1)=5(-1+a)+3p^2$이므로

$15(1+a)+3p^2=5(-1+a)+3p^2$에서

$15(1+a)=5(-1+a)$, $a=-2$

따라서 $f(x)=x^4-16+3p^2$이고

조건 (대)에 의하여 $f(\sqrt{p})=0$이므로 → $f(x)$가 $x-\sqrt{p}$를 인수로 갖는다.

$p^2-16+3p^2=0$, $4p^2=16$, $p^2=4$

$p>0$이므로 $p=2$

답 ④

05

풀이 전략 곱셈 공식과 인수분해를 이용하여 두 이차다항식 $P(x)$, $Q(x)$를 구한다.

[STEP 1] 곱셈 공식과 조건 (가)를 이용하여 $P(x)Q(x)$를 구한다.

조건 (내)의 $\{P(x)\}^3+\{Q(x)\}^3=12x^4+24x^3+12x^2+16$에서

$\{P(x)+Q(x)\}^3-3P(x)Q(x)\{P(x)+Q(x)\}$

$=12x^4+24x^3+12x^2+16$ → $a^3+b^3=(a+b)^3-3ab(a+b)$를 이용하여 좌변의 식을 정리한다.

이때 조건 (가)에서 $P(x)+Q(x)=4$이므로

$64-12P(x)Q(x)=12x^4+24x^3+12x^2+16$

$-12P(x)Q(x)=12x^4+24x^3+12x^2-48$

$-P(x)Q(x)$

$=x^4+2x^3+x^2-4$

$=(x-1)(x+2)(x^2+x+2)$

$=(x^2+x-2)(x^2+x+2)$

조립제법을 이용하여 인수분해하면

	1	2	1	0	−4
1		1	3	4	4
	1	3	4	4	0
−2		−2	−2	−4	
	1	1	2	0	

그러므로 $P(x)Q(x)=-(x^2+x-2)(x^2+x+2)$

[STEP 2] 다항식 $P(x)$의 최고차항의 계수가 음수임을 이용하여 두 이차다항식 $P(x)$, $Q(x)$를 구한다.

$P(x)+Q(x)=4$이고 $P(x)$의 최고차항의 계수가 음수이므로 조건 (가), (내)를 만족시키는 두 이차다항식 $P(x)$, $Q(x)$는

$P(x)=-x^2-x+2$, $Q(x)=x^2+x+2$

따라서 $P(2)=-4$, $Q(3)=14$이므로

$P(2)+Q(3)=10$ → $P(2)=-4-2+2=-4$, $Q(3)=9+3+2=14$

답 ⑤

다른 풀이

두 이차다항식 $P(x)$, $Q(x)$가 조건 (가)를 만족시키고, $P(x)$의 최고차항의 계수가 음수이므로

$P(x)=ax^2+bx+c$ $(a<0)$, $Q(x)=4-(ax^2+bx+c)$

라 하면

$\{P(x)\}^3+\{Q(x)\}^3$

$=(ax^2+bx+c)^3+64-48(ax^2+bx+c)$

$\qquad +12(ax^2+bx+c)^2-(ax^2+bx+c)^3$

$=12a^2x^4+24abx^3+(12b^2+24ac-48a)x^2$

$\qquad +(24bc-48b)x+(12c^2-48c+64)$

$=12x^4+24x^3+12x^2+16$

양변의 계수를 비교하면

$12a^2=12$, $24ab=24$, $12b^2+24ac-48a=12$,

→ $12a^2=12$에서 $a^2=1$이고 $a<0$이므로 $a=-1$
$24ab=24$에서 $ab=1$이고 $a=-1$이므로 $b=-1$

$24bc-48b=0$, $12c^2-48c+64=16$

따라서 $a=-1$, $b=-1$, $c=2$이므로

$P(x)=-x^2-x+2$

$Q(x)=4-(-x^2-x+2)=x^2+x+2$

따라서 $P(2)+Q(3)=-4+14=10$

06

풀이 전략 인수정리를 이용한다.

[STEP 1] 조건 (가)에서 일차다항식 $Q(x)$의 경우를 파악하여 $Q(1)=0$인 경우를 확인한다.

조건 (가)에서 $Q(1)=0$인 경우와 $Q(1)\neq0$인 경우로 나눌 수 있다.

(i) $Q(1)=0$인 경우

$Q(x)=a(x-1)$ (a는 상수, $a\neq0$)이라 하면 조건 (내)에 의하여

$P(x)=x^3-10x+13-\{Q(x)\}^2$

$\qquad =x^3-a^2x^2+(2a^2-10)x+13-a^2$

이고 조건 (가)에 의하여

$x^3-a^2x^2+(2a^2-10)x+13-a^2$이 x^2-3x+3으로 나누어떨어져야 하므로

$$
\begin{array}{r}
x+(-a^2+3) \\
x^2-3x+3 \overline{\smash{\big)}\ x^3\quad -a^2x^2+\ (2a^2-10)x+13-a^2} \\
\underline{x^3\quad -3x^2+\qquad\qquad 3x} \\
(-a^2+3)x^2+\ (2a^2-13)x+13-a^2 \\
\underline{(-a^2+3)x^2-3(-a^2+3)x+3(-a^2+3)} \\
(-a^2-4)x+4+2a^2
\end{array}
$$

이때 $(-a^2-4)x+4+2a^2=0$을 만족시키는 a의 값은 존재하지 않는다. → 다항식 $P(x)$를 x^2-3x+3으로 나누면 나머지가 0이다.

[STEP 2] $Q(1)\neq0$인 경우의 $P(x)$, $Q(x)$를 구한다.

(ii) $Q(1)\neq0$인 경우

다항식 $P(x)$는 x^2-3x+3과 $x-1$을 인수로 가지고 조건 (내)에 의하여 $x^3-10x+13-P(x)$는 이차식이 되어야 하므로 다항식 $P(x)$의 최고차항의 계수는 1이다. → $x^3-10x+13-P(x)=\{Q(x)\}^2$에서 $Q(x)$는 일차다항식, $\{Q(x)\}^2$은 이차다항식이므로 좌변의 x^3 항이 없어지려면 $P(x)$의 최고차항의 계수가 1이어야 한다.

$P(x)=(x^2-3x+3)(x-1)=x^3-4x^2+6x-3$

이고, 조건 (내)에 의하여

$\{Q(x)\}^2=x^3-10x+13-P(x)$

$\qquad =x^3-10x+13-(x^3-4x^2+6x-3)$

$\qquad =4x^2-16x+16$

$\qquad =(2x-4)^2$

이므로 $Q(x)=2x-4$ 또는 $Q(x)=-2x+4$

그런데 $Q(0)<0$에서 $Q(x)=2x-4$

$P(2)=8-16+12-3=1$

$Q(8)=12$

이므로 $P(2)+Q(8)=13$

답 13

다른 풀이

(i) $Q(1)=0$인 경우

$Q(x)=a(x-1)$ (a는 상수, $a\neq0$)이라 하면 조건 ㈏에 의하여

$P(x)=x^3-10x+13-\{Q(x)\}^2$

$\qquad =x^3-a^2x^2+(2a^2-10)x+13-a^2$ ...... ㉠

조건 ㈏에 의하여 $x^3-10x+13-P(x)$는 이차식이 되어야 하므로 다항식 $P(x)$는 최고차항의 계수가 1이고 이차식 x^2-3x+3과 일차식 $x-k$ (k는 상수)를 인수로 가지므로

$P(x)=(x^2-3x+3)(x-k)$

$\qquad =x^3+(-k-3)x^2+(3k+3)x-3k$ ...... ㉡

㉠과 ㉡에 의하여 $-a^2=-k-3$, $2a^2-10=3k+3$,

$13-a^2=-3k$를 만족시키는 a와 k의 값은 존재하지 않는다.

07

풀이 전략 인수정리와 조립제법을 이용하여 b를 a에 대한 식으로 나타낸다.

STEP 1 $x-a$가 $P(x)$의 인수임을 이용하여 $P(x)$를 인수분해한다.

다항식 $P(x)=x^4-290x^2+b$가 일차식 $x-a$를 인수로 가지므로 조립제법을 이용하여 $P(x)$를 인수분해하면

$$
\begin{array}{r|ccccc}
a & 1 & 0 & -290 & 0 & b \\
  &   & a & a^2 & a^3-290a & a^4-290a^2 \\
\hline
  & 1 & a & a^2-290 & a^3-290a & \boxed{b+a^4-290a^2}
\end{array}
$$

다항식 $P(x)$를 $x-a$로 나눈 나머지는

$b+a^4-290a^2=0$이므로

$b=a^2(290-a^2)$ → $P(x)$가 일차식 $x-a$를 인수로 가지므로 나머지가 0이다.

이때 b가 자연수이므로 $290-a^2>0$을 만족시키는 자연수 a의 값은 1, 2, 3, $\cdots$, 17이다.

다항식 $P(x)$를 $x-a$로 나눈 몫을 $Q(x)$라 하면

$Q(x)=x^3+ax^2+(a^2-290)x+a^3-290a$

$Q(-a)=0$이므로 조립제법을 이용하여 $Q(x)$를 인수분해하면

$$
\begin{array}{r|cccc}
-a & 1 & a & a^2-290 & a^3-290a \\
   &   & -a & 0 & -a^3+290a \\
\hline
   & 1 & 0 & a^2-290 & 0
\end{array}
$$

그러므로 $P(x)=(x-a)(x+a)(x^2+a^2-290)$

STEP 2 다항식 $P(x)$에서 인수 x^2+a^2-290이 더 이상 인수분해되지 않는 자연수 a의 개수를 구한다.

$P(x)$가 계수와 상수항이 모두 정수인 서로 다른 세 개의 다항식의

→ x^2+a^2-290이 인수분해되면 $P(x)$가 네 개의 다항식의 곱으로 인수분해되기 때문이다.

곱으로 인수분해되려면 x^2+a^2-290이 계수와 상수항이 모두 정수인 서로 다른 두 개의 일차식의 곱으로 인수분해되지 않아야 한다.

이때 $x^2+a^2-290=x^2-(290-a^2)$의 계수와 상수항이 모두 정수인 서로 다른 두 개의 일차식의 곱으로 인수분해되는 경우는 $290-a^2$이 제곱수인 경우이다.

$290=1^2+17^2=11^2+13^2$이므로 $290-a^2$이 제곱수가 되는 자연수 a의 값은 1, 11, 13, 17이다.

그러므로 주어진 조건을 만족시키는 자연수 a의 값의 개수는 $17-4=13$이므로 모든 다항식 $P(x)$의 개수는 13이다.

STEP 3 p, q의 값을 구한다.

$b=a^2(290-a^2)=-(a^2-145)^2+145^2$이고, a가 자연수이므로 b의 최댓값은 $a=12$일 때 $12^2\times(290-12^2)$이다.

→ a가 자연수이므로 a^2이 145에 가장 가까운 a의 값에서 b는 최댓값을 갖는다.

따라서 $p=13$이고 $q=12^2\times(290-12^2)$이므로

$\dfrac{q}{(p-1)^2}=\dfrac{12^2\times(290-12^2)}{(13-1)^2}$

$\qquad\qquad =146$

답 146

08

풀이 전략 인수정리를 이용한다.

STEP 1 조건 ㈎, ㈏를 만족시키는 경우를 파악한다.

조건 ㈎에서 $P(1)P(2)=0$이므로

$P(1)=0$ 또는 $P(2)=0$

조건 ㈏에서 사차다항식 $P(x)\{P(x)-3\}$이 $x(x-3)$으로 나누어 떨어지므로 인수정리에 의하여

$P(0)\{P(0)-3\}=0$에서 $P(0)=0$ 또는 $P(0)=3$

$P(3)\{P(3)-3\}=0$에서 $P(3)=0$ 또는 $P(3)=3$

STEP 2 경우를 나누어 조건을 만족시키는 이차다항식 $P(x)$를 구한다.

(i) $P(1)=0$, $P(2)=0$인 경우

조건 ㈏에서 $P(x)$는 이차다항식이므로

$P(0)=3$, $P(3)=3$이어야 한다.

→ $P(1)=0$, $P(2)=0$에서 이차다항식 $P(x)$가 $x-1$, $x-2$를 인수로 가지므로 $P(0)$, $P(3)$의 값은 0이 될 수 없다.

$P(x)=a(x-1)(x-2)$ (a는 상수, $a\neq0$)이라 하면

$P(0)=2a=3$에서 $a=\dfrac{3}{2}$

그러므로 $P(x)=\dfrac{3}{2}(x-1)(x-2)$

(ii) $P(1)=0$, $P(2)\neq0$인 경우 → $P(x)$가 $x-1$을 인수로 갖는다.

$P(x)$는 이차다항식이므로 조건 ㈏에 의하여 다음과 같이 세 가지 경우만 생각하면 된다.

① $P(1)=0$, $P(0)=0$, $P(3)=3$일 때,

$P(x)=bx(x-1)$ (b는 상수, $b\neq0$)이라 하면

$P(3)=6b=3$에서 $b=\dfrac{1}{2}$

그러므로 $P(x)=\dfrac{1}{2}x(x-1)$

② $P(1)=0$, $P(0)=3$, $P(3)=0$일 때,

$P(x)=c(x-1)(x-3)$ (c는 상수, $c\neq0$)이라 하면

$P(0)=3c=3$에서 $c=1$

그러므로 $P(x)=(x-1)(x-3)$

③ $P(1)=0$, $P(0)=3$, $P(3)=3$일 때,

$P(x)=(x-1)(kx+l)$ (k, l은 상수, $k\neq0$)이라 하면

$P(0)=-l=3$, $P(3)=2(3k+l)=3$에서 $k=\dfrac{3}{2}$, $l=-3$

그러므로 $P(x)=\dfrac{3}{2}(x-1)(x-2)$

그런데 $P(2)=0$이므로 모순이다.

(iii) $P(1)\neq0$, $\underline{P(2)=0}$인 경우 ⟶ $P(x)$가 $x-2$를 인수로 갖는다.

$P(x)$는 이차다항식이므로 조건 (나)에 의하여 다음과 같이 세 가지 경우만 생각하면 된다.

① $P(2)=0$, $P(0)=0$, $P(3)=3$일 때,

$P(x)=dx(x-2)$ (d는 상수, $d\neq0$)이라 하면

$P(3)=3d=3$에서 $d=1$

그러므로 $P(x)=x(x-2)$

② $P(2)=0$, $P(0)=3$, $P(3)=0$일 때,

$P(x)=e(x-2)(x-3)$ (e는 상수, $e\neq0$)이라 하면

$P(0)=6e=3$에서 $e=\dfrac{1}{2}$

그러므로 $P(x)=\dfrac{1}{2}(x-2)(x-3)$

③ $P(2)=0$, $P(0)=3$, $P(3)=3$일 때,

$P(x)=(x-2)(mx+n)$ (m, n은 상수, $m\neq0$)이라 하면

$P(0)=-2n=3$, $P(3)=3m+n=3$에서 $m=\dfrac{3}{2}$, $n=-\dfrac{3}{2}$

그러므로 $P(x)=\dfrac{3}{2}(x-1)(x-2)$

그런데 $P(1)=0$이므로 모순이다.

[STEP 3] $Q(x)$를 구하여 $Q(4)$의 값을 구한다.

(i), (ii), (iii)에서

$Q(x)=\dfrac{3}{2}(x-1)(x-2)+\dfrac{1}{2}x(x-1)+(x-1)(x-3)$
$+x(x-2)+\dfrac{1}{2}(x-2)(x-3)$

따라서 $Q(x)$를 $x-4$로 나눈 나머지는

$Q(4)=9+6+3+8+1=27$

답 27

02 방정식과 부등식(1)

개념 확인문제

본문 23쪽

01 (1) $a=3$, $b=2$　(2) $a=-2$, $b=3$

02 (1) $2+3i$　(2) $-1-\sqrt{2}i$　(3) -5　(4) $-4i$

03 (1) $6+2i$　(2) $3+7i$　(3) $8-i$　(4) $\dfrac{1-5i}{13}$

04 (1) $\pm3i$　(2) $\pm\dfrac{\sqrt{2}}{2}i$

05 (1) 서로 다른 두 실근　(2) 중근
(3) 서로 다른 두 허근

06 $k\leq9$

07 (1) 1　(2) $\dfrac{3}{4}$

08 (1) $x^2-2x-2=0$　(2) $x^2-4x+29=0$

09 (1) $(x-2\sqrt{3}i)(x+2\sqrt{3}i)$　(2) $(x+1-i)(x+1+i)$

10 (1) $k<4$　(2) $k=4$　(3) $k>4$

11 (1) $a>-5$　(2) $a=-5$　(3) $a<-5$

12 (1) 최댓값: 11, 최솟값: 2　(2) 최댓값: 12, 최솟값: 4

내신+학평 유형 연습

본문 24~35쪽

01 ③	02 ③	03 ⑤	04 ④	05 ③	06 ②
07 ①	08 18	09 ②	10 ①	11 ④	12 ⑤
13 ②	14 ⑤	15 ①	16 12	17 25	18 24
19 ⑤	20 ④	21 ④	22 ①	23 ②	24 ④
25 ④	26 25	27 ⑤	28 4	29 ④	30 ⑤
31 8	32 6	33 ②	34 6	35 ④	36 10
37 ④	38 ③	39 ③	40 12	41 ①	42 ④
43 ③	44 3	45 9	46 6	47 ④	48 ②
49 ②	50 ②	51 ④	52 ②	53 ⑤	54 ②
55 91	56 11	57 18	58 ③	59 ①	60 ⑤
61 67	62 ④	63 33	64 ④	65 ①	66 13
67 121					

01

$(1-3i)+2i=1+(-3i+2i)=1-i$

답 ③

02

$(3+i)+(1-3i)=(3+1)+\{1+(-3)\}i=4-2i$

답 ③

03

$i(1-i)=i-i^2=1+i$

답 ⑤

04

$$1+\frac{2}{1-i}=1+2\times\frac{2\times(1+i)}{(1-i)\times(1+i)}=1+\frac{2(1+i)}{2}$$
$$=1+(1+i)=2+i$$

답 ④

05

세 복소수 $2-3i$, $1+2i$, $6+9i$ 중 두 수씩 곱하면
$(2-3i)(1+2i)=2+4i-3i+6=8+i$
$(2-3i)(6+9i)=12+18i-18i+27=39$
$(1+2i)(6+9i)=6+9i+12i-18=-12+21i$
따라서 두 복소수 $2-3i$, $6+9i$의 곱이 자연수가 되므로
$a=39$

답 ③

06

z^2이 실수가 되려면
$m-n=0$ 또는 $m+n-4=0$이어야 한다.
$m=n$ 또는 $m+n=4$
(ⅰ) $m=n$일 때
　　$m=n$을 만족시키는 5 이하의 두 자연수 m, n의 모든 순서쌍은
　　$(1, 1)$, $(2, 2)$, $(3, 3)$, $(4, 4)$, $(5, 5)$
(ⅱ) $m+n=4$일 때
　　$m+n=4$를 만족시키는 5 이하의 두 자연수 m, n의 모든 순서쌍은 $(1, 3)$, $(2, 2)$, $(3, 1)$
(ⅰ), (ⅱ)에서 $(2, 2)$는 중복되므로 z^2이 실수가 되도록 하는 5 이하의 두 자연수 m, n의 모든 순서쌍 (m, n)의 개수는 7이다.

답 ②

07

$3x+(2+i)y=1+2i$에서 $(3x+2y)+yi=1+2i$
복소수가 서로 같을 조건에 의하여
$3x+2y=1$, $y=2$
따라서 $x=-1$, $y=2$이므로 $x+y=1$

답 ①

08

$(3+ai)(2-i)=(6+a)+(2a-3)i=13+bi$
에서 두 복소수가 서로 같을 조건에 의하여
$6+a=13$, $2a-3=b$
따라서 $a=7$, $b=11$이므로 $a+b=18$

답 18

09

$\dfrac{2a}{1-i}+3i=2+bi$에서 $\dfrac{2a(1+i)}{(1-i)(1+i)}+3i=2+bi$

$a(1+i)+3i=2+bi$, $a+(a+3)i=2+bi$
복소수가 서로 같을 조건에 의하여 $a=2$, $a+3=b$
따라서 $a=2$, $b=5$이므로 $a+b=7$

답 ②

10

$x^3y+xy^3-x^2-y^2=xy(x^2+y^2)-(x^2+y^2)=(xy-1)(x^2+y^2)$
$x=1-2i$, $y=1+2i$에서 $x+y=2$, $xy=5$이므로
$x^2+y^2=(x+y)^2-2xy=2^2-2\times5=-6$
따라서 $x^3y+xy^3-x^2-y^2=(5-1)\times(-6)=-24$

답 ①

11

$z=2+\sqrt{2}i$이므로 $z-2=\sqrt{2}i$
$(z-2)^2=(\sqrt{2}i)^2$, $z^2-4z+4=-2$
따라서 $z^2-4z=-6$

답 ④

12

$\alpha=\dfrac{1-i}{1+i}=\dfrac{(1-i)^2}{(1+i)(1-i)}=\dfrac{-2i}{2}=-i$

$\beta=\dfrac{1+i}{1-i}=\dfrac{(1+i)^2}{(1-i)(1+i)}=\dfrac{2i}{2}=i$

이므로 $\alpha+\beta=(-i)+i=0$, $\alpha\beta=-i^2=1$
따라서
$(1-2\alpha)(1-2\beta)=1-2(\alpha+\beta)+4\alpha\beta$
$\qquad\qquad\qquad\quad=1-2\times0+4\times1=5$

답 ⑤

13

$\bar{z}=1+2i$이므로
$z+\bar{z}=(1-2i)+(1+2i)=2$

답 ②

14

복소수 z의 실수부분이 1이므로
$z=1+ai$ (a는 실수)라 하면
$$\frac{z}{2+i}+\frac{\bar{z}}{2-i}=\frac{1+ai}{2+i}+\frac{1-ai}{2-i}$$
$$=\frac{(1+ai)(2-i)+(1-ai)(2+i)}{(2+i)(2-i)}$$
$$=\frac{2a+4}{5}=2$$
이므로 $2a+4=10$, $a=3$
따라서 $z\bar{z}=(1+3i)(1-3i)=1^2+3^2=10$

답 ⑤

15

복소수 z를 $z=a+bi$ (a, b는 실수)라 하자.

조건 (가)에서 $\bar{z}=-z$이므로

$a-bi=-a-bi$에서 $a=0$

즉, $z=bi$이다.

조건 (나)에 $z=bi$를 대입하면

$-b^2+(k^2-3k-4)bi+(k^2+2k-8)=0$

$k^2+2k-8-b^2+(k^2-3k-4)bi=0$

이므로

$k^2+2k-8-b^2=0$ ······ ㉠

$(k^2-3k-4)b=0$ ······ ㉡

㉡에서 $b=0$ 또는 $k^2-3k-4=0$

(i) $b=0$일 때

㉠에서 $k^2+2k-8=0$이므로

$(k+4)(k-2)=0$

$k=-4$ 또는 $k=2$

(ii) $k^2-3k-4=0$, 즉 $(k+1)(k-4)=0$에서 $k=-1$ 또는 $k=4$

일 때

$k=-1$이면 ㉠에서 $-9-b^2=0$이므로 이를 만족시키는 실수 b는 존재하지 않는다.

$k=4$이면 ㉠에서 $16-b^2=0$이므로 이를 만족시키는 실수 b는 -4, 4이다.

(i), (ii)에 의하여 조건을 만족시키는 실수 k는 -4, 2, 4이므로 모든 실수 k의 값의 곱은 -32이다.

답 ①

다른 풀이

$f(x)=x^2+(k^2-3k-4)x+(k^2+2k-8)$이라 하자.

조건 (나)에서 복소수 z는 x에 대한 이차방정식 $f(x)=0$의 한 근이다.

(i) z가 실수일 때

조건 (가)에서 $\bar{z}=-z$이고 z가 실수이므로 $\bar{z}=z$이다.

따라서 $z=0$에서

이차방정식 $f(x)=0$의 한 근이 $x=0$이므로 $f(0)=0$

즉, $k^2+2k-8=0$

$(k+4)(k-2)=0$

$k=-4$ 또는 $k=2$

(ii) z가 허수일 때

x에 대한 이차방정식 $x^2+(k^2-3k-4)x+(k^2+2k-8)=0$에서 계수와 상수항이 모두 실수이므로 z의 켤레복소수 $\bar{z}$는 이차방정식의 다른 한 근이다.

이차방정식의 근과 계수의 관계에 의하여

$z+\bar{z}=-(k^2-3k-4)$

조건 (가)에서 $\bar{z}=-z$이므로 $z+\bar{z}=0$

즉, $k^2-3k-4=0$, $(k+1)(k-4)=0$, $k=-1$ 또는 $k=4$

$k=-1$이면 $f(x)=x^2-9$이고, 이차방정식 $f(x)=0$의 해는

$x=-3$ 또는 $x=3$이므로 z가 허수라는 조건에 모순이다.

$k=4$이면 $f(x)=x^2+16$이고, 이차방정식 $f(x)=0$의 해는

$x=-4i$ 또는 $x=4i$

(i), (ii)에서 조건을 만족시키는 실수 k는 -4, 2, 4이므로 모든 실수 k의 값의 곱은 -32이다.

16

$i+2i^2+3i^3+4i^4+5i^5=i-2-3i+4+5i=2+3i$

따라서 $a=2$, $b=3$이므로 $3a+2b=12$

답 12

17

$(1-i)^{2n}=\{(1-i)^2\}^n=(-2i)^n=2^n(-i)^n$

이므로 $2^n(-i)^n=2^ni$에서 $(-i)^n=i$를 만족시키는 n의 값은

$n=4k+3$ ($k=0$, 1, 2, $\cdots$, 24)

따라서 100 이하의 모든 자연수 n의 개수는 25이다.

답 25

18

$z_1=\dfrac{\sqrt{2}}{1+i}$라 하면

$z_1^2=\left(\dfrac{\sqrt{2}}{1+i}\right)^2=\dfrac{2}{2i}=-i$

$z_1^4=(z_1^2)^2=(-i)^2=-1$

$z_1^8=(z_1^4)^2=(-1)^2=1$

$z_2=\dfrac{\sqrt{3}+i}{2}$라 하면

$z_2^2=\left(\dfrac{\sqrt{3}+i}{2}\right)^2=\dfrac{2+2\sqrt{3}i}{4}=\dfrac{1+\sqrt{3}i}{2}$

$z_2^3=z_2^2\times z_2=\dfrac{1+\sqrt{3}i}{2}\times\dfrac{\sqrt{3}+i}{2}=\dfrac{4i}{4}=i$

$z_2^6=(z_2^3)^2=i^2=-1$

$z_2^{12}=(z_2^6)^2=(-1)^2=1$

$\left(\dfrac{\sqrt{2}}{1+i}\right)^n+\left(\dfrac{\sqrt{3}+i}{2}\right)^n=2$를 만족시키려면 $\left(\dfrac{\sqrt{2}}{1+i}\right)^n=1$과

$\left(\dfrac{\sqrt{3}+i}{2}\right)^n=1$을 동시에 만족시키는 자연수 n을 찾아야 한다.

따라서 자연수 n의 최솟값은 8, 12의 최소공배수인 24이다.

답 24

19

$(\sqrt{2}+\sqrt{-2})^2=(\sqrt{2}+\sqrt{2}i)^2=\{\sqrt{2}(1+i)\}^2$

$\qquad=(\sqrt{2})^2(1+i)^2=2\times(1+2i+i^2)$

$\qquad=2\times(1+2i-1)=2\times2i=4i$

답 ⑤

20

$$\sqrt{2} \times \sqrt{-2} + \frac{\sqrt{2}}{\sqrt{-2}} = \sqrt{2} \times \sqrt{2}i + \frac{\sqrt{2}}{\sqrt{2}i}$$

$$= 2i + \frac{1}{i} = 2i + \frac{i}{i^2}$$

$$= 2i - i = i$$

답 ④

21

조건 (나)에서 $\frac{\sqrt{b}}{\sqrt{a}} = -\sqrt{\frac{b}{a}}$ 이므로 $a<0$, $b>0$

즉, $a<b$ ...... ㉠

조건 (가)에서 $b+c<a$ 이고 $b>0$ 이므로

$c<b+c<a$ ...... ㉡

㉠, ㉡에서 $c<a<b$

답 ④

22

이차방정식 $2x^2-2x+1=0$의 근은

$$x = \frac{-(-1) \pm \sqrt{(-1)^2 - 2 \times 1}}{2} = \frac{1 \pm i}{2}$$

이때 $a = \frac{1+i}{2}$ 라 하면 $a^2 = \frac{1}{2}i$, $a^4 = \left(\frac{1}{2}i\right)^2 = -\frac{1}{4}$ 이므로

$$a^4 - a^2 + a = -\frac{1}{4} - \frac{1}{2}i + \frac{1+i}{2} = \frac{1}{4}$$

마찬가지로 $a = \frac{1-i}{2}$ 인 경우에도 성립한다.

따라서 $a^4 - a^2 + a = \frac{1}{4}$

답 ①

다른 풀이

a는 이차방정식 $2x^2-2x+1=0$의 근이므로

$2a^2 - 2a + 1 = 0$, $a^2 = a - \frac{1}{2}$

양변을 제곱하면 $a^4 = a^2 - a + \frac{1}{4}$ 이므로

$$a^4 - a^2 + a = \frac{1}{4}$$

23

주어진 방정식이 실수 k의 값에 관계없이 항상 1을 근으로 가지므로

$x=1$을 대입하면

$1 + k(2p-3) - (p^2-2)k + q + 2 = 0$

$-(p^2-2p+1)k + q + 3 = 0$이 실수 k에 대한 항등식이므로

$p^2 - 2p + 1 = 0$, $q + 3 = 0$에서 $p=1$, $q=-3$

따라서 $p+q = -2$

답 ②

24

$\overline{CH} = 1$, $\overline{BH} = x$ 이고

삼각형 ABC의 넓이가 $\frac{4}{3}$ 이므로 $\overline{AB} = \frac{8}{3}$

직각삼각형 AHC와 직각삼각형 CHB는 닮음이므로

$\overline{AH} : \overline{CH} = \overline{CH} : \overline{BH}$ 이다.

$\left(\frac{8}{3} - x\right) : 1 = 1 : x$ 이므로 $3x^2 - 8x + 3 = 0$

$0 < x < 1$ 이므로 $x = \frac{4 - \sqrt{7}}{3}$

한편, 다항식 $3t^3 - 5t^2 + 4t + 7$을 $3t^2 - 8t + 3$으로 나누었을 때의 몫은 $t+1$, 나머지는 $9t+4$이므로

$3t^3 - 5t^2 + 4t + 7 = (3t^2 - 8t + 3)(t+1) + 9t + 4$

따라서

$3x^3 - 5x^2 + 4x + 7 = (3x^2 - 8x + 3)(x+1) + 9x + 4$

$$= 9x + 4 = 9 \times \frac{4 - \sqrt{7}}{3} + 4$$

$$= 16 - 3\sqrt{7}$$

답 ④

25

이차방정식 $x^2 - 2kx + k^2 + 3k - 22 = 0$의 판별식을 D라 하면

이차방정식이 서로 다른 두 허근을 가지므로

$\frac{D}{4} = (-k)^2 - 1 \times (k^2 + 3k - 22) < 0$에서

$-3k + 22 < 0$, $k > \frac{22}{3}$

따라서 자연수 k의 최솟값은 8이다.

답 ④

26

이차방정식 $x^2 + 10x + a = 0$의 판별식을 D라 하면

이차방정식이 중근을 가지므로

$\frac{D}{4} = 5^2 - a = 0$에서 $a = 25$

답 25

27

이차방정식 $x^2 - 2(k-a)x + k^2 - 4k + b = 0$의 판별식을 D라 하면

이차방정식이 중근을 가지므로

$\frac{D}{4} = (k-a)^2 - (k^2 - 4k + b) = 0$

$k^2 - 2ak + a^2 - k^2 + 4k - b = 0$

$(-2a+4)k + (a^2 - b) = 0$ ...... ㉠

㉠이 실수 k의 값에 관계없이 성립하므로

$-2a + 4 = 0$, $a^2 - b = 0$

따라서 $a=2$, $b=4$이므로

$a+b=6$

답 ⑤

28

이차방정식 $x^2-3x+a=0$의 두 근이 1, b이므로

이차방정식의 근과 계수의 관계에 의하여

$1+b=3$, $1\times b=a$

따라서 $a=2$, $b=2$이므로 $ab=4$

답 4

29

이차방정식 $x^2-2x+5=0$의 두 근이 α, β이므로

이차방정식의 근과 계수의 관계에 의하여

$\alpha+\beta=2$, $\alpha\beta=5$

따라서 $\dfrac{1}{\alpha}+\dfrac{1}{\beta}=\dfrac{\alpha+\beta}{\alpha\beta}=\dfrac{2}{5}$

답 ④

30

이차방정식 $x^2-x+k=0$의 서로 다른 두 근이 α, β이므로

이차방정식의 근과 계수의 관계에 의하여

$\alpha+\beta=1$, $\alpha\beta=k$

$\alpha^3+\beta^3=10$이므로

$\alpha^3+\beta^3=(\alpha+\beta)^3-3\alpha\beta(\alpha+\beta)=1-3k=10$

따라서 $k=-3$

답 ⑤

31

이차방정식 $3x^2-5x+k=0$의 두 근이 α, β이므로

이차방정식의 근과 계수의 관계에 의하여

$\alpha+\beta=\dfrac{5}{3}$, $\alpha\beta=\dfrac{k}{3}$

$(3\alpha-k)(\alpha-1)+(3\beta-k)(\beta-1)$

$=3\alpha^2-(k+3)\alpha+k+3\beta^2-(k+3)\beta+k$

$=3(\alpha^2+\beta^2)-(k+3)(\alpha+\beta)+2k$

$=3\{(\alpha+\beta)^2-2\alpha\beta\}-(k+3)(\alpha+\beta)+2k$

$=\dfrac{25}{3}-2k-\dfrac{5}{3}(3+k)+2k=-10$

$25-6k-15-5k+6k=-30$, $5k=40$

따라서 $k=8$

답 8

다른 풀이

이차방정식의 근과 계수의 관계에 의하여 $\alpha+\beta=\dfrac{5}{3}$

$3\alpha^2+k=5\alpha$, $3\beta^2+k=5\beta$이므로

$(3\alpha-k)(\alpha-1)+(3\beta-k)(\beta-1)$

$=3\alpha^2-(k+3)\alpha+k+3\beta^2-(k+3)\beta+k$

$=3\alpha^2+k-(k+3)\alpha+3\beta^2+k-(k+3)\beta$

$=5\alpha-(k+3)\alpha+5\beta-(k+3)\beta$

$=5(\alpha+\beta)-(k+3)(\alpha+\beta)$

$=(\alpha+\beta)(2-k)$

$=\dfrac{5}{3}(2-k)=-10$

$2-k=-6$

따라서 $k=8$

32

이차방정식 $x^2-3x+k=0$의 두 근이 α, β이므로

이차방정식의 근과 계수의 관계에 의하여

$\alpha+\beta=3$, $\alpha\beta=k$

$\alpha^2-3\alpha+k=0$, $\beta^2-3\beta+k=0$에서

$\alpha^2-\alpha+k=2\alpha$, $\beta^2-\beta+k=2\beta$이므로

$\dfrac{1}{\alpha^2-\alpha+k}+\dfrac{1}{\beta^2-\beta+k}=\dfrac{1}{2\alpha}+\dfrac{1}{2\beta}=\dfrac{\alpha+\beta}{2\alpha\beta}$

$=\dfrac{3}{2k}=\dfrac{1}{4}$

따라서 $2k=12$이므로 $k=6$

답 6

33

이차방정식 $x^2-2kx-k+20=0$이 서로 다른 두 실근을 가지므로

판별식을 D라 하면

$\dfrac{D}{4}=k^2-(-k+20)=k^2+k-20=(k+5)(k-4)>0$에서

$k<-5$ 또는 $k>4$

이때 k는 자연수이므로

$k>4$ ······ ㉠

두 근의 곱 $\alpha\beta>0$이므로

$\alpha\beta=-k+20>0$

$k<20$ ······ ㉡

㉠과 ㉡에 의하여 k의 값의 범위는 $4<k<20$

이를 만족시키는 자연수 k의 값은 5, 6, $\cdots$, 19이므로 그 개수는 15이다.

답 ②

34

이차방정식 $x^2+ax+b=0$의 서로 다른 두 근이 α, β이므로 근과 계수의 관계에 의하여

$\alpha+\beta=-a$ ...... ㉠

$\alpha\beta=b$ ...... ㉡

이차방정식 $x^2+3ax+3b=0$의 서로 다른 두 근이 $\alpha+2$, $\beta+2$이므로 근과 계수의 관계에 의하여

$(\alpha+2)+(\beta+2)=-3a$ ...... ㉢

$(\alpha+2)(\beta+2)=3b$ ...... ㉣

㉠, ㉢에서

$-a+4=-3a$, $a=-2$

㉠, ㉡을 ㉣에 대입하면

$b+2\times2+4=3b$, $b=4$

$\alpha+\beta=2$, $\alpha\beta=4$

$\alpha^2-2\alpha+4=0$에서 $\alpha^3=-8$,

$\beta^2-2\beta+4=0$에서 $\beta^3=-8$이므로

$\alpha+\beta=2$

$\alpha^2+\beta^2=(\alpha+\beta)^2-2\alpha\beta=2^2-2\times4=-4$

$\alpha^3+\beta^3=(-8)+(-8)=-16$

$\alpha^4+\beta^4=\alpha^3\times\alpha+\beta^3\times\beta=-8(\alpha+\beta)=-16$

$\alpha^5+\beta^5=\alpha^3\times\alpha^2+\beta^3\times\beta^2=-8(\alpha^2+\beta^2)=32$

$\alpha^6+\beta^6=(\alpha^3)^2+(\beta^3)^2=(-8)^2+(-8)^2=128$

$\alpha^7+\beta^7=(\alpha^3)^2\times\alpha+(\beta^3)^2\times\beta=64(\alpha+\beta)$
$\qquad\qquad=128$

따라서 $\alpha^6+\beta^6=\alpha^7+\beta^7=128$이므로 조건을 만족시키는 자연수 n의 최솟값은 6이다.

답 6

35

이차방정식 $2x^2+ax+b=0$의 한 근이 $2-i$이므로

x에 $2-i$를 대입하면

$2(2-i)^2+a(2-i)+b=(2a+b+6)-(8+a)i=0$

$2a+b+6=0$, $8+a=0$

따라서 $a=-8$, $b=10$이므로 $b-a=18$

답 ④

36

이차방정식 $x^2-px+p+19=0$의 한 허근을 $\alpha=a+2i$ (a는 실수, $i=\sqrt{-1}$)이라 하면 켤레복소수 $\bar{\alpha}=a-2i$도 주어진 이차방정식의 근이다.

이차방정식의 근과 계수의 관계에 의하여

$\alpha+\bar{\alpha}=2a=p$ ...... ㉠

$\alpha\bar{\alpha}=a^2+4=p+19$ ...... ㉡

㉠에서 $a=\dfrac{p}{2}$를 ㉡에 대입하여 정리하면

$p^2-4p-60=0$

$(p+6)(p-10)=0$

$p=-6$ 또는 $p=10$

따라서 양의 실수 p의 값은 10이다.

답 10

37

조건 ㈎에서 허수 z는 x에 대한 이차방정식

$x^2+mx+n=0$ ...... ㉠

의 한 근이다. 이때 m, n이 정수이고 z가 허수이므로 방정식 ㉠은 $x=\bar{z}$도 근으로 갖는다.

조건 ㈏에서 $z+\bar{z}=8$이므로 이차방정식의 근과 계수의 관계에 의하여

$z+\bar{z}=-m=8$

$m=-8$

x에 대한 이차방정식 $x^2-8x+n=0$이 허근을 갖기 위해서는 이 이차방정식의 판별식을 D라 할 때 $D<0$이어야 한다.

$D=(-8)^2-4n$
$\quad=64-4n<0$

$n>16$이므로 정수 n의 최솟값은 17이다.

따라서 $m+n$의 최솟값은

$-8+17=9$

답 ④

다른 풀이

z는 허수이므로 $z=a+bi$ (a, b는 실수, $b\neq0$)으로 놓을 수 있다.

조건 ㈏에서

$z+\bar{z}=(a+bi)+(a-bi)$
$\qquad\quad=2a=8$

이므로 $a=4$

조건 ㈎에서

$(4+bi)^2+m(4+bi)+n=(16+8bi+b^2i^2)+(4m+mbi)+n$
$\qquad\qquad\qquad\qquad\qquad=(16+8bi-b^2)+(4m+mbi)+n$
$\qquad\qquad\qquad\qquad\qquad=(16-b^2+4m+n)+b(8+m)i$
$\qquad\qquad\qquad\qquad\qquad=0$

이므로

$16-b^2+4m+n=0$ ...... ㉠

$b(8+m)=0$ ...... ㉡

㉡에서 $b\neq0$이므로 $m=-8$

㉠에서 $n=16+b^2$이고 $b\neq0$이므로 $n>16$

그러므로 정수 n의 최솟값은 17이다.

따라서 $m+n$의 최솟값은

$-8+17=9$

38

이차함수 $y=x^2+ax+b$의 그래프가 점 $(1,\,0)$에서 x축과 접하므로

이차방정식 $x^2+ax+b=0$은 중근 $x=1$을 갖는다.

$y=x^2+ax+b=(x-1)^2=x^2-2x+1$이므로

$a=-2$, $b=1$

이차함수 $y=x^2+x-2$의 그래프가 x축과 만나는 두 점은

$x^2+x-2=0$, $(x+2)(x-1)=0$에서

$(-2,\,0)$, $(1,\,0)$

따라서 두 점 사이의 거리는

$|1-(-2)|=3$

답 ③

39

두 이차함수 $f(x)$, $g(x)$의 최고차항의 계수의 절댓값이 같으므로

조건 ㈎에 의하여

이차함수 $f(x)$의 최고차항의 계수는 -2,

이차함수 $g(x)$의 최고차항의 계수는 2이다.

$f(-3)-g(-3)=0$에서 $f(-3)=g(-3)$

$f(2)-g(2)=0$에서 $f(2)=g(2)$

즉, 두 곡선 $y=f(x)$, $y=g(x)$가 만나는 두 점 A, B의 x좌표는

-3, 2이다.

직선 AB의 기울기가 -1이므로

$\dfrac{f(2)-f(-3)}{2-(-3)}=-1$에서 $f(2)-f(-3)=-5$

또 조건 ㈏에 의하여

$f(-3)+g(2)=f(-3)+f(2)=5$이므로

$f(2)=g(2)=0$, $f(-3)=g(-3)=5$

$f(x)=-2(x-2)(x-a)$ (a는 상수)로 놓으면

$f(-3)=-30-10a=5$에서 $a=-\dfrac{7}{2}$

즉, $f(x)=-(x-2)(2x+7)$

$g(x)=2(x-2)(x-b)$ (b는 상수)로 놓으면

$g(-3)=30+10b=5$에서 $b=-\dfrac{5}{2}$

즉, $g(x)=(x-2)(2x+5)$

따라서 $f(-1)=15$, $g(-1)=-9$이므로

$f(-1)+g(-1)=6$

답 ③

40

직선 $y=n$이 곡선 $y=x^2-4x+4$와 만나는 점의 x좌표는 이차방정식 $x^2-4x+4=n$의 실근과 같다.

$x^2-4x+4=n$

$(x-2)^2=n$

$x-2=\pm\sqrt{n}$

$x=2-\sqrt{n}$ 또는 $x=2+\sqrt{n}$

x_1, x_2 중 작은 것을 α, 큰 것을 β라 하면

$\alpha=2-\sqrt{n}$, $\beta=2+\sqrt{n}$이다.

(i) $1\leq n\leq 4$인 경우

$\alpha\geq 0$, $\beta>0$이므로

$$\frac{|x_1|+|x_2|}{2}=\frac{\alpha+\beta}{2}$$

$$=\frac{(2-\sqrt{n})+(2+\sqrt{n})}{2}$$

$$=2$$

따라서 $\dfrac{|x_1|+|x_2|}{2}$의 값이 자연수가 되는 n의 값은 1, 2, 3, 4

이므로 개수는 4이다.

(ii) $n>4$인 경우

$\alpha<0<\beta$이므로

$$\frac{|x_1|+|x_2|}{2}=\frac{-\alpha+\beta}{2}$$

$$=\frac{(\sqrt{n}-2)+(2+\sqrt{n})}{2}$$

$$=\sqrt{n}$$

따라서 $\dfrac{|x_1|+|x_2|}{2}$의 값이 자연수가 되는 100 이하의 자연수 n

의 값은 9, 16, 25, 36, 49, 64, 81, 100이므로 개수는 8이다.

(i), (ii)에서 $\dfrac{|x_1|+|x_2|}{2}$의 값이 자연수가 되도록 하는 100 이하의

자연수 n의 개수는

$4+8=12$

답 12

41

이차함수 $y=x^2+4x+a$의 그래프가 x축과 접하므로 이차방정식

$x^2+4x+a=0$의 판별식을 D라 하면

$\dfrac{D}{4}=2^2-a=0$

따라서 $a=4$

답 ①

42

이차함수 $y=x^2+2(a-1)x+2a+13$의 그래프가 x축과 만나지 않으려면 이차방정식 $x^2+2(a-1)x+2a+13=0$의 판별식을 D라 할 때

$\dfrac{D}{4} = (a-1)^2 - (2a+13) < 0$

$a^2 - 4a - 12 < 0$, $(a+2)(a-6) < 0$

$-2 < a < 6$

따라서 정수 a의 값은 -1, 0, 1, 2, 3, 4, 5이므로 모든 정수 a의 값의 합은

$-1+0+1+2+3+4+5=14$

答 ②

43

두 이차방정식 $f(x)=0$, $g(x)=0$의 판별식을 각각 D_1, D_2라 하면

$D_1 = 4^2 - 4(-3k^2 - 12k + 40)$

$\quad = 12(k-2)(k+6)$ ...... ㉠

$D_2 = (-12)^2 - 4(3k^2 - 36k + 96)$

$\quad = -12(k-10)(k-2)$ ...... ㉡

(i) 두 함수 $y=f(x)$, $y=g(x)$의 그래프와 x축이 만나는 점의 개수가 0으로 같은 경우

㉠, ㉡에서 $\begin{cases} 12(k-2)(k+6) < 0 \\ -12(k-10)(k-2) < 0 \end{cases}$ 의 해가 $-6 < k < 2$이므로

정수 k는 -5, -4, -3, -2, -1, 0, 1이고 그 개수는 7이다.

(ii) 두 함수 $y=f(x)$, $y=g(x)$의 그래프와 x축이 만나는 점의 개수가 1로 같은 경우

㉠, ㉡에서 $\begin{cases} 12(k-2)(k+6)=0 \\ -12(k-10)(k-2)=0 \end{cases}$ 의 해가 $k=2$이므로 정수 k의 개수는 1이다.

(iii) 두 함수 $y=f(x)$, $y=g(x)$의 그래프와 x축이 만나는 점의 개수가 2로 같은 경우

㉠, ㉡에서 $\begin{cases} 12(k-2)(k+6) > 0 \\ -12(k-10)(k-2) > 0 \end{cases}$ 의 해가 $2 < k < 10$이므로

정수 k는 3, 4, 5, 6, 7, 8, 9이므로 그 개수는 7이다.

(i), (ii), (iii)에서 모든 정수 k의 개수는 15이다.

答 ③

44

직선 $y=2x$를 y축의 방향으로 m만큼 평행이동한 직선의 방정식은

$y=2x+m$

직선 $y=2x+m$이 이차함수 $y=x^2-4x+12$의 그래프에 접하므로

$x^2-4x+12=2x+m$에서

$x^2-6x+12-m=0$

이차방정식 $x^2-6x+12-m=0$의 판별식을 D라 하면

$\dfrac{D}{4} = (-3)^2 - (12-m) = 0$

$9-12+m=0$

따라서 $m=3$

答 3

45

$x^2+4x+k = -2x+1$에서 $x^2+6x+k-1=0$

이차방정식 $x^2+6x+k-1=0$의 판별식을 D라 하자.

주어진 이차함수의 그래프와 직선이 서로 다른 두 점에서 만나려면 $D > 0$이어야 한다.

$D = 6^2 - 4(k-1) = -4k + 40 > 0$에서 $k < 10$

따라서 자연수 k의 최댓값은 9이다.

答 9

46

직선 $y=-x+k$가 이차함수 $y=x^2-2x+6$의 그래프와 만나므로 이차방정식 $x^2-2x+6=-x+k$가 실근을 가져야 한다.

이차방정식 $x^2-x+6-k=0$의 판별식을 D라 하면

$D = (-1)^2 - 4 \times (6-k) \geq 0$

$-23 + 4k \geq 0$, $k \geq \dfrac{23}{4}$

따라서 자연수 k의 최솟값은 6이다.

答 6

47

점 $(-1, 0)$을 지나고 기울기가 m인 직선의 방정식은

$y=m\{x-(-1)\}$, 즉 $y=mx+m$

직선 $y=mx+m$이 곡선 $y=x^2+x+4$에 접하려면 이차방정식

$mx+m = x^2+x+4$, 즉 $x^2+(1-m)x+4-m=0$의 판별식을 D라 할 때

$D = (1-m)^2 - 4(4-m) = 0$

$m^2 + 2m - 15 = 0$, $(m+5)(m-3)=0$

$m=-5$ 또는 $m=3$

그런데 $m > 0$이므로 $m=3$

答 ④

48

직선 $y=x+k$가 이차함수 $y=x^2-2x+4$의 그래프와 만나려면 이차방정식 $x^2-2x+4=x+k$, 즉 $x^2-3x+4-k=0$의 판별식을 D_1이라 할 때

$D_1 = (-3)^2 - 4(4-k) \geq 0$, $4k-7 \geq 0$

$k \geq \dfrac{7}{4}$ ...... ㉠

직선 $y=x+k$가 이차함수 $y=x^2-5x+15$의 그래프와 만나지 않으려면 이차방정식 $x^2-5x+15=x+k$, 즉 $x^2-6x+15-k=0$의 판별식을 D_2라 할 때

$$\frac{D_2}{4}=(-3)^2-(15-k)<0, \ k-6<0$$

$$k<6 \quad \cdots\cdots \ ⓛ$$

㉠, ㉤에서 $\dfrac{7}{4}\leq k<6$

따라서 정수 k의 값은 2, 3, 4, 5이므로 그 개수는 4이다.

답 ②

49

x에 대한 이차함수 $y=x^2-4kx+4k^2+k$의 그래프와 직선 $y=2ax+b$가 접하려면 x에 대한 이차방정식

$x^2-4kx+4k^2+k=2ax+b$, 즉 $x^2-2(2k+a)x+4k^2+k-b=0$

의 판별식을 D라 할 때

$$\frac{D}{4}=\{-(2k+a)\}^2-(4k^2+k-b)=0$$

$$(4a-1)k+a^2+b=0 \quad \cdots\cdots \ ㉠$$

㉠이 실수 k의 값에 관계없이 항상 성립하므로

$4a-1=0, \ a^2+b=0$

따라서 $a=\dfrac{1}{4}, \ b=-\dfrac{1}{16}$이므로 $a+b=\dfrac{3}{16}$

답 ②

50

곡선 $y=2x^2-5x+a$와 직선 $y=x+12$가 만나는 두 점의 x좌표를 각각 $\alpha, \ \beta$라 하자.

이차방정식 $2x^2-5x+a=x+12$, 즉 $2x^2-6x+a-12=0$의 두 근이 $\alpha, \ \beta$이므로 근과 계수의 관계에 의하여

$$\alpha\beta=\frac{a-12}{2}$$

문제의 조건에서 $\alpha\beta=-4$이므로

$$\frac{a-12}{2}=-4, \ a-12=-8$$

따라서 $a=4$

답 ②

51

점 A에서 x축에 내린 수선의 발을 H라 하자.

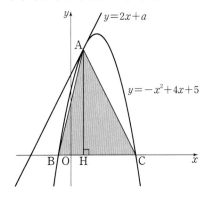

이차함수 $y=-x^2+4x+5$의 그래프와 직선 $y=2x+a$가 한 점 A에서만 만나므로 이차방정식

$-x^2+4x+5=2x+a$, 즉 $x^2-2x+a-5=0$ $\quad \cdots\cdots \ ㉠$

은 중근을 갖는다.

㉠의 판별식을 D라 하면

$$\frac{D}{4}=(-1)^2-1\times(a-5)=0$$에서 $a=6$

$a=6$을 ㉠에 대입하면

$x^2-2x+1=0, \ (x-1)^2=0, \ x=1$

그러므로 A$(1, \ 8)$이고 $\overline{\mathrm{AH}}=8$이다.

이차함수 $y=-x^2+4x+5$의 그래프가 x축과 만나는 두 점의 x좌표는 이차방정식 $-x^2+4x+5=0$의 두 실근이다.

$-x^2+4x+5=0$에서

$-(x+1)(x-5)=0$

$x=-1$ 또는 $x=5$

그러므로 B$(-1, \ 0)$, C$(5, \ 0)$이고 $\overline{\mathrm{BC}}=6$이다.

따라서 삼각형 ABC의 넓이는

$$\frac{1}{2}\times\overline{\mathrm{BC}}\times\overline{\mathrm{AH}}=\frac{1}{2}\times6\times8=24$$

답 ④

52

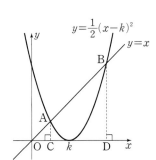

점 C의 좌표를 $(\alpha, \ 0)$이라 하면 선분 CD의 길이는 6이므로 점 D의 좌표는 $(\alpha+6, \ 0)$

직선 $y=x$ 위의 두 점 A$(\alpha, \ \alpha)$, B$(\alpha+6, \ \alpha+6)$은 이차함수 $y=\dfrac{1}{2}(x-k)^2$의 그래프와 직선 $y=x$의 교점이므로

$$\frac{1}{2}(x-k)^2=x, \ x^2-2(k+1)x+k^2=0$$

이차방정식 $x^2-2(k+1)x+k^2=0$의 근과 계수의 관계에 의하여

$\alpha+(\alpha+6)=2(k+1), \ \alpha=k-2 \quad \cdots\cdots \ ㉠$

$\alpha(\alpha+6)=k^2 \quad \cdots\cdots \ ㉤$

㉠을 ㉤에 대입하면

$(k-2)(k+4)=k^2, \ 2k-8=0$

따라서 $k=4$

답 ②

53

이차함수 $y=x^2-3x+1$의 그래프와 직선 $y=x+2$의 교점의 x좌표는

이차방정식 $x^2-3x+1=x+2$, $x^2-4x-1=0$에서

$x=2\pm\sqrt{5}$

이차함수 $y=x^2-3x+1$의 그래프와 직선 $y=x+2$로 둘러싸인 도

형의 내부에 있는 점의 x좌표를 p, y좌표를 q라 하면

$2-\sqrt{5}<p<2+\sqrt{5}$

이때 $-1<2-\sqrt{5}<0$이고 $4<2+\sqrt{5}<5$이므로 $2-\sqrt{5}<p<2+\sqrt{5}$

를 만족시키는 정수 p의 값은 0, 1, 2, 3, 4이다.

따라서 x좌표와 y좌표가 모두 정수인 점 (p, q)는 다음과 같다.

(ⅰ) $p=0$일 때, $1<q<2$이므로 존재
하지 않는다.

(ⅱ) $p=1$일 때, $-1<q<3$이므로
$(1, 0)$, $(1, 1)$, $(1, 2)$이다.

(ⅲ) $p=2$일 때, $-1<q<4$이므로
$(2, 0)$, $(2, 1)$, $(2, 2)$, $(2, 3)$이
다.

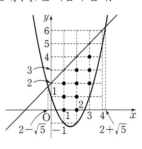

(ⅳ) $p=3$일 때, $1<q<5$이므로 $(3, 2)$, $(3, 3)$, $(3, 4)$이다.

(ⅴ) $p=4$일 때, $5<q<6$이므로 존재하지 않는다.

(ⅰ)~(ⅴ)에서 x좌표와 y좌표가 모두 정수인 점의 개수는 10이다.

답 ⑤

54

이차함수 $y=ax^2\,(a>0)$의 그래프와 직선 $y=x+6$이 만나는 점의

x좌표는 $ax^2=x+6$에서 이차방정식 $ax^2-x-6=0$의 두 실근 α,

$\beta\,(\alpha<\beta)$와 같으므로 근과 계수의 관계에 의하여

$\alpha+\beta=\dfrac{1}{a}$, $\alpha\beta=-\dfrac{6}{a}$

한편, $\overline{\mathrm{CA}}=\beta-\alpha$이고 직선 $y=x+6$의 기울기가 1이므로

$\dfrac{\overline{\mathrm{BC}}}{\overline{\mathrm{CA}}}=\dfrac{\overline{\mathrm{BC}}}{\beta-\alpha}=1$에서

$\beta-\alpha=\overline{\mathrm{BC}}=\dfrac{7}{2}$

$(\beta-\alpha)^2=(\alpha+\beta)^2-4\alpha\beta$이므로

$\left(\dfrac{7}{2}\right)^2=\left(\dfrac{1}{a}\right)^2-4\times\left(-\dfrac{6}{a}\right)$

$\left(\dfrac{1}{a}\right)^2+\dfrac{24}{a}-\dfrac{49}{4}=0$이므로

$49a^2-96a-4=0$에서

$(49a+2)(a-2)=0$

$a>0$이므로 $a=2$

따라서

$\alpha^2+\beta^2=(\alpha+\beta)^2-2\alpha\beta$

$=\left(\dfrac{1}{2}\right)^2-2\times\left(-\dfrac{6}{2}\right)$

$=\dfrac{1}{4}+6=\dfrac{25}{4}$

답 ②

55

이차함수 $y=x^2-4x+\dfrac{25}{4}$의 그래프가 직선 $y=ax$와 한 점에서만

만나므로 $x^2-4x+\dfrac{25}{4}=ax$에서

이차방정식 $x^2-(a+4)x+\dfrac{25}{4}=0$의 판별식을 D라 하면

$D=(a+4)^2-4\times1\times\dfrac{25}{4}=0$

$(a+4)^2=25$에서 $a>0$이므로 $a=1$

이차함수 $y=x^2-4x+\dfrac{25}{4}$의 그래프가 직선 $y=x$와 만나는 점의 x

좌표는 $x^2-4x+\dfrac{25}{4}=x$에서 이차방정식 $x^2-5x+\dfrac{25}{4}=0$의 실근

과 같으므로

$\left(x-\dfrac{5}{2}\right)^2=0$에서 $x=\dfrac{5}{2}$이고, 세 점 A, B, H는 각각

$\mathrm{A}\left(\dfrac{5}{2}, \dfrac{5}{2}\right)$, $\mathrm{B}\left(0, \dfrac{25}{4}\right)$, $\mathrm{H}\left(\dfrac{5}{2}, 0\right)$이다.

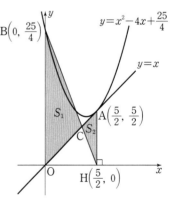

한편, 삼각형 BOH의 넓이를 T_1, 삼각형 AOH의 넓이를 T_2라 할

때, $T_1-T_2=S_1-S_2$가 성립한다.

$S_1-S_2=T_1-T_2$

$=\dfrac{1}{2}\times\dfrac{5}{2}\times\dfrac{25}{4}-\dfrac{1}{2}\times\dfrac{5}{2}\times\dfrac{5}{2}$

$=\dfrac{75}{16}$

따라서 $p=16$, $q=75$이므로

$p+q=91$

답 91

56

$1 \leq x \leq 4$에서 이차함수 $f(x) = -(x-2)^2 + 15$
의 그래프는 오른쪽 그림과 같고, 꼭짓점의
x좌표 2는 $1 \leq x \leq 4$에 속한다.

$f(1) = -(-1)^2 + 15 = 14$

$f(2) = 15$

$f(4) = -2^2 + 15 = 11$

따라서 이차함수 $f(x)$의 최솟값은 $x=4$일 때
11이다.

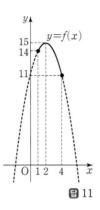

답 11

57

이차함수 $f(x) = x^2 - 2ax + 2a^2 = (x-a)^2 + a^2$

(i) $0 < a < 2$일 때

$\quad f(x)$의 최솟값은 $f(a) = a^2$

$\quad 0 < a^2 < 4$이므로 $f(x)$의 최솟값이 10이 되도록 하는 실수 a의 값
은 존재하지 않는다.

(ii) $a \geq 2$일 때

$\quad f(x)$의 최솟값은 $f(2) = 2a^2 - 4a + 4$

$\quad 2a^2 - 4a + 4 = 10$, $a^2 - 2a - 3 = 0$

$\quad (a-3)(a+1) = 0$, $a = 3$

$\quad$ 함수 $f(x)$의 최댓값은 $f(0) = 2a^2 = 18$

(i), (ii)에서 함수 $f(x)$의 최댓값은 18이다.

답 18

58

$\overline{PQ} = x$이므로 $\overline{BQ}^2 = \overline{CQ}^2 = 1^2 + x^2$

$\overline{AQ}^2 + \overline{BQ}^2 + \overline{CQ}^2 = (\sqrt{3}-x)^2 + 2(1+x^2)$

$\qquad\qquad\qquad = 3x^2 - 2\sqrt{3}x + 5$

$\qquad\qquad\qquad = 3\left(x - \dfrac{\sqrt{3}}{3}\right)^2 + 4$

$\overline{AQ}^2 + \overline{BQ}^2 + \overline{CQ}^2$은 $x = \dfrac{\sqrt{3}}{3}$에서 최솟값 4를 가진다.

따라서 $a = \dfrac{\sqrt{3}}{3}$, $m = 4$이므로 $\dfrac{m}{a} = 4\sqrt{3}$

답 ③

59

$f(x) = x^2 - (2a-b)x + a^2 - 4b$

$\quad = \left(x - \dfrac{2a-b}{2}\right)^2 + a^2 - 4b - \left(\dfrac{2a-b}{2}\right)^2$

이므로 $f(x)$는 $x = \dfrac{2a-b}{2}$에서 최솟값을 갖는다.

조건 ㈎에 의하여 $\dfrac{2a-b}{2} = 1$이므로 $b = 2a - 2$

그러므로 $f(x) = x^2 - 2x + a^2 - 8a + 8$

이차함수 $y = f(x)$의 그래프의 축이 직선 $x = 1$이므로 $-2 \leq x \leq 2$
에서 함수 $f(x)$의 최댓값은 $f(-2)$이다.

조건 ㈏에 의하여 $f(-2) = 0$이므로 이차함수 $y = f(x)$의 그래프는
그림과 같다.

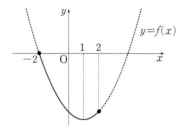

$f(-2) = 4 + 4 + a^2 - 8a + 8 = (a-4)^2 = 0$

에서 $a = 4$

$a = 4$를 $b = 2a - 2$에 대입하면 $b = 6$

따라서 $a + b = 10$

답 ①

60

ㄱ. $a = \dfrac{3}{2}$일 때

$\quad f(x) = \left(x - \dfrac{3}{2}\right)^2 + b$이고 $x = \dfrac{3}{2}$에서 최솟값 5를 가지므로

$\quad f\left(\dfrac{3}{2}\right) = b = 5$이다. (참)

ㄴ. $a \leq 1$일 때

$\quad f(x)$는 $x = 1$에서 최솟값을 가지므로 $f(1) = (1-a)^2 + b = 5$이
고 $b = -a^2 + 2a + 4$이다. (참)

ㄷ. (i) $a \leq 1$일 때

$\qquad$ ㄴ에서 $b = -a^2 + 2a + 4$이므로

$\qquad a + b = -a^2 + 3a + 4 = -\left(a - \dfrac{3}{2}\right)^2 + \dfrac{25}{4}$

$\qquad$ 따라서 $a + b$는 $a = 1$에서 최댓값 6을 갖는다.

$\quad$ (ii) $1 < a \leq 2$일 때

$\qquad f(x)$는 $x = a$에서 최솟값 $b = 5$를 가지므로

$\qquad 6 < a + b \leq 7$이고 $a + b$는 $a = 2$에서 최댓값 7을 갖는다.

$\quad$ (iii) $a > 2$일 때

$\qquad f(x)$는 $x = 2$에서 최솟값을 가지고

$\qquad f(2) = (2-a)^2 + b = 5$, $b = -a^2 + 4a + 1$에서

$\qquad a + b = -a^2 + 5a + 1 = -\left(a - \dfrac{5}{2}\right)^2 + \dfrac{29}{4}$

$\qquad$ 따라서 $a + b$는 $a = \dfrac{5}{2}$에서 최댓값 $\dfrac{29}{4}$를 갖는다.

$\quad$ (i), (ii), (iii)에서 $a + b$의 최댓값은 $\dfrac{29}{4}$이다. (참)

이상에서 옳은 것은 ㄱ, ㄴ, ㄷ이다.

답 ⑤

61

조건 (가), (나)에 의하여 $0 \le x \le 3$에서 함수 $f(x)$의 최솟값과

$0 \le x \le 5$에서 함수 $f(x)$의 최솟값이 m으로 같으므로

$0 < p \le 3$, $q = m$

그러므로 $f(x) = (x-p)^2 + m$

(i) $0 < p \le \dfrac{3}{2}$인 경우

조건 (가)에 의하여 함수 $f(x)$는 $x = 3$에서 최댓값을 가지므로

$f(3) = (3-p)^2 + m = m+4$

$(3-p)^2 = 4$

$0 < p \le \dfrac{3}{2}$이므로 $p = 1$

즉, $f(x) = (x-1)^2 + m$

조건 (나)에 의하여 함수 $f(x)$는 $x = 5$에서 최댓값을 가지므로

$f(5) = (5-1)^2 + m = 4m$, $m = \dfrac{16}{3}$

m이 자연수라는 조건을 만족시키지 않는다.

(ii) $\dfrac{3}{2} < p \le 3$인 경우

조건 (가)에 의하여 함수 $f(x)$는 $x = 0$에서 최댓값을 가지므로

$f(0) = (0-p)^2 + m = m+4$, $p^2 = 4$

$\dfrac{3}{2} < p \le 3$이므로 $p = 2$

즉, $f(x) = (x-2)^2 + m$

조건 (나)에 의하여 함수 $f(x)$는 $x = 5$에서 최댓값을 가지므로

$f(5) = (5-2)^2 + m = 4m$, $m = 3$

(i), (ii)에 의하여 $m = 3$

따라서 $f(x) = (x-2)^2 + 3$이므로

$f(10) = 64 + 3 = 67$

답 67

62

점 $\mathrm{P}(a, b)$는 직선 $y = -\dfrac{1}{4}x + 1$ 위의 점이므로

$b = -\dfrac{1}{4}a + 1$

$b = -\dfrac{1}{4}a + 1$을 $a^2 + 8b$에 대입하면

$a^2 + 8b = a^2 + 8\left(-\dfrac{1}{4}a + 1\right)$

$\qquad = a^2 - 2a + 8$

$\qquad = (a-1)^2 + 7$

그런데 점 $\mathrm{P}(a, b)$가 점 $\mathrm{A}(0, 1)$에서 직선 $y = -\dfrac{1}{4}x + 1$을 따라

점 $\mathrm{B}(4, 0)$까지 움직이므로 $0 \le a \le 4$

따라서 $a^2 + 8b$의 최솟값은 $a = 1$일 때 7이다.

답 ④

다른 풀이

점 $\mathrm{P}(a, b)$는 직선 $y = -\dfrac{1}{4}x + 1$ 위의 점이므로

$b = -\dfrac{1}{4}a + 1$, 즉 $a = -4b + 4$

$a = -4b + 4$를 $a^2 + 8b$에 대입하면

$a^2 + 8b = (-4b+4)^2 + 8b = 16b^2 - 24b + 16 = 16\left(b - \dfrac{3}{4}\right)^2 + 7$

그런데 점 $\mathrm{P}(a, b)$가 점 $\mathrm{A}(0, 1)$에서 직선 $y = -\dfrac{1}{4}x + 1$을 따라

점 $\mathrm{B}(4, 0)$까지 움직이므로 $0 \le b \le 1$

따라서 $a^2 + 8b$의 최솟값은 $b = \dfrac{3}{4}$일 때 7이다.

63

$y = x^2 - 4ax + 4a^2 + b = (x-2a)^2 + b$이므로 $2 \le x \le 4$에서 이차함수 $y = (x-2a)^2 + b$의 그래프는 축 $x = 2a$의 위치에 따라 최솟값을 갖는 x좌표가 달라진다.

(i) $2a < 2$, 즉 $a < 1$인 경우

이차함수의 최솟값은 $x = 2$일 때, $(2-2a)^2 + b = 4$이므로

$b = -4(a-1)^2 + 4$

(ii) $2 \le 2a < 4$, 즉 $1 \le a < 2$인 경우

이차함수의 최솟값은 그래프의 꼭짓점의 y좌표이므로

$b = 4$

(iii) $4 \le 2a$, 즉 $a \ge 2$인 경우

이차함수의 최솟값은 $x = 4$일 때, $(4-2a)^2 + b = 4$이므로

$b = -4(a-2)^2 + 4$

(i), (ii), (iii)에서

$$b = \begin{cases} -4(a-1)^2 + 4 & (a < 1) \\ 4 & (1 \le a < 2) \\ -4(a-2)^2 + 4 & (a \ge 2) \end{cases}$$

$2a + b = k$라 하면

오른쪽 그림과 같이

함수 $b = -4(a-2)^2 + 4$의 그래프와

직선 $b = -2a + k$가 접할 때 k는 최댓값을 갖는다.

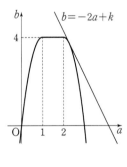

이차방정식 $-4(a-2)^2 + 4 = -2a + k$,

즉 $4a^2 - 18a + 12 + k = 0$의 판별식을 D라 하면

$\dfrac{D}{4} = (-9)^2 - 4(12+k) = 0$, $33 - 4k = 0$

$k = \dfrac{33}{4}$

따라서 $M = \dfrac{33}{4}$이므로 $4M = 33$

답 33

64

점 P의 좌표는 $(-k, -k^2+4k)$이고

(사각형 PQOR의 넓이)

$=$(삼각형 PQO의 넓이)$+$(삼각형 POR의 넓이)

이므로 사각형 PQOR의 넓이를 $S(k)$라 하면

$$S(k) = \frac{1}{2} \times 2 \times (-k^2+4k) + \frac{1}{2} \times 1 \times k$$

$$= -\left(k - \frac{9}{4}\right)^2 + \frac{81}{16} \ (1 \le k \le 3)$$

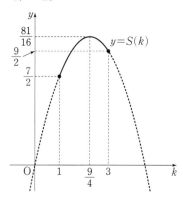

따라서 $k = \frac{9}{4}$일 때, $S(k)$의 최댓값은 $\frac{81}{16}$이다.

답 ④

65

이차함수 $f(x) = -(x-2)^2 + k + 7$의 그래프의 꼭짓점의 좌표는 $(2, k+7)$이고, 직선 $y = 2x+3$은 점 $(2, 7)$을 지난다.

$f(2) = k+7 > 7$이므로 함수 $y = f(x)$의 그래프와 직선 $y = 2x+3$은 그림과 같다.

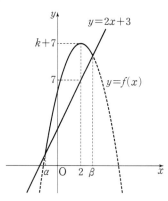

$\alpha < 2 < \beta$이므로 $\alpha \le x \le \beta$에서

함수 $f(x)$의 최댓값은 $f(2)$, 최솟값은 $f(\alpha)$이다.

$f(2) = k+7 = 10$에서 $k = 3$

$-x^2+4x+6 = 2x+3$에서 $x^2-2x-3 = 0$

$(x+1)(x-3) = 0$이므로 $\alpha = -1$, $\beta = 3$

따라서 $-1 \le x \le 3$에서 함수 $f(x)$의 최솟값은

$f(-1) = -(-1)^2 + 4 \times (-1) + 6 = 1$

답 ①

66

선분 BC의 중점을 M이라 하고 점 M을 지나고 직선 OB에 평행한 직선이 선분 OA와 만나는 점을 H라 하자.

$\overline{OB} = \overline{OC}$인 이등변삼각형 OBC에서 점 M이 선분 BC의 중점이므로 $\angle OMB = 90°$이다.

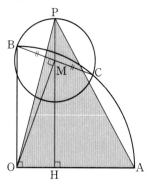

삼각형 OAP의 넓이 $S(x)$는

$$S(x) = \frac{1}{2} \times \overline{OA} \times \overline{PH} = \frac{1}{2} \times \overline{OA} \times (\overline{MH} + \overline{PM}) \quad \cdots\cdots \text{㉠}$$

$\overline{PM} = \overline{BM} = \frac{1}{2} \times \overline{BC} = \frac{x}{2}$이므로 직각삼각형 OMB에서

$$\overline{OM}^2 = \overline{OB}^2 - \overline{BM}^2 = 1 - \left(\frac{x}{2}\right)^2 = 1 - \frac{x^2}{4}$$

$\angle OMH = \angle BOM$이므로 $\triangle OHM \backsim \triangle BMO$ (AA 닮음)

$\overline{MH} : \overline{OM} = \overline{OM} : \overline{BO} = \overline{OM} : 1$이고

$$\overline{MH} = \overline{OM}^2 = 1 - \frac{x^2}{4} \quad \cdots\cdots \text{㉡}$$

㉠, ㉡에서

$$S(x) = \frac{1}{2} \times 1 \times \left(1 - \frac{x^2}{4} + \frac{x}{2}\right) = -\frac{1}{8}(x^2 - 2x - 4)$$

$$= -\frac{1}{8}(x-1)^2 + \frac{5}{8} \ (0 < x < \sqrt{2})$$

$S(x)$의 최댓값은 $\frac{5}{8}$이므로 $p = 8$, $q = 5$

따라서 $p + q = 13$

답 13

67

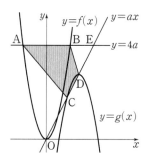

두 점 A, B는 직선 $y = 4a$와 함수 $f(x) = ax^2$의 그래프가 만나는 점이므로 $4a = ax^2$, $x^2 = 4$

$x = -2$ 또는 $x = 2$

두 점 A, B의 좌표는 각각 $(-2, 4a)$, $(2, 4a)$이다.

두 점 C, D는 직선 $y=ax$와 함수 $g(x)=-a(x-a)^2+a^2$의 그래프가 만나는 점이므로

$ax=-a(x-a)^2+a^2$

$x^2-(2a-1)x+a(a-1)=0$

$(x-a+1)(x-a)=0$

$x=a-1$ 또는 $x=a$

두 점 C, D의 좌표는 각각 $(a-1, a^2-a)$, (a, a^2)이다.

직선 $y=4a$와 직선 $y=ax$가 만나는 점을 E라 하면

$4a=ax$, $x=4$

점 E의 좌표는 $(4, 4a)$이다.

$\overline{AE}=|4-(-2)|=6$

$\overline{BE}=|4-2|=2$

점 C$(a-1, a^2-a)$과 직선 $y=4a$ 사이의 거리를 h_1이라 하면

$h_1=|4a-(a^2-a)|=-a^2+5a$

삼각형 ACE의 넓이를 S_1이라 하면

$S_1=\dfrac{1}{2}\times\overline{AE}\times h_1=\dfrac{1}{2}\times 6\times(-a^2+5a)$

$\quad=-3a^2+15a$

점 D(a, a^2)과 직선 $y=4a$ 사이의 거리를 h_2라 하면

$h_2=|4a-a^2|=-a^2+4a$

삼각형 BDE의 넓이를 S_2라 하면

$S_2=\dfrac{1}{2}\times\overline{BE}\times h_2=\dfrac{1}{2}\times 2\times(-a^2+4a)=-a^2+4a$

사각형 ACDB의 넓이를 S라 하면

$S=S_1-S_2=(-3a^2+15a)-(-a^2+4a)$

$\quad=-2a^2+11a=-2\left(a-\dfrac{11}{4}\right)^2+\dfrac{121}{8}$

$2<a<4$에서 사각형 ACDB의 넓이는 $a=\dfrac{11}{4}$일 때,

최댓값 $M=\dfrac{121}{8}$을 갖는다.

따라서 $8\times M=121$

📘 121

1등급 도전

01 ⑤	02 ⑤	03 ⑤	04 ⑤
05 11	06 154	07 5	

01

풀이 전략 복소수의 성질과 복소수의 거듭제곱을 이용하여 문제를 해결한다.

[STEP 1] 복소수의 성질을 이용하여 a의 값을 구한다.

$z^2=(a^2-1)^2+2(a^2-1)(a-1)i-(a-1)^2$

$\quad=(a^2-1)^2-(a-1)^2+2(a^2-1)(a-1)i$

가 음의 실수이므로 허수부분은 0이다.

즉, $2(a^2-1)(a-1)=0$에서 $2(a+1)(a-1)^2=0$

$a=-1$ 또는 $a=1$ → $a^2-1=(a+1)(a-1)$

$a=-1$이면 $z^2=-4$, $a=1$이면 $z^2=0$

그런데 z^2은 음의 실수이므로 $a=-1$

[STEP 2] 복소수 z, $\bar{z}$를 구하고 $\dfrac{(z-\bar{z})i}{4}$를 계산한다.

$a=-1$을 $z=a^2-1+(a-1)i$에 대입하면

$z=-2i$에서 $\bar{z}=2i$이므로

$\dfrac{(z-\bar{z})i}{4}=\dfrac{(-2i-2i)i}{4}=\dfrac{(-4i)i}{4}=1$, 즉 $\left(\dfrac{1-i}{\sqrt{2}}\right)^n=1$

[STEP 3] n에 자연수를 대입하여 $\left(\dfrac{1-i}{\sqrt{2}}\right)^n$의 규칙성을 파악한다.

$\alpha=\dfrac{1-i}{\sqrt{2}}$라 하면

$\alpha^2=\left(\dfrac{1-i}{\sqrt{2}}\right)^2=-\dfrac{2i}{2}=-i$,

$\alpha^3=\alpha^2\alpha=(-i)\times\left(\dfrac{1-i}{\sqrt{2}}\right)=\dfrac{-1-i}{\sqrt{2}}$,

$\alpha^4=\alpha^2\alpha^2=(-i)\times(-i)=-1$,   → $\alpha^4=\alpha^3\alpha=\left(\dfrac{-1-i}{\sqrt{2}}\right)\times\left(\dfrac{1-i}{\sqrt{2}}\right)=-1$

$\alpha^5=\alpha^4\alpha=(-1)\times\left(\dfrac{1-i}{\sqrt{2}}\right)=\dfrac{-1+i}{\sqrt{2}}$

$\alpha^6=\alpha^4\alpha^2=(-1)\times(-i)=i$,   → $\alpha^6=\alpha^3\alpha^3=\left(\dfrac{-1-i}{\sqrt{2}}\right)\times\left(\dfrac{-1-i}{\sqrt{2}}\right)=i$

$\alpha^7=\alpha^4\alpha^3=(-1)\times\left(\dfrac{-1-i}{\sqrt{2}}\right)=\dfrac{1+i}{\sqrt{2}}$

$\alpha^8=\alpha^4\alpha^4=(-1)\times(-1)=1$

$\alpha^8=1$이므로

$\alpha=\alpha^9=\alpha^{17}=\cdots=\alpha^{97}=\dfrac{1-i}{\sqrt{2}}$,

$\alpha^2=\alpha^{10}=\alpha^{18}=\cdots=\alpha^{98}=-i$,

$\alpha^3=\alpha^{11}=\alpha^{19}=\cdots=\alpha^{99}=\dfrac{-1-i}{\sqrt{2}}$,

$\alpha^4=\alpha^{12}=\alpha^{20}=\cdots=\alpha^{100}=-1$,

$\alpha^5=\alpha^{13}=\alpha^{21}=\cdots=\alpha^{93}=\dfrac{-1+i}{\sqrt{2}}$,

$\alpha^6=\alpha^{14}=\alpha^{22}=\cdots=\alpha^{94}=i$,

$\alpha^7=\alpha^{15}=\alpha^{23}=\cdots=\alpha^{95}=\dfrac{1+i}{\sqrt{2}}$,

$\alpha^8=\alpha^{16}=\alpha^{24}=\cdots=\alpha^{96}=1$

[STEP 4] 조건을 만족시키는 자연수 n의 개수를 구한다.

따라서 $\left(\dfrac{1-i}{\sqrt{2}}\right)^n=1$이 되도록 하는 100 이하의 자연수 n은 8의 배수이므로 n의 개수는 12이다.

📘 ⑤

02

풀이 전략 이차함수의 그래프와 직선의 위치 관계를 이용하여 문제를 해결한다.

[STEP 1] 이차방정식의 풀이를 이용하여 두 점 C, D의 좌표를 구한다.

ㄱ. 방정식 $x^2-6x+6=6$의 해는 $x=0$ 또는 $x=6$이므로
점 C$(0, 6)$, 점 D$(6, 6)$에서 $\overline{CD}=6$이다. (참)

[STEP 2] 두 점 A, B의 좌표를 구한 후 두 점 C, D의 좌표도 k에 관한 식으로 나타낸다.

ㄴ. 방정식 $x^2=k$의 해는 $x=\pm\sqrt{k}$이므로
점 A$(-\sqrt{k}, k)$, 점 B$(\sqrt{k}, k)$에서 $\overline{AB}^2=4k$
두 점 C, D의 x좌표를 각각 α, β라 하면
방정식 $x^2-6x+6=k$에서
$\alpha+\beta=6$, $\alpha\beta=6-k$ → 근과 계수의 관계를 이용한다.
$\overline{CD}^2=(\beta-\alpha)^2=(\alpha+\beta)^2-4\alpha\beta=12+4k$
따라서 $\overline{CD}^2-\overline{AB}^2=12$로 일정하다. (참)

[STEP 3] ㄴ에서 구한 결과를 이용하여 $\overline{AB}$, $\overline{CD}$의 길이와 k의 값을 구한다.

ㄷ. $\overline{CD}^2-\overline{AB}^2=(\overline{CD}+\overline{AB})(\overline{CD}-\overline{AB})=12$에서
$\overline{CD}+\overline{AB}=4$이므로 $\overline{CD}-\overline{AB}=3$
$\overline{AB}=\dfrac{1}{2}$, $\overline{CD}=\dfrac{7}{2}$이고,
$\overline{AB}=2\sqrt{k}=\dfrac{1}{2}$에서 $k=\dfrac{1}{16}$
점 B의 x좌표는 $\dfrac{1}{4}$이고, 방정식 $x^2-6x+6=\dfrac{1}{16}$에서
$16x^2-96x+95=0$이므로 → $(4x-5)(4x-19)=0$
$x=\dfrac{5}{4}$ 또는 $x=\dfrac{19}{4}$
점 C의 x좌표는 점 D의 x좌표보다 작으므로
점 C의 x좌표는 $\dfrac{5}{4}$이고 $\overline{BC}=1$
따라서 $k+\overline{BC}=\dfrac{17}{16}$ (참)

이상에서 옳은 것은 ㄱ, ㄴ, ㄷ이다.

답 ⑤

03

풀이 전략 함수 $y=f(x)$의 식을 구한 후 세 점 P, Q, R의 x좌표를 a, m에 대한 식으로 나타낸다.

[STEP 1] 두 점 A, B를 이용하여 함수 $y=f(x)$의 식을 구하여 ㄱ의 참, 거짓을 판별한다.

ㄱ. 함수 $y=f(x)$의 최고차항의 계수가 1이고 이차함수 $y=f(x)$의 그래프가 x축과 만나는 점의 x좌표가 1, a이므로
$f(x)=(x-1)(x-a)$ → 두 점 A$(1, 0)$, B$(a, 0)$을 지나므로 $f(1)=f(a)=0$
따라서 $f(2)=2-a$ (참)

[STEP 2] 점 P의 x좌표를 구한 후 직선 AQ의 방정식을 이용하여 $\overline{AR}$을 a, m에 대한 식으로 나타내어 ㄴ의 참, 거짓을 판별한다.

ㄴ. 이차함수 $y=f(x)$의 그래프의 축의 방정식이 $x=\dfrac{a+1}{2}$이므로
점 P의 x좌표는 $\dfrac{a+1}{2}$ ...... ㉠
기울기가 m이고 점 B$(a, 0)$을 지나는 직선 PB의 방정식은
$y=m(x-a)$
두 점 P, B의 x좌표는 이차함수 $y=f(x)$의 식과 직선 PB의 방정식을 연립한 이차방정식의 두 실근과 같다.
$(x-1)(x-a)=m(x-a)$에서
$(x-a)(x-1-m)=0$
$x=a$ 또는 $x=m+1$
따라서 점 P의 x좌표는 $m+1$ ...... ㉡ → 점 B의 x좌표는 a이다.
㉠, ㉡에서 $\dfrac{a+1}{2}=m+1$, 즉 $a=2m+1$ ...... ㉢
기울기가 m이고 점 A$(1, 0)$을 지나는 직선 AQ의 방정식은
$y=m(x-1)$ → 직선 PB와 직선 AQ는 평행하므로 직선 AQ의 기울기는 m이다.
두 점 A, Q의 x좌표는 이차함수 $y=f(x)$의 식과 직선 AQ의 방정식을 연립한 이차방정식의 두 실근과 같다.
$(x-1)(x-a)=m(x-1)$에서
$(x-1)(x-m-a)=0$
$x=1$ 또는 $x=m+a$
따라서 두 점 Q, R의 x좌표는 $m+a$이다.
㉢에 의하여 → 점 R은 점 Q에서 x축에 내린 수선의 발이므로 두 점 Q, R의 x좌표는 같다.
$\overline{AR}=(m+a)-1$ → (점 R의 x좌표)-(점 A의 x좌표)
$=m+2m+1-1=3m$ (참)

[STEP 3] 삼각형 BRQ의 넓이를 이용하여 ㄷ의 참, 거짓을 판별한다.

ㄷ. $\overline{BR}=(m+a)-a=m$, → (점 R의 x좌표)-(점 B의 x좌표)
$\overline{QR}=m(m+a-1)=m\times3m=3m^2$이고,
삼각형 BRQ의 넓이가 $\dfrac{81}{2}$이므로
$\dfrac{1}{2}\times m\times3m^2=\dfrac{81}{2}$, $m^3=27$
m은 실수이므로 $m=3$이고 이것을 ㉢에 대입하면 $a=7$
따라서 $a+m=10$ (참)

이상에서 옳은 것은 ㄱ, ㄴ, ㄷ이다.

답 ⑤

04

풀이 전략 이차방정식과 이차함수의 관계를 활용하여 문제를 해결한다.

[STEP 1] 네 실수의 대소 관계에 따라 경우를 나누어서 함수의 그래프의 개형을 그려 본다.

네 실수 a, c, α, β의 대소 관계에 따른 함수 $y=h(x)$의 그래프의 개형과 함수 $y=h(x)$의 그래프와 직선 $y=k$가 서로 다른 세 점에서 만나도록 하는 실수 k의 개수는 다음과 같다.

(ⅰ) $\beta \leq a$, $c < a$

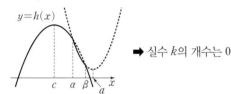
➡ 실수 k의 개수는 0

(ⅱ) $a < a < \beta$, $c < a$

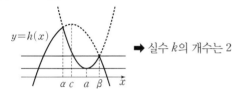
➡ 실수 k의 개수는 2

(ⅲ) $a < a < \beta$, $a = c$

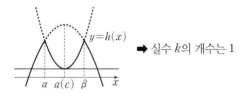
➡ 실수 k의 개수는 1

(ⅳ) $a < a < \beta$, $a < c$

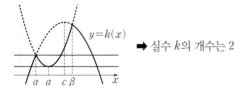
➡ 실수 k의 개수는 2

(ⅴ) $a \leq a$, $a < c$

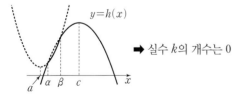
➡ 실수 k의 개수는 0

[STEP 2] 그래프의 개형 중에서 주어진 조건을 만족시키는 경우를 찾는다.

(ⅰ), (ⅲ), (ⅴ)의 경우
조건을 만족시키지 않는다.

(ⅱ)의 경우 ($a < a < \beta$, $c < a$)
조건에 의하여 $b=2$, $h(\beta)=3$이다.
함수 $y=h(x)$의 그래프가 직선 $y=2$와 만나는 세 점의 x좌표를 작은 수부터 크기순으로 x_1, x_2, x_3이라 하고, 직선 $y=3$과 만나는 세 점의 x좌표를 작은 수부터 크기순으로 x_4, x_5, x_6이라 하자.

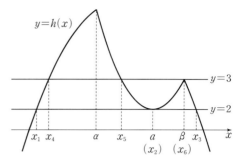

$x_1 + x_3 = 2c$, $x_2 = a$이므로 $S = 2c + a$
$x_4 + x_6 = 2c$이므로 $T = 2c + x_5$
즉, $T - S = (2c + x_5) - (2c + a) = x_5 - a$
이때 $x_5 - a < 0 < \dfrac{a}{2}$이므로 $T - S \neq \dfrac{a}{2}$

(ⅳ)의 경우 ($a < a < \beta$, $a < c$)
조건에 의하여 $b=2$, $h(a)=3$이다.
함수 $y=h(x)$의 그래프가 직선 $y=2$와 만나는 세 점의 x좌표를 작은 수부터 크기순으로 x_1, x_2, x_3이라 하고, 직선 $y=3$과 만나는 세 점의 x좌표를 작은 수부터 크기순으로 x_4, x_5, x_6이라 하자.

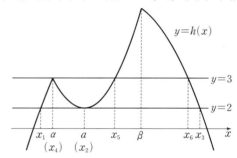

$x_1 + x_3 = 2c$, $x_2 = a$이므로 $S = 2c + a$
$x_4 + x_6 = 2c$이므로 $T = 2c + x_5$
즉, $T - S = (2c + x_5) - (2c + a) = x_5 - a = \dfrac{a}{2}$
그러므로 $x_5 = \dfrac{3}{2}a$

따라서
$a < a < \beta$, $a < c$이고
$f(x) = (x-a)^2 + 2$, $f(x_5) = 3$, $x_5 = \dfrac{3}{2}a$

[STEP 3] 두 함수 $f(x)$, $g(x)$를 구한다.

$f\left(\dfrac{3}{2}a\right) = \left(\dfrac{3}{2}a - a\right)^2 + 2$

$\qquad = \dfrac{a^2}{4} + 2 = 3$

$a > 0$이므로 $a = 2$, $x_5 = 3$
즉, $f(x) = (x-2)^2 + 2$
$a = x_4$이고 $x_4 + x_5 = 2a$이므로
$a + 3 = 4$, $a = 1$
$h(a) = 3$이므로 $f(a) = g(a) = 3$

$g(1)=-\dfrac{1}{2}(1-c)^2+11=3,\ c=5$ ← $c=-3$인 경우 $a<c$를 만족시키지 않는다.

즉, $g(x)=-\dfrac{1}{2}(x-5)^2+11$

이차방정식 $f(x)=g(x)$에서

$f(x)-g(x)=\dfrac{3}{2}(x-1)(x-5)=0$

$x^2-4x+6=-\dfrac{1}{2}x^2+5x-\dfrac{3}{2}$
$\dfrac{3}{2}x^2-9x+\dfrac{15}{2}=0$
$\dfrac{3}{2}(x^2-6x+5)=0$

이므로 $\beta=5$

따라서 ← $\beta=1$인 경우 $\alpha<a<\beta$를 만족시키지 않는다.

$h(\alpha+\beta)=h(6)=g(6)$

$=-\dfrac{1}{2}(6-5)^2+11=\dfrac{21}{2}$

目 ⑤

05

풀이 전략 이차함수 $y=f(x)$의 그래프의 개형을 그려 본다.

[STEP 1] 이차함수 $y=f(x)$의 그래프의 축의 방정식을 구한다.

$f(0)=f(4)$이므로 이차함수 $y=f(x)$의 그래프의 축은 직선 $x=2$이다.

[STEP 2] a의 부호에 따라 이차함수 $y=f(x)$의 그래프의 개형을 그린 후 주어진 조건을 만족시키는 함수 $y=f(x)$를 구한다.

$f(x)=a(x-2)^2+b$ (a, b는 상수, $a\neq0$)이라 하자.

이차함수 $y=f(x)$의 그래프의 축은 직선 $x=2$이므로

$f(-1)\neq f(4)$

따라서 $f(-1)+|f(4)|=0$에서 $f(-1)=f(4)=0$이 성립하지 않으므로

$f(-1)=-|f(4)|<0$이고 $|f(-1)|=|f(4)|$ …… ㉠

이차함수 $y=f(x)$의 그래프의 개형은 a의 부호에 따라 다음 두 가지 경우로 나눌 수 있다.

(ⅰ) $a>0$인 경우 → 함수 $y=f(x)$의 그래프는 아래로 볼록한 모양이다.

$f(4)<f(-1)<0$이 되어 ㉠을 만족시키지 않는다.

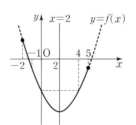

(ⅱ) $a<0$인 경우 → 함수 $y=f(x)$의 그래프는 위로 볼록한 모양이다.

㉠에서 $f(-1)<0$이므로

$f(4)>0$

그러므로 $f(-1)+|f(4)|=0$에서

$f(-1)+f(4)=0$

즉, $13a+2b=0$ …… ㉡

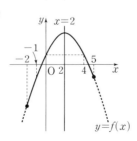

$-2\leq x\leq5$에서 함수 $f(x)$의 최솟값은 -19이므로 → 축인 직선 $x=2$로부터 가장 멀리 떨어진 점의 x의 값이 -2이므로 최솟값은 $f(-2)$이다.

$f(-2)=-19$

즉, $16a+b=-19$ …… ㉢

㉡, ㉢을 연립하여 풀면

$a=-2,\ b=13$

(ⅰ), (ⅱ)에서 $f(x)=-2(x-2)^2+13$이므로

$f(3)=-2\times1^2+13=11$

目 11

06

풀이 전략 조건에 따른 두 이차함수 $y=f(x)$, $y=g(x)$의 그래프의 개형을 그려 본다.

[STEP 1] 조건 ㈎와 조건 ㈏를 이용하여 두 이차함수 $f(x)$, $g(x)$의 식을 추론한다.

조건 ㈎에서 모든 실수 x에 대하여 $f(x)\leq0$이므로

함수 $f(x)$는 최고차항의 계수가 음수이고 최댓값은 0보다 작거나 같다.

조건 ㈎에서 모든 실수 x에 대하여 $g(x)\geq0$이므로

함수 $g(x)$는 최고차항의 계수가 양수이고 최솟값은 0보다 크거나 같다.

조건 ㈏에서 함수 $f(x)$의 최댓값과 함수 $g(x)$의 최솟값이 같아지기 위해서는 함수 $f(x)$의 최댓값과 함수 $g(x)$의 최솟값이 모두 0이어야 한다.

그러므로

$f(x)=a(x-b)^2\ (a<0)$ …… ㉠

$g(x)=c(x-d)^2\ (c>0)$ …… ㉡

이라 하자.

[STEP 2] 두 실수 b, d의 대소 관계에 따른 두 이차함수 $f(x)$, $g(x)$의 식을 구한다.

(ⅰ) $b=d$인 경우

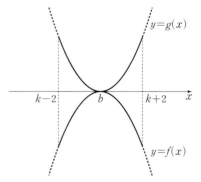

$k-2\leq b\leq k+2$에서 $b-2\leq k\leq b+2$이므로 k의 최솟값이 0, 최댓값이 1이 되도록 하는 실수 b는 존재하지 않는다.

(ii) $b<d$인 경우

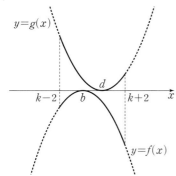

k의 최솟값이 0, 최댓값이 1이고
$k-2\le b,\ d\le k+2$에서 $d-2\le k\le b+2$이므로
$b=-1,\ d=2$
㉠에 $b=-1$을 대입하고 ㉡에 $d=2$를 대입하면
$f(x)=a(x+1)^2,\ g(x)=c(x-2)^2$
방정식 $f(x)=f(0)$은 $a(x+1)^2=a$이고
$(x+1)^2=1,\ x^2+2x=0$에서 모든 실근의 합은 -2이므로 조건
㈐를 만족시킨다.
$f(1)=4a=-2$에서 $a=-\dfrac{1}{2}$이고 $g(1)=c=2$
$f(x)=-\dfrac{1}{2}(x+1)^2,\ g(x)=2(x-2)^2$이므로
$f(3)=-8,\ g(11)=162$
그러므로 $f(3)+g(11)=154$

(iii) $d<b$인 경우

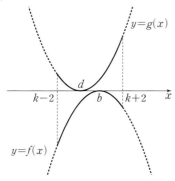

k의 최솟값이 0, 최댓값이 1이고
$k-2\le d,\ b\le k+2$에서 $b-2\le k\le d+2$이므로
$b=2,\ d=-1$
㉠에 $b=2$를 대입하고 ㉡에 $d=-1$을 대입하면
$f(x)=a(x-2)^2,\ g(x)=c(x+1)^2$
방정식 $f(x)=f(0)$은 $a(x-2)^2=4a$이고
$(x-2)^2=4,\ x^2-4x=0$에서 모든 실근의 합은 4이므로 조건 ㈐
를 만족시키지 않는다.
따라서 (i), (ii), (iii)에 의하여
$f(3)+g(11)=154$

답 154

참고 조건 ㈐에 의하여 b는 음수이므로 함수 $y=f(x)$의 그래프는
그림과 같다.

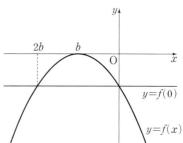

07

풀이 전략 다항식의 나눗셈과 항등식의 성질 및 이차방정식의 판별식을
이용하여 문제를 해결한다.

STEP 1 다항식의 나눗셈의 성질을 이용하여 두 다항식 $g(x),\ h(x)$의 차수를
구한다.
조건 ㈎에 의하여 다항식 $f(x)$는 계수와 상수항이 모두 실수인 일차
식을 인수로 갖지 않으므로 계수와 상수항이 모두 실수인 삼차식도
인수로 갖지 않는다.
조건 ㈏에서 $h(x)$를 $g(x)$로 나눈 나머지가 일차식이므로 $g(x)$는
차수가 2 이상인 다항식이고 $h(x)$는 차수가 1 이상인 다항식이다.
두 다항식 $g(x)$와 $h(x)$는 다항식 $f(x)$의 인수이므로, 두 다항식
$g(x)$와 $h(x)$의 차수는 2 또는 4이다.
다항식 $h(x)$의 최고차항의 계수가 1이므로 다항식 $h(x)$의 차수가
4이면 $h(x)=f(x)$이다. 그러므로 조건 ㈏를 만족시키지 않는다.
따라서 다항식 $h(x)$의 차수는 2이다.
다항식 $g(x)$의 차수가 4이면, 다항식 $h(x)$를 $g(x)$로 나눈 나머지
가 $h(x)$이므로, 조건 ㈏를 만족시키지 않는다.
따라서 두 다항식 $g(x)$와 $h(x)$는 각각 최고차항의 계수가 1인 이차
식이고, 조건 ㈏에 의하여
$h(x)=g(x)-4x-1$
STEP 2 $g(x)=x^2+px+q$ ($p,\ q$는 실수)로 놓고 항등식의 성질과 이차방정식
의 판별식을 이용하여 두 함수 $g(x),\ h(x)$의 식을 구한다.
그러므로 $g(x)\ne h(x)$이고 복소수 k에 대하여 $g(x)$와 $h(x)$가 일
차식 $x-k$를 공통인수로 가지면 $g(k)=h(k)=0$이고
$h(k)=g(k)-4k-1$에서 $k=-\dfrac{1}{4}$
이때 $x=-\dfrac{1}{4}$은 방정식 $f(x)=0$의 실근이 되어 조건 ㈎를 만족시
키지 않는다.
따라서 $g(x)$와 $h(x)$는 차수가 1 이상인 다항식을 공통인수로 갖지
않고
$f(x)=g(x)h(x)$
$g(x)=x^2+px+q$ ($p,\ q$는 실수)라 하면

$h(x)=g(x)-4x-1=x^2+px-4x+q-1$

$f(x)=g(x)h(x)$에서

$x^4+(a+2)x^3+bx^2+ax+6$

$=(x^2+px+q)(x^2+px-4x+q-1)$

양변의 상수항을 비교하면

$6=q^2-q$에서

$q^2-q-6=0$

$(q+2)(q-3)=0$

$q=-2$ 또는 $q=3$

그런데 $q=-2$, 즉 이차방정식 $g(x)=x^2+px-2=0$의 판별식을 D라 하면 $D=p^2+8\geq0$이므로 $g(x)=0$은 실근을 갖고,

방정식 $f(x)=g(x)h(x)=0$은 실근을 갖게 되어 조건 ㈎를 만족시키지 않는다.

따라서 $q=3$이고

$g(x)=x^2+px+3$, $h(x)=x^2+px-4x+2$

$f(x)=g(x)h(x)=(x^2+px+3)(x^2+px-4x+2)$에서

$x^4+(a+2)x^3+bx^2+ax+6$

$=x^4+(2p-4)x^3+(p^2-4p+5)x^2+(5p-12)x+6$

양변의 계수를 비교하면

$2p-4=a+2$, $5p-12=a$

$2p-6=5p-12$에서 $p=2$이고

$g(x)=x^2+2x+3$, $h(x)=x^2-2x+2$

이차방정식 $g(x)=x^2+2x+3=0$의 판별식을 D_1이라 하면

$\dfrac{D_1}{4}=1^2-3=-2<0$이므로 이차방정식 $g(x)=0$은 실근을 갖지 않는다.

이차방정식 $h(x)=x^2-2x+2=0$의 판별식을 D_2라 하면

$\dfrac{D_2}{4}=(-1)^2-2=-1<0$이므로 이차방정식 $h(x)=0$은 실근을 갖지 않는다.

그러므로 방정식 $f(x)=g(x)h(x)=0$은 실근을 갖지 않고, 두 다항식 $g(x)=x^2+2x+3$, $h(x)=x^2-2x+2$는 조건을 만족시킨다.

따라서 $a=5p-12=-2$, $b=p^2-4p+5=1$이므로

$a^2+b^2=(-2)^2+1^2=5$

답 5

03 방정식과 부등식(2)

개념 확인 문제

본문 39쪽

01 (1) $x=2$ 또는 $x=-1\pm\sqrt{3}i$

　 (2) $x=\pm1$ 또는 $x=\pm2$

　 (3) $x=-3$ 또는 $x=1$ 또는 $x=2$

　 (4) $x=1$ 또는 $x=2$ 또는 $x=\pm\sqrt{3}$

02 -1, $2-i$

03 (1) $\begin{cases} x=-2 \\ y=3 \end{cases}$ 또는 $\begin{cases} x=3 \\ y=-2 \end{cases}$

　 (2) $\begin{cases} x=2 \\ y=2 \end{cases}$ 또는 $\begin{cases} x=-2 \\ y=-2 \end{cases}$ 또는 $\begin{cases} x=\sqrt{6} \\ y=\dfrac{\sqrt{6}}{3} \end{cases}$ 또는 $\begin{cases} x=-\sqrt{6} \\ y=-\dfrac{\sqrt{6}}{3} \end{cases}$

04 (1) $x>3$ 　　　　 (2) 해는 없다.

05 (1) $1<x<3$ 　　 (2) $-2<x\leq0$

06 (1) $-8<x<2$ 　 (2) $x\leq-\dfrac{1}{3}$ 또는 $x\geq3$

07 (1) $-2\leq x\leq5$ 　 (2) $x<-3$ 또는 $x>\dfrac{11}{3}$

08 (1) $x<1$ 또는 $x>4$ 　 (2) $-1\leq x\leq\dfrac{5}{2}$

　 (3) 해는 없다. 　　 (4) $x=\dfrac{3}{2}$

　 (5) 모든 실수

09 (1) $3<x\leq6$ 　　 (2) $-1<x\leq3$

내신+학평 유형 연습

본문 40~49쪽

01 ③	02 ⑤	03 ①	04 ③	05 ⑤	06 ②
07 ②	08 16	09 ⑤	10 ②	11 ①	12 ①
13 ⑤	14 ①	15 15	16 ⑤	17 5	18 ③
19 ③	20 ③	21 ②	22 ②	23 18	24 ①
25 ①	26 ⑤	27 60	28 9	29 ②	30 ⑤
31 9	32 59	33 ③	34 15	35 ①	36 ③
37 ⑤	38 4	39 ①	40 ③	41 ②	42 ①
43 ⑤	44 ①	45 ④	46 22	47 ②	48 ①
49 ①	50 ④	51 ⑤	52 ⑤	53 11	54 21
55 ①	56 ④				

01

(ⅰ) 1이 x에 대한 방정식 $x-a=0$의 근일 경우

$a=1$이므로 주어진 방정식은

$(x-1)(x^2-2x+4)=0$

이고 방정식 $x^2-2x+4=0$의 판별식을 D라 하면

$D=4-16=-12<0$

그러므로 방정식 $(x-1)(x^2-2x+4)=0$은

서로 다른 세 실근을 갖지 않는다.

(ii) 1이 x에 대한 방정식 $x^2+(1-3a)x+4=0$의 근일 경우

$1+(1-3a)+4=0$에서 $a=2$이므로 주어진 방정식은

$(x-2)(x^2-5x+4)=0$

방정식 $x^2-5x+4=0$이 두 실근 1, 4를 가지므로

방정식 $(x-2)(x^2-5x+4)=0$은 서로 다른 세 실근 1, 2, 4를

갖는다.

따라서 (i), (ii)에 의하여

$a=2$, $\beta=4$ (또는 $a=4$, $\beta=2$)이므로

$a\beta=8$

답 ③

02

$f(x)=x^3+x^2-2$라 하자.

$f(1)=0$이므로 조립제법을 이용하여 $f(x)$를 인수분해하면

$$
\begin{array}{r|rrrr}
1 & 1 & 1 & 0 & -2 \\
  &   & 1 & 2 & 2 \\
\hline
  & 1 & 2 & 2 & 0 \\
\end{array}
$$

즉, $x^3+x^2-2=(x-1)(x^2+2x+2)=0$에서

$x=1$ 또는 $x^2+2x+2=0$

$x^2+2x+2=0$에서

$x=-1\pm\sqrt{1^2-2}=-1\pm i$

이므로 $a=-1$, $b=1$ 또는 $a=-1$, $b=-1$

따라서 $|a|+|b|=2$

답 ⑤

03

삼차방정식 $x^3+(k+1)x^2+(4k-3)x+k+7=0$의 한 근이 1이므로

$1+(k+1)+(4k-3)+k+7=0$, $6k+6=0$

$k=-1$

삼차방정식 $x^3-7x+6=0$을 조립제법을 이용하여 인수분해하면

$$
\begin{array}{r|rrrr}
1 & 1 & 0 & -7 & 6 \\
  &   & 1 & 1 & -6 \\
\hline
  & 1 & 1 & -6 & 0 \\
\end{array}
$$

$x^3-7x+6=(x-1)(x^2+x-6)$

$\qquad\qquad\quad =(x-1)(x-2)(x+3)=0$

이므로 $x=1$ 또는 $x=2$ 또는 $x=-3$

따라서 $|a-\beta|=|2-(-3)|=5$

답 ①

04

$(x^2-3x)^2+5(x^2-3x)+6=0$에서 $x^2-3x=X$로 놓으면

$X^2+5X+6=0$, $(X+3)(X+2)=0$, $X=-3$ 또는 $X=-2$

(i) $X=-3$, 즉 $x^2-3x=-3$일 때

$x^2-3x+3=0$이므로 이 이차방정식의 판별식을 D라 하면

$D=(-3)^2-4\times1\times3=-3<0$

즉, 방정식 $x^2-3x+3=0$은 서로 다른 두 허근을 갖는다.

(ii) $X=-2$, 즉 $x^2-3x=-2$일 때

$x^2-3x+2=0$, $(x-1)(x-2)=0$, $x=1$ 또는 $x=2$

(i), (ii)에서 주어진 방정식의 실근은 $x=1$ 또는 $x=2$이므로 모든 실

근의 곱은 $1\times2=2$

답 ③

05

$f(x)=x^3+x^2+x-3$이라 하자.

$f(1)=0$이므로 조립제법을 이용하여 $f(x)$를 인수분해하면

$$
\begin{array}{r|rrrr}
1 & 1 & 1 & 1 & -3 \\
  &   & 1 & 2 & 3 \\
\hline
  & 1 & 2 & 3 & 0 \\
\end{array}
$$

즉, $(x-1)(x^2+2x+3)=0$이므로 삼차방정식 $x^3+x^2+x-3=0$

의 두 허근 a, β는 이차방정식 $x^2+2x+3=0$의 두 근이다.

따라서 $a^2+2a+3=0$, $\beta^2+2\beta+3=0$이므로

$(a^2+2a+6)(\beta^2+2\beta+8)=(a^2+2a+3+3)(\beta^2+2\beta+3+5)$

$\qquad\qquad\qquad\qquad\qquad =(0+3)(0+5)=15$

답 ⑤

06

삼차방정식 $x^3+(k-1)x^2-k=0$의 한 허근이 z이면 켤레복소수 $\bar{z}$

도 주어진 삼차방정식의 근이다.

$P(x)=x^3+(k-1)x^2-k$라 하면

$P(1)=0$이므로 조립제법을 이용하여 $P(x)$를 인수분해하면

$$
\begin{array}{r|rrrr}
1 & 1 & k-1 & 0 & -k \\
  &   & 1 & k & k \\
\hline
  & 1 & k & k & 0 \\
\end{array}
$$

$P(x)=(x-1)(x^2+kx+k)$

즉, 주어진 방정식은 $(x-1)(x^2+kx+k)=0$

이때 삼차방정식 $x^3+(k-1)x^2-k=0$의 두 허근이 z, $\bar{z}$이므로 z, $\bar{z}$

는 이차방정식 $x^2+kx+k=0$의 두 허근이다.

따라서 근과 계수의 관계에 의하여 $z+\bar{z}=-k=-2$

그러므로 $k=2$

답 ②

07

삼차방정식 $x^3+2x^2-3x+4=0$의 세 근이 a, β, γ이므로

$x^3+2x^2-3x+4=(x-a)(x-\beta)(x-\gamma)$

위 식의 양변에 $x=-3$을 대입하면

$-27+18+9+4=(-3-\alpha)(-3-\beta)(-3-\gamma)$

$4=-(3+\alpha)(3+\beta)(3+\gamma)$

양변에 -1을 곱하면 $(3+\alpha)(3+\beta)(3+\gamma)=-4$

답 ②

08

삼차방정식 $x^3-3x^2+4x-2=0$에서

$(x-1)(x^2-2x+2)=0$

$\omega \neq 1$이므로 이차방정식 $x^2-2x+2=0$의 두 허근이 ω, $\overline{\omega}$이다.

이차방정식의 근과 계수의 관계에 의하여

$\omega+\overline{\omega}=2$, $\omega\overline{\omega}=2$이므로 $\omega+\overline{\omega}=\omega\overline{\omega}$, 즉 $\omega\overline{\omega}-\omega=\overline{\omega}$

$\{\omega(\overline{\omega}-1)\}^n=(\omega\overline{\omega}-\omega)^n=\overline{\omega}^n$

이차방정식 $x^2-2x+2=0$의 두 근은 $1+i$, $1-i$이므로

$\omega=1+i$, $\overline{\omega}=1-i$로 놓으면

$\overline{\omega}^2=-2i$, $\overline{\omega}^4=-4$에서 $\overline{\omega}^{16}=256$

$\omega=1-i$, $\overline{\omega}=1+i$로 놓아도 마찬가지로 $\overline{\omega}^{16}=256$

따라서 $n=16$

답 16

09

ㄱ. $P(\sqrt{n})=(\sqrt{n})^4+(\sqrt{n})^2-n^2-n$
$\qquad =n^2+n-n^2-n=0$ (참)

ㄴ. $P(x)=x^4+x^2-n^2-n=x^4+x^2-n(n+1)$
$\qquad =(x^2-n)(x^2+n+1)$

따라서 방정식 $P(x)=0$의 실근은 $x=\sqrt{n}$, $x=-\sqrt{n}$이므로 그 개수는 2이다. (참)

ㄷ. 모든 정수 k에 대하여 $P(k)=(k^2-n)(k^2+n+1)$에서 $k^2+n+1>0$이고, $P(k)\neq 0$을 만족시키려면 $n\neq k^2$이어야 하므로 n은 완전제곱수가 아닌 정수이다.

따라서 모든 n의 값의 합은

$2+3+5+6+7+8=31$ (참)

이상에서 옳은 것은 ㄱ, ㄴ, ㄷ이다.

답 ⑤

10

삼차방정식 $x^3+5x^2+(a-6)x-a=0$의 서로 다른 실근의 개수가 2가 되기 위해서는 주어진 삼차방정식이 한 개의 중근을 가져야 한다.

$f(x)=x^3+5x^2+(a-6)x-a$로 놓으면

$f(1)=1+5+(a-6)-a=0$이므로

$x^3+5x^2+(a-6)x-a=0$에서

$(x-1)(x^2+6x+a)=0$

(ⅰ) 이차방정식 $x^2+6x+a=0$이 1과 1이 아닌 실근을 갖는 경우

$1^2+6\times 1+a=0$, $a=-7$

주어진 삼차방정식은 $(x+7)(x-1)^2=0$이므로

$x=-7$ 또는 $x=1$ (중근)

(ⅱ) 이차방정식 $x^2+6x+a=0$이 1이 아닌 중근을 갖는 경우

이차방정식 $x^2+6x+a=0$의 판별식을 D라 하면

$\dfrac{D}{4}=3^2-a=0$에서 $a=9$

주어진 삼차방정식은 $(x+3)^2(x-1)=0$이므로

$x=-3$ (중근) 또는 $x=1$

(ⅰ), (ⅱ)에 의하여 모든 실수 a의 값은 -7, 9이므로 그 합은

$(-7)+9=2$

답 ②

11

$(x^2-3x)(x^2-3x+6)+5=0$에서 $x^2-3x=X$로 놓으면

$X(X+6)+5=0$, $X^2+6X+5=0$

$(X+1)(X+5)=0$

즉, $(x^2-3x+1)(x^2-3x+5)=0$

이차방정식 $x^2-3x+5=0$은 서로 다른 두 허근을 가지고, 이차방정식 $x^2-3x+1=0$은 서로 다른 두 실근 α, β를 갖는다.

따라서 이차방정식의 근과 계수의 관계에 의하여

$\alpha\beta=1$

답 ①

12

방정식 $P(x)=0$의 한 실근을 α, 서로 다른 두 허근을 β, γ라 하면 방정식 $P(3x-1)=0$의 세 근은

$\dfrac{\alpha+1}{3}$, $\dfrac{\beta+1}{3}$, $\dfrac{\gamma+1}{3}$

조건 ㈎에 의하여 $\beta\gamma=5$ $\qquad$ ...... ㉠

조건 ㈏에 의하여

$\dfrac{\alpha+1}{3}=0$이고 $\dfrac{\beta+1}{3}+\dfrac{\gamma+1}{3}=2$이므로

$\alpha=-1$, $\beta+\gamma=4$ $\qquad$ ...... ㉡

㉠, ㉡에 의하여 α, β, γ를 세 근으로 하고 삼차항의 계수가 1인 삼차방정식은

$(x+1)(x^2-4x+5)=0$

$P(x)=(x+1)(x^2-4x+5)=x^3-3x^2+x+5$

$a=-3$, $b=1$, $c=5$

따라서 $a+b+c=3$

답 ①

13

$x^2=X$라 하면 주어진 방정식 $P(x)=0$은

$4X^2-4(n+2)X+(n-2)^2=0$이고,

근의 공식에 의하여

$$X=\frac{4(n+2)\pm\sqrt{16(n+2)^2-16(n-2)^2}}{8}$$

$$=\frac{n+2\pm\sqrt{\boxed{8n}}}{2}$$

그러므로 $X=\left(\sqrt{\dfrac{n}{2}}+1\right)^2$ 또는 $X=\left(\sqrt{\dfrac{n}{2}}-1\right)^2$

즉, $x^2=\left(\sqrt{\dfrac{n}{2}}+1\right)^2$ 또는 $x^2=\left(\sqrt{\dfrac{n}{2}}-1\right)^2$에서

$x=\sqrt{\dfrac{n}{2}}+1$ 또는 $x=-\sqrt{\dfrac{n}{2}}-1$ 또는

$x=\sqrt{\dfrac{n}{2}}-1$ 또는 $x=-\sqrt{\dfrac{n}{2}}+1$

방정식 $P(x)=0$이 정수해를 갖기 위해서는 $\sqrt{\dfrac{n}{2}}$이 자연수가 되어야 한다.

자연수 l에 대하여 $n=2l^2$이어야 하므로

20 이하의 자연수 n의 값은 2, 8, 18

(i) $n=2$인 경우

　$x=-2$ 또는 $x=0$ 또는 $x=2$

　이므로 서로 다른 세 개의 정수해를 가진다.

(ii) $n=8$인 경우

　$x=-3$ 또는 $x=-1$ 또는 $x=1$ 또는 $x=3$

　이므로 서로 다른 네 개의 정수해를 가진다.

(iii) $n=18$인 경우

　$x=-4$ 또는 $x=-2$ 또는 $x=2$ 또는 $x=4$

　이므로 서로 다른 네 개의 정수해를 가진다.

(i), (ii), (iii)에 의하여 방정식 $P(x)=0$이 서로 다른 네 개의 정수해를 갖도록 하는 20 이하의 모든 n의 값은 $\boxed{8}$, $\boxed{18}$이다.

따라서 $f(n)=8n$, $a=8$, $b=18$이므로

$f(b-a)=f(10)=80$

답 ⑤

14

$x^3-(a^2+a-1)x^2-a(a-3)x+4a=0$에서

$(x+1)\{x^2-a(a+1)x+4a\}=0$

이므로 $x=-1$은 주어진 삼차방정식의 한 실근이다.

(i) $a=-1$인 경우

　$(-1)\times\gamma=-4$에서 $\gamma=4$이므로 $-1<\beta<4$이다.

　이차방정식 $x^2-a(a+1)x+4a=0$의 두 근이 β, 4이므로 근과 계수의 관계에 의하여

　$4\beta=4a$, $\beta=a$

$\gamma=4$를 $x^2-a(a+1)x+4a=0$에 대입하면

$16-4a^2=0$, $a=\pm2$

① $a=-2$인 경우

　$\beta=-2$이므로 $-1<\beta<4$를 만족시키지 않는다.

② $a=2$인 경우

　$\beta=2$이므로 $-1<\beta<4$를 만족시킨다.

①, ②에 의하여 $a=2$

(ii) $\beta=-1$인 경우

　α, γ는 이차방정식 $x^2-a(a+1)x+4a=0$의 두 근이므로 근과 계수의 관계에 의하여

　$\alpha\gamma=4a=-4$, $a=-1$

　$a=-1$을 $x^2-a(a+1)x+4a=0$에 대입하면

　$x^2=4$, $x=\pm2$

　$\alpha=-2$, $\gamma=2$이므로 $\alpha<\beta<\gamma$를 만족시킨다.

(iii) $\gamma=-1$인 경우

　$\alpha\times(-1)=-4$에서 $\alpha=4$이므로 $\alpha<\beta<\gamma$를 만족시키지 않는다.

따라서 (i), (ii), (iii)에 의하여 $a=2$ 또는 $a=-1$이므로 모든 a의 값의 합은 1이다.

답 ①

15

삼차방정식 $x^3=1$의 한 허근이 ω이므로 $\omega^3=1$

$x^3=1$에서 $x^3-1=0$, $(x-1)(x^2+x+1)=0$

ω는 이차방정식 $x^2+x+1=0$의 근이므로

$\omega^2+\omega+1=0$

$\omega^3=1$이므로

$\omega=\omega^4=\omega^7=\cdots=\omega^{28}$, $\omega^2=\omega^5=\omega^8=\cdots=\omega^{29}$,

$\omega^3=\omega^6=\omega^9=\cdots=\omega^{30}$

따라서

$$\frac{1}{\omega+1}+\frac{1}{\omega^2+1}+\frac{1}{\omega^3+1}+\cdots+\frac{1}{\omega^{30}+1}$$

$$=10\left(\frac{1}{\omega+1}+\frac{1}{\omega^2+1}+\frac{1}{\omega^3+1}\right)\qquad\cdots\cdots\ \text{㉠}$$

이때 $\omega^2+\omega+1=0$이므로

$\omega+1=-\omega^2$, $\omega^2+1=-\omega$

㉠에서

$$(\text{주어진 식})=10\left(\frac{1}{-\omega^2}+\frac{1}{-\omega}+\frac{1}{1+1}\right)$$

$$=10\left(\frac{-1-\omega}{\omega^2}+\frac{1}{2}\right)=10\left(\frac{\omega^2}{\omega^2}+\frac{1}{2}\right)$$

$$=10\left(1+\frac{1}{2}\right)=15$$

답 15

16

삼차방정식 $x^3=1$의 한 허근이 ω이므로 $\omega^3=1$

$x^3=1$에서 $x^3-1=0$, $(x-1)(x^2+x+1)=0$

ω는 이차방정식 $x^2+x+1=0$의 근이므로 $\omega^2+\omega+1=0$

이차방정식 $x^2+x+1=0$의 계수가 실수이고 한 허근이 ω이므로

ω의 켤레복소수 $\overline{\omega}$도 $x^2+x+1=0$의 허근이다.

그러므로 $\overline{\omega}^2+\overline{\omega}+1=0$이고, 근과 계수의 관계에 의하여

$\omega+\overline{\omega}=-1$, $\omega\times\overline{\omega}=1$

ㄱ. ω의 켤레복소수 $\overline{\omega}$는 $x^3=1$의 다른 한 허근이므로

$\overline{\omega}^3=1$ (참)

ㄴ. $\omega^2+\omega+1=0$, $\overline{\omega}^2+\overline{\omega}+1=0$이므로

$$\frac{1}{\omega}+\left(\frac{1}{\omega}\right)^2=\frac{1}{\omega}+\frac{1}{\omega^2}=\frac{\omega+1}{\omega^2}=\frac{-\omega^2}{\omega^2}=-1$$

$$\frac{1}{\overline{\omega}}+\left(\frac{1}{\overline{\omega}}\right)^2=\frac{1}{\overline{\omega}}+\frac{1}{\overline{\omega}^2}=\frac{\overline{\omega}+1}{\overline{\omega}^2}=\frac{-\overline{\omega}^2}{\overline{\omega}^2}=-1$$

따라서 $\dfrac{1}{\omega}+\left(\dfrac{1}{\omega}\right)^2=\dfrac{1}{\overline{\omega}}+\left(\dfrac{1}{\overline{\omega}}\right)^2$ (참)

ㄷ. $\omega^2+\omega+1=0$이므로 $(-\omega-1)^n=(\omega^2)^n$

$\omega+\overline{\omega}=-1$, $\omega\times\overline{\omega}=1$이므로

$$\left(\frac{\overline{\omega}}{\omega+\overline{\omega}}\right)^n=(-\overline{\omega})^n=\left(-\frac{1}{\omega}\right)^n$$

$$=(-1)^n\times\left(\frac{1}{\omega}\right)^n=(-1)^n\times(\omega^2)^n$$

$(-\omega-1)^n=\left(\dfrac{\overline{\omega}}{\omega+\overline{\omega}}\right)^n$에서 $(\omega^2)^n=(-1)^n\times(\omega^2)^n$

양변을 $(\omega^2)^n$으로 나누면 $1=(-1)^n$

따라서 이를 만족시키는 n은 짝수이므로 100 이하의 짝수 n의

개수는 50이다. (참)

이상에서 옳은 것은 ㄱ, ㄴ, ㄷ이다.

답 ⑤

17

$$\begin{cases} x-y=3 & \cdots\cdots \text{㉠} \\ x^2-3xy+2y^2=6 & \cdots\cdots \text{㉡} \end{cases}$$

㉡에서 $(x-y)(x-2y)=6$

이때 $x-y=3$이므로 $x-2y=2$ $\cdots\cdots$ ㉢

㉠, ㉢을 연립하여 풀면 $x=4$, $y=1$

따라서 $\alpha=4$, $\beta=1$이므로 $\alpha+\beta=5$

답 5

18

연립방정식

$$\begin{cases} 4x^2-y^2=27 & \cdots\cdots \text{㉠} \\ 2x+y=3 & \cdots\cdots \text{㉡} \end{cases}$$

에서 ㉠과 ㉡에 의하여

$4x^2-y^2=(2x+y)(2x-y)=3(2x-y)=27$

이므로 $2x-y=9$ $\cdots\cdots$ ㉢

㉡과 ㉢을 더하면 $4x=12$, $x=3$이고

$x=3$을 ㉡에 대입하면 $y=-3$이므로 $\alpha=3$, $\beta=-3$

따라서 $\alpha-\beta=6$

답 ③

19

$$\begin{cases} 2x-y=1 & \cdots\cdots \text{㉠} \\ 5x^2-y^2=-5 & \cdots\cdots \text{㉡} \end{cases}$$

㉠에서 $y=2x-1$을 ㉡에 대입하면

$5x^2-(2x-1)^2=-5$, $(x+2)^2=0$

$x=-2$, $y=-5$에서 $\alpha=-2$, $\beta=-5$

따라서 $\alpha-\beta=(-2)-(-5)=3$

답 ③

20

$$\begin{cases} 3x-2y=7 & \cdots\cdots \text{㉠} \\ 6x^2-xy-2y^2=0 & \cdots\cdots \text{㉡} \end{cases}$$

㉡에서 $(2x+y)(3x-2y)=0$이고

$3x-2y=7$이므로

$2x+y=0$, $y=-2x$ $\cdots\cdots$ ㉢

㉢을 ㉠에 대입하면

$3x+4x=7$, $7x=7$

$x=1$, $y=-2$

따라서 $\alpha=1$, $\beta=-2$이므로

$\alpha-\beta=3$

답 ③

21

두 연립방정식 $\begin{cases} 3x+y=a \\ 2x+2y=1 \end{cases}$, $\begin{cases} x^2-y^2=-1 \\ x-y=b \end{cases}$의 일치하는 해는

연립방정식 $\begin{cases} 2x+2y=1 & \cdots\cdots \text{㉠} \\ x^2-y^2=-1 & \cdots\cdots \text{㉡} \end{cases}$의 해와 같다.

㉠에서 $y=\dfrac{1}{2}-x$ $\cdots\cdots$ ㉢

㉢을 ㉡에 대입하면 $x^2-\left(\dfrac{1}{2}-x\right)^2=-1$, $x=-\dfrac{3}{4}$

$x=-\dfrac{3}{4}$을 ㉢에 대입하면 $y=\dfrac{1}{2}+\dfrac{3}{4}=\dfrac{5}{4}$

$x=-\dfrac{3}{4}$, $y=\dfrac{5}{4}$를 $3x+y=a$, $x-y=b$에 대입하면

$a=-1$, $b=-2$

따라서 $ab=2$

답 ②

22

$x-y=3$에서 $y=x-3$

$y=x-3$을 $x^2-xy-y^2=k$에 대입하면

$x^2-x(x-3)-(x-3)^2=k$

$x^2-9x+k+9=0$

이차방정식 $x^2-9x+k+9=0$은 서로 다른 두 실근을 가져야 하므로 이 이차방정식의 판별식을 D라 하면

$D=(-9)^2-4\times1\times(k+9)>0$

$45-4k>0$, $k<\dfrac{45}{4}$

따라서 자연수 k의 최댓값은 11이다.

답 ②

23

$\begin{cases} x^2-4xy+4y^2=0 & \cdots\cdots \ \text{㉠} \\ x^2-6x-12y+36=0 & \cdots\cdots \ \text{㉡} \end{cases}$

㉠에서 $(x-2y)^2=0$이므로

$x=2y$, 즉 $y=\dfrac{1}{2}x$ $\quad\cdots\cdots \ \text{㉢}$

㉢을 ㉡에 대입하면 $x^2-6x-6x+36=0$

$x^2-12x+36=0$, $(x-6)^2=0$

이므로 $x=6$, $y=3$

따라서 $\alpha=6$, $\beta=3$이므로

$\alpha\beta=18$

답 18

24

$\begin{cases} x^2-3xy+2y^2=0 & \cdots\cdots \ \text{㉠} \\ x^2-y^2=9 & \cdots\cdots \ \text{㉡} \end{cases}$

㉠의 좌변을 인수분해하면 $(x-y)(x-2y)=0$

$x=y$ 또는 $x=2y$

(ⅰ) $x=y$를 ㉡에 대입하면 $y^2-y^2=9$에서 $0\times y^2=9$이므로 이 식을 만족시키는 y의 값은 없다.

(ⅱ) $x=2y$를 ㉡에 대입하면 $(2y)^2-y^2=9$, $y^2=3$, $y=\pm\sqrt{3}$

$y=\sqrt{3}$일 때 $x=2\sqrt{3}$, $y=-\sqrt{3}$일 때 $x=-2\sqrt{3}$

$\begin{cases} x=2\sqrt{3} \\ y=\sqrt{3} \end{cases}$ 또는 $\begin{cases} x=-2\sqrt{3} \\ y=-\sqrt{3} \end{cases}$

(ⅰ), (ⅱ)에서 $\alpha_1<\alpha_2$이므로

$\alpha_1=-2\sqrt{3}$, $\beta_1=-\sqrt{3}$, $\alpha_2=2\sqrt{3}$, $\beta_2=\sqrt{3}$

따라서 $\beta_1-\beta_2=-\sqrt{3}-\sqrt{3}=-2\sqrt{3}$

답 ①

25

$\begin{cases} x+y+xy=8 & \cdots\cdots \ \text{㉠} \\ 2x+2y-xy=4 & \cdots\cdots \ \text{㉡} \end{cases}$

㉠+㉡을 하면 $3(x+y)=12$

$x+y=4$이고 ㉠에 대입하면 $xy=4$

따라서 $\alpha+\beta=4$, $\alpha\beta=4$이므로

$\alpha^2+\beta^2=(\alpha+\beta)^2-2\alpha\beta=4^2-2\times4=8$

답 ①

26

$(3+2i)x^2-5(2y+i)x=8+12i$에서

$3x^2-10xy+(2x^2-5x)i=8+12i$

두 복소수가 서로 같을 조건에 의하여

$\begin{cases} 3x^2-10xy=8 & \cdots\cdots \ \text{㉠} \\ 2x^2-5x=12 & \cdots\cdots \ \text{㉡} \end{cases}$

㉡에서 $2x^2-5x-12=0$

좌변을 인수분해하면 $(2x+3)(x-4)=0$

이때 x는 정수이므로 $x=4$

$x=4$를 ㉠에 대입하면 $48-40y=8$, $y=1$

따라서 $x+y=4+1=5$

답 ⑤

27

남아 있는 입체도형의 겉넓이가 $216+16\pi$이므로

$6a^2-2\pi b^2+2\pi ab=216+16\pi$

$6a^2+2\pi(ab-b^2)=216+16\pi$

이때 a, b가 유리수이므로 $6a^2=216$, $ab-b^2=8$

$6a^2=216$에서 $a^2=36$

$a>0$이므로 $a=6$

$a=6$을 $ab-b^2=8$에 대입하면 $6b-b^2=8$, $b^2-6b+8=0$

$(b-2)(b-4)=0$, $b=2$ 또는 $b=4$

그런데 $a>2b$이므로 $b=2$

따라서 $15(a-b)=15\times(6-2)=60$

답 60

28

부등식 $2x\le x+11$의 해는 $x\le11$ $\quad\cdots\cdots \ \text{㉠}$

부등식 $x+5<4x-2$의 해는 $x>\dfrac{7}{3}$ $\quad\cdots\cdots \ \text{㉡}$

㉠, ㉡에서 $\dfrac{7}{3}<x\le11$

따라서 정수 x는 3, 4, 5, 6, 7, 8, 9, 10, 11이므로 그 개수는 9이다.

답 9

29

$\begin{cases} 3x\ge2x+3 & \cdots\cdots \ \text{㉠} \\ x-10\le-x & \cdots\cdots \ \text{㉡} \end{cases}$

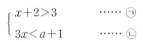

ㄱ에서 $x \geq 3$이고 ㄴ에서 $x \leq 5$이므로
$3 \leq x \leq 5$
따라서 연립부등식을 만족시키는 모든 정수 x의 값의 합은
$3+4+5=12$

답 ②

30

$$\begin{cases} x+2>3 & \cdots\cdots ㄱ \\ 3x<a+1 & \cdots\cdots ㄴ \end{cases}$$

ㄱ에서 $x>1$, ㄴ에서 $x<\dfrac{a+1}{3}$

두 부등식 ㄱ, ㄴ의 해를 동시에 만족시키는 모든 정수 x의 값의 합이 9가 되려면 오른쪽 그림과 같아야 하므로

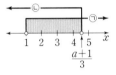

$4<\dfrac{a+1}{3} \leq 5,\ 12<a+1 \leq 15,\ 11<a \leq 14$

따라서 자연수 a의 최댓값은 14이다.

답 ⑤

31

연립부등식 $3x-1<5x+3 \leq 4x+a$의 해는 연립부등식

$$\begin{cases} 3x-1<5x+3 & \cdots\cdots ㄱ \\ 5x+3 \leq 4x+a & \cdots\cdots ㄴ \end{cases}$$의 해와 같다.

ㄱ에서 $-2x<4$이므로 $x>-2$
ㄴ에서 $x \leq a-3$
두 부등식 ㄱ, ㄴ의 해를 동시에 만족시키는 정수 x의 개수가 8이 되도록 두 부등식 ㄱ, ㄴ의 해를 수직선 위에 나타내면 다음 그림과 같다.

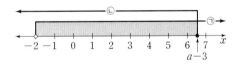

따라서 $6 \leq a-3<7$에서 $9 \leq a<10$이므로 자연수 a의 값은 9이다.

답 9

> **보충 개념**
>
> $A<B<C$ 꼴의 부등식은 연립부등식 $\begin{cases} A<B \\ B<C \end{cases}$ 꼴로 고쳐서 푼다.

32

상자의 개수를 x라 하면 한 상자에 초콜릿을 10개씩 담으면 초콜릿이 42개 남게 되므로 초콜릿의 개수는 $10x+42$이다.
또, 한 상자에 초콜릿을 13개씩 담으면 빈 상자가 3개 남고, 한 상자는 13개가 되지 않으므로 $(x-4)$개의 상자에는 초콜릿이 13개씩 담겨 있고 아직 상자에 들어가지 않은 초콜릿이 남아 있다.

그러므로 $13(x-4)<10x+42,\ 3x<94,\ x<\dfrac{94}{3}$ $\cdots\cdots ㄱ$
또, 주어진 조건에서 $(x-3)$개의 상자에 초콜릿을 13개씩 담으면 한 개의 상자는 13개가 되지 않으므로
$10x+42<13(x-3),\ 3x>81,\ x>27$ $\cdots\cdots ㄴ$
ㄱ, ㄴ에서 $27<x<\dfrac{94}{3}$
따라서 $M=31,\ m=28$이므로 $M+m=59$

답 59

33

부등식 $|2x-3|<5$를 풀면
$-5<2x-3<5$이므로 $-1<x<4$
따라서 $a=-1,\ b=4$이므로 $a+b=3$

답 ③

34

부등식 $|x-5|<2$에서
$-2<x-5<2,\ 3<x<7$
이므로 정수 x는 4, 5, 6이다.
따라서 모든 정수 x의 값의 합은 $4+5+6=15$

답 15

35

$|x-a|<2$에서 $-2<x-a<2,\ -2+a<x<2+a$
a가 자연수이므로 이 부등식을 만족시키는 정수 x는
$-1+a,\ a,\ 1+a$이다.
따라서 모든 정수 x의 값의 합이 33이므로
$(-1+a)+a+(1+a)=33,\ 3a=33$
그러므로 $a=11$

답 ①

36

부등식 $|x-1|<n$의 해는 $-n+1<x<n+1$이므로
정수 x의 개수는 $(n+1)-(-n+1)-1=2n-1$
따라서 $2n-1=9$이므로 $n=5$

답 ③

37

부등식 $x>|3x+1|-7$을 $x<-\dfrac{1}{3},\ x \geq -\dfrac{1}{3}$일 때로 나누어 푼다.

(i) $x<-\dfrac{1}{3}$일 때, $|3x+1|=-(3x+1)$이므로
$x>-(3x+1)-7$에서 $4x>-8,\ x>-2$
그런데 $x<-\dfrac{1}{3}$이므로 $-2<x<-\dfrac{1}{3}$ $\cdots\cdots ㄱ$

(ii) $x \geq -\dfrac{1}{3}$일 때, $|3x+1|=3x+1$이므로

$x>3x+1-7$에서 $-2x>-6$, $x<3$

그런데 $x \geq -\dfrac{1}{3}$이므로 $-\dfrac{1}{3} \leq x<3$ ⋯⋯ ㉡

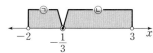

㉠, ㉡에서 주어진 부등식의 해는 $-2<x<3$

따라서 모든 정수 x의 값의 합은

$-1+0+1+2=2$

답 ⑤

38

부등식 $|x+1|+|x-2|<5$를 $x<-1$, $-1 \leq x<2$, $x \geq 2$일 때로 나누어 푼다.

(i) $x<-1$일 때, $|x+1|=-(x+1)$, $|x-2|=-(x-2)$이므로

$-(x+1)-(x-2)<5$에서 $-2x+1<5$, $x>-2$

그런데 $x<-1$이므로 $-2<x<-1$ ⋯⋯ ㉠

(ii) $-1 \leq x<2$일 때, $|x+1|=x+1$, $|x-2|=-(x-2)$이므로

$(x+1)-(x-2)<5$에서 $3<5$이므로 부등식은 주어진 범위에서 항상 성립한다. 즉, $-1 \leq x<2$ ⋯⋯ ㉡

(iii) $x \geq 2$일 때, $|x+1|=x+1$, $|x-2|=x-2$이므로

$(x+1)+(x-2)<5$에서 $2x-1<5$, $x<3$

그런데 $x \geq 2$이므로 $2 \leq x<3$ ⋯⋯ ㉢

㉠, ㉡, ㉢에서 주어진 부등식의 해는 $-2<x<3$

따라서 정수 x의 값은 -1, 0, 1, 2이므로 그 개수는 4이다.

답 4

보충 개념

$|x-a|+|x-b|<c \ (a<b)$ 꼴의 부등식은 x의 값의 범위를

$\quad x<a$, $a \leq x<b$, $x \geq b$

로 나누어 푼다.

39

$x^2-7x+12 \geq 0$에서 $(x-3)(x-4) \geq 0$, $x \leq 3$ 또는 $x \geq 4$

따라서 $\alpha=3$, $\beta=4$이므로 $\beta-\alpha=1$

답 ①

40

$x^2-4x-21<0$에서 $(x+3)(x-7)<0$, $-3<x<7$

따라서 정수 x의 값은 -2, -1, 0, $\cdots$, 6이므로 그 개수는 9이다.

답 ③

41

조건 ㈐에 의하여 점 P의 x좌표를 $k(k>0)$이라 하면 점 Q의 x좌표는 $2k$이므로 $y=f(x)$, $y=g(x)$, $y=x$의 그래프의 위치 관계는 그림과 같다.

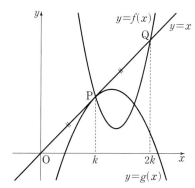

조건 ㈎에 의하여 이차방정식 $f(x)=x$는 k, $2k$를 두 근으로 가지므로

$f(x)-x=2(x-k)(x-2k)$, 즉

$f(x)=2(x-k)(x-2k)+x$

조건 ㈏에 의하여 이차방정식 $g(x)=x$는 k를 중근으로 가지므로

$g(x)-x=-(x-k)^2$, 즉

$g(x)=-(x-k)^2+x$

그러므로

$f(x)+g(x)=2(x-k)(x-2k)+x-(x-k)^2+x$

$\qquad\qquad\quad =x^2+2(1-2k)x+3k^2$

이차부등식 $x^2+2(1-2k)x+3k^2 \geq 0$의 해가 모든 실수이므로

이차방정식 $x^2+2(1-2k)x+3k^2=0$의 판별식을 D라 하면

$\dfrac{D}{4}=(1-2k)^2-1 \times 3k^2 \leq 0$

$k^2-4k+1 \leq 0$, $2-\sqrt{3} \leq k \leq 2+\sqrt{3}$

따라서 점 P의 x좌표의 최댓값은 $2+\sqrt{3}$이다.

답 ②

42

이차항의 계수가 1이고 해가 $2<x<3$인 이차부등식은

$(x-2)(x-3)<0$

즉, $x^2-5x+6<0$

따라서 $a=-5$

답 ①

43

이차부등식 $x^2+ax-12 \leq 0$의 해가 $-4 \leq x \leq b$이므로

$x^2+ax-12=(x+4)(x-b)$

$\qquad\qquad\quad =x^2+(4-b)x-4b$

$a=4-b$, $-12=-4b$이므로

$a=1$, $b=3$

따라서 $a-b=-2$

답 ⑤

44

조건 (가)에 의하여

$P(x)+2x+3 \ge 0$의 해가 $0 \le x \le 1$이므로

$P(x)+2x+3=ax(x-1)$ (a는 상수, $a<0$)

$P(x)=ax^2-(a+2)x-3$

조건 (나)에 의하여 방정식

$ax^2-(a+2)x-3=-3x-2$

가 중근을 가지므로

$ax^2-(a-1)x-1=0$

의 판별식을 D라 하면

$D=(a-1)^2-4a \times (-1)=(a+1)^2=0$

에서 $a=-1$

따라서 $P(x)=-x^2-x-3$이므로

$P(-1)=-3$

답 ①

45

이차방정식 $x^2+(m+2)x+2m+1=0$의 판별식을 D라 하자.

모든 실수 x에 대하여

이차부등식 $x^2+(m+2)x+2m+1>0$이 성립하기 위해서는 $D<0$

이어야 한다.

$D=(m+2)^2-4(2m+1)<0$

$m(m-4)<0$, $0<m<4$

정수 m은 1, 2, 3이다.

따라서 모든 정수 m의 값의 합은 $1+2+3=6$

답 ④

46

이차부등식 $x^2+8x+(a-6)<0$이 해를 갖지 않으려면 이차함수

$y=x^2+8x+(a-6)$의 그래프가 x축과 한 점에서 만나거나 x축과

만나지 않아야 한다.

이차방정식 $x^2+8x+(a-6)=0$의 판별식을 D라 하면 $D \le 0$이어

야 하므로

$\dfrac{D}{4}=4^2-(a-6) \le 0$, $a \ge 22$

따라서 실수 a의 최솟값은 22이다.

답 22

참고

이차부등식 $x^2+8x+(a-6)<0$이 해를 갖지 않으려면 모든 실수 x

에 대하여 부등식 $x^2+8x+(a-6) \ge 0$이 성립해야 한다.

47

$f(x)=x^2-4x-4k+3$

$\quad =(x-2)^2-4k-1$

이라 하면 $3 \le x \le 5$에서 $f(x) \le 0$이

항상 성립하려면 함수 $y=f(x)$의 그

래프는 오른쪽 그림과 같아야 한다.

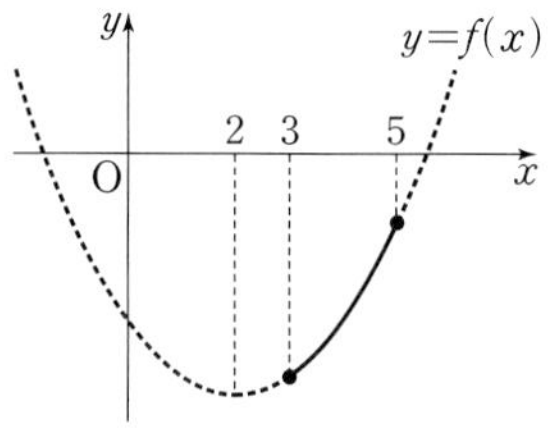

$3 \le x \le 5$에서 $f(x)$는 $x=5$일 때 최대이므로 $f(5) \le 0$에서

$8-4k \le 0$, $k \ge 2$

따라서 상수 k의 최솟값은 2이다.

답 ②

48

부등식 $x^2-x-12 \le 0$의 해는

$(x+3)(x-4) \le 0$에서 $-3 \le x \le 4$ ······ ㉠

부등식 $x^2-3x+2>0$의 해는

$(x-1)(x-2)>0$에서 $x<1$ 또는 $x>2$ ······ ㉡

㉠, ㉡에서 $-3 \le x <1$ 또는 $2<x \le 4$

따라서 정수 x는 -3, -2, -1, 0, 3, 4이므로 모든 정수 x의 값의

합은

$(-3)+(-2)+(-1)+0+3+4=1$

답 ①

49

$\begin{cases} 2x+1<3 & \cdots\cdots ㉠ \\ x^2-2x-15 \le 0 & \cdots\cdots ㉡ \end{cases}$

㉠에서 $x<1$

㉡에서 $(x+3)(x-5) \le 0$, $-3 \le x \le 5$

두 부등식 ㉠, ㉡의 해를 수직선 위

에 나타내면 오른쪽 그림과 같으므

로 주어진 연립부등식의 해는

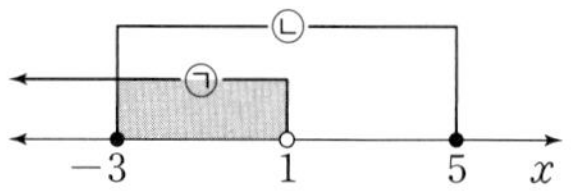

$-3 \le x <1$

따라서 정수 x는 -3, -2, -1, 0이므로 그 개수는 4이다.

답 ①

50

$\begin{cases} 2x-6 \ge 0 & \cdots\cdots ㉠ \\ x^2-8x+12 \le 0 & \cdots\cdots ㉡ \end{cases}$

㉠에서 $x \ge 3$이고

㉡에서 $(x-2)(x-6) \le 0$, $2 \le x \le 6$이므로 $3 \le x \le 6$

따라서 연립부등식을 만족시키는 모든 자연수 x의 값의 합은

$3+4+5+6=18$

답 ④

51

$$\begin{cases} |x-1| \le 3 & \cdots\cdots \text{㉠} \\ x^2-8x+15>0 & \cdots\cdots \text{㉡} \end{cases}$$

㉠에서 $-3 \le x-1 \le 3$이므로 $-2 \le x \le 4$

㉡에서 $(x-3)(x-5)>0$이므로 $x<3$ 또는 $x>5$

두 부등식 ㉠, ㉡의 해를 수직선
위에 나타내면 오른쪽 그림과 같
으므로 주어진 연립부등식의 해는

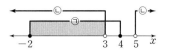

$-2 \le x < 3$

따라서 정수 x의 값은 -2, -1, 0, 1, 2이므로 그 개수는 5이다.

답 ⑤

52

$$\begin{cases} (x-a)^2 < a^2 & \cdots\cdots \text{㉠} \\ x^2+a<(a+1)x & \cdots\cdots \text{㉡} \end{cases}$$

㉠에서 $x^2-2ax+a^2<a^2$이므로 $x(x-2a)<0$

이때 $a<0$이므로 $2a<x<0$

㉡에서 $x^2-(a+1)x+a<0$이므로 $(x-1)(x-a)<0$

이때 $a<0$이므로 $a<x<1$

두 부등식 ㉠, ㉡의 해를 수직선 위에
나타내면 오른쪽 그림과 같다.

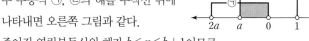

주어진 연립부등식의 해가 $b<x<b+1$이므로

$a=b$, $b+1=0$에서 $a=-1$, $b=-1$

따라서 $a+b=-2$

답 ⑤

53

$$\begin{cases} x^2-11x+24<0 & \cdots\cdots \text{㉠} \\ x^2-2kx+k^2-9>0 & \cdots\cdots \text{㉡} \end{cases}$$

㉠에서 $(x-3)(x-8)<0$이므로 $3<x<8$

㉡에서 $x^2-2kx+(k-3)(k+3)>0$

$\{x-(k-3)\}\{x-(k+3)\}>0$

$x<k-3$ 또는 $x>k+3$

(i) $3<k-3<8$인 경우

$k>6$이므로 $k+3>9$이다.

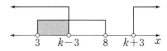

연립부등식의 해가 $3<x<k-3$이므로

$(k-3)-3=2$, $k=8$

(ii) $3<k+3<8$인 경우

$k<5$이므로 $k-3<2$이다.

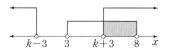

연립부등식의 해가 $k+3<x<8$이므로

$8-(k+3)=2$, $k=3$

따라서 (i), (ii)에 의하여 모든 k의 값의 합은

$8+3=11$

답 11

54

x에 대한 연립부등식

$$\begin{cases} |x-n|>2 & \cdots\cdots \text{㉠} \\ x^2-14x+40 \le 0 & \cdots\cdots \text{㉡} \end{cases}$$

에서 부등식 ㉠의 해는

$x<n-2$ 또는 $x>n+2$

이차부등식 ㉡의 해는

$x^2-14x+40=(x-4)(x-10) \le 0$에서

$4 \le x \le 10$

(i) $n \le 5$ 또는 $n \ge 9$인 경우

① $n \le 5$인 경우

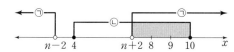

② $n \ge 9$인 경우

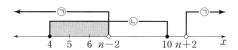

두 부등식 ㉠, ㉡을 동시에 만족시키는 자연수 x의 개수는 3 이상
이다.

(ii) $n=6$인 경우

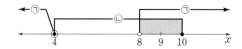

부등식 ㉠은 $|x-6|>2$이므로 해는 $x<4$ 또는 $x>8$이다.

두 부등식 ㉠, ㉡을 동시에 만족시키는 자연수는 9, 10이다.

(iii) $n=7$인 경우

부등식 ㉠은 $|x-7|>2$이므로 해는 $x<5$ 또는 $x>9$이다.

두 부등식 ㉠, ㉡을 동시에 만족시키는 자연수는 4, 10이다.

(iv) $n=8$인 경우

부등식 ㉠은 $|x-8|>2$이므로 해는 $x<6$ 또는 $x>10$이다.

두 부등식 ㉠, ㉡을 동시에 만족시키는 자연수는 4, 5이다.

(i)~(iv)에 의하여 자연수 n의 값은 6, 7, 8이므로 모든 자연수 n의 값의 합은 21이다.

달 21

55

$$\begin{cases} |x-5|<1 & \cdots\cdots ㉠ \\ x^2-4ax+3a^2>0 & \cdots\cdots ㉡ \end{cases}$$

㉠에서 $-1<x-5<1$, $4<x<6$

㉡에서 $(x-a)(x-3a)>0$

a가 자연수이므로 $x<a$ 또는 $x>3a$

연립부등식이 해를 갖지 않으려면

$a\leq4$, $3a\geq6$이어야 하므로 $2\leq a\leq4$

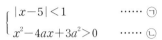

따라서 자연수 a는 2, 3, 4이므로 그 개수는 3이다.

달 ①

56

$$\begin{cases} |x-k|\leq5 & \cdots\cdots ㉠ \\ x^2-x-12>0 & \cdots\cdots ㉡ \end{cases}$$

㉠에서 $-5\leq x-k\leq5$

$k-5\leq x\leq k+5$

㉡에서 $(x+3)(x-4)>0$

$x<-3$ 또는 $x>4$

(i) $k+5\leq4$, 즉 $k\leq-1$일 때

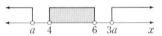

㉠, ㉡을 모두 만족시키는 정수 x는 모두 -3보다 작으므로 그 합은 7보다 작게 되어 조건을 만족시키지 않는다.

(ii) $k-5<-3$이고 $k+5>4$, 즉 $-1<k<2$일 때

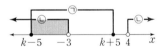

$k=0$이면 ㉠, ㉡을 모두 만족시키는 정수 x는 -5, -4, 5이고 그 합은 -4가 되어 조건을 만족시키지 않는다.

$k=1$이면 ㉠, ㉡을 모두 만족시키는 정수 x는 -4, 5, 6이고 그 합은 7이 되어 조건을 만족시킨다.

(iii) $k-5\geq-3$, 즉 $k\geq2$일 때

㉠, ㉡을 모두 만족시키는 정수 x는 두 개 이상이고 모두 4보다 크므로 그 합은 7보다 크게 되어 조건을 만족시키지 않는다.

(i), (ii), (iii)에서 $k=1$

달 ④

1등급 도전   본문 50~51쪽

01 16	02 ②	03 38	04 ⑤
05 ⑤	06 164	07 2	08 ①

01

풀이 전략 주어진 등식의 우변이 이차다항식의 완전제곱식이 되는 조건을 구한다.

STEP 1 $(x-a)(x+a)(x^2+5)+9$가 이차다항식의 완전제곱식이 되도록 하는 a의 값을 구한다.

$P(x)$가 이차다항식이므로 $P(x)+x$도 이차다항식이다.

또, $\{P(x)+x\}^2=(x-a)(x+a)(x^2+5)+9$이므로

$(x-a)(x+a)(x^2+5)+9$는 이차다항식의 완전제곱식이다.

$(x-a)(x+a)(x^2+5)+9$

$=(x^2-a^2)(x^2+5)+9$

$=x^4+(5-a^2)x^2-5a^2+9$

$\left[=\left\{x^4+(5-a^2)x^2+\dfrac{(5-a^2)^2}{4}\right\} -\dfrac{(5-a^2)^2}{4}-5a^2+9 \right]$

$=\left(x^2+\dfrac{5-a^2}{2}\right)^2-\dfrac{(5-a^2)^2-4(-5a^2+9)}{4}$

에서 $(5-a^2)^2-4(-5a^2+9)=0$

$a^4+10a^2-11=0$, $(a^2+11)(a^2-1)=0$

$(a^2+11)(a+1)(a-1)=0$

$a>0$이므로 $a=1$ → $a^2+11=0$을 만족시키는 실수 a의 값은 존재하지 않는다.

STEP 2 주어진 등식에 $a=1$을 대입하여 다항식 $P(x)$를 구한다.

$a=1$을 주어진 등식에 대입하면

$\{P(x)+x\}^2=(x^2+2)^2$이므로

$\left[\begin{array}{l} a=1\text{을 주어진 등식에 대입하면} \\ (우변)=(x-1)(x+1)(x^2+5)+9 \\ \quad =(x^2-1)(x^2+5)+9 \\ \quad =x^4+4x^2+4=(x^2+2)^2 \end{array} \right]$

$P(x)=x^2-x+2$ 또는 $P(x)=-x^2-x-2$

그런데 $P(x)$의 이차항의 계수가 음수이므로

$P(x)=-x^2-x-2$

따라서 $\{P(a)\}^2=\{P(1)\}^2=(-4)^2=16$

달 16

다른 풀이

$\{P(x)+x\}^2=(x^2-a^2)(x^2+5)+9$에서

$\{P(x)+x\}^2=x^4+(5-a^2)x^2-5a^2+9$

이때 $P(x)$의 최고차항의 계수가 음수이므로

$P(x)+x=-x^2+px+q$ (p, q는 상수)라 하면

$(-x^2+px+q)^2=x^4+(5-a^2)x^2-5a^2+9$

$x^4-2px^3+(p^2-2q)x^2+2pqx+q^2=x^4+(5-a^2)x^2-5a^2+9$

이 식은 x에 대한 항등식이므로 양변의 동류항의 계수를 비교하면

$-2p=0$, $p^2-2q=5-a^2$, $2pq=0$, $q^2=-5a^2+9$

따라서 $-2p=0$에서 $p=0$이므로

$p^2-2q=5-a^2$에서 $a^2=2q+5$

$q^2=-5a^2+9$에서 $q^2=-5(2q+5)+9$이므로

$q^2+10q+16=0$, $(q+8)(q+2)=0$

$q=-8$ 또는 $q=-2$

$q=-8$이면 $a^2=-11<0$이므로 모순이다.

그러므로 $q=-2$이고, $q=-2$를 $a^2=2q+5$에 대입하면 $a^2=1$

$a>0$이므로 $a=1$

따라서 $P(x)+x=-x^2-2$, 즉 $P(x)=-x^2-x-2$이므로

$\{P(a)\}^2=\{P(1)\}^2=(-4)^2=16$

02

풀이 전략 부등식 $A \leq B \leq C$를 두 부등식 $A \leq B$, $B \leq C$로 나누어 이차방정식의 판별식을 이용한다.

[STEP 1] 모든 실수 x에 대하여 이차부등식 $ax^2+bx+c \geq 0$ ($a>0$)이 성립하는 경우를 생각한다.

모든 실수 x에 대하여 부등식 $-x^2+3x+2 \leq mx+n$, 즉

$x^2+(m-3)x+n-2 \geq 0$이 성립하므로 이차방정식

$x^2+(m-3)x+n-2=0$의 판별식을 D_1이라 하면

$\underline{D_1=(m-3)^2-4(n-2) \leq 0}$

$4n \geq m^2-6m+17$ ...... ㉠

모든 실수 x에 대하여 부등식 $mx+n \leq x^2-x+4$, 즉

$x^2-(m+1)x+4-n \geq 0$이 성립하므로

이차방정식 $x^2-(m+1)x+4-n=0$의

판별식을 D_2라 하면

$\underline{D_2=\{-(m+1)\}^2-4(4-n) \leq 0}$

모든 실수 x에 대하여 이차부등식 $ax^2+bx+c \geq 0$ ($a>0$) 이 성립하려면 이차방정식 $ax^2+bx+c=0$의 판별식 $D \leq 0$이어야 한다.

$4n \leq -m^2-2m+15$ ...... ㉡

㉠, ㉡에 의하여

$m^2-6m+17 \leq 4n \leq -m^2-2m+15$ ...... ㉢

$m^2-6m+17 \leq -m^2-2m+15$에서

$2m^2-4m+2 \leq 0$, $2(m-1)^2 \leq 0$

$\underline{m=1}$ $a>0$일 때, $a(m-\alpha)^2 \leq 0$의 해는 $m=\alpha$이다.

$m=1$을 ㉢에 대입하면 $12 \leq 4n \leq 12$이므로 $n=3$

따라서 $m^2+n^2=1^2+3^2=10$

              답 ②

다른 풀이

$f(x)=x^2-x+4$, $g(x)=-x^2+3x+2$, $h(x)=mx+n$이라 하면

모든 실수 x에 대하여 $g(x) \leq h(x) \leq f(x)$가 성립하면 된다.

$f(x)-g(x)=2x^2-4x+2=2(x-1)^2$

이므로 함수 $y=f(x)$의 그래프와 함수 $y=g(x)$의 그래프는 서로 접한다.

그러므로 $g(x) \leq h(x) \leq f(x)$가 성립하기 위해서는 다음 그림과 같이 함수 $y=h(x)$의 그래프가 두 함수 $y=g(x)$와 $y=f(x)$의 그래프에 동시에 접해야 한다.

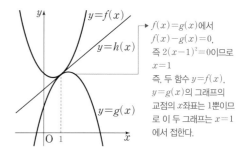

$f(x)=g(x)$에서 $f(x)-g(x)=0$, 즉 $2(x-1)^2=0$이므로 $x=1$ 즉, 두 함수 $y=f(x)$, $y=g(x)$의 그래프의 교점의 x좌표는 1뿐이므로 이 두 그래프는 $x=1$에서 접한다.

따라서 $f(x)=h(x)$에서 이차방정식 $x^2-(m+1)x+4-n=0$의 판별식을 D_1이라 하면

$D_1=\{-(m+1)\}^2-4(4-n)=0$

$4n=-m^2-2m+15$ ...... ㉠

$g(x)=h(x)$에서 이차방정식 $x^2+(m-3)x+n-2=0$의 판별식을 D_2라 하면

$D_2=(m-3)^2-4(n-2)=0$

$4n=m^2-6m+17$ ...... ㉡

㉠, ㉡을 연립하여 풀면 $m=1$, $n=3$

따라서 $m^2+n^2=10$

03

풀이 전략 이차방정식 $x^2+x+1=0$의 한 허근이 ω일 때, $\omega^2+\omega+1=0$, $\omega^3=1$임을 이용한다.

[STEP 1] 이차방정식 $x^2+x+1=0$의 한 허근을 ω라 하면 $P_n(\omega)=0$임을 알아본다.

다항식 $P_n(x)$를 x^2+x+1로 나눌 때의 몫을 $A_n(x)$라 하면

$P_n(x)$가 x^2+x+1로 나누어떨어지므로

$(1+x)(1+x^2)(1+x^3) \cdots (1+x^{n-1})(1+x^n)-64$

$=(x^2+x+1)A_n$

이차방정식 $x^2+x+1=0$의 한 허근을 ω라 하면

$\omega^2+\omega+1=0$, $\omega^3=1$ $x^2+x+1=0$의 양변에 $x-1$을 곱하면 $(x-1)(x^2+x+1)=0$

ω는 방정식 $P_n(x)=0$의 근이므로   즉, $x^3-1=0$이므로 $x^3=1$

$P_n(\omega)=0$ 따라서 ω는 $x^3=1$의 한 근이므로 $\omega^3=1$

[STEP 2] $Q_n(x)=(1+x)(1+x^2)(1+x^3)\cdots(1+x^{n-1})(1+x^n)$이라 할 때, $Q_n(\omega)=64$가 되는 n의 값을 구한다.

$Q_n(x)=(1+x)(1+x^2)(1+x^3)\cdots(1+x^{n-1})(1+x^n)$이라 할 때, $P_n(\omega)=0$이 되려면 $Q_n(\omega)=64$이어야 한다.

$Q_5(\omega)=(1+\omega)(1+\omega^2)(1+\omega^3)(1+\omega^4)(1+\omega^5)$
$\qquad=(-\omega^2)\times(-\omega)\times 2\times(-\omega^2)\times(-\omega)=2$

$Q_6(\omega)=Q_5(\omega)\times(1+\omega^6)=2\times 2=4$

$Q_7(\omega)=Q_6(\omega)\times(1+\omega^7)=4\times(-\omega^2)=-4\omega^2$

$Q_8(\omega)=Q_7(\omega)\times(1+\omega^8)=(-4\omega^2)\times(-\omega)=4\omega^3=4$

$Q_9(\omega)=Q_8(\omega)\times(1+\omega^9)=4\times 2=8$

$Q_{10}(\omega)=Q_9(\omega)\times(1+\omega^{10})=8\times(-\omega^2)=-8\omega^2$

$Q_{11}(\omega)=Q_{10}(\omega)\times(1+\omega^{11})=(-8\omega^2)\times(-\omega)=8\omega^3=8$

$\qquad\vdots$

$Q_{18}(\omega)=64$

$Q_{19}(\omega)=-64\omega^2$

$Q_{20}(\omega)=64$

> $n\geq 2$인 자연수일 때
> $Q_{3n}(\omega)=Q_{3n+2}(\omega)=2^n$, $Q_{3n+1}(\omega)=-2^n\omega^2$이므로
> $Q_{18}(\omega)=Q_{20}(\omega)=2^6=64$,
> $Q_{19}(\omega)=-2^6\omega^2=-64\omega^2$

따라서 $n=18$ 또는 $n=20$이므로 모든 자연수 n의 값의 합은 $18+20=38$

답 38

또, $-2\leq a<5$일 때 방정식의 허근은
$x=-\sqrt{5-ai}$ 또는 $x=\sqrt{5-ai}$
이때 모든 실근의 곱이 -4이면
$(-\sqrt{a+2})\times\sqrt{a+2}=-4$, $a+2=4$, $a=2$
방정식의 허근은 $x=-\sqrt{3}i$ 또는 $x=\sqrt{3}i$
따라서 모든 허근의 곱은
$(-\sqrt{3}i)\times\sqrt{3}i=3$ (참)

[STEP 3] ㄴ을 이용하여 정수인 근을 갖도록 하는 실수 a의 값을 구하여 ㄷ의 참, 거짓을 판별한다.

ㄷ. ㄴ에서 $-2\leq a<5$이므로 $0\leq\sqrt{a+2}<\sqrt{7}$

> $-2\leq a<5$에서
> $0\leq a+2<7$이므로
> $0\leq\sqrt{a+2}<\sqrt{7}$

주어진 방정식이 가질 수 있는 정수인 근은 $\sqrt{a+2}$의 값이 0, 1, 2일 때이다.

$\sqrt{a+2}=0$일 때, $a+2=0$이므로 $a=-2$

$\sqrt{a+2}=1$일 때, $a+2=1$이므로 $a=-1$

$\sqrt{a+2}=2$일 때, $a+2=4$이므로 $a=2$

따라서 정수인 근을 갖도록 하는 실수 a의 값은 -2, -1, 2이므로 그 합은 $(-2)+(-1)+2=-1$이다. (참)

이상에서 옳은 것은 ㄱ, ㄴ, ㄷ이다.

답 ⑤

04

풀이 전략 인수분해를 이용하여 주어진 사차방정식의 해를 구한다.

[STEP 1] $a=1$일 때의 사차방정식의 해를 구하여 ㄱ의 참, 거짓을 판별한다.

ㄱ. $x^4+(3-2a)x^2+a^2-3a-10=0$에서 $a=1$이면
$\quad x^4+x^2-12=0$, $(x^2+4)(x^2-3)=0$
$\quad x^2=-4$ 또는 $x^2=3$
$\quad x=-2i$ 또는 $x=2i$ 또는 $x=-\sqrt{3}$ 또는 $x=\sqrt{3}$
이때 실근은 $x=-\sqrt{3}$ 또는 $x=\sqrt{3}$이므로 모든 실근의 곱은
$(-\sqrt{3})\times\sqrt{3}=-3$ (참)

[STEP 2] 주어진 방정식이 실근과 허근을 모두 가질 때의 a의 값의 범위를 구하여 ㄴ의 참, 거짓을 판별한다.

ㄴ. $x^4+(3-2a)x^2+a^2-3a-10=0$에서
$\quad x^4+(3-2a)x^2+(a-5)(a+2)=0$
$\quad (x^2-a+5)(x^2-a-2)=0$
$\quad x^2=a-5$ 또는 $x^2=a+2$

> $x^2=a-5$에서 $a-5\geq 0$이면 실근을 갖고, $a-5<0$이면 허근을 갖는다.
> 또, $x^2=a+2$에서 $a+2\geq 0$이면 실근을 갖고, $a+2<0$이면 허근을 갖는다.

이때 방정식 $x^4+(3-2a)x^2+a^2-3a-10=0$이 실근과 허근을 모두 가지므로 $a+2\geq 0$, $a-5<0$에서
$-2\leq a<5$
$-2<a<5$일 때 방정식의 실근은
$x=-\sqrt{a+2}$ 또는 $x=\sqrt{a+2}$이고,
$a=-2$일 때 $x=0$

05

풀이 전략 삼차식 $f(x)$를 인수분해한 후 이차방정식의 근과 계수의 관계와 판별식을 이용한다.

> 다항식 $f(x)$에 대하여 $f(\alpha)=0$일 때 $f(x)$는 $x-\alpha$를 인수로 갖는다.

[STEP 1] 인수정리를 이용하여 ㄱ의 참, 거짓을 판별한다.

ㄱ. $f(1)=1+(2a-1)+(b^2-2a)-b^2=0$이므로 인수정리에 의하여 $f(x)$는 $x-1$을 인수로 갖는다. (참)

[STEP 2] 삼차식 $f(x)$를 인수분해한 후 서로 다른 실근의 개수를 구하여 ㄴ의 참, 거짓을 판별한다.

ㄴ. $f(x)=x^3+(2a-1)x^2+(b^2-2a)x-b^2$을 인수분해하면
$\quad f(x)=(x-1)(x^2+2ax+b^2)$

1	1	$2a-1$	b^2-2a	$-b^2$
		1	$2a$	b^2
	1	$2a$	b^2	0

x에 대한 이차방정식
$x^2+2ax+b^2=0$의 판별식을 D라 하면
$$\frac{D}{4}=a^2-b^2=(a-b)(a+b)$$

> (음수)×(음수)=(양수)

이때 $a<b<0$이면 $a-b<0$, $a+b<0$이므로 $D>0$이 되어 이차방정식 $x^2+2ax+b^2=0$은 항상 서로 다른 두 실근을 갖는다.

한편, 삼차방정식 $f(x)=0$이 서로 다른 두 실근을 가지려면 이차방정식 $x^2+2ax+b^2=0$이 $x=1$을 근으로 가져야 하므로 $1+2a+b^2=0$이어야 한다.

> 세 근 중 두 근이 중복되므로 이차방정식 $x^2+2ax+b^2=0$의 서로 다른 실근 중 하나는 $x=1$이다.

그런데 $a=-2$, $b=-\sqrt{3}$이면
$a<b<0$이고 $1+2a+b^2=0$을 만족시킨다.
이때 $f(x)=(x-1)(x^2-4x+3)=(x-1)^2(x-3)$이므로 방

정식 $f(x)=0$의 서로 다른 실근의 개수는 2이다.

따라서 $a<b<0$인 어떤 두 실수 a, b에 대하여 방정식 $f(x)=0$의 서로 다른 실근의 개수는 2이다. (참)

[STEP 3] 이차방정식의 근과 계수의 관계와 판별식을 이용하여 ㄷ의 참, 거짓을 판별한다.

ㄷ. 방정식 $f(x)=0$, 즉 $(x-1)(x^2+2ax+b^2)=0$은 $x=1$을 근으로 가지므로 이 삼차방정식이 서로 다른 세 실근을 가지려면 이차방정식 $x^2+2ax+b^2=0$이 1이 아닌 서로 다른 두 실근을 가져야 한다. ⟶ 이차방정식의 근과 계수의 관계에 의하여 두 근의 합은 $-2a$이다.

이차방정식 $x^2+2ax+b^2=0$의 서로 다른 두 실근의 합이 $-2a$이고, 방정식 $f(x)=0$의 서로 다른 실근의 합이 7이므로

$1+(-2a)=7$, $a=-3$

한편, 이차방정식 $x^2+2ax+b^2=0$이 서로 다른 두 실근을 가져야 하므로 이 이차방정식의 판별식을 D라 하면

$\dfrac{D}{4}=a^2-b^2>0$, $b^2<a^2$, 즉 $b^2<9$ ...... ㉠

또, $x=1$이 방정식 $x^2+2ax+b^2=0$의 근이 아니어야 하므로

$1+2a+b^2\neq0$, 즉 $b^2\neq5$ ...... ㉡

㉠, ㉡에서 정수 b의 값은 -2, -1, 0, 1, 2이다.

따라서 두 정수 a, b의 순서쌍 (a,b)는 $(-3,-2)$, $(-3,-1)$, $(-3,0)$, $(-3,1)$, $(-3,2)$이므로 그 개수는 5이다. (참)

이상에서 옳은 것은 ㄱ, ㄴ, ㄷ이다.

📘 ⑤

06

풀이 전략 삼차방정식을 활용한다.

[STEP 1] 두 원의 반지름의 길이가 같고 한 점에서 만나는 조건을 이용하기 위한 길이들을 구한다.

선분 AB를 지름으로 하는 원을 C_1이라 하고 선분 CD를 지름으로 하는 원을 C_2라 하자.

두 선분 AB, CD의 중점을 각각 M, N이라 하면 두 점 M, N은 각각 두 원 C_1, C_2의 중심이다.

$\overline{AB}=\overline{CD}$이므로 두 원 C_1, C_2의 반지름의 길이가 서로 같고 원 C_1과 원 C_2는 오직 한 점에서 만나므로 원 C_1과 원 C_2가 만나는 점은 선분 MN의 중점이다. ⟶ $\overline{MP}=\overline{NP}$

선분 MN의 중점을 P, 점 D에서 선분 BC에 내린 수선의 발을 H, 선분 DH와 선분 MN이 만나는 점을 Q라 하자.

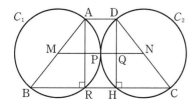

두 원 C_1, C_2의 반지름의 길이를 r라 하면

$\overline{QN}=\overline{PN}-\overline{PQ}=r-2$

$\overline{HC}=2\times\overline{QN}=2r-4$이므로 ⟶ $\overline{HC}:\overline{QN}=\overline{DC}:\overline{DN}=2:1$이므로 $\overline{HC}=2\times\overline{QN}$

$\overline{DH}^2=\overline{CD}^2-\overline{HC}^2=16r-16$ ...... ㉠ ⟶ $(2r)^2-(2r-4)^2$ $=4r^2-4r^2+16r-16$ $=16r-16$

점 A에서 선분 BC에 내린 수선의 발을 R라 하면

$\overline{BR}=\overline{HC}=2r-4$, $\overline{RH}=4$이므로

$\overline{BC}=\overline{BR}+\overline{RH}+\overline{HC}=4r-4$ ...... ㉡

[STEP 2] 주어진 조건을 이용하여 원의 반지름의 길이를 구하여 $\overline{BD}^2$의 값을 구한다.

㉠, ㉡에서

$S^2=\left\{\dfrac{1}{2}\times(\overline{BC}+\overline{AD})\times\overline{DH}\right\}^2$

$\quad=\dfrac{1}{4}\times(\overline{BC}+\overline{AD})^2\times\overline{DH}^2$

$\quad=\dfrac{1}{4}\times\{(4r-4)+4\}^2\times(16r-16)$

$\quad=64r^2(r-1)$

$l=\overline{AB}+\overline{BC}+\overline{CD}+\overline{AD}$

$\quad=2r+(4r-4)+2r+4=8r$

$S^2+8l=6720$에서

$64r^2(r-1)+64r=6720$

$r^3-r^2+r-105=0$, $(r-5)(r^2+4r+21)=0$

$r=5$ 또는 $r^2+4r+21=0$

이차방정식 $x^2+4x+21=0$의 판별식을 D라 하면

$D=4^2-4\times1\times21=-68<0$

이므로 $r^2+4r+21=0$을 만족시키는 실수 r의 값은 존재하지 않는다.

따라서 $r=5$이고

$\overline{BH}=\overline{BR}+\overline{RH}=6+4=10$,

$\overline{DH}^2=80-16=64$이므로

$\overline{BD}^2=\overline{BH}^2+\overline{DH}^2=100+64=164$

📘 164

07

풀이 전략 주어진 그래프와 이차부등식의 관계를 이용한다.

[STEP 1] 함수 $y=\dfrac{|f(x)|}{3}-f(x)$의 그래프와 직선 $y=m(x-2)$를 그려 본다.

함수 $y=f(x)$의 그래프가 x축과 만나는 점의 x좌표는

$x^2+2x-8=0$에서 $(x+4)(x-2)=0$

$x=-4$ 또는 $x=2$

부등식 $\dfrac{|f(x)|}{3}-f(x)\geq m(x-2)$에서

(i) $f(x) \geq 0$, 즉 $x \leq -4$ 또는 $x \geq 2$일 때

$\dfrac{f(x)}{3} - f(x) \geq m(x-2)$이므로 $-\dfrac{2}{3}f(x) \geq m(x-2)$

(ii) $f(x) < 0$, 즉 $-4 < x < 2$일 때

$-\dfrac{f(x)}{3} - f(x) \geq m(x-2)$이므로 $-\dfrac{4}{3}f(x) \geq m(x-2)$

여기서 $g(x) = -\dfrac{4}{3}f(x)$, $h(x) = -\dfrac{2}{3}f(x)$라 하면

$\dfrac{|f(x)|}{3} - f(x) = \begin{cases} g(x) & (-4 < x < 2) \\ h(x) & (x \leq -4 \text{ 또는 } x \geq 2) \end{cases}$

한편, 직선 $y = m(x-2)$는 m의 값에 관계없이 점 $(2, 0)$을 지나고

기울기 m이 양수이므로 함수 $y = \dfrac{|f(x)|}{3} - f(x)$의 그래프와 직선

$y = m(x-2)$의 점 $(2, 0)$이 아닌 교점의 x좌표를 t $(t < -4)$라 하고 그래프를 그리면 다음 그림과 같다. m이 양수이므로 점 $(2, 0)$을 지나는 직선이 함수 $y = \dfrac{|f(x)|}{3} - f(x)$의 그래프와 만나는 점의 x의 좌표는 -4보다 작다.

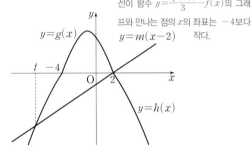

[STEP 2] 그래프를 이용하여 주어진 부등식을 만족시키는 정수 x의 개수가 10이 되는 경우를 파악한다. ┌ 함수 $y = \dfrac{|f(x)|}{3} - f(x)$의 그래프가 직선 $y = m(x-2)$와 만나거나 위쪽에 있는 부분을 의미한다.

위의 그림에서 부등식 $\dfrac{|f(x)|}{3} - f(x) \geq m(x-2)$의 해는

$t \leq x \leq 2$

이때 $t \leq x \leq 2$인 정수 x의 개수가 10이 되려면 $-8 < t \leq -7$이어야 하므로 m의 값의 범위는 직선 $y = m(x-2)$가 점 $(-7, h(-7))$을 지날 때보다 크거나 같고, 점 $(-8, h(-8))$을 지날 때보다 작다.

[STEP 3] 양수 m의 최솟값을 구한다.

$h(-7) = -\dfrac{2}{3}f(-7) = -\dfrac{2}{3}\{(-7)^2 + 2 \times (-7) - 8\} = -18$

이므로

$m = \dfrac{0-(-18)}{2-(-7)} = 2$ ...... ㉠ └ 두 점 $(2, 0)$, $(-7, -18)$을 지나는 직선의 기울기이다.

$h(-8) = -\dfrac{2}{3}f(-8) = -\dfrac{2}{3}\{(-8)^2 + 2 \times (-8) - 8\} = -\dfrac{80}{3}$

이므로

$m = \dfrac{0-\left(-\dfrac{80}{3}\right)}{2-(-8)} = \dfrac{8}{3}$ ...... ㉡

㉠, ㉡에서 $2 \leq m < \dfrac{8}{3}$ └ 두 점 $(2, 0)$, $\left(-8, -\dfrac{80}{3}\right)$을 지나는 직선의 기울기이다.

따라서 양수 m의 최솟값은 2이다.

답 2

08

풀이 전략 각각의 부등식을 푼 후, a의 값에 따라 x의 값의 범위에 포함되는 정수의 개수를 구한다.

[STEP 1] 주어진 연립부등식에서 각각의 부등식의 해를 구한다.

$\begin{cases} x^2 - a^2 x \geq 0 & \cdots\cdots \text{㉠} \\ x^2 - 4ax + 4a^2 - 1 < 0 & \cdots\cdots \text{㉡} \end{cases}$

㉠에서 $x(x - a^2) \geq 0$이므로 $x \leq 0$ 또는 $x \geq a^2$

㉡에서 $\{x - (2a-1)\}\{x - (2a+1)\} < 0$이므로 $2a-1 < x < 2a+1$

[STEP 2] a의 값에 따라 연립부등식의 해를 구하여 정수 x의 개수를 구한다.

(i) $0 < a < \dfrac{1}{2}$일 때

$0 < a^2 < \dfrac{1}{4}$, $-1 < 2a-1 < 0$, $1 < 2a+1 < 2$이므로 두 부등식 ㉠, ㉡의 해를 수직선 위에 나타내면 다음 그림과 같다.

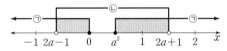

따라서 연립부등식의 해 중 정수 x의 값은 0, 1로 2개의 정수해가 존재한다.

(ii) $a = \dfrac{1}{2}$일 때

$a^2 = \dfrac{1}{4}$

$2a - 1 = 0$

$2a + 1 = 2$이므로

연립부등식의 해는

$\dfrac{1}{4} \leq x < 2$

└ 수직선 위에 나타내면 다음 그림과 같다.
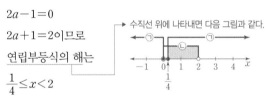

따라서 이 중 정수 x의 값은 1로 1개의 정수해가 존재한다.

(iii) $\dfrac{1}{2} < a < 1$일 때

$\dfrac{1}{4} < a^2 < 1$

$0 < 2a - 1 < 1$

$2 < 2a + 1 < 3$

이므로 두 부등식 ㉠, ㉡의 해를 수직선 위에 나타내면 다음 그림과 같다.

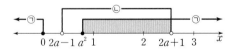

따라서 연립부등식의 해 중 정수 x의 값은 1, 2로 2개의 정수해가 존재한다.

(iv) $a = 1$일 때

$a^2 = 1$

$2a - 1 = 1$

$2a + 1 = 3$

이므로 <u>연립부등식의 해는</u> → 수직선 위에 나타내면 다음 그림과 같다.

$1 < x < 3$

따라서 이 중 정수 x의 값은 2로 1개의 정수해가 존재한다.

(v) $1 < a < \sqrt{2}$일 때

$\sqrt{2} = 1.4 \cdots$ 이므로

$2\sqrt{2} - 1 = 1.8 \cdots$, $2\sqrt{2} + 1 = 3.8 \cdots$

$1 < a^2 < 2$, $1 < 2a - 1 < 2\sqrt{2} - 1$, $3 < 2a + 1 < 2\sqrt{2} + 1$이므로 두 부등식 ㉠, ㉡의 해를 수직선 위에 나타내면 다음 그림과 같다.

따라서 연립부등식의 해 중 정수 x의 값은 2, 3으로 2개의 정수해가 존재한다.

[STEP 3] 정수 x의 개수가 1이 되기 위한 모든 실수 a의 값을 구한다.

(i)~(v)에서 $a = \dfrac{1}{2}$ 또는 $a = 1$일 때, 주어진 연립부등식은 1개의 정수해가 존재하므로 모든 실수 a의 값의 합은

$\dfrac{1}{2} + 1 = \dfrac{3}{2}$

답 ①

---

04 경우의 수

본문 53쪽

01 9	02 15	03 10
04 40	05 (1) 8 (2) 24	06 12
07 (1) 30 (2) 24 (3) 210 (4) 9 (5) 120 (6) 1		
08 (1) 48 (2) 12	09 60	
10 (1) 21 (2) 28 (3) 1 (4) 1		
11 (1) 28 (2) 210 (3) 35 12 (1) 28 (2) 40		

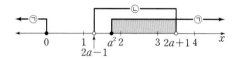

본문 54~62쪽

01 ①	02 20	03 ③	04 ④	05 ⑤	06 ②
07 ②	08 ①	09 36	10 ②	11 ③	12 18
13 16	14 24	15 ⑤	16 ⑤	17 ③	18 ⑤
19 720	20 ⑤	21 480	22 576	23 24	24 ①
25 ④	26 ③	27 ②	28 ④	29 ④	30 ⑤
31 ⑤	32 ③	33 16	34 130	35 ②	36 ①
37 ④	38 ③				

01

(i) $z = 1$일 때, $x + 2y = 12$이므로

순서쌍 (x, y)는 $(6, 3)$, $(4, 4)$, $(2, 5)$의 3개

(ii) $z = 2$일 때, $x + 2y = 9$이므로

순서쌍 (x, y)는 $(5, 2)$, $(3, 3)$, $(1, 4)$의 3개

(iii) $z = 3$일 때, $x + 2y = 6$이므로

순서쌍 (x, y)는 $(4, 1)$, $(2, 2)$의 2개

(iv) $z = 4$일 때, $x + 2y = 3$이므로

순서쌍 (x, y)는 $(1, 1)$의 1개

(i)~(iv)는 동시에 일어날 수 없으므로 구하는 순서쌍 (x, y, z)의 개수는

$3 + 3 + 2 + 1 = 9$

답 ①

보충 개념

(1) 방정식 $ax + by + cz = d$ (a, b, c, d는 상수)를 만족시키는 자연수 x, y, z의 순서쌍 (x, y, z)의 개수

➡ x, y, z 중 계수의 절댓값이 가장 큰 것을 기준으로 수를 대입하여 구한다.

(2) 부등식 $ax + by \leq c$ (a, b, c는 자연수)를 만족시키는 자연수 x, y의 순서쌍 (x, y)의 개수

➡ 주어진 조건을 만족시키는 $ax + by$의 값을 찾은 후 $ax + by = d$ 꼴의 방정식을 만들어 이 방정식의 해의 개수를 구한다.

02

(i) 꽃병 A에 장미를 꽂은 경우

꽃병 B에 꽂을 꽃 9송이 중 카네이션이 a송이, 백합이 b송이라 하면 (a, b)로 가능한 경우는 $(1, 8)$, $(2, 7)$, $(3, 6)$, $(4, 5)$, $(5, 4)$, $(6, 3)$의 6가지

(ii) 꽃병 A에 카네이션을 꽂은 경우

꽃병 B에 꽂을 꽃 9송이 중 장미가 a송이, 백합이 b송이라 하면 (a, b)로 가능한 경우는 $(1, 8)$, $(2, 7)$, $(3, 6)$, $(4, 5)$, $(5, 4)$, $(6, 3)$, $(7, 2)$, $(8, 1)$의 8가지

(iii) 꽃병 A에 백합을 꽂은 경우

꽃병 B에 꽂을 꽃 9송이 중 카네이션이 a송이, 장미가 b송이라 하면 (a, b)로 가능한 경우는 $(1, 8)$, $(2, 7)$, $(3, 6)$, $(4, 5)$, $(5, 4)$, $(6, 3)$의 6가지

(i), (ii), (iii)은 동시에 일어날 수 없으므로 구하는 경우의 수는

$6+8+6=20$

답 20

03

주사위의 눈의 최대 수는 6이므로 주사위를 세 번 던져 20번 칸까지 가려면 세 번 만에 15번(◉) 칸에 도착해야 한다.

주사위를 세 번 던져 나온 눈의 수를 순서쌍으로 나타내면

(i) 세 눈의 수의 합이 15인 경우

$(6, 6, 3)$, $(6, 3, 6)$, $(3, 6, 6)$,

$(6, 5, 4)$, $(6, 4, 5)$, $(4, 5, 6)$, $(4, 6, 5)$의 7가지

(ii) 세 눈의 수의 합이 15를 넘는 경우

5번(★)에 도착하여 가는 경우이므로 $(5, 6, 6)$의 1가지

(i), (ii)는 동시에 일어날 수 없으므로 구하는 경우의 수는

$7+1=8$

답 ③

04

두 눈의 수의 합이 짝수가 되려면 두 눈의 수가 모두 홀수이거나 짝수이어야 한다.

주사위를 던졌을 때 홀수인 눈이 나오는 경우는 1, 3, 5의 3가지, 짝수인 눈이 나오는 경우는 2, 4, 6의 3가지이므로

(i) 두 눈의 수가 모두 홀수인 경우의 수는

$3 \times 3 = 9$

(ii) 두 눈의 수가 모두 짝수인 경우의 수는

$3 \times 3 = 9$

(i), (ii)에서 구하는 경우의 수는

$9+9=18$

답 ④

05

$(a+b+c)(p+q+r)$에서 a, b, c에 곱해지는 항이 각각 p, q, r의 3개이므로 항의 개수는 $3 \times 3 = 9$

$(a+b)(s+t)$에서 a, b에 곱해지는 항이 각각 s, t의 2개이므로 항의 개수는 $2 \times 2 = 4$

따라서 구하는 항의 개수는

$9+4=13$

답 ⑤

06

한 교시에는 1개 강좌만 수강할 수 있으므로

(i) 1, 2교시 강좌를 선택할 수 있는 경우의 수는

$2 \times 3 = 6$

(ii) 1, 3교시 강좌를 선택할 수 있는 경우의 수는

$2 \times 4 = 8$

(iii) 2, 3교시 강좌를 선택할 수 있는 경우의 수는

$3 \times 4 = 12$

(i), (ii), (iii)에서 구하는 방법의 수는

$6+8+12=26$

답 ②

07

다섯 개의 구역을 오른쪽 그림과 같이 A, B, C, D, E라 하면 B에 칠할 수 있는 색은 4가지, A에 칠할 수 있는 색은 B에 칠한 색을 제외한 3가지이다.

C, D, E는 어떤 순서로 칠해도 상관없다.

C에 칠할 수 있는 색은 B에 칠한 색을 제외한 3가지, D에 칠할 수 있는 색은 B와 C에 칠한 색을 제외한 2가지, E에 칠할 수 있는 색은 B와 D에 칠한 색을 제외한 2가지이다.

따라서 구하는 경우의 수는

$4 \times 3 \times 3 \times 2 \times 2 = 144$

답 ②

다른 풀이

B → C → E → D → A 순으로 색을 칠하는 경우는 다음과 같다.

(i) C, E에 같은 색을 칠할 경우의 수는

$4 \times 3 \times 1 \times 2 \times 3 = 72$

(ii) C, E에 다른 색을 칠할 경우의 수는

$4 \times 3 \times 2 \times 1 \times 3 = 72$

(i), (ii)에서 구하는 경우의 수는

$72+72=144$

08

비밀번호에 쓸 수 있는 숫자는 1, 2, 3, 7, 8이다.

첫째 자리에 7, 8이 들어갈 수 있고 마지막 두 자리에 4의 배수가 들어가야 한다.

(i) 7□□□ 꼴의 수

마지막 두 자리에 들어갈 수 있는 4의 배수는 12, 28, 32의 3가지이고, 둘째 자리에 들어갈 수는 조건 ㈎에 의하여 2가지이므로 경우의 수는 $3 \times 2 = 6$

(i) 8□□□ 꼴의 수

마지막 두 자리에 들어갈 수 있는 4의 배수는 12, 32, 72의 3가지이고, 둘째 자리에 들어갈 수는 조건 ㈎에 의하여 2가지이므로 경우의 수는 $3 \times 2 = 6$

(i), (ii)에서 비밀번호의 개수는

$6 + 6 = 12$

답 ①

09

다섯 개의 영역을 오른쪽 그림과 같이 A, B, C, D, E라 하면 A에 칠할 수 있는 색은 3가지, B에 칠할 수 있는 색은 2가지이다.

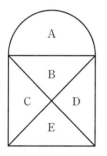

(i) C, D에 같은 색을 칠하고 E를 칠하는 경우

C에 칠할 수 있는 색은 2가지, D에 칠할 수 있는 색은 C에 칠한 색과 같은 색이므로 1가지, E에 칠할 수 있는 색은 C와 D에 칠한 색을 제외한 2가지이므로 방법의 수는

$3 \times 2 \times 2 \times 1 \times 2 = 24$

(ii) C, D에 다른 색을 칠하고 E를 칠하는 경우

C에 칠할 수 있는 색은 2가지, D에 칠할 수 있는 색은 B와 C에 칠한 색을 제외한 1가지, E에 칠할 수 있는 색은 C와 D에 칠한 색을 제외한 1가지이므로 방법의 수는

$3 \times 2 \times 2 \times 1 \times 1 = 12$

(i), (ii)에서 구하는 방법의 수는

$24 + 12 = 36$

답 36

10

2개의 HT와 2개의 □를 배열할 때, 2개의 □가 이웃하는 경우와 이웃하지 않는 경우로 나누면 다음과 같다.

(i) HT가 2번 나오고 2개의 □가 이웃하는 경우

HTHT□□, HT□□HT, □□HTHT인 경우는 □□에 HT를 제외한 HH, TH, TT가 들어갈 수 있으므로 각각에 대하여 경우의 수는 3가지

따라서 HT가 2번 나오고 2개의 □가 이웃하는 경우의 수는

$3 \times 3 = 9$

(ii) HT가 2번 나오고 2개의 □가 이웃하지 않는 경우

HT□HT□, □HTHT□, □HT□HT인 경우는 2개의 □에 H와 T가 모두 들어갈 수 있으므로 각각에 대하여 경우의 수는 $2 \times 2 = 4$

따라서 HT가 2번 나오고 2개의 □가 이웃하지 않는 경우의 수는

$3 \times 4 = 12$

(i), (ii)에서 구하는 경우의 수는

$9 + 12 = 21$

답 ②

11

1이 적힌 정사각형과 6이 적힌 정사각형에 같은 색을 칠해야 하고, 변을 공유하는 두 정사각형에는 서로 다른 색을 칠하므로 1, 6, 2, 3, 5, 4가 적힌 정사각형의 순서로 색을 칠한다고 생각하자.

서로 다른 4가지 색의 일부 또는 전부를 사용하여 색을 칠하므로

(i) 1이 적힌 정사각형에 칠할 수 있는 색은 4가지

(ii) 6이 적힌 정사각형에는 1이 적힌 정사각형에 칠한 색과 같은 색을 칠해야 하므로 칠할 수 있는 색은 1가지

(iii) 2가 적힌 정사각형에 칠할 수 있는 색은 1이 적힌 정사각형에 칠한 색을 제외한 3가지

(iv) 3이 적힌 정사각형에 칠할 수 있는 색은 2, 6이 적힌 정사각형에 칠한 색을 제외한 2가지

(v) 5가 적힌 정사각형에 칠할 수 있는 색은 2, 6이 적힌 정사각형에 칠한 색을 제외한 2가지

(vi) 4가 적힌 정사각형에 칠할 수 있는 색은 1, 5가 적힌 정사각형에 칠한 색을 제외한 2가지

(i)~(vi)에서 조건을 만족시키도록 색을 칠하는 경우의 수는

$4 \times 1 \times 3 \times 2 \times 2 \times 2 = 96$

답 ③

12

만의 자리 숫자와 일의 자리 숫자가 1인 경우의 수형도를 그리면 다음과 같다.

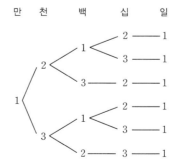

이때 경우의 수는 6이고, 만의 자리 숫자와 일의 자리 숫자가 2 또는 3인 경우의 수도 각각 6이므로 구하는 경우의 수는

$3 \times 6 = 18$

답 18

13

(i) 5자리 자연수가 1로 시작되는 경우

　조건 (나)를 만족시키는 수형도를 그리면 다음과 같다.

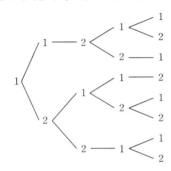

　따라서 1로 시작되는 5자리 자연수의 개수는 8이다.

(ii) 5자리 자연수가 2로 시작되는 경우

　(i)의 경우와 마찬가지로 2로 시작되는 5자리 자연수의 개수는 8이다.

(i), (ii)에서 5자리 자연수의 개수는

$8 + 8 = 16$

답 16

14

4명을 일렬로 세우는 경우의 수는

$_4P_4 = 4! = 4 \times 3 \times 2 \times 1 = 24$

답 24

15

$_5P_3 = 5 \times 4 \times 3 = 60$

답 ⑤

16

홀수 번호가 적힌 3개의 의자 중에서 2개의 의자를 택하여 아버지, 어머니가 앉는 경우의 수는

$_3P_2 = 3 \times 2 = 6$

나머지 3개의 의자에 할머니, 아들, 딸이 앉는 경우의 수는

$_3P_3 = 3 \times 2 \times 1 = 6$

따라서 구하는 경우의 수는

$6 \times 6 = 36$

답 ⑤

17

조건 (나)에서 2학년 학생 4명 중에서 2명이 양 끝에 있는 의자에 앉는 경우의 수는

$_4P_2 = 4 \times 3 = 12$

위의 각각의 경우에 대하여 1학년 학생이 앉을 수 있는 의자를 ①, 2학년 학생이 앉을 수 있는 의자를 ②라 할 때, 조건 (가)를 만족시키도록 나머지 4명의 학생이 4개의 의자에 앉는 경우는 다음 3가지 중 하나이다.

①②①②,　①②②①,　②①②①

1학년 학생 2명과 2학년 학생 2명이 의자에 앉는 경우의 수는 위의 3가지 경우 모두 $2! \times 2! = 4$로 같다.

따라서 구하는 경우의 수는

$12 \times 3 \times 4 = 144$

답 ③

(다른 풀이)

먼저 2학년 학생 4명이 일렬로 앉은 후 1학년 학생 2명이 조건을 만족시키도록 앉는 경우를 생각하자.

2학년 학생 4명이 일렬로 앉는 경우의 수는

$4! = 4 \times 3 \times 2 \times 1 = 24$

이때 2학년 학생을 ②라 하자.

②∨②∨②∨②

위의 각각의 경우에 대하여 두 조건 (가), (나)를 만족시키려면 1학년 학생 2명은 ∨ 표시된 3곳 중에서 2곳을 택하여 앉아야 하므로 1학년 학생이 앉는 경우의 수는 $_3P_2 = 3 \times 2 = 6$

따라서 구하는 경우의 수는

$24 \times 6 = 144$

18

학생 A, B가 앉는 줄을 선택하는 경우의 수는 2이고, 한 줄에 놓인 3개의 좌석에서 2개의 좌석을 택하여 앉는 경우의 수는

$_3P_2 = 3 \times 2 = 6$

이므로 A, B가 같은 줄의 좌석에 앉는 경우의 수는 $2 \times 6 = 12$

나머지 세 명이 맞은편 줄의 좌석에 앉는 경우의 수는 $3! = 6$

따라서 구하는 경우의 수는

$12 \times 6 = 72$

답 ⑤

19

2개의 문자 e를 묶어 한 문자 E라고 생각하여 서로 다른 6개의 문자 c, h, E, r, u, p를 모두 일렬로 나열하는 경우의 수는

$6! = 720$

위의 각 경우에 대하여 2개의 문자 e끼리 자리를 바꾸는 경우의 수는 1이므로 구하는 경우의 수는

$720 \times 1 = 720$

답 720

20

먼저 1, 3, 5가 적혀 있는 카드를 나열하는 경우의 수는 $3! = 6$

위의 각 경우에 대하여 1, 3, 5가 적혀 있는 세 장의 카드의 사이사이와 양 끝의 네 곳 중에서 두 곳을 선택하여 2, 4가 적혀 있는 카드를 하나씩 나열하는 경우의 수는 $_4P_2 = 4 \times 3 = 12$

따라서 구하는 경우의 수는

$6 \times 12 = 72$

답 ⑤

다른 풀이

5장의 카드를 모두 일렬로 나열하는 경우의 수는

$5! = 120$

2, 4가 적혀 있는 두 장의 카드를 한 묶음으로 생각하여 이 묶음과 1, 3, 5가 적혀 있는 카드를 일렬로 나열하는 경우의 수는 $4!$이고, 이 각각에 대하여 2, 4가 적혀 있는 카드를 나열하는 경우의 수는 $2!$이므로 짝수가 적혀 있는 카드끼리 서로 이웃하도록 나열하는 경우의 수는

$4! \times 2! = 48$

따라서 짝수가 적혀 있는 카드끼리 서로 이웃하지 않도록 나열하는 경우의 수는

$120 - 48 = 72$

21

빈 자리 1개와 남학생 3명을 우선 배열하는 경우의 수는

$4! = 24$

그 사이사이와 양 끝의 5개의 자리에 여학생 2명이 앉을 의자 2개가 있으면 되므로 경우의 수는 $_5P_2 = 5 \times 4 = 20$

따라서 구하는 경우의 수는

$24 \times 20 = 480$

답 480

다른 풀이

의자 6개에 5명의 학생이 앉는 경우의 수는

$_6P_5 = 6 \times 5 \times 4 \times 3 \times 2 = 720$

여학생 2명을 한 사람으로 생각하여 4명과 빈 의자 1개를 배열하는 경우의 수는 $5!$이고, 그 각각에 대하여 여학생끼리 자리를 바꾸는 경우의 수는 $2!$이므로 여학생 2명이 이웃하여 앉는 경우의 수는

$5! \times 2! = 240$

따라서 구하는 경우의 수는

$720 - 240 = 480$

22

조건 ㈎에서 A와 B가 같이 앉을 수 있는 2인용 의자는 마부가 앉아 있는 의자를 제외한 3개이고, 두 사람은 자리를 서로 바꿔 앉을 수 있으므로 A와 B가 앉는 경우의 수는

$3 \times 2! = 6$

조건 ㈏에서 C와 D가 같은 2인용 의자에 이웃하지 않도록 앉는 경우의 수는 남은 5개의 좌석에 C와 D가 앉는 경우의 수에서 C와 D가 같은 2인용 의자에 이웃하여 앉는 경우의 수를 뺀 것과 같다.

남은 5개의 좌석에 C와 D가 앉는 경우의 수는

$_5P_2 = 5 \times 4 = 20$

이때 C와 D가 이웃하여 앉을 수 있는 2인용 의자는 A와 B가 앉아 있는 의자와 마부가 앉아 있는 의자를 제외한 나머지 2개이고, C와 D는 서로 자리를 바꿔 앉을 수 있으므로 C와 D가 같은 2인용 의자에 이웃하여 앉는 경우의 수는

$2 \times 2! = 4$

즉, C와 D가 같은 2인용 의자에 이웃하지 않도록 앉는 경우의 수는

$20 - 4 = 16$

남은 3개의 좌석에 E, F, G가 앉는 경우의 수는

$3! = 6$

따라서 모든 경우의 수는

$6 \times 16 \times 6 = 576$

답 576

23

$_5P_2 = 5 \times 4 = 20$, $_4C_3 = {}_4C_1 = 4$

따라서 $_5P_2 + {}_4C_3 = 20 + 4 = 24$

답 24

24

$_4C_2 = \dfrac{{}_4P_2}{2!} = \dfrac{4 \times 3}{2 \times 1} = 6$

답 ①

25

$_5C_3 \times 3! = \dfrac{5 \times 4 \times 3}{3 \times 2 \times 1} \times (3 \times 2 \times 1)$

$\qquad\qquad = 5 \times 4 \times 3$

$\qquad\qquad = 60$

답 ④

26

$_{10}C_3 = \dfrac{{}_{10}P_3}{3!} = \dfrac{{}_{10}P_3}{6}$이므로

$n = \dfrac{{}_{10}P_3}{{}_{10}C_3} = 6$

답 ③

27

$_n\mathrm{P}_2 - _7\mathrm{C}_2 = 21$에서

$n(n-1) - \dfrac{7 \times 6}{2 \times 1} = 21$, $n^2 - n - 42 = 0$, $(n+6)(n-7) = 0$

n은 자연수이므로 $n = 7$

답 ②

28

$_n\mathrm{C}_2 + _{n+1}\mathrm{C}_3 = 2 \cdot _n\mathrm{P}_2$에서

$\dfrac{n(n-1)}{2} + \dfrac{(n+1)n(n-1)}{6} = 2n(n-1)$

$n \geq 2$에서 $n(n-1) \neq 0$이므로 양변에 $\dfrac{6}{n(n-1)}$을 곱하면

$3 + (n+1) = 12$

따라서 $n = 8$

답 ④

29

서로 다른 n개를 $\boxed{1}$, $\boxed{2}$, $\boxed{3}$, $\cdots$, $\boxed{n}$이라 하자.

(i) $\boxed{1}$을 포함하여 r개를 선택하는 조합의 수는 $\boxed{_{n-1}\mathrm{C}_{r-1}}$이다.

$\boxed{2}$를 포함하여 r개를 선택하는 조합의 수는 $\boxed{_{n-1}\mathrm{C}_{r-1}}$이다.

$\boxed{3}$을 포함하여 r개를 선택하는 조합의 수는 $\boxed{_{n-1}\mathrm{C}_{r-1}}$이다.

$\vdots$

$\boxed{n}$을 포함하여 r개를 선택하는 조합의 수는 $\boxed{_{n-1}\mathrm{C}_{r-1}}$이다.

이상을 모두 합하면 $n \times \boxed{_{n-1}\mathrm{C}_{r-1}}$이다. $\cdots\cdots$ ㉠

(ii) 그런데 위의 ㉠에 있는 조합의 수 중에는 $\boxed{1}$, $\boxed{2}$, $\boxed{3}$, $\cdots$, $\boxed{r}$의 r개로 구성된 하나의 조합이 $\boxed{1}$을 포함하여 r개를 선택하는 조합부터 $\boxed{r}$를 포함하여 r개를 선택하는 조합까지 1번씩 총 $\boxed{r}$번 반복되어 계산되었다.

(중략)

(i), (ii)로부터 서로 다른 n개에서 r개를 선택하는 조합의 수 $_n\mathrm{C}_r$는

$_n\mathrm{C}_r = \boxed{\dfrac{n}{r}} \times _{n-1}\mathrm{C}_{r-1}$

따라서 (가): $_{n-1}\mathrm{C}_{r-1}$, (나): r, (다): $\dfrac{n}{r}$

답 ④

30

서로 다른 6개의 과목 중에서 서로 다른 3개를 선택하는 경우의 수는 서로 다른 6개에서 3개를 택하는 조합의 수와 같으므로

$_6\mathrm{C}_3 = \dfrac{6 \times 5 \times 4}{3 \times 2 \times 1} = 20$

답 ⑤

31

자연수의 첫 번째 자릿수는 0이 될 수 없으므로 1이다.

즉, 다음의 6개의 □ 중에서 3개를 선택하여 0을 넣으면 0끼리는 어느 것도 이웃하지 않는 아홉 자리의 자연수를 만들 수 있다.

$$1\,\square\,1\,\square\,1\,\square\,1\,\square\,1\,\square$$

따라서 구하는 자연수의 개수는

$_6\mathrm{C}_3 = \dfrac{6 \times 5 \times 4}{3 \times 2 \times 1} = 20$

답 ⑤

32

500보다 크고 700보다 작은 자연수의 백의 자리의 수는 5 또는 6이다.

(i) $a = 5$일 때,

$c < b < 5$이므로 1부터 4까지의 자연수 중 2개를 뽑아 큰 수를 b, 작은 수를 c로 놓으면 된다.

따라서 경우의 수는

$_4\mathrm{C}_2 = \dfrac{4 \times 3}{2 \times 1} = 6$

(ii) $a = 6$일 때,

$c < b < 6$이므로 1부터 5까지의 자연수 중 2개를 뽑아 큰 수를 b, 작은 수를 c로 놓으면 된다.

따라서 경우의 수는

$_5\mathrm{C}_2 = \dfrac{5 \times 4}{2 \times 1} = 10$

(i), (ii)에서 구하는 자연수의 개수는

$6 + 10 = 16$

답 ③

33

서로 다른 네 종류의 인형이 각각 2개씩 있으므로 5개의 인형을 선택하려면 세 종류 이상의 인형을 선택해야 한다.

(i) 서로 다른 세 종류의 인형을 각각 1개, 2개, 2개 선택하는 경우

서로 다른 네 종류의 인형 중에서 세 종류의 인형을 선택하는 경우의 수는

$_4\mathrm{C}_3 = 4$

위의 각각의 경우에 대하여 세 종류의 인형 중에서 1개를 선택하는 인형의 종류를 정하면 남은 두 종류의 인형은 각각 2개씩 선택하면 되므로 이때의 경우의 수는

$_3\mathrm{C}_1 = 3$

따라서 이 경우의 수는

$4 \times 3 = 12$

(ii) 서로 다른 네 종류의 인형을 각각 1개, 1개, 1개, 2개 선택하는 경우

서로 다른 네 종류의 인형 중에서 2개를 선택하는 인형의 종류를

정하면 남은 세 종류의 인형은 각각 1개씩 선택하면 되므로 이때의 경우의 수는

$_4C_1=4$

(i), (ii)에서 구하는 경우의 수는 $12+4=16$

目 16

34

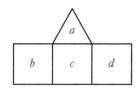

그림과 같이 정삼각형에 적힌 수를 a, 정사각형에 적힌 수를 왼쪽부터 차례로 b, c, d라 하자.

조건 ㉮에서 $a>b$, $a>c$, $a>d$

조건 ㉯에서 $b\neq c$, $c\neq d$

(i) $b\neq d$일 때

a, b, c, d가 서로 다르다.

6 이하의 자연수 중에서 서로 다른 4개의 수를 택하는 경우의 수는 $_6C_4=15$

이 각각에 대하여 택한 4개의 수 중에서 가장 큰 수를 a라 하고, 나머지 3개의 수를 b, c, d로 정하면 되므로 이 경우의 수는

$1\times 3!=6$

따라서 $b\neq d$인 경우의 수는

$15\times 6=90$

(ii) $b=d$일 때

$a>b=d$, $a>c$이므로 a, b, c, d 중 서로 다른 수의 개수는 3이다.

6 이하의 자연수 중에서 서로 다른 3개의 수를 택하는 경우의 수는 $_6C_3=20$

이 각각에 대하여 택한 3개의 수 중에서 가장 큰 수를 a라 하고, 나머지 2개의 수를 $b(=d)$, c로 정하면 되므로 이 경우의 수는

$1\times 2!=2$

따라서 $b=d$인 경우의 수는

$20\times 2=40$

(i), (ii)에서 구하는 경우의 수는

$90+40=130$

目 130

35

1부터 8까지의 모든 자연수의 합이 36으로 짝수이므로 선택한 카드에 적혀 있는 5개의 수의 합이 짝수인 경우의 수는 선택하지 않은 카드 3장에 적혀 있는 세 수의 합이 짝수인 경우의 수와 같다.

남은 카드 3장에 적혀 있는 세 수의 합이 짝수가 되려면 세 수가 모두 짝수이거나 세 수 중 짝수가 1개, 홀수가 2개이어야 한다.

(i) 세 수가 모두 짝수인 경우

2, 4, 6, 8이 적혀 있는 4장의 카드 중 3장의 카드를 꺼내는 경우의 수는

$_4C_3=4$

(ii) 세 수 중 짝수가 1개, 홀수가 2개인 경우

2, 4, 6, 8이 적혀 있는 4장의 카드 중 1장의 카드를 꺼내고 1, 3, 5, 7이 적혀 있는 4장의 카드 중 2장의 카드를 꺼내는 경우의 수는

$_4C_1\times _4C_2=4\times\dfrac{4\times 3}{2\times 1}=4\times 6=24$

(i), (ii)에서 구하는 경우의 수는

$4+24=28$

目 ②

36

7개의 점 중에서 두 점을 연결하여 만들 수 있는 직선의 개수는 7개의 점 중에서 2개를 택하는 방법의 수와 같으므로

$_7C_2=\dfrac{7\times 6}{2\times 1}=21$

일직선 위에 있는 3개의 점 중에서 2개를 택하는 방법의 수는

$_3C_2=_3C_1=3$이고, 일직선 위에 있는 4개의 점 중에서 2개를 택하는 방법의 수는 $_4C_2=\dfrac{4\times 3}{2\times 1}=6$이다.

이때 일직선 위에 있는 3개의 점으로 만들 수 있는 직선이 2개, 일직선 위에 있는 4개의 점으로 만들 수 있는 직선이 1개이므로 구하는 직선의 개수는

$21-(3+3+6)+2+1=12$

目 ①

37

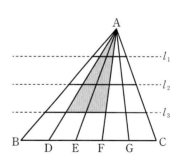

위의 그림에서 두 직선 AD, AF와 직선 l_3을 선택하면 색칠된 부분과 같은 삼각형이 만들어진다.

이와 같이 6개의 직선 AB, AD, AE, AF, AG, AC 중 서로 다른 2개의 직선을 택하고, 4개의 직선 l_1, l_2, l_3, BC 중 1개의 직선을 택하면 삼각형이 1개 만들어진다.

따라서 이 도형의 선들로 만들 수 있는 삼각형의 개수는

$_6C_2\times _4C_1=\dfrac{6\times 5}{2\times 1}\times 4=60$

目 ④

38

오른쪽 그림과 같이 각각의 가로 방향의 선을 a_1, a_2, a_3, a_4, a_5라 하고, 세로 방향의 선을 b_1, b_2, b_3, b_4, b_5라 하자.

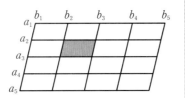

색칠한 부분을 포함하는 평행사변형을 만들려면 가로 방향의 선은 a_1, a_2 중 한 개, a_3, a_4, a_5 중 한 개를 골라야 하므로 가로 방향의 선을 고르는 방법의 수는

$$_2C_1 \times {}_3C_1 = 2 \times 3 = 6$$

마찬가지로 세로 방향의 선은 b_1, b_2 중 한 개, b_3, b_4, b_5 중 한 개를 골라야 하므로 세로 방향의 선을 고르는 방법의 수는

$$_2C_1 \times {}_3C_1 = 2 \times 3 = 6$$

따라서 구하는 평행사변형의 개수는 $6 \times 6 = 36$

답 ③

1등급 도전

본문 63쪽

01 960   **02** ①   **03** ②

01

> 꽃 4송이, 초콜릿 2개를 남김없이, 아무것도 받지 못하는 학생이 없도록 나누어 주려면 한 학생에게 꽃과 초콜릿 중 2개를 줘야 한다.

풀이 전략 5명의 학생 중 1명이 초콜릿 2개, 꽃 2송이, 초콜릿 1개와 꽃 1송이를 받는 경우로 나누어 각각의 경우의 수를 구하여 더한다.

[STEP 1] 5명의 학생 중 1명이 초콜릿 2개 또는 꽃 2송이 또는 초콜릿 1개와 꽃 1송이를 받는 경우로 나누어 생각한다.

서로 다른 종류의 꽃 4송이와 같은 종류의 초콜릿 2개를 조건을 만족시키도록 5명의 학생에게 나누어 주는 경우는 다음과 같다.

(ⅰ) 1명의 학생이 초콜릿 2개를 받는 경우

초콜릿 2개를 받는 학생을 정하는 경우의 수는 5이고, 나머지 4명의 학생에게 꽃을 각각 한 송이씩 나누어 주는 경우의 수는

$$4! = 24 \quad \longrightarrow n! = n \times (n-1) \times (n-2) \times \cdots \times 1$$

이므로 1명의 학생이 초콜릿 2개를 받는 경우의 수는

$$5 \times 24 = 120$$

(ⅱ) 1명의 학생이 꽃 2송이를 받는 경우

4송이의 꽃 중에서 2송이의 꽃을 고르는 경우의 수는

$$_4C_2 = \frac{4 \times 3}{2 \times 1} = 6 \quad \longrightarrow \text{조합의 수: } _nC_r = \frac{n!}{r!(n-r)!} \ (\text{단, } 0 \le r \le n)$$

이고, 이 2송이의 꽃을 받는 학생을 정하는 경우의 수는 5, 남은 2송이의 꽃을 줄 학생을 정하는 경우의 수는

$$_4P_2 = 4 \times 3 = 12 \quad \longrightarrow \text{순열의 수: } _nP_r = \frac{n!}{(n-r)!} \ (\text{단, } 0 \le r \le n)$$

또한, 꽃을 받지 못한 2명의 학생에게 초콜릿을 각각 1개씩 주는

경우의 수가 1이므로 1명의 학생이 꽃 2송이를 받는 경우의 수는

$$6 \times 5 \times 12 \times 1 = 360$$

(ⅲ) 1명의 학생이 초콜릿 1개와 꽃 1송이를 받는 경우

4송이의 꽃을 4명의 학생에게 각각 1송이씩 주는 경우의 수는

$$_5P_4 = 5 \times 4 \times 3 \times 2 = 120$$

이고, 꽃을 받지 못한 학생에게 초콜릿 1개를 주고 꽃을 받은 학생 중 1명을 택해 남은 초콜릿 1개를 주는 경우의 수는

$$_4C_1 = 4$$

이므로 1명의 학생이 꽃 1송이와 초콜릿 1개를 받는 경우의 수는

$$120 \times 4 = 480$$

[STEP 2] 합의 법칙을 이용하여 경우의 수를 구한다.

(ⅰ), (ⅱ), (ⅲ)에서 구하는 경우의 수는

$$120 + 360 + 480 = 960$$

답 960

02

풀이 전략 2학년 학생이 오른쪽 끝 사각 의자에 앉을 때와 오른쪽 끝 사각 의자에 앉지 않을 때로 나누어 각각의 경우의 수를 구하여 더한다.

[STEP 1] 2학년 학생이 오른쪽 끝 사각 의자에 앉을 때와 오른쪽 끝 사각 의자에 앉지 않을 때로 나누어 생각한다.

(ⅰ) 2학년 학생이 오른쪽 끝 사각 의자에 앉을 때

또는

위와 같이 2학년 학생 2명이 앉을 사각 의자를 선택하는 경우의 수는 2   → 오른쪽 끝 사각 의자를 제외한 나머지 두 사각 의자 중 한 개를 선택하는 경우이다.

위의 각각의 경우에 대하여 2학년 학생 2명이 두 사각 의자에 앉는 경우의 수는 $_2P_2 = 2!$

① 2학년 학생이 앉지 않은 사각 의자에 1학년 학생이 앉는다면 1학년 학생이 앉은 사각 의자와 이웃한 두 개의 둥근 의자에는 3학년 학생만 앉아야 하므로 경우의 수는 $2! \times 2! = 4$ → 사각 의자에 2학년 학생 1명이 앉는 경우의 수

② 2학년 학생이 앉지 않은 사각 의자에 3학년 학생이 앉는다면 3학년 학생이 앉은 사각 의자와 이웃한 두 개의 둥근 의자에는 1학년 학생만 앉아야 하므로 경우의 수는 $2! \times 2! = 4$

그러므로 $2 \times 2! \times (4+4) = 32$

(ⅱ) 2학년 학생이 오른쪽 끝의 사각 의자에 앉지 않을 때

오른쪽 끝이 아닌 나머지 2개의 사각 의자에 2학년 학생 2명이 앉는 경우의 수는 $_2P_2 = 2!$

오른쪽 끝 사각 의자에 1학년 학생이 앉는 경우의 수

① 오른쪽 끝의 사각 의자에 1학년 학생이 앉는다면 1학년 학생이 앉은 사각 의자와 이웃하지 않은 2개의 둥근 의자에 1학년 학생 1명이 앉아야 하므로 경우의 수는 $2 \times 2! \times 2! = 8$

② 오른쪽 끝의 사각 의자에 3학년 학생이 앉는다면 3학년 학생이 앉은 사각 의자와 이웃하지 않은 2개의 둥근 의자에 3학년 학생 1명이 앉아야 하므로 경우의 수는 $2 \times 2! \times 2! = 8$

그러므로 $2! \times (8+8) = 32$

[STEP 2] 합의 법칙을 이용하여 경우의 수를 구한다.

(ⅰ), (ⅱ)에서 구하는 경우의 수는

$32 + 32 = 64$

답 ①

다른 풀이

사각 의자 3개 중 2개의 의자에 2학년 학생 2명이 앉는 경우의 수는

$_3P_2 = 3 \times 2 = 6$

나머지 의자 4개에 1학년 학생 2명과 3학년 학생 2명이 앉는 경우의 수는

$_4P_4 = 4! = 24$

조건 ㈎를 만족시키는 경우의 수는 $6 \times 24 = 144$

이 중 1학년 학생 2명이 서로 이웃하여 앉는 경우는 아래와 같이 다섯 가지이다.

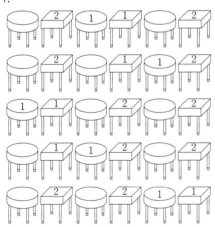

각각의 경우 1, 2, 3학년 학생들이 앉는 경우의 수는

$_2P_2 \times _2P_2 \times _2P_2 = 8$

따라서 1학년 학생 2명이 서로 이웃하여 앉는 경우의 수는

$5 \times 8 = 40$

마찬가지로 3학년 학생 2명이 서로 이웃하여 앉는 경우의 수도 40

따라서 조건 ㈎, ㈏를 모두 만족시키는 경우의 수는

$144 - 40 \times 2 = 144 - 80 = 64$

03

풀이 전략 A가 좌석 번호가 24인 의자에 앉을 때와 좌석 번호가 25인 의자에 앉을 때로 나누어 각각의 경우를 구하여 더한다.

[STEP 1] 규칙 ㈎에 의하여 두 학생 A, B가 앉을 수 있는 의자의 좌석 번호를 알아본다.

다음 그림은 의자의 위치와 좌석 번호를 나타낸다.

11	12	13	14	15	16	17
	23	24	25			

→ A의 좌석 번호는 24 이상이다.

규칙 ㈎에 의하여 A는 좌석 번호가 24 또는 25인 의자에 앉을 수 있고, B는 좌석 번호가 11 또는 12 또는 13 또는 14인 의자에 앉을 수 있다.

규칙 ㈏, ㈐에 의하여 어느 두 학생도 양옆 또는 앞뒤로 이웃하여 앉지 않는다.

→ B의 좌석 번호는 14 이하이다.

[STEP 2] A가 좌석 번호 24인 의자에 앉을 때와 좌석 번호 25인 의자에 앉을 때로 나누어 생각한다.

5명의 학생이 앉을 수 있는 5개의 의자를 선택한 후 규칙 ㈎에 의하여 두 학생 A, B가 앉고 남은 3개의 의자에 나머지 3명의 학생이 앉는 것으로 경우의 수를 구해 보자.

(ⅰ) A가 좌석 번호가 24인 의자에 앉을 때

11	12	13	14	15	16	17
	23	A	25			

→ 14와 24의 차가 10이고 23과 24, 25와 24의 차는 각각 1이므로 나머지 4명은 좌석 번호 14, 23, 25인 의자에 앉을 수 없다.

A가 좌석 번호가 24인 의자에 앉으면 나머지 4명의 학생은 규칙 ㈏, ㈐에 의하여 좌석 번호가 11, 13, 15, 17인 의자에 각각 한 명씩 앉아야 한다.

이때 B는 규칙 ㈎에 의하여 좌석 번호가 11, 13인 2개의 의자 중 1개의 의자에 앉아야 하므로 B가 의자를 선택하여 앉는 경우의 수는

$_2C_1 = 2$

위의 각 경우에 대하여 A, B를 제외한 3명의 학생이 나머지 3개의 의자에 앉는 경우의 수는

$3! = 6$

이때의 경우의 수는

$2 \times 6 = 12$

(ⅱ) A가 좌석 번호가 25인 의자에 앉을 때

11	12	13	14	15	16	17
	23	24	A			

→ 15와 25의 차가 10이고 24와 25의 차는 1이므로 나머지 4명은 좌석 번호 15, 24인 의자에 앉을 수 없다.

A가 좌석 번호가 25인 의자에 앉으면 나머지 4명의 학생은 규칙 ㈏, ㈐에 의하여 좌석 번호가 11 또는 12인 의자 중 하나, 좌석 번호가 16 또는 17인 의자 중 하나, 좌석 번호가 14인 의자, 좌석 번호가 23인 의자에 각각 한 명씩 앉아야 한다.

좌석 번호가 11 또는 12인 의자 중 하나를 선택하고(㉠) 좌석 번호가 16 또는 17인 의자 중 하나를 선택하는 경우의 수는

$_2C_1 \times _2C_1 = 2 \times 2 = 4$

위의 각 경우에 대하여 B는 규칙 ㈎에 의하여 ㉠에서 선택된 의자와 좌석 번호가 14인 의자 중 1개의 의자에 앉아야 하므로 B가 의

자를 선택하여 앉는 경우의 수는

$_2C_1=2$

위의 각 경우에 대하여 A, B를 제외한 3명의 학생이 나머지 3개의 의자에 앉는 경우의 수는

$3!=6$

이때의 경우의 수는

$4 \times 2 \times 6 = 48$

[STEP 3] 합의 법칙을 이용하여 경우의 수를 구한다.

(i), (ii)에서 구하는 경우의 수는

$12+48=60$

답 ②

05 행렬

개념 확인문제

본문 65쪽

01 (1) 3 (2) 4 (3) 3 (4) 4 **02** (1) $\begin{pmatrix} 4 & 5 \\ 7 & 8 \end{pmatrix}$ (2) $\begin{pmatrix} 1 & 1 & 1 \\ 4 & 6 & 8 \end{pmatrix}$

03 (1) 5 (2) 9

04 (1) $\begin{pmatrix} 0 & 4 \\ 4 & 2 \end{pmatrix}$ (2) $\begin{pmatrix} 4 & -2 \\ -6 & 4 \end{pmatrix}$ (3) $\begin{pmatrix} 2 & 5 \\ 3 & 5 \end{pmatrix}$ (4) $\begin{pmatrix} 0 & 2 \\ 2 & 1 \end{pmatrix}$

05 (1) $\begin{pmatrix} -8 & 7 \\ -8 & 12 \end{pmatrix}$ (2) $\begin{pmatrix} -1 & 9 \\ -6 & 9 \end{pmatrix}$ **06** (1) 9 (2) 20

07 (1) $\begin{pmatrix} -2 & 1 \\ -4 & -10 \end{pmatrix}$ (2) $\begin{pmatrix} 0 & 3 \\ -8 & -12 \end{pmatrix}$ (3) $\begin{pmatrix} -1 & 4 \\ 7 & -1 \end{pmatrix}$

(4) $\begin{pmatrix} 2 & -2 \\ -1 & 5 \end{pmatrix}$

08 (1) $x=2,\ y=-1$ (2) $x=3,\ y=4$

09 $a=2,\ b=3$

10 (1) $\begin{pmatrix} 0 & -1 \\ 1 & -1 \end{pmatrix}$ (2) $\begin{pmatrix} -1 & 0 \\ 0 & -1 \end{pmatrix}$ (3) $\begin{pmatrix} 1 & -1 \\ 1 & 0 \end{pmatrix}$ (4) $\begin{pmatrix} -1 & 0 \\ 0 & -1 \end{pmatrix}$

내신+학평 유형 연습

본문 66~76쪽

01 ②	**02** ④	**03** 22	**04** ③	**05** ①	**06** ②
07 50	**08** ③	**09** ④	**10** ③	**11** ②	**12** ①
13 14	**14** ③	**15** ③	**16** ⑤	**17** ①	**18** 19
19 ②	**20** ②	**21** ②	**22** ⑤	**23** ④	**24** ②
25 21	**26** ⑤	**27** 510	**28** ②	**29** 31	**30** 4
31 36	**32** ①	**33** ⑤	**34** ②	**35** ①	**36** ①
37 49	**38** 24	**39** ③	**40** 4	**41** ④	**42** ①
43 13	**44** ⑤	**45** ③	**46** 14	**47** ③	**48** ④
49 ③	**50** ①	**51** ②	**52** ⑤	**53** ④	**54** ④
55 ③	**56** ④	**57** ①			

01

$a_{ij}=i+3j$이므로 행렬 A의 $(2,\ 1)$ 성분은

$a_{21}=2+3\times1=5$

답 ②

02

$a_{ij}=ij+1$의 $i,\ j$에 $i=1,\ 2,\ j=1,\ 2$를 각각 대입하면

$a_{11}=1\times1+1=2,$

$a_{12}=1\times2+1=3,$

$a_{21}=2\times1+1=3,$

$a_{22}=2\times2+1=5$

따라서 $A=\begin{pmatrix} a_{11} & a_{12} \\ a_{21} & a_{22} \end{pmatrix}=\begin{pmatrix} 2 & 3 \\ 3 & 5 \end{pmatrix}$이므로 행렬 A의 모든 성분의 합은

$2+3+3+5=13$

답 ④

03

$a_{ij}=2i+j+1$의 i, j에 $i=1$, 2, $j=1$, 2를 각각 대입하면

$a_{11}=2\times1+1+1=4$,

$a_{12}=2\times1+2+1=5$,

$a_{21}=2\times2+1+1=6$,

$a_{22}=2\times2+2+1=7$

따라서 $A=\begin{pmatrix} a_{11} & a_{12} \\ a_{21} & a_{22} \end{pmatrix}=\begin{pmatrix} 4 & 5 \\ 6 & 7 \end{pmatrix}$이므로 행렬 A의 모든 성분의 합은

$4+5+6+7=22$

답 22

04

$a_{11}=3\times1+1=4$,

$a_{12}=3\times1+2=5$,

$a_{21}=3\times2-1=5$,

$a_{22}=3\times2-2=4$

따라서 $A=\begin{pmatrix} a_{11} & a_{12} \\ a_{21} & a_{22} \end{pmatrix}=\begin{pmatrix} 4 & 5 \\ 5 & 4 \end{pmatrix}$이므로 행렬 A의 모든 성분의 합은

$4+5+5+4=18$

답 ③

05

1번 책은 1번 키워드 '기초'와 4번 키워드 '이론'만 포함하고, 2번 키워드 '수학'과 3번 키워드 '심화'는 포함하지 않으므로

$a_{11}=1$, $a_{12}=0$, $a_{13}=0$, $a_{14}=1$

2번 책은 1번 키워드 '기초', 2번 키워드 '수학'과 4번 키워드 '이론'을 포함하고, 3번 키워드 '심화'는 포함하지 않으므로

$a_{21}=1$, $a_{22}=1$, $a_{23}=0$, $a_{24}=1$

3번 책은 3번 키워드 '심화'만 포함하고, 1번 키워드 '기초', 2번 키워드 '수학'과 4번 키워드 '이론'은 포함하지 않으므로

$a_{31}=0$, $a_{32}=0$, $a_{33}=1$, $a_{34}=0$

4번 책은 2번 키워드 '수학'과 3번 키워드 '심화'를 포함하고, 1번 키워드 '기초'와 4번 키워드 '이론'은 포함하지 않으므로

$a_{41}=0$, $a_{42}=1$, $a_{43}=1$, $a_{44}=0$

따라서 $A=\begin{pmatrix} 1 & 0 & 0 & 1 \\ 1 & 1 & 0 & 1 \\ 0 & 0 & 1 & 0 \\ 0 & 1 & 1 & 0 \end{pmatrix}$

답 ①

06

$A=B$이므로 $a-1=5$, $6=b+2$

따라서 $a=6$, $b=4$이므로

$a+b=10$

답 ②

07

$A=B$이므로 $10=2a$, $-b=a-15$, $a-b=-5$

$10=2a$에서 $a=5$

$a=5$를 $-b=a-15$ 또는 $a-b=-5$에 대입하여 b의 값을 구하면

$b=10$

따라서 $ab=50$

답 50

08

$A=B$이므로 $1-x=y-2$, $x+y=xy+1$, $xy=4-xy$

즉, $x+y=3$, $xy=2$이므로

$x^3+y^3=(x+y)^3-3xy(x+y)=3^3-3\times2\times3=9$

답 ③

09

$A+2B=\begin{pmatrix} 1 & -1 \\ 0 & 1 \end{pmatrix}+2\begin{pmatrix} 2 & 0 \\ 1 & 2 \end{pmatrix}$

$\qquad=\begin{pmatrix} 1 & -1 \\ 0 & 1 \end{pmatrix}+\begin{pmatrix} 4 & 0 \\ 2 & 4 \end{pmatrix}=\begin{pmatrix} 5 & -1 \\ 2 & 5 \end{pmatrix}$

따라서 행렬 $A+2B$의 모든 성분의 합은

$5+(-1)+2+5=11$

답 ④

10

$A-B=\begin{pmatrix} 1 & 3 \\ 3 & 2 \end{pmatrix}-\begin{pmatrix} 1 & 1 \\ 2 & 0 \end{pmatrix}=\begin{pmatrix} 0 & 2 \\ 1 & 2 \end{pmatrix}$

따라서 행렬 $A-B$의 모든 성분의 합은

$0+2+1+2=5$

답 ③

11

$A-2B=\begin{pmatrix} 2 & -1 \\ -2 & 4 \end{pmatrix}-2\begin{pmatrix} -2 & 3 \\ 2 & 2 \end{pmatrix}$

$\qquad=\begin{pmatrix} 2 & -1 \\ -2 & 4 \end{pmatrix}-\begin{pmatrix} -4 & 6 \\ 4 & 4 \end{pmatrix}=\begin{pmatrix} 6 & -7 \\ -6 & 0 \end{pmatrix}$

답 ②

12

$2A+B=2\begin{pmatrix} -3 & 1 \\ 2 & 4 \end{pmatrix}+\begin{pmatrix} 2 & 3 \\ 4 & -1 \end{pmatrix}$

$\qquad=\begin{pmatrix} -6 & 2 \\ 4 & 8 \end{pmatrix}+\begin{pmatrix} 2 & 3 \\ 4 & -1 \end{pmatrix}=\begin{pmatrix} -4 & 5 \\ 8 & 7 \end{pmatrix}$

답 ①

13

$a_{ij}=a_{ji}$이므로 $a_{12}=a_{21}$

$b_{ij}=-b_{ji}$이므로 $b_{11}=b_{22}=0$, $b_{21}=-b_{12}$

$$A+B=\begin{pmatrix} a_{11} & a_{21} \\ a_{21} & a_{22} \end{pmatrix}+\begin{pmatrix} 0 & b_{12} \\ -b_{12} & 0 \end{pmatrix}$$

$$=\begin{pmatrix} a_{11} & a_{21}+b_{12} \\ a_{21}-b_{12} & a_{22} \end{pmatrix}=\begin{pmatrix} 8 & 15 \\ -1 & 7 \end{pmatrix}$$

이므로 $a_{11}=8$, $a_{21}+b_{12}=15$, $a_{21}-b_{12}=-1$, $a_{22}=7$

$a_{21}+b_{12}=15$, $a_{21}-b_{12}=-1$에서 $a_{21}=7$, $b_{12}=8$

따라서 $a_{21}+a_{22}=7+7=14$

답 14

14

$(A+B)+(A-B)=2A$이므로

$$A=\frac{1}{2}\{(A+B)+(A-B)\}=\frac{1}{2}\left\{\begin{pmatrix} 2 & 5 \\ -4 & 1 \end{pmatrix}+\begin{pmatrix} 4 & 5 \\ 2 & 3 \end{pmatrix}\right\}$$

$$=\frac{1}{2}\begin{pmatrix} 6 & 10 \\ -2 & 4 \end{pmatrix}=\begin{pmatrix} 3 & 5 \\ -1 & 2 \end{pmatrix}$$

답 ③

15

$A=(A+B)-B$

$$=\begin{pmatrix} 1 & 2 \\ 3 & 4 \end{pmatrix}-\begin{pmatrix} 2 & 1 \\ 1 & 2 \end{pmatrix}=\begin{pmatrix} -1 & 1 \\ 2 & 2 \end{pmatrix}$$

따라서 행렬 A의 모든 성분의 합은

$(-1)+1+2+2=4$

답 ③

16

$$A=\frac{1}{2}\{(A+B)+(A-B)\}=\frac{1}{2}\left\{\begin{pmatrix} 1 & 3 \\ 2 & 3 \end{pmatrix}+\begin{pmatrix} 1 & -1 \\ 2 & -1 \end{pmatrix}\right\}$$

$$=\frac{1}{2}\begin{pmatrix} 2 & 2 \\ 4 & 2 \end{pmatrix}=\begin{pmatrix} 1 & 1 \\ 2 & 1 \end{pmatrix}$$

따라서 행렬 A의 모든 성분의 합은

$1+1+2+1=5$

답 ⑤

17

$2A+3X=A+3B+X$에서

$3X-X=A+3B-2A$

$2X=3B-A$

$$=3\begin{pmatrix} 1 & -2 \\ 3 & 1 \end{pmatrix}-\begin{pmatrix} 1 & -2 \\ -5 & 3 \end{pmatrix}=\begin{pmatrix} 2 & -4 \\ 14 & 0 \end{pmatrix}$$

따라서 $X=\begin{pmatrix} 1 & -2 \\ 7 & 0 \end{pmatrix}$

답 ①

18

$A+2B=\begin{pmatrix} 5 & 13 \\ 2 & 10 \end{pmatrix}$, $2A+B=\begin{pmatrix} 4 & 11 \\ 1 & 11 \end{pmatrix}$에서

두 식을 변끼리 더하면

$$3A+3B=\begin{pmatrix} 9 & 24 \\ 3 & 21 \end{pmatrix}$$

$$A+B=\begin{pmatrix} 3 & 8 \\ 1 & 7 \end{pmatrix}$$

따라서 행렬 $A+B$의 모든 성분의 합은

$3+8+1+7=19$

답 19

19

$A+B=\begin{pmatrix} -3 & 4 \\ 2 & 3 \end{pmatrix}$ ······ ㉠

$A-2B=\begin{pmatrix} -2 & 3 \\ 1 & 4 \end{pmatrix}$ ······ ㉡

㉠-㉡을 하면

$$3B=\begin{pmatrix} -1 & 1 \\ 1 & -1 \end{pmatrix}$$

$$B=\frac{1}{3}\begin{pmatrix} -1 & 1 \\ 1 & -1 \end{pmatrix}=\begin{pmatrix} -\dfrac{1}{3} & \dfrac{1}{3} \\ \dfrac{1}{3} & -\dfrac{1}{3} \end{pmatrix}$$

㉠에서 $A=\begin{pmatrix} -3 & 4 \\ 2 & 3 \end{pmatrix}-B$이므로

$$A=\begin{pmatrix} -3 & 4 \\ 2 & 3 \end{pmatrix}-\begin{pmatrix} -\dfrac{1}{3} & \dfrac{1}{3} \\ \dfrac{1}{3} & -\dfrac{1}{3} \end{pmatrix}=\begin{pmatrix} -\dfrac{8}{3} & \dfrac{11}{3} \\ \dfrac{5}{3} & \dfrac{10}{3} \end{pmatrix}$$

따라서

$$A-B=\begin{pmatrix} -\dfrac{8}{3} & \dfrac{11}{3} \\ \dfrac{5}{3} & \dfrac{10}{3} \end{pmatrix}-\begin{pmatrix} -\dfrac{1}{3} & \dfrac{1}{3} \\ \dfrac{1}{3} & -\dfrac{1}{3} \end{pmatrix}$$

$$=\begin{pmatrix} -\dfrac{7}{3} & \dfrac{10}{3} \\ \dfrac{4}{3} & \dfrac{11}{3} \end{pmatrix}$$

이므로 행렬 $A-B$의 모든 성분의 합은

$\left(-\dfrac{7}{3}\right)+\dfrac{10}{3}+\dfrac{4}{3}+\dfrac{11}{3}=6$

답 ②

다른 풀이

㉠+㉡×2를 하면

$$3A-3B=\begin{pmatrix} -3 & 4 \\ 2 & 3 \end{pmatrix}+\begin{pmatrix} -4 & 6 \\ 2 & 8 \end{pmatrix}=\begin{pmatrix} -7 & 10 \\ 4 & 11 \end{pmatrix}$$

$$A-B=\frac{1}{3}\begin{pmatrix} -7 & 10 \\ 4 & 11 \end{pmatrix}$$

따라서 행렬 $A-B$의 모든 성분의 합은 6이다.

20

$A+B=\begin{pmatrix}1&0\\2&1\end{pmatrix}+\begin{pmatrix}1&0\\-2&1\end{pmatrix}=\begin{pmatrix}2&0\\0&2\end{pmatrix}$이므로

$A(A+B)=\begin{pmatrix}1&0\\2&1\end{pmatrix}\begin{pmatrix}2&0\\0&2\end{pmatrix}=\begin{pmatrix}2&0\\4&2\end{pmatrix}$

따라서 행렬 $A(A+B)$의 모든 성분의 합은

$2+0+4+2=8$

답 ②

21

$2A-AB=2\begin{pmatrix}3&0\\-1&2\end{pmatrix}-\begin{pmatrix}3&0\\-1&2\end{pmatrix}\begin{pmatrix}0&2\\1&0\end{pmatrix}$

$=\begin{pmatrix}6&0\\-2&4\end{pmatrix}-\begin{pmatrix}0&6\\2&-2\end{pmatrix}=\begin{pmatrix}6&-6\\-4&6\end{pmatrix}$

답 ②

22

$A(B+C)=\begin{pmatrix}4&3\\-2&1\end{pmatrix}\left\{\begin{pmatrix}1&2\\6&0\end{pmatrix}+\begin{pmatrix}2&0\\-7&3\end{pmatrix}\right\}$

$=\begin{pmatrix}4&3\\-2&1\end{pmatrix}\begin{pmatrix}3&2\\-1&3\end{pmatrix}=\begin{pmatrix}9&17\\-7&-1\end{pmatrix}$

답 ⑤

23

$AB-BA=\begin{pmatrix}2&1\\6&3\end{pmatrix}\begin{pmatrix}3&-2\\-6&4\end{pmatrix}-\begin{pmatrix}3&-2\\-6&4\end{pmatrix}\begin{pmatrix}2&1\\6&3\end{pmatrix}$

$=\begin{pmatrix}0&0\\0&0\end{pmatrix}-\begin{pmatrix}-6&-3\\12&6\end{pmatrix}=\begin{pmatrix}6&3\\-12&-6\end{pmatrix}$

답 ④

24

$A=\begin{pmatrix}a&b\\c&d\end{pmatrix}$라 하자.

$A\begin{pmatrix}1\\0\end{pmatrix}=\begin{pmatrix}2\\3\end{pmatrix}$에 $A=\begin{pmatrix}a&b\\c&d\end{pmatrix}$를 대입하면

$A\begin{pmatrix}1\\0\end{pmatrix}=\begin{pmatrix}a&b\\c&d\end{pmatrix}\begin{pmatrix}1\\0\end{pmatrix}=\begin{pmatrix}2\\3\end{pmatrix}$에서

$\begin{pmatrix}a\\c\end{pmatrix}=\begin{pmatrix}2\\3\end{pmatrix}$이므로 $a=2,\ c=3$

같은 방법으로 $A\begin{pmatrix}0\\1\end{pmatrix}=\begin{pmatrix}-1\\2\end{pmatrix}$에 $A=\begin{pmatrix}a&b\\c&d\end{pmatrix}$를 대입하면

$A\begin{pmatrix}0\\1\end{pmatrix}=\begin{pmatrix}a&b\\c&d\end{pmatrix}\begin{pmatrix}0\\1\end{pmatrix}=\begin{pmatrix}-1\\2\end{pmatrix}$에서

$\begin{pmatrix}b\\d\end{pmatrix}=\begin{pmatrix}-1\\2\end{pmatrix}$이므로 $b=-1,\ d=2$

그러므로 $A=\begin{pmatrix}2&-1\\3&2\end{pmatrix}$

$A\begin{pmatrix}1\\2\end{pmatrix}=\begin{pmatrix}p\\q\end{pmatrix}$에서 $A\begin{pmatrix}1\\2\end{pmatrix}=\begin{pmatrix}2&-1\\3&2\end{pmatrix}\begin{pmatrix}1\\2\end{pmatrix}=\begin{pmatrix}0\\7\end{pmatrix}=\begin{pmatrix}p\\q\end{pmatrix}$이므로

$p=0,\ q=7$

따라서 $p+q=7$

답 ②

(다른 풀이)

$A\begin{pmatrix}1\\2\end{pmatrix}=A\begin{pmatrix}1\\0\end{pmatrix}+A\begin{pmatrix}0\\2\end{pmatrix}=A\begin{pmatrix}1\\0\end{pmatrix}+2A\begin{pmatrix}0\\1\end{pmatrix}$

$=\begin{pmatrix}2\\3\end{pmatrix}+2\begin{pmatrix}-1\\2\end{pmatrix}=\begin{pmatrix}2\\3\end{pmatrix}+\begin{pmatrix}-2\\4\end{pmatrix}=\begin{pmatrix}0\\7\end{pmatrix}=\begin{pmatrix}p\\q\end{pmatrix}$

이므로 $p=0,\ q=7$

따라서 $p+q=7$

25

$(A-B)C=\left\{\begin{pmatrix}1&4\\5&1\end{pmatrix}-\begin{pmatrix}0&2\\2&0\end{pmatrix}\right\}\begin{pmatrix}3\\3\end{pmatrix}$

$=\begin{pmatrix}1&2\\3&1\end{pmatrix}\begin{pmatrix}3\\3\end{pmatrix}=\begin{pmatrix}9\\12\end{pmatrix}$

따라서 행렬 $(A-B)C$의 모든 성분의 합은 21이다.

답 21

26

이차방정식 $x^2-5x-4=0$의 두 근이 $\alpha,\ \beta$이므로

이차방정식의 근과 계수의 관계에 의하여

$\alpha+\beta=5,\ \alpha\beta=-4$

$AB=\begin{pmatrix}1&\alpha\\2&-1\end{pmatrix}\begin{pmatrix}1&-1\\-1&\beta\end{pmatrix}=\begin{pmatrix}1-\alpha&-1+\alpha\beta\\3&-2-\beta\end{pmatrix}$

이므로 행렬 AB의 모든 성분의 합은

$(1-\alpha)+(-1+\alpha\beta)+3+(-2-\beta)$

$=1-(\alpha+\beta)+\alpha\beta$

$=1-5+(-4)=-8$

답 ⑤

27

$A=\begin{pmatrix}1&2\\0&2\end{pmatrix}$,

$A^2=AA=\begin{pmatrix}1&2\\0&2\end{pmatrix}\begin{pmatrix}1&2\\0&2\end{pmatrix}=\begin{pmatrix}1&2+2^2\\0&2^2\end{pmatrix}$,

$A^3=A^2A=\begin{pmatrix}1&2+2^2\\0&2^2\end{pmatrix}\begin{pmatrix}1&2\\0&2\end{pmatrix}=\begin{pmatrix}1&2+2^2+2^3\\0&2^3\end{pmatrix}$,

$\vdots$

따라서 $A^9=\begin{pmatrix}1&2+2^2+\cdots+2^9\\0&2^9\end{pmatrix}=\begin{pmatrix}1&a\\0&b\end{pmatrix}$이므로

$a-b=2+2^2+\cdots+2^8$

$=2+4+8+16+32+64+128+256=510$

답 510

28

$A^2 = \begin{pmatrix} -1 & a \\ a & 1 \end{pmatrix}\begin{pmatrix} -1 & a \\ a & 1 \end{pmatrix} = \begin{pmatrix} 1+a^2 & 0 \\ 0 & a^2+1 \end{pmatrix}$

$A^2 = \begin{pmatrix} 4 & 0 \\ 0 & 4 \end{pmatrix}$이므로

$\begin{pmatrix} 1+a^2 & 0 \\ 0 & a^2+1 \end{pmatrix} = \begin{pmatrix} 4 & 0 \\ 0 & 4 \end{pmatrix}$

두 행렬이 서로 같을 조건에 의하여 $1+a^2=4$

따라서 $a^2=3$

답 ②

29

$A^2 = \begin{pmatrix} -1 & a \\ 0 & -1 \end{pmatrix}\begin{pmatrix} -1 & a \\ 0 & -1 \end{pmatrix} = \begin{pmatrix} 1 & -2a \\ 0 & 1 \end{pmatrix}$

$A^3 = \begin{pmatrix} 1 & -2a \\ 0 & 1 \end{pmatrix}\begin{pmatrix} -1 & a \\ 0 & -1 \end{pmatrix} = \begin{pmatrix} -1 & 3a \\ 0 & -1 \end{pmatrix}$

행렬 A^3의 모든 성분의 합이 91이므로

$(-1)+3a+0+(-1)=91$, $3a-2=91$

따라서 $a=31$

답 31

30

$AB+A=O$에서

$\begin{pmatrix} a & -1 \\ 1 & b \end{pmatrix}\begin{pmatrix} -1 & -1 \\ 0 & -2 \end{pmatrix} + \begin{pmatrix} a & -1 \\ 1 & b \end{pmatrix} = \begin{pmatrix} 0 & 0 \\ 0 & 0 \end{pmatrix}$

$\begin{pmatrix} -a & -a+2 \\ -1 & -1-2b \end{pmatrix} + \begin{pmatrix} a & -1 \\ 1 & b \end{pmatrix} = \begin{pmatrix} 0 & 0 \\ 0 & 0 \end{pmatrix}$

$\begin{pmatrix} 0 & -a+1 \\ 0 & -1-b \end{pmatrix} = \begin{pmatrix} 0 & 0 \\ 0 & 0 \end{pmatrix}$

즉, $a=1$, $b=-1$이므로 $A=\begin{pmatrix} 1 & -1 \\ 1 & -1 \end{pmatrix}$이고 $A^2=O$이다.

따라서 $A+A^2+\cdots+A^{2010}=A=\begin{pmatrix} 1 & -1 \\ 1 & -1 \end{pmatrix}$이므로

$p=1$, $q=-1$, $r=1$, $s=-1$

따라서 $p^2+q^2+r^2+s^2=1+1+1+1=4$

답 4

31

$AB=3E$에서

$\begin{pmatrix} 1 & 0 \\ 2 & 1 \end{pmatrix}\begin{pmatrix} 3 & p \\ q & 3 \end{pmatrix} = \begin{pmatrix} 3 & 0 \\ 0 & 3 \end{pmatrix}$

$\begin{pmatrix} 3 & p \\ 6+q & 2p+3 \end{pmatrix} = \begin{pmatrix} 3 & 0 \\ 0 & 3 \end{pmatrix}$

두 행렬이 서로 같을 조건에 의하여

$p=0$, $6+q=0$, $2p+3=3$

따라서 $p=0$, $q=-6$이므로

$p^2+q^2=0+36=36$

답 36

32

$A-B=E$에서

$A=B+E=\begin{pmatrix} 1 & 2 \\ -1 & 1 \end{pmatrix} + \begin{pmatrix} 1 & 0 \\ 0 & 1 \end{pmatrix} = \begin{pmatrix} 2 & 2 \\ -1 & 2 \end{pmatrix}$

답 ①

33

$A+B=E$에서

$B=E-A=\begin{pmatrix} 1 & 0 \\ 0 & 1 \end{pmatrix} - \begin{pmatrix} 2 & -3 \\ 4 & -1 \end{pmatrix} = \begin{pmatrix} -1 & 3 \\ -4 & 2 \end{pmatrix}$

답 ⑤

34

$A-2B=E$에서

$2B=A-E=\begin{pmatrix} -1 & 2 \\ 4 & 1 \end{pmatrix} - \begin{pmatrix} 1 & 0 \\ 0 & 1 \end{pmatrix} = \begin{pmatrix} -2 & 2 \\ 4 & 0 \end{pmatrix}$이므로

$B=\begin{pmatrix} -1 & 1 \\ 2 & 0 \end{pmatrix}$

따라서 행렬 B의 모든 성분의 합은

$(-1)+1+2+0=2$

답 ②

35

$A^2=\begin{pmatrix} 0 & -3 \\ -3 & 0 \end{pmatrix}\begin{pmatrix} 0 & -3 \\ -3 & 0 \end{pmatrix} = \begin{pmatrix} 9 & 0 \\ 0 & 9 \end{pmatrix} = 9E$이므로

$A^3=A^2A=(9E)A=9A$

따라서 $k=9$

답 ①

36

$A^2=\begin{pmatrix} 2 & -1 \\ 3 & -2 \end{pmatrix}\begin{pmatrix} 2 & -1 \\ 3 & -2 \end{pmatrix} = \begin{pmatrix} 1 & 0 \\ 0 & 1 \end{pmatrix} = E$

$A^2=E$의 양변에 행렬 A를 곱하면 $A^3=A$

따라서 $A^2+A^3=E+A=\begin{pmatrix} 1 & 0 \\ 0 & 1 \end{pmatrix} + \begin{pmatrix} 2 & -1 \\ 3 & -2 \end{pmatrix} = \begin{pmatrix} 3 & -1 \\ 3 & -1 \end{pmatrix}$이므로

행렬 A^2+A^3의 모든 성분의 합은

$3+(-1)+3+(-1)=4$

답 ①

37

$A+B=\begin{pmatrix} 3 & 1 \\ -1 & 4 \end{pmatrix} + \begin{pmatrix} 4 & -1 \\ 1 & 3 \end{pmatrix} = \begin{pmatrix} 7 & 0 \\ 0 & 7 \end{pmatrix} = 7E$이므로

$A^2+AB=A(A+B)=A(7E)=7A$

따라서 A^2+AB의 모든 성분의 합은

$7\{3+1+(-1)+4\}=49$

답 49

38

$$A^2 = \begin{pmatrix} 1 & -1 \\ 1 & 1 \end{pmatrix}\begin{pmatrix} 1 & -1 \\ 1 & 1 \end{pmatrix} = \begin{pmatrix} 0 & -2 \\ 2 & 0 \end{pmatrix},$$

$$A^4 = A^2 A^2 = \begin{pmatrix} 0 & -2 \\ 2 & 0 \end{pmatrix}\begin{pmatrix} 0 & -2 \\ 2 & 0 \end{pmatrix}$$

$$= \begin{pmatrix} -4 & 0 \\ 0 & -4 \end{pmatrix} = -4E$$

이므로

$$A^6 = A^4 A^2 = -4A^2,$$
$$A^8 = A^4 A^4 = 16E,$$
$$A^{10} = A^8 A^2 = 16A^2$$

따라서

$$A^2 + A^4 + A^6 + A^8 + A^{10}$$
$$= A^2 - 4E - 4A^2 + 16E + 16A^2$$
$$= 13A^2 + 12E$$

그런데 A^2의 모든 성분의 합은 0이고 $12E$의 모든 성분의 합은 24이므로 주어진 행렬의 모든 성분의 합은

$$0 + 24 = 24$$

답 24

39

$$A = \begin{pmatrix} -4 & -3 \\ 7 & 5 \end{pmatrix},$$

$$A^2 = \begin{pmatrix} -4 & -3 \\ 7 & 5 \end{pmatrix}\begin{pmatrix} -4 & -3 \\ 7 & 5 \end{pmatrix} = \begin{pmatrix} -5 & -3 \\ 7 & 4 \end{pmatrix},$$

$$A^3 = \begin{pmatrix} -5 & -3 \\ 7 & 4 \end{pmatrix}\begin{pmatrix} -4 & -3 \\ 7 & 5 \end{pmatrix} = \begin{pmatrix} -1 & 0 \\ 0 & -1 \end{pmatrix} = -E,$$

$$A^4 = A^3 A = (-E)A = -A,$$
$$A^6 = A^3 A^3 = (-E)(-E) = E$$

이때

$$E + A^2 + A^4 = E + A^2 - A$$
$$= \begin{pmatrix} 1 & 0 \\ 0 & 1 \end{pmatrix} + \begin{pmatrix} -5 & -3 \\ 7 & 4 \end{pmatrix} - \begin{pmatrix} -4 & -3 \\ 7 & 5 \end{pmatrix}$$
$$= \begin{pmatrix} 0 & 0 \\ 0 & 0 \end{pmatrix} = O$$

따라서

$$E + A^2 + A^4 + A^6 + \cdots + A^{100}$$
$$= (E + A^2 - A) + \cdots + (E + A^2 - A)$$
$$= 17(E + A^2 - A) = O$$

답 ③

40

$$A^2 = \begin{pmatrix} 2 & -1 \\ 5 & -2 \end{pmatrix}\begin{pmatrix} 2 & -1 \\ 5 & -2 \end{pmatrix} = \begin{pmatrix} -1 & 0 \\ 0 & -1 \end{pmatrix} = -E,$$

$$A^4 = (-E)^2 = E$$

이므로 $A^{2013} = (A^4)^{503}A = E^{503}A = A$

따라서 A^{2013}의 모든 성분의 합은

$$2 + (-1) + 5 + (-2) = 4$$

답 4

참고

행렬 $A = \begin{pmatrix} 2 & -1 \\ 5 & -2 \end{pmatrix}$이고 n이 자연수일 때,

$$A^{4n-3} = A, \quad A^{4n-2} = -E, \quad A^{4n-1} = -A, \quad A^{4n} = E$$

41

$$A^2 = \begin{pmatrix} -2 & 3 \\ -1 & 2 \end{pmatrix}\begin{pmatrix} -2 & 3 \\ -1 & 2 \end{pmatrix} = \begin{pmatrix} 1 & 0 \\ 0 & 1 \end{pmatrix} = E$$이므로

$$A^{2012} = (A^2)^{1006} = E^{1006} = E$$

$$A^{2012}\begin{pmatrix} p \\ q \end{pmatrix} = \begin{pmatrix} -2 \\ 3 \end{pmatrix}$$이므로

$$A^{2012}\begin{pmatrix} p \\ q \end{pmatrix} = E\begin{pmatrix} p \\ q \end{pmatrix} = \begin{pmatrix} p \\ q \end{pmatrix} = \begin{pmatrix} -2 \\ 3 \end{pmatrix}$$

따라서 $p = -2$, $q = 3$이므로 $p + q = 1$

답 ④

42

A가 $A^2 = E$를 만족시키므로

$$A^2 = \begin{pmatrix} a^2 + bc & 2b \times (a+3) \\ 2c \times (a+3) & (a+6)^2 + bc \end{pmatrix} = \begin{pmatrix} 1 & 0 \\ 0 & 1 \end{pmatrix}$$이다.

따라서 $b \times (a+3) = c \times (a+3) = 0$이다.

(i) $a \neq \boxed{-3}$인 경우

$b = 0$이고 $c = 0$이므로 $A^2 = \begin{pmatrix} a^2 & 0 \\ 0 & (a+6)^2 \end{pmatrix}$ ...... ㉠

이다.

㉠에서 $A^2 \neq E$이므로 주어진 조건에 모순이다.

(ii) $a = \boxed{-3}$인 경우

주어진 조건 $A^2 = E$에서 $bc = \boxed{-8}$이다.

b, c가 정수이고 8의 약수의 개수가 4이므로 $bc = \boxed{-8}$을 만족시키는 순서쌍 (b, c)의 개수는 $\boxed{8}$이다.

따라서 $A^2 = E$를 만족시키는 행렬 A의 개수는 $\boxed{8}$이다.

그러므로 $p = -3$, $q = -8$, $r = 8$이므로

$$p + q + r = -3$$

답 ①

43

$$(A+B)(A-B) = A^2 - AB + BA - B^2$$
$$= A^2 - B^2$$

이므로 $AB = BA$

이때

$$AB = \begin{pmatrix} -1 & x \\ 3 & 0 \end{pmatrix}\begin{pmatrix} -2 & 2 \\ y & -1 \end{pmatrix} = \begin{pmatrix} 2 + xy & -2 - x \\ -6 & 6 \end{pmatrix},$$

$BA = \begin{pmatrix} -2 & 2 \\ y & -1 \end{pmatrix} \begin{pmatrix} -1 & x \\ 3 & 0 \end{pmatrix} = \begin{pmatrix} 8 & -2x \\ -y-3 & xy \end{pmatrix}$

이므로

$2+xy=8, \ -2-x=-2x, \ -6=-y-3, \ 6=xy$

따라서 $x=2, \ y=3$이므로

$x^2+y^2=4+9=13$

답 13

44

$AB-A=A(B-E)=\begin{pmatrix} 2 & 1 \\ 1 & 1 \end{pmatrix}\left\{\begin{pmatrix} 1 & 2 \\ -1 & 0 \end{pmatrix}-\begin{pmatrix} 1 & 0 \\ 0 & 1 \end{pmatrix}\right\}$

$\qquad = \begin{pmatrix} 2 & 1 \\ 1 & 1 \end{pmatrix}\begin{pmatrix} 0 & 2 \\ -1 & -1 \end{pmatrix} = \begin{pmatrix} -1 & 3 \\ -1 & 1 \end{pmatrix}$

따라서 행렬 $AB-A$의 모든 성분의 합은

$(-1)+3+(-1)+1=2$

답 ⑤

45

$BA-A^2=(B-A)A=\begin{pmatrix} 3 & 1 \\ 0 & 1 \end{pmatrix}\begin{pmatrix} 1 & 1 \\ 2 & 1 \end{pmatrix}=\begin{pmatrix} 5 & 4 \\ 2 & 1 \end{pmatrix}$

답 ③

46

$A^2+AB=A(A+B)=\begin{pmatrix} 1 & 1 \\ 0 & 2 \end{pmatrix}\begin{pmatrix} 2 & 3 \\ 1 & 2 \end{pmatrix}=\begin{pmatrix} 3 & 5 \\ 2 & 4 \end{pmatrix}$

따라서 행렬 A^2+AB의 모든 성분의 합은

$3+5+2+4=14$

답 14

47

$A^2\begin{pmatrix} 2 \\ 1 \end{pmatrix}=(2A-E)\begin{pmatrix} 2 \\ 1 \end{pmatrix}=2A\begin{pmatrix} 2 \\ 1 \end{pmatrix}-\begin{pmatrix} 2 \\ 1 \end{pmatrix}$

$\qquad =2\begin{pmatrix} 1 \\ 2 \end{pmatrix}-\begin{pmatrix} 2 \\ 1 \end{pmatrix}=\begin{pmatrix} 2 \\ 4 \end{pmatrix}-\begin{pmatrix} 2 \\ 1 \end{pmatrix}=\begin{pmatrix} 0 \\ 3 \end{pmatrix}$

답 ③

48

$(A+B)^2=A^2+AB+BA+B^2=\begin{pmatrix} 2 & 2 \\ -1 & -1 \end{pmatrix}$이고

$A^2+B^2=\begin{pmatrix} 0 & -2 \\ 1 & 3 \end{pmatrix}$이므로

$AB+BA=(A+B)^2-(A^2+B^2)$

$\qquad =\begin{pmatrix} 2 & 2 \\ -1 & -1 \end{pmatrix}-\begin{pmatrix} 0 & -2 \\ 1 & 3 \end{pmatrix}$

$\qquad =\begin{pmatrix} 2 & 4 \\ -2 & -4 \end{pmatrix}$

답 ④

49

$(A+B)^2=A^2+2AB+B^2$이므로

$A^2+AB+BA+B^2=A^2+2AB+B^2$

즉, $AB=BA$

이때

$AB=\begin{pmatrix} 1 & 0 \\ 2 & 0 \end{pmatrix}\begin{pmatrix} 0 & x \\ 2y & -3 \end{pmatrix}=\begin{pmatrix} 0 & x \\ 0 & 2x \end{pmatrix}$ ······ ㉠

$BA=\begin{pmatrix} 0 & x \\ 2y & -3 \end{pmatrix}\begin{pmatrix} 1 & 0 \\ 2 & 0 \end{pmatrix}=\begin{pmatrix} 2x & 0 \\ 2y-6 & 0 \end{pmatrix}$ ······ ㉡

이므로 ㉠, ㉡의 각 성분을 비교하면

$x=0, \ y=3$

따라서 $x+y=3$

답 ③

50

$A+B=E$에서 $E-B=A, \ E-A=B$

$(E-A)(E-B)=E$에 $E-B=A$를 대입하면

$(E-A)(E-B)=(E-A)A=-A^2+A=E$

정리하면 $A^2-A+E=O$이고 양변에 행렬 $A+E$를 곱하면

$(A+E)(A^2-A+E)=O$

$A(A^2-A+E)+E(A^2-A+E)=O$

$A^3-A^2+AE+EA^2-EA+E^2=O$

$A^3-A^2+A+A^2-A+E=O$

$A^3+E=O$, 즉 $A^3=-E$

같은 방법으로 $(E-A)(E-B)=E$에 $E-A=B$를 대입하여 정리하면

$B^3=-E$

따라서 $A^6+B^6=(A^3)^2+(B^3)^2=E+E=2E$

이므로 행렬 A^6+B^6의 모든 성분의 합은

$2(1+0+0+1)=4$

답 ①

51

$A+B=-E, \ AB=E$이므로

$A(-E-A)=E, \ (-E-B)B=E$

즉, $A^2+A+E=O, \ B^2+B+E=O$

한편,

$A^3=A^2A=(-A-E)A=-A^2-A=E$

$B^3=B^2B=(-B-E)B=-B^2-B=E$

따라서

$(A+B)+(A^2+B^2)+\cdots+(A^{2011}+B^{2011})$

$=(A+A^2+A^3+\cdots+A^{2011})+(B+B^2+B^3+\cdots+B^{2011})$

$=A+B=-E$

답 ②

52

$(B+E)\binom{x}{y}=B\binom{2}{4}$의 양변의 왼쪽에 행렬 A를 곱하면

$A(B+E)\binom{x}{y}=AB\binom{2}{4}$

$(AB+A)\binom{x}{y}=AB\binom{2}{4}$

$E\binom{x}{y}=AB\binom{2}{4}$

$\binom{x}{y}=AB\binom{2}{4}$

조건 (나)에 의하여

$\binom{x}{y}=AB\binom{2}{4}=2AB\binom{1}{2}=2\binom{0}{3}=\binom{0}{6}$

따라서 $x=0$, $y=6$이므로 $x+y=6$

답 ⑤

53

$A^2-2A+E=O$에서 $A^2=2A-E$이고,

$A\binom{2}{0}=\binom{1}{2}$이므로

$A\binom{1}{2}=A^2\binom{2}{0}=(2A-E)\binom{2}{0}=2A\binom{2}{0}-\binom{2}{0}$

$\qquad =2\binom{1}{2}-\binom{2}{0}=\binom{2}{4}-\binom{2}{0}=\binom{0}{4}$

따라서 $a=0$, $b=4$이므로 $a+b=4$

답 ④

54

ㄱ. (반례) $A=\begin{pmatrix}0&1\\1&0\end{pmatrix}$ (거짓)

ㄴ. $(A+2B)^2=(A-2B)^2$에서

$A^2+2AB+2BA+4B^2=A^2-2AB-2BA+4B^2$

$4AB+4BA=O$

따라서 $AB+BA=O$ (참)

ㄷ. $AB=A$ ...... ㉠

$BA=B$ ...... ㉡

㉠의 양변의 오른쪽에 행렬 A를 곱하면 $ABA=A^2$

이 식에 ㉡을 대입하면 $A^2=AB=A$

㉡의 양변의 오른쪽에 행렬 B를 곱하면 $BAB=B^2$

이 식에 ㉠을 대입하면 $B^2=BA=B$

따라서 $A^2+B^2=A+B$ (참)

이상에서 옳은 것은 ㄴ, ㄷ이다.

답 ④

55

A학과 일반 전형의 지원자 수는 30×5.1

B학과 일반 전형의 지원자 수는 40×10.7

A학과 특별 전형의 지원자 수는 10×21.4

B학과 특별 전형의 지원자 수는 20×11.5

A, B 두 학과의 일반 전형 지원자 수의 합 m은

$m=30\times5.1+40\times10.7$

B학과의 일반 전형과 특별 전형 지원자 수의 합 n은

$n=40\times10.7+20\times11.5$

한편, 두 행렬 $P=\begin{pmatrix}30&40\\10&20\end{pmatrix}$, $Q=\begin{pmatrix}5.1&21.4\\10.7&11.5\end{pmatrix}$에서

$PQ=\begin{pmatrix}30\times5.1+40\times10.7 & 30\times21.4+40\times11.5\\10\times5.1+20\times10.7 & 10\times21.4+20\times11.5\end{pmatrix}$,

$QP=\begin{pmatrix}5.1\times30+21.4\times10 & 5.1\times40+21.4\times20\\10.7\times30+11.5\times10 & 10.7\times40+11.5\times20\end{pmatrix}$

이므로 m은 행렬 PQ의 $(1,1)$ 성분과 같고, n은 행렬 QP의 $(2,2)$ 성분과 같다.

따라서 $m+n$의 값은 행렬 PQ의 $(1,1)$ 성분과 행렬 QP의 $(2,2)$ 성분의 합과 같다.

답 ③

56

A학교 학생 중 배드민턴을 배우는 학생 수는

$0.3\times300+0.4\times250$

$QP=\begin{pmatrix}0.7&0.6\\0.3&0.4\end{pmatrix}\begin{pmatrix}300&200\\250&150\end{pmatrix}$

$\qquad =\begin{pmatrix}0.7\times300+0.6\times250 & 0.7\times200+0.6\times150\\0.3\times300+0.4\times250 & 0.3\times200+0.4\times150\end{pmatrix}$

따라서 A학교에서 배드민턴을 배우는 학생 수를 나타낸 것은 행렬 QP의 $(2,1)$ 성분이다.

답 ④

57

수요일의 번호가 1125이므로

목요일의 번호는

$\begin{pmatrix}1&0\\2&1\end{pmatrix}\begin{pmatrix}1&1\\2&5\end{pmatrix}=\begin{pmatrix}1&1\\4&7\end{pmatrix}$에서 1147이고,

금요일의 번호는

$\begin{pmatrix}1&0\\2&1\end{pmatrix}\begin{pmatrix}1&1\\4&7\end{pmatrix}=\begin{pmatrix}1&1\\6&9\end{pmatrix}$에서 1169이다.

따라서 2행 3열과 2행 4열의 성분이 2씩 증가하므로 다음 주 월요일의 번호가 처음 설정한 번호와 일치한다.

답 ①

$$A^4=\begin{pmatrix} 4 & 0 \\ 3 & 1 \end{pmatrix}\begin{pmatrix} 4 & 0 \\ 3 & 1 \end{pmatrix}=\begin{pmatrix} 16 & 0 \\ 15 & 1 \end{pmatrix}$$

이므로 행렬 A^4의 모든 성분의 합은

$16+0+15+1=32$

답 32

1등급 도전

본문 77쪽

01 ⑤   02 32   03 40

01

풀이 전략 단위행렬의 성질과 행렬의 성질을 이용하여 행렬의 거듭제곱을 구하는 과정을 추론한다.

[STEP 1] 행렬의 성질을 이용하여 행렬 A^n을 행렬 A와 단위행렬 E를 사용하여 나타낸다.

$A^2-2A+E=O$에서

$A^2-A=A-E$

$A^3-A^2=A(A^2-A)=A(A-E)=A^2-A$
$\qquad\quad =A-E$

$A^4-A^3=A(A^3-A^2)=A(A-E)=A^2-A$
$\qquad\quad =A-E$

$\qquad\qquad\qquad \vdots$

$A^n-A^{n-1}=A-E$

위 등식들을 변끼리 더하면

$(A^n-A^{n-1})+(A^{n-1}-A^{n-2})+\cdots+(A^3-A^2)+(A^2-A)$

$=(A-E)+(A-E)+\cdots+(A-E)+(A-E)$

이 식을 정리하면

$A^n-A=\boxed{(n-1)}(A-E)$

따라서 $A^n=\boxed{n}A-\boxed{(n-1)}E$

[STEP 2] $f(n),\ g(n)$을 구하여 $f(100)+g(100)$의 값을 구한다.

$f(n)=n-1,\ g(n)=n$이므로

$f(100)+g(100)=99+100=199$

답 ⑤

02

풀이 전략 단위행렬의 성질과 행렬의 성질을 이용하여 행렬의 거듭제곱을 구한다.

[STEP 1] 행렬 BA를 구한 후 두 행렬 AB, BA의 관계를 파악한다.

$BA=\dfrac{1}{2}\begin{pmatrix} -1 & 0 \\ 1 & -2 \end{pmatrix}\begin{pmatrix} 2 & 0 \\ 1 & 1 \end{pmatrix}=-E$이므로

$AB=BA$

[STEP 2] 행렬 B^4A^8을 간단히 나타낸다.

$B^4A^8=(BA)^4A^4=(-E)^4A^4=A^4$

[STEP 3] 행렬 A^4을 구하여 행렬 B^4A^8의 모든 성분의 합을 구한다.

$A^2=\begin{pmatrix} 2 & 0 \\ 1 & 1 \end{pmatrix}\begin{pmatrix} 2 & 0 \\ 1 & 1 \end{pmatrix}=\begin{pmatrix} 4 & 0 \\ 3 & 1 \end{pmatrix}$이고

03

풀이 전략 주어진 행렬 사이의 관계를 이용하여 먼저 행렬 B를 구한 다음, $B^2=B$임을 이용하여 k의 값을 구한다.

[STEP 1] 두 행렬 $A+kB=\begin{pmatrix} 2 & 2 \\ 1 & 3 \end{pmatrix}$, $A+B=E$를 연립하여 행렬 B를 구한다.

$A+kB=\begin{pmatrix} 2 & 2 \\ 1 & 3 \end{pmatrix}$ $\cdots\cdots$ ㉠

$A+B=E$ $\cdots\cdots$ ㉡

㉠$-$㉡을 하면 $(k-1)B=\begin{pmatrix} 1 & 2 \\ 1 & 2 \end{pmatrix}$

$\begin{aligned}&\rightarrow A+kB-(A+B)\\ &=(k-1)B=\begin{pmatrix} 2 & 2 \\ 1 & 3 \end{pmatrix}-\begin{pmatrix} 1 & 0 \\ 0 & 1 \end{pmatrix}=\begin{pmatrix} 1 & 2 \\ 1 & 2 \end{pmatrix}\end{aligned}$

[STEP 2] 행렬 B^2을 행렬 B를 사용하여 나타낸다.

$(k-1)^2B^2=\begin{pmatrix} 1 & 2 \\ 1 & 2 \end{pmatrix}\begin{pmatrix} 1 & 2 \\ 1 & 2 \end{pmatrix}=\begin{pmatrix} 3 & 6 \\ 3 & 6 \end{pmatrix}=3\begin{pmatrix} 1 & 2 \\ 1 & 2 \end{pmatrix}=3(k-1)B$

[STEP 3] $B^2=B$임을 이용하여 k의 값을 구한 후 $10k$의 값을 구한다.

이때 $B^2=B$이므로

$(k-1)^2B=3(k-1)B$

$B\ne O,\ k\ne 1$이므로

$(k-1)^2=3(k-1)$에서

$(k-1)(k-4)=0$

$k=4$

따라서 $10k=40$

답 40

06 도형의 방정식(1)

본문 79쪽

개념 확인 문제

01 (1) 9   (2) 6
02 (1) 5   (2) 5
03 (1) 1   (2) 2
04 (1) $(-3, 2)$ (2) $\left(-\dfrac{3}{2}, 1\right)$
05 $(2, 1)$
06 (1) $y=3x+9$ (2) $y=3$
07 (1) $y=-x+5$ (2) $y=\dfrac{4}{3}x+\dfrac{17}{3}$
    (3) $y=4$ (4) $x=3$
08 (1) $y=-x+2$ (2) $y=\dfrac{2}{3}x-3$
09 (1) $y=2x$ (2) $y=-\dfrac{2}{3}x+\dfrac{8}{3}$
10 (1) $\dfrac{4}{5}$ (2) $\dfrac{4\sqrt{5}}{5}$ **11** $\dfrac{\sqrt{10}}{2}$
12 (1) $3x-4y+5=0$ 또는 $3x-4y-5=0$
    (2) $2x+y+3\sqrt{5}-1=0$ 또는 $2x+y-3\sqrt{5}-1=0$

내신+학평 유형 연습

본문 80~87쪽

01 ③	02 ②	03 29	04 ③	05 19	06 ②
07 ②	08 ②	09 ②	10 ④	11 ④	12 ③
13 160	14 ①	15 ④	16 ②	17 7	18 ⑤
19 ②	20 ①	21 ④	22 ③	23 ⑤	24 ⑤
25 ④	26 ②	27 ③	28 ③	29 9	30 ④
31 15	32 125	33 ②	34 ③	35 30	36 ①
37 20	38 ②				

01

$\overline{AB}=\sqrt{(2-1)^2+(a-3)^2}=\sqrt{17}$이므로

$\sqrt{a^2-6a+10}=\sqrt{17}$

$a^2-6a-7=0$

$(a+1)(a-7)=0$

$a=-1$ 또는 $a=7$

그런데 $a>0$이므로 $a=7$

답 ③

02

$\overline{OA}=\sqrt{(5-0)^2+(-5-0)^2}=\sqrt{50}$

$\overline{OB}=\sqrt{(1-0)^2+(a-0)^2}=\sqrt{1+a^2}$

$\overline{OA}=\overline{OB}$이므로 $50=1+a^2$, $a^2=49$

a는 양수이므로 $a=7$

답 ②

03

$\overline{AB}=\sqrt{\{4-(-1)\}^2+(1-3)^2}=\sqrt{29}$

따라서 선분 AB를 한 변으로 하는 정사각형의 넓이는

$\overline{AB}^2=29$

답 29

04

∠ABC의 이등분선이 선분 AC의 중점을 지나므로 삼각형 ABC는 $\overline{BA}=\overline{BC}$인 이등변삼각형이다.

$\overline{BA}=\overline{BC}$에서 $\sqrt{(-3-0)^2+(0-a)^2}=4$

양변을 제곱하면 $9+a^2=16$, $a^2=7$

$a>0$이므로 $a=\sqrt{7}$

답 ③

05

마름모 OABC에서 $\overline{OA}=\overline{OC}$이므로

$\sqrt{a^2+7^2}=\sqrt{5^2+5^2}$, $a^2=1$

$a>0$이므로 $a=1$

마름모의 두 대각선은 서로 다른 것을 이등분하므로 선분 AC의 중점은 선분 OB의 중점과 같다.

$\dfrac{1+5}{2}=\dfrac{0+b}{2}$, $\dfrac{7+5}{2}=\dfrac{0+c}{2}$에서 $b=6$, $c=12$

따라서 $a+b+c=1+6+12=19$

답 19

06

$f(x)=x^2+4x+3=(x+2)^2-1$이므로 함수 $y=f(x)$의 그래프의 꼭짓점 P의 좌표는 $(-2, -1)$이다.

직선 $y=2x+k$가 점 $P(-2, -1)$을 지나므로

$-1=-4+k$, $k=3$

함수 $f(x)=x^2+4x+3$의 그래프와 직선 $y=2x+3$의 교점의 x좌표는 이차방정식 $x^2+4x+3=2x+3$의 실근과 같다.

$x^2+4x+3=2x+3$에서 $x^2+2x=0$, $x(x+2)=0$

$x=-2$ 또는 $x=0$

따라서 $Q(0, 3)$이므로 선분 PQ의 길이는

$\overline{PQ}=\sqrt{\{0-(-2)\}^2+\{3-(-1)\}^2}=2\sqrt{5}$

답 ②

07

$\overline{AP}=\overline{BP}$에서 $\overline{AP}^2=\overline{BP}^2$이므로

$(a-1)^2+(-2)^2=(a-6)^2+(-3)^2$

$a^2-2a+5=a^2-12a+45$, $10a=40$

따라서 $a=4$

답 ②

08

점 P는 직선 $y=-x$ 위의 점이므로 점 P의 좌표를 $(a, -a)$라 하자.

$\overline{AP}=\overline{BP}$에서 $\overline{AP}^2=\overline{BP}^2$이므로

$(a-2)^2+(-a-4)^2=(a-5)^2+(-a-1)^2$

$2a^2+4a+20=2a^2-8a+26$, $12a=6$, $a=\dfrac{1}{2}$

따라서 점 P의 좌표는 $\left(\dfrac{1}{2}, -\dfrac{1}{2}\right)$이므로

$\overline{OP}=\sqrt{\left(\dfrac{1}{2}\right)^2+\left(-\dfrac{1}{2}\right)^2}=\dfrac{\sqrt{2}}{2}$

目 ②

09

오른쪽 그림과 같이 A지점이 원점,
B지점이 x축 위에 오도록 좌표평면
을 정하면 $B(-4, 0)$, $C(1, 1)$

물류창고를 지으려는 지점을 $P(x, y)$라 하면

$\overline{AP}=\overline{BP}=\overline{CP}$이므로 $\overline{AP}^2=\overline{BP}^2=\overline{CP}^2$

$\overline{AP}^2=\overline{BP}^2$에서 $x^2+y^2=(x+4)^2+y^2$, $8x=-16$

$x=-2$ ...... ㉠

$\overline{BP}^2=\overline{CP}^2$에서

$(x+4)^2+y^2=(x-1)^2+(y-1)^2$, $10x+2y+14=0$

$y=-5x-7$ ...... ㉡

㉠을 ㉡에 대입하면 $y=3$

따라서 $P(-2, 3)$이므로 물류창고를 지으려는 지점에서 A지점에 이르는 거리는

$\overline{AP}=\sqrt{(-2)^2+3^2}=\sqrt{13}\,(km)$

目 ②

10

선분 AB를 $1:2$로 내분하는 점의 좌표는

$\left(\dfrac{1\times a+2\times 1}{1+2}, \dfrac{1\times b+2\times 2}{1+2}\right)$, 즉 $\left(\dfrac{a+2}{3}, \dfrac{b+4}{3}\right)$

$\dfrac{a+2}{3}=2$에서 $a=4$, $\dfrac{b+4}{3}=3$에서 $b=5$

따라서 $a+b=9$

目 ④

11

선분 AB를 $2:1$로 내분하는 점의 좌표가 (a, b)이므로

$\left(\dfrac{2\times 5+1\times(-4)}{2+1}, \dfrac{2\times 3+1\times 0}{2+1}\right)$, 즉 $(2, 2)$

따라서 $a=2$, $b=2$이므로

$a+b=2+2=4$

目 ④

12

선분 AB를 $3:1$로 내분하는 점의 좌표는

$\left(\dfrac{3\times 2+1\times a}{3+1}, \dfrac{3\times(-4)+1\times 0}{3+1}\right)$, 즉 $\left(\dfrac{6+a}{4}, -3\right)$

이 점이 y축 위에 있으므로 $\dfrac{6+a}{4}=0$에서

$a=-6$

따라서 점 A의 좌표는 $(-6, 0)$이므로

$\overline{AB}=\sqrt{\{2-(-6)\}^2+(-4-0)^2}$

$=\sqrt{80}=4\sqrt{5}$

目 ③

13

선분 AB의 중점을 P, 선분 AB를 $3:1$
로 내분하는 점을 Q라 하면 점 Q는 선
분 PB의 중점이므로

$\overline{AB}=2\overline{PB}=4\overline{PQ}$

$\overline{PQ}=\sqrt{(4-1)^2+(3-2)^2}=\sqrt{10}$이므로

$\overline{AB}=4\sqrt{10}$

따라서 $\overline{AB}^2=160$

目 160

14

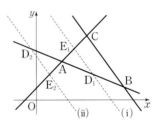

직선 BC와 직선 DE가 서로 평행하므로
삼각형 ABC와 삼각형 ADE는 서로 닮음이다.

삼각형 ABC와 삼각형 ADE의 넓이의 비가 $4:1$이므로

$\overline{AB}:\overline{AD}=2:1$

(i) 점 D가 선분 AB 위에 있을 때, 즉 점 D가 선분 AB의 중점일 때

선분 AB의 중점의 좌표는 $\left(\dfrac{2+7}{2}, \dfrac{3+1}{2}\right)$이므로

점 D의 좌표는 $\left(\dfrac{9}{2}, 2\right)$

(ii) 점 D가 선분 AB 위에 있지 않을 때

점 A는 $\overline{DB}$를 $1:2$로 내분하는 점이므로 점 D의 좌표를 (x, y)
라 하면

$\left(\dfrac{1\times 7+2\times x}{1+2}, \dfrac{1\times 1+2\times y}{1+2}\right)=(2, 3)$에서 $x=\dfrac{1}{2}$, $y=4$

이므로 점 D의 좌표는 $\left(-\dfrac{1}{2},\,4\right)$

(i), (ii)에 의하여 모든 점 D의 y좌표의 곱은 $2\times4=8$

답 ①

15

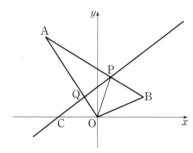

직선 PC와 선분 AO가 만나는 점을 Q라 하고 삼각형 AOB의 넓이를 S라 하자.

두 삼각형 AOP, AQP의 넓이가 각각 $\dfrac{2}{3}S$, $\dfrac{1}{2}S$이므로 삼각형 QOP의 넓이는 $\dfrac{1}{6}S$이다.

두 삼각형 AQP와 QOP의 넓이의 비는 선분 AQ와 선분 QO의 길이의 비와 같다.

두 삼각형 AQP와 QOP의 넓이의 비가 $3:1$이므로
$\overline{AQ}:\overline{QO}=3:1$

점 Q의 좌표는 선분 AO를 $3:1$로 내분하는 점이므로
$\left(\dfrac{3\times0+1\times(-8)}{3+1},\,\dfrac{3\times0+1\times a}{3+1}\right)$, 즉 $\left(-2,\,\dfrac{a}{4}\right)$

점 P의 좌표는 선분 AB를 $2:1$로 내분하는 점이므로
$\left(\dfrac{2\times7+1\times(-8)}{2+1},\,\dfrac{2\times3+1\times a}{2+1}\right)$, 즉 $\left(2,\,\dfrac{a+6}{3}\right)$

직선 PC의 방정식은
$y=\dfrac{\dfrac{a+6}{3}}{2-(-6)}(x+6)=\dfrac{a+6}{24}(x+6)$

점 Q가 직선 PC 위의 점이므로
$\dfrac{a}{4}=\dfrac{a+6}{24}\times(-2+6)$, $6a=4a+24$

따라서 $a=12$

답 ④

16

두 점 B, C의 좌표를 각각 $(c,\,d)$, $(e,\,f)$라 하면
선분 BC의 중점의 좌표가 $(1,\,2)$이므로
$\dfrac{c+e}{2}=1$, $\dfrac{d+f}{2}=2$

$c+e=2$, $d+f=4$

삼각형 ABC의 무게중심이 원점이므로

$\dfrac{a+c+e}{3}=\dfrac{a+2}{3}=0$, $a=-2$

$\dfrac{b+d+f}{3}=\dfrac{b+4}{3}=0$, $b=-4$

따라서 $a\times b=8$

답 ②

17

삼각형 ABC의 무게중심의 좌표는
$\left(\dfrac{2+4+8}{3},\,\dfrac{6+1+a}{3}\right)$, 즉 $\left(\dfrac{14}{3},\,\dfrac{7+a}{3}\right)$

이 점이 직선 $y=x$ 위에 있으므로 $\dfrac{14}{3}=\dfrac{7+a}{3}$

따라서 $a=7$

답 7

18

$\overline{AC}=\sqrt{\{a-(-2)\}^2+(b-0)^2}$
$\quad\ =\sqrt{a^2+b^2+4a+4}$
$\overline{BC}=\sqrt{(a-0)^2+(b-4)^2}$
$\quad\ =\sqrt{a^2+b^2-8b+16}$
$\overline{AC}=\overline{BC}$에서 $\overline{AC}^2=\overline{BC}^2$이므로
$a^2+b^2+4a+4=a^2+b^2-8b+16$, $4a+8b=12$
$a+2b=3$ ...... ㉠

삼각형 ABC의 무게중심의 좌표는
$\left(\dfrac{-2+0+a}{3},\,\dfrac{0+4+b}{3}\right)$, 즉 $\left(\dfrac{-2+a}{3},\,\dfrac{4+b}{3}\right)$

이 점이 y축 위에 있으므로
$\dfrac{-2+a}{3}=0$, $a=2$

㉠에서 $2+2b=3$, $b=\dfrac{1}{2}$

따라서 $a+b=2+\dfrac{1}{2}=\dfrac{5}{2}$

답 ⑤

19

두 점 $(-2,\,5)$, $(1,\,1)$을 지나는 직선의 방정식은
$y=\dfrac{1-5}{1-(-2)}(x-1)+1=-\dfrac{4}{3}x+\dfrac{7}{3}$

이므로 직선의 y절편은 $\dfrac{7}{3}$이다.

답 ②

20

직선 $3x+2y-5=0$, 즉 $y=-\dfrac{3}{2}x+\dfrac{5}{2}$의 기울기가 $-\dfrac{3}{2}$이므로

이 직선과 평행한 직선의 기울기는 $-\dfrac{3}{2}$이다.

기울기가 $-\dfrac{3}{2}$이고 점 $(2,\ 3)$을 지나는 직선의 방정식은

$y=-\dfrac{3}{2}(x-2)+3$, 즉 $y=-\dfrac{3}{2}x+6$

이므로 구하는 y절편은 6이다.

답 ①

21

두 점 $(-1,\ 2)$, $(2,\ a)$를 지나는 직선의 방정식은

$y-2=\dfrac{a-2}{2+1}\{x-(-1)\}$, 즉 $y=\dfrac{a-2}{3}x+\dfrac{a+4}{3}$

y축과 만나는 점의 좌표가 $(0,\ 5)$이므로

$5=\dfrac{a+4}{3}$

따라서 $a=11$

답 ④

22

두 방정식 $x+3y+2=0$, $2x-3y-14=0$을 연립하여 풀면

$x=4$, $y=-2$이므로 두 직선의 교점의 좌표는 $(4,\ -2)$이다.

직선 $2x+y+1=0$의 기울기는 -2이므로 이 직선과 평행하고

점 $(4,\ -2)$를 지나는 직선의 방정식은

$y-(-2)=-2(x-4)$, 즉 $y=-2x+6$

$y=-2x+6$에 $y=0$을 대입하면 $0=-2x+6$에서 $x=3$

따라서 직선의 x절편은 3이다.

답 ③

23

두 직선 $3x+2y-5=0$, $3x+y-1=0$의 교점의 좌표는 $(-1,\ 4)$

직선 $2x-y+4=0$의 기울기는 2이므로 이 직선과 평행한 직선의 기울기는 2이다.

따라서 구하는 직선의 방정식은

$y=2\{x-(-1)\}+4=2x+6$

이므로 이 직선의 y절편은 6이다.

답 ⑤

24

직선 $4x-2y+1=0$의 기울기가 2이므로

이 직선과 평행한 직선의 기울기도 2이다.

기울기가 2이고 점 $(1,\ a)$를 지나는 직선의 방정식은

$y=2(x-1)+a$, $2x-y+a-2=0$

$a=7$, $b=2$

따라서 $a\times b=14$

답 ⑤

25

두 직선 $y=-2x+3$과 $y=ax+1$이 서로 수직이므로 두 직선의 기울기의 곱은 -1이다.

따라서 $(-2)\times a=-1$이므로 $a=\dfrac{1}{2}$

답 ④

26

직선 $2x+3y+1=0$의 기울기가 $-\dfrac{2}{3}$이므로

점 $(1,\ a)$를 지나고 직선 $2x+3y+1=0$에 수직인 직선의 방정식은

$y-a=\dfrac{3}{2}(x-1)$, 즉 $y=\dfrac{3}{2}x+a-\dfrac{3}{2}$

이 직선의 y절편이 $\dfrac{5}{2}$이므로 $a-\dfrac{3}{2}=\dfrac{5}{2}$

따라서 $a=4$

답 ②

27

두 직선 $y=7x-1$과 $y=(3k-2)x+2$가 서로 평행하므로 기울기는 서로 같고 y절편은 서로 다르다.

따라서 $7=3k-2$이므로 $k=3$

답 ③

28

두 식 $2x+y+2=0$, $x-2y-4=0$을 연립하여 풀면

$x=0$, $y=-2$

이므로 두 직선 l_1, l_2의 교점 A의 좌표는 $A(0,\ -2)$

직선 l_1이 x축과 만나는 점 B는

$2x+0+2=0$, $x=-1$에서 $B(-1,\ 0)$

직선 l_2가 x축과 만나는 점 C는

$x-0-4=0$, $x=4$에서 $C(4,\ 0)$

ㄱ. 두 직선 l_1, l_2의 기울기는 각각 -2, $\dfrac{1}{2}$이고, 두 직선의 기울기의 곱이 -1이므로 두 직선 l_1, l_2는 서로 수직이다. (참)

ㄴ. 점 Q가 삼각형 PBC의 무게중심이므로 삼각형 PBC의 넓이는 삼각형 QBC의 넓이의 3배이다.

조건 ㈏에서 삼각형 PBC의 넓이는 삼각형 ABC의 넓이의 3배이므로 두 삼각형 QBC, ABC의 넓이는 서로 같다.

두 삼각형 QBC, ABC에서 선분 BC가 공통이므로 점 Q와 직선 BC 사이의 거리는 점 A와 직선 BC 사이의 거리인 2이다.

즉, 점 Q의 y좌표는 2 또는 -2이다.

제1사분면에 있는 점 P에 대하여 세 점 P, B, C의 x좌표의 합과 y좌표의 합은 모두 양수이므로 점 Q도 제1사분면에 있는 점이다. 따라서 점 Q의 y좌표는 2이다. (참)

ㄷ. ㄱ에서 두 직선 l_1, l_2가 서로 수직이므로 삼각형 ABC의 외접원의 지름은 선분 BC이다.
원의 중심은 선분 BC의 중점 M이므로 그 좌표는
$$\left(\frac{-1+4}{2}, \frac{0+0}{2}\right), \ \ \text{즉} \left(\frac{3}{2}, 0\right)$$

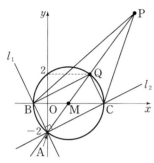

점 A의 y좌표는 -2, 점 Q의 y좌표는 2이고, 점 Q는 제1사분면에 있으므로 두 점 Q, A는 점 M에 대하여 서로 대칭이다.
따라서 세 점 A, M, Q는 한 직선 위에 있다.
점 Q는 삼각형 PBC의 무게중심이므로 세 점 M, Q, P도 한 직선 위에 있다.
그러므로 네 점 A, M, Q, P는 모두 한 직선 위에 있다.
$\overline{AM}=\overline{MQ}$이고 $\overline{MQ}:\overline{QP}=1:2$이므로
$\overline{AM}:\overline{MP}=1:3$
즉, 점 M은 선분 AP를 $1:3$으로 내분하는 점이므로 점 P의 좌표를 (x, y)라 하면
$$\left(\frac{1\times x+3\times 0}{1+3}, \frac{1\times y+3\times(-2)}{1+3}\right)=\left(\frac{3}{2}, 0\right)$$에서
$x=6, y=6$
따라서 점 P의 x좌표와 y좌표의 합은 12이다. (거짓)
이상에서 옳은 것은 ㄱ, ㄴ이다.

답 ③

다른 풀이

ㄴ. 세 점 A$(0, -2)$, B$(-1, 0)$, C$(4, 0)$을 꼭짓점으로 하는 삼각형 ABC의 넓이는 점 A에서 직선 BC에 내린 수선의 발이 원점 O이므로
$$\frac{1}{2}\times\overline{BC}\times\overline{OA}=\frac{1}{2}\times 5\times 2=5$$
그러므로 조건 (나)에서 삼각형 PBC의 넓이는 15이다.
점 P의 좌표를 (a, b) $(a>0, b>0)$이라 하고 점 P에서 직선 BC에 내린 수선의 발을 H라 하면 삼각형 PBC의 넓이는
$$\frac{1}{2}\times\overline{BC}\times\overline{PH}=\frac{1}{2}\times 5\times b=\frac{5}{2}b$$
$\frac{5}{2}b=15$에서 $b=6$이고 점 P의 좌표는 $(a, 6)$

이때 삼각형 PBC의 무게중심 Q의 좌표는
$$\left(\frac{a+(-1)+4}{3}, \frac{6+0+0}{3}\right), \ \ \text{즉} \left(\frac{a}{3}+1, 2\right)$$
따라서 점 Q의 y좌표는 2이다. (참)

ㄷ. ㄱ에서 두 직선 l_1, l_2가 서로 수직이므로 삼각형 ABC의 외접원의 지름은 선분 BC이다. 원의 중심은 선분 BC의 중점 M이므로 그 좌표는
$$\left(\frac{-1+4}{2}, \frac{0+0}{2}\right), \ \ \text{즉} \left(\frac{3}{2}, 0\right)$$
$\overline{BC}=|4-(-1)|=5$이므로 원의 반지름의 길이는 $\frac{5}{2}$이다. 즉, 삼각형 ABC의 외접원의 방정식은
$$\left(x-\frac{3}{2}\right)^2+y^2=\frac{25}{4}$$
점 Q가 이 원 위의 점이므로
$$\left(\frac{a}{3}+1-\frac{3}{2}\right)^2+2^2=\frac{25}{4}$$
$$\left(\frac{a}{3}-\frac{1}{2}\right)^2=\frac{9}{4}$$
$\frac{a}{3}-\frac{1}{2}=\frac{3}{2}$ 또는 $\frac{a}{3}-\frac{1}{2}=-\frac{3}{2}$
$a=6$ 또는 $a=-3$
$a>0$이므로 $a=6$이고 점 P의 좌표는 $(6, 6)$
따라서 점 P의 x좌표와 y좌표의 합은 $6+6=12$이다. (거짓)

29

직선 CD의 기울기는 음수이므로
$\frac{q-p}{3\sqrt{2}-\sqrt{2}}<0$에서 $q-p<0$
$\overline{AB}=\overline{CD}$에서
$3=\sqrt{(3\sqrt{2}-\sqrt{2})^2+(q-p)^2}$
$3^2=(2\sqrt{2})^2+(q-p)^2$
$1=(q-p)^2$
$q-p<0$에서 $q-p=-1$
즉, $q=p-1$
$\overline{AD}\,/\!/\,\overline{BC}$에서 직선 AD의 기울기와 직선 BC의 기울기가 서로 같으므로
$\frac{q-1}{3\sqrt{2}-0}=\frac{p-4}{\sqrt{2}-0}$
$q-1=3p-12$ ······ ㉠
$q=p-1$을 ㉠에 대입하면
$p-2=3p-12$
$2p=10, p=5$
$q=5-1=4$
따라서 $p+q=9$

답 9

30

점 $A(a, 4)$는 직선 $l : y=\dfrac{1}{m}x+2$ 위의 점이므로

$4=\dfrac{a}{m}+2$, $a=\boxed{2m}$

직선 BH는 직선 l에 수직이므로 직선 BH의 기울기는 $-m$이고, 직선 BH의 방정식은

$y=-m(x-\boxed{2m})$

직선 l과 직선 BH가 만나는 점 H의 x좌표는

$\dfrac{1}{m}x+2=-m(x-2m)$에서

$x+2m=-m^2(x-2m)$

$(m^2+1)x=2m^3-2m$이므로

$x=\dfrac{2m^3-2m}{m^2+1}$

$x=\dfrac{2m^3-2m}{m^2+1}$ 을 $y=\dfrac{1}{m}x+2$에 대입하면

$y=\dfrac{1}{m}\times\dfrac{2m^3-2m}{m^2+1}+2=\dfrac{2m^2-2}{m^2+1}+2=\dfrac{4m^2}{m^2+1}$

즉, 점 H의 좌표는

$H\left(\dfrac{2m^3-2m}{\boxed{m^2+1}}, \dfrac{4m^2}{\boxed{m^2+1}}\right)$

선분 OH의 길이는

$\sqrt{\left(\dfrac{2m^3-2m}{\boxed{m^2+1}}\right)^2+\left(\dfrac{4m^2}{\boxed{m^2+1}}\right)^2}$

$=\sqrt{\dfrac{(2m)^2\{(m^2-1)^2+(2m)^2\}}{(m^2+1)^2}}$

$=\dfrac{|2m|}{\boxed{m^2+1}}\sqrt{m^4+\boxed{2}\times m^2+1}=\dfrac{|2m|}{m^2+1}\sqrt{(m^2+1)^2}$

$=\dfrac{|2m|}{m^2+1}\times(m^2+1)=|\boxed{2m}|$

이므로 선분 OH의 길이와 선분 OB의 길이가 서로 같다.

따라서 삼각형 OBH는 m의 값에 관계없이 이등변삼각형이다.

즉, $f(m)=2m$, $g(m)=m^2+1$, $k=2$이므로

$f(k)\times g(k)=f(2)\times g(2)=4\times 5=20$

답 ④

31

점 (a, a)를 지나고 기울기가 m인 직선의 방정식은

$y-a=m(x-a)$, $y=mx-am+a$

직선 $y=mx-am+a$가 곡선 $y=x^2-4x+10$에 접하므로

$x^2-4x+10=mx-am+a$에서

$x^2-(m+4)x+am-a+10=0$

이차방정식 $x^2-(m+4)x+am-a+10=0$의 판별식을 D라 하면

$D=(m+4)^2-4(am-a+10)$

$\quad=m^2+(8-4a)m+4a-24=0$

이차방정식 $m^2+(8-4a)m+4a-24=0$은 서로 다른 두 실근을 가지므로 두 실근을 m_1, m_2라 하면 두 접선의 기울기는 각각 m_1, m_2이다.

두 접선이 서로 수직이므로 $m_1 m_2=-1$

이차방정식의 근과 계수의 관계에 의하여

$m_1+m_2=4a-8$, $m_1 m_2=4a-24$

$4a-24=-1$에서 $4a=23$이므로

$m_1+m_2=4a-8=15$

따라서 두 직선의 기울기의 합은 15이다.

답 15

32

직선 l_1의 기울기를 m이라 하면 직선 l_1의 방정식은

$y-1=m(x-1)$, 즉 $y=m(x-1)+1$

직선 l_1이 이차함수 $y=x^2$의 그래프와 접하므로 이차방정식

$x^2=m(x-1)+1$, 즉 $x^2-mx+m-1=0$의 판별식을 D라 할 때

$D=(-m)^2-4(m-1)=0$, $(m-2)^2=0$, $m=2$

직선 l_1의 방정식은 $y=2x-1$이므로 직선 l_1이 y축과 만나는 점 Q의 좌표는 $(0, -1)$이다.

두 직선 l_1, l_2가 서로 수직이므로 직선 l_2의 기울기는 $-\dfrac{1}{2}$이다.

즉, 직선 l_2의 방정식은

$y-1=-\dfrac{1}{2}(x-1)$, 즉 $y=-\dfrac{1}{2}x+\dfrac{3}{2}$

직선 l_2와 이차함수 $y=x^2$의 그래프의 교점 R의 x좌표는

$x^2=-\dfrac{1}{2}x+\dfrac{3}{2}$에서

$2x^2+x-3=0$

$(2x+3)(x-1)=0$

$x=-\dfrac{3}{2}$ 또는 $x=1$

그러므로 점 R의 좌표는 $\left(-\dfrac{3}{2}, \dfrac{9}{4}\right)$이다.

$\overline{PQ}=\sqrt{(0-1)^2+(-1-1)^2}=\sqrt{5}$,

$\overline{PR}=\sqrt{\left(-\dfrac{3}{2}-1\right)^2+\left(\dfrac{9}{4}-1\right)^2}=\dfrac{5\sqrt{5}}{4}$

이므로 삼각형 PRQ의 넓이 S는

$S=\dfrac{1}{2}\times\overline{PQ}\times\overline{PR}=\dfrac{1}{2}\times\sqrt{5}\times\dfrac{5\sqrt{5}}{4}=\dfrac{25}{8}$

따라서 $40S=40\times\dfrac{25}{8}=125$

답 125

33

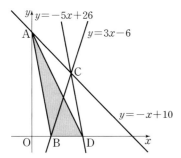

x축 위의 점 D$(a, 0)$ $(a>2)$에 대하여 삼각형 ABC의 넓이와 삼각형 ABD의 넓이가 같으려면 $\overline{AB}$를 밑변으로 할 때, 삼각형 ABC의 높이인 직선 AB와 점 C 사이의 거리와 삼각형 ABD의 높이인 직선 AB와 점 D 사이의 거리가 같아야 한다. 즉, 점 C를 지나고 직선 AB에 평행한 직선 위에 점 D가 있어야 한다.

직선 $y=-x+10$의 y절편이 10이므로 점 A의 좌표는 $(0, 10)$이고, 직선 $y=3x-6$의 x절편이 2이므로 점 B의 좌표는 $(2, 0)$이다.

직선 AB의 기울기는 $\dfrac{0-10}{2-0}=-5$

두 직선 $y=-x+10$, $y=3x-6$의 교점 C의 x좌표는

$-x+10=3x-6$에서 $-4x=-16$이므로 $x=4$

$x=4$를 $y=-x+10$에 대입하면 $y=6$

즉, 점 C의 좌표는 $(4, 6)$이다.

그러므로 점 C를 지나고 직선 AB에 평행한 직선의 방정식은

$y-6=-5(x-4)$, 즉 $y=-5x+26$

이때 점 D$(a, 0)$이 직선 $y=-5x+26$ 위의 점이므로

$0=-5a+26$

따라서 $a=\dfrac{26}{5}$

답 ②

34

점 $(1, 3)$을 지나고 기울기가 k인 직선 l의 방정식은

$y=k(x-1)+3$

원점과 직선 $kx-y-k+3=0$ 사이의 거리는

$\dfrac{|-k+3|}{\sqrt{k^2+(-1)^2}}=\sqrt{5}$

$|-k+3|=\sqrt{5k^2+5}$

양변을 제곱하여 정리하면

$2k^2+3k-2=0$

$(k+2)(2k-1)=0$

$k=-2$ 또는 $k=\dfrac{1}{2}$

그런데 $k>0$이므로 $k=\dfrac{1}{2}$

답 ③

35

$f(x)=k(x-2)(x-a)$ $(k>0)$이라 하면

$f(x)=k\left(x-\dfrac{a+2}{2}\right)^2-\dfrac{k(a-2)^2}{4}$

이므로 P$\left(\dfrac{a+2}{2}, -\dfrac{k(a-2)^2}{4}\right)$, C$(0, 2ak)$

사각형 APRQ가 정사각형이므로 두 직선 AP, BC가 서로 평행하다.

$\dfrac{-\dfrac{k(a-2)^2}{4}}{\dfrac{a+2}{2}-2}=\dfrac{-2ak}{a}$

$\dfrac{-k(a-2)}{2}=-2k$, $a=6$

즉, P$(4, -4k)$, C$(0, 12k)$

직선 BC의 방정식은 $2kx+y-12k=0$

사각형 APRQ가 정사각형이므로 $\overline{AP}=\overline{AQ}$

$\sqrt{2^2+(-4k)^2}=\dfrac{|4k-12k|}{\sqrt{(2k)^2+1^2}}$

$\sqrt{4(4k^2+1)}=\dfrac{8k}{\sqrt{4k^2+1}}$

$4k^2+1=4k$, $(2k-1)^2=0$, $k=\dfrac{1}{2}$

따라서 $f(x)=\dfrac{1}{2}(x-2)(x-6)$이므로

$f(12)=\dfrac{1}{2}\times 10\times 6=30$

답 30

참고

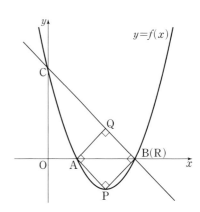

36

세 점 O$(0, 0)$, A$(8, 4)$, B$(7, a)$를 꼭짓점으로 하는 삼각형 OAB의 무게중심의 좌표는

$\left(\dfrac{0+8+7}{3}, \dfrac{0+4+a}{3}\right)$, 즉 $\left(5, \dfrac{4+a}{3}\right)$

이 점이 G$(5, b)$와 일치하므로

$b = \dfrac{4+a}{3}$ ...... ㉠

한편, 직선 OA의 방정식은

$y = \dfrac{1}{2}x$, 즉 $x-2y=0$

점 G(5, b)와 직선 $x-2y=0$ 사이의 거리가 $\sqrt{5}$이므로

$\dfrac{|5-2b|}{\sqrt{1^2+(-2)^2}} = \sqrt{5}$, $|5-2b|=5$

$5-2b=5$ 또는 $5-2b=-5$

$b=0$ 또는 $b=5$

$a>0$이므로 ㉠에서 $b>0$

따라서 $a=11$, $b=5$이므로 $a+b=16$

답 ①

37

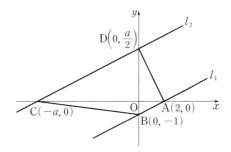

두 직선 l_1, l_2가 서로 평행하므로

$l_2 : x-2y+a=0$ $(a>0)$

(사각형 ADCB의 넓이)

$=$(삼각형 ADC의 넓이)$+$(삼각형 ACB의 넓이)

$=\dfrac{1}{2} \times (a+2) \times \dfrac{a}{2} + \dfrac{1}{2} \times (a+2) \times 1$

$=\dfrac{1}{2}(a+2)\left(\dfrac{a}{2}+1\right)$

$=\dfrac{a^2}{4}+a+1=25$

이므로 $a^2+4a-96=0$

$(a+12)(a-8)=0$

$a=-12$ 또는 $a=8$

그런데 $a>0$이므로 $a=8$

두 직선 l_1과 l_2 사이의 거리는 직선 l_1 위의 점 A(2, 0)과 직선 $l_2 : x-2y+8=0$ 사이의 거리와 같으므로

$d=\dfrac{|2+8|}{\sqrt{1^2+(-2)^2}}=2\sqrt{5}$

따라서 $d^2=20$

답 20

38

다음 그림과 같이 선분 OA의 중점을 M이라 하고, 두 점 B, G에서 직선 OA에 내린 수선의 발을 각각 D, E라 하자.

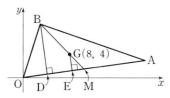

점 G가 삼각형 OAB의 무게중심이므로 $\overline{BG} : \overline{GM} = 2 : 1$

두 삼각형 MBD와 MGE에서

$\angle BDM = \angle GEM = 90°$, $\angle BMD = \angle GME$ (공통)이므로

두 삼각형 MBD와 MGE는 서로 닮음이다.

$\overline{BD} : \overline{GE} = \overline{BM} : \overline{GM} = 3 : 1$이고, 점 B와 직선 OA 사이의 거리 $\overline{BD}$가 $6\sqrt{2}$이므로

$\overline{GE} = \dfrac{1}{3}\overline{BD} = \dfrac{1}{3} \times 6\sqrt{2} = \boxed{2\sqrt{2}}$

직선 OA의 기울기를 m이라 하면 직선 OA의 방정식은 $y=mx$, 즉 $mx-y=0$이므로 점 G와 직선 OA 사이의 거리는

$\dfrac{|8m-4|}{\sqrt{m^2+(-1)^2}}$

이고 $\boxed{2\sqrt{2}}$와 같다. 즉,

$\dfrac{|8m-4|}{\sqrt{m^2+(-1)^2}} = 2\sqrt{2}$, $\boxed{|8m-4|} = \boxed{2\sqrt{2}} \times \sqrt{m^2+1}$

양변을 제곱하여 정리하면

$7m^2-8m+1=0$, $(7m-1)(m-1)=0$

$m=\boxed{\dfrac{1}{7}}$ 또는 $m=\boxed{1}$

이때 직선 OG의 기울기가 $\dfrac{1}{2}$이므로 $m<\dfrac{1}{2}$을 만족시키는 직선 OA

의 기울기는 $\boxed{\dfrac{1}{7}}$이다.

따라서 $p=2\sqrt{2}$, $q=\dfrac{1}{7}$, $f(m)=|8m-4|$이므로

$\dfrac{f(q)}{p^2} = \dfrac{\left|8 \times \dfrac{1}{7} - 4\right|}{(2\sqrt{2})^2} = \dfrac{\dfrac{20}{7}}{8} = \dfrac{5}{14}$

답 ②

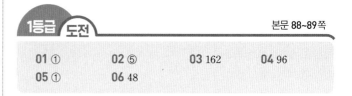
01

풀이 전략 중선정리와 무게중심의 성질을 이용한다.

[STEP 1] 삼각형 ABC에서 중선정리를 이용하여 $\overline{AC}$의 길이를 구한다.

점 D가 선분 BC의 중점이므로 중선정리에 의하여

$\overline{AB}^2 + \overline{AC}^2 = 2(\overline{AD}^2 + \overline{CD}^2)$ → $\overline{BC}=2$이므로 $\overline{CD}=\dfrac{1}{2}\overline{BC}=1$

$(2\sqrt{3})^2 + \overline{AC}^2 = 2\{(\sqrt{7})^2 + 1^2\}$, $\overline{AC}^2 = 4$

$\overline{AC} > 0$이므로 $\overline{AC} = 2$

즉, 삼각형 ABC는 $\overline{AC} = \overline{BC}$인 이등변삼각형이다.

(STEP 2) 점 P가 삼각형 ABC의 무게중심임을 이용한다.

이등변삼각형 CAB에서 선분 CE가 ∠ACB의 이등분선이므로 선분 CE는 선분 AB의 수직이등분선이다. → 이등변삼각형의 꼭지각의 이등분선은 밑변을 수직이등분한다.

직각삼각형 BCE에서

$\overline{CE} = \sqrt{\overline{CB}^2 - \overline{BE}^2} = \sqrt{2^2 - (\sqrt{3})^2} = 1$

또한, 점 P는 삼각형 ABC의 무게중심이므로

$\overline{AP} : \overline{PD} = 2 : 1$에서 $\overline{AP} = \dfrac{2\sqrt{7}}{3}$, $\overline{PD} = \dfrac{\sqrt{7}}{3}$ → $\overline{AP} = \dfrac{2}{3}\overline{AD}$, $\overline{PD} = \dfrac{1}{3}\overline{AD}$

$\overline{CP} : \overline{PE} = 2 : 1$에서 $\overline{CP} = \dfrac{2}{3}$, $\overline{PE} = \dfrac{1}{3}$ → $\overline{CP} = \dfrac{2}{3}\overline{CE}$, $\overline{PE} = \dfrac{1}{3}\overline{CE}$

(STEP 3) 각의 이등분선의 성질을 이용하여 $\overline{AR}$와 $\overline{ER}$의 비, $\overline{DQ}$와 $\overline{CQ}$의 비를 구한 후 S_1과 S_2를 삼각형 ABC의 넓이를 이용하여 구한다.

삼각형 EPA에서 선분 PR가 각 APE의 이등분선이므로 각의 이등분선의 성질에 의하여

$\overline{AR} : \overline{ER} = \overline{PA} : \overline{PE} = \dfrac{2\sqrt{7}}{3} : \dfrac{1}{3} = 2\sqrt{7} : 1$ ← $\triangle PAE = \triangle PBE = \triangle PBD = \triangle PCD = \dfrac{1}{6}\triangle ABC$

이때 삼각형 ABC의 넓이를 S라 하면 삼각형 EPA의 넓이는 삼각형 ABC의 넓이의 $\dfrac{1}{6}$이므로 삼각형 PRE의 넓이 S_1은

$S_1 = S \times \dfrac{1}{6} \times \dfrac{1}{2\sqrt{7}+1}$ → $\triangle PAR : \triangle PRE = \overline{AR} : \overline{ER} = 2\sqrt{7} : 1$

같은 방법으로 삼각형 CPD에서

$\overline{DQ} : \overline{CQ} = \overline{PD} : \overline{PC} = \dfrac{\sqrt{7}}{3} : \dfrac{2}{3} = \sqrt{7} : 2$

삼각형 CPD의 넓이는 삼각형 ABC의 넓이의 $\dfrac{1}{6}$이므로 삼각형 PQC의 넓이 S_2는

$S_2 = S \times \dfrac{1}{6} \times \dfrac{2}{\sqrt{7}+2}$ → $\triangle PDQ : \triangle PQC = \overline{DQ} : \overline{CQ} = \sqrt{7} : 2$

(STEP 4) $\dfrac{S_2}{S_1}$의 값을 구하여 a, b의 값을 구한다.

$\dfrac{S_2}{S_1} = \dfrac{S \times \dfrac{1}{6} \times \dfrac{2}{\sqrt{7}+2}}{S \times \dfrac{1}{6} \times \dfrac{1}{2\sqrt{7}+1}} = \dfrac{2(2\sqrt{7}+1)}{\sqrt{7}+2}$ → $\dfrac{2(2\sqrt{7}+1)(\sqrt{7}-2)}{(\sqrt{7}+2)(\sqrt{7}-2)} = \dfrac{2(12-3\sqrt{7})}{3} = 8-2\sqrt{7}$

$= 8 - 2\sqrt{7}$

따라서 $a=8$, $b=-2$이므로

$ab = -16$

答 ①

02

(풀이 전략) 내분점, 두 점 사이의 거리 구하는 공식과 두 직선의 위치 관계를 이용하여 문제를 해결한다.

(STEP 1) 내분점의 좌표를 구하는 공식을 이용하여 세 점 P, Q, R의 좌표를 구한 후 직선의 기울기를 이용하여 직선의 위치 관계를 알아본다.

ㄱ. $m=n$일 때, 점 P는 선분 OA의 중점이므로 점 P의 좌표는 $(0, 2)$이다. (참)

ㄴ. 세 점 P, Q, R의 좌표는 각각

$\left(0, \dfrac{4m}{m+n}\right)$, $\left(\dfrac{4m}{m+n}, 4\right)$, $\left(4, \dfrac{4n}{m+n}\right)$

직선 PQ의 기울기는 $\dfrac{n}{m}$이고, → $\dfrac{4-\dfrac{4m}{m+n}}{\dfrac{4m}{m+n}} = \dfrac{4n}{4m} = \dfrac{n}{m}$

직선 QR의 기울기는 $-\dfrac{m}{n}$이다.

두 직선 PQ, QR의 기울기의 곱이 -1이므로 두 직선은 서로 수직이고, 선분 PR은 원 C의 지름이다.

점 S의 좌표를 $\left(\dfrac{4m}{m+n}, 0\right)$이라 하면

직선 PS의 기울기는 -1이고, 직선 SR의 기울기는 1이다.

두 직선 PS, SR은 기울기의 곱이 -1이므로 두 직선은 서로 수직이고 점 S는 선분 PR을 지름으로 하는 원 C 위의 점이다. (참)

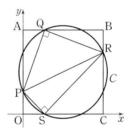

(STEP 2) 원 C의 지름의 길이를 구한 후 $\overline{PQ}$의 길이를 구한다.

ㄷ. 선분 PR을 지름으로 하고 중심의 좌표가 $(2, 2)$인 원 C가 x축과 만나는 서로 다른 두 점을 $D\left(\dfrac{4m}{m+n}, 0\right)$, $E\left(\dfrac{4n}{m+n}, 0\right)$이라 하면

$\overline{DE} = \left|\dfrac{4(n-m)}{m+n}\right| = 3$

$\overline{PR} = \sqrt{(4-0)^2 + \left(\dfrac{4n}{m+n} - \dfrac{4m}{m+n}\right)^2}$

$= \sqrt{4^2 + \left\{\dfrac{4(n-m)}{m+n}\right\}^2} = 5$

삼각형 PQR은 $\overline{PQ} = \overline{QR}$인 직각이등변삼각형이므로

$\overline{PQ} = \dfrac{5\sqrt{2}}{2}$ (참) → $\overline{PQ} : \overline{QR} : \overline{PR} = 1 : 1 : \sqrt{2}$

$\overline{PQ} : \overline{PR} = 1 : \sqrt{2}$

$\overline{PQ} : 5 = 1 : \sqrt{2}$

$\overline{PQ} = \dfrac{5}{\sqrt{2}} = \dfrac{5\sqrt{2}}{2}$

이상에서 옳은 것은 ㄱ, ㄴ, ㄷ이다.

답 ⑤

03

풀이 전략 직선의 방정식과 두 직선의 위치 관계를 이용한다.

[STEP 1] A$(a, a)(a>0)$으로 놓고 직선 AL과 직선 BH의 방정식을 구한 후, 점 P의 좌표를 구한다.

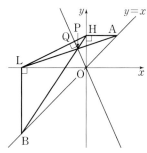

제1사분면 위의 점 A는 직선 $y=x$ 위의 점이므로 A(a, a) $(a>0)$ 이라 하면 조건 (가), (나)에 의하여

B$(-2a, -2a)$ ← $\triangle$OAH$\sim$$\triangle$BOL이므로
H$(0, a)$ $\overline{OA}:\overline{BO}=\overline{AH}:\overline{OL}=\overline{OH}:\overline{BL}=1:2$
L$(-2a, 0)$ 따라서 $\overline{OL}=2\overline{AH}=2a$, $\overline{BL}=2\overline{OH}=2a$이고
           점 B는 제3사분면 위의 점이므로 B$(-2a, -2a)$

직선 AL의 방정식은

$y-0=\dfrac{0-a}{-2a-a}\{x-(-2a)\}$, 즉 $y=\dfrac{1}{3}x+\dfrac{2}{3}a$ ...... ㉠

직선 BH의 방정식은

$y-a=\dfrac{a-(-2a)}{0-(-2a)}(x-0)$, 즉 $y=\dfrac{3}{2}x+a$ ...... ㉡

㉠, ㉡을 연립하여 풀면

$x=-\dfrac{2}{7}a$, $y=\dfrac{4}{7}a$

그러므로 점 P의 좌표는 $\left(-\dfrac{2}{7}a, \dfrac{4}{7}a\right)$이다.

[STEP 2] 두 직선의 위치 관계와 원의 성질을 이용하여 $\overline{OA}$, $\overline{OB}$의 길이를 구한다.

직선 OP의 기울기는 $\dfrac{\frac{4}{7}a}{-\frac{2}{7}a}=-2$

직선 LH의 기울기는 $\dfrac{a-0}{0-(-2a)}=\dfrac{1}{2}$

이때 직선 OP의 기울기와 직선 LH의 기울기의 곱은 -1이므로 이 두 직선은 서로 수직이다. 즉, $\angle$LQO$=90°$이므로 선분 OL은 세 점 O, Q, L을 지나는 원의 지름이다.

$\overline{OL}=2a$이고, 세 점 O, Q, L을 지나는 원의 넓이는 $\dfrac{81}{2}\pi$이므로

$\pi a^2=\dfrac{81}{2}\pi$, $a^2=\dfrac{81}{2}$

$a>0$이므로 $a=\dfrac{9}{\sqrt{2}}$

따라서 $\overline{OA}=\sqrt{2}a=9$, $\overline{OB}=2\sqrt{2}a=18$이므로

$\overline{OA}\times\overline{OB}=162$
          ← $\overline{OB}=\sqrt{(-2a)^2+(-2a)^2}=\sqrt{8a^2}=2\sqrt{2}a$
          ← $\overline{OA}=\sqrt{a^2+a^2}=\sqrt{2a^2}=\sqrt{2}a$

답 162

04

풀이 전략 직선의 방정식과 원의 성질을 이용한다.

[STEP 1] 두 직선 AC, BD가 서로 수직임을 이용하여 점 F의 좌표를 구한다.

직선 AC의 기울기는

$\dfrac{-2-2\sqrt{2}}{2}=-1-\sqrt{2}$

직선 AC와 직선 BD는 서로 수직이므로 직선 BD의 방정식은
$y=(\sqrt{2}-1)(x+2)$ → 직선 BD의 기울기는 $\dfrac{1}{1+\sqrt{2}}=\sqrt{2}-1$이다.

그러므로 점 F의 좌표는 $(0, -2+2\sqrt{2})$이다.

[STEP 2] 원의 성질을 이용하여 l^2을 구한 후 a, b의 값을 구한다.

선분 AF의 길이는

$2+2\sqrt{2}-(-2+2\sqrt{2})=4$ → 마주보는 두 각의 크기의 합이 180°이다.

오른쪽 그림과 같이 사각형 AEFD 는 지름이 $\overline{AF}$인 원에 내접하고, 사각형 BCDE는 지름이 $\overline{BC}$인 원에 내접한다.

이 두 원의 지름의 길이가 같고, $\angle$EAD와 $\angle$DBE가 모두 호 ED 에 대한 원주각이므로

$\angle$EAD$=\angle$DBE

또, $\angle$BDA$=\angle$BEF$=90°$이므로 삼각형 ABD와 삼각형 BFE는 직각 이등변삼각형이고, $\triangle$AEF$\equiv$$\triangle$ADF, $\triangle$BFE$\equiv$$\triangle$CFD이다.

$\overline{BE}=\overline{EF}=\overline{FD}=\overline{DC}$이므로 사각형 AEFD의 둘레의 길이 l은

$l=\overline{AE}+\overline{EF}+\overline{FD}+\overline{DA}=\overline{AE}+\overline{EB}+\overline{DC}+\overline{DA}$
$\quad=\overline{AB}+\overline{AC}=2\overline{AB}$

$\overline{AB}^2=(-2-0)^2+\{0-(2+2\sqrt{2})\}^2=16+8\sqrt{2}$

이므로
          → 두 점 (x_1, y_1), (x_2, y_2) 사이의 거리는
                $\sqrt{(x_2-x_1)^2+(y_2-y_1)^2}$

$l^2=4\overline{AB}^2=4(16+8\sqrt{2})=64+32\sqrt{2}$

따라서 $a=64$, $b=32$이므로 $a+b=96$

답 96

다른 풀이

선분 AD의 길이를 c, 선분 FD의 길이를 d라 하면 사각형 AEFD의 둘레의 길이는

$l=2(c+d)$

삼각형 AFD가 직각삼각형이고, 선분 AF의 길이가 4이므로

$c^2+d^2=16$ ...... ㉠

직선 BD의 방정식은

$y=(\sqrt{2}-1)(x+2)$ ...... ㉡

또한, 직선 AC의 방정식은

$$y=\frac{-(2+2\sqrt{2})}{2}(x-2)$$

즉, $y=(-1-\sqrt{2})(x-2)$ …… ㉢

㉡, ㉢을 연립하여 풀면 → $(\sqrt{2}-1)(x+2)=(-1-\sqrt{2})(x-2)$ 에서
$(\sqrt{2}-1)x+2\sqrt{2}-2=(-1-\sqrt{2})x+2+2\sqrt{2}$
$2\sqrt{2}x=4,\ x=\sqrt{2}$

$x=\sqrt{2},\ y=\sqrt{2}$

즉, 점 D의 좌표는 $(\sqrt{2},\ \sqrt{2})$이므로 삼각형 AFD의 넓이는

$$\frac{1}{2}cd=\frac{1}{2}\times4\times\sqrt{2}$$ → $\frac{1}{2}\times\overline{AD}\times\overline{FD}=\frac{1}{2}\times\overline{AF}\times$ (점 D의 x좌표)

$cd=4\sqrt{2}$ …… ㉣

㉠, ㉣에 의하여

$$l^2=4(c+d)^2=4(c^2+2cd+d^2)$$
$$=4(16+8\sqrt{2})=64+32\sqrt{2}$$

따라서 $a=64$, $b=32$이므로 $a+b=96$

05

풀이 전략 점과 직선 사이의 거리를 활용한다.

[STEP 1] 점 P와 직선 $y=2x-12a$ 사이의 거리가 최소일 때를 파악한다.

$x^2-2ax-20=2x-12a$에서

$x^2-2(a+1)x+12a-20=0$ …… ㉠

이차방정식 ㉠의 판별식을 D_1이라 하면

$$\frac{D_1}{4}=\{-(a+1)\}^2-(12a-20)$$
$$=a^2-10a+21=(a-3)(a-7)$$

$3<a<7$일 때, $\frac{D_1}{4}<0$이므로 이차방정식 ㉠의 실근이 존재하지 않는다.

따라서 $3<a<7$일 때, 이차함수 $y=x^2-2ax-20$의 그래프와 직선 $y=2x-12a$가 만나지 않으므로 기울기가 2인 직선이 이차함수 $y=x^2-2ax-20$의 그래프에 접할 때의 접점이 점 P일 때, 점 P와 직선 $y=2x-12a$ 사이의 거리가 최소가 된다.

[STEP 2] $f(a)$의 값의 의미를 파악한다.

이차함수 $y=x^2-2ax-20$의 그래프에 접하고 기울기가 2인 직선의 방정식을 $y=2x+b$ (b는 상수)라 하자.

이차방정식 $x^2-2ax-20=2x+b$, 즉
$x^2-2(a+1)x-20-b=0$의 판별식을
D_2라 하면

$$\frac{D_2}{4}=\{-(a+1)\}^2-(-20-b)=0$$

$b=-a^2-2a-21$

따라서 $f(a)$는 두 직선 $y=2x-12a$와 $y=2x-a^2-2a-21$ 사이의 거리와 같다.

[STEP 3] $f(a)$의 최댓값을 구한다.

$f(a)$는 직선 $y=2x-12a$ 위의 점 $(6a,\ 0)$과 직선 $y=2x-a^2-2a-21$, 즉 $2x-y-a^2-2a-21=0$ 사이의 거리와 같으므로 → 평행한 두 직선 l, l' 사이의 거리는 직선 l 위의 임의의 한 점과 직선 l' 사이의 거리와 같다.

$$f(a)=\frac{|12a-a^2-2a-21|}{\sqrt{2^2+(-1)^2}}$$
$$=\frac{|-a^2+10a-21|}{\sqrt{5}}$$
$$=\frac{|-(a-5)^2+4|}{\sqrt{5}}\ (3<a<7)$$

따라서 $f(a)$의 최댓값은

$$f(5)=\frac{4\sqrt{5}}{5}$$

답 ①

06

풀이 전략 직선의 방정식을 활용하여 문제를 해결한다.

[STEP 1] 곡선과 직선이 만나는 두 점의 x좌표를 각각 α, β로 놓고 근과 계수의 관계를 이용한다.

곡선 $y=ax^2$과 직선 $y=mx+4a$가 만나는 두 점 A, B의 x좌표를 각각 α, β라 하면

A$(\alpha,\ a\alpha^2)$, B$(\beta,\ a\beta^2)$

이차방정식 $ax^2-mx-4a=0$의 두 실근이 α, β이므로 이차방정식의 근과 계수의 관계에 의하여

$\alpha+\beta=\dfrac{m}{a}$, $\alpha\beta=-4$ → $\alpha+\beta=-\dfrac{-m}{a}=\dfrac{m}{a}$, $\alpha\beta=\dfrac{-4a}{a}=-4$

[STEP 2] 직선의 위치 관계를 이용하여 a의 값을 구한다.

선분 AB가 원 C의 지름이므로 $\angle$BOA$=90°$

직선 OA의 기울기와 직선 OB의 기울기의 곱이 -1이므로

$$\frac{a\alpha^2-0}{\alpha-0}\times\frac{a\beta^2-0}{\beta-0}=a\alpha\times a\beta$$
$$=a^2\times\alpha\beta$$
$$=-4a^2=-1$$

에서

$$a^2=\frac{1}{4}$$

따라서 양수 a의 값은 $\dfrac{1}{2}$이다.

점 P$\left(k,\ \dfrac{k^2}{2}\right)$은 원 C 위의 점이므로 $\angle$APB$=90°$

직선 PA의 기울기와 직선 PB의 기울기의 곱이 -1이므로

$$\frac{\dfrac{\alpha^2}{2}-\dfrac{k^2}{2}}{\alpha-k}\times\frac{\dfrac{\beta^2}{2}-\dfrac{k^2}{2}}{\beta-k}$$
$$=\frac{1}{4}(\alpha+k)(\beta+k)$$

$$=\frac{1}{4}\{k^2+(\alpha+\beta)k+\alpha\beta\}$$

$$=\frac{1}{4}(k^2+2mk-4)=-1$$

$k^2+2mk=0$, $k=-2m$이고 $\mathrm{P}(-2m, 2m^2)$

[STEP 3] 점과 직선 사이의 거리, 삼각형의 넓이의 비를 이용하여 m, k의 값을 구한다.

점 $\mathrm{P}(-2m, 2m^2)$과 직선 $y=mx+2$ 사이의 거리를 d_1이라 하면

$$d_1=\frac{|m\times(-2m)-2m^2+2|}{\sqrt{m^2+1}}$$

$$=\frac{|-4m^2+2|}{\sqrt{m^2+1}}$$

점 O와 직선 $y=mx+2$ 사이의 거리를 d_2라 하면

$$d_2=\frac{2}{\sqrt{m^2+1}}$$

삼각형 ABP와 삼각형 AOB의 넓이의 비는 $d_1:d_2$이므로

$$\frac{|-4m^2+2|}{\sqrt{m^2+1}}:\frac{2}{\sqrt{m^2+1}}=5:1 \text{에서} \quad \longrightarrow |-4m^2+2|:2=5:1$$

$|-4m^2+2|=10$, $m^2=3$ $\longrightarrow -4m^2+2=10$이면 m이 양수라는 조건에 모순이다.

m은 양수이므로 $m=\sqrt{3}$, $k=-2\sqrt{3}$

따라서 $f(x)=\frac{1}{2}x^2$, $g(x)=\sqrt{3}x+2$이므로

$$f(k)\times g(-k)=6\times 8=48$$

目 48

07 도형의 방정식(2)

개념 확인 문제

본문 91쪽

01 (1) $x^2+(y-2)^2=1$ (2) $x^2+y^2=25$

02 $(x+1)^2+(y+2)^2=41$

03 (1) 중심의 좌표: $(3, 0)$, 반지름의 길이: 3
    (2) 중심의 좌표: $(1, 4)$, 반지름의 길이: $3\sqrt{3}$

04 $x^2+y^2-3x+y=0$

05 (1) $(x-2)^2+(y+3)^2=9$ (2) $(x+4)^2+(y-5)^2=16$
    (3) $(x+1)^2+(y+1)^2=1$

06 (1) $-\sqrt{5}<k<\sqrt{5}$ (2) $k=\pm\sqrt{5}$
    (3) $k<-\sqrt{5}$ 또는 $k>\sqrt{5}$

07 (1) $y=x\pm 2\sqrt{3}$ (2) $x-\sqrt{3}y=4$
    (3) $x+y=-2$, $7x+y=10$

08 (1) $(1, 3)$ (2) $(6, -6)$

09 (1) $2x-y-11=0$ (2) $(x-5)^2+(y+3)^2=5$

10 (1) $(3, 7)$ (2) $(-3, -7)$
    (3) $(-3, 7)$ (4) $(-7, 3)$

11 (1) $(x-5)^2+(y-6)^2=9$ (2) $(x+5)^2+(y+6)^2=9$
    (3) $(x+5)^2+(y-6)^2=9$ (4) $(x+6)^2+(y-5)^2=9$

12 $(x-1)^2+(y-3)^2=4$

내신+학평 유형 연습

본문 92~101쪽

01 ②	**02** 10	**03** 14	**04** ④	**05** ④	**06** ④
07 ②	**08** ②	**09** ③	**10** ①	**11** ④	**12** ④
13 31	**14** 22	**15** ②	**16** ①	**17** ④	**18** ④
19 ③	**20** ⑤	**21** ④	**22** 8	**23** ④	**24** 18
25 ③	**26** 87	**27** 6	**28** ⑤	**29** ③	**30** ①
31 ③	**32** 24	**33** 12	**34** 11	**35** 26	**36** ④
37 32	**38** ①	**39** ⑤	**40** 56	**41** ①	**42** ③
43 ④	**44** ⑤	**45** ②	**46** ⑤	**47** 12	**48** ③
49 ④	**50** ②				

01

이차함수 $y=x^2-4x+a=(x-2)^2+a-4$의 그래프의 꼭짓점 A의 좌표는 $(2, a-4)$

원 $x^2+y^2+bx+4y-17=0$에서

$$\left(x+\frac{b}{2}\right)^2+(y+2)^2=21+\frac{b^2}{4}$$이므로

원의 중심의 좌표는 $\left(-\frac{b}{2}, -2\right)$

이차함수의 그래프의 꼭짓점 A와 원의 중심이 일치하므로

$$2=-\frac{b}{2}, a-4=-2$$

$a=2$, $b=-4$

따라서 $a+b=-2$

답 ②

02

구하는 원의 방정식 $x^2+y^2+ax+by+c=0$ (a, b, c는 상수)라 하자. 이 원이 세 점 $(0, 0)$, $(6, 0)$, $(-4, 4)$를 지나므로

$c=0$, $36+6a+c=0$, $32-4a+4b+c=0$

$c=0$을 대입한 후 연립하여 풀면 $a=-6$, $b=-14$

그러므로 구하는 원의 방정식은

$x^2+y^2-6x-14y=0$, 즉 $(x-3)^2+(y-7)^2=58$

따라서 원의 중심의 좌표는 $(3, 7)$이므로

$p+q=3+7=10$

답 10

03

$A(t, 0)$이라 하면 조건 (가)에서 $\overline{OB}-\overline{OA}=4$이므로 $B(0, t+4)$

$\angle AOB=90°$이므로 선분 AB는 원의 지름이다.

따라서 원의 중심 C는 선분 AB의 중점이므로 원의 중심 C의 좌표는 $\left(\dfrac{t}{2}, \dfrac{t+4}{2}\right)$이다.

조건 (나)에 의하여 점 C가 직선 $y=3x$ 위의 점이므로

$\dfrac{t+4}{2}=\dfrac{3}{2}t$, $t=2$

$C(1, 3)$이므로 $a=1$, $b=3$

또, $A(2, 0)$, $B(0, 6)$이므로 원의 반지름의 길이는

$r=\dfrac{1}{2}\overline{AB}=\dfrac{1}{2}\sqrt{(-2)^2+6^2}=\sqrt{10}$

따라서 $a+b+r^2=1+3+(\sqrt{10})^2=14$

답 14

다른 풀이

원의 중심 $C(a, b)$에서 x축, y축에 내린 수선의 발을 각각 H, I라 하면 $H(a, 0)$, $I(0, b)$

두 삼각형 COA, CBO는 이등변삼각형이므로 $A(2a, 0)$, $B(0, 2b)$

조건 (가)에서 $2b-2a=4$ ...... ㉠

조건 (나)에서 $b=3a$ ...... ㉡

㉠, ㉡을 연립하여 풀면 $a=1$, $b=3$이므로 $r^2=a^2+b^2=10$

따라서 $a+b+r^2=1+3+10=14$

04

두 점 $A(0, 6)$, $B(9, 0)$을 $2:1$로 내분하는 점 P의 좌표는

$\left(\dfrac{2\times9+1\times0}{2+1}, \dfrac{2\times0+1\times6}{2+1}\right)$

이므로 $P(6, 2)$이다.

점 $P(6, 2)$가 원 $x^2+y^2-2ax-2by=0$ 위의 점이므로

$6^2+2^2-2a\times6-2b\times2=0$, $3a+b=10$ ...... ㉠

원의 중심과 점 P를 지나는 직선을 l이라 하면 직선 l은 직선 AB와 서로 수직이고 직선 AB의 기울기가 $-\dfrac{2}{3}$이므로 직선 l의 기울기는 $\dfrac{3}{2}$이다.

직선 l이 점 $P(6, 2)$를 지나므로 직선 l의 방정식은

$y=\dfrac{3}{2}(x-6)+2$

원의 방정식 $x^2+y^2-2ax-2by=0$을 정리하면

$(x-a)^2+(y-b)^2=a^2+b^2$

원의 중심 (a, b)가 직선 l 위의 점이므로

$b=\dfrac{3}{2}(a-6)+2$, $3a-2b=14$ ...... ㉡

㉠, ㉡을 연립하여 풀면 $a=\dfrac{34}{9}$, $b=-\dfrac{4}{3}$

따라서 $a+b=\dfrac{34}{9}+\left(-\dfrac{4}{3}\right)=\dfrac{22}{9}$

답 ④

05

원의 접선과 그 접점을 지나는 현이 이루는 각의 크기는 이 각의 내부에 있는 호에 대한 원주각의 크기와 같다.

그러므로 점 O를 지나고 직선 AB와 점 A에서 접하는 원을 C라 할 때, 삼각형 OAB의 내부에 있으며 $\angle AOP=\angle BAP$를 만족시키는 점 P는 원 C 위의 점이다.

원 C의 중심을 C라 하면 $\angle OAC=45°$이므로

점 C의 좌표는 $\left(\dfrac{k}{2}, \boxed{-\dfrac{k}{2}}\right)$이고

원 C의 반지름의 길이는 선분 AC의 길이와 같다.

$\overline{AC}=\sqrt{\left(k-\dfrac{k}{2}\right)^2+\left(0+\dfrac{k}{2}\right)^2}=\dfrac{\sqrt{2}}{2}k$

이므로 원 C의 반지름의 길이는 $\boxed{\dfrac{\sqrt{2}}{2}k}$ 이다.

점 P의 y좌표는 $\angle PCO=45°$일 때 최대이고 점 P의 y좌표의 최댓값은 원 C의 중심의 y좌표와 원 C의 반지름의 길이의 합이므로

$M(k)=-\dfrac{k}{2}+\dfrac{\sqrt{2}}{2}k=\left(\boxed{\dfrac{\sqrt{2}-1}{2}}\right)\times k$

이다.

따라서 $f(k)=-\dfrac{k}{2}$, $g(k)=\dfrac{\sqrt{2}}{2}k$, $p=\dfrac{\sqrt{2}-1}{2}$이므로

$f(p)+g\left(\dfrac{1}{2}\right)=f\left(\dfrac{\sqrt{2}-1}{2}\right)+g\left(\dfrac{1}{2}\right)$

$=-\dfrac{\sqrt{2}-1}{4}+\dfrac{\sqrt{2}}{4}=\dfrac{1}{4}$

답 ④

06

두 점 $(-3, 0)$, $(1, 0)$을 지름의 양 끝점으로 하는 원을 C라 하면
원 C는 중심의 좌표가 $(-1, 0)$이고 반지름의 길이가 2인 원이다.
원 C와 직선 $kx+y-2=0$이 오직 한 점에서 만나려면 원 C의 중심
인 점 $(-1, 0)$과 직선 $kx+y-2=0$ 사이의 거리는 2이어야 한다.

$$\frac{|-k-2|}{\sqrt{k^2+1}}=2$$

$$|-k-2|=2\sqrt{k^2+1}$$

$$k^2+4k+4=4(k^2+1)$$

$$3k^2-4k=k(3k-4)=0$$

$$k=0 \text{ 또는 } k=\frac{4}{3}$$

따라서 양수 k의 값은 $\frac{4}{3}$이다.

답 ④

07

직선 $x+2y+5=0$이 원 $(x-1)^2+y^2=r^2$에 접하므로 원의 중심
$(1, 0)$과 직선 $x+2y+5=0$ 사이의 거리는 원의 반지름의 길이 r과
같다. 즉,

$$r=\frac{|1\times1+2\times0+5|}{\sqrt{1^2+2^2}}=\frac{6}{\sqrt{5}}=\frac{6\sqrt{5}}{5}$$

답 ②

다른 풀이

$x+2y+5=0$에서 $x=-2y-5$

$x=-2y-5$를 $(x-1)^2+y^2=r^2$에 대입하면

$\{(-2y-5)-1\}^2+y^2=r^2$, $5y^2+24y+36-r^2=0$

이 이차방정식의 판별식을 D라 하면 원과 직선이 접하므로

$$\frac{D}{4}=12^2-5(36-r^2)=0$$

$$5r^2-36=0, r^2=\frac{36}{5}$$

$r>0$이므로 $r=\frac{6}{\sqrt{5}}=\frac{6\sqrt{5}}{5}$

08

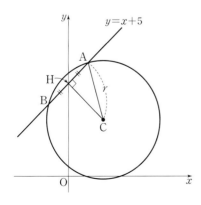

원 $(x-2)^2+(y-3)^2=r^2$의 중심을 C라 하고, 원의 중심 C에서 선
분 AB에 내린 수선의 발을 H라 하면
$\overline{AH}=\overline{BH}$이고 $\overline{AB}=2\sqrt{2}$이므로 $\overline{AH}=\sqrt{2}$
점 $C(2, 3)$과 직선 $x-y+5=0$ 사이의 거리는

$$\overline{CH}=\frac{|2-3+5|}{\sqrt{1^2+(-1)^2}}=\frac{4}{\sqrt{2}}=2\sqrt{2}$$

직각삼각형 ACH에서

$$r^2=\overline{AH}^2+\overline{CH}^2=(\sqrt{2})^2+(2\sqrt{2})^2=10$$

따라서 $r=\sqrt{10}$

답 ②

09

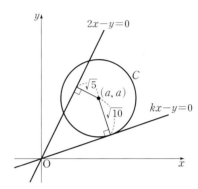

원 C의 중심 (a, a)와 직선 $2x-y=0$ 사이의 거리가 $\sqrt{5}$이므로

$$\frac{|2a-a|}{\sqrt{2^2+(-1)^2}}=\frac{a}{\sqrt{5}}=\sqrt{5}, a=5$$

원 C의 중심 $(5, 5)$와 직선 $kx-y=0$ 사이의 거리가 $\sqrt{10}$이므로

$$\frac{|5k-5|}{\sqrt{k^2+(-1)^2}}=\sqrt{10}$$에서

$$|5k-5|=\sqrt{10k^2+10}$$

양변을 제곱하여 정리하면

$$3k^2-10k+3=0$$

$$(3k-1)(k-3)=0$$

$$k=\frac{1}{3} \text{ 또는 } k=3$$

그런데 $0<k<1$이므로 $k=\frac{1}{3}$

답 ③

10

$\angle APB=90°$인 점 P는 두 점 $A(1, 4)$, $B(5, 4)$를 지름의 양 끝점
으로 하는 원 C 위의 점이다.
점 P는 중심의 좌표가 $(3, 4)$, 반지름의 길이가 2인 원 C 위의 점이
면서 선분 CD 위의 점이므로
직선 $l : y=-\frac{1}{2}x+t$와 원 C가 서로 만날 때 선분 CD 위에
$\angle APB=90°$인 점 P가 존재한다.

점 $(3, 4)$와 직선 $l : x + 2y - 2t = 0$ 사이의 거리는

$$\frac{|3 + 2 \times 4 - 2t|}{\sqrt{1^2 + 2^2}} = \frac{|11 - 2t|}{\sqrt{5}}$$

이므로 직선 l과 원 C가 서로 만나려면

$$\frac{|2t - 11|}{\sqrt{5}} \leq 2, \ |2t - 11| \leq 2\sqrt{5}$$

$$-2\sqrt{5} \leq 2t - 11 \leq 2\sqrt{5}$$

$$\frac{11 - 2\sqrt{5}}{2} \leq t \leq \frac{11 + 2\sqrt{5}}{2}$$

따라서 $M = \dfrac{11 + 2\sqrt{5}}{2}$, $m = \dfrac{11 - 2\sqrt{5}}{2}$이므로

$$M - m = 2\sqrt{5}$$

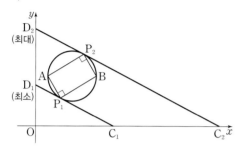

🔘 ①

11

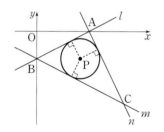

두 점 $A(6, 0)$, $B(0, -3)$을 지나는 직선을 l이라 하면

$l : y = \dfrac{-3 - 0}{0 - 6}(x - 6)$, 즉 $l : x - 2y - 6 = 0$

두 점 $B(0, -3)$, $C(10, -8)$을 지나는 직선을 m이라 하면

$m : y - (-3) = \dfrac{-8 - (-3)}{10 - 0}x$, 즉 $m : x + 2y + 6 = 0$

두 점 $A(6, 0)$, $C(10, -8)$을 지나는 직선을 n이라 하면

$n : y = \dfrac{-8 - 0}{10 - 6}(x - 6)$, 즉 $n : 2x + y - 12 = 0$

삼각형 ABC에 내접하는 원의 중심 P의 좌표를 $(a, b)\ (0 < a < 10)$이라 하자.

점 P와 직선 l 사이의 거리와 점 P와 직선 m 사이의 거리가 같으므로

$$\frac{|a - 2b - 6|}{\sqrt{1^2 + (-2)^2}} = \frac{|a + 2b + 6|}{\sqrt{1^2 + 2^2}}, \ |a - 2b - 6| = |a + 2b + 6|$$

(i) $a - 2b - 6 = a + 2b + 6$일 때, $4b = -12$에서 $b = -3$

(ii) $a - 2b - 6 = -(a + 2b + 6)$일 때, $2a = 0$에서 $a = 0$

(i), (ii)에서 $0 < a < 10$이므로 $b = -3$ ······ ㉠

또한, 점 P와 직선 m 사이의 거리와 점 P와 직선 n 사이의 거리가 같으므로

$$\frac{|a + 2b + 6|}{\sqrt{1^2 + 2^2}} = \frac{|2a + b - 12|}{\sqrt{2^2 + 1^2}}$$

이 식에 ㉠을 대입하면 $|a| = |2a - 15|$

양변을 제곱하여 정리하면 $a^2 - 20a + 75 = 0$, $(a - 5)(a - 15) = 0$

$0 < a < 10$이므로 $a = 5$

따라서 $P(5, -3)$이므로 선분 OP의 길이는

$$\overline{OP} = \sqrt{5^2 + (-3)^2} = \sqrt{34}$$

🔘 ④

12

두 점 $A(0, \sqrt{3})$, $B(1, 0)$을 지나는 직선의 방정식은

$$y = \frac{0 - \sqrt{3}}{1 - 0}x + \sqrt{3}, \ \sqrt{3}x + y - \sqrt{3} = 0$$

원 C의 중심 $(1, 10)$과 직선 AB 사이의 거리는

$$\frac{|\sqrt{3} + 10 - \sqrt{3}|}{\sqrt{3 + 1}} = 5$$

이고, 원 C의 반지름의 길이는 3이므로 원 C 위의 점 P와 직선 AB 사이의 거리를 h라 하면

$$2 \leq h \leq 8$$

선분 AB의 길이는 $\sqrt{1 + 3} = 2$이므로 삼각형 ABP의 넓이를 S라 하면

$$S = \frac{1}{2} \times 2 \times h = h$$

S가 자연수이려면 h가 자연수이어야 한다.

직선 AB와 평행한 직선 중에서 원 C의 중심으로부터의 거리가 $|5 - h|$이고 직선 AB와의 거리가 h인 직선을 l이라 하자.

(i) $h = 2$일 때

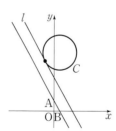

직선 l과 원 C는 한 점에서 만나므로 점 P의 개수는 1

(ii) $3 \leq h \leq 7$일 때

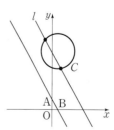

직선 l과 원 C는 서로 다른 두 점에서 만나므로 점 P의 개수는

$$5 \times 2 = 10$$

(iii) $h=8$일 때

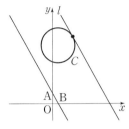

직선 l과 원 C는 한 점에서 만나므로 점 P의 개수는 1
(i), (ii), (iii)에서 모든 점 P의 개수는 $1+10+1=12$

답 ④

13

원의 방정식 $C : x^2+y^2-5x=0$을 변형하면
$$\left(x-\frac{5}{2}\right)^2+y^2=\left(\frac{5}{2}\right)^2$$
즉, 원 C의 중심을 C라 하면 $C\left(\frac{5}{2},\ 0\right)$이고 반지름의 길이가 $\frac{5}{2}$이다.

오른쪽 그림과 같이 원 C가 x축과
만나는 점 중 원점이 아닌 점을 A
라 하고, 점 P에서 x축에 내린 수
선의 발을 H라 하자.

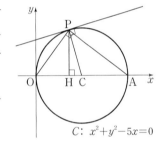

점 P가 원 C 위의 점이고 선분 OA
가 원 C의 지름이므로
$\angle OPA=90°$
조건 ㈎에서 $\overline{OP}=3$이고 $\overline{OA}=5$이므로 직각삼각형 OAP에서
$\overline{AP}=\sqrt{\overline{OA}^2-\overline{OP}^2}=\sqrt{5^2-3^2}=4$
두 삼각형 OAP와 OPH에서
$\angle OPA=\angle OHP=90°$, $\angle AOP=\angle POH$(공통)이므로
두 삼각형 OAP와 OPH는 서로 닮음이다.
$\overline{OA}:\overline{OP}=\overline{OP}:\overline{OH}$에서 $5:3=3:\overline{OH}$
$5\overline{OH}=9$, $\overline{OH}=\frac{9}{5}$

또, $\overline{OP}:\overline{PA}=\overline{OH}:\overline{HP}$에서 $3:4=\frac{9}{5}:\overline{HP}$
$3\overline{HP}=\frac{36}{5}$, $\overline{HP}=\frac{12}{5}$

그러므로 점 P의 좌표는 $\left(\frac{9}{5},\ \frac{12}{5}\right)$이다.

두 점 $C\left(\frac{5}{2},\ 0\right)$, $P\left(\frac{9}{5},\ \frac{12}{5}\right)$를 지나는 직선 CP의 기울기는
$$\frac{\frac{12}{5}-0}{\frac{9}{5}-\frac{5}{2}}=-\frac{24}{7}$$
점 P에서의 접선과 직선 CP는 서로 수직이므로 점 P에서의 접선의
기울기는 $\frac{7}{24}$이다.

따라서 $p=24$, $q=7$이므로 $p+q=31$

답 31

참고

점 P의 좌표를 구한 후, 평행이동을 이용하거나 점과 직선 사이의 거
리 공식을 이용하여 점 P에서의 접선의 기울기를 구할 수도 있다.

[점과 직선 사이의 거리 공식 이용]

점 $P\left(\frac{9}{5},\ \frac{12}{5}\right)$를 지나고 기울기가 m인 직선의 방정식은

$y=m\left(x-\frac{9}{5}\right)+\frac{12}{5}$, 즉 $5mx-5y-9m+12=0$

이 직선이 원 $C : \left(x-\frac{5}{2}\right)^2+y^2=\left(\frac{5}{2}\right)^2$에 접하므로 원의 중심

$C\left(\frac{5}{2},\ 0\right)$과 직선 $5mx-5y-9m+12=0$ 사이의 거리는 원의 반지

름의 길이 $\frac{5}{2}$와 같다. 즉,

$\dfrac{\left|\frac{25}{2}m-9m+12\right|}{\sqrt{(5m)^2+(-5)^2}}=\dfrac{5}{2}$, $25\sqrt{m^2+1}=|7m+24|$

양변을 제곱하여 정리하면
$576m^2-336m+49=0$, $(24m-7)^2=0$

$m=\frac{7}{24}$

따라서 $p=24$, $q=7$이므로 $p+q=31$

[평행이동 이용]

원 $C : \left(x-\frac{5}{2}\right)^2+y^2=\left(\frac{5}{2}\right)^2$과 점 $P\left(\frac{9}{5},\ \frac{12}{5}\right)$를 x축의 방향으로

$-\frac{5}{2}$만큼 평행이동한 원과 점을 각각 C_1, P_1이라 하면

$C_1 : x^2+y^2=\frac{25}{4}$, $P_1\left(-\frac{7}{10},\ \frac{12}{5}\right)$

원 C_1 위의 점 P_1에서의 접선을 l이라 하면 직선 l의 방정식은

$-\frac{7}{10}x+\frac{12}{5}y=\frac{25}{4}$이므로 직선 l의 기울기는 $\frac{7}{24}$이다.

이때 직선 l은 원 C 위의 점 P에서의 접선과 서로 평행하므로 원 C

위의 점 P에서의 접선의 기울기는 $\frac{7}{24}$이다.

따라서 $p=24$, $q=7$이므로 $p+q=31$

14

점 $(3, 4)$를 지나면서 원점에서의 거리가 최대인 직선 l은 원점과 점
$(3, 4)$를 지나는 직선과 수직으로 만나야 한다.

원점과 점 $(3, 4)$를 지나는 직선의 기울기는 $\frac{4}{3}$이므로 직선 l의 기울
기는 $-\frac{3}{4}$이다.

기울기가 $-\frac{3}{4}$이고 점 $(3, 4)$를 지나는 직선 l의 방정식은

$y-4=-\frac{3}{4}(x-3)$, 즉 $3x+4y-25=0$

원 $(x-7)^2+(y-5)^2=1$의 중심 $(7, 5)$와 직선 l 사이의 거리는

$$\frac{|3 \times 7 + 4 \times 5 - 25|}{\sqrt{3^2 + 4^2}} = \frac{16}{5}$$

이때 원의 반지름의 길이가 1이므로 오른쪽 그림과 같이 원 위의 점 P와 직선 l 사이의 거리의 최솟값 m은

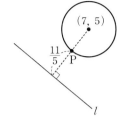

$$m = \frac{16}{5} - 1 = \frac{11}{5}$$

따라서 $10m = 22$

답 22

15

원 $x^2 + y^2 = 8$의 중심의 좌표는 $(0, 0)$이고,
$\overline{OA} = \sqrt{5^2 + 5^2} = 5\sqrt{2}$, $\overline{OP} = 2\sqrt{2}$

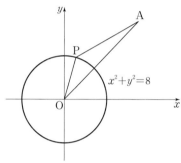

$\overline{OA} \leq \overline{OP} + \overline{PA}$이므로
$\overline{AP} \geq \overline{OA} - \overline{OP} = 5\sqrt{2} - 2\sqrt{2} = 3\sqrt{2}$

따라서 선분 AP의 길이의 최솟값은 $3\sqrt{2}$이다.

답 ②

16

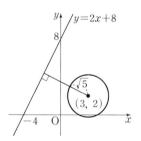

점 $(3, 2)$와 직선 $2x - y + 8 = 0$ 사이의 거리는
$$\frac{|2 \times 3 + (-1) \times 2 + 8|}{\sqrt{2^2 + (-1)^2}} = \frac{12\sqrt{5}}{5}$$

원의 반지름의 길이는 $\sqrt{5}$이므로 원 위의 점과 직선 $2x - y + 8 = 0$ 사이의 거리의 최솟값은

$$\frac{12\sqrt{5}}{5} - \sqrt{5} = \frac{7\sqrt{5}}{5}$$

답 ①

17

$x^2 + y^2 - 2x - ay - b = 0$에서
$$(x-1)^2 + \left(y - \frac{a}{2}\right)^2 = \frac{a^2}{4} + b + 1$$

이므로 원 C의 중심의 좌표는 $\left(1, \dfrac{a}{2}\right)$,

반지름의 길이는 $\sqrt{\dfrac{a^2}{4} + b + 1}$

원 C의 중심이 직선 $y = 2x - 1$ 위에 있으므로

$\dfrac{a}{2} = 2 \times 1 - 1$에서 $a = 2$

원 C의 반지름의 길이는 $\sqrt{b+2}$

삼각형 ABP의 밑변을 선분 AB라 하면 선분 AB는 원 C의 지름이므로 삼각형 ABP의 높이의 최댓값은 원 C의 반지름의 길이와 같다.

그러므로 삼각형 ABP의 넓이의 최댓값은

$$\frac{1}{2} \times 2\sqrt{b+2} \times \sqrt{b+2} = 4$$

$b + 2 = 4$, $b = 2$

따라서 $a + b = 4$

답 ④

18

ㄱ. 직선 AC의 방정식은 $x - 3y + 5 = 0$이므로 점 B와 직선 AC 사이의 거리는 $\dfrac{|15 + 5|}{\sqrt{1^2 + (-3)^2}} = 2\sqrt{10}$ (참)

ㄴ. 원 $x^2 + y^2 = 25$ 위의 점 P에서의 접선이 직선 AC와 평행할 때, 사각형 PABC의 넓이가 최대가 된다. ...... (*)

선분 AC와 두 선분 PB, PO가 만나는 점을 각각 Q, R이라 하자.

원 위의 점 P에서의 접선과 직선 AC는 평행하고, 원의 반지름 OP와 각각 서로 수직이다.

삼각형 PQR에서 $\angle R = 90°$, $\angle Q < 90°$이므로 직선 PB와 직선 AC는 서로 수직이 아니다. (거짓)

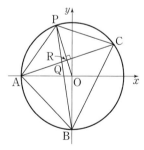

ㄷ. 사각형 PABC의 넓이는 삼각형 ABC의 넓이와 삼각형 ACP의 넓이의 합과 같다.

삼각형 ABC의 넓이는 $\overline{AC} = 3\sqrt{10}$이고 ㄱ에 의하여

$$\frac{1}{2} \times 3\sqrt{10} \times 2\sqrt{10} = 30 \quad \cdots\cdots \text{㉠}$$

삼각형 ACP의 넓이의 최댓값은 (*)에 의하여

$$\overline{OR} = \frac{|1 \times 0 + (-3) \times 0 + 5|}{\sqrt{1^2 + (-3)^2}} = \frac{\sqrt{10}}{2}$$

$$\overline{PR} = 5 - \overline{OR} = 5 - \frac{\sqrt{10}}{2}$$

$$\frac{1}{2} \times 3\sqrt{10} \times \left(5 - \frac{\sqrt{10}}{2}\right) = \frac{15(\sqrt{10}-1)}{2} \quad \cdots\cdots \text{ⓛ}$$

사각형 PABC의 넓이의 최댓값은 ㉠, ㉤에 의하여

$$\frac{15(3+\sqrt{10})}{2} \ (참)$$

이상에서 옳은 것은 ㄱ, ㄷ이다.

답 ④

19

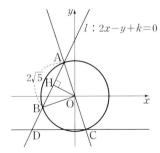

직선 l의 방정식을 $2x-y+k=0$이라 하고 원점 O에서 직선 l에 내린 수선의 발을 H라 하면 원의 중심에서 현에 내린 수선은 그 현을 수직이등분하므로

$$\overline{AH} = \sqrt{5}$$

$\overline{OA} = \sqrt{10}$이고 삼각형 AHO가 직각삼각형이므로

$$\overline{OH} = \sqrt{5}$$

$\overline{OH}$는 원점 O와 직선 l 사이의 거리와 같으므로

$$\frac{|2\times 0 - 1\times 0 + k|}{\sqrt{2^2+(-1)^2}} = \sqrt{5}$$

$$k=5$$

두 점 A, B는 직선 $l : 2x-y+5=0$이 원 $x^2+y^2=10$과 만나는 점이므로

$$x^2 + (2x+5)^2 = 10, \ x^2 + 4x + 3 = 0$$

$$x = -1 \ 또는 \ x = -3$$

두 점 A, B의 좌표는 각각 $(-1, 3)$, $(-3, -1)$이고,

점 C는 점 A를 원점에 대하여 대칭이동한 점과 일치하므로 점 C의 좌표는 $(1, -3)$

점 C를 지나고 x축과 평행한 직선이 직선 l과 만나는 점 D의 좌표는 $(-4, -3)$

$$a = -4, b = -3$$

따라서 $a+b = -7$

답 ③

20

조건 (가)에서 원 $C : x^2 + y^2 - 4x - 2ay + a^2 - 9 = 0$이 원점을 지나므로 $x=0$, $y=0$을 대입하면

$$a^2 - 9 = 0, \ a^2 = 9$$

$$a = -3 \ 또는 \ a = 3$$

(ⅰ) $a=-3$일 때, 원 C의 방정식은

$$x^2 + y^2 - 4x + 6y = 0$$

즉, $(x-2)^2 + (y+3)^2 = 13$

(ⅱ) $a=3$일 때, 원 C의 방정식은

$$x^2 + y^2 - 4x - 6y = 0$$

즉, $(x-2)^2 + (y-3)^2 = 13$

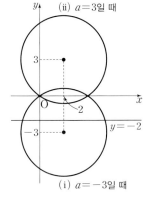

이때 $a=3$이면 원 C는 직선 $y=-2$와 만나지 않으므로 조건 (나)에 의하여

$$a = -3$$

따라서 원 C의 중심은 $A(2, -3)$이고 반지름의 길이는 $\sqrt{13}$이다.

오른쪽 그림과 같이 원의 중심 $A(2, -3)$에서 직선 $y=-2$에 내린 수선의 발을 H라 하고, 원 C와 직선 $y=-2$가 만나는 두 점을 각각 P, Q라 하자.

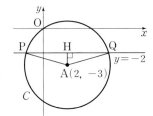

$\overline{AP} = \sqrt{13}$, $\overline{AH} = 1$이므로

직각삼각형 AHP에서

$$\overline{PH} = \sqrt{\overline{AP}^2 - \overline{AH}^2} = \sqrt{(\sqrt{13})^2 - 1^2} = 2\sqrt{3}$$

따라서 $\overline{PQ} = 2\overline{PH} = 4\sqrt{3}$

답 ⑤

참고

원 $C : (x-2)^2 + (y+3)^2 = 13$과 직선 $y=-2$가 만나는 두 점의 좌표를 직접 구해 다음과 같은 방법으로도 원 C와 직선이 만나는 두 점 사이의 거리를 구할 수 있다.

$(x-2)^2 + (y+3)^2 = 13$에 $y=-2$를 대입하면

$$(x-2)^2 + (-2+3)^2 = 13, \ (x-2)^2 = 12$$

$$x = 2 \pm 2\sqrt{3}$$

따라서 원 C와 직선 $y=-2$가 만나는 두 점의 좌표는 각각 $(2-2\sqrt{3}, -2)$, $(2+2\sqrt{3}, -2)$이므로 이 두 점 사이의 거리는 $(2+2\sqrt{3}) - (2-2\sqrt{3}) = 4\sqrt{3}$

21

원 $x^2 + y^2 = r^2$ 위의 점 $(a, 4\sqrt{3})$에서의 접선의 방정식은

$$ax + 4\sqrt{3}y = r^2, \ ax + 4\sqrt{3}y - r^2 = 0$$

이 접선이 직선 $x - \sqrt{3}y + b = 0$과 일치하므로

$$\frac{a}{1} = \frac{4\sqrt{3}}{-\sqrt{3}} = \frac{-r^2}{b}$$에서

$$a = -4, \ r^2 = 4b \quad \cdots\cdots \text{㉠}$$

한편, 점 $(a, 4\sqrt{3})$이 원 $x^2 + y^2 = r^2$ 위의 점이므로

$$a^2 + (4\sqrt{3})^2 = r^2$$

$$r^2 = (-4)^2 + (4\sqrt{3})^2 = 64$$

$r>0$이므로 $r=8$

㉠에서 $b=\dfrac{r^2}{4}=\dfrac{64}{4}=16$

따라서 $a+b+r=(-4)+16+8=20$

답 ④

다른 풀이

점 $(a, 4\sqrt{3})$을 A라 하자.

원 $x^2+y^2=r^2$ 위의 점 A에서의 접선의 방정식이 $x-\sqrt{3}y+b=0$이

므로 이 접선의 기울기는 $\dfrac{\sqrt{3}}{3}$이다. 원점 O에 대하여 직선 OA는 이

접선과 수직이므로 직선 OA의 기울기는 $-\sqrt{3}$이다.

두 점 $O(0, 0)$, $A(a, 4\sqrt{3})$을 지나는 직선의 기울기는 $\dfrac{4\sqrt{3}}{a}$이므로

$\dfrac{4\sqrt{3}}{a}=-\sqrt{3}$

$a=-4$

점 $(-4, 4\sqrt{3})$이 원 $x^2+y^2=r^2$ 위의 점이므로

$(-4)^2+(4\sqrt{3})^2=16+48=64=r^2$

$r>0$이므로 $r=8$

따라서 원 $x^2+y^2=64$ 위의 점 $(-4, 4\sqrt{3})$에서의 접선의 방정식은

$-4x+4\sqrt{3}y=64$, $x-\sqrt{3}y+16=0$

이고 이 접선이 직선 $x-\sqrt{3}y+b=0$과 일치하므로

$b=16$

따라서 $a+b+r=(-4)+16+8=20$

22

원 $x^2+y^2=25$ 위의 점 $(3, -4)$에서의 접선의 방정식은

$3x-4y-25=0$

이 접선이 원 $(x-6)^2+(y-8)^2=r^2$과 만나려면 원의 중심 $(6, 8)$

과 직선 $3x-4y-25=0$ 사이의 거리 d가 반지름의 길이 $r\,(r>0)$

보다 작거나 같아야 한다.

$d=\dfrac{|3\times 6-4\times 8-25|}{\sqrt{3^2+(-4)^2}}=\dfrac{39}{5}\le r$이므로 자연수 r의 최솟값은

8이다.

답 8

23

원 $C:x^2+y^2=4$ 위의 제1사분면 위의 점 P의 좌표를

$(x_1, y_1)\,(x_1>0, y_1>0)$이라 하자.

원 C 위의 점 $P(x_1, y_1)$에서의 접선의 방정식은

$x_1x+y_1y=4$

이 직선이 x축과 만나는 점 B의 좌표는 $\left(\dfrac{4}{x_1}, 0\right)$이고, 점 $P(x_1, y_1)$

에서 x축에 내린 수선의 발이 H이므로 점 H의 x좌표는 x_1이다.

$2\overline{\mathrm{AH}}=\overline{\mathrm{HB}}$에서

$2(x_1+2)=\dfrac{4}{x_1}-x_1$, $3x_1{}^2+4x_1-4=0$

$(x_1+2)(3x_1-2)=0$

$x_1>0$이므로 $x_1=\dfrac{2}{3}$에서 $B(6, 0)$

또, 점 $P(x_1, y_1)$은 원 C 위의 점이므로

$x_1{}^2+y_1{}^2=4$

$x_1=\dfrac{2}{3}$를 $x_1{}^2+y_1{}^2=4$에 대입하면 $y_1{}^2=\dfrac{32}{9}$

$y_1>0$이므로 $y_1=\dfrac{4\sqrt{2}}{3}$

따라서 삼각형 PAB의 넓이는

$\dfrac{1}{2}\times\overline{\mathrm{AB}}\times\overline{\mathrm{PH}}=\dfrac{1}{2}\times 8\times\dfrac{4\sqrt{2}}{3}=\dfrac{16\sqrt{2}}{3}$

답 ④

24

점 $(0, 3)$에서 원 $x^2+y^2=1$에 그은 접선의 접점의 좌표를 (x_1, y_1)

이라 하면 접선의 방정식은

$x_1x+y_1y=1$　　　……㉠

직선 ㉠이 점 $(0, 3)$을 지나므로

$3y_1=1$, $y_1=\dfrac{1}{3}$

또, 접점 (x_1, y_1)이 원 $x^2+y^2=1$ 위의 점이므로

$x_1{}^2+y_1{}^2=1$

$y_1=\dfrac{1}{3}$을 $x_1{}^2+y_1{}^2=1$에 대입하면

$x_1{}^2=\dfrac{8}{9}$, $x_1=\pm\dfrac{2\sqrt{2}}{3}$

즉, 접선의 방정식은 ㉠에서

$\dfrac{2\sqrt{2}}{3}x+\dfrac{1}{3}y=1$, $-\dfrac{2\sqrt{2}}{3}x+\dfrac{1}{3}y=1$

이므로 이 두 접선이 x축과 만나는 점의 x좌표는 각각

$x=\dfrac{3}{2\sqrt{2}}$, $x=-\dfrac{3}{2\sqrt{2}}$

따라서 $k=\dfrac{3}{2\sqrt{2}}$ 또는 $k=-\dfrac{3}{2\sqrt{2}}$이므로

$16k^2=16\times\dfrac{9}{8}=18$

답 18

다른 풀이 1

접선의 기울기를 m이라 하면 점 $(0, 3)$을 지나는 접선의 방정식은

$y=mx+3$, 즉 $mx-y+3=0$

원의 중심 $(0, 0)$과 직선 $mx-y+3=0$ 사이의 거리는 원의 반지름

의 길이 1과 같으므로

$$\frac{|3|}{\sqrt{m^2+(-1)^2}}=1, \sqrt{m^2+1}=3$$

양변을 제곱하여 정리하면

$$m^2=8, m=\pm 2\sqrt{2}$$

즉, 접선의 방정식은

$$y=2\sqrt{2}x+3, y=-2\sqrt{2}x+3$$

이므로 이 두 접선이 x축과 만나는 점의 x좌표는 각각

$$x=-\frac{3}{2\sqrt{2}}, x=\frac{3}{2\sqrt{2}}$$

따라서 $k=-\dfrac{3}{2\sqrt{2}}$ 또는 $k=\dfrac{3}{2\sqrt{2}}$ 이므로

$$16k^2=16\times\frac{9}{8}=18$$

[다른 풀이 2]

접선의 기울기를 m이라 하면 점 $(0, 3)$을 지나는 접선의 방정식은

$$y=mx+3$$

이 식을 $x^2+y^2=1$에 대입하여 정리하면

$$(m^2+1)x^2+6mx+8=0$$

이 이차방정식의 판별식을 D라 하면 원과 직선이 접하므로

$$\frac{D}{4}=(3m)^2-8(m^2+1)=0$$

$$m^2-8=0, m=\pm 2\sqrt{2}$$

즉, 접선의 방정식은

$$y=2\sqrt{2}x+3, y=-2\sqrt{2}x+3$$

이므로 이 두 접선이 x축과 만나는 점의 x좌표는 각각

$$x=-\frac{3}{2\sqrt{2}}, x=\frac{3}{2\sqrt{2}}$$

따라서 $k=-\dfrac{3}{2\sqrt{2}}$ 또는 $k=\dfrac{3}{2\sqrt{2}}$ 이므로

$$16k^2=16\times\frac{9}{8}=18$$

[보충 개념]

원 밖의 점 P에서 원에 그은 접선의 방정식은 다음과 같은 방법을 이용한다.

(1) 원 위의 점에서의 접선의 방정식 이용
  ➡ 접점의 좌표를 (x_1, y_1)이라 할 때, 이 점에서의 접선이 점 P를 지남을 이용한다.

(2) 원의 중심과 직선 사이의 거리 이용
  ➡ 접선의 기울기를 m이라 할 때, 기울기가 m이고 점 P를 지나는 접선과 원의 중심 사이의 거리가 원의 반지름의 길이와 같음을 이용한다.

(3) 판별식 이용
  ➡ 접선의 기울기를 m이라 할 때, 기울기가 m이고 점 P를 지나는 접선의 방정식과 원의 방정식을 연립하여 얻은 이차방정식의 판별식을 D라 할 때, $D=0$임을 이용한다.

25

점 $(2, -4)$에서 원 $x^2+y^2=2$에 그은 접선의 접점의 좌표를 (x_1, y_1)이라 하면 접선의 방정식은

$$x_1x+y_1y=2 \qquad \cdots\cdots ㉠$$

이 직선이 점 $(2, -4)$를 지나므로

$$2x_1-4y_1=2$$

$$x_1=2y_1+1 \qquad \cdots\cdots ㉡$$

또, 접점 (x_1, y_1)이 원 $x^2+y^2=2$ 위의 점이므로

$$x_1{}^2+y_1{}^2=2$$

㉡을 $x_1{}^2+y_1{}^2=2$에 대입하여 정리하면

$$5y_1{}^2+4y_1-1=0, (y_1+1)(5y_1-1)=0$$

$$y_1=-1 \text{ 또는 } y_1=\frac{1}{5}$$

$y_1=-1$을 ㉡에 대입하면 $x_1=-1$, $y_1=\dfrac{1}{5}$ 을 ㉡에 대입하면 $x_1=\dfrac{7}{5}$

즉, 접선의 방정식은 ㉠에서

$$-x-y=2, \frac{7}{5}x+\frac{1}{5}y=2$$

이므로 이 두 접선이 y축과 만나는 두 점의 좌표는 각각

$$(0, -2), (0, 10)$$

따라서 $a=-2$, $b=10$ 또는 $a=10$, $b=-2$이므로

$$a+b=8 \qquad\qquad\qquad 답 ③$$

26

두 원 C_1, C_2의 중심을 각각 A, B라 하면 $A(-7, 2)$, $B(0, b)$이다.

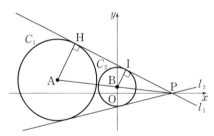

위의 그림과 같이 두 점 A, B에서 직선 l_1에 내린 수선의 발을 각각 H, I라 하면 $\overline{AH}$는 원 C_1의 반지름의 길이이고, $\overline{BI}$는 원 C_2의 반지름의 길이이므로

$$\overline{AH}=\sqrt{20}=2\sqrt{5}, \overline{BI}=\sqrt{5}$$

두 삼각형 PAH와 PBI에서

$$\angle PHA=\angle PIB=90°, \angle APH=\angle BPI (공통)이므로$$

두 삼각형 PAH와 PBI는 서로 닮음이고,

닮음비는 $\overline{AH}:\overline{BI}=2\sqrt{5}:\sqrt{5}=2:1$이다.

점 B는 선분 AP의 중점이므로

$$\frac{(-7)+a}{2}=0, \frac{2+0}{2}=b에서 a=7, b=1$$

즉, $B(0, 1)$, $P(7, 0)$이다.

점 $P(7, 0)$을 지나고 두 원 C_1, C_2에 모두 접하는 직선의 방정식을 $y=m(x-7)$ (m은 상수)라 하면 점 $B(0, 1)$과 직선

$y=m(x-7)$, 즉 $mx-y-7m=0$ 사이의 거리가 $\sqrt{5}$이므로

$$\frac{|m \times 0 - 1 \times 1 - 7m|}{\sqrt{m^2 + (-1)^2}} = \sqrt{5}, \ |-7m-1| = \sqrt{5(m^2+1)}$$

양변을 제곱하여 정리하면

$$22m^2 + 7m - 2 = 0, \ (2m+1)(11m-2) = 0$$

$$m = -\frac{1}{2} \ \text{또는} \ m = \frac{2}{11}$$

그러므로 두 직선 l_1, l_2의 기울기의 곱은

$$c = \left(-\frac{1}{2}\right) \times \frac{2}{11} = -\frac{1}{11}$$

따라서 $11(a+b+c) = 11\left\{7+1+\left(-\frac{1}{11}\right)\right\} = 87$

🅐 87

27

점 $(2, -1)$을 x축의 방향으로 a만큼, y축의 방향으로 5만큼 평행이동한 점의 좌표는 $(2+a, 4)$이므로 $2+a = 4$, $a = 2$이고 $b = 4$

따라서 $a+b = 6$

🅐 6

28

점 $\mathrm{P}(a, a^2)$을 x축의 방향으로 $-\frac{1}{2}$만큼, y축의 방향으로 2만큼 평행이동한 점의 좌표는 $\left(a-\frac{1}{2}, a^2+2\right)$이다.

점 $\left(a-\frac{1}{2}, a^2+2\right)$가 직선 $y = 4x$ 위에 있으므로

$$a^2 + 2 = 4\left(a-\frac{1}{2}\right), \ (a-2)^2 = 0$$

따라서 $a = 2$

🅐 ⑤

29

직선 AB의 방정식은 $y = x+9$

직선 AC의 방정식은 $y = -x+9$

직선 A′B′의 방정식은 $y = x-t+9$

(i) $0 < t < 9$일 때, 삼각형 OCA의 내부와 삼각형 O′A′B′의 내부의 공통부분은 [그림 1]의 빗금 친 부분과 같다.

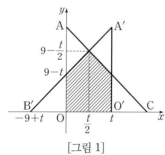

[그림 1]

$$S(t) = 2 \times \left\{\left(\frac{1}{2} \times \left(9-t+9-\frac{t}{2}\right) \times \frac{t}{2}\right\} = -\frac{3}{4}(t-6)^2 + 27$$

따라서 $t = 6$일 때, $S(t)$의 최댓값은 27이다.

(ii) $9 \leq t < 18$일 때, 삼각형 OCA의 내부와 삼각형 O′A′B′의 내부의 공통부분은 [그림 2]의 빗금 친 부분과 같다.

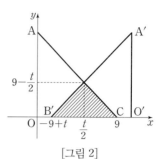

[그림 2]

$$S(t) = \frac{1}{2} \times (18-t) \times \left(9-\frac{t}{2}\right) = \frac{1}{4}(t-18)^2$$

따라서 $t = 9$일 때, $S(t)$의 최댓값은 $\frac{81}{4}$이다.

(i), (ii)에서 $S(t)$의 최댓값은 27이다.

🅐 ③

30

직선 $y = kx+1$을 x축의 방향으로 1만큼, y축의 방향으로 -2만큼 평행이동한 직선의 방정식은

$$y - (-2) = k(x-1) + 1, \ \text{즉} \ y = kx-k-1$$

이 직선이 점 $(3, 1)$을 지나므로 $1 = 3k - k - 1$

따라서 $k = 1$

🅐 ①

31

원 $(x-a)^2 + (y+4)^2 = 16$의 중심의 좌표는 $(a, -4)$

원 $(x-8)^2 + (y-b)^2 = 16$의 중심의 좌표는 $(8, b)$

점 $(a, -4)$를 x축의 방향으로 2만큼, y축의 방향으로 5만큼 평행이동한 점의 좌표는 $(a+2, 1)$이므로

$(a+2, 1) = (8, b)$에서 $a = 6$, $b = 1$

따라서 $a+b = 7$

🅐 ③

32

점 $\mathrm{A}(3, -1)$을 x축의 방향으로 1만큼, y축의 방향으로 -4만큼 평행이동한 점 B의 좌표는

$(3+1, -1-4)$, 즉 $(4, -5)$

직선 AB의 기울기가 $\dfrac{-5-(-1)}{4-3} = -4$이므로 직선 AB의

방정식은 $y-(-5) = -4(x-4)$, 즉 $y = -4x+11$

이 직선을 x축의 방향으로 3만큼, y축의 방향으로 1만큼 평행이동한 직선의 방정식은 $y-1 = -4(x-3)+11$, 즉 $y = -4x+24$

$y = -4x+24$에 $x = 0$을 대입하면 $y = 24$

따라서 직선의 y절편은 24이다.

🅐 24

33

두 원 C, C'에 대하여 조건 ㈎에 의하여 그래프는 그림과 같다.

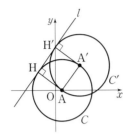

두 원 C, C'의 중심을 각각 A, A′이라 하자.

원 C의 중심은 A$(1, 0)$이므로 조건 ㈏에 의하여

$$r=\frac{|4\times1-3\times0+21|}{\sqrt{4^2+(-3)^2}}=5$$

원 C'의 방정식은 $(x-a-1)^2+(y-b)^2=25$이고 조건 ㈎에서 점 A$(1, 0)$을 지나므로

$(1-a-1)^2+(0-b)^2=25$

$a^2+b^2=25$ ······ ㉠

직선 $4x-3y+21=0$을 l이라 하고 두 점 A, A′에서 직선 l에 내린 수선의 발을 각각 H, H′이라 하면

$\overline{AH}=\overline{A'H'}$, $\overline{AH}\perp l$, $\overline{A'H'}\perp l$

이므로 직선 AA′은 직선 l과 평행하다.

직선 l의 기울기는 $\frac{4}{3}$이므로

$$\frac{b-0}{(1+a)-1}=\frac{4}{3},\ b=\frac{4}{3}a$$ ······ ㉡

㉡을 ㉠에 대입하면

$$a^2+\left(\frac{4}{3}a\right)^2=25,\ \frac{25}{9}a^2=25,\ a^2=9$$

$a>0$, $b>0$이므로 $a=3$, $b=4$

따라서 $a+b+r=3+4+5=12$

답 12

34

원 $C : (x-2)^2+(y-3)^2=9$의 중심의 좌표는 $(2, 3)$이고 반지름의 길이는 3이므로 원 C를 x축의 방향으로 m만큼 평행이동한 원 C_1의 중심의 좌표는 $(2+m, 3)$이고 반지름의 길이는 3이다.

조건 ㈎에서 원 C_1은 직선 l과 서로 다른 두 점에서 만나므로 점 $(2+m, 3)$과 직선 $4x-3y=0$ 사이의 거리는 원의 반지름의 길이인 3보다 작다. 즉,

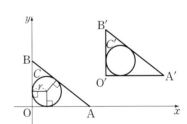

$$\frac{|4(2+m)-3\times3|}{\sqrt{4^2+(-3)^2}}<3,\ |4m-1|<15$$

$-15<4m-1<15$, $-14<4m<16$, $-\frac{7}{2}<m<4$

따라서 조건 ㈎를 만족시키는 자연수 m의 값은 1, 2, 3이다.

한편, 원 C_1을 y축의 방향으로 n만큼 평행이동한 원 C_2의 중심의 좌표는 $(2+m, 3+n)$이고 반지름의 길이는 3이다.

이때 조건 ㈏에서 원 C_2는 직선 l과 서로 다른 두 점에서 만나므로 점 $(2+m, 3+n)$과 직선 $4x-3y=0$ 사이의 거리는 원의 반지름의 길이인 3보다 작다. 즉,

$$\frac{|4(2+m)-3(3+n)|}{\sqrt{4^2+(-3)^2}}<3,\ |4m-3n-1|<15$$

$-15<4m-3n-1<15$

$$\frac{4m-16}{3}<n<\frac{4m+14}{3}$$ ······ ㉠

m의 값에 따라 나누어 생각해 보면 다음과 같다.

(ⅰ) $m=1$일 때, ㉠에서 $-4<n<6$이므로 자연수 n의 값은 1, 2, 3, 4, 5이고, 이때의 $m+n$의 최댓값은 6이다.

(ⅱ) $m=2$일 때, ㉠에서 $-\frac{8}{3}<n<\frac{22}{3}$이므로 자연수 n의 값은 1, 2, 3, 4, 5, 6, 7이고, 이때의 $m+n$의 최댓값은 9이다.

(ⅲ) $m=3$일 때, ㉠에서 $-\frac{4}{3}<n<\frac{26}{3}$이므로 자연수 n의 값은 1, 2, 3, 4, 5, 6, 7, 8이고, 이때의 $m+n$의 최댓값은 11이다.

(ⅰ), (ⅱ), (ⅲ)에서 $m+n$의 최댓값은 11이다.

답 11

35

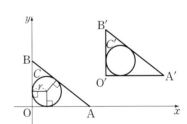

위의 그림과 같이 두 삼각형 OAB, O′A′B′에 내접하는 원을 각각 C, C'이라 하자.

원 C의 반지름의 길이를 r이라 하면 원 C는 x축, y축에 모두 접하고 제1사분면에 중심이 있으므로 중심의 좌표는 (r, r)이다.

한편, 두 점 A$(4, 0)$, B$(0, 3)$을 지나는 직선 AB의 방정식은

$$\frac{x}{4}+\frac{y}{3}=1,\ \text{즉 } 3x+4y-12=0$$

원 C가 직선 AB에 접하므로 원의 중심 (r, r)과 직선 AB 사이의 거리는 원의 반지름의 길이 r과 같다. 즉,

$$\frac{|3r+4r-12|}{\sqrt{3^2+4^2}}=r,\ |7r-12|=5r$$

$7r-12=5r$ 또는 $7r-12=-5r$

$r=6$ 또는 $r=1$

$0<r<3$이므로 $r=1$

그러므로 원 C의 방정식은

$(x-1)^2+(y-1)^2=1$

점 $A(4, 0)$을 x축의 방향으로 5만큼, y축의 방향으로 2만큼 평행이동하면 점 $A'(9, 2)$가 되므로 이 평행이동에 의하여 원 C가 평행이동한 원 C'의 방정식은

$\{(x-5)-1\}^2+\{(y-2)-1\}^2=1$

$(x-6)^2+(y-3)^2=1$

$x^2+y^2-12x-6y+44=0$

따라서 $a=-12$, $b=-6$, $c=44$이므로

$a+b+c=26$

답 26

참고

내접원 C의 반지름의 길이 r을 다음과 같은 방법으로 구할 수 있다.

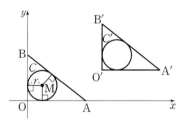

삼각형 OAB에 내접하는 원의 중심을 M이라 하면 점 M에서 세 변 OA, OB, AB에 내린 수선의 길이는 원의 반지름의 길이 r과 같으므로

$\triangle OAB=\triangle MOA+\triangle MAB+\triangle MBO$

$\dfrac{1}{2}\times\overline{OA}\times\overline{OB}=\dfrac{1}{2}\times\overline{OA}\times r+\dfrac{1}{2}\times\overline{AB}\times r+\dfrac{1}{2}\times\overline{OB}\times r$

$6=\dfrac{1}{2}(4+5+3)r$, $6r=6$

$r=1$

36

점 $A(1, 0)$을 직선 $y=x$에 대하여 대칭이동한 점을 A'이라 하면 점 A'의 좌표는 $(0, 1)$이다.

$\overline{AP}+\overline{BP}=\overline{A'P}+\overline{BP}\geq\overline{A'B}$

에서 점 P_0은 선분 $A'B$ 위에 있다.

직선 AP_0을 직선 $y=x$에 대하여 대칭이동한 직선 $A'P_0$은 직선 $A'B$와 같다.

직선 $A'P_0$의 방정식은

$y-1=\dfrac{5-1}{6-0}(x-0)$

$y=\dfrac{2}{3}x+1$

이 직선이 점 $(9, a)$를 지나므로

$a=\dfrac{2}{3}\times9+1=7$

답 ④

37

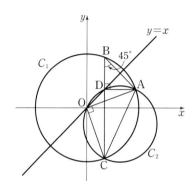

점 $A(a, 2)$를 직선 $y=x$에 대하여 대칭이동한 점은 $B(2, a)$이고, 점 $B(2, a)$를 x축에 대하여 대칭이동한 점은 $C(2, -a)$이다.

$\overline{OA}=\overline{OB}=\overline{OC}=\sqrt{a^2+4}$이므로 점 O는 삼각형 ABC의 외접원의 중심이고 $r_1=\overline{OA}$이다.

선분 BC와 직선 $y=x$가 만나는 점을 D라 하면 삼각형 BDA는 직각이등변삼각형이므로

$\angle ABD=\angle ABC=45°$

두 삼각형 ABC, AOC의 외접원을 각각 C_1, C_2라 하자.

$\angle ABC$는 원 C_1의 호 AC에 대한 원주각이고, $\angle AOC$는 원 C_1의 호 AC에 대한 중심각이므로

$\angle AOC=2\angle ABC=90°$

$\angle AOC=90°$이므로 선분 AC는 원 C_2의 지름이다.

$r_2=\dfrac{\sqrt{2}}{2}\times\overline{OA}=\dfrac{\sqrt{2}}{2}r_1$이므로

$r_1\times r_2=\dfrac{\sqrt{2}}{2}r_1^2=18\sqrt{2}$, $r_1=6$

따라서 $\overline{OA}=\sqrt{a^2+4}=6$이므로

$a^2+4=36$, $a^2=32$

답 32

참고

$A(a, 2)$, $C(2, -a)$이므로

직선 OA의 기울기 $\dfrac{2}{a}$,

직선 OC의 기울기 $-\dfrac{a}{2}$

두 직선 OA, OC의 기울기의 곱이

$\dfrac{2}{a}\times\left(-\dfrac{a}{2}\right)=-1$

이므로 두 직선 OA, OC가 서로 수직이다.

즉, $\angle AOC=90°$

38

직선 $y=ax-6$을 x축에 대하여 대칭이동한 직선의 방정식은
$-y=ax-6$, 즉 $y=-ax+6$
이 직선이 점 $(2, 4)$를 지나므로 $4=-2a+6$, $2a=2$
따라서 $a=1$

답 ①

39

직선 $3x-2y+a=0$을 원점에 대하여 대칭이동한 직선의 방정식은
$-3x+2y+a=0$
이 직선이 점 $(3, 2)$를 지나므로 $-9+4+a=0$
따라서 $a=5$

답 ⑤

40

원의 방정식 $x^2+y^2+10x-12y+45=0$을 변형하면
$(x+5)^2+(y-6)^2=16$
이므로 이 원의 중심의 좌표는 $(-5, 6)$이다.
원 C_1의 중심은 점 $(-5, 6)$을 원점에 대하여 대칭이동한 점이므로
그 좌표는 $(5, -6)$이다.
원 C_2의 중심은 점 $(5, -6)$을 x축에 대하여 대칭이동한 점이므로
그 좌표는 $(5, 6)$이다.
따라서 $a=5$, $b=6$이므로 $10a+b=50+6=56$

답 56

41

직선 $x-2y=9$를 직선 $y=x$에 대하여 대칭이동한 직선의 방정식은
$y-2x=9$, 즉 $2x-y+9=0$ ······ ㉠
직선 ㉠이 원 $(x-3)^2+(y+5)^2=k$에 접하므로 원의 중심
$(3, -5)$와 직선 ㉠ 사이의 거리가 원의 반지름의 길이인 $\sqrt{k}$와 같다.
즉, $\dfrac{|2\times3-1\times(-5)+9|}{\sqrt{2^2+(-1)^2}}=\dfrac{20}{\sqrt{5}}=4\sqrt{5}=\sqrt{k}$
따라서 $k=(4\sqrt{5})^2=80$

답 ①

42

원 $(x+5)^2+(y+11)^2=25$를 y축의 방향으로 1만큼 평행이동한 원의 방정식은 $(x+5)^2+(y+10)^2=25$
원 $(x+5)^2+(y+10)^2=25$를 x축에 대하여 대칭이동한 원의 방정식은 $(x+5)^2+(y-10)^2=25$
원 $(x+5)^2+(y-10)^2=25$가 점 $(0, a)$를 지나므로
$(0+5)^2+(a-10)^2=25$, $(a-10)^2=0$
따라서 $a=10$

답 ③

43

점 $A(-3, 4)$를 직선 $y=x$에 대하여 대칭이동한 점 B의 좌표는
$(4, -3)$
점 $B(4, -3)$을 x축의 방향으로 2만큼, y축의 방향으로 k만큼 평행이동한 점 C의 좌표는 $(6, -3+k)$
두 점 A, B를 지나는 직선의 방정식은
$y-4=\dfrac{-3-4}{4-(-3)}\{x-(-3)\}$
$y=-x+1$ ······ ㉠
세 점 A, B, C가 한 직선 위에 있으므로 점 C는 직선 ㉠ 위의 점이다.
$-3+k=-5$
따라서 $k=-2$

답 ④

44

이차함수 $y=-x^2$의 그래프를 x축에 대하여 대칭이동한 후, x축의 방향으로 4만큼, y축의 방향으로 m만큼 평행이동한 그래프를
함수 $y=f(x)$의 그래프라 하면
$f(x)=(x-4)^2+m$
함수 $y=f(x)$의 그래프가 직선 $y=2x+3$에 접하므로 이차방정식
$(x-4)^2+m=2x+3$, $x^2-10x+m+13=0$
의 판별식을 D라 하면 $D=(-10)^2-4(m+13)=0$
따라서 $m=12$

답 ⑤

45

방정식 $f(x+1, 2-y)=0$, 즉 $f(x+1, -(y-2))=0$이 나타내는 도형은 방정식 $f(x, y)=0$이 나타내는 도형을 x축에 대하여 대칭이동한 후 x축의 방향으로 -1만큼, y축의 방향으로 2만큼 평행이동한 것이다. 따라서 이를 순서대로 나타내면 다음 그림과 같다.

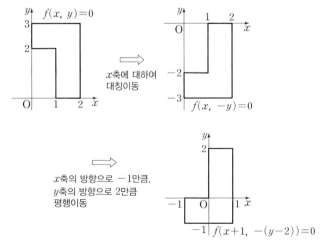

답 ②

다른 풀이

방정식 $f(x+1, -y+2)=0$이 나타내는 도형은 방정식 $f(x, y)=0$
이 나타내는 도형을 x축의 방향으로 -1만큼, y축의 방향으로 -2
만큼 평행이동한 후 x축에 대하여 대칭이동한 도형이다.

46

점 B가 직선 $l: y=-x+2$ 위의 점이므로 점 B의 좌표는
$(a, -a+2)$이다.

오른쪽 그림과 같이 점 A를 x축에 대하여
대칭이동한 점을 A′이라 하면 A′$(0, -1)$

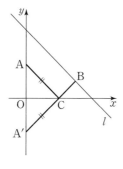

$\overline{AC}=\overline{A'C}$이므로
$\overline{AC}+\overline{BC}=\overline{A'C}+\overline{BC}\geq\overline{A'B}$이고,
$\overline{A'B}$가 최소일 때 $\overline{A'B}^2$도 최소이다.
$$\overline{A'B}^2=a^2+(-a+3)^2$$
$$=2a^2-6a+9$$
$$=2\left(a-\frac{3}{2}\right)^2+\frac{9}{2}$$

이때 $0<a<2$이므로 $a=\dfrac{3}{2}$에서 $\overline{AC}+\overline{BC}$의 값은 최소이다.

따라서 $b=-a+2=\dfrac{1}{2}$이므로 $a^2+b^2=\dfrac{9}{4}+\dfrac{1}{4}=\dfrac{5}{2}$

답 ⑤

47

삼각형 ABC의 둘레의 길이는 $\overline{AC}+\overline{CB}+\overline{BA}$이고
$\overline{BA}=\sqrt{(2-1)^2+(1-2)^2}=\sqrt{2}$로 일정하므로 $\overline{AC}+\overline{CB}$의 값이 최
소가 되면 삼각형 ABC의 둘레의 길이가 최소가 된다.

오른쪽 그림과 같이 점 B$(2, 1)$을 x축에
대하여 대칭이동한 점을 B′이라 하면
B′$(2, -1)$

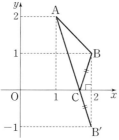

$\overline{CB}=\overline{CB'}$이므로
$$\overline{AC}+\overline{CB}=\overline{AC}+\overline{CB'}$$
$$\geq\overline{AB'}$$
$$=\sqrt{(2-1)^2+(-1-2)^2}=\sqrt{10}$$

따라서 삼각형 ABC의 둘레의 길이의 최솟값은 $\sqrt{2}+\sqrt{10}$이므로
$a=2, b=10$ 또는 $a=10, b=2$
그러므로 $a+b=12$

답 12

48

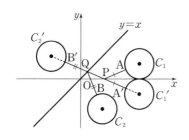

원 C_1을 x축에 대하여 대칭이동한 원을 $C_1{}'$,
원 C_2를 직선 $y=x$에 대하여 대칭이동한 원을 $C_2{}'$이라 하면
$C_1{}': (x-8)^2+(y+2)^2=4$,
$C_2{}': (x+4)^2+(y-3)^2=4$

점 A를 x축에 대하여 대칭이동한 점을 A′, 점 B를 직선 $y=x$에 대
하여 대칭이동한 점을 B′이라 하면 두 점 A′, B′은 각각 원 $C_1{}'$, 원
$C_2{}'$ 위의 점이다.

$\overline{AP}=\overline{A'P}, \overline{QB}=\overline{QB'}$

$\overline{AP}+\overline{PQ}+\overline{QB}$의 값은 네 점 A′, P, Q, B′이 두 원 $C_1{}'$, $C_2{}'$의 중심
을 연결한 선분 위에 있을 때 최소이고, 두 원 $C_1{}'$, $C_2{}'$의 반지름의
길이가 모두 2이므로
$$\overline{AP}+\overline{PQ}+\overline{QB}=\overline{A'P}+\overline{PQ}+\overline{QB'}\geq\overline{A'B'}$$
$$\overline{A'B'}=\sqrt{\{8-(-4)\}^2+\{(-2)-3\}^2}-4=13-4=9$$

따라서 $\overline{AP}+\overline{PQ}+\overline{QB}$의 최솟값은 9이다.

답 ③

49

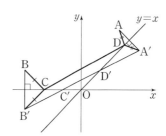

점 A를 직선 $y=x$에 대하여 대칭이동한 점을 A′이라 하면 점 A′의
좌표는 $(3, 2)$

점 B를 x축에 대하여 대칭이동한 점을 B′이라 하면 점 B′의 좌표는
$(-3, -1)$

$\overline{AD}=\overline{A'D}, \overline{BC}=\overline{B'C}$이므로
$$\overline{AD}+\overline{CD}+\overline{BC}=\overline{A'D}+\overline{DC}+\overline{CB'}$$
$$\geq\overline{A'D'}+\overline{D'C'}+\overline{C'B'}$$
$$=\overline{A'B'}$$
$$=\sqrt{(-3-3)^2+(-1-2)^2}=3\sqrt{5}$$

따라서 $\overline{AD}+\overline{CD}+\overline{BC}$의 최솟값은 $3\sqrt{5}$이다.

답 ④

50

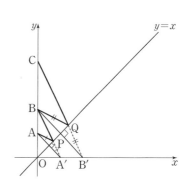

위의 그림과 같이 두 점 A(0, 1), B(0, 2)를 직선 $y=x$에 대하여 대칭이동한 점을 각각 A′, B′이라 하면

A′(1, 0), B′(2, 0)

$\overline{AP}=\overline{A'P}$, $\overline{BQ}=\overline{B'Q}$이므로

$\overline{AP}+\overline{PB}+\overline{BQ}+\overline{QC}=\overline{A'P}+\overline{PB}+\overline{B'Q}+\overline{QC}$
$\geq \overline{A'B}+\overline{B'C}$

즉, $\overline{AP}+\overline{PB}+\overline{BQ}+\overline{QC}$의 값이 최소일 때는 점 P가 두 점 A′, B를 지나는 직선 위에 있고, 점 Q가 두 점 B′, C를 지나는 직선 위에 있을 때이다.

두 점 A′(1, 0), B(0, 2)를 지나는 직선의 방정식은

$y-2=\dfrac{2-0}{0-1}(x-0)$, 즉 $y=-2x+2$

두 점 B′(2, 0), C(0, 4)를 지나는 직선의 방정식은

$y-4=\dfrac{4-0}{0-2}(x-0)$, 즉 $y=-2x+4$

두 직선 $y=x$, $y=-2x+2$의 교점 P의 x좌표는

$x=-2x+2$에서 $x=\dfrac{2}{3}$이므로 $P\left(\dfrac{2}{3}, \dfrac{2}{3}\right)$

두 직선 $y=x$, $y=-2x+4$의 교점 Q의 x좌표는

$x=-2x+4$에서 $x=\dfrac{4}{3}$이므로 $Q\left(\dfrac{4}{3}, \dfrac{4}{3}\right)$

따라서 선분 PQ의 길이는

$\overline{PQ}=\sqrt{\left(\dfrac{4}{3}-\dfrac{2}{3}\right)^2+\left(\dfrac{4}{3}-\dfrac{2}{3}\right)^2}$
$=\sqrt{\dfrac{8}{9}}=\dfrac{2\sqrt{2}}{3}$

답 ②

1등급 도전

본문 102~103쪽

| 01 32 | 02 ④ | 03 ③ | 04 128 |
| 05 ② | 06 144 | 07 82 | 08 15 |

01

풀이 전략 삼각형 ABP의 넓이가 $8\sqrt{2}$가 되도록 하는 3개의 점의 위치를 좌표평면 위에 나타낸다.

STEP 1 $\overline{AB}$의 길이를 a를 이용하여 나타낸다.

원 $(x-a)^2+(y+a)^2=9a^2$을 C라 하자.

원 C의 방정식에 $y=0$을 대입하여 풀면

$x=a\pm2\sqrt{2}a$ ▸ $(x-a)^2+(0+a)^2=9a^2$에서 $(x-a)^2=8a^2$
$x-a=\pm2\sqrt{2}a$

그러므로 원 C와 x축이 만나는 두 점 A, B 사이의 거리는

$\overline{AB}=(a+2\sqrt{2}a)-(a-2\sqrt{2}a)$
$=4\sqrt{2}a$

STEP 2 삼각형 ABP의 넓이가 $8\sqrt{2}$가 되도록 하는 원 위의 점 P_1, P_2, P_3의 위치를 알아본다.

한편, 원 C의 중심을 C라 하면 $C(a, -a)$이다.

삼각형 ABP에서 선분 AB를 밑변으로 할 때 높이를 h라 하고, 직선 AB에 평행하면서 직선 AB와의 거리가 h인 두 직선을 y절편이 큰 것부터 차례로 l_1, l_2라 하자.

삼각형 ABP의 넓이가 $8\sqrt{2}$가 되도록 하는 원 C 위의 점 P의 개수가 3이 되려면 원과 직선 l_1 또는 직선 l_2가 만나는 점의 개수가 3이어야 한다.

이때 선분 AB는 x축 위에 있고 점 C의 y좌표가 음수이므로 직선 l_1은 원 C와 한 점에서 만나고, 직선 l_2는 원 C와 서로 다른 두 점에서 만나야 한다. 직선 l_1과 원 C가 만나는 점을 P_1, 직선 l_2와 원 C가 만나는 점을 P_2, P_3이라 하자.

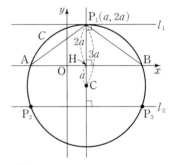

STEP 3 a의 값을 구한다.

점 P_1의 좌표는 $(a, 2a)$이므로 점 P_1에서 선분 AB에 내린 수선의 발을 H라 하면

$\overline{P_1H}=2a$ ▸ $\overline{P_1H}=\overline{CP_1}-\overline{CH}=(원\ C의\ 반지름의\ 길이)-|점\ C의\ y좌표|$

이때 삼각형 ABP_1의 넓이는

$\dfrac{1}{2}\times\overline{AB}\times\overline{P_1H}=\dfrac{1}{2}\times4\sqrt{2}a\times2a$
$=4\sqrt{2}a^2$

즉, $4\sqrt{2}a^2=8\sqrt{2}$이므로

$a^2=2$

$a>0$이므로 $a=\sqrt{2}$

STEP 4 S의 값을 구한 후 $a\times S$의 값을 구한다.

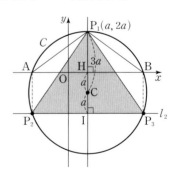

점 P가 될 수 있는 나머지 두 점 P_2, P_3에 대하여 점 C에서 선분 P_2P_3에 내린 수선의 발을 I라 하자.

삼각형 ABP_2와 삼각형 ABP_3의 넓이가 모두 $8\sqrt{2}$이려면

$\overline{HI}=\overline{HP_1}=2a$이어야 한다.

이때 $\overline{CH}=\overline{CI}=a$이므로 $\overline{P_2P_3}=\overline{AB}=4\sqrt{2}a$

삼각형 $P_1P_2P_3$의 넓이 S는

$S=\dfrac{1}{2}\times\overline{P_2P_3}\times\overline{P_1I}$

$\quad=\dfrac{1}{2}\times4\sqrt{2}a\times4a$

$\quad=8\sqrt{2}a^2=16\sqrt{2}$

따라서 $a\times S=\sqrt{2}\times16\sqrt{2}=32$

답 32

02

풀이 전략 원과 직선의 위치 관계를 이용하여 조건을 만족시키는 선분 BQ의 길이를 구한다.

STEP 1 점과 직선 사이의 거리 및 원과 직선의 위치 관계를 이용하여 직선 OA의 방정식을 구한다.

원의 중심을 A(a, b)라 하면

점 A와 직선 $l_1 : mx-y=0$ 사이의 거리는 $\dfrac{|ma-b|}{\sqrt{m^2+(-1)^2}}$,

점 A와 직선 $l_2 : x-my=0$ 사이의 거리는 $\dfrac{|a-mb|}{\sqrt{1+(-m)^2}}$이므로

$\dfrac{|ma-b|}{\sqrt{m^2+1}}=\dfrac{|a-mb|}{\sqrt{1+m^2}}$, $|ma-b|=|a-mb|$

즉, $ma-b=\pm(a-mb)$이므로 $a=b$ 또는 $a=-b$

원의 중심이 제1사분면에 있으므로 $a=b$

그러므로 직선 OA의 방정식은 $y=x$이다.

STEP 2 원의 성질을 이용하여 두 점 R, R'의 좌표를 구한다.

삼각형 OPQ가 $\overline{OP}=\overline{OQ}$인 이등변삼각형이므로 선분 PQ의 수직이등분선은 점 O를 지나고, 현의 성질에 의해 선분 PQ의 수직이등분선은 원의 중심 A를 지난다. 즉, 직선 $y=x$는 선분 PQ의 수직이등분선이다.

직선 PQ의 기울기는 -1이므로 직선 PQ가 y축과 만나는 점을 R'이라 하면

$\overline{OR}=\overline{OR'}$이고 $\angle OR'P=\angle ORQ=45^\circ$

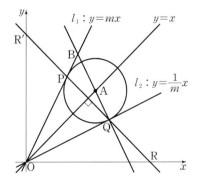

삼각형 OPQ가 이등변삼각형이므로

$\angle OPQ=\angle OQP$에서 $\angle OPR'=\angle OQR$

$\overline{OR'}=\overline{OR}$, $\angle PR'O=\angle QRO$, $\angle OPR'=\angle OQR$에서

삼각형 OPR'과 삼각형 OQR은 서로 합동이다.

따라서 $\overline{R'P}=\overline{PQ}=\overline{QR}$이므로 세 삼각형 OR'P, OPQ, OQR의 넓이는 모두 24로 같다.

그러므로 삼각형 ORR'의 넓이는

$\dfrac{1}{2}\times\overline{OR}\times\overline{OR'}=\dfrac{1}{2}\times\overline{OR}^2=3\times24=72$

$\overline{OR}=12$

따라서 R$(12, 0)$, R'$(0, 12)$

STEP 3 선분의 내분점을 이용하여 두 점 P, Q의 좌표를 구한다.

두 점 P, Q는 선분 RR'의 삼등분점이고

선분 RR'을 $2 : 1$로 내분하는 점 P의 좌표는

$\left(\dfrac{2\times0+1\times12}{2+1}, \dfrac{2\times12+1\times0}{2+1}\right)$,

선분 RR'을 $1 : 2$로 내분하는 점 Q의 좌표는

$\left(\dfrac{1\times0+2\times12}{1+2}, \dfrac{1\times12+2\times0}{1+2}\right)$

이므로 P$(4, 8)$, Q$(8, 4)$

STEP 4 직선의 방정식과 두 직선의 수직 조건을 이용하여 점 B의 좌표를 구한다.

직선 l_1의 기울기 m은

$m=\dfrac{8-0}{4-0}=2$

따라서 직선 l_1의 방정식은 $y=2x$, 직선 l_2의 방정식은 $y=\dfrac{1}{2}x$이다.

직선 BQ는 직선 l_2와 수직이므로 기울기가 -2이고 점 Q$(8, 4)$를 지나므로 직선 BQ의 방정식은

$y-4=-2(x-8)$, 즉 $y=-2x+20$이다.

직선 l_1과 직선 BQ의 교점 B의 x좌표는

$2x=-2x+20$에서

$4x=20$, $x=5$

그러므로 B$(5, 10)$

따라서 $\overline{BQ}=\sqrt{(8-5)^2+(4-10)^2}=\sqrt{45}=3\sqrt{5}$

답 ④

다른 풀이

선분 PQ의 중점을 M이라 하고 $\overline{PM}=\overline{MQ}=k$ $(k>0)$라 하자.

$\overline{PQ}=\overline{QR}=2k$이므로

$\overline{OM}=\overline{MR}=3k$

조건 (내)로부터 삼각형 OPQ의 넓이는

$\dfrac{1}{2}\times2k\times3k=3k^2=24$이므로

$k=2\sqrt{2}$

두 점 M, Q에서 x축에 내린 수선의 발을 각각 M', Q'이라 하자.

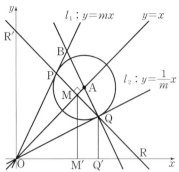

$$\overline{OQ'}=\overline{OM'}+\overline{M'Q'}$$
$$=\frac{1}{\sqrt{2}}\overline{OM}+\frac{1}{\sqrt{2}}\overline{MQ}$$
$$=\frac{3}{\sqrt{2}}k+\frac{1}{\sqrt{2}}k$$
$$=\frac{4}{\sqrt{2}}k$$
$$=\frac{4}{\sqrt{2}}\times 2\sqrt{2}$$
$$=8$$
$$\overline{QQ'}=\frac{1}{\sqrt{2}}\overline{QR}$$
$$=\frac{2}{\sqrt{2}}k$$
$$=\frac{2}{\sqrt{2}}\times 2\sqrt{2}$$
$$=4$$

이므로 Q(8, 4)

직선 OQ의 기울기 $\frac{1}{m}$은

$\frac{1}{m}=\frac{4-0}{8-0}=\frac{1}{2}$이므로 $m=2$

따라서 직선 l_1의 방정식은 $y=2x$, 직선 l_2의 방정식은 $y=\frac{1}{2}x$이다.

직선 BQ는 직선 l_2와 수직이므로 기울기가 -2이고 점 Q(8, 4)를 지난다.

직선 BQ의 방정식은 $y-4=-2(x-8)$, 즉 $y=-2x+20$이므로 직선 l_1과 직선 BQ의 교점 B의 x좌표는

$2x=-2x+20$에서 $4x=20$, $x=5$

그러므로 B(5, 10)이다.

따라서 $\overline{BQ}=\sqrt{(8-5)^2+(4-10)^2}=\sqrt{45}=3\sqrt{5}$

03

풀이 전략 m이 홀수인 경우를 파악한 후 원의 중심과 접선 사이의 거리가 원의 반지름의 길이와 같음을 이용한다.

(STEP 1) 원의 반지름의 길이 r에 따라 m이 홀수가 되는 경우를 알아본다.

반지름의 길이가 r이고 중심이 이차함수 $y=\frac{1}{2}x^2+\frac{7}{2}$의 그래프 위에 있는 원 중에서 직선 $y=x+7$에 접하는 원의 개수 m은 반지름의 길이 r에 따라 다음과 같은 세 가지 경우가 있다.

(i) $m=2$일 때

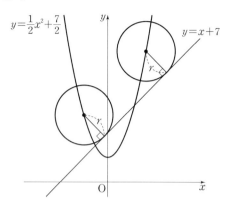

(ii) $m=3$일 때

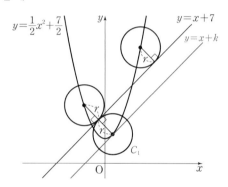

(iii) $m=4$일 때

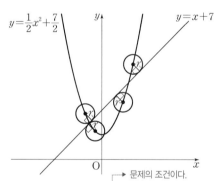

→ 문제의 조건이다.

(i), (ii), (iii)에서 m이 홀수인 경우는 $m=3$일 때이므로 이 경우는 직선 $y=x+7$에 접하는 원 중 직선 $y=x+7$의 아래쪽에 위치한 원이 한 개일 때이다.

(STEP 2) $m=3$일 때의 직선 $y=x+7$과 평행한 직선의 방정식을 구하여 r의 값을 구한다. → (ii)에서 원을 C_1이라 하면 원 C_1의 반지름의 길이 r는 이차함수 $y=\frac{1}{2}x^2+\frac{7}{2}$의 그래프에 접하고 기울기가 1인 직선과 직선 $y=x+7$ 사이의 거리와 같다.

이차함수 $y=\frac{1}{2}x^2+\frac{7}{2}$의 그래프에 접하고 기울기가 1인 직선을

$y=x+k$ (k는 상수)라 하면 이차방정식 $\frac{1}{2}x^2+\frac{7}{2}=x+k$, 즉

$x^2-2x+7-2k=0$이 중근을 가져야 한다.

이 이차방정식의 판별식을 D라 하면

→ 이차방정식 $ax^2+bx+c=0$의 판별식을 D라 하면
$D=b^2-4ac$

$\frac{D}{4}=(-1)^2-(7-2k)=0$

(1) $D>0$이면 서로 다른 두 실근
(2) $D=0$이면 중근
(3) $D<0$이면 서로 다른 두 허근

$-6+2k=0$

$k=3$

두 직선 $y=x+7$과 $y=x+3$ 사이의 거리는 직선 $y=x+3$ 위의 점 $(0, 3)$과 직선 $y=x+7$, 즉 $x-y+7=0$ 사이의 거리와 같으므로

$$\frac{|-3+7|}{\sqrt{1^2+(-1)^2}}=\frac{4}{\sqrt{2}}=2\sqrt{2},\ 즉\ r=2\sqrt{2}$$

STEP 3 직선 $y=x$와 직선 $y=x+3$ 사이의 거리와 원의 반지름의 길이 r를 비교하여 n의 값을 구한다.

직선 $y=x$와 직선 $y=x+3$ 사이의 거리는 직선 $y=x$ 위의 점 $(0, 0)$과 직선 $y=x+3$, 즉 $x-y+3=0$ 사이의 거리와 같으므로

$$\frac{|3|}{\sqrt{1^2+(-1)^2}}=\frac{3\sqrt{2}}{2}$$

$r=2\sqrt{2}>\dfrac{3\sqrt{2}}{2}$이므로 $n=2$

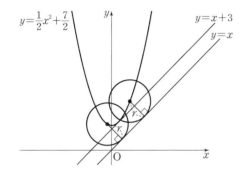

따라서
$$\begin{aligned} m+n+r^2&=3+2+(2\sqrt{2})^2\\ &=3+2+8=13 \end{aligned}$$

답 ③

04

풀이 전략 대칭이동과 두 점을 지나는 직선의 방정식을 이용하여 선분 OD의 길이를 구한다.

STEP 1 대칭이동을 이용하여 세 점 A, B, C의 좌표를 구한다.

점 A의 좌표를 (a, b)라 하면 점 C는 점 A를 직선 $y=x$에 대하여 대칭이동한 점이므로 점 C의 좌표는 (b, a)이다. ▶ x좌표와 y좌표를 서로 바꾼다.

이때 점 $C(b, a)$는 직선 $y=2x$ 위의 점이므로
$a=2b$

즉, 점 A의 좌표는 $(2b, b)$이고 $\overline{AO}=2\sqrt{5}$이므로
$$\sqrt{(2b)^2+b^2}=2\sqrt{5}$$

양변을 제곱하여 정리하면
$5b^2=20,\ b^2=4$

$b>0$이므로
$b=2$

그러므로 두 점 A, C의 좌표는 $A(4, 2)$, $C(2, 4)$이다.

y축 위의 점 B의 좌표를 $(0, c)$라 하면
$$\overline{AB}=\sqrt{(4-0)^2+(2-c)^2}=2\sqrt{5}$$

양변을 제곱하여 정리하면
$c^2-4c=0,\ c(c-4)=0$

$c>0$이므로 $c=4$

그러므로 점 B의 좌표는 $(0, 4)$이다.

STEP 2 직선 AB의 방정식을 구하여 점 D의 좌표를 구한다.

두 점 $A(4, 2)$, $B(0, 4)$를 지나는 직선의 방정식은
$$y-4=\frac{4-2}{0-4}(x-0),\ 즉\ y=-\frac{1}{2}x+4$$

직선 AB와 직선 $y=x$의 교점 D의 x좌표는
$$x=-\frac{1}{2}x+4에서\ x=\frac{8}{3}$$

그러므로 점 D의 좌표는 $\left(\dfrac{8}{3}, \dfrac{8}{3}\right)$이다.

STEP 3 삼각형 ODE의 외접원의 둘레의 길이를 구한다.

직선 AB의 기울기는 $-\dfrac{1}{2}$이고 직선 $y=2x$의 기울기는 2이므로 두 직선은 서로 수직이다. ▶ 직선 AB와 직선 $y=2x$의 기울기의 곱은 -1이다.

따라서 삼각형 ODE는 $\angle OED=90°$인 직각삼각형이고, 삼각형 ODE의 외접원의 지름의 길이는 선분 OD의 길이와 같다.

이때 $\overline{OD}=\sqrt{\left(\dfrac{8}{3}\right)^2+\left(\dfrac{8}{3}\right)^2}=\dfrac{8\sqrt{2}}{3}$이므로 ▶ 삼각형 ODE의 외접원의 둘레의 길이는 $\dfrac{8\sqrt{2}}{3}\pi$이다. ▶ 원의 지름에 대한 원주각의 크기는 $90°$이다.

따라서 $k=\dfrac{8\sqrt{2}}{3}$이므로
$$9k^2=9\times\left(\frac{8\sqrt{2}}{3}\right)^2=9\times\frac{128}{9}=128$$

답 128

05

풀이 전략 삼각형의 무게중심의 성질을 이용하여 삼각형과 관련된 문장의 참, 거짓을 추론한다.

STEP 1 삼각형의 무게중심을 이용하여 점 Q의 좌표를 구한다.

점 P의 좌표를 (a, b)라 하고, 점 Q의 좌표를 (x, y)라 하면 삼각형 APQ의 무게중심의 좌표는
$$\left(\frac{x+a+4}{3}, \frac{y+b+2}{3}\right)$$

이고, 이 점이 원점 O와 일치하므로
$$\frac{x+a+4}{3}=0,\ \frac{y+b+2}{3}=0$$

$x=-a-4,\ y=-b-2$

따라서 점 Q의 좌표는 $(-a-4, -b-2)$이다.

STEP 2 내분점, 대칭이동을 이용한다.

ㄱ. 두 점 P, Q의 좌표가 각각

(a, b), $(-a-4, -b-2)$

이므로 선분 PQ의 중점의 좌표는

$$\left(\frac{a+(-a-4)}{2}, \frac{b+(-b-2)}{2} \right)$$

즉, $(-2, -1)$이다. (참)

ㄴ. 점 A′은 점 A$(4, 2)$를 원점에 대하여 대칭이동한 점이므로 점 A′의 좌표는

$(-4, -2)$

이고

$$\overline{A'Q} = \sqrt{\{-4-(-a-4)\}^2 + \{-2-(-b-2)\}^2}$$
$$= \sqrt{a^2+b^2}$$

이때 점 P는 사분원의 호 C 위의 점이므로

$a^2 + b^2 = 25$

따라서

$$\overline{A'Q} = \sqrt{a^2+b^2} = \sqrt{25} = 5$$

이므로 선분 A′Q의 길이는 5로 일정하다. (참)

STEP 3 삼각형 OPA′의 넓이가 최대가 되는 경우를 추론해 본다.

ㄷ. 선분 OA′의 중점을 M이라 하면 점 M의 좌표는 $(-2, -1)$이고, 이는 선분 PQ의 중점의 좌표와 일치하므로 사각형 OPA′Q는 평행사변형이다.

즉, 삼각형 A′QP의 넓이는 삼각형 OPA′의 넓이와 같다.

점 P에서 직선 OA′에 내린 수선의 발을 H라 하면

$$(\text{삼각형 OPA′의 넓이}) = \frac{1}{2} \times \overline{OA'} \times \overline{PH}$$
$$= \frac{1}{2} \times 2\sqrt{5} \times \overline{PH} \quad \cdots\cdots ㉠$$

이므로 선분 PH의 길이가 최대이면 삼각형 OPA′의 넓이도 최대이고, 선분 PH의 길이가 최소이면 삼각형 OPA′의 넓이도 최소이다.

선분 PH의 길이가 최대일 때는 사분원의 호 C 위의 점 P에서의 접선이 직선 OA′과 평행할 때이다.

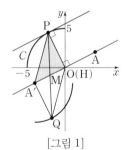

[그림 1]

직선 OA′의 기울기는 $\dfrac{(y\text{의 값의 증가량})}{(x\text{의 값의 증가량})}$ $\dfrac{0-(-2)}{0-(-4)} = \dfrac{1}{2}$이므로 [그림 1]과 같이

접선의 기울기가 $\dfrac{1}{2}$이 되는 점 P가 반드시 존재하고, 이때

$\overline{OP} = 5$이다.

따라서 선분 PH의 길이의 최댓값은 5이므로 ㉠에서 삼각형 OPA′의 넓이의 최댓값은

$$M = \frac{1}{2} \times 2\sqrt{5} \times 5 = 5\sqrt{5}$$

한편, 선분 PH의 길이가 최소일 때는 [그림 2]와 같이 점 P의 좌표가 $(-5, 0)$일 때이다.

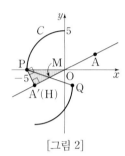

[그림 2]

직선 OA′의 방정식은 $y = \dfrac{1}{2}x$, 즉 $x - 2y = 0$이므로 점 $(-5, 0)$과 직선 $x - 2y = 0$ 사이의 거리는

$$\frac{|-5-0|}{\sqrt{1^2 + (-2)^2}} = \sqrt{5}$$

따라서 선분 PH의 길이의 최솟값은 $\sqrt{5}$이므로 ㉠에서 삼각형 OPA′의 넓이의 최솟값은

$$m = \frac{1}{2} \times 2\sqrt{5} \times \sqrt{5} = 5$$

따라서 $M \times m = 5\sqrt{5} \times 5 = 25\sqrt{5}$ (거짓)

이상에서 옳은 것은 ㄱ, ㄴ이다.

답 ②

06

풀이 전략 원과 직선의 위치 관계를 활용하여 문제를 해결한다.

STEP 1 네 수 x_1, x_2, x_3, a의 부호를 조사한다.

$x_1 < x_2 < x_3$이라 하면 조건 (가)에 의하여

$x_1 > 0$, $x_2 > 0$, $x_3 > 0$ 또는 $x_1 < 0$, $x_2 < 0$, $x_3 > 0$

조건 (나)에 의하여 세 점 $(x_1, f(x_1))$, $(x_2, f(x_2))$, $(x_3, f(x_3))$을 꼭짓점으로 하는 삼각형의 무게중심의 y좌표가 음수이므로 $a < 0$이다.

STEP 2 점과 직선 사이의 거리를 이용하여 네 수 x_1, x_2, x_3, b의 부호를 조사한다.

원의 중심을 P(p, q)라 하면 $q < 0$

점 P와 직선 $4x - 3y = 0$ 사이의 거리는 점 P와 x축 사이의 거리 $-q$와 같으므로

$$\frac{|4p-3q|}{\sqrt{4^2+(-3)^2}} = \frac{|4p-3q|}{5} = -q$$

(ⅰ) $4p-3q=-5q$인 경우

    $q=-2p$이므로 점 P는 이차함수 $y=f(x)$의 그래프와 직선

    $y=-2x$가 만나는 점이다.

(ⅱ) $4p-3q=-(-5q)$인 경우

    $q=\dfrac{1}{2}p$이므로 점 P는 이차함수 $y=f(x)$의 그래프와 직선

    $y=\dfrac{1}{2}x$가 만나는 점이다.

조건 (가)와 (ⅰ), (ⅱ)에 의하여

$x_1<0$, $x_2<0$, $x_3>0$이고 $b<0$

[STEP 3] 이차함수의 그래프 위의 점 P가 직선 $y=-2x$ 위에 있는 경우와 직선

$y=\dfrac{1}{2}x$ 위에 있는 경우로 나누어 생각한다.

이차함수 $y=f(x)$의 그래프는 직선 $y=-2x$에 접하고, 직선

$y=\dfrac{1}{2}x$와 서로 다른 두 점에서 만나므로 함수 $y=f(x)$의 그래프의

개형은 다음 그림과 같다.

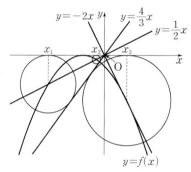

실수 t에 대하여 $P(t, a(t-b)^2)$이라 하자.

① 점 P가 직선 $y=-2x$ 위의 점인 경우

    t에 대한 이차방정식 $a(t-b)^2=-2t$가 중근 x_3을 가지므로

    $at^2-2(ab-1)t+ab^2=0$ …… ㉠

    이차방정식 $at^2-2(ab-1)t+ab^2=0$의 판별식을 D라 하면

    $\dfrac{D}{4}=(ab-1)^2-a^2b^2=0$

    $a^2b^2-2ab+1-a^2b^2=0$

    $b=\dfrac{1}{2a}$ …… ㉡

    ㉡을 ㉠에 대입하면

    $at^2+t+\dfrac{1}{4a}=0$

    $a\left(t+\dfrac{1}{2a}\right)^2=0$, $x_3=-\dfrac{1}{2a}$

② 점 P가 직선 $y=\dfrac{1}{2}x$ 위의 점인 경우

    t에 대한 이차방정식 $a(t-b)^2=\dfrac{1}{2}t$가 서로 다른 두 근 x_1, x_2를

    가지므로

    $2at^2-(4ab+1)t+2ab^2=0$

    ㉡에서 $b=\dfrac{1}{2a}$이므로 $2at^2-3t+\dfrac{1}{2a}=0$

이차방정식의 근과 계수의 관계에 의하여

$x_1+x_2=\dfrac{3}{2a}$

[STEP 4] 조건 (나)를 이용하여 함수 $f(x)$를 구한다.

조건 (나)와 ①, ②에 의하여

$\dfrac{f(x_1)+f(x_2)+f(x_3)}{3}=-\dfrac{7}{3}$

$\begin{aligned}
f(x_1)+f(x_2)+f(x_3)&=\dfrac{x_1}{2}+\dfrac{x_2}{2}-2x_3 \\
&=\dfrac{1}{2}(x_1+x_2)-2x_3 \\
&=\dfrac{1}{2}\times\dfrac{3}{2a}-2\times\left(-\dfrac{1}{2a}\right) \\
&=\dfrac{3}{4a}+\dfrac{1}{a}=\dfrac{7}{4a}=-7
\end{aligned}$

즉, $a=-\dfrac{1}{4}$

㉡에서 $b=\dfrac{1}{2a}$이므로 $b=-2$

따라서 $f(x)=-\dfrac{1}{4}(x+2)^2$이므로

$f(4)\times f(6)=(-9)\times(-16)=144$

답 144

07

풀이 전략 도형의 평행이동을 활용하여 문제를 해결한다.

[STEP 1] 평행이동한 원의 중심의 좌표가 될 수 있는 점의 좌표를 구해 본다.

중심이 함수 $y=f(x)$의 그래프 위에 있고 반지름의 길이가 1인 원의

중심의 좌표를 $(t, f(t))$라 하자.

x축의 방향으로 m만큼, y축의 방향으로 m만큼 평행이동한 원이 x

축과 y축에 동시에 접하기 위해서는 평행이동한 원의 중심의 좌표가

$(1, 1)$, $(-1, -1)$, $(-1, 1)$, $(1, -1)$ 중 하나가 되어야 한다.

(ⅰ) 평행이동한 원의 중심의 좌표가 $(1, 1)$인 경우
    → 원의 중심에서 x축, y축에 내린 수선의 길이가 반지름의 길이와 같다.

    $\begin{cases} t+m=1 \\ f(t)+m=1 \end{cases}$이므로 $f(t)=t$

    따라서 점 $(t, f(t))$는 직선 $y=x$와 함수 $y=f(x)$의 그래프가 만

    나는 점이다.

(ⅱ) 평행이동한 원의 중심의 좌표가 $(-1, -1)$인 경우

    $\begin{cases} t+m=-1 \\ f(t)+m=-1 \end{cases}$이므로 $f(t)=t$

    따라서 점 $(t, f(t))$는 직선 $y=x$와 함수 $y=f(x)$의 그래프가 만

    나는 점이다.

(ⅲ) 평행이동한 원의 중심의 좌표가 $(-1, 1)$인 경우

    $\begin{cases} t+m=-1 \\ f(t)+m=1 \end{cases}$이므로 $f(t)=t+2$

따라서 점 $(t, f(t))$는 직선 $y=x+2$와 함수 $y=f(x)$의 그래프가 만나는 점이다.

(iv) 평행이동한 원의 중심의 좌표가 $(1, -1)$인 경우

$\begin{cases} t+m=1 \\ f(t)+m=-1 \end{cases}$ 이므로 $f(t)=t-2$

따라서 점 $(t, f(t))$는 직선 $y=x-2$와 함수 $y=f(x)$의 그래프가 만나는 점이다.

(i)~(iv)에 의하여 함수 $y=f(x)$의 그래프와 세 직선 $y=x+2$, $y=x$, $y=x-2$가 만나는 서로 다른 점의 개수가 5이다.

[STEP 2] 함수 $f(x)=ax^2+bx+c$의 그래프를 그려 추론해 본다.

$f(x)=ax^2+bx+c\ (a\neq0,\ a,\ b,\ c$는 실수)라 하자.

① $a<0$인 경우

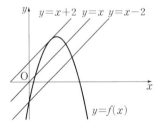

함수 $y=f(x)$의 그래프와 세 직선 $y=x+2$, $y=x$, $y=x-2$가 만나는 점의 개수가 5이고 $x_1=0$을 만족시키는 경우 함수 $y=f(x)$의 그래프와 직선 $y=x-2$가 점 $(0, -2)$에서 만나고 x_5는 함수 $y=f(x)$의 그래프와 직선 $y=x-2$가 만나는 점의 x좌표이므로 $x_1 \leq x \leq x_5$에서 함수 $f(x)$의 최솟값은 -2가 되어 조건을 만족시키지 않는다.

② $a>0$인 경우

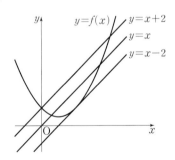

x_1, x_5는 함수 $y=f(x)$의 그래프와 직선 $y=x+2$가 만나는 점의 x좌표이므로 방정식 $ax^2+bx+c=x+2$의 근이다.

$x_1=0$이므로 $c=2$이고

이차방정식의 근과 계수의 관계에 의하여

$$x_1+x_5=-\frac{b-1}{a} \qquad \cdots\cdots ㉠$$

x_2, x_4는 함수 $y=f(x)$의 그래프와 직선 $y=x$가 만나는 점의 x좌표이므로 방정식 $ax^2+bx+2=x$의 근이다.

이차방정식의 근과 계수의 관계에 의하여

$$x_2+x_4=-\frac{b-1}{a} \qquad \cdots\cdots ㉡$$

x_3은 함수 $y=f(x)$의 그래프와 직선 $y=x-2$가 접하는 점의 x좌표이므로 방정식 $ax^2+bx+2=x-2$의 중근이다.

$$x_3=-\frac{b-1}{2a} \qquad \cdots\cdots ㉢$$

방정식 $ax^2+(b-1)x+4=0$의 판별식을 D라 하면

$$D=(b-1)^2-4\times4a=0 \qquad \cdots\cdots ㉣$$

㉠, ㉡, ㉢과 $x_1=0$, $x_2+x_3+x_4+x_5=20$이므로

$$b-1=-8a \qquad \cdots\cdots ㉤$$

㉣, ㉤에서

$$a=\frac{1}{4},\ b=-1$$

$$f(x)=\frac{1}{4}x^2-x+2=\frac{1}{4}(x-2)^2+1$$

따라서 $f(20)=82$

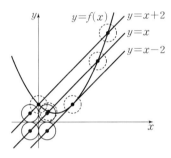

답 82

08

풀이 전략 도형의 평행이동과 대칭이동을 이용한다.

[STEP 1] 원을 대칭이동, 평행이동한 원의 중심의 좌표를 나타내어 본다.

원 $(x-6)^2+y^2=r^2$을 직선 $y=x$에 대하여 대칭이동한 원을 C_1, x축의 방향으로 k만큼 평행이동한 원을 C_2라 하자.

두 원 C_1, C_2의 중심을 각각 A, B라 하면 두 점 A, B의 좌표는 각각 $(0, 6)$, $(6+k, 0)$이고, 두 원 C_1, C_2의 반지름의 길이는 모두 r이다.

[STEP 2] 점 P와 점 Q를 대칭이동, 평행이동한 점을 이용한다.

점 P를 직선 $y=x$에 대하여 대칭이동한 점을 P′, 점 Q를 x축의 방향으로 k만큼 평행이동한 점을 Q′이라 하면 점 P′은 원 C_1 위의 점이고, 점 Q′은 원 C_2 위의 점이다.

이때 두 점 $P'(x_1, y_1)$, $Q'(x_2, y_2)$에 대하여 $\dfrac{y_2-y_1}{x_2-x_1}$의 값은 직선 P′Q′의 기울기와 같다.

직선 P′Q′의 기울기의 최솟값이 0이므로 그림과 같이 원 C_2의 중심의 x좌표가 $-2r$보다 작고, 두 원 C_1, C_2는 모두 x축에 평행한 직선 l_1에 접한다.

따라서 $6+k<-2r$이고 $r=6-r$, 즉 $r=3$

또한 직선 $P'Q'$의 기울기의 최댓값이 $\frac{4}{3}$이므로 그림과 같이 두 원 C_1, C_2는 모두 기울기가 $\frac{4}{3}$인 직선 l_2에 접하고, 이때 원 C_2의 중심의 x좌표는 직선 l_2의 x절편보다 작다.

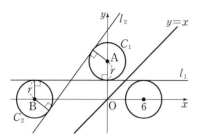

직선 l_2의 방정식을 $y=\frac{4}{3}x+n$이라 하면 직선 l_2의 y절편은 점 A의 y좌표보다 크므로 $n>6$이다.

[STEP 3] 점과 직선 사이의 거리를 이용한다.

점 $A(0, 6)$과 직선 $y=\frac{4}{3}x+n$, 즉 $4x-3y+3n=0$ 사이의 거리는 원 C_1의 반지름의 길이와 같으므로

$$\frac{|0-18+3n|}{\sqrt{4^2+(-3)^2}}=3$$

$$|3n-18|=15$$

$n>6$이므로 $3n-18=15$, $n=11$

즉, 직선 l_2의 방정식은 $4x-3y+33=0$이다.

점 $B(6+k, 0)$과 직선 $4x-3y+33=0$ 사이의 거리는 원 C_2의 반지름의 길이와 같으므로

$$\frac{|4(6+k)-0+33|}{\sqrt{4^2+(-3)^2}}=3$$

$$|4k+57|=15$$

$k=-18$ 또는 $k=-\frac{21}{2}$

이때

$$6+k=-12 \text{ 또는 } 6+k=-\frac{9}{2}$$
$$\xrightarrow{-\frac{21}{2}}$$
$$\xleftarrow{k=-18}$$

직선 l_2의 x절편이 $-\frac{33}{4}$이므로 $6+k=-12$이어야 하고, 이는 $6+k<-2r=-6$을 만족시킨다.

즉, $k=-18$이다.

따라서 $|r+k|=|3+(-18)|=|-15|=15$

답 15

08 집합과 명제(1)

본문 105쪽

개념 확인문제

01 집합: (1), (3)
   (1)의 원소는 1, 2, 3, 4, 6, 12
   (3)의 원소는 1, 3
02 (1) $\in$ (2) $\in$ (3) $\notin$
03 (1) $\{x|x$는 4의 양의 약수$\}$ (2) $\{x|x$는 3의 배수$\}$
   (3) $\{-1, 1\}$ (4) $\{2, 4, 6, \cdots, 100\}$
04 (1) 3   (2) 0   **05** (1) $A \subset B$ (2) $A=B$
06 (1) $A \cup B=\{1, 2, 4, 6, 8, 10\}$, $A \cap B=\{2, 4, 8\}$
   (2) $A \cup B=\{x|x$는 정수$\}$, $A \cap B=\{-5, 3\}$
07 3   **08** $\{1, 2, 3, 4\}$
09 (1) $\{1, 3, 5, 7, 9, 10\}$ (2) $\{2, 3, 4, 6, 7, 8, 10\}$
10 (1) $\{a, c, d\}$ (2) $\{8, 10\}$
11 (1) $\varnothing$ (2) $B-A$ **12** 15

내신+학평 유형 연습

본문 106~115쪽

01 ①	02 5	03 48	04 ⑤	05 ②	06 ③
07 16	08 ④	09 8	10 8	11 ④	12 ③
13 35	14 ③	15 ③	16 ②	17 ③	18 ③
19 ②	20 8	21 ⑤	22 ②	23 20	24 ③
25 ③	26 ⑤	27 ⑤	28 ⑤	29 ⑤	30 ①
31 ①	32 ⑤	33 16	34 ②	35 ④	36 ②
37 ④	38 8	39 ②	40 ③	41 22	42 36
43 ⑤	44 ②	45 ⑤	46 ③	47 11	48 ⑤
49 ⑤	50 22	51 29	52 ②	53 ②	54 ④
55 56	56 85				

01

$4 \in A$, $A \subset B$이므로 $4 \in B$

따라서 $a=4$

답 ①

02

집합 A에서 $(x-5)(x-a)=0$이므로 $x=5$ 또는 $x=a$

즉, $A=\{5, a\}$

$A \subset B$가 성립하려면 $a \in B$이어야 하고, a는 양수이므로

$a=5$

답 5

03

$\sqrt{25}=5$이므로 $A_{25}=\{x|x$는 5 이하의 홀수$\}=\{1, 3, 5\}$

$A_n \subset A_{25}$를 만족시키려면 집합 A_n의 원소는 5 이하의 홀수로만 이루어져야 한다.

즉, $1 \leq \sqrt{n} < 7$이므로 $1 \leq n < 49$

따라서 자연수 n의 최댓값은 48이다.

답 48

04

$A = B$이므로 $a+2=2$ 또는 $a+2=6-a$, 즉 $a=0$ 또는 $a=2$

(i) $a=0$일 때, $A = \{-2, 2\}$, $B = \{2, 6\}$이므로 $A \neq B$

(ii) $a=2$일 때, $A = \{2, 4\}$, $B = \{2, 4\}$이므로 $A = B$

(i), (ii)에서 $a=2$

답 ⑤

다른 풀이

(i) $a+2=2$, $a^2-2=6-a$일 때,

이를 동시에 만족시키는 a의 값은 존재하지 않는다.

(ii) $a^2-2=2$, $a+2=6-a$일 때,

$a^2-2=2$에서 $a^2=4$, $a=\pm2$

$a+2=6-a$에서 $2a=4$, $a=2$

(i), (ii)에서 $a=2$

05

$A = B$이므로 두 집합 A, B의 원소가 서로 같아야 한다.

$4 \in B$이므로 $4 \in A$, 즉 $a=4$

$2 \in A$이므로 $2 \in B$, 즉 $b=2$

따라서 $a \times b = 4 \times 2 = 8$

답 ②

06

$A \subset B$이고 $B \subset A$이면 $A = B$이므로 두 집합 A, B의 원소가 서로 같아야 한다.

$5 \in B$이므로 $5 \in A$, 즉 $a=5$

$20 \in A$이므로 $20 \in B$, 즉 $a+b=20$

따라서 $b=15$

답 ③

07

$A = \{1, 2, 3, 6\}$이므로 집합 A의 모든 부분집합의 개수는

$2^4 = 16$

답 16

08

집합 A의 원소의 개수가 5이므로 부분집합의 개수는 $2^5 = 32$

이 중에서 홀수인 원소 1, 3, 5를 제외한 원소로 이루어진 부분집합의 개수는 $2^{5-3} = 2^2 = 4$

따라서 홀수가 한 개 이상 속해 있는 부분집합의 개수는

$32 - 4 = 28$

답 ④

09

$\{1, 2\} \subset X \subset \{1, 2, 3, 4, 5\}$에서 집합 X는 집합 $\{1, 2, 3, 4, 5\}$의 부분집합 중에서 1, 2를 반드시 원소로 갖는 집합이다.

따라서 집합 X의 개수는

$2^{5-2} = 2^3 = 8$

답 8

10

$A = \{1, 2, 4\}$, $B = \{1, 2, 3, 4, 6, 12\}$

따라서 $\{1, 2, 4\} \subset X \subset \{1, 2, 3, 4, 6, 12\}$에서 집합 X는 집합 $\{1, 2, 3, 4, 6, 12\}$의 부분집합 중에서 1, 2, 4를 반드시 원소로 갖는 집합이므로 집합 X의 개수는

$2^{6-3} = 2^3 = 8$

답 8

11

집합 X는 전체집합 $U = \{1, 2, 3, 4, 5\}$의 부분집합이고,

$\{1, 2\} \subset X$이므로

$\{1, 2\} \subset X \subset \{1, 2, 3, 4, 5\}$

따라서 집합 X는 집합 $\{1, 2, 3, 4, 5\}$의 부분집합 중에서 1, 2를 반드시 원소로 갖는 집합이므로 집합 X의 개수는

$2^{5-2} = 2^3 = 8$

답 ④

12

집합 X의 부분집합 중 n을 최소의 원소로 가지려면 n보다 작은 1, 2, 3, $\cdots$, $n-1$을 원소로 갖지 않고 n을 반드시 원소로 가져야 하므로

$f(n) = 2^{10-(n-1)-1} = 2^{10-n}$

ㄱ. $f(8) = 2^{10-8} = 2^2 = 4$ (참)

ㄴ. [반례] $a=9$, $b=10$이면 $9 \in X$, $10 \in X$이고 $9 < 10$이지만

$f(9) = 2^{10-9} = 2^1 = 2$, $f(10) = 2^{10-10} = 2^0 = 1$이므로

$f(9) > f(10)$ (거짓)

ㄷ. $f(1) + f(3) + f(5) + f(7) + f(9)$

$= 2^{10-1} + 2^{10-3} + 2^{10-5} + 2^{10-7} + 2^{10-9}$

$= 2^9 + 2^7 + 2^5 + 2^3 + 2^1$

$= 512 + 128 + 32 + 8 + 2 = 682$ (참)

이상에서 옳은 것은 ㄱ, ㄷ이다.

답 ③

13

$A \cap B = \{-7, -5\}$이므로 모든 원소의 곱은

$(-7) \times (-5) = 35$

답 35

14

$A \cup B = \{1, 2, 3\} \cup \{3, 5\} = \{1, 2, 3, 5\}$

따라서 집합 $A \cup B$의 모든 원소의 합은 $1+2+3+5=11$

답 ③

15

$A \cap B = \{2, 4, 6, 8, 10\} \cap \{2, 3, 4, 5, 6\} = \{2, 4, 6\}$

따라서 $n(A \cap B) = 3$

답 ③

16

$A \cap B = \{1, 2, 4, 6\} \cap \{2, 4, 5\} = \{2, 4\}$

따라서 집합 $A \cap B$의 모든 원소의 합은 $2+4=6$

답 ②

17

$A \cap B = \{1, 2, 4, 8, 16\} \cap \{1, 2, 3, 4, 5\} = \{1, 2, 4\}$

따라서 집합 $A \cap B$의 원소의 개수는 3이다.

답 ③

18

$A \cup B = \{1, 3, 5, 7, 9\} \cup \{3, 4, 5, 6\} = \{1, 3, 4, 5, 6, 7, 9\}$

따라서 $n(A \cup B) = 7$

답 ③

19

두 집합 $A = \{2, 3, 4, 5, 6\}$, $B = \{1, 3, a\}$에서

$3 \in (A \cap B)$이고 $1 \not\in (A \cap B)$

집합 $A \cap B$의 모든 원소의 합이 8이려면

$a \in (A \cap B)$, 즉 $A \cap B = \{3, a\}$이고 $3+a=8$

따라서 $a=5$

답 ②

20

$10 \not\in A$이고 $A \cup B = \{6, 8, 10\}$이므로 $10 \in B$

(i) $a=10$인 경우

$B = \{10, 12\}$이고 $A \cup B = \{6, 8, 10, 12\}$이므로 조건을 만족시키지 않는다.

(ii) $a+2=10$인 경우

$B = \{8, 10\}$이고 $A \cup B = \{6, 8, 10\}$이므로 조건을 만족시킨다.

(i), (ii)에서 $a+2=10$이므로 $a=8$

답 8

21

조건 (가)에서 $X \cap \{1, 2, 3\} = \{2\}$이므로 $1 \not\in X$, $2 \in X$, $3 \not\in X$

조건 (나)에서 집합 X의 모든 원소의 합 $S(X)$의 값이 홀수이므로 집합 X는 집합 A의 원소 중 홀수인 1, 3, 5, 7 중에서 1개 또는 3개를 원소로 가져야 한다. $1 \not\in X$, $3 \not\in X$이므로 집합 X는 5, 7 중에서 1개만을 원소로 가져야 한다.

두 조건 (가), (나)를 만족시키면서 $S(X)$의 값이 최대가 될 때는 집합 A의 원소 중 짝수인 4, 6을 원소로 갖고, 홀수인 7을 원소로 가질 때이다. 즉, $X = \{2, 4, 6, 7\}$일 때 $S(X)$가 최대가 된다.

따라서 $S(X)$의 최댓값은 $2+4+6+7=19$

답 ⑤

22

$S(X)$의 값이 최대, $S(Y)$의 값이 최소일 때, $S(X)-S(Y)$는 최댓값을 갖는다.

조건 (나)에서 집합 X의 임의의 서로 다른 두 원소가 서로 나누어떨어지지 않으려면 $k \in X$일 때, k를 제외한 k의 약수와 배수가 집합 X의 원소가 아니어야 한다.

11, 12, 13, $\cdots$, 21은 서로 나누어떨어지지 않으므로 $S(X)$가 최댓값을 가지려면 집합 X는 11, 12, 13, $\cdots$, 21을 원소로 가져야 한다.

이때 1, 3, 7은 21의 약수이고, 2, 4, 5, 10은 20의 약수, 6, 9는 18의 약수, 8은 16의 약수이므로 1, 2, 3, $\cdots$, 10은 집합 X의 원소가 될 수 없다.

조건 (가)에서 $n(X \cap Y) = 1$이므로 $S(Y)$가 최솟값을 가지려면 집합 Y는 집합 X의 원소 중 가장 작은 값인 11을 원소로 가져야 한다.

또한, $n(X \cup Y) = 17$이므로 집합 Y는 1, 2, 3, 4, 5, 6, 11을 원소로 가져야 한다.

따라서 $X = \{11, 12, 13, \cdots, 21\}$, $Y = \{1, 2, 3, 4, 5, 6, 11\}$일 때, $S(X)-S(Y)$가 최댓값을 가지고, 그 최댓값은

$(11+12+13+\cdots+20+21) - (1+2+3+4+5+6+11)$
$= 176-32 = 144$

답 ②

23

$A-B = \{8, 12\}$이므로 집합 $A-B$의 모든 원소의 합은

$8+12=20$

답 20

24

$A^c = U-A = \{1, 2, 3, 4, 5\} - \{1, 2\} = \{3, 4, 5\}$

따라서 $n(A^c) = 3$

답 ③

25

두 집합 $A=\{1, 2, 3, 6\}$, $B=\{2, 4, 6, 8\}$에 대하여

$A\cup B=\{1, 2, 3, 4, 6, 8\}$, $A\cap B=\{2, 6\}$이므로

$(A\cup B)-(A\cap B)=\{1, 3, 4, 8\}$

따라서 집합 $(A\cup B)-(A\cap B)$의 모든 원소의 합은

$1+3+4+8=16$

답 ③

26

$B-A=\{5, 6\}$이므로 집합 $B-A$의 모든 원소의 합은

$5+6=11$

$B=(B-A)\cup(A\cap B)$, $(B-A)\cap(A\cap B)=\varnothing$이고

$A=\{1, 2, 3, 4\}$이므로 집합 B의 모든 원소의 합이 12이려면

$A\cap B=\{1\}$이어야 한다.

따라서 $A-B=A-(A\cap B)=\{2, 3, 4\}$이
므로 집합 $A-B$의 모든 원소의 합은

$2+3+4=9$

답 ⑤

【 다른 풀이 】

$A\cup B=A\cup(B-A)$

$\qquad =\{1, 2, 3, 4\}\cup\{5, 6\}$

$\qquad =\{1, 2, 3, 4, 5, 6\}$

이므로 집합 $A\cup B$의 모든 원소의 합은

$1+2+3+4+5+6=21$

$A-B=(A\cup B)-B$, $(A\cup B)\cap B=B$이고, 집합 B의 모든 원
소의 합이 12이므로 집합 $A-B$의 모든 원소의 합은

$21-12=9$

27

집합 $S=\{1, 2, 3, 4, 5\}$의 부분집합이 집합 $\{1, 2\}$와 서로소가 되어
야 하므로 집합 $\{1, 2\}$와 교집합이 공집합인 집합 S의 부분집합을
찾으면 된다.

그러므로 $\{1, 2, 3, 4, 5\}$에서 원소 1과 2를 제외한 집합 $\{3, 4, 5\}$의
부분집합을 구하면 다음과 같다.

$\varnothing, \{3\}, \{4\}, \{5\}, \{3, 4\}, \{3, 5\}, \{4, 5\}, \{3, 4, 5\}$

따라서 집합 S의 부분집합 중에서 $\{1, 2\}$와 서로소인 집합의 개수는
8이다.

답 ⑤

【 다른 풀이 】

집합 $S=\{1, 2, 3, 4, 5\}$의 부분집합 중에서 $\{1, 2\}$와 서로소인 집합
은 집합 $\{1, 2, 3, 4, 5\}$에서 원소 1과 2를 제외한 집합 $\{3, 4, 5\}$의
부분집합이므로 구하는 집합의 개수는 $2^3=8$

28

집합 A에서 $(x-1)(x-26)>0$, $x<1$ 또는 $x>26$

즉, $A=\{x|x<1$ 또는 $x>26\}$

집합 B에서 $(x-a)(x-a^2)\leq 0$

a는 정수이므로 $a\leq x\leq a^2$

즉, $B=\{x|a\leq x\leq a^2\}$

$A\cap B=\varnothing$이 되도록 두 집합 A, B
를 수직선 위에 나타내면 오른쪽 그
림과 같다.

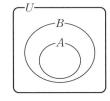

즉, $1\leq a\leq a^2\leq 26$이므로 $1\leq a\leq\sqrt{26}$

따라서 정수 a의 값은 1, 2, 3, 4, 5이므로 그 개수는 5이다.

답 ⑤

29

$A=\{x|x$는 6의 약수$\}=\{1, 2, 3, 6\}$, $B=\{2, 3, 5, 7\}$에 대하여

ㄱ. $A\cap B=\{2, 3\}$이므로 $5\notin A\cap B$ (참)

ㄴ. $B-A=\{5, 7\}$이므로 $n(B-A)=2$ (참)

ㄷ. 전체집합 U의 부분집합 중에서 집합 $A\cup B$와 서로소인 집합은
집합 $(A\cup B)^C$의 부분집합이다.

이때 $(A\cup B)^C=\{4, 8, 9, 10\}$이므로 $(A\cup B)^C$의 부분집합의
개수는 $2^4=16$ (참)

이상에서 옳은 것은 ㄱ, ㄴ, ㄷ이다.

답 ⑤

30

두 집합 A, B에 대하여 $A\subset B$이므로 A와
B 사이의 포함 관계를 벤다이어그램으로 나
타내면 오른쪽 그림과 같다.

따라서 $A\cap B=A$

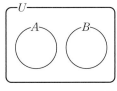

답 ①

31

두 집합 A, B가 서로소이므로 $A\cap B=\varnothing$
A와 B 사이의 포함 관계를 벤다이어그램
으로 나타내면 오른쪽 그림과 같으므로
$A\subset B^C$

답 ①

32

두 집합 A, B에 대하여

$A\cup B=A$이면 $B\subset A$

집합 B에서

$mx+1=x$, $(m-1)x=-1$

(i) $m=1$일 때,

　$0 \times x = -1$이므로 집합 B는 원소를 갖지 않는다.

　즉, $B=\varnothing$이고, 공집합은 모든 집합의 부분집합이므로

　$B \subset A$

(ii) $m \neq 1$일 때,

　$x = -\dfrac{1}{m-1}$, 즉 $B = \left\{ -\dfrac{1}{m-1} \right\}$

　$B \subset A$이려면 $-\dfrac{1}{m-1} \in A$이어야 하므로

　$-\dfrac{1}{m-1} = -1$ 또는 $-\dfrac{1}{m-1} = 2$

　$m=2$ 또는 $m=\dfrac{1}{2}$

(i), (ii)에서 모든 실수 m의 값의 합은

$1 + 2 + \dfrac{1}{2} = \dfrac{7}{2}$

답 ⑤

33

$(X-A) \subset (A-X)$에서 $(X-A) \cap (A-X) = X-A$이고

$(X-A) \cap (A-X) = (X \cap A^C) \cap (A \cap X^C)$

$\qquad\qquad\qquad\qquad = (A \cap A^C) \cap (X \cap X^C)$

$\qquad\qquad\qquad\qquad = \varnothing \cap \varnothing = \varnothing$

즉, $X-A=\varnothing$이므로 $X \subset A$

이때 $A = \{1, 2, 5, 10\}$이고 집합 X는 집합 A의 부분집합이므로 집합 X의 개수는

$2^4 = 16$

답 16

34

$\{3, 4, 5\} \cap A = \varnothing$이므로 집합 A는 전체집합 $U=\{1, 2, 3, 4, 5\}$의 부분집합 중에서 3, 4, 5를 원소로 갖지 않는 집합이다.

따라서 집합 A의 개수는

$2^{5-3} = 2^2 = 4$

답 ②

35

$U=\{1, 2, 3, \cdots, 10\}$이고 $A \cap B = \varnothing$이므로 집합 B는 전체집합 U의 부분집합 중에서 2, 3, 5, 6을 원소로 갖지 않는 집합이다.

따라서 집합 B의 개수는

$2^{10-4} = 2^6 = 64$

답 ④

36

$A \cup X = A$에서 $X \subset A$이고 $B \cap X = \varnothing$이므로 집합 X는 집합 $A-B$의 부분집합이다.

집합 $A-B$는 50 이하의 6의 배수 중 4의 배수가 아닌 수의 집합이므로

$A-B = \{6, 18, 30, 42\}$

따라서 집합 X의 개수는 집합 $A-B$의 부분집합의 개수인

$2^4 = 16$

답 ②

37

$\{1, 2\} \cap A \neq \varnothing$이므로 집합 A는 1, 2 중 적어도 하나를 원소로 가져야 한다.

따라서 집합 A는 전체집합 U의 부분집합 중에서 1, 2를 모두 원소로 갖지 않는 부분집합, 즉 집합 $\{3, 4\}$의 부분집합을 제외하면 된다.

따라서 집합 A의 개수는

(전체집합 U의 부분집합의 개수)$-$(집합 $\{3, 4\}$의 부분집합의 개수)

$=2^4 - 2^2 = 16 - 4 = 12$

답 ④

38

두 집합 $A=\{1, 2, 3, 4, 5\}$, $B=\{1, 3, 5, 9\}$에 대하여

$A-B = \{2, 4\}$

이때 $(A-B) \cap C = \varnothing$이므로 $2 \notin C$, $4 \notin C$이고,

$A \cap C = C$이므로 $C \subset A$이다.

즉, 집합 C는 집합 A의 부분집합 중에서 2, 4를 원소로 갖지 않는 집합이다.

따라서 집합 C의 개수는 $2^{5-2} = 2^3 = 8$

답 8

39

집합 X가 6을 원소로 갖는 경우와 갖지 않는 경우로 나누어 생각해 보자.

(i) $6 \in X$인 경우

　집합 X는 6을 원소로 가지면서 조건 ㈎에 의하여 원소의 개수가 2 이상이어야 하므로 집합 A의 모든 부분집합 X의 개수는

　$2^4 - 1 = 15$

(ii) $6 \notin X$인 경우

　집합 X가 6을 원소로 갖지 않으면서 조건 ㈏에 의하여 모든 원소의 곱이 6의 배수이려면 3, 4를 원소로 반드시 가져야 하므로

　$\{3, 4\} \subset X \subset \{3, 4, 5, 7\}$

　따라서 집합 A의 모든 부분집합 X의 개수는

　$2^{4-2} = 2^2 = 4$

(i), (ii)에서 조건을 만족시키는 집합 X의 개수는

$15 + 4 = 19$

답 ②

40

조건 (가)에서 $A-X=\varnothing$이므로 $A\subset X$

조건 (나)에서 $B\cap X=\varnothing$이므로 집합 X는 집합 B의 원소 4, 5, 6을 원소로 갖지 않는다. 즉, $\{1, 2, 3\}\subset X\subset\{1, 2, 3, 7, 8, 9, 10\}$

따라서 집합 X는 $\{1, 2, 3, 7, 8, 9, 10\}$의 부분집합 중에서 1, 2, 3을 반드시 원소로 갖는 집합이므로 조건을 만족시키는 집합 X의 개수는 $2^{7-3}=2^4=16$

답 ③

41

주어진 집합을 벤다이어그램으로 나타내면 오른쪽 그림과 같다.

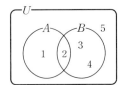

$A\cap B=\{2\}$이므로 다음과 같은 경우로 나누어 생각해 보자.

(i) $2\in X$인 경우

$X\cap A\neq\varnothing$, $X\cap B\neq\varnothing$을 만족시키므로 집합 X는 전체집합 U의 2가 아닌 원소인 1, 3, 4, 5의 일부 또는 전부를 원소로 갖거나 어느 것도 원소로 갖지 않을 수 있다.

따라서 U의 부분집합 X의 개수는 집합 $\{1, 3, 4, 5\}$의 부분집합의 개수와 같으므로 $2^4=16$

(ii) $2\notin X$인 경우

2를 제외한 집합 A의 원소는 1이고, 2를 제외한 집합 B의 원소는 3, 4이므로 $X\cap A\neq\varnothing$, $X\cap B\neq\varnothing$을 만족시키려면 집합 X는 1을 반드시 원소로 갖고 3 또는 4를 원소로 가져야 한다.

이때 $1\in X$, $3\in X$, $4\notin X$인 경우와 $1\in X$, $3\notin X$, $4\in X$인 경우와 $1\in X$, $3\in X$, $4\in X$인 경우의 3가지 경우가 있다.

이때 각 경우에서 집합 X는 집합 $(A\cup B)^C$의 원소인 5를 원소로 갖거나 갖지 않을 수 있다.

따라서 U의 부분집합 X의 개수는 $3\times 2=6$

(i), (ii)에서 조건을 만족시키는 집합 X의 개수는 $16+6=22$

답 22

42

$A=\{4, 8, 12, 16, 20\}$, $B=\{1, 2, 4, 5, 10, 20\}$

드모르간의 법칙에 의하여

$(A^C\cup B)^C=(A^C)^C\cap B^C=A\cap B^C=A-B=\{8, 12, 16\}$

따라서 집합 $(A^C\cup B)^C$의 모든 원소의 합은 $8+12+16=36$

답 36

43

$A\cup(A^C\cap B)=(A\cup A^C)\cap(A\cup B)$
$\qquad\qquad\qquad =U\cap(A\cup B)=A\cup B$

답 ⑤

다른 풀이

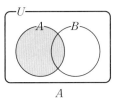
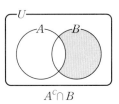

A $\qquad\qquad$ $A^C\cap B$

따라서 $A\cup(A^C\cap B)=A\cup B$

44

각 집합을 벤다이어그램으로 나타내면 다음과 같다.

① $A\cap B^C=A-B$

② $(A\cap B)\cup B^C$
$\quad =(A\cup B^C)\cap(B\cup B^C)$
$\quad =(A\cup B^C)\cap U$
$\quad =A\cup B^C$

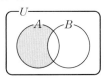

③ $(A\cap B^C)\cup A^C$
$\quad =(A\cup A^C)\cap(B^C\cup A^C)$
$\quad =U\cap(A\cap B)^C=(A\cap B)^C$

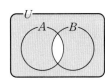

④ $(A\cup B)\cap(A\cap B)^C$
$\quad =(A\cup B)-(A\cap B)$

⑤ $(A-B)\cup(A^C\cap B^C)$
$\quad =(A\cap B^C)\cup(A^C\cap B^C)$
$\quad =(A\cup A^C)\cap B^C$
$\quad =U\cap B^C=B^C$

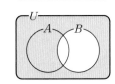

따라서 어두운 부분을 나타낸 집합과 같은 집합은 ②이다.

답 ②

45

조건 (나)에서 $A^C\cup B=\{1, 2, 8, 16\}$이고

드모르간의 법칙에 의하여 $A\cap B^C=(A^C\cup B)^C$이므로

$A\cap B^C=(A^C\cup B)^C=\{4, 32\}$

따라서

$A=(A\cap B)\cup(A\cap B^C)$
$\quad =\{2, 8\}\cup\{4, 32\}$
$\quad =\{2, 4, 8, 32\}$

이므로 집합 A의 모든 원소의 합은

$2+4+8+32=46$

답 ⑤

46

$A-X \subset A$, $B-X \subset B$이고,

조건 (나)에서 $A-X=B-X$이므로

$A-X=B-X \subset A \cap B=\{3, 4, 5\}$

$A-X \subset \{3, 4, 5\}$에서 $\{1, 2\} \subset X$이고

$B-X \subset \{3, 4, 5\}$에서 $\{6, 7\} \subset X$이므로

$\{1, 2, 6, 7\} \subset X$ ······ ㉠

조건 (다)에서

$(X-A) \cap (X-B)$

$=(X \cap A^C) \cap (X \cap B^C)$

$=X \cap (A^C \cap B^C)$

$=X \cap (A \cup B)^C$

$=X \cap \{8, 9, 10\} \neq \varnothing$ ······ ㉡

조건 (가)에서 $n(X)=6$이고 ㉠에 의하여

$n(X \cap \{3, 4, 5, 8, 9, 10\})=2$ ······ ㉢

㉡에 의하여 세 원소 8, 9, 10 중 적어도 하나의 원소는 집합 X에 속해야 한다.

집합 X의 모든 원소의 합이 최소이려면 $8 \in X$이고 ㉢에 의하여 다섯 원소 3, 4, 5, 9, 10 중 가장 작은 원소는 집합 X에 속해야 하므로 $3 \in X$

따라서 $X=\{1, 2, 3, 6, 7, 8\}$일 때 모든 원소의 합이 최소이고 집합 X의 모든 원소의 합의 최솟값은

$1+2+3+6+7+8=27$

답 ②

47

조건 (가)에 의하여

$(A \cap B)^C=A^C \cup B^C=\{1, 2, 4\}$

두 집합 A, $(A \cap B)^C$을 벤다이어그램으로 나타내면 각각 다음 그림과 같다.

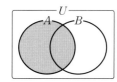 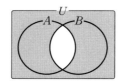

두 집합 A, $(A \cap B)^C$의 공통인 원소는 4

이므로

$A-B=\{4\}$

또, $A \cap B=A-(A-B)=\{3, 5\}$이고

$U=(A \cap B) \cup (A \cap B)^C=\{1, 2, 3, 4, 5\}$

이때 $4 \notin B$이고 $3 \in B$, $5 \in B$이다.

조건 (나)에서 집합의 분배법칙에 의하여

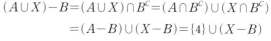

$(A \cup X)-B=(A \cup X) \cap B^C=(A \cap B^C) \cup (X \cap B^C)$

$\qquad =(A-B) \cup (X-B)=\{4\} \cup (X-B)$

집합 $(A \cup X)-B$의 원소의 개수가 1이 되려면 집합 $X-B$가 공집합이 되거나 집합 $\{4\}$가 되어야 한다.

(i) $X=\{1\}$, $X=\{2\}$, $X=\{3\}$, $X=\{5\}$일 때

모든 집합 X에 대하여 집합 $X-B$는 공집합이어야 하므로 1, 2, 3, 5 모두 집합 B의 원소이어야 한다.

(ii) $X=\{4\}$일 때

$X-B=\{4\}$이므로 집합 $\{4\} \cup (X-B)$는 집합 $\{4\}$가 되어 조건을 만족시킨다.

(i), (ii)에서 $B=\{1, 2, 3, 5\}$

따라서 $B=\{1, 2, 3, 5\}$이므로 집합 B의 모든 원소의 합은

$1+2+3+5=11$

답 11

48

드모르간의 법칙에 의하여

$A^C \cup B=(A \cap B^C)^C=(A-B)^C$

$n(A-B)=n(A)-n(A \cap B)$

이때

$A=\{1, 2, 3, 5, 6, 10, 15, 30\}$

이고 집합 $A \cap B$는 30의 약수 중 3의 배수를 원소로 갖는 집합이므로

$A \cap B=\{3, 6, 15, 30\}$

$n(U)=50$이므로

$n(A^C \cup B)=n((A-B)^C)$

$\qquad =n(U)-n(A-B)$

$\qquad =n(U)-\{n(A)-n(A \cap B)\}$

$\qquad =50-(8-4)=46$

답 ④

49

드모르간의 법칙에 의하여

$A \cup B^C=(A^C \cap B)^C=(B-A)^C$이므로 조건 (가)에서

$n(A \cup B^C)=n((B-A)^C)=7$

$B-A=\{4, 7\}$에서 $n(B-A)=2$

$(B-A) \cup (B-A)^C=U$, $(B-A) \cap (B-A)^C=\varnothing$

이므로

$n(U)=n(B-A)+n((B-A)^C)$

$\qquad =n(B-A)+n(A \cup B^C)$

$\qquad =2+7=9$

그러므로 $k=9$이고

$U=\{1, 2, 3, 4, 5, 6, 7, 8, 9\}$

조건 (가)에서 $B-A=\{4, 7\}$이고 조건 (나)에서 집합 A의 모든 원소의 합과 집합 B의 모든 원소의 합이 서로 같으므로 집합 $A-B$의 모든 원소의 합은 집합 $B-A=\{4, 7\}$의 모든 원소의 합인 11이다.

따라서 m은 4와 7 중 어느 수도 약수로 갖지 않고, 모든 약수의 합이 11 이상이어야 하므로 m이 될 수 있는 수는 6 또는 9이다.

(i) $m=6$일 때

집합 A는 $\{1, 2, 3, 6\}$이다.

이때 $A-B=\{2, 3, 6\}$이면 집합 $A-B$의 원소의 합이 11이므로 조건을 만족시킨다.

(ii) $m=9$일 때

집합 A는 $\{1, 3, 9\}$이다.

이때 집합 $A-B$의 원소의 합이 11인 경우는 존재하지 않으므로 조건을 만족시키지 않는다.

(i), (ii)에서 $m=6$이고 $B=\{1, 4, 7\}$

$A\cup B=\{1, 2, 3, 6\}\cup\{1, 4, 7\}=\{1, 2, 3, 4, 6, 7\}$

$A^C\cap B^C=(A\cup B)^C=\{5, 8, 9\}$

이므로 집합 $A^C\cap B^C$의 모든 원소의 합은 $5+8+9=22$

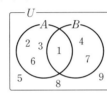

답 ⑤

50

집합 $B-A$의 모든 원소의 합을 k라 하자.

$A\cup B^C=(A^C\cap B)^C=(B-A)^C$이고, 조건 (가)에서 집합 $A\cup B^C$의 모든 원소의 합은 $6k$이므로 전체집합 U의 모든 원소의 합은 $7k$이다.

$7k=1+2+4+8+16+32=63$, $k=9$

집합 $B-A$의 모든 원소의 합이 9이므로

$B-A=\{1, 8\}$

$A\cap(B-A)=\varnothing$이므로

$A\subset(B-A)^C=\{2, 4, 16, 32\}$

$A\cup B=A\cup(B-A)$

$n(A\cup B)=n(A)+n(B-A)$

이고, 조건 (나)에서 $n(A\cup B)=5$이므로 $n(A)=3$

따라서 집합 A의 모든 원소의 합의 최솟값은

$A=\{2, 4, 16\}$일 때, $2+4+16=22$이다.

답 22

51

두 동아리 A, B에 가입한 학생의 집합을 각각 A, B라 하면 조건 (가), (나)에 의하여

$n(A\cup B)=56$, $n(A)=35$, $n(B)=27$

두 동아리 A, B에 모두 가입한 학생의 집합은 $A\cap B$이므로

$n(A\cap B)=n(A)+n(B)-n(A\cup B)$
$\qquad\qquad=35+27-56=6$

동아리 A에만 가입한 학생의 집합은 $A-B$이므로

$n(A-B)=n(A)-n(A\cap B)$
$\qquad\qquad=35-6=29$

따라서 동아리 A에만 가입한 학생의 수는 29이다.

답 29

(다른 풀이)

두 동아리 A, B에 가입한 학생의 집합을 각각 A, B라 하자.

동아리 A에만 가입한 학생의 수를 x라 하면 각 영역에 속하는 원소의 개수를 벤다이어그램으로 나타내면 오른쪽 그림과 같다.

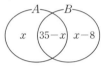

따라서 $x+(35-x)+(x-8)=56$이므로 $x=29$

52

두 은행 A, B를 이용하는 고객의 집합을 각각 A, B라 하면 조건 (가)에 의하여

$n(A)+n(B)=82$

은행 A 또는 은행 B를 이용하는 고객 중 남자는 35명, 여자는 30명이므로

$n(A\cup B)=65$

두 은행 A, B를 모두 이용하는 고객의 집합은 $A\cap B$이므로

$n(A\cap B)=n(A)+n(B)-n(A\cup B)=82-65=17$

두 은행 A, B 중 한 은행만 이용하는 고객의 수는

$n(A\cup B)-n(A\cap B)=65-17=48$

이때 조건 (나)에서 두 은행 A, B 중 한 은행만 이용하는 남자 고객의 수와 여자 고객의 수는 서로 같으므로 그 수를 x라 하면

$x+x=48$, $x=24$

따라서 은행 A와 은행 B를 모두 이용하는 여자 고객의 수는

$30-24=6$

답 ②

(다른 풀이)

조건 (나)에서 두 은행 A, B 중 한 은행만 이용하는 남자 고객의 수와 여자 고객의 수가 서로 같으므로 그 수를 x라 하면 은행 A와 은행 B를 모두 이용하는 남자 고객의 수는 $35-x$이고, 은행 A와 은행 B를 모두 이용하는 여자 고객의 수는 $30-x$이다.

조건 (가)에 의하여 $\{x+2(35-x)\}+\{x+2(30-x)\}=82$

$2x+(70-2x)+(60-2x)=82$, $x=24$

따라서 은행 A와 은행 B를 모두 이용하는 여자 고객의 수는

$30-24=6$

53

자원봉사 활동 신청 여부를 조사한 100명의 사람의 집합을 전체집합 U, 동계 올림픽 대회의 자원봉사 활동을 신청한 사람의 집합을 A, 동계 패럴림픽 대회의 자원봉사 활동을 신청한 사람의 집합을 B라 하면

$n(U)=100$, $n(A)=51$, $n(B)=42$, $n(A^C \cap B^C)=25$

그런데 $A^C \cap B^C = (A \cup B)^C$이므로

$n(A \cup B) = n(U) - n((A \cup B)^C) = n(U) - n(A^C \cap B^C)$
$\qquad\qquad = 100 - 25 = 75$

또, 동계 올림픽 대회와 동계 패럴림픽 대회에 모두 자원봉사 활동을 신청한 사람의 집합은 $A \cap B$이므로

$n(A \cap B) = n(A) + n(B) - n(A \cup B) = 51 + 42 - 75 = 18$

그러므로 $n(A \cup B) - n(A \cap B) = 75 - 18 = 57$

따라서 두 대회의 자원봉사 활동 중에서 하나만 신청한 사람의 수는 57이다.

답 ②

다른 풀이

자원봉사 활동 신청 여부를 조사한 100명의 사람의 집합을 전체집합 U, 동계 올림픽 대회의 자원봉사 활동을 신청한 사람의 집합을 A, 동계 패럴림픽 대회의 자원봉사 활동을 신청한 사람의 집합을 B라 하면 $n(U)=100$, $n(A)=51$, $n(B)=42$, $n(A^C \cap B^C)=25$이므로

$n(A \cup B) = n(U) - n(A^C \cap B^C) = 100 - 25 = 75$

두 대회의 자원봉사 활동 중에서 하나만 신청한 사람의 집합은 $(A-B) \cup (B-A)$이다.

$n(A-B) = n(A \cup B) - n(B) = 75 - 42 = 33$

$n(B-A) = n(A \cup B) - n(A) = 75 - 51 = 24$

두 집합 $A-B$, $B-A$는 서로소이므로

$n((A-B) \cup (B-A)) = n(A-B) + n(B-A) = 33 + 24 = 57$

따라서 두 대회의 자원봉사 활동 중에서 하나만 신청한 사람의 수는 57이다.

54

봉사 활동 A, B를 신청한 학생을 원소로 하는 집합을 각각 A, B라 하면 봉사 활동 A를 신청한 학생 수와 봉사 활동 B를 신청한 학생 수의 합이 36이므로

$n(A) + n(B) = 36$

봉사 활동 A, B를 모두 신청한 학생의 집합은 $A \cap B$이므로

$n(A \cup B) = n(A) + n(B) - n(A \cap B) = 36 - n(A \cap B)$

학급의 학생 수가 30이므로 $n(A \cup B) \leq 30$에서

$36 - n(A \cap B) \leq 30$, $n(A \cap B) \geq 6$ ...... ㉠

또, $n(A \cap B) \leq n(A \cup B)$이므로

$n(A \cap B) \leq 36 - n(A \cap B)$, $n(A \cap B) \leq 18$ ...... ㉡

㉠, ㉡에서 $6 \leq n(A \cap B) \leq 18$

따라서 $M=18$, $m=6$이므로 $M+m=24$

답 ④

55

학급 학생 전체의 집합을 U, 지역 A를 방문한 학생의 집합을 A, 지역 B를 방문한 학생의 집합을 B라 하자.

지역 A와 지역 B를 모두 방문한 학생의 수 $n(A \cap B)$를 x라 하고, 각 영역에 속하는 원소의 개수를 벤다이어그램에 나타내면 오른쪽 그림과 같다.

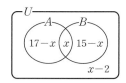

각 영역에 속하는 원소의 개수는 0 이상의 정수이므로

$x \geq 0$, $x-2 \geq 0$, $15-x \geq 0$, $17-x \geq 0$

그러므로 $2 \leq x \leq 15$

한편, 지역 A, B 중 어느 한 지역만 방문한 학생의 수는

$n((A-B) \cup (B-A)) = 32 - 2x$이므로 $2 \leq 32 - 2x \leq 28$

따라서 $M=28$, $m=2$이므로 $Mm=56$

답 56

56

학교 학생 전체의 집합을 U라 하고, 체험 활동 A, B를 신청한 학생의 집합을 각각 A, B라 하면 어느 체험 활동도 신청하지 않은 학생의 집합은 $A^C \cap B^C$이고, 하나 이상의 체험 활동을 신청한 학생의 집합은 $A \cup B$이다.

$n(U) = 200$ ...... ㉠

$n(A) = n(B) + 20$ ...... ㉡

$n(A^C \cap B^C) = n(A \cup B) - 100$ ...... ㉢

$A^C \cap B^C = (A \cup B)^C$이므로

$n(A^C \cap B^C) = n(U) - n(A \cup B)$

㉠, ㉢에서 $n(A \cup B) = \frac{1}{2}\{n(U)+100\} = 150$

이때 $n(A \cup B) = n(A) + n(B) - n(A \cap B)$에서

$150 = n(A) + n(B) - n(A \cap B)$이므로 ㉡에서

$2 \times n(A) - 20 - n(A \cap B) = 150$

$n(A) = \frac{1}{2}\{n(A \cap B) + 170\}$

한편, 체험 활동 A만 신청한 학생의 집합은 $A-B$이므로

$n(A-B) = n(A) - n(A \cap B) = \frac{1}{2}\{170 - n(A \cap B)\}$

$n(A-B)$가 최대일 때는 $n(A \cap B) = 0$일 때이므로

$n(A-B)$의 최댓값은 $\frac{170}{2} = 85$

따라서 체험 활동 A만 신청한 학생 수의 최댓값은 85이다.

답 85

본문 116~117쪽

1등급 도전

01 ②　　02 ⑤　　03 50　　04 ③
05 189　　06 ⑤

01

풀이 전략 집합 B를 구한 후 집합 $A_k \cap B^C$에 속하는 원소를 생각한다.

[STEP 1] 집합 A_k의 포함 관계와 집합 B를 구한다.

집합 A_k는 전체집합 U의 부분집합이므로 x는 20 이하의 자연수이다.

또한, 집합 A_k에서 $x(y-k)=30$이므로 $y-k$는 30의 약수이다.

$y \in U$이므로 $y-k < 30$이고 $x \neq 1$

$x \in U$이므로 $x \neq 30$

$y-k$와 x 사이의 관계는 다음 표와 같다.

$y-k$	2	3	5	6	10	15
x	15	10	6	5	3	2

즉, $A_k \subset \{2, 3, 5, 6, 10, 15\}$

집합 B에서 $\dfrac{30-x}{5} \in U$이므로 $30-x$는 5의 배수이다.

즉, $B=\{5, 10, 15, 20\}$

[STEP 2] 집합 $A_k \cap B^C$에 속하는 원소에 따라 k의 값의 범위를 구한다.

$(A_k \cap B^C) \subset \{2, 3, 6\}$이고 $n(A_k \cap B^C)=1$이므로 ← 문제의 조건이다.

다음과 같은 경우로 나누어 생각해 보자.

(ⅰ) $2 \in (A_k \cap B^C)$일 때

　$x=2$, $y-k=15$이고 $y=15+k \leq 20$

　$k \leq 5$

(ⅱ) $3 \in (A_k \cap B^C)$일 때

　$x=3$, $y-k=10$이고 $y=10+k \leq 20$

　$k \leq 10$

$y \in U$이고 집합 U의 원소는 20 이하의 자연수이므로 $y \leq 20$

(ⅲ) $6 \in (A_k \cap B^C)$일 때

　$x=6$, $y-k=5$이고 $y=5+k \leq 20$

　$k \leq 15$

[STEP 3] $n(A_k \cap B^C)=1$이 되도록 하는 모든 자연수 k의 개수를 구한다.

(ⅰ), (ⅱ), (ⅲ)에서

$k \leq 5$일 때, $A_k \cap B^C = \{2, 3, 6\}$

$5 < k \leq 10$일 때, $A_k \cap B^C = \{3, 6\}$

$10 < k \leq 15$일 때, $A_k \cap B^C = \{6\}$

즉, $n(A_k \cap B^C)=1$이 되도록 하는 k의 값의 범위는 $10 < k \leq 15$

따라서 자연수 k의 값은 11, 12, 13, 14, 15이므로 그 개수는 5이다.

답 ②

02

풀이 전략 집합의 연산과 집합의 원소의 개수 사이의 관계를 이용하여 참, 거짓을 추론한다.

[STEP 1] $n(A \cap B \cap C)=0$인 경우를 생각해 본다.

ㄱ. $n(A \cap B \cap C)=0$이면

　$n(B \cap C)=2$에서 $n(A^C \cap B \cap C)=2$

　$n(B-A) \geq n(A^C \cap B \cap C)=2$이므로 $n(B-A)=1$을 만족시키지 않는다.

　따라서 $n(A \cap B \cap C) \neq 0$ (참)

[STEP 2] 교집합의 원소의 개수 사이의 관계를 이용하여 집합 C의 원소의 개수를 구한다.

ㄴ. $n(A \cap B \cap C)=2$이면

　$n(B \cap C)=n(A \cap B \cap C)+n(A^C \cap B \cap C)=2$

　이므로 $n(A^C \cap B \cap C)=0$

　$n(B-A)=n(A^C \cap B \cap C)+n(A^C \cap B \cap C^C)=1$

　이므로 $n(A^C \cap B \cap C^C)=1$

　$n(C-A)=n(A^C \cap B \cap C)+n(A^C \cap B^C \cap C)=2$

　이므로 $n(A^C \cap B^C \cap C)=2$

　$n(A \cap B \cap C)+n(A^C \cap B \cap C^C)+n(A^C \cap B^C \cap C)=5=n(U)$

　따라서 $n(C)=n(A \cap B \cap C)+n(A^C \cap B^C \cap C)=4$ (참)

[STEP 3] $n(A \cap B \cap C)=1$인 경우와 $n(A \cap B \cap C)=2$인 경우로 나누어 생각한다.

ㄷ. $n(B \cap C)=2$이므로 ㄱ에 의하여

　$n(A \cap B \cap C)=1$ 또는 $n(A \cap B \cap C)=2$

　(ⅰ) $n(A \cap B \cap C)=2$일 때

　　ㄴ에 의하여

　　$n(A)=n(A \cap B \cap C)=2$

　　$n(B)=n(A \cap B \cap C)+n(A^C \cap B \cap C^C)=3$

　　$n(A) \times n(B) \times n(C)=2 \times 3 \times 4=24$

　(ⅱ) $n(A \cap B \cap C)=1$일 때

　　$n(B \cap C)=2$에서 $n(A^C \cap B \cap C)=1$

　　$n(B-A)=1$에서 $n(A^C \cap B \cap C^C)=0$

　　$n(C-A)=2$에서 $n(A^C \cap B^C \cap C)=1$

　　각 집합의 원소의 개수를 나타내면 다음 그림과 같다.

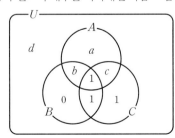

$n(A)=a+b+c+1$,

$n(B)=b+2$,

$n(C)=c+3$

이고 $a+b+c+d=2$이다.

$n(A)\times n(B)\times n(C)$의 값이 최소가 되기 위해서는

$a=b=c=0,\ d=2$

이때 $n(A)\times n(B)\times n(C)=1\times 2\times 3=6$

$n(A)\times n(B)\times n(C)$의 값이 최대가 되기 위해서는

$a=d=0,\ b+c=2$

ⓐ $b=2,\ c=0$일 때

   $n(A)\times n(B)\times n(C)=3\times 4\times 3=36$

ⓑ $b=1,\ c=1$일 때

   $n(A)\times n(B)\times n(C)=3\times 3\times 4=36$

ⓒ $b=0,\ c=2$일 때

   $n(A)\times n(B)\times n(C)=3\times 2\times 5=30$

(i), (ii)에 의하여 $n(A)\times n(B)\times n(C)$의 최댓값은 36, 최솟값은 6이다.

따라서 $n(A)\times n(B)\times n(C)$의 최댓값과 최솟값의 합은 42이다. (참)

이상에서 옳은 것은 ㄱ, ㄴ, ㄷ이다.

답 ⑤

03

풀이 전략 집합의 원소가 방정식의 실근임을 이용한다.

STEP 1 주어진 집합을 이용하여 방정식 $f(x)=1$, $g(x)=1$의 실근의 집합을 구한다.

$\alpha\in A$, $\alpha\in B$이므로 $f(\alpha)=g(\alpha)=1$

또한 $\beta\in A$, $\beta\not\in B$이므로

$f(\beta)=1$, $g(\beta)\neq 1$ 또는 $f(\beta)\neq 1$, $g(\beta)=1$

즉, 방정식 $f(x)=1$의 모든 실근의 집합을 C, 방정식 $g(x)=1$의 모든 실근의 집합을 D라 하면

$C=\{\alpha,\ \beta\}$, $D=\{\alpha\}$ 또는 $C=\{\alpha\}$, $D=\{\alpha,\ \beta\}$

STEP 2 경우를 나누어 조건을 만족시키는 것을 찾는다.

(i) $C=\{\alpha,\ \beta\}$, $D=\{\alpha\}$일 때

두 함수 $f(x)$, $g(x)$의 식은

$f(x)=2(x-\alpha)(x-\beta)+1$, $g(x)=(x-\alpha)^2+1$ ······ ㉠

이때 $\beta+3\in B$에서 $f(\beta+3)=g(\beta+3)$이므로

$2(\beta+3-\alpha)\times 3+1=(\beta+3-\alpha)^2+1$

$\beta+3-\alpha=0$ 또는 $\beta+3-\alpha=6$

즉, $\beta-\alpha=-3$ 또는 $\beta-\alpha=3$

$\alpha<\beta$이므로 $\beta-\alpha=3$ ······ ㉡

두 곡선 $y=f(x)$, $y=g(x)$와 직선 $y=1$은 [그림 1]과 같다.

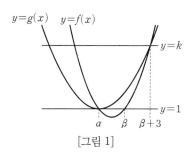

[그림 1]

[그림 1]에서 방정식 $\{f(x)-k\}\{g(x)-k\}=0$의 서로 다른 실근의 개수가 3이 되도록 하는 실수 k의 값은

$k=g(\beta+3)$ ······ ㉢

곡선 $y=f(x)$의 축의 방정식은 $x=\dfrac{\alpha+\beta}{2}$이므로 곡선 $y=f(x)$와 직선 $y=k$의 교점의 x좌표는 $\alpha-3$, $\beta+3$이다.

이때 ㉡에 의하여

$\alpha-3=(\beta-3)-3=\beta-6$

또한, 곡선 $y=g(x)$의 축의 방정식은 $x=\alpha$이므로 곡선 $y=g(x)$와 직선 $y=k$의 교점의 x좌표는 $2\alpha-\beta-3$, $\beta+3$이다.

이때 ㉡에 의하여

$2\alpha-\beta-3=2(\beta-3)-\beta-3$

$\qquad\qquad\quad =\beta-9$

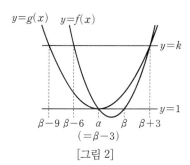

[그림 2]

[그림 2]에서 방정식 $\{f(x)-k\}\{g(x)-k\}=0$의 서로 다른 실근은 $\beta-9$, $\beta-6$, $\beta+3$이고 그 합이 12이므로

$(\beta-9)+(\beta-6)+(\beta+3)=12$, $\beta=8$

㉡에서 $\alpha=5$

㉠에서 $f(x)=2(x-5)(x-8)+1$, $g(x)=(x-5)^2+1$

㉢에서 $k=g(\beta+3)=g(11)=(11-5)^2+1=37$

(ii) $C=\{\alpha\}$, $D=\{\alpha,\ \beta\}$일 때

두 함수 $f(x)$, $g(x)$의 식은

$f(x)=2(x-\alpha)^2+1$, $g(x)=(x-\alpha)(x-\beta)+1$

이때 $\beta+3\in B$에서 $f(\beta+3)=g(\beta+3)$이므로

$2(\beta+3-\alpha)^2+1=(\beta+3-\alpha)\times 3+1$

$\beta+3-\alpha=0$ 또는 $\beta+3-\alpha=\dfrac{3}{2}$

즉, $\beta-\alpha=-3$ 또는 $\beta-\alpha=-\dfrac{3}{2}$

이때 두 경우 모두 $\alpha<\beta$라는 조건을 만족시키지 않는다.

[STEP 3] $\alpha+\beta+k$의 값을 구한다.

(i), (ii)에서 $\alpha=5$, $\beta=8$, $k=37$

따라서 $\alpha+\beta+k=5+8+37=50$

답 50

04

풀이 전략 두 집합 A_l, A_m이 서로소가 아니면 $A_l\cap A_m\neq\varnothing$임을 이용한다.

[STEP 1] 세 집합 A_1, A_2, A_3을 각각 구하여 공통된 원소를 찾아 ㄱ의 참, 거짓을 판별한다.

ㄱ. $A_1\cap A_2\cap A_3=\{x|0\leq x\leq2\}\cap\{x|1\leq x\leq3\}\cap\{x|2\leq x\leq4\}$
$=\{2\}$ (참)

[STEP 2] $l\leq m$이라 하고 $|l-m|=0$, $|l-m|=1$, $|l-m|=2$일 때 집합 $A_l\cap A_m$를 구해 ㄴ의 참, 거짓을 판별한다.

ㄴ. $|l-m|\leq2$를 만족시키는 9 이하의 두 자연수 l, m에 대하여 $l\leq m$이라 하여도 일반성을 잃지 않는다.

(i) $|l-m|=0$일 때, $m=l$이고
$A_l\cap A_m=A_l\neq\varnothing$

(ii) $|l-m|=1$일 때, $m=l+1$이고
$A_l\cap A_m=A_l\cap A_{l+1}=\{x|l\leq x\leq l+1\}\neq\varnothing$

(iii) $|l-m|=2$일 때, $m=l+2$이고
$A_l\cap A_m=A_l\cap A_{l+2}=\{l+1\}\neq\varnothing$

(i), (ii), (iii)에서 9 이하의 두 자연수 l, m에 대하여 $|l-m|\leq2$이면 두 집합 A_l과 A_m은 서로소가 아니다. (참)

> → 두 집합이 공통인 원소가 하나도 없을 때, 이 두 집합을 서로소라 한다. 그런데 $A_l\cap A_m\neq\varnothing$, 즉 두 집합 A_l과 A_m은 공통인 원소가 존재하므로 서로소가 아니다.

[STEP 3] 모든 A_k와 서로소가 아니고 원소가 유한개인 집합 중 원소의 개수가 최소인 집합을 구해 ㄷ의 참, 거짓을 판별한다.

ㄷ. 9 이하인 자연수 n에 대하여 집합 $\{p\}(n-1\leq p\leq n+1)$이 $\{p\}\cap A_n\neq\varnothing$을 만족시키므로 집합 $\{p\}$는 A_n과 서로소가 아니고 원소의 개수가 최소인 집합이다.

8 이하인 자연수 n에 대하여 $A_n\cap A_{n+1}=\{x|n\leq x\leq n+1\}$이고, 집합 $\{p\}(n\leq p\leq n+1)$이 $\{p\}\cap\{A_n\cap A_{n+1}\}\neq\varnothing$을 만족시키므로 집합 $\{p\}$는 A_n, A_{n+1}과 서로소가 아니고 원소의 개수가 최소인 집합이다.

7 이하인 자연수 n에 대하여
$A_n\cap A_{n+1}\cap A_{n+2}=\{n+1\}$이고
$\{n+1\}\cap(A_n\cap A_{n+1}\cap A_{n+2})\neq\varnothing$이므로 집합 $\{n+1\}$은 A_n, A_{n+1}, A_{n+2}와 서로소가 아니고 원소의 개수가 최소인 집합이다.

6 이하인 자연수 n에 대하여
$A_n\cap A_{n+1}\cap A_{n+2}\cap A_{n+3}=\varnothing$이므로
A_n, A_{n+1}, A_{n+2}, A_{n+3}과 서로소가 아닌 집합 중 원소의 개수가 1인 집합은 존재하지 않는다.

$A_1\cap A_2\cap A_3=\{2\}$, $A_2\cap A_3\cap A_4=\{3\}$,
$A_3\cap A_4\cap A_5=\{4\}$, $\cdots$,
$A_7\cap A_8\cap A_9=\{8\}$

> → 7 이하의 자연수 n에 대하여 $A_n\cap A_{n+1}\cap A_{n+2}=\{n+1\}$

$X=\{2, 3, 4, 5, 6, 7, 8\}$이라 하면 집합 X는 모든 A_k와 서로소가 아니다.

모든 A_k와 서로소가 아니고 원소가 유한개인 집합 중 원소의 개수가 최소인 집합을 B라 하면 $B\subset X$

$2\notin B$이면 $A_1\cap B=\varnothing$이므로 $2\in B$이어야 한다.

$8\notin B$이면 $A_9\cap B=\varnothing$이므로 $8\in B$이어야 한다.

$\{2, 8\}\cap A_4=\varnothing$, $\{2, 8\}\cap A_5=\varnothing$, $\{2, 8\}\cap A_6=\varnothing$이고 $A_4\cap A_5\cap A_6=\{5\}$이므로 $5\in B$이어야 한다.

$B=\{2, 5, 8\}$에 대하여 집합 B의 원소의 개수는 3이고 집합 B는 모든 A_k와 서로소가 아니다. (거짓)

이상에서 옳은 것은 ㄱ, ㄴ이다.

답 ③

05

풀이 전략 주어진 조건을 만족시키는 집합을 추론한다.

[STEP 1] 집합의 원소의 개수는 자연수임을 이용하여 $n(A)$의 값을 추론한다.

$n(A)\times n((A\cup B)^C)=15$에서 $n(A)$는 15의 양의 약수이다.

[STEP 2] $n(A)$의 값이 1, 3, 5, 15인 경우 조건을 만족시키는 집합 U, A, B를 각각 구한다.

(i) $n(A)=1$일 때

$A=\{2\}$이므로 $k=2$ 또는 $k=3$

$k=2$이면 $U=\{1, 2\}$, $B=\{1, 2\}$에서
$(A\cup B)^C=\varnothing$, $n((A\cup B)^C)=0$이므로 조건을 만족시키지 않는다.

$k=3$이면 $U=\{1, 2, 3\}$, $B=\{1, 3\}$에서
$(A\cup B)^C=\varnothing$, $n((A\cup B)^C)=0$이므로 조건을 만족시키지 않는다.

(ii) $n(A)=3$일 때

$A=\{2, 4, 6\}$이므로 $k=6$ 또는 $k=7$

$k=6$이면 $U=\{1, 2, 3, \cdots, 6\}$, $B=\{1, 2, 3, 6\}$에서
$(A\cup B)^C=\{5\}$, $n((A\cup B)^C)=1$이므로 조건을 만족시키지 않는다.

$k=7$이면 $U=\{1, 2, 3, \cdots, 7\}$, $B=\{1, 7\}$에서
$(A\cup B)^C=3$, 5, $n((A\cup B)^C)=2$이므로 조건을 만족시키지 않는다.

(iii) $n(A)=5$일 때

$A=\{2, 4, 6, 8, 10\}$이므로 $k=10$ 또는 $k=11$

$k=10$이면 $U=\{1, 2, 3, \cdots, 10\}$, $B=\{1, 2, 5, 10\}$에서

$(A\cup B)^C=\{3,\ 7,\ 9\}$, $n((A\cup B)^C)=3$이므로 조건을 만족시킨다.

$k=11$이면 $U=\{1,\ 2,\ 3,\ \cdots,\ 11\}$, $B=\{1,\ 11\}$에서

$(A\cup B)^C=\{3,\ 5,\ 7,\ 9\}$, $n((A\cup B)^C)=4$이므로 조건을 만족시키지 않는다.

(iv) $n(A)=15$일 때

$A=\{2,\ 4,\ 6,\ \cdots,\ 30\}$이므로 $k=30$ 또는 $k=31$

$k=30$이면

$U=\{1,\ 2,\ 3,\ \cdots,\ 30\}$, $B=\{1,\ 2,\ 3,\ 5,\ 6,\ 10,\ 15,\ 30\}$에서

$(A\cup B)^C=\{7,\ 9,\ 11,\ 13,\ 17,\ 19,\ 21,\ 23,\ 25,\ 27,\ 29\}$,

$n((A\cup B)^C)=11$이므로 조건을 만족시키지 않는다.

$k=31$이면 $U=\{1,\ 2,\ 3,\ \cdots,\ 31\}$, $B=\{1,\ 31\}$에서

$(A\cup B)^C=\{3,\ 5,\ 7,\ \cdots,\ 29\}$, $n((A\cup B)^C)=14$이므로 조건을 만족시키지 않는다.

(i)~(iv)에서 두 집합 A, B가 조건을 만족시키도록 하는 k는 $k=10$이고

$U=\{1,\ 2,\ 3,\ \cdots,\ 10\}$, $A=\{2,\ 4,\ 6,\ 8,\ 10\}$, $B=\{1,\ 2,\ 5,\ 10\}$

[STEP 3] 집합 $(A\cup B)^C$의 모든 원소의 곱을 구한다.

따라서 $(A\cup B)^C=\{3,\ 7,\ 9\}$이므로 집합 $(A\cup B)^C$의 모든 원소의 곱은

$3\times7\times9=189$

답 189

06

풀이 전략 각 집합의 원소의 의미를 파악한다.

[STEP 1] 주어진 집합의 의미를 파악하여 세 원의 관계를 파악한다.

세 원

$(x+2)^2+(y+1)^2=1$, $(x-a-1)^2+(y-a)^2=a^2$,

$(x-b-1)^2+(y-b)^2=b^2$을 차례로 O_1, O_2, O_3이라 하자.

집합 A, B, C는 좌표평면에서 직선 $y=\dfrac{4}{3}x$가 세 원 O_1, O_2, O_3과 각각 만나는 점의 집합이다.

원 O_1의 중심 $(-2,\ -1)$과 직선 $y=\dfrac{4}{3}x$ 사이의 거리가

$\dfrac{|-8+3|}{\sqrt{4^2+3^2}}=1$이고 원 O_1의 반지름의 길이가 1이므로

원 O_1과 직선 $y=\dfrac{4}{3}x$는 한 점에서 만난다.

그러므로 $n(A)=1$

세 원 O_1, O_2, O_3은 모두 x축에 접하고 원 O_1의 중심은 제3사분면, 두 원 O_2, O_3의 중심은 제1사분면 위에 있으므로 원 O_1은 두 원 O_2, O_3과 만나지 않는다.

[STEP 2] $n(A\cup B\cup C)=3$인 조건을 만족시키는 집합 B를 구한다.

그러므로 $A\cap(B\cup C)=\varnothing$

$n(A)=1$, $A\cap(B\cup C)=\varnothing$이므로

$n(A\cup B\cup C)=3$이려면 $n(B\cup C)=2$ ...... ㉠

두 원 O_2, O_3의 중심 $(a+1,\ a)$, $(b+1,\ b)$는 모두 직선 $y=x-1$ 위의 점이다.

직선 $y=x-1$ 위의 점 $(k+1,\ k)$ $(k\geq1)$을 중심으로 하고 반지름의 길이가 k인 원에 대하여 원의 중심 $(k+1,\ k)$와 직선 $y=\dfrac{4}{3}x$ 사이의 거리는

$\dfrac{|4k+4-3k|}{\sqrt{4^2+3^2}}=\dfrac{k+4}{5}$

이므로 점 $(k+1,\ k)$ $(k\geq1)$을 중심으로 하고 반지름의 길이가 k인 원과 직선 $y=\dfrac{4}{3}x$는 $k=1$이면 $k=\dfrac{k+4}{5}$이므로 서로 접하고 $k>1$

이면 $k>\dfrac{k+4}{5}$이므로 서로 다른 두 점에서 만난다.

$1\leq a<b$에서

$a\geq1$이므로 $n(B)\geq1$

$b>1$이므로 $n(C)=2$ ...... ㉡

㉠, ㉡에서 $B\subset C$이고 $a\neq b$이면 $B\neq C$이므로

$n(B)<n(C)=2$

$1\leq n(B)<2$에서 $n(B)=1$

원 O_2와 직선 $y=\dfrac{4}{3}x$는 서로 접하므로 $a=1$

$(x-2)^2+(y-1)^2=1$에 $y=\dfrac{4}{3}x$를 대입하면

$(x-2)^2+\left(\dfrac{4}{3}x-1\right)^2=1$

$\dfrac{25}{9}x^2-\dfrac{20}{3}x+4=0$, $\left(\dfrac{5}{3}x-2\right)^2=0$

$x=\dfrac{6}{5}$, $y=\dfrac{8}{5}$이므로 $B=\left\{\left(\dfrac{6}{5},\ \dfrac{8}{5}\right)\right\}$

[STEP 3] 집합 B와 C의 포함 관계를 이용하여 a, b의 값을 구하고 $a+b$의 값을 구한다.

$B\subset C$이므로 $\left(\dfrac{6}{5},\ \dfrac{8}{5}\right)\in C$

점 $\left(\dfrac{6}{5},\ \dfrac{8}{5}\right)$이 원 O_3 위의 점이어야 하므로 세 원 O_1, O_2, O_3과 직선 $y=\dfrac{4}{3}x$는 그림과 같다.

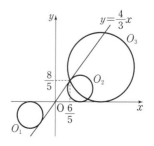

$(x-b-1)^2+(y-b)^2=b^2$에 $x=\dfrac{6}{5}$, $y=\dfrac{8}{5}$을 대입하면

$\left(\dfrac{6}{5}-b-1\right)^2+\left(\dfrac{8}{5}-b\right)^2=b^2$

$b^2-\dfrac{18}{5}b+\dfrac{13}{5}=0$, $(b-1)\left(b-\dfrac{13}{5}\right)=0$

$b=1$ 또는 $b=\dfrac{13}{5}$

$b>a$이므로 $b=\dfrac{13}{5}$

따라서 $a+b=1+\dfrac{13}{5}=\dfrac{18}{5}$

답 ⑤

09 집합과 명제(2)

개념 확인문제

본문 119쪽

01 명제: (1), (3), (4)

    (1) 참   (3) 거짓   (4) 참

02 (1) 2는 소수가 아니다. (거짓)

    (2) $3>\sqrt{3}$ (참)

03 조건 p의 진리집합을 P라 하면 $P=\{1, 2, 3, 4, 5, 6, 7\}$

    $\sim p$의 진리집합은 $P^C=\{x|x>7$인 자연수$\}$

04 (1) 거짓   (2) 참

05 (1) 참   (2) 거짓

06 (1) 어떤 실수 x에 대하여 $x^2-x+1\geq 0$이다. (참)

    (2) 모든 직사각형은 정사각형이 아니다. (거짓)

07 (1) 역: $\sqrt{x}>3$이면 $x>9$이다.

      대우: $\sqrt{x}\leq 3$이면 $x\leq 9$이다.

    (2) 역: 평행사변형은 사다리꼴이다.

      대우: 평행사변형이 아니면 사다리꼴이 아니다.

08 (1) 충분조건   (2) 필요충분조건

09 (가) $\sqrt{a}-\sqrt{b}$ (나) $\geq$

내신 + 학평 유형 연습

본문 120~126쪽

01 ②	02 ②	03 ④	04 ⑤	05 ③	06 ③
07 ③	08 ②	09 ②	10 ③	11 ②	12 9
13 9	14 ③	15 ①	16 ①	17 ①	18 ①
19 ③	20 ③	21 ②	22 ⑤	23 ⑤	24 ④
25 ④	26 5	27 12	28 ③	29 ②	30 ⑤
31 ④	32 15	33 ②	34 ③	35 ②	

01

조건 p의 진리집합을 P라 하자.

전체집합 $U=\{1, 2, 3, 4, 5, 6, 7, 8\}$의 원소 중 짝수는 2, 4, 6, 8이고 6의 약수는 1, 2, 3, 6이므로

$P=\{1, 2, 3, 4, 6, 8\}$

조건 $\sim p$의 진리집합은 P^C이므로

$P^C=U-P=\{5, 7\}$

따라서 조건 $\sim p$의 진리집합의 모든 원소의 합은

$5+7=12$

답 ②

02

실수 x에 대한 조건 'x는 1보다 크다'의 부정은

'x는 1보다 크지 않다' 즉 '$x\leq 1$'

답 ②

03

실수 x에 대한 조건 'x는 음이 아닌 실수이다.'의 진리집합은 $\{x|x\geq 0\}$이다.

답 ④

04

주어진 벤다이어그램에서 두 집합 P, R의 포함 관계는 $R\subset P$이다.
⑤ $P^C\subset R^C$이므로 명제 $\sim p\longrightarrow\sim r$는 항상 참이다.

답 ⑤

05

$(P\cup Q)\cap R=\varnothing$이므로 세 집합 P, Q, R를 벤다이어그램으로 나타내면 다음 그림과 같다.

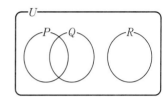

③ $(P\cup Q)\subset R^C$이므로 $P\subset R^C$
　따라서 명제 'p이면 $\sim r$이다.'는 항상 참이다.

답 ③

06

ㄱ. $P\cap Q=P$이므로 $P\subset Q$
　따라서 명제 $p\longrightarrow q$는 참이다. (참)
ㄴ. $R^C\cup Q=U$이므로 $(R^C\cup Q)^C=U^C=\varnothing$에서
　$R\cap Q^C=R-Q=\varnothing$
　따라서 $R\subset Q$이므로 명제 $r\longrightarrow q$는 참이다. (참)
ㄷ. [반례] $P\cap R\neq\varnothing$일 때, $P\not\subset R^C$
　따라서 명제 $p\longrightarrow\sim r$는 거짓이다. (거짓)
이상에서 옳은 것은 ㄱ, ㄴ이다.

답 ③

07

ㄱ. $\sim p\Longrightarrow r$이므로 $P^C\subset R$ (참)
ㄴ. $\sim p\Longrightarrow r$이고 $r\Longrightarrow\sim q$이므로 $\sim p\Longrightarrow\sim q$
　따라서 $q\Longrightarrow p$이므로 $Q\subset P$ (거짓)
ㄷ. $r\Longrightarrow\sim q$에서 $q\Longrightarrow\sim r$이므로 $Q\subset R^C$ …… ㉠
　$\sim p\Longrightarrow r$에서 $\sim r\Longrightarrow p$이므로 $R^C\subset P$ …… ㉡
　$\sim r\Longrightarrow q$이므로 $R^C\subset Q$ …… ㉢
　㉠, ㉡에 의하여 $Q\subset R^C\subset P$이므로 $Q\subset P$
　즉, $P\cap Q=Q$

㉠, ㉢에서 $Q=R^C$
　따라서 $P\cap Q=Q=R^C$ (참)
이상에서 옳은 것은 ㄱ, ㄷ이다.

답 ③

> **보충 개념**
> 세 조건 p, q, r에 대하여 '$p\Longrightarrow q$, $q\Longrightarrow r$이면 $p\Longrightarrow r$이다.'로 결론짓는 방법을 삼단논법이라 한다.

08

ㄱ. $a=0$이면 $p:0\times(x-1)(x-2)<0$이므로 부등식
　$a(x-1)(x-2)<0$을 만족시키는 실수 x는 존재하지 않는다.
　따라서 $P=\varnothing$ (참)
ㄴ. $a>0$, $b=0$이면
　조건 $p:a(x-1)(x-2)<0$에서 $a>0$이므로
　$(x-1)(x-2)<0$, $1<x<2$
　조건 p의 진리집합은 $P=\{x|1<x<2\}$이고
　조건 q의 진리집합은 $Q=\{x|x>0\}$이므로
　$P\subset Q$ (참)
ㄷ. $a<0$, $b=3$이면
　조건 $p:a(x-1)(x-2)<0$에서 $a<0$이므로
　$(x-1)(x-2)>0$, $x<1$ 또는 $x>2$
　조건 p의 진리집합은 $P=\{x|x<1$ 또는 $x>2\}$이므로
　$\sim p$의 진리집합은
　$P^C=\{x|1\leq x\leq 2\}$
　조건 q의 진리집합은 $Q=\{x|x>3\}$이므로
　$P^C\not\subset Q$
　따라서 명제 '$\sim p$이면 q이다.'는 거짓이다. (거짓)
이상에서 옳은 것은 ㄱ, ㄴ이다.

답 ②

09

$p:|x-2|<2$에서 $-2<x-2<2$이므로 $0<x<4$
두 조건 p, q의 진리집합을 각각 P, Q라 하면
$P=\{x|0<x<4\}$, $Q=\{x|5-k<x<k\}$
명제 $p\longrightarrow q$가 참이 되려면 $P\subset Q$이어야 한다.
이를 만족시키도록 두 집합 P, Q를 수직선 위에 나타내면 오른쪽 그림과 같다.
$5-k\leq 0$이고 $k\geq 4$이므로
$k\geq 5$
따라서 실수 k의 최솟값은 5이다.

답 ②

10

$p : |x-a| \leq 1$에서

$-1 \leq x-a \leq 1$이므로 $a-1 \leq x \leq a+1$

$q : x^2-2x-8>0$에 대하여 $\sim q : x^2-2x-8 \leq 0$

$x^2-2x-8 \leq 0$에서

$(x+2)(x-4) \leq 0$이므로 $-2 \leq x \leq 4$

두 조건 p, q의 진리집합을 각각 P, Q라 하면

$P=\{x|a-1 \leq x \leq a+1\}$

$Q^C=\{x|-2 \leq x \leq 4\}$

명제 $p \longrightarrow \sim q$가 참이 되려면 $P \subset Q^C$이어야 한다.

이를 만족시키도록 두 집합 P, Q^C을
수직선 위에 나타내면 오른쪽 그림과
같다.

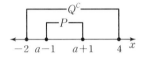

$-2 \leq a-1$이고 $a+1 \leq 4$이므로

$-1 \leq a \leq 3$

따라서 실수 a의 최댓값은 3이다.

답 ③

11

두 조건 p, q의 진리집합을 각각 P, Q라 하자.

조건 p에서

$|x-k| \leq 2$, $k-2 \leq x \leq k+2$이므로

$P=\{x|k-2 \leq x \leq k+2\}$

조건 q에서

$x^2-4x-5 \leq 0$, $(x+1)(x-5) \leq 0$

$-1 \leq x \leq 5$이므로 $Q=\{x|-1 \leq x \leq 5\}$

이때 $Q^C=\{x|x<-1$ 또는 $x>5\}$이다.

명제 $p \longrightarrow q$와 명제 $p \longrightarrow \sim q$가 모두 거짓이므로

$P \not\subset Q$이고 $P \not\subset Q^C$

즉, $P \cap Q^C \neq \varnothing$이고 $P \cap Q \neq \varnothing$ ······ ㉠

이어야 한다.

$k-2 \geq -1$이고 $k+2 \leq 5$, 즉 $1 \leq k \leq 3$이면 $P \subset Q$가 되어 조건을
만족시키지 않으므로 다음과 같이 k의 범위를 나누어 생각하자.

(i) $k<1$인 경우

㉠에서 $P \cap Q \neq \varnothing$이므로 [그림 1]과 같이

$-1 \leq k+2$, 즉 $k \geq -3$ ······ ㉡

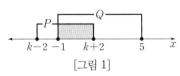

[그림 1]

$P \cap Q^C \neq \varnothing$이므로 [그림 2]와 같이

$k-2<-1$, 즉 $k<1$ ······ ㉢

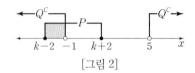

[그림 2]

㉡, ㉢에서 $-3 \leq k<1$이고, 이 부등식을 만족시키는 정수 k의 값
은 -3, -2, -1, 0이다.

(ii) $k>3$인 경우

㉠에서 $P \cap Q \neq \varnothing$이므로 [그림 3]과 같이

$k-2 \leq 5$, 즉 $k \leq 7$ ······ ㉣

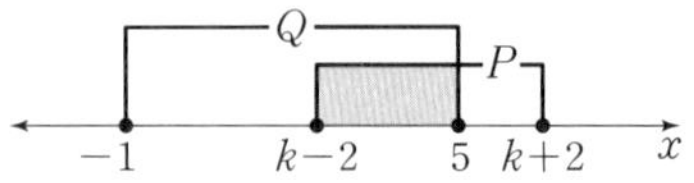

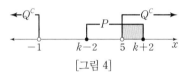

[그림 3]

$P \cap Q^C \neq \varnothing$이므로 [그림 4]와 같이

$5<k+2$, 즉 $k>3$ ······ ㉤

[그림 4]

㉣, ㉤에서 $3<k \leq 7$이고, 이 부등식을 만족시키는 정수 k의 값은
4, 5, 6, 7이다.

(i), (ii)에서 주어진 조건을 만족시키는 정수 k의 값은 -3, -2,
-1, 0, 4, 5, 6, 7이고, 그 합은

$-3-2-1+0+4+5+6+7=16$

답 ②

12

모든 실수 x에 대하여 $x^2+2kx+4k+5>0$이므로

이차방정식 $x^2+2kx+4k+5=0$의 판별식을 D라 하면

$\dfrac{D}{4}=k^2-(4k+5)<0$에서

$k^2-4k-5<0$, $(k+1)(k-5)<0$

$-1<k<5$

어떤 실수 x에 대하여 $x^2=k-2$이므로

$k-2 \geq 0$에서 $k \geq 2$

정수 k에 대한 두 조건 p, q의 진리집합을 각각 P, Q라 하면

$P=\{0, 1, 2, 3, 4\}$, $Q=\{2, 3, 4, \cdots\}$

$P \cap Q=\{2, 3, 4\}$이므로 두 조건 p, q가 모두 참인 명제가 되도록
하는 정수 k의 값은 2, 3, 4이다.

따라서 모든 정수 k의 값의 합은

$2+3+4=9$

답 9

13

명제 '어떤 실수 x에 대하여 $x^2+8x+2k-1 \leq 0$이다.'가 거짓이려면

이 명제의 부정 '모든 실수 x에 대하여 $x^2+8x+2k-1>0$이다.'가
참이어야 한다.
따라서 이차함수 $y=x^2+8x+2k-1$의 그래프가 x축과 만나지 않아야 한다.
이차방정식 $x^2+8x+2k-1=0$의 판별식을 D라 하면
$$\frac{D}{4}=4^2-(2k-1)<0, \ -2k<-17, \ k>\frac{17}{2}$$
따라서 정수 k의 최솟값은 9이다.

📖 답 9

14

명제 '모든 실수 x에 대하여 $2x^2+6x+a\geq0$이다.'가 거짓이면 이 명제의 부정 '어떤 실수 x에 대하여 $2x^2+6x+a<0$이다.'는 참이다.
따라서 이차함수 $y=2x^2+6x+a$의 그래프와 x축이 서로 다른 두 점에서 만나야 한다.
이차방정식 $2x^2+6x+a=0$의 판별식을 D라 하면
$$\frac{D}{4}=3^2-2a>0, \ a<\frac{9}{2}$$
따라서 정수 a의 최댓값은 4이다.

📖 답 ③

15

$f(x)=x^2-8x+n$이라 하자.
$2\leq x\leq5$인 어떤 실수 x에 대하여 $f(x)\geq0$이려면 $2\leq x\leq5$이고
$f(x)\geq0$인 실수 x가 적어도 하나 존재해야 하므로 이 범위에서
함수 $f(x)$의 최댓값이 0 이상이어야 한다.
$f(x)=x^2-8x+n=(x-4)^2+n-16$
에서 함수 $y=f(x)$의 그래프의 꼭짓점의 x좌표 4는
$2\leq x\leq5$에 속한다.
$f(2)=n-12, \ f(4)=n-16, \ f(5)=n-15$
이므로 함수 $f(x)$는 $x=2$에서 최댓값 $n-12$를 갖는다.
즉, $f(2)=n-12\geq0$이므로 $n\geq12$
따라서 자연수 n의 최솟값은 12이다.

📖 답 ①

16

주어진 명제가 참이 되려면 그 명제의 대우
'$x-a=0$이면 $x^2-6x+5=0$이다.'
가 참이 되어야 한다.
$x=a$를 $x^2-6x+5=0$에 대입하면 $a^2-6a+5=0$
따라서 근과 계수의 관계에 의하여 모든 a의 값의 합은 6이다.

📖 답 ①

17

세 조건 p, q, r의 진리집합을 각각 P, Q, R라 하자.
명제 $q \longrightarrow r$가 참이므로 그 대우 $\sim r \longrightarrow \sim q$도 참이다.
그러므로 $R^C \subset Q^C$
또, 명제 $p \longrightarrow \sim r$가 참이므로 $P \subset R^C$
따라서 $P \subset R^C \subset Q^C$이므로 $P \subset Q^C$
그러므로 명제 $p \longrightarrow \sim q$가 항상 참이다.

📖 답 ①

18

조건 ㈎에서 $0\in A$
조건 ㈏에서 명제 '$a^2-2\notin A$이면 $a\notin A$'가 참이므로 이 명제의 대우
'$a\in A$이면 $a^2-2\in A$'도 참이다.
$0\in A$이므로
$0^2-2=-2\in A$
$-2\in A$이므로
$(-2)^2-2=4-2=2\in A$
$2\in A$이므로
$2^2-2=2\in A$
그러므로 $\{-2, 0, 2\}\subset A$
조건 ㈐에서 $n(A)=4$이므로
$A=\{-2, 0, 2, k\}$ (단, $k\neq-2, k\neq0, k\neq2$)라 하자.
$k\in A$이면 $k^2-2\in A$이므로 k^2-2의 값은 $-2, 0, 2, k$ 중 하나이다.
(i) $k^2-2=-2$인 경우
  $k^2=0$에서 $k=0$이 되어 $k\neq0$에 모순이다.
(ii) $k^2-2=0$인 경우
  $k^2=2$에서 $k=-\sqrt{2}$ 또는 $k=\sqrt{2}$
(iii) $k^2-2=2$인 경우
  $k^2=4$에서 $k=-2$ 또는 $k=2$가 되어 $k\neq-2, k\neq2$에 모순이다.
(iv) $k^2-2=k$인 경우
  $k^2-k-2=0, (k-2)(k+1)=0$
  이고 $k\neq2$이므로
  $k=-1$
(i)~(iv)에서 $k=-\sqrt{2}$ 또는 $k=\sqrt{2}$ 또는 $k=-1$
따라서 집합 A가 될 수 있는 것은
$\{-2, 0, 2, -\sqrt{2}\}, \{-2, 0, 2, \sqrt{2}\}, \{-2, 0, 2, -1\}$
이고, 개수는 3이다.

📖 답 ①

19

$\sqrt{n^2-1}$이 유리수라고 가정하면 $\sqrt{n^2-1}=\dfrac{q}{p}$ (p, q는 서로소인 자연수)
로 놓을 수 있다.

이 식의 양변을 제곱하여 정리하면 $p^2(n^2-1)=q^2$이다.

q^2이 p의 배수이므로 $\dfrac{q^2}{p}$은 자연수이다.

p가 1이 아닌 자연수이면 p, q가 서로소이므로 $\dfrac{q^2}{p}$은 자연수가 아니다.

그러므로 $p=1$

$p=1$을 $p^2(n^2-1)=q^2$에 대입하면 $n^2-1=q^2$

즉, $n^2=\boxed{q^2+1}$

$n\geq 2$이고 $q^2=n^2-1\geq 2^2-1=4-1=3$

그러므로 $q^2\geq 3$에서 $q>1$

자연수 k에 대하여

(i) $q=2k$일 때

$n^2=(2k)^2+1$이므로 $(2k)^2<n^2<\boxed{(2k+1)^2}$

즉, $2k<n<2k+1$을 만족시키는 자연수 n은 존재하지 않는다.

(ii) $q=2k+1$일 때

$n^2=(2k+1)^2+1$이므로 $\boxed{(2k+1)^2}<n^2<(2k+2)^2$

즉, $2k+1<n<2k+2$를 만족시키는 자연수 n은 존재하지 않는다.

(i)과 (ii)에 의하여 $\sqrt{n^2-1}=\dfrac{q}{p}$ (p, q는 서로소인 자연수)를 만족하는 자연수 n은 존재하지 않는다.

따라서 $\sqrt{n^2-1}$은 무리수이다.

즉, $f(q)=q^2+1$, $g(k)=(2k+1)^2$이므로

$f(2)+g(3)=5+49=54$

답 ③

20

정사각형의 넓이가 p^2, 직각삼각형의 넓이가 $\dfrac{1}{2}ab$이고 두 도형의 넓이가 같으므로 $ab=\boxed{2p^2}$이다.

직각삼각형에서 $a^2+b^2=c^2$이므로

$b^2=c^2-a^2=(a+2)^2-a^2=\boxed{4a+4}$이고

$8p^2=4ab=b(b^2-4)=\boxed{b(b+2)(b-2)}$이다.

여기서 a, b, p가 모두 정수라 하면,

$b^2=\boxed{4a+4}$에서 b는 짝수이므로 $b=2b'$(b'은 자연수)라 할 때,

$p^2=\dfrac{2b'}{2}\times\dfrac{2b'+2}{2}\times\dfrac{2b'-2}{2}=b'(b'+1)(b'-1)$이 된다.

우변은 연속된 세 자연수의 곱이므로 제곱수가 될 수 없다.

따라서 모순이다. 그러므로 a, b, p 중 적어도 하나는 정수가 아니다.

즉, $f(p)=2p^2$, $g(a)=4a+4$, $h(b)=b(b+2)(b-2)$이므로

$f(1)+g(2)+h(3)=2+12+15=29$

답 ③

21

두 조건 p, q의 진리집합을 각각 P, Q라 하자.

ㄱ. $q:x^2+x-6=0$에서

$(x+3)(x-2)=0$이므로 $x=-3$ 또는 $x=2$

$P=\{2\}$, $Q=\{-3, 2\}$이므로 $P\subset Q$, $Q\not\subset P$

따라서 $p\Longrightarrow q$이므로 조건 p는 조건 q이기 위한 충분조건이지만 필요조건은 아니다.

ㄴ. $P=\{1, 2, 4, 8, 16\}$, $Q=\{1, 2, 4, 8\}$이므로

$Q\subset P$, $P\not\subset Q$

따라서 $q\Longrightarrow p$이므로 조건 p는 조건 q이기 위한 필요조건이지만 충분조건은 아니다.

ㄷ. $P=\{-1, 1\}$, $Q=\{-1, 1\}$이므로 $P=Q$

따라서 $p\Longleftrightarrow q$이므로 조건 p는 조건 q이기 위한 필요충분조건이다.

이상에서 조건 p가 조건 q이기 위한 필요조건이지만 충분조건이 아닌 것은 ㄴ이다.

답 ②

22

ㄱ. $p:a^2+b^2=0$에서 $a=0$, $b=0$

$q:a=b$

따라서 조건 p는 조건 q이기 위한 충분조건이지만 필요조건은 아니다.

ㄴ. $p:ab<0$에서 $a>0$, $b<0$ 또는 $a<0$, $b>0$

$q:a<0$ 또는 $b<0$

따라서 조건 p는 조건 q이기 위한 충분조건이지만 필요조건이 아니다.

ㄷ. $p:a^3-b^3=0$에서 $(a-b)(a^2+ab+b^2)=0$이므로

$a-b=0$ 또는 $a^2+ab+b^2=0$

이때 $a^2+ab+b^2=\left(a+\dfrac{b}{2}\right)^2+\dfrac{3}{4}b^2$이고 a, b는 실수이므로

$a^2+ab+b^2=0$에서 $a=b=0$

즉, $a=b$ 또는 $a=b=0$이므로 $a=b$

$q:a^2-b^2=0$에서 $(a+b)(a-b)=0$이므로

$a=-b$ 또는 $a=b$

따라서 조건 p는 조건 q이기 위한 충분조건이지만 필요조건은 아니다.

이상에서 조건 p가 조건 q이기 위한 충분조건이지만 필요조건이 아닌 것은 ㄱ, ㄴ, ㄷ이다.

답 ⑤

23

$p:|a|+|b|=0$에서 $a=0$, $b=0$

$q:a^2-2ab+b^2=0$에서 $(a-b)^2=0$이므로 $a=b$

$r:|a+b|=|a-b|$에서 $|a+b|^2=|a-b|^2$이므로

$a=0$ 또는 $b=0$

ㄱ. p는 q이기 위한 충분조건이다. (참)

ㄴ. $\sim p$: $a \neq 0$ 또는 $b \neq 0$

　　$\sim r$: $a \neq 0$이고 $b \neq 0$

　　따라서 $\sim p$는 $\sim r$이기 위한 필요조건이다. (참)

ㄷ. q이고 r이면 $a=b=0$이므로

　　q이고 r는 p이기 위한 필요충분조건이다. (참)

이상에서 옳은 것은 ㄱ, ㄴ, ㄷ이다.

🄰 ⑤

24

$(x+1)(x+2)(x-3)=0$에서

$x=-2$ 또는 $x=-1$ 또는 $x=3$

이고, $x^2+kx+k-1=(x+1)(x+k-1)=0$에서

$x=-1$ 또는 $x=-k+1$

이므로 실수 x에 대한 두 조건 p, q의 진리집합을 각각 P, Q라 하면

$P=\{-2, -1, 3\}$, $Q=\{-1, -k+1\}$

p가 q이기 위한 필요조건이 되려면 $Q \subset P$

$-k+1 \in Q$에서 $-k+1 \in P$이므로

$-k+1=-2$이면 $k=3$,

$-k+1=-1$이면 $k=2$,

$-k+1=3$이면 $k=-2$

따라서 모든 정수 k의 값의 곱은

$3 \times 2 \times (-2) = -12$

🄰 ④

25

두 조건 p, q의 진리집합을 각각 P, Q라 하면

$P=\{x \mid -n \leq x \leq n\}$, $Q=\{x \mid -4 \leq x \leq 2\}$

p가 q이기 위한 필요조건이 되려면 $Q \subset P$

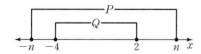

$-n \leq -4$, $n \geq 2$이므로 $n \geq 4$

따라서 자연수 n의 최솟값은 4이다.

🄰 ④

26

두 조건 p, q의 진리집합을 각각 P, Q라 하면

$P=\{x \mid 3 \leq x \leq 4\}$, $Q=\{x \mid -k < x < k\}$

p가 q이기 위한 충분조건이 되려면 $P \subset Q$이어야 한다.

이를 만족시키도록 두 집합 P, Q를 수직선 위에 나타내면 오른쪽 그림과 같다.

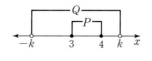

$-k < 3$이고 $k > 4$이므로 $k > 4$

따라서 자연수 k의 최솟값은 5이다.

🄰 5

27

두 조건 p, q의 진리집합을 각각 P, Q라 하자.

명제 $p \longrightarrow \sim q$가 참이므로 $P \subset Q^C$에서 $Q \subset P^C$

명제 $\sim p \longrightarrow q$가 참이므로 $P^C \subset Q$

그러므로 $Q=P^C$

p : $2x-a=0$에서 $P=\left\{ \dfrac{a}{2} \right\}$

$Q=P^C$에서 $Q=\left\{ x \mid x \neq \dfrac{a}{2} \right\}$인 실수

즉, 부등식 $x^2-bx+9>0$의 해가 $x \neq \dfrac{a}{2}$인 모든 실수이므로 이차함수 $y=x^2-bx+9$의 그래프는 x축에 접해야 한다.

이차방정식 $x^2-bx+9=0$의 판별식을 D라 하면

$D=(-b)^2-4 \times 1 \times 9=0$

즉, $b^2=36$이므로 양수 b의 값은 6이다.

조건 q : $x^2-6x+9>0$에서

$Q=\{x \mid x \neq 3$인 실수$\}$이고 $\dfrac{a}{2}=3$, $a=6$

따라서 $a+b=6+6=12$

🄰 12

28

p : $x^2-4x-12=0$에서

$(x+2)(x-6)=0$이므로 $x=-2$ 또는 $x=6$

q : $|x-3|>k$에 대하여

$\sim q$: $|x-3| \leq k$이고 k는 자연수이므로

$-k \leq x-3 \leq k$, $3-k \leq x \leq 3+k$

두 조건 p, q의 진리집합을 각각 P, Q라 하면

$P=\{-2, 6\}$, $Q^C=\{x \mid 3-k \leq x \leq 3+k\}$

p가 $\sim q$이기 위한 충분조건이 되려면 $P \subset Q^C$이어야 한다.

이를 만족시키도록 두 집합 P, Q^C을 수직선 위에 나타내면 다음 그림과 같다.

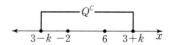

$3-k \leq -2$이고 $3+k \geq 6$이므로 $k \geq 5$

따라서 자연수 k의 최솟값은 5이다.

🄰 ③

29

양의 실수 a, b, c에 대하여

$(a+b)^2-4ab=a^2+2ab+b^2-4ab$

$\qquad\qquad\quad =a^2-2ab+b^2$

$\qquad\qquad\quad =\boxed{(a-b)^2}\geq 0$

이므로 $4ab\leq(a+b)^2$이고,

같은 방법으로 $4bc\leq(b+c)^2$, $4ca\leq(c+a)^2$이므로

$4abc\left(\dfrac{1}{a+b}+\dfrac{1}{b+c}+\dfrac{1}{c+a}\right)$

$=\dfrac{4ab}{a+b}c+\dfrac{4bc}{b+c}a+\dfrac{4ca}{c+a}b$

$\leq\dfrac{(a+b)^2}{a+b}c+\dfrac{(b+c)^2}{b+c}a+\dfrac{(c+a)^2}{c+a}b$

$=\boxed{2(ab+bc+ca)}$ $\qquad$ ······ ㉠

한편, 곱셈 공식에 의하여 $a^2+b^2+c^2-ab-bc-ca\geq 0$에서

$a^2+b^2+c^2=(a+b+c)^2-2(ab+bc+ca)$이므로

$a^2+b^2+c^2-ab-bc-ca$

$=(a+b+c)^2-3(ab+bc+ca)\geq 0$

$ab+bc+ca\leq\dfrac{(a+b+c)^2}{\boxed{3}}$ $\qquad$ ······ ㉡

따라서 ㉠, ㉡으로부터

$4abc\left(\dfrac{1}{a+b}+\dfrac{1}{b+c}+\dfrac{1}{c+a}\right)\leq\dfrac{2}{3}(a+b+c)^2$ ······ ㉢

이때 ㉢의 양변을 $4abc$로 나누면

$\dfrac{1}{a+b}+\dfrac{1}{b+c}+\dfrac{1}{c+a}\leq\dfrac{(a+b+c)^2}{6abc}$

따라서 ㈎: $(a-b)^2$, ㈏: $2(ab+bc+ca)$, ㈐: 3

답 ②

30

$|ap+bq|^2-(\sqrt{a^2p+b^2q})^2$

$=a^2p^2+2abpq+b^2q^2-(a^2p+b^2q)$

$=a^2p(p-1)+b^2q\boxed{(q-1)}+2abpq$

조건에서 $p+q=1$이므로 $q=1-p$를 위의 식에 대입하면

$a^2p(p-1)+b^2(1-p)(-p)+2abp(1-p)$

$=p(p-1)(a^2+b^2-2ab)$

$=\boxed{(a-b)^2}p(p-1)$

주어진 조건에서 $p\geq 0$, $p-1=-q\leq 0$이므로

$p(p-1)\boxed{\leq}0$이고, $(a-b)^2\geq 0$

$(a-b)^2p(p-1)\leq 0$

따라서 $|ap+bq|^2-(\sqrt{a^2p+b^2q})^2\leq 0$

그러므로 $|ap+bq|\leq\sqrt{a^2p+b^2q}$이다.

따라서 ㈎: $(q-1)$, ㈏: $(a-b)^2$, ㈐: $\leq$

답 ⑤

31

ㄱ. [반례] $a=2$, $b=-1$이면 $ab<0$이지만 $a+b>0$이다. (거짓)

ㄴ. a, b의 부호가 서로 다르므로 $|a-b|=|a|+|b|$

$\qquad$ 이때 $|a|+|b|>|a+b|$이므로

$\qquad$ $|a-b|>|a+b|$ (참)

ㄷ. $\dfrac{a-b}{a}-\dfrac{a+b}{b}=1-\dfrac{b}{a}-\dfrac{a}{b}-1=\dfrac{-(a^2+b^2)}{ab}>0$이므로

$\qquad$ $\dfrac{a-b}{a}>\dfrac{a+b}{b}$ (참)

이상에서 옳은 것은 ㄴ, ㄷ이다.

답 ④

32

$a>1$일 때, $a-1>0$이므로 산술평균과 기하평균의 관계에 의하여

$9a+\dfrac{1}{a-1}=9(a-1)+\dfrac{1}{a-1}+9$

$\qquad\qquad\quad \geq 2\sqrt{9(a-1)\times\dfrac{1}{a-1}}+9=2\times 3+9=15$

$\qquad$ $\left(\text{단, 등호는 }9(a-1)=\dfrac{1}{a-1}\text{, 즉 }a=\dfrac{4}{3}\text{일 때 성립한다.}\right)$

따라서 $9a+\dfrac{1}{a-1}$의 최솟값은 15이다.

답 15

33

$xy>0$이므로 산술평균과 기하평균의 관계에 의하여

$\left(4x+\dfrac{1}{y}\right)\left(\dfrac{1}{x}+16y\right)=4+64xy+\dfrac{1}{xy}+16$

$\qquad\qquad\qquad\qquad\qquad =20+64xy+\dfrac{1}{xy}$

$\qquad\qquad\qquad\qquad\qquad \geq 20+2\sqrt{64xy\times\dfrac{1}{xy}}$

$\qquad\qquad\qquad\qquad\qquad =20+16=36$

$\qquad$ $\left(\text{단, 등호는 }64xy=\dfrac{1}{xy}\text{, 즉 }xy=\dfrac{1}{8}\text{일 때 성립한다.}\right)$

따라서 $\left(4x+\dfrac{1}{y}\right)\left(\dfrac{1}{x}+16y\right)$의 최솟값은 36이다.

답 ②

34

$\overline{BC}=a$, $\overline{AC}=b$라 하면 직각삼각형 ABC의 넓이는 $\dfrac{1}{2}ab$이므로

$\dfrac{1}{2}ab=16$, $ab=32$

선분 AB가 직각삼각형 ABC의 빗변이므로

$\overline{AB}^2=a^2+b^2$

$a^2>0$, $b^2>0$이므로 산술평균과 기하평균의 관계에 의하여

$$\frac{a^2+b^2}{2}\geq\sqrt{a^2b^2}\ (\text{단, 등호는 } a^2=b^2\text{일 때 성립한다.})$$

$a^2+b^2\geq64$이므로 $\overline{AB}^2$의 최솟값은 64이다.

답 ③

35

직선 OP의 기울기는 $\dfrac{b}{a}$이므로 직선 OP에 수직인 직선의 기울기는

$-\dfrac{a}{b}$이다.

그러므로 점 $P(a,b)$를 지나고 직선 OP에 수직인 직선의 방정식은

$$y=-\frac{a}{b}(x-a)+b$$

$x=0$일 때, $y=b+\dfrac{a^2}{b}$이므로 점 Q의 좌표는 $\left(0,\ b+\dfrac{a^2}{b}\right)$이다.

이때 $a>0$, $b>0$이므로 삼각형 OQR의 넓이는

$$\frac{1}{2}\times\frac{1}{a}\times\left(b+\frac{a^2}{b}\right)=\frac{1}{2}\left(\frac{b}{a}+\frac{a}{b}\right)$$

$\dfrac{b}{a}>0$, $\dfrac{a}{b}>0$이므로 산술평균과 기하평균의 관계에 의하여

$$\frac{1}{2}\left(\frac{b}{a}+\frac{a}{b}\right)\geq\frac{1}{2}\times2\sqrt{\frac{b}{a}\times\frac{a}{b}}=1$$

$$\left(\text{단, 등호는 } \frac{b}{a}=\frac{a}{b}, \text{ 즉 } a=b\text{일 때 성립한다.}\right)$$

따라서 삼각형 OQR의 넓이의 최솟값은 1이다.

답 ②

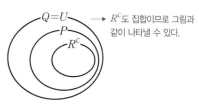

본문 127쪽

01 ③　　　　　　　02 ①

01

풀이 전략 세 진리집합 P, Q, R의 벤다이어그램을 이용한다.

[STEP 1] 세 조건 p, q, r를 이용하여 세 진리집합 P, Q, R의 포함 관계를 알아본다.

$p\Longrightarrow q$이므로 $P\subset Q$ …… ㉠
→ $\sim p$는 조건 p의 부정이므로 $\sim p$의 진리집합은 P^C이다.

$\sim p\Longrightarrow q$이므로 $P^C\subset Q$ …… ㉡

$\sim p\Longrightarrow r$이므로 $P^C\subset R$, 즉 $R^C\subset P$ …… ㉢

㉠, ㉡에서 → 명제 $p\longrightarrow q$, $\sim p\longrightarrow q$, $\sim p\longrightarrow r$가 참이다.

$(P\cup P^C)\subset Q\subset U$

그런데 $P\cup P^C=U$이므로 $Q=U$ …… ㉣

[STEP 2] 세 진리집합 P, Q, R 사이의 포함 관계를 벤다이어그램으로 나타낸다.

세 진리집합 P, Q, R 사이의 포함 관계를 벤다이어그램으로 나타내면 다음 그림과 같다.

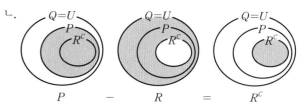

→ R^C도 집합이므로 그림과 같이 나타낼 수 있다.

[STEP 3] 벤다이어그램을 이용하여 ㄱ, ㄴ, ㄷ의 참, 거짓을 판별한다.

ㄱ. ㉣에서 $Q-R^C=U-R^C=R$ (참)

ㄴ.

$P\quad-\quad R\quad=\quad R^C$

$R^C\neq\varnothing$인 경우에는

$P-R=R^C\neq\varnothing$ (거짓)

ㄷ. ㉢, ㉣에서

$Q-P=U-P=P^C\subset R$ (참)

이상에서 옳은 것은 ㄱ, ㄷ이다.

답 ③

02

풀이 전략 점 C의 x좌표를 구한 후 산술평균과 기하평균의 관계를 이용한다.

[STEP 1] 점 C의 좌표를 a에 대한 식으로 나타낸다.

이차함수 $f(x)=x^2-2ax$의 그래프와 직선 $g(x)=\dfrac{1}{a}x$가 만나는

점 A의 x좌표는 $x^2-2ax=\dfrac{1}{a}x$에서

$$x^2-\left(2a+\frac{1}{a}\right)x=0,\ x\left(x-2a-\frac{1}{a}\right)=0$$

$x>0$이므로 → 원점의 x좌표보다 점 A의 x좌표가 더 크다.

$$x=2a+\frac{1}{a}$$

그러므로 점 A의 좌표는 $\left(2a+\dfrac{1}{a},\ 2+\dfrac{1}{a^2}\right)$이다.

한편, 이차함수 $f(x)=x^2-2ax=(x-a)^2-a^2$이므로 이 그래프의 꼭짓점 B의 좌표는 $(a,\ -a^2)$이다.

따라서 선분 AB의 중점 C의 좌표는 → 두 점 $A(x_1,y_1)$, $B(x_2,y_2)$에 대하여 선분 AB의 중점의 좌표는 $\left(\dfrac{x_1+x_2}{2},\dfrac{y_1+y_2}{2}\right)$

$$\left(\frac{2a+\dfrac{1}{a}+a}{2},\ \frac{2+\dfrac{1}{a^2}+(-a^2)}{2}\right)$$

즉, $\left(\dfrac{3}{2}a+\dfrac{1}{2a},\ 1+\dfrac{1}{2a^2}-\dfrac{a^2}{2}\right)$

[STEP 2] 산술평균과 기하평균의 관계를 이용하여 선분 CH의 길이의 최솟값을 구한다.

점 H는 점 C에서 y축에 내린 수선의 발이고 $a>0$이므로 선분 CH의 길이는 점 C의 x좌표와 같다.

즉, $\overline{\mathrm{CH}}=\dfrac{3}{2}a+\dfrac{1}{2a}$

이때 $a>0$이므로 산술평균과 기하평균의 관계에 의하여

$$\dfrac{3}{2}a+\dfrac{1}{2a}\geq 2\sqrt{\dfrac{3}{2}a\times\dfrac{1}{2a}}=\sqrt{3}$$

$$\left(\text{단, 등호는 }\dfrac{3}{2}a=\dfrac{1}{2a}\text{, 즉 }a=\dfrac{\sqrt{3}}{3}\text{일 때 성립한다.}\right)$$

따라서 선분 CH의 길이의 최솟값은 $\sqrt{3}$이다.

답 ①

10 함수와 그래프(1)

개념 확인 문제

본문 129쪽

01 (2)
02 (1), (2), (4)
03 정의역: $\{-1, 0, 1, 2\}$, 공역: $\{-1, 0, 1, 3, 5\}$, 치역: $\{-1, 0, 3\}$
04 ㄱ, ㄹ
05 일대일대응: ㄴ, ㄷ, 항등함수: ㄴ, 상수함수: ㄱ
06 (1) $(g \circ f)(x)=-x^2-4x-4$ (2) $(f \circ g)(x)=-x^2+2$
　(3) 6　(4) -16
07 (1) 3　(2) 2　(3) 5　(4) 6
08 (1) -1　(2) 1　(3) -3　(4) -13
09 (1) $y=x-4$　(2) $y=-3x+6$
10 2

내신+학평 유형 연습

본문 130~137쪽

01 10	**02** ④	**03** ③	**04** 7	**05** ⑤	**06** ③
07 ②	**08** 17	**09** 26	**10** ④	**11** ②	**12** ⑤
13 ②	**14** ⑤	**15** ①	**16** ①	**17** 4	**18** ①
19 6	**20** ①	**21** ①	**22** 4	**23** ②	**24** ③
25 23	**26** ②	**27** ④	**28** ③	**29** 5	**30** ③
31 ③	**32** 510	**33** 28	**34** ④	**35** ①	**36** ③
37 ⑤	**38** ⑤	**39** ④	**40** ③	**41** ③	**42** ②

01
함수 f의 치역은 $\{4, 6\}$이므로 치역의 모든 원소의 합은
$4+6=10$

답 10

02
두 함수 f와 g가 서로 같으려면 $x=0$, 1, 2일 때의 각 원소에 대한 함숫값이 서로 같아야 한다.
$f(0)=g(0)$에서 $3=a+b$
$f(1)=g(1)$에서 $1=b$
$f(2)=g(2)$에서 $3=a+b$
$b=1$을 $a+b=3$에 대입하면 $a=2$
따라서 $2a-b=2\times 2-1=3$

답 ④

03
집합 $X=\{1, 2, 3, 4, 5\}$에서 집합 $Y=\{0, 2, 4, 6, 8\}$로의 함수 f
가 $f(x)=(2x^2$의 일의 자리의 숫자)이므로 $f(1)=2$, $f(2)=8$,
$f(3)=8$, $f(4)=2$, $f(5)=0$이다.

함수의 대응 관계를 그림으로 나타내
면 오른쪽 그림과 같다.

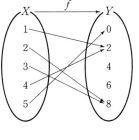

함숫값이 2인 정의역 X의 원소는 1
과 4이므로 $f(a)=2$인 X의 원소 a는
$a=1$ 또는 $a=4$

함숫값이 8인 정의역 X의 원소는 2
와 3이므로 $f(b)=8$인 X의 원소 b는
$b=2$ 또는 $b=3$

순서쌍 (a, b)로 가능한 것은 $(1, 2)$, $(1, 3)$, $(4, 2)$, $(4, 3)$이므로
$a+b$의 값은 3, 4, 6, 7이다.

따라서 $a+b$의 최댓값은 7이다.

답 ③

04

조건 ㈎에서 함수 f의 치역의 원소의 개수가 7이므로 집합 X의 서로
다른 두 원소 a, b에 대하여 $f(a)=f(b)=n$을 만족하는 집합 X의
원소 n은 한 개 있다. 이때 집합 X의 원소 중 함숫값으로 사용되지
않은 원소를 m이라 하자.

조건 ㈏에서
$f(1)+f(2)+f(3)+f(4)+f(5)+f(6)+f(7)+f(8)$
$=1+2+3+4+5+6+7+8+n-m$
$=36+n-m=42$

이므로
$n-m=6$

집합 X의 두 원소 n, m에 대하여 $n-m=6$인 경우는 다음의 두 가
지이다.

(ⅰ) $n=8$, $m=2$일 때

  함수 f의 치역은 $\{1, 3, 4, 5, 6, 7, 8\}$이다.

  함수 f의 치역의 원소 중 최댓값은 8, 최솟값은 1이므로 그 차는
  7이다. 이것은 조건 ㈐를 만족시키지 않는다.

(ⅱ) $n=7$, $m=1$일 때

  함수 f의 치역은 $\{2, 3, 4, 5, 6, 7, 8\}$이다.

  함수 f의 치역의 원소 중 최댓값은 8, 최솟값은 2이므로 그 차는
  6이다. 이것은 조건 ㈐를 만족시킨다.

(ⅰ), (ⅱ)에서
$n=7$

답 7

05

집합 $\{x\,|\,3\leq x\leq 4\}$에서 정의된 함수 $y=x-3$의 치역은 $\{y\,|\,0\leq y\leq 1\}$
이므로 함수 f가 일대일대응이 되기 위해서는 집합 $\{x\,|\,0\leq x<3\}$에서
정의된 함수 $y=ax^2+b$의 치역이 $\{y\,|\,1<y\leq 4\}$이어야 하고, 함수
$y=f(x)$의 그래프는 그림과 같아야 한다.

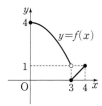

따라서 $g(x)=ax^2+b$라 할 때,
$g(0)=4$, $g(3)=1$이다.

$g(0)=4$에서 $b=4$

$g(3)=1$에서 $9a+b=1$

즉, $a=-\dfrac{1}{3}$

$f(x)=\begin{cases} -\dfrac{1}{3}x^2+4 & (0\leq x<3) \\ x-3 & (3\leq x\leq 4) \end{cases}$

이므로
$f(1)=-\dfrac{1}{3}\times 1^2+4=\dfrac{11}{3}$

답 ⑤

보충 개념

위의 풀이에서 이차함수 $g(x)=ax^2+b$에 대하여
$g(0)=1$, $g(3)=4$인 경우에는 함수 $y=f(x)$의 그래프가 다음 그림과 같다.

이 경우에는 $f(0)=f(4)=1$이므로 함수 $f(x)$는 일대일대응이 아니다.
또한, 공역의 원소 4가 치역에 속하지 않으므로 함수 $f(x)$는 일대일대응
이 아니다.

06

함수 $f(x)$가 일대일함수이고 $f(2)=4$이므로 4가 아닌 집합 Y의 서
로 다른 두 원소 a, b에 대하여 $f(1)=a$, $f(3)=b$로 놓을 수 있다.

$f(1)+f(3)$의 최댓값은 $a+b$의 최댓값과 같다.

그런데 $a+b$의 최댓값은 $a=2$, $b=3$ 또는 $a=3$, $b=2$일 때
$2+3=5$이다.

따라서 $f(1)+f(3)$의 최댓값은 5이다.

답 ③

07

함수 $f(x)=2x+b$가 일대일대응이므로 치역과 공역이 같다.

$|y|\leq a$에서 $-a\leq y\leq a$이므로
$Y=\{y\,|\,-a\leq y\leq a,\ a>0\}$

직선 $y=f(x)$의 기울기가 양수이므로
$f(-3)=-a$에서 $-6+b=-a$ ······ ㉠

$f(5)=a$에서 $10+b=a$ ······ ㉡

㉠, ㉡을 연립하여 풀면 $a=8$, $b=-2$

따라서 $a^2+b^2=64+4=68$

답 ②

보충 개념

함수 $f(x)$가 일대일대응이 되려면

(1) x의 값이 증가할 때 $f(x)$의 값은 증가하거나 감소해야 한다.

(2) 정의역의 양 끝 값에서의 함숫값이 공역의 양 끝 값과 같아야 한다.

08

$f(x)=x^2-4x+3=(x-2)^2-1$

에서 이 함수가 일대일대응이 되기 위해서는 $a \geq 2$이어야 한다.

$a \geq 2$일 때, 함수 $f(x)$의 치역은 $\{y|y \geq f(a)\}$이고 치역이 집합 $Y=\{y|y \geq b\}$와 같아야 하므로 $b=f(a)$

$a-b=a-f(a)$

$\quad =-a^2+5a-3$

$\quad =-\left(a-\dfrac{5}{2}\right)^2+\dfrac{13}{4}$

$a \geq 2$에서 $a-b$의 최댓값은 $a=\dfrac{5}{2}$일 때 $\dfrac{13}{4}$이다.

따라서 $p=4$, $q=13$이므로

$p+q=17$

답 17

09

$\{f(x)+x^2-5\} \times \{f(x)+4x\}=0$에서

$g(x)=-x^2+5$, $h(x)=-4x$라 하면

집합 X의 모든 원소 x에 대하여

$f(x)=g(x)$ 또는 $f(x)=h(x)$이다.

$g(x)=h(x)$에서 $x^2-4x-5=0$

$(x+1)(x-5)=0$, $x=-1$

$g(-1)=h(-1)=4$이므로 $f(-1)=4$

이차함수 $y=g(x)$의 그래프는 y축에 대하여 대칭이므로

$g(1)=g(-1)$

$f(1)=g(1)=4$라 하면 함수 $f(x)$는 일대일함수가 아니므로

$f(1)=h(1)=-4$

$g(x)=-4$에서 $x^2=9$, $x=-3$

$f(-3)=g(-3)=-4$라 하면 함수 $f(x)$는 일대일함수가 아니므로

$f(-3)=h(-3)=12$

$f(0)=h(0)=0$이라 하면 조건 ㈏를 만족시키지 않으므로

$f(0)=g(0)=5$

$f(0) \times f(1) \times f(2)<0$에서 $f(2)>0$

$h(2)=-8<0$이므로 $f(2)=g(2)=1$

이차함수 $y=g(x)$의 그래프는 y축에 대하여 대칭이므로

$g(-2)=g(2)$

$f(-2)=g(-2)=1$이라 하면 함수 $f(x)$는 일대일함수가 아니므로

$f(-2)=h(-2)=8$

따라서

$f(-3)+f(-2)+f(-1)+f(0)+f(1)+f(2)$

$=12+8+4+5+(-4)+1=26$

답 26

10

함수 $f(x)$는 상수함수이므로 $f(0)=f(2)=f(4)$

$f(0)=2$, $f(2)=4+2a+b$, $f(4)=16+4a+b$이므로

$f(0)=f(2)$에서 $2a+b=-2$ $\quad$ …… ㉠

$f(0)=f(4)$에서 $4a+b=-14$ $\quad$ …… ㉡

㉠, ㉡에 의하여 $a=-6$, $b=10$

따라서 $a+b=4$

답 ④

11

함수 $f(x)$가 항등함수이므로 $f(-3)=-3$, $f(1)=1$이다.

(i) $x<0$일 때, $f(x)=2x+a$이므로

$\quad f(-3)=-3$에서 $-6+a=-3$, $a=3$

(ii) $x \geq 0$일 때, $f(x)=x^2-2x+b$이므로

$\quad f(1)=1$에서 $1-2+b=1$, $b=2$

(i), (ii)에서 $a \times b=3 \times 2=6$

답 ②

12

조건 ㈎에서 f는 항등함수이므로 $f(x)=x$이다.

조건 ㈎에서 g는 상수함수이므로 집합 X의 원소 중 하나를 k라 할 때, $g(x)=k$이다.

조건 ㈏에서

$f(x)+g(x)+h(x)=x+k+h(x)=7$

이므로 $h(x)=-x+7-k$

$x \in X$에서 $1 \leq x \leq 5$이므로

$2-k \leq -x+7-k \leq 6-k$

이때 $1 \leq h(x) \leq 5$이어야 하므로

$2-k \geq 1$이고 $6-k \leq 5$에서 $k=1$이다.

즉, $g(x)=1$, $h(x)=-x+6$에서

$g(3)+h(1)=1+5=6$

답 ⑤

조건 ㈎에서 g는 상수함수이므로
$g(3)=g(1)$
조건 ㈏에서 $f(1)+g(1)+h(1)=7$이고,
조건 ㈎에서 f는 항등함수이므로
$f(1)=1$이다.
따라서
$g(3)+h(1)=g(1)+h(1)=7-f(1)$
$\qquad\qquad\qquad =7-1=6$

13

$f(x)=2x+3$에서 $f(3)=2\times 3+3=9$이므로
$(g\circ f)(3)=g(f(3))=g(9)=9-2=7$

답 ②

$(g\circ f)(x)=g(f(x))=(2x+3)-2=2x+1$이므로
$(g\circ f)(3)=2\times 3+1=7$

14

주어진 그림에서 $f(2)=3$, $g(3)=5$이므로
$(g\circ f)(2)=g(f(2))=g(3)=5$

답 ⑤

15

$((f\circ g)\circ g)(a)=(f\circ(g\circ g))(a)$
$\qquad\qquad\qquad\quad =f((g\circ g)(a))$
$\qquad\qquad\qquad\quad =f(3a-1)$
$\qquad\qquad\qquad\quad =2(3a-1)+1$
$\qquad\qquad\qquad\quad =6a-1$
이므로 $6a-1=a$에서 $a=\dfrac{1}{5}$

답 ①

16

$(f\circ h)(x)=f(h(x))=\dfrac{1}{2}h(x)+1$이고
$(f\circ h)(x)=g(x)$이므로
$\dfrac{1}{2}h(x)+1=-x^2+5$
즉, $h(x)=-2x^2+8$
따라서 $h(3)=-2\times 3^2+8=-10$

답 ①

$h(3)=k$라 하면
$f(h(3))=g(3)$이고 $g(3)=-3^2+5=-4$이므로

$f(k)=-4$
즉, $\dfrac{1}{2}k+1=-4$이므로 $k=-10$
따라서 $h(3)=-10$

17

함수 $g\circ f$가 항등함수이므로
$(g\circ f)(2)=2$에서
$g(f(2))=g(-a)=2$
$a^2-2a+b=2$ $\qquad$ …… ㉠
$(g\circ f)(3)=3$에서
$g(f(3))=g(0)=3$
$b=3$ $\qquad$ …… ㉡
㉡을 ㉠에 대입하면
$a^2-2a+3=2$, $a^2-2a+1=0$
$(a-1)^2=0$
따라서 $a=1$, $b=3$이므로
$a+b=1+3=4$

답 4

18

$f(x)=x^2-2x+a$에서
$f(2)=2^2-4+a=a$, $f(4)=4^2-8+a=a+8$
$(f\circ f)(2)=(f\circ f)(4)$에서
$f(f(2))=f(f(4))$, $f(a)=f(a+8)$
이때 $f(x)=x^2-2x+a=(x-1)^2+a-1$이므로 함수 $y=f(x)$의
그래프는 직선 $x=1$에 대하여 대칭이다.
$a\neq a+8$이므로 $f(a)=f(a+8)$이려면
$\dfrac{a+(a+8)}{2}=1$, $a=-3$
따라서 $f(x)=x^2-2x-3$이므로
$f(6)=6^2-2\times 6-3=21$

답 ①

$f(x)=x^2-2x+a$에서
$f(2)=2^2-4+a=a$, $f(4)=4^2-8+a=a+8$
$(f\circ f)(2)=(f\circ f)(4)$에서
$f(f(2))=f(f(4))$, $f(a)=f(a+8)$
즉, $a^2-2a+a=(a+8)^2-2(a+8)+a$이므로
$16a=-48$, $a=-3$
따라서 $f(x)=x^2-2x-3$이므로
$f(6)=6^2-2\times 6-3=21$

19

$(f \circ f)(a) = f(a)$에서

$f(a) = t$로 치환하면 $f(t) = t$

$t < 2$일 때, $2t+2 = t$에서 $t = -2$

$t \geq 2$일 때, $t^2 - 7t + 16 = t$, $(t-4)^2 = 0$에서 $t = 4$

(i) $t = -2$인 경우

　　$f(a) = -2$에서

　　$a < 2$일 때, $2a+2 = -2$, $a = -2$

　　$a \geq 2$일 때, $a^2 - 7a + 16 = -2$, $a^2 - 7a + 18 = 0$

　　$a^2 - 7a + 18 = 0$의 판별식을 D라 하면

　　$D = (-7)^2 - 4 \times 1 \times 18 = -23 < 0$

　　이므로 $a \geq 2$일 때, $f(a) = -2$를 만족시키는 실수 a의 값이 존재

　　하지 않는다.

(ii) $t = 4$인 경우

　　$f(a) = 4$에서

　　$a < 2$일 때, $2a+2 = 4$, $a = 1$

　　$a \geq 2$일 때, $a^2 - 7a + 16 = 4$

　　$a^2 - 7a + 12 = 0$, $(a-3)(a-4) = 0$

　　$a = 3$ 또는 $a = 4$

(i), (ii)에서 $(f \circ f)(a) = f(a)$를 만족시키는 모든 실수 a의 값의 합은

$-2 + 1 + 3 + 4 = 6$

답 6

20

주어진 그림에서

$(h \circ f)(3) = h(f(3)) = h(2)$　　　…… ㉠

한편, $f \circ h = g$이므로 $(f \circ h)(2) = f(h(2)) = g(2)$

즉, $f(h(2)) = 3$

이때 $f(1) = 3$이므로 $h(2) = 1$

따라서 ㉠에서 $(h \circ f)(3) = h(2) = 1$

답 ①

21

함수 $f(x) = x^2 - (k+1)x + 2k$ (k는 2가 아닌 실수)에서 모든 실수 x에 대하여

$f(x) - x = x^2 - (k+2)x + 2k$

$\qquad\qquad = (x-k)(\boxed{x-2})$

이때 $f(k) - k = 0$, $f(2) - 2 = 0$에서 $f(k) = k$, $f(2) = 2$이므로

함수 $g(x) = (f \circ f)(x) = f(f(x))$에 대하여

$g(k) = f(f(k)) = f(k) = \boxed{k}$

$g(2) = f(f(2)) = f(2) = \boxed{2}$

$g(k) - k = 0$, $g(2) - 2 = 0$에서 다항식 $g(x) - x$는 $x-k$와 $\boxed{x-2}$를 인수로 가지므로 다항식 $g(x) - x$는 다항식 $(x-k)(x-2)$, 즉 $f(x) - x$로 나누어떨어진다.

따라서 $p(x) = x-2$, $q(x) = k$, $a = 2$이므로

$p(5) + q(4) + a = 3 + 4 + 2 = 9$

답 ①

22

$f^{-1}(5) = k$라 하면 $f(k) = 5$이므로

$3k - 7 = 5$, $k = 4$

따라서 $f^{-1}(5) = 4$

답 4

다른 풀이

$y = 3x - 7$로 놓고 x에 대하여 풀면

$3x = y + 7$, $x = \dfrac{1}{3}y + \dfrac{7}{3}$

x와 y를 서로 바꾸면

$y = \dfrac{1}{3}x + \dfrac{7}{3}$

따라서 $f^{-1}(x) = \dfrac{1}{3}x + \dfrac{7}{3}$이므로

$f^{-1}(5) = \dfrac{1}{3} \times 5 + \dfrac{7}{3} = 4$

보충 개념

함수 $y = f(x)$의 역함수 $y = f^{-1}(x)$는 다음과 같은 순서로 구한다.

(i) 주어진 함수 $y = f(x)$가 일대일대응인지 확인한다.

(ii) $y = f(x)$를 x에 대하여 푼다. 즉, $x = f^{-1}(y)$ 꼴로 고친다.

(iii) $x = f^{-1}(y)$에서 x와 y를 서로 바꾸어 $y = f^{-1}(x)$로 나타낸다.

23

$f(2) = 4$이므로 $f^{-1}(4) = 2$

답 ②

24

$f^{-1}(5) = 1$에서 $f(1) = 5$이므로

$2 + k = 5$

따라서 $k = 3$

답 ③

25

함수 $f(x)$는 일차함수이므로 그 역함수 $g(x)$도 일차함수이다.

$g(x) = ax + b$ (a, b는 상수, $a \neq 0$)이라 하자.

$f(14) = 3$에서 $g(3) = 14$이므로 $3a + b = 14$　　　…… ㉠

$g(2) = 11$이므로 $2a + b = 11$　　　…… ㉡

⊙, ⓛ을 연립하여 풀면 $a=3$, $b=5$
따라서 $g(x)=3x+5$이므로
$g(6)=3\times6+5=23$

답 23

26

함수 $f(x)$의 역함수가 존재하려면 $f(x)$는 일대일대응이어야 한다.
$a+7=0$ 또는 $-a+5=0$일 때 $f(x)$는 일대일대응이 아니므로
$a\neq-7$, $a\neq5$
함수 $f(x)$가 일대일대응이기 위해서는
직선 $y=(a+7)x-1$의 기울기 $a+7$과 직선
$y=(-a+5)x+2a+1$의 기울기 $-a+5$의 부호가 같아야 하므로
$(a+7)(-a+5)>0$, $(a+7)(a-5)<0$
$-7<a<5$
따라서 이를 만족시키는 정수 a는 -6, -5, $\cdots$, 4이므로 그 개수는
11이다.

답 ②

27

함수 $f(x)$의 역함수가 존재하려면 함수 $f(x)$가 일대일대응이어야 하므로 함수 $y=f(x)$의 그래프의 개형은 오른쪽 그림과 같아야 한다.
직선 $y=-2x+10$은 점 $(2,6)$을 지나므로 곡선 $y=a(x-2)^2+b$가 점 $(2,6)$을 지나야 한다.
즉, $6=a(2-2)^2+b$이므로
$b=6$
또, $x\geq2$일 때, 함수 $y=f(x)$의 그래프가 기울기가 음수인 직선이므로 $x<2$일 때, 곡선 $y=a(x-2)^2+b$의 모양은 아래로 볼록해야 한다.
즉, $a>0$
따라서 정수 a의 최솟값은 1이므로 $a+b$의 최솟값은
$1+6=7$

답 ④

28

$(g\circ f)(3)+(g\circ f)^{-1}(9)$
$=(g\circ f)(3)+(f^{-1}\circ g^{-1})(9)$
$=g(f(3))+f^{-1}(g^{-1}(9))$
$=g(1)+f^{-1}(7)$
$=6+6=12$

답 ③

29

$f(1)=4$, $f(4)=3$이므로
$(f\circ f)(1)=f(f(1))=f(4)=3$
$f(2)=1$이므로 $f^{-1}(1)=2$
따라서 $(f\circ f)(1)+f^{-1}(1)=3+2=5$

답 5

30

$(f\circ g^{-1})(k)=7$에서 $f(g^{-1}(k))=7$
$g^{-1}(k)=a$라 하면 $f(a)=7$이므로
$4a-5=7$, $a=3$
따라서 $g^{-1}(k)=3$이므로
$k=g(3)=3\times3+1=10$

답 ③

31

$f(-2)=k$라 하면
함수 $f(x)$가 역함수를 가지므로 $f^{-1}(k)=-2$
모든 실수 x에 대하여 $f(x)=f^{-1}(x)$이므로
$f(k)=-2$
$-2x^2+1=-2$에서 $x^2=\dfrac{3}{2}$
$f(x^2+1)=-2x^2+1$에 $x^2=\dfrac{3}{2}$을 대입하면
$f\left(\dfrac{5}{2}\right)=-2$
함수 $f(x)$가 역함수를 가지므로 일대일대응이다.
따라서 $k=\dfrac{5}{2}$

답 ③

참고
$$f(x)=\begin{cases}-\dfrac{1}{2}x+\dfrac{3}{2} & (x<1)\\ -2x+3 & (x\geq1)\end{cases}$$

32

조건 ㈎에 의하여 집합 X의 6개의 원소 중에서 서로 다른 4개의 원소를 선택하면 $f(1)$, $f(2)$, $f(3)$, $f(4)$의 값이 정해진다.
즉, $f(1)$, $f(2)$, $f(3)$, $f(4)$의 값을 선택하는 경우의 수는
${}_6C_4={}_6C_2=\dfrac{6\times5}{2\times1}=15$

조건 ㈏에 의하여 함수 f는 일대일대응이 아니다.
(i) $f(5)$의 값이 $f(1)$, $f(2)$, $f(3)$, $f(4)$의 값 중 하나의 값과 같을 때

$f(6)$의 값은 집합 X의 6개의 원소 중 임의의 값이 될 수 있으므로 $f(5)$, $f(6)$의 값을 선택하는 경우의 수는

$_4C_1 \times _6C_1 = 24$

(ii) $f(5)$의 값이 $f(1)$, $f(2)$, $f(3)$, $f(4)$의 값과 다를 때

$f(6)$의 값은 $f(1)$, $f(2)$, $f(3)$, $f(4)$, $f(5)$의 값 중 하나의 값이 되어야 하므로 $f(5)$, $f(6)$의 값을 선택하는 경우의 수는

$_2C_1 \times _5C_1 = 10$

(i), (ii)에서 구하는 함수의 개수는

$15 \times (24 + 10) = 510$

답 510

[다른 풀이]

조건 (가)에 의하여 집합 X의 6개의 원소 중에서 서로 다른 4개의 원소를 선택하면 $f(1)$, $f(2)$, $f(3)$, $f(4)$의 값이 정해진다.

즉, $f(1)$, $f(2)$, $f(3)$, $f(4)$의 값을 선택하는 경우의 수는

$_6C_4 = _6C_2 = \dfrac{6 \times 5}{2 \times 1} = 15$

조건 (나)에 의하여 함수 f는 $f(1)$, $f(2)$, $f(3)$, $f(4)$, $f(5)$, $f(6)$ 중에서 적어도 두 개의 함숫값이 같아야 한다. $f(5)$, $f(6)$의 값으로 집합 X의 6개의 원소 중 임의의 값을 선택하는 경우 중에서 $f(1)$, $f(2)$, $f(3)$, $f(4)$의 값이 아닌 나머지 2개의 원소를 각각 $f(5)$, $f(6)$의 값으로 선택하는 경우를 제외하여야 하므로 그 경우의 수는

$6 \times 6 - _2P_2 = 34$

따라서 구하는 함수의 개수는

$15 \times 34 = 510$

33

$f^{-1}(x)$는 $f(x)$의 역함수이므로 실수 a에 대하여

$(f \circ f^{-1})(a) = f(f^{-1}(a)) = a$

따라서

$(f^{-1} \circ f \circ f^{-1})(a) = f^{-1}(f \circ f^{-1})(a)$
$= f^{-1}(f(f^{-1}(a)))$
$= f^{-1}(a)$

이때 $f^{-1}(a) = 3$이므로

$a = f(3) = 3^3 + 1 = 28$

답 28

34

$y = f(2x + 3)$에서 x와 y를 서로 바꾸면

$x = f(2y + 3)$, 즉 $f^{-1}(x) = 2y + 3$

$f(x)$의 역함수가 $g(x)$이므로

$g(x) = 2y + 3$

즉, $y = \dfrac{1}{2}g(x) - \dfrac{3}{2}$

따라서 $a = \dfrac{1}{2}$, $b = -\dfrac{3}{2}$이므로 $a + b = -1$

답 ④

35

주어진 그래프에서 $f(c) = b$이므로

$g^{-1}(f(c)) = g^{-1}(b)$

$g^{-1}(b) = k$라 하면 $g(k) = b$

주어진 그래프에서 $g(a) = b$이므로 $k = a$

따라서 $g^{-1}(f(c)) = g^{-1}(b) = a$

답 ①

36

함수 $y = f(x)$의 그래프의 꼭짓점의 좌표가 $(2, -9)$이므로 직선 $x = 2$에 대하여 대칭이다.

또한, 함수 $y = f(x)$의 그래프가 점 $(0, -5)$를 지나므로 방정식 $f(x) = -5$를 만족시키는 한 근이 $x = 0$이고, 다른 한 근은 $x = 4$이다.

즉, $f(0) = f(4) = -5$이므로 $f(f(x)) = -5$에서

$f(x) = 0$ 또는 $f(x) = 4$

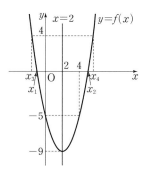

방정식 $f(x) = 0$을 만족시키는 x의 값을 x_1, x_2라 하고, 방정식 $f(x) = 4$를 만족시키는 x의 값을 x_3, x_4라 하면 x_1과 x_2, x_3과 x_4는 각각 직선 $x = 2$에 대하여 대칭이므로

$x_1 + x_2 = 4$, $x_3 + x_4 = 4$

따라서 방정식 $f(f(x)) = -5$를 만족시키는 모든 실근의 합은

$x_1 + x_2 + x_3 + x_4 = 4 + 4 = 8$

답 ③

37

$(f \circ g)(1) = f(g(1)) = 2$이고 $f(1) = 2$이므로

$g(1) = 1$

$(f \circ g)(2) = f(g(2)) = 1$이고 $f(5) = 1$이므로

$g(2) = 5$

$(g \circ f)^{-1}(1) = (f^{-1} \circ g^{-1})(1) = f^{-1}(g^{-1}(1))$

이때 $g(1)=1$에서 $g^{-1}(1)=1$이므로
$(g \circ f)^{-1}(1)=f^{-1}(1)=5$
따라서 $g(2)+(g \circ f)^{-1}(1)=5+5=10$

目 ⑤

38

ㄱ. $f(1)=|2\times 1-4|=|-2|=2$이므로
　　$f(f(1))=f(2)=|2\times 2-4|=0$ (참)

ㄴ. 방정식 $f(x)=x$의 실근의 개수
　　는 함수 $y=f(x)$의 그래프와 직
　　선 $y=x$의 교점의 개수와 같다.
　　오른쪽 그림과 같이 함수
　　$y=f(x)$의 그래프와 직선 $y=x$
　　가 두 점에서 만나므로 방정식
　　$f(x)=x$의 실근의 개수는 2이
　　다. (참)

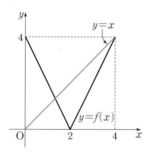

ㄷ. 방정식 $f(f(x))=f(x)$에서 $f(x)=t$로 놓으면 방정식 $f(t)=t$
　　를 만족시키는 해를 구해 보면
　　$|2t-4|=t$에서 $t=\dfrac{4}{3}$ 또는 $t=4$
　　즉, $f(x)=\dfrac{4}{3}$ 또는 $f(x)=4$
　　(i) $f(x)=\dfrac{4}{3}$인 경우
　　　　$|2x-4|=\dfrac{4}{3}$에서 $x=\dfrac{4}{3}$ 또는 $x=\dfrac{8}{3}$
　　(ii) $f(x)=4$인 경우
　　　　$|2x-4|=4$에서 $x=0$ 또는 $x=4$
　　(i), (ii)에서 방정식 $f(f(x))=f(x)$의 모든 실근의 합은
　　$\dfrac{4}{3}+\dfrac{8}{3}+0+4=8$ (참)

이상에서 옳은 것은 ㄱ, ㄴ, ㄷ이다.

目 ⑤

다른 풀이

ㄷ. 방정식 $f(f(x))=f(x)$의 실근은 함수 $y=f(f(x))$의 그래프와
　　직선 $y=f(x)$의 교점의 x좌표와 같다.
　　$f(f(x))=|2f(x)-4|$
$$=\begin{cases} 2f(x)-4 & (f(x)\geq 2) \\ 4-2f(x) & (f(x)<2) \end{cases}$$
$$=\begin{cases} 2|2x-4|-4 & (0\leq x\leq 1 \text{ 또는 } 3\leq x\leq 4) \\ 4-2|2x-4| & (1<x<3) \end{cases}$$
$$=\begin{cases} -4x+4 & (0\leq x\leq 1) \\ 4x-4 & (1<x<2) \\ -4x+12 & (2\leq x<3) \\ 4x-12 & (3\leq x\leq 4) \end{cases}$$

그러므로 방정식 $f(f(x))=f(x)$의 실근은 다음 그림과 같이
0, α, β, 4이다.

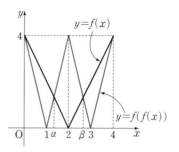

한편, 함수 $y=f(f(x))$의 그래프는 직선 $x=2$에 대하여 대칭이
므로 $\alpha+\beta=4$
따라서 방정식 $f(f(x))=f(x)$의 실근의 합은 8이다. (참)

39

함수 $y=f^{-1}(x)$의 그래프는 함
수 $y=f(x)$의 그래프와 직선
$y=x$에 대하여 대칭이므로 오른
쪽 그림과 같다.
$\{f(x)\}^2=f(x)f^{-1}(x)$에서
$f(x)\{f(x)-f^{-1}(x)\}=0$
$f(x)=0$ 또는 $f(x)=f^{-1}(x)$

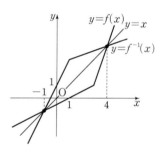

(i) $f(x)=0$에서 $x=1$
(ii) $f(x)=f^{-1}(x)$를 만족시키는 x의 값은 $f(x)=x$를 만족시키는
　　x의 값과 같으므로 $x=-1$ 또는 $x=4$
(i), (ii)에서 모든 실수 x의 값의 합은
$1+(-1)+4=4$

目 ④

40

$f(x)=x^2-2x+k=(x-1)^2+k-1$ $(x\geq 1)$
이고, 함수 $y=f(x)$의 그래프와 그 역함수 $y=f^{-1}(x)$의 그래프는
직선 $y=x$에 대하여 대칭이므로 그 그래프는 다음 그림과 같다.

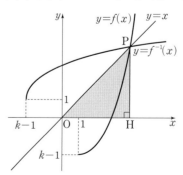

이때 함수 $y=f(x)$의 그래프와 그 역함수 $y=f^{-1}(x)$의 그래프가
만나는 점 P는 직선 $y=x$ 위에 있다.

점 P의 좌표를 (t, t)라 하면 삼각형 POH의 넓이가 8이므로

$\dfrac{1}{2} \times t \times t = 8$, $t^2 = 16$

$t \geq 1$이므로 $t = 4$

한편, 점 $\mathrm{P}(4, 4)$는 함수 $f(x) = x^2 - 2x + k$의 그래프 위의 점이므로

$f(4) = 4^2 - 2 \times 4 + k = 4$

따라서 $k = -4$

답 ③

41

ㄱ. $x \geq 0$일 때, $f(x) = x$이므로

$\quad f(f(10)) = f(10) = 10$ (참)

ㄴ. 주어진 그래프에서 $f(-1) = -2$이므로

$\quad f^{-1}(-2) = -1$ (참)

ㄷ. $f(x) = \begin{cases} x & (x \geq 0) \\ 2x & (x < 0) \end{cases}$에서 $f^{-1}(x) = \begin{cases} x & (x \geq 0) \\ \dfrac{1}{2}x & (x < 0) \end{cases}$

이므로 함수 $y = f(x)$의 그래프와 역함수 $y = f^{-1}(x)$의 그래프는 $x \geq 0$인 구간에서 일치한다.

따라서 두 그래프의 교점은 무수히 많다. (거짓)

이상에서 옳은 것은 ㄱ, ㄴ이다.

답 ③

42

함수 $y = f(x)$의 그래프와 함수 $y = f(x)$의 역함수 $y = g(x)$의 그래프가 직선 $y = x$에 대하여 대칭이므로 두 그래프가 만나는 점은 함수 $y = f(x)$의 그래프와 직선 $y = x$가 만나는 점과 같다.

따라서 두 함수 $y = f(x)$, $y = g(x)$의 그래프가 서로 다른 두 점에서 만나면 함수 $y = f(x)$의 그래프와 직선 $y = x$가 서로 다른 두 점에서 만난다.

이때 $f(x) = x^2 - 2kx + k^2 + 1 = (x - k)^2 + 1$이므로 함수 $y = f(x)$의 그래프는 항상 점 $(k, 1)$을 지난다.

오른쪽 그림과 같이 함수 $y = f(x)$의 그래프가 ㉠과 같이 직선 $y = x$에 접할 때의 k의 값을 a, 함수 $y = f(x)$의 그래프가 ㉡과 같이 점 $(1, 1)$을 지날 때의 k의 값을 b라 하면 $a < k \leq b$일 때 두 그래프는 서로 다른 두 점에서 만나므로 k의 최댓값은 b이다.

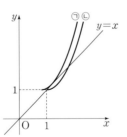

함수 $y = f(x)$의 그래프가 ㉡일 때 점 $(1, 1)$을 지나므로

$1 - 2b + b^2 + 1 = 1$, $(b - 1)^2 = 0$,

$b = 1$

따라서 k의 최댓값은 1이다.

답 ②

1등급 도전

01 ②   02 ②   03 ⑤   04 ⑤

01

풀이 전략 합성함수의 성질을 이용하여 정육각형 위을 움직이는 점의 위치를 추론한다.

[STEP 1] x의 값의 범위를 구하여 $f(x) = \dfrac{9}{32}$를 만족시키는 x의 값을 구한다.

$(f \circ f)(a) = f(f(a)) = \dfrac{9}{32}$에서 $f(a) = b$라 하면

$f(b) = \dfrac{9}{32}$

이다. 함수 $f(x)$가 삼각형 PFA의 넓이이므로 함수 $f(x)$는 점 P가 선분 CD에 있을 때 최댓값을 갖는다.

선분 AC의 중점을 M이라 하면 직각삼각형 MAB에서 $\angle \mathrm{MAB} = 30°$이므로

$\overline{\mathrm{AC}} = 2\overline{\mathrm{AM}}$ → △MAB에서

$\quad = 2 \times \dfrac{\sqrt{3}}{2} = \sqrt{3}$ $\mathrm{AM} = \mathrm{AB} \cos 30°$
$\quad = 1 \times \dfrac{\sqrt{3}}{2}$
$\quad = \dfrac{\sqrt{3}}{2}$

함수 $f(x)$의 최댓값은

$\dfrac{1}{2} \times \overline{\mathrm{FA}} \times \overline{\mathrm{AC}} = \dfrac{1}{2} \times 1 \times \sqrt{3} = \boxed{\dfrac{\sqrt{3}}{2}}$

이므로 $0 < b \leq \boxed{\dfrac{\sqrt{3}}{2}}$이다.

→ $0 < b \leq \dfrac{\sqrt{3}}{2}$, $\dfrac{\sqrt{3}}{2} < 1$이고 점 Q는 점 A에서 출발하므로 $\overline{\mathrm{AB}}$ 위에 있다.

점 P가 점 A로부터 움직인 거리가 b인 점을 Q라 하면 점 Q는 선분 AB 위에 있고, 삼각형 QFA의 넓이는 $\dfrac{9}{32}$이다.

점 Q에서 직선 FA에 내린 수선의 발을 H라 하면 삼각형 QFA의 넓이는

$\dfrac{1}{2} \times \overline{\mathrm{FA}} \times \overline{\mathrm{QH}} = \dfrac{1}{2} \times 1 \times \overline{\mathrm{QH}} = \dfrac{9}{32}$

이므로 $\overline{\mathrm{QH}} = \dfrac{9}{16}$

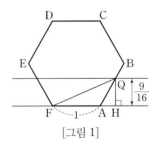

[그림 1]

[그림 1]의 직각삼각형 QAH에서 $\angle \mathrm{QAH} = 60°$이므로

$b = \overline{\mathrm{AQ}} = \overline{\mathrm{QH}} \times \dfrac{1}{\sin 60°} = \dfrac{9}{16} \times \dfrac{2}{\sqrt{3}} = \boxed{\dfrac{3\sqrt{3}}{8}}$

STEP 2 합성함수의 정의를 이용하여 $(f \circ f)(x) = \dfrac{9}{32}$를 만족시키는 x의 값을 구한다.

점 P가 점 A로부터 움직인 거리가 a인 점을 R라 하고, 점 R에서 직선 FA에 내린 수선의 발을 I라 하면 삼각형 RFA의 넓이는

$\dfrac{1}{2} \times \overline{FA} \times \overline{RI}$이므로

$f(a) = \dfrac{1}{2} \times 1 \times \overline{RI} = \dfrac{3\sqrt{3}}{8}$에서 $\overline{RI} = \dfrac{3\sqrt{3}}{4}$

$\overline{RI} = \dfrac{3\sqrt{3}}{4}$이 되는 점 R의 위치는 [그림 2]의 R_1과 R_2이다.

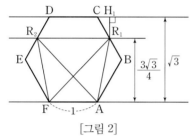

[그림 2]

점 R의 위치가 R_1일 때, $a = \overline{AB} + \overline{BR_1}$

점 R_1에서 직선 CD에 내린 수선의 발을 H_1이라 하면 직각삼각형 R_1CH_1에서 $\angle R_1CH_1 = 60°$이므로

$a = \overline{AB} + \overline{BR_1}$

$= \overline{AB} + \overline{BC} - \overline{R_1C}$

$= 1 + 1 - \overline{R_1H_1} \times \dfrac{1}{\sin 60°}$

$= 2 - \left(\sqrt{3} - \dfrac{3\sqrt{3}}{4}\right) \times \dfrac{2}{\sqrt{3}}$

$= 2 - \dfrac{1}{2} = \dfrac{3}{2}$

$0 < x < 5$인 모든 실수 x에 대하여 $f(x) = f(5-x)$가 성립하므로 점 R의 위치가 R_2일 때의 실수 a의 값은

$5 - \dfrac{3}{2} = \dfrac{7}{2}$

즉, $a = \boxed{\dfrac{3}{2}}$ 또는 $a = \boxed{\dfrac{7}{2}}$

따라서 $(f \circ f)(a) = \dfrac{9}{32}$를 만족시키는 모든 실수 a $(0 < a < 5)$의

값의 곱은 $\dfrac{3}{2} \times \dfrac{7}{2} = \boxed{\dfrac{21}{4}}$이다.

STEP 3 p, q, r의 값을 구하여 $\dfrac{r}{p \times q}$의 값을 구한다.

따라서 $p = \dfrac{\sqrt{3}}{2}$, $q = \dfrac{3\sqrt{3}}{8}$, $r = \dfrac{21}{4}$이므로

$\dfrac{r}{p \times q} = \dfrac{\dfrac{21}{4}}{\dfrac{\sqrt{3}}{2} \times \dfrac{3\sqrt{3}}{8}} = \dfrac{28}{3}$

답 ②

02

풀이 전략 합성함수를 이용하여 조건을 만족시키는 함수를 추론한다.

STEP 1 조건 (개)를 이용하여 ㄱ의 참, 거짓을 판별한다.

ㄱ. 조건 (개)에 의하여 $f(f(4)) \leq 1$이므로 $f(f(4)) = 1$이다. (참)

STEP 2 $f(4)$의 값이 1인 경우, 2인 경우, 4인 경우로 나누어 ㄴ, ㄷ의 참, 거짓을 판별한다.

ㄴ. (ⅰ) $f(4) = 1$일 때

$f(f(4)) = f(1) = 1$이므로 $f(1) = 1$이다.

ⓐ $f(3) = 1$이면 함수 f의 치역이 $\{1, 2, 4\}$가 될 수 없으므로 조건 (내)를 만족시키지 않는다.

ⓑ $f(3) = 2$이면 함수 f의 치역이 $\{1, 2, 4\}$이므로 $f(2) = 4$이고 $f(f(3)) = f(2) = 4 > 2$가 되어 조건 (개)를 만족시키지 않는다.

ⓒ $f(3) = 4$이면 함수 f의 치역이 $\{1, 2, 4\}$이므로 $f(2) = 2$이고 $f(f(1)) = f(1) = 1$, $f(f(2)) = f(2) = 2$, $f(f(3)) = f(4) = 1$이 되어 조건을 만족시킨다.

(ⅱ) $f(4) = 2$일 때

$f(f(4)) = f(2) = 1$이므로 $f(2) = 1$이다.

ⓐ $f(3) = 1$이면 함수 f의 치역이 $\{1, 2, 4\}$이므로 $f(1) = 4$이고 $f(f(2)) = f(1) = 4 > 3$이 되어 조건 (개)를 만족시키지 않는다.

ⓑ $f(3) = 2$이면 함수 f의 치역이 $\{1, 2, 4\}$이므로 $f(1) = 4$이고 $f(f(2)) = f(1) = 4 > 3$이 되어 조건 (개)를 만족시키지 않는다.

ⓒ $f(3) = 4$일 때

$f(1) = 1$이면 $f(f(1)) = f(1) = 1$,

$f(f(2)) = f(1) = 1$, $f(f(3)) = f(4) = 2$

가 되어 조건을 만족시킨다.

$f(1) = 2$이면 $f(f(1)) = f(2) = 1$,

$f(f(2)) = f(1) = 2$, $f(f(3)) = f(4) = 2$

가 되어 조건을 만족시킨다.

$f(1) = 4$이면 $f(f(2)) = f(1) = 4 > 3$이 되어 조건 (개)를 만족시키지 않는다.

(ⅲ) $f(4) = 4$일 때

$f(f(4)) = f(4) = 4 \neq 1$이므로 조건 (개)를 만족시키지 않는다.

따라서 (ⅰ), (ⅱ), (ⅲ)에서 가능한 모든 함수 f에 대하여 $f(3) = 4$이다. (참)

ㄷ. (ⅰ), (ⅱ), (ⅲ)에서 가능한 함수 f의 개수는 3이다. (거짓)

이상에서 옳은 것은 ㄱ, ㄴ이다.

답 ②

03

풀이 전략 일대일대응과 일대일함수를 이용하여 문제를 해결한다.

[STEP 1] 두 함수 $y=f(x)$, $y=g(x)$의 그래프를 그려 함수 $y=h(x)$의 그래프를 추론해 본다.

두 함수 $y=f(x)$, $y=g(x)$의 그래프는 그림과 같다.

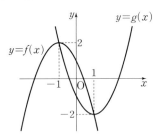

함수 $y=h(x)$의 그래프는 $x<a$일 때 함수 $y=f(x)$의 그래프와 같고, $x\geq a$일 때 함수 $y=g(x)$의 그래프를 x축의 방향으로 $-b$만큼 평행이동한 것과 같다.

ㄱ. $a=0$일 때

  $x<0$에서 $h(x)=f(x)$이고,

  $x<0$에서 함수 $y=h(x)$의 그래프는 그림과 같다.

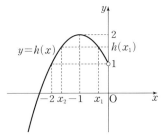

  $-1<x_1<0$인 실수 x_1에 대하여 $h(x_1)=h(x_2)$이고,

  $-2<x_2<-1$인 실수 x_2가 존재하므로 함수 $h(x)$는 일대일대응이 아니다.

  따라서 $(0, k)\in A$를 만족시키는 실수 k는 존재하지 않는다. (참)

ㄴ. $a=-1$, $b=4$일 때

  함수 $h(x)$는

  $h(x)=\begin{cases} -(x+1)^2+2 & (x<-1) \\ (x+3)^2-2 & (x\geq -1) \end{cases}$

  이므로 함수 $y=h(x)$의 그래프는 그림과 같다.

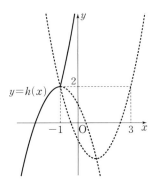

  $x_1\neq x_2$인 임의의 실수 x_1, x_2에 대하여 $h(x_1)\neq h(x_2)$이므로 함

수 $h(x)$는 일대일함수이고, 함수 $h(x)$의 치역은 실수 전체의 집합으로 공역과 같다.

따라서 함수 $h(x)$는 실수 전체의 집합에서 실수 전체의 집합으로의 일대일대응이므로 $(-1, 4)\in A$ (참)

[STEP 2] 일대일함수와 일대일대응을 이용하여 문제를 해결한다.

ㄷ. 함수 $h(x)$가 일대일함수이려면

  $x<a$에서 $h(x)=f(x)$이므로 $a\leq -1$ ······ ㉠

  $x\geq a$에서 $h(x)=g(x+b)$이므로

  $a+b\geq 1$ ······ ㉡

  이어야 하고, ㉠, ㉡을 만족시키는 함수 $h(x)$에 대하여

  $\{h(x)\,|\,x<a\}=\{f(x)\,|\,x<a\}=\{y\,|\,y<f(a)\}$

  $\{h(x)\,|\,x\geq a\}=\{g(x+b)\,|\,x\geq a\}=\{y\,|\,y\geq g(a+b)\}$

  이므로 $f(a)\leq g(a+b)$이어야 한다.

  일대일함수 $h(x)$가 일대일대응이 되기 위해서는 치역과 공역이 같아야 하므로

  $f(a)=g(a+b)$ ······ ㉢

  $g(x)=(x-1)^2-2\geq -2$이므로

  $f(a)\geq -2$, $(a+3)(a-1)\leq 0$

  $-3\leq a\leq 1$ ······ ㉣

  ㉠, ㉣에 의하여 함수 $h(x)$가 일대일대응이 되도록 하는 실수 a의 범위는 $-3\leq a\leq -1$이고, $(m, b)\in A$를 만족시키는 실수 b가 존재하도록 하는 정수 m의 값은 -3, -2, -1이다.

  (i) $m=-3$일 때

    ㉡에 의하여 $-3+b\geq 1$, $b\geq 4$

    ㉢에 의하여 $f(-3)=g(-3+b)$

    $-2=(-3+b)^2-2(-3+b)-1$

    $b^2-8b+16=0$

    $b=4$이므로 $m+b=1$

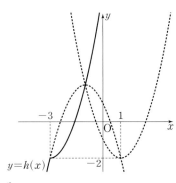

  (ii) $m=-2$일 때

    ㉡에 의하여 $-2+b\geq 1$, $b\geq 3$

    ㉢에 의하여 $f(-2)=g(-2+b)$

    $1=(-2+b)^2-2(-2+b)-1$

    $b^2-6b+6=0$

    $b=3+\sqrt{3}$이므로 $m+b=1+\sqrt{3}$

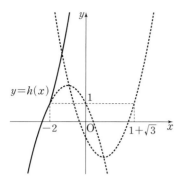

(iii) $m=-1$일 때

ⓒ에 의하여 $-1+b\geq1$, $b\geq2$

ⓔ에 의하여 $f(-1)=g(-1+b)$

$2=(-1+b)^2-2(-1+b)-1$

$b^2-4b=0$

$b=4$이므로 $m+b=3$

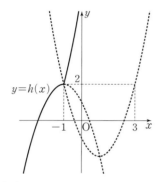

(i), (ii), (iii)에 의하여

$\{m+b\,|\,(m, b)\in A$이고 m은 정수$\}=\{1, 1+\sqrt{3}, 3\}$

이므로 모든 원소의 합은

$1+(1+\sqrt{3})+3=5+\sqrt{3}$ (참)

따라서 옳은 것은 ㄱ, ㄴ, ㄷ이다.

답 ⑤

04

풀이 전략 함수 $g(x)$가 일대일대응임을 알고, 함수 $y=g(x)$의 그래프의 개형을 그려 본다.

STEP 1 함수 $g(x)$가 일대일대응이 되도록 함수 $y=g(x)$의 그래프의 개형을 그린다.

함수 $g(x)$의 정의역과 치역이 모두 실수 전체의 집합이고 함수 $g(x)$의 역함수가 존재하므로 함수 $g(x)$는 일대일대응이다.

따라서 함수 $y=g(x)$의 그래프의 개형은 다음과 같이 두 가지이다.

(i) $g(-2)=f(-2)=6$, $g(1)=f(1)=-3$일 때

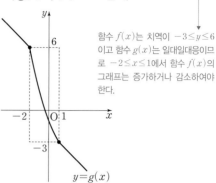

함수 $f(x)$는 치역이 $-3\leq y\leq6$이고 함수 $g(x)$는 일대일대응이므로 $-2\leq x\leq1$에서 함수 $f(x)$의 그래프는 증가하거나 감소하여야 한다.

(ii) $g(-2)=f(-2)=-3$, $g(1)=f(1)=6$일 때

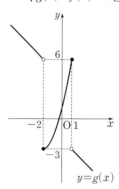

STEP 2 (i), (ii)를 이용하여 ㄱ의 참, 거짓을 판별한다.

ㄱ. (i), (ii)에서 $f(-2)+f(1)=3$ (참)

STEP 3 ㄴ의 조건인 $g(0)=-1$, $g(1)=-3$을 만족시키는 함수 $f(x)$를 구하여 ㄴ의 참, 거짓을 판별한다.

ㄴ. $g(0)=f(0)=-1$, $g(1)=f(1)=-3$을 만족시키는 함수 $y=g(x)$의 그래프의 개형은 (i)과 같다.

$f(x)=ax^2+bx-1$ (a, b는 상수, $a>0$)이라 하면

$f(1)=-3$, $f(-2)=6$이어야 하므로

$a+b-1=-3$, $4a-2b-1=6$ $f(x)$에 $x=1$을 대입하면 $f(1)=a+b-1$

즉, $a+b=-2$, $4a-2b=7$ $f(x)$에 $x=-2$를 대입하면 $f(-2)=a\times(-2)^2+b\times(-2)-1$ $=4a-2b-1$

위의 두 식을 연립하여 풀면

$a=\dfrac{1}{2}$, $b=-\dfrac{5}{2}$

따라서

$f(x)=\dfrac{1}{2}x^2-\dfrac{5}{2}x-1$

$=\dfrac{1}{2}\left(x-\dfrac{5}{2}\right)^2-\dfrac{33}{8}$

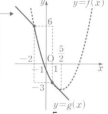

이므로 곡선 $y=f(x)$의 꼭짓점의 x좌표는 $\dfrac{5}{2}$이다. (참)

STEP 4 ㄷ의 조건인 곡선 $y=f(x)$의 꼭짓점의 x좌표가 -2임을 만족시키는 함수 $f(x)$를 구하여 ㄷ의 참, 거짓을 판별한다.

ㄷ. 곡선 $y=f(x)$의 꼭짓점의 x좌표가 -2이면 함수 $y=g(x)$의 그래프의 개형은 (ii)와 같다.

$f(x)=c(x+2)^2+d$ (c, d는 상수, $c>0$)이라 하면

$f(-2)=-3$, $f(1)=6$이어야 하므로

$d=-3$, $9c+d=6$에서 $c=1$ → 함수 $g(x)$가 일대일대응이어야 한다.

따라서 $f(x)=(x+2)^2-3$이고

$g(0)=f(0)=1$이므로

$g^{-1}(1)=0$ (참)

이상에서 옳은 것은 ㄱ, ㄴ, ㄷ이다.

답 ⑤

11 함수와 그래프(2)

개념 확인문제

본문 141쪽

01 (1) $\dfrac{3x}{(x-2)(x+1)}$ (2) $\dfrac{x^2+2x+3}{x(x+1)(x-1)}$

02 (1) $\dfrac{x-2}{(x-1)^2}$ (2) $(x+1)^2$

03 (1)

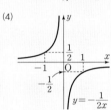

(2)

(3)

(4)

04 (1)

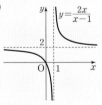

정의역: $\{x|x\neq-1\}$
치역: $\{y|y\neq0\}$
점근선: $x=-1$, $y=0$

(2)

정의역: $\{x|x\neq2\}$
치역: $\{y|y\neq2\}$
점근선: $x=2$, $y=2$

05 (1)

정의역: $\{x|x\neq1\}$
치역: $\{y|y\neq2\}$
점근선: $x=1$, $y=2$

(2)

정의역: $\{x|x\neq2\}$
치역: $\{y|y\neq-3\}$
점근선: $x=2$, $y=-3$

06 (1) $x-3$ (2) $\dfrac{2x+2}{x-1}$

07 (1) $-\sqrt{x+1}-\sqrt{x+3}$

(2) $2x-1-2\sqrt{x^2-x}$

08

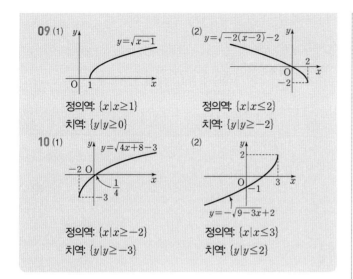

09 (1) $y=\sqrt{x-1}$
정의역: $\{x|x\geq1\}$
치역: $\{y|y\geq0\}$

(2) $y=\sqrt{-2(x-2)}-2$
정의역: $\{x|x\leq2\}$
치역: $\{y|y\geq-2\}$

10 (1) $y=\sqrt{4x+8}-3$
정의역: $\{x|x\geq-2\}$
치역: $\{y|y\geq-3\}$

(2) $y=-\sqrt{9-3x}+2$
정의역: $\{x|x\leq3\}$
치역: $\{y|y\leq2\}$

내신＋학평 유형 연습

본문 142~150쪽

01 10	02 ③	03 ③	04 12	05 ③	06 ②
07 ①	08 ⑤	09 ④	10 ③	11 ②	12 ④
13 ④	14 ②	15 ③	16 ③	17 ①	18 ③
19 ⑤	20 ①	21 ①	22 ⑤	23 ①	24 ④
25 ①	26 ②	27 ④	28 ③	29 ④	30 ③
31 ③	32 ③	33 ①	34 ⑤	35 ②	36 ②
37 ③	38 3	39 ②	40 11	41 27	42 7
43 ③	44 ②	45 ⑤	46 ③	47 ③	48 ⑤

01

$a\neq b$이므로

$$\frac{(a-5)^2}{a-b}+\frac{(b-5)^2}{b-a}=\frac{(a-5)^2-(b-5)^2}{a-b}=\frac{a^2-b^2-10a+10b}{a-b}$$
$$=\frac{(a+b)(a-b)-10(a-b)}{a-b}$$
$$=\frac{(a+b-10)(a-b)}{a-b}$$
$$=a+b-10$$

즉, $a+b-10=0$이므로 $a+b=10$

답 10

02

$$\frac{1-\dfrac{1}{x+1}}{1+\dfrac{1}{x-1}}=\frac{\dfrac{x+1-1}{x+1}}{\dfrac{x-1+1}{x-1}}=\frac{\dfrac{x}{x+1}}{\dfrac{x}{x-1}}=\frac{x-1}{x+1}$$

모든 실수 x에 대하여 $\dfrac{x-1}{x+1}=\dfrac{px+q}{x+1}$가 성립하므로

$x-1=px+q$에서 $p=1$, $q=-1$

따라서 $p+q=0$

답 ③

03

$a+b+c=0$이므로

$$\frac{b+c}{a}+\frac{c+a}{b}+\frac{a+b}{c}=\frac{-a}{a}+\frac{-b}{b}+\frac{-c}{c}=-3$$

답 ③

04

$m\neq-3$이므로

$$\frac{3m+9}{m^2-9}=\frac{3(m+3)}{(m+3)(m-3)}=\frac{3}{m-3}$$

위의 식의 값이 정수가 되려면 $m-3$의 값은 -3, -1, 1, 3이어야
하므로 m의 값은 0, 2, 4, 6이다.

따라서 모든 m의 값의 합은

$0+2+4+6=12$

답 12

05

$$\begin{cases} x-y+z=0 & \cdots\cdots\ \text{㉠} \\ 2x-3y+z=0 & \cdots\cdots\ \text{㉡} \end{cases}$$

㉡－㉠을 하면 $x-2y=0$, $x=2y$ $\cdots\cdots$ ㉢

㉢을 ㉠에 대입하면 $2y-y+z=0$, $z=-y$

따라서

$$\frac{x^2-y^2+2z^2}{2xy+yz-3zx}=\frac{(2y)^2-y^2+2(-y)^2}{2(2y)y+y(-y)-3(-y)(2y)}$$
$$=\frac{4y^2-y^2+2y^2}{4y^2-y^2+6y^2}=\frac{5y^2}{9y^2}=\frac{5}{9}$$

답 ③

06

$$y=\frac{3x-1}{x-1}=\frac{3(x-1)+2}{x-1}=\frac{2}{x-1}+3$$

이므로 함수 $y=\dfrac{3x-1}{x-1}$의 그래프는 함수 $y=\dfrac{2}{x}$의 그래프를 x축의
방향으로 1만큼, y축의 방향으로 3만큼 평행이동한 것이다.
따라서 $a=1$, $b=3$이므로 $a+b=4$

답 ②

다른 풀이

함수 $y=\dfrac{2}{x}$의 그래프를 x축의 방향으로 a만큼, y축의 방향으로 b만
큼 평행이동하면

$$y=\frac{2}{x-a}+b=\frac{2+b(x-a)}{x-a}=\frac{bx+2-ab}{x-a}$$

이 함수의 그래프는 함수 $y=\dfrac{3x-1}{x-1}$의 그래프와 일치하므로

$a=1$, $b=3$

따라서 $a+b=4$

07

함수 $y=\dfrac{1}{x+1}-3$의 그래프를 y축의 방향으로 a만큼 평행이동하면

$$y=\dfrac{1}{x+1}-3+a$$

이 함수의 그래프가 원점을 지나므로

$$0=\dfrac{1}{0+1}-3+a$$

따라서 $a=2$

답 ①

08

함수 $y=\dfrac{3}{x}$의 그래프를 x축의 방향으로 4만큼, y축의 방향으로 5만큼 평행이동하면

$$y=\dfrac{3}{x-4}+5$$

이 함수의 그래프가 점 $(5, a)$를 지나므로

$$a=\dfrac{3}{5-4}+5=8$$

답 ⑤

09

함수 $y=\dfrac{b}{x-a}$의 그래프가 점 $(2, 4)$를 지나므로

$$4=\dfrac{b}{2-a},\ 4a+b=8\quad\cdots\cdots\ \text{㉠}$$

함수 $y=\dfrac{b}{x-a}$의 한 점근선의 방정식이 $x=4$이므로 $a=4$이고,
이를 ㉠에 대입하면 $b=-8$
따라서 $a-b=4-(-8)=12$

답 ④

10

$$f(x)=\dfrac{3x+1}{x-k}=\dfrac{3(x-k)+1+3k}{x-k}=\dfrac{3k+1}{x-k}+3$$

이므로 함수 $y=f(x)$의 그래프의 두 점근선의 방정식은
$x=k,\ y=3$
따라서 두 점근선의 교점의 좌표가 $(k, 3)$이고, 이 교점은 직선 $y=x$ 위의 점이므로

$$k=3$$

답 ③

11

$$y=\dfrac{ax+1}{bx+1}=\dfrac{a\left(x+\dfrac{1}{b}\right)-\dfrac{a}{b}+1}{b\left(x+\dfrac{1}{b}\right)}=\dfrac{-\dfrac{a}{b}+1}{b\left(x+\dfrac{1}{b}\right)}+\dfrac{a}{b}$$

이 함수의 그래프의 한 점근선이 직선 $y=2$이므로

$$\dfrac{a}{b}=2,\ \text{즉}\ a=2b\quad\cdots\cdots\ \text{㉠}$$

함수 $y=\dfrac{ax+1}{bx+1}$의 그래프가 점 $(2, 3)$을 지나므로

$$3=\dfrac{2a+1}{2b+1},\ \text{즉}\ a=3b+1\quad\cdots\cdots\ \text{㉡}$$

㉠, ㉡을 연립하여 풀면 $a=-2$, $b=-1$
따라서 $a^2+b^2=4+1=5$

답 ②

12

곡선 $y=\dfrac{k}{x-2}+1$이 x축과 만나는 점 A의 x좌표는

$0=\dfrac{k}{x-2}+1$에서 $x=2-k$이므로 $\text{A}(2-k, 0)$

곡선 $y=\dfrac{k}{x-2}+1$이 y축과 만나는 점 B의 y좌표는

$y=\dfrac{k}{0-2}+1=-\dfrac{k}{2}+1$이므로 $\text{B}\left(0,\ -\dfrac{k}{2}+1\right)$

곡선 $y=\dfrac{k}{x-2}+1$의 두 점근선의 방정식은 $x=2,\ y=1$이므로
$\text{C}(2, 1)$
세 점 A, B, C가 한 직선 위에 있으므로

$$\dfrac{1-0}{2-(2-k)}=\dfrac{1-\left(-\dfrac{k}{2}+1\right)}{2-0},\ \dfrac{1}{k}=\dfrac{k}{4},\ k^2=4$$

$k<0$이므로 $k=-2$

답 ④

다른 풀이

유리함수의 그래프의 대칭성을 이용하여 다음과 같이 구할 수도 있다.

곡선 $y=\dfrac{k}{x-2}+1\ (k<0)$의 두 점근
선의 교점 C$(2, 1)$과 곡선 위의 두
점 A, B가 한 직선 위에 있으려면 두
점 A, B는 점 C에 대하여 대칭이어야
한다.

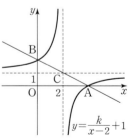

두 점 A, B가 각각 x축, y축 위의 점
이므로 두 점의 좌표를 각각 $(a, 0)$, $(0, b)$로 놓을 수 있다.
점 C가 선분 AB의 중점이므로

$$\dfrac{a+0}{2}=2,\ \dfrac{0+b}{2}=1,\ \text{즉}\ a=4,\ b=2$$

따라서 곡선 $y=\dfrac{k}{x-2}+1$이 점 A$(4, 0)$을 지나므로

$$0=\dfrac{k}{4-2}+1=\dfrac{k}{2}+1,\ k=-2$$

13

$$f(x)=\frac{x+1}{2x-1}=\frac{\frac{1}{2}(2x-1)+\frac{3}{2}}{2x-1}=\frac{\frac{3}{2}}{2x-1}+\frac{1}{2}=\frac{\frac{3}{4}}{x-\frac{1}{2}}+\frac{1}{2}$$

이므로 함수 $y=f(x)$의 그래프의 점근선의 방정식은

$x=\frac{1}{2}$, $y=\frac{1}{2}$

즉, 함수 $y=f(x)$의 그래프는 두 점근선의 교점 $\left(\frac{1}{2},\frac{1}{2}\right)$에 대하여

대칭이므로 $p=\frac{1}{2}$, $q=\frac{1}{2}$

따라서 $p+q=1$

답 ④

14

$$y=\frac{3x-14}{x-5}=\frac{3(x-5)+1}{x-5}=\frac{1}{x-5}+3$$

이므로 이 함수의 그래프의 점근선의 방정식은 $x=5$, $y=3$

따라서 주어진 함수의 그래프가 직선 $y=x+k$에 대하여 대칭이므로

직선 $y=x+k$는 점근선의 교점 $(5, 3)$을 지난다.

즉, $3=5+k$이므로 $k=-2$

답 ②

15

$$y=\frac{3x+b}{x+a}=\frac{3(x+a)+b-3a}{x+a}=\frac{-3a+b}{x+a}+3$$

이므로 이 함수의 그래프의 점근선의 방정식은 $x=-a$, $y=3$

따라서 주어진 함수의 그래프는 점근선의 교점 $(-a, 3)$에 대하여

대칭이므로 $a=2$, $c=3$

즉, 함수 $y=\frac{3x+b}{x+2}$의 그래프가 점 $(2, 1)$을 지나므로

$1=\frac{6+b}{4}$, $b=-2$

따라서 $a+b+c=2+(-2)+3=3$

답 ③

16

$$y=\frac{3x+5}{x-1}=\frac{3(x-1)+8}{x-1}$$

$$=\frac{8}{x-1}+3$$

이므로 이 함수의 그래프는 오른쪽
그림과 같다.

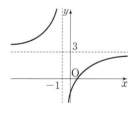

ㄱ. 점근선의 방정식은 $x=1$, $y=3$
이다. (참)

ㄴ. 그래프는 제3사분면을 지난다. (참)

ㄷ. 그래프는 점근선의 교점 $(1, 3)$을 지나고 기울기가 1 또는 -1
인 직선에 대하여 대칭이다.

이때 이 직선의 방정식은 $y-3=\pm(x-1)$

즉, $y=x+2$ 또는 $y=-x+4$

따라서 그래프는 직선 $y=x+3$에 대하여 대칭이 아니다. (거짓)

이상에서 옳은 것은 ㄱ, ㄴ이다.

답 ③

17

$f(x)=\frac{3}{x-1}-2$라 하면

$2\leq x\leq a$에서 함수 $y=f(x)$의
그래프는 오른쪽 그림과 같다.

함수 $f(x)$의
정의역이 $\{x|2\leq x\leq a\}$,

치역이 $\{y|-1\leq y\leq b\}$이므로

$f(2)=\frac{3}{2-1}-2=b$,

$f(a)=\frac{3}{a-1}-2=-1$

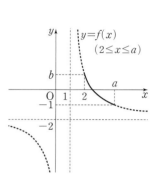

즉, $a=4$, $b=1$이므로 $a+b=5$

답 ①

18

$$y=\frac{3x+k-10}{x+1}=\frac{3(x+1)+k-13}{x+1}=\frac{k-13}{x+1}+3$$

이므로 이 함수의 그래프의 점근선의 방정식은 $x=-1$, $y=3$

함수 $y=\frac{3x+k-10}{x+1}$의 그래프가

제4사분면을 지나려면 오른쪽 그림과

같이 y축과 만나는 점의 y좌표가 0

보다 작아야 한다.

즉, $k-10<0$이므로 $k<10$

따라서 자연수 k의 값은 $1, 2, 3, \cdots, 9$이므로 그 개수는 9이다.

답 ③

19

$y=\frac{2x+5}{x+3}$로 놓고 x에 대하여 풀면

$(x+3)y=2x+5$, $(y-2)x=-3y+5$, $x=\frac{-3y+5}{y-2}$

x와 y를 서로 바꾸면 $y=\frac{-3x+5}{x-2}$

즉, $f^{-1}(x)=\frac{-3x+5}{x-2}=\frac{-3(x-2)-1}{x-2}=-\frac{1}{x-2}-3$이므로

함수 $y=f^{-1}(x)$의 그래프는 점 $(2, -3)$에 대하여 대칭이다.

따라서 $p=2$, $q=-3$이므로 $p-q=5$

답 ⑤

다른 풀이

$f(x)=\dfrac{2x+5}{x+3}=\dfrac{2(x+3)-1}{x+3}=-\dfrac{1}{x+3}+2$이므로

함수 $y=f(x)$의 그래프는 점 $(-3, 2)$에 대하여 대칭이다.

또한, 함수 $y=f(x)$의 그래프와 함수 $y=f^{-1}(x)$의 그래프는 직선 $y=x$에 대하여 대칭이다.

점 $(-3, 2)$를 직선 $y=x$에 대하여 대칭이동하면 점 $(2, -3)$이므로 함수 $y=f^{-1}(x)$의 그래프는 점 $(2, -3)$에 대하여 대칭이다.

따라서 $p=2$, $q=-3$이므로 $p-q=5$

20

조건 ㈎에서 곡선 $y=f(x)$가 직선 $y=2$와 만나는 점의 개수와 직선 $y=-2$와 만나는 점의 개수의 합은 1이다.

곡선 $y=f(x)$가 x축과 평행한 직선과 만나는 점의 개수는 점근선을 제외하면 모두 1이므로 두 직선 $y=2$, $y=-2$ 중 하나는 곡선 $y=f(x)$의 점근선이다.

이때 곡선 $y=f(x)$의 점근선이 직선 $y=b$이므로

$b=2$ 또는 $b=-2$ ······ ㉠

$f(x)=\dfrac{a}{x}+b$, 즉 $y=\dfrac{a}{x}+b$에서

$\dfrac{a}{x}=y-b$, $x=\dfrac{a}{y-b}$

x와 y를 서로 바꾸면 $y=\dfrac{a}{x-b}$

$f^{-1}(x)=\dfrac{a}{x-b}$

조건 ㈏에서 $f^{-1}(2)=f(2)-1$이므로

$\dfrac{a}{2-b}=\dfrac{a}{2}+b-1$ ······ ㉡

㉡에서 $b\neq2$이므로 ㉠에서 $b=-2$

$b=-2$를 ㉡에 대입하면

$\dfrac{a}{4}=\dfrac{a}{2}-3$, $a=12$

따라서 $f(x)=\dfrac{12}{x}-2$이므로

$f(8)=\dfrac{12}{8}-2=-\dfrac{1}{2}$

답 ①

참고

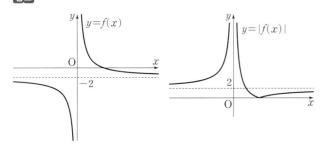

21

방정식 $(g\circ f)(x)=g(f(x))=1$이므로 $g(x)$의 정의에 의하여 $f(x)$는 정수이다.

$f(x)=\dfrac{6x+12}{2x-1}=\dfrac{15}{2x-1}+3$이 정수가 되려면 $2x-1$은 15의 약수이어야 한다.

x가 자연수이므로 $2x-1$은 자연수이고, $2x-1$은 15의 양의 약수이다. 즉, $2x-1$의 값은 1, 3, 5, 15이므로 x의 값은 1, 2, 3, 8이다.

따라서 모든 자연수 x의 개수는 4이다.

답 ①

22

유리함수 $y=\dfrac{4}{x-a}-4$ $(a>1)$의 그래프의 두 점근선은

$x=a$, $y=-4$이고 $A(a+1, 0)$, $B\left(0, -\dfrac{4}{a}-4\right)$, $C(a, -4)$이므로

유리함수 $y=f(x)$의 그래프와 사각형 OBCA는 다음 그림과 같다.

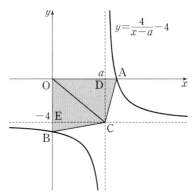

사각형 OBCA의 넓이를 S라 하면 S는 삼각형 OCA의 넓이와 삼각형 OBC의 넓이의 합과 같으므로

점 C에서 x축, y축에 내린 수선의 발을 각각 D, E라 하면

$S=\dfrac{1}{2}\times\overline{OA}\times\overline{CD}+\dfrac{1}{2}\times\overline{OB}\times\overline{CE}$

$=\dfrac{1}{2}\times(a+1)\times4+\dfrac{1}{2}\times\left(\dfrac{4}{a}+4\right)\times a=4a+4$

따라서 $4a+4=24$에서 $a=5$

답 ⑤

23

직선 l과 함수 $y=\dfrac{2}{x}$의 그래프가 만나는 두 점 P, Q는 원점에 대하여 대칭이고 함수 $y=\dfrac{2}{x}$의 그래프 위의 점이므로 $P\left(a, \dfrac{2}{a}\right)$라 하면

$Q\left(-a, -\dfrac{2}{a}\right)$

점 R는 점 P를 지나고 x축에 수직인 직선과 점 Q를 지나고 y축에 수직인 직선이 만나는 점이므로

$R\left(a, -\dfrac{2}{a}\right)$

따라서 오른쪽 그림에서
$\overline{\mathrm{QR}}=|a-(-a)|=|2a|$,
$\overline{\mathrm{PR}}=\left|\dfrac{2}{a}-\left(-\dfrac{2}{a}\right)\right|=\left|\dfrac{4}{a}\right|$

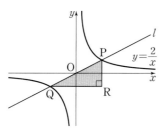

이므로 삼각형 PQR의 넓이는
$\dfrac{1}{2}\times\overline{\mathrm{QR}}\times\overline{\mathrm{PR}}$

$=\dfrac{1}{2}\times|2a|\times\left|\dfrac{4}{a}\right|=4$

답 ①

24

$\mathrm{P}\left(a,\dfrac{k}{a}\right)$, $\mathrm{Q}\left(a+2,\dfrac{k}{a+2}\right)$이므로 조건 ㈎에 의하여

$\dfrac{\dfrac{k}{a+2}-\dfrac{k}{a}}{a+2-a}=-1$, $\dfrac{k}{a+2}-\dfrac{k}{a}=-2$, $\dfrac{-2k}{a(a+2)}=-2$

즉, $k=a(a+2)$이므로

$f(a)=\dfrac{k}{a}=a+2$, $f(a+2)=\dfrac{k}{a+2}=a$

점 P의 좌표는 $(a, a+2)$, 점 Q의 좌표는 $(a+2, a)$

조건 ㈏에 의하여 점 R의 좌표는 $(-a, -a-2)$,

점 S의 좌표는 $(-a-2, -a)$

직선 PS의 기울기는 $\dfrac{a+2-(-a)}{a-(-a-2)}=1$,

직선 RS의 기울기는 $\dfrac{-a-(-a-2)}{-a-2-(-a)}=-1$,

직선 QR의 기울기는 $\dfrac{-a-2-a}{-a-(a+2)}=1$

이므로 사각형 PQRS는 직사각형이다.

$\overline{\mathrm{PQ}}=\sqrt{(a+2-a)^2+\{a-(a+2)\}^2}=2\sqrt{2}$,

$\overline{\mathrm{PS}}=\sqrt{\{-(a+2)-a\}^2+\{-a-(a+2)\}^2}=2\sqrt{2}(a+1)$

이므로 사각형 PQRS의 넓이는

$2\sqrt{2}\times2\sqrt{2}(a+1)=8(a+1)=8\sqrt{5}$

따라서 $a=\sqrt{5}-1$이므로

$k=a(a+2)=(\sqrt{5}-1)(\sqrt{5}+1)=4$

답 ④

보충 개념

좌표평면 위의 네 점 P, Q, R, S의 위치는 다음 그림과 같다.

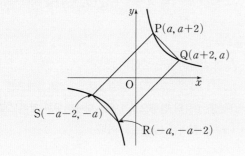

25

오른쪽 그림과 같이 직선 $y=-x+6$이
x축, y축과 만나는 점을 각각 A, B라
하면 A$(6, 0)$, B$(0, 6)$이므로 삼각형
OAB의 넓이는

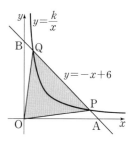

$\dfrac{1}{2}\times\overline{\mathrm{OA}}\times\overline{\mathrm{OB}}=\dfrac{1}{2}\times6\times6=18$

함수 $y=\dfrac{k}{x}$의 그래프와 직선
$y=-x+6$은 모두 직선 $y=x$에 대하여 대칭이므로 삼각형 OAP와
삼각형 OQB의 넓이는 서로 같다.

이때 삼각형 OPQ의 넓이가 14이므로
(삼각형 OAP의 넓이)=(삼각형 OQB의 넓이)

$=\dfrac{1}{2}\times\{($삼각형 OAB의 넓이$)-($삼각형 OPQ의 넓이$)\}$

$=\dfrac{1}{2}\times(18-14)=2$

점 P의 좌표를 (a, b)라 하면 $\overline{\mathrm{OA}}=6$이므로

(삼각형 OAP의 넓이)$=\dfrac{1}{2}\times6\times b=2$에서 $b=\dfrac{2}{3}$

점 $\mathrm{P}\left(a, \dfrac{2}{3}\right)$는 직선 $y=-x+6$ 위의 점이므로

$\dfrac{2}{3}=-a+6$에서 $a=\dfrac{16}{3}$

또한, 점 P는 함수 $y=\dfrac{k}{x}$의 그래프 위의 점이므로

$k=ab=\dfrac{16}{3}\times\dfrac{2}{3}=\dfrac{32}{9}$

답 ①

다른 풀이

오른쪽 그림과 같이 원점에서 직선
$y=-x+6$에 내린 수선의 발을 H라
하면 직선 OH와 직선 $y=-x+6$은
서로 수직이므로 직선 OH의 방정식은
$y=x$이다.

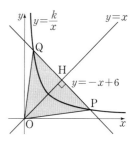

따라서 점 H의 좌표는 $(3, 3)$이므로
$\overline{\mathrm{OH}}=\sqrt{3^2+3^2}=3\sqrt{2}$

한편, 삼각형 OPQ의 넓이가 14이므로 삼각형 OPH의 넓이는 7이다.

즉, $\dfrac{1}{2}\times\overline{\mathrm{OH}}\times\overline{\mathrm{PH}}=7$에서 $\overline{\mathrm{PH}}=\dfrac{7\sqrt{2}}{3}$

점 P의 좌표를 $(a, -a+6)$이라 하면 점 P와 직선 $y=x$, 즉
$x-y=0$ 사이의 거리는 선분 PH의 길이와 같으므로

$\dfrac{|a+a-6|}{\sqrt{1^2+(-1)^2}}=\dfrac{7\sqrt{2}}{3}$, $|2a-6|=\dfrac{14}{3}$

$2a-6=\dfrac{14}{3}$ 또는 $2a-6=-\dfrac{14}{3}$

$a=\dfrac{16}{3}$ 또는 $a=\dfrac{2}{3}$

$a > 3$이므로 $a = \dfrac{16}{3}$

따라서 점 P의 좌표는 $\left(\dfrac{16}{3}, \dfrac{2}{3} \right)$이므로

$k = \dfrac{16}{3} \times \dfrac{2}{3} = \dfrac{32}{9}$

26

$\dfrac{1}{\sqrt{x+1} + \sqrt{x}} + \dfrac{1}{\sqrt{x+1} - \sqrt{x}}$

$= \dfrac{(\sqrt{x+1} - \sqrt{x}) + (\sqrt{x+1} + \sqrt{x})}{(\sqrt{x+1} + \sqrt{x})(\sqrt{x+1} - \sqrt{x})} = \dfrac{2\sqrt{x+1}}{(x+1) - x} = 2\sqrt{x+1}$

$= 2\sqrt{8+1} = 2 \times 3 = 6$

답 ②

27

$\dfrac{1}{a + \sqrt{ab}} + \dfrac{1}{b + \sqrt{ab}} = \dfrac{1}{\sqrt{a}(\sqrt{a} + \sqrt{b})} + \dfrac{1}{\sqrt{b}(\sqrt{b} + \sqrt{a})}$

$= \dfrac{\sqrt{b} + \sqrt{a}}{\sqrt{ab}(\sqrt{a} + \sqrt{b})} = \dfrac{1}{\sqrt{ab}}$

답 ④

28

$\dfrac{1}{2 + (\sqrt{2}-1)} = \dfrac{1}{\sqrt{2}+1} = \dfrac{\sqrt{2}-1}{(\sqrt{2}+1)(\sqrt{2}-1)} = \sqrt{2}-1$

을 이용하여 주어진 식을 간단히 하면

$2 + \dfrac{1}{2 + \dfrac{1}{2 + \dfrac{1}{2 + (\sqrt{2}-1)}}} = 2 + \dfrac{1}{2 + \dfrac{1}{2 + (\sqrt{2}-1)}}$

$= 2 + \dfrac{1}{2 + (\sqrt{2}-1)}$

$= 2 + (\sqrt{2}-1) = \sqrt{2}+1$

답 ③

29

모든 실수 x에 대하여 $\sqrt{kx^2 - kx + 3}$의 값이 실수가 되려면

$kx^2 - kx + 3 \geq 0$이어야 한다.

(i) $k = 0$일 때, $3 \geq 0$이므로 성립한다.

(ii) $k \neq 0$일 때, $k > 0$이고 이차방정식 $kx^2 - kx + 3 = 0$의 판별식을

D라 하면

$D = (-k)^2 - 4 \times k \times 3 \leq 0$, $k(k-12) \leq 0$, $0 < k \leq 12$

(i), (ii)에서 $0 \leq k \leq 12$

따라서 정수 k의 값은 $0, 1, 2, \cdots, 12$이므로 그 개수는 13이다.

답 ④

30

별 A, B의 표면 온도를 각각 T_A, T_B, 반지름의 길이를 각각 R_A, R_B, 광도를 각각 L_A, L_B라 하자.

별 A의 표면 온도는 별 B의 표면 온도의 $\dfrac{1}{2}$배이므로 $T_A = \dfrac{1}{2} T_B$

별 A의 반지름의 길이는 별 B의 반지름의 길이의 36배이므로

$R_A = 36 R_B$

별 A의 광도는 별 B의 광도의 k배이므로

$L_A = k L_B$

$T_A{}^2 = \dfrac{1}{R_A} \sqrt{\dfrac{L_A}{4\pi\sigma}}$ 에서

$\left(\dfrac{1}{2} T_B \right)^2 = \dfrac{1}{36 R_B} \sqrt{\dfrac{k L_B}{4\pi\sigma}}$, $\dfrac{1}{4} T_B{}^2 = \dfrac{1}{36 R_B} \sqrt{\dfrac{k L_B}{4\pi\sigma}}$

$T_B{}^2 = \dfrac{\sqrt{k}}{9} \times \dfrac{1}{R_B} \sqrt{\dfrac{L_B}{4\pi\sigma}} = \dfrac{\sqrt{k}}{9} \times T_B{}^2$

따라서 $\dfrac{\sqrt{k}}{9} = 1$이므로 $k = 81$

답 ③

31

함수 $y = \sqrt{x}$의 그래프를 x축의 방향으로 a만큼, y축의 방향으로 b만큼 평행이동한 그래프의 식은 $y = \sqrt{x-a} + b$

이 함수의 그래프가 함수 $y = \sqrt{x+2} + 9$의 그래프와 일치하므로

$a = -2$, $b = 9$

따라서 $a + b = 7$

답 ③

32

함수 $y = \sqrt{2x}$의 그래프를 x축의 방향으로 1만큼, y축의 방향으로 3만큼 평행이동한 그래프의 식은 $y = \sqrt{2(x-1)} + 3$

이 함수의 그래프가 점 $(9, a)$를 지나므로

$a = \sqrt{2 \times (9-1)} + 3 = 4 + 3 = 7$

답 ③

33

함수 $y = -\sqrt{x-a} + a + 2$의 그래프가 점 $(a, -a)$를 지나므로

$-a = -\sqrt{a-a} + a + 2$

$2a = -2$, $a = -1$

함수 $y = -\sqrt{x}$의 치역은 $\{y \mid y \leq 0\}$이고

함수 $y = -\sqrt{x+1} + 1$의 그래프는 함수 $y = -\sqrt{x}$의 그래프를 x축의 방향으로 -1만큼, y축의 방향으로 1만큼 평행이동한 것이므로 함수 $y = -\sqrt{x+1} + 1$의 치역은 $\{y \mid y \leq 1\}$이다.

답 ①

34

함수 $f(x)$의 정의역이 $\{x \mid x \geq -2\}$이므로

$f(x) = -\sqrt{a(x+2)} + 3 = -\sqrt{ax + 2a} + 3$

이 식은 $f(x) = -\sqrt{ax+b} + 3$과 일치하므로

$b = 2a$ $\qquad \cdots\cdots$ ㉠

함수 $y = f(x)$의 그래프는 점 $(1, 0)$을 지나므로

$-\sqrt{3a} + 3 = 0$, $\sqrt{3a} = 3$, $3a = 9$, $a = 3$

㉠에서 $b = 2 \times 3 = 6$

따라서 $ab = 3 \times 6 = 18$

답 ⑤

35

함수 $y = f(x)$의 그래프는 함수 $y = \sqrt{x}$의 그래프를 x축의 방향으로 -2만큼, y축의 방향으로 -1만큼 평행이동한 것이므로

$a = 2$, $b = -1$

따라서 $f(x) = \sqrt{x+2} - 1$이므로 $f(7) = \sqrt{7+2} - 1 = 2$

답 ②

36

$y = -\sqrt{2x+a} + 3 = -\sqrt{2\left(x + \dfrac{a}{2}\right)} + 3$

이므로 함수 $y = -\sqrt{2x+a} + 3$의 그래프는 함수 $y = -\sqrt{2x}$의 그래프를 x축의 방향으로 $-\dfrac{a}{2}$만큼, y축의 방향으로 3만큼 평행이동한 것이다.

주어진 그래프에 의하여 $-\dfrac{a}{2} = 2$, $b = 3$이므로 $a = -4$, $b = 3$

따라서 $a + b = -1$

답 ②

37

함수 $y = f(x)$의 그래프는 함수 $y = \sqrt{-x}$의 그래프를 x축의 방향으로 2만큼, y축의 방향으로 1만큼 평행이동한 것이므로

$f(x) = \sqrt{-(x-2)} + 1 = \sqrt{-x+2} + 1$

따라서 $a = 2$, $b = 1$이므로 $a + b = 3$

답 ③

38

a가 양수이므로 $-5 \leq x \leq -1$에서 함수 $y = f(x)$의 그래프는 그림과 같다.

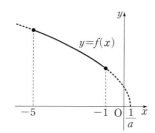

따라서 $f(x) = \sqrt{-ax+1}$은 $x = -5$일 때 최대이고 최댓값이 4이므로 $f(-5) = 4$

$\sqrt{5a+1} = 4$, $5a + 1 = 16$

따라서 $a = 3$

답 3

39

함수 $y = \sqrt{x+4} + 5$의 그래프는 함수 $y = \sqrt{x}$의 그래프를 x축의 방향으로 -4만큼, y축의 방향으로 5만큼 평행이동한 것이다.

따라서 $-3 \leq x \leq 5$에서 함수 $y = \sqrt{x+4} + 5$의 그래프는 오른쪽 그림과 같다.

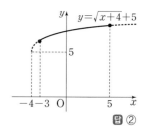

이때 주어진 함수는 $x = -3$일 때 최솟값 $\sqrt{-3+4} + 5 = 6$을 갖는다.

답 ②

40

$f(x) = \sqrt{2x+a} + 7 = \sqrt{2\left(x + \dfrac{a}{2}\right)} + 7$

이므로 함수 $y = f(x)$의 그래프는 함수 $y = \sqrt{2x}$의 그래프를 x축의 방향으로 $-\dfrac{a}{2}$만큼, y축의 방향으로 7만큼 평행이동한 것이므로 오른쪽 그림과 같다.

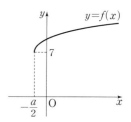

이때 함수 $f(x)$는 $x = -\dfrac{a}{2}$일 때 최솟값 7을 갖는다.

따라서 $-\dfrac{a}{2} = -2$에서 $a = 4$이고 $m = 7$이므로

$a + m = 11$

답 11

41

$f(x) = \sqrt{x-2} + 2$에서 $f^{-1}(7) = k$라 하면 $f(k) = 7$

즉, $\sqrt{k-2} + 2 = 7$에서 $\sqrt{k-2} = 5$

양변을 제곱하면 $k - 2 = 25$에서 $k = 27$

따라서 $f^{-1}(7) = 27$

답 27

42

함수 $y=\sqrt{ax+b}$의 역함수의 그래프가 두 점 $(2, 0)$, $(5, 7)$을 지나므로 함수 $y=\sqrt{ax+b}$의 그래프는 두 점 $(0, 2)$, $(7, 5)$를 지난다.

함수 $y=\sqrt{ax+b}$의 그래프가 점 $(0, 2)$를 지나므로

$2=\sqrt{b}$, $b=4$ ...... ㉠

함수 $y=\sqrt{ax+b}$의 그래프가 점 $(7, 5)$를 지나므로

$5=\sqrt{7a+b}$, $7a+b=25$ ...... ㉡

㉠을 ㉡에 대입하면 $a=3$

따라서 $a+b=3+4=7$

답 7

43

$f^{-1}(g(x))=2x$에서

$f(f^{-1}(g(x)))=f(2x)$, $g(x)=f(2x)$

따라서 $g(3)=f(6)=\sqrt{3\times6-12}=\sqrt{6}$

답 ③

다른 풀이

$y=\sqrt{3x-12}$로 놓으면 이 함수의 치역이 $\{y|y\geq0\}$이므로 역함수의 정의역은 $\{x|x\geq0\}$이다.

$y=\sqrt{3x-12}$의 양변을 제곱하면 $y^2=3x-12$에서 $x=\dfrac{1}{3}y^2+4$

x와 y를 서로 바꾸면 $y=\dfrac{1}{3}x^2+4$, 즉 $f^{-1}(x)=\dfrac{1}{3}x^2+4$ $(x\geq0)$

$f^{-1}(g(x))=2x$에서 $\dfrac{1}{3}\{g(x)\}^2+4=2x$

이때 $x\geq2$에서 $g(x)\geq0$이므로 $g(x)=\sqrt{6x-12}$

따라서 $g(3)=\sqrt{6\times3-12}=\sqrt{6}$

44

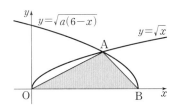

점 A의 좌표를 (p, q) $(p>0, q>0)$이라 하자.

$\overline{OB}=6$이고 삼각형 AOB의 넓이가 6이므로

$\dfrac{1}{2}\times6\times q=6$에서 $q=2$

이때 점 $A(p, 2)$는 함수 $y=\sqrt{x}$의 그래프 위의 점이므로

$2=\sqrt{p}$에서 $p=4$

점 $A(4, 2)$는 함수 $y=\sqrt{a(6-x)}$의 그래프 위의 점이므로

$2=\sqrt{a(6-4)}=\sqrt{2a}$, $2a=4$

따라서 $a=2$

답 ②

45

함수 $y=\sqrt{x+a}$의 그래프는 함수 $y=\sqrt{x}$의 그래프를 x축의 방향으로 $-a$만큼 평행이동한 것이므로 다음 그림과 같다.

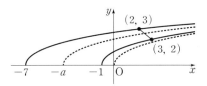

(i) 함수 $y=\sqrt{x+a}$의 그래프가 점 $(2, 3)$을 지날 때,
실수 a는 최대이므로 $3=\sqrt{2+a}$, $2+a=9$, $a=7$

(ii) 함수 $y=\sqrt{x+a}$의 그래프가 점 $(3, 2)$를 지날 때,
실수 a는 최소이므로 $2=\sqrt{3+a}$, $3+a=4$, $a=1$

(i), (ii)에서 $M=7$, $m=1$이므로 $M+m=8$

답 ⑤

46

함수 $y=5-2\sqrt{1-x}$의 그래프는 함수 $y=-2\sqrt{-x}$의 그래프를 x축의 방향으로 1만큼, y축의 방향으로 5만큼 평행이동한 것이고, 직선 $y=-x+k$는 기울기가 -1이고 y절편이 k이다.

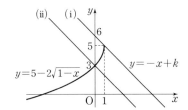

(i) 직선 $y=-x+k$가 점 $(1, 5)$를 지날 때,
$5=-1+k$에서 $k=6$

(ii) 직선 $y=-x+k$가 점 $(0, 3)$을 지날 때,
$3=0+k$에서 $k=3$

(i), (ii)에서 함수 $y=5-2\sqrt{1-x}$의 그래프와 직선 $y=-x+k$가 제1사분면에서 만나도록 하는 k의 값의 범위는 $3<k\leq6$

따라서 정수 k의 값은 4, 5, 6이므로 그 합은

$4+5+6=15$

답 ③

47

방정식 $\{f(x)-\alpha\}\{f(x)-\beta\}=0$에서

$f(x)=\alpha$ 또는 $f(x)=\beta$ ...... ㉠

조건 (나)에서 $f(\alpha)=\alpha$, $f(\beta)=\beta$이고, 조건 (가)에서 방정식 ㉠의 실근이 α, β, γ뿐이므로 방정식 $f(x)=\alpha$의 실근이 α, γ이고 방정식 $f(x)=\beta$의 실근이 β뿐이거나, 방정식 $f(x)=\alpha$의 실근이 α뿐이고 방정식 $f(x)=\beta$의 실근이 β, γ이다.

방정식 $f(x)=\alpha$의 실근이 α, γ이고 방정식 $f(x)=\beta$의 실근이 β뿐인 경우를 생각하자.

방정식 $f(x)=a$의 실근이 α, γ이므로 곡선 $y=f(x)$와 직선 $y=a$는 두 점에서 만나고, 두 교점의 x좌표는 각각 α, γ이다. 또한, 방정식 $f(x)=\beta$의 실근이 β뿐이므로 곡선 $y=f(x)$와 직선 $y=\beta$는 오직 한 점에서 만나고, 이 점의 x좌표는 β이다. 이때 곡선 $y=f(x)$와 x축에 평행한 직선이 오직 한 점에서 만나려면 만나는 점의 좌표가 (a, b)이어야 한다. 그러므로 점 (a, b)는 점 (β, β)와 일치한다.

즉, $a=b=\beta$ ······ ㉡

한편, $f(\alpha)=\alpha$, $f(\beta)=\beta$이므로 곡선 $y=f(x)$와 직선 $y=x$는 두 점 (α, α), (β, β)에서 만난다.

따라서 함수 $y=f(x)$의 그래프는 그림과 같다.

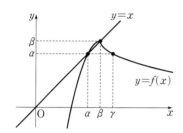

$f(x)=x$에서 $-(x-a)^2+b=x$

㉡에서

$-(x-\beta)^2+\beta=x$, $(x-\beta)^2+(x-\beta)=0$

$(x-\beta)(x-\beta+1)=0$, $x=\beta-1$ 또는 $x=\beta$

$f(\alpha)=\alpha$이고 $\alpha\neq\beta$이므로

$\alpha=\beta-1$

$f(\gamma)=\alpha$이고 $\gamma>\beta>\alpha$이므로

$-\sqrt{\gamma-a}+b=\alpha$, $-\sqrt{\gamma-\beta}+\beta=\beta-1$, $\sqrt{\gamma-\beta}=1$, $\gamma=\beta+1$

이때 $\alpha+\beta+\gamma=15$이므로

$(\beta-1)+\beta+(\beta+1)=15$

$3\beta=15$, $\beta=5$

$\alpha=\beta-1=4$, $\gamma=\beta+1=6$

따라서 ㉡에서 $a=b=5$이고,

$$f(x)=\begin{cases} -(x-5)^2+5 & (x\leq 5) \\ -\sqrt{x-5}+5 & (x>5) \end{cases}$$

이므로

$f(\alpha+\beta)=f(9)=-\sqrt{9-5}+5=3$

한편, 방정식 $f(x)=a$의 실근이 α뿐이고 방정식 $f(x)=\beta$의 실근이 β, γ인 경우에도 같은 방법으로 $f(\alpha+\beta)=3$이다.

답 ③

48

점 $B(k, \sqrt{k})$, 점 $C(k, k)$이고 삼각형 OBC의 넓이가 삼각형 OAB의 넓이의 2배이므로

$\dfrac{1}{2}\times\overline{OA}\times\overline{BC}=2\times\dfrac{1}{2}\times\overline{OA}\times\overline{AB}$

$\overline{BC}=2\overline{AB}$이므로 $\overline{AC}=\overline{AB}+\overline{BC}=3\overline{AB}$

이때 $\overline{AB}=\sqrt{k}$, $\overline{AC}=k$이므로 $k=3\sqrt{k}$, $k^2-9k=0$

$k>1$이므로 $k=9$

따라서 삼각형 OBC의 넓이는

$\dfrac{1}{2}\times\overline{OA}\times\overline{BC}=\dfrac{1}{2}\times 9\times 6=27$

답 ⑤

1등급 도전

본문 151~152쪽

01 10	**02** ⑤	**03** ④	**04** 192
05 42	**06** 13	**07** 250	**08** 36

01

풀이 전략 역함수의 그래프의 성질을 이용하여 주어진 도형의 넓이를 구한다.

STEP 1 두 직선 OA, OB와 함수 $y=f(x)$의 그래프로 둘러싸인 두 부분의 넓이가 서로 같음을 이용한다.

함수 $y=\sqrt{x}$의 그래프는 함수 $y=x^2$ $(x\leq 0)$의 그래프를 y축에 대하여 대칭이동한 후 직선 $y=x$에 대하여 대칭이동한 그래프와 일치하므로 점 A는 점 B로 이동한다.

즉, 함수 $y=f(x)$의 그래프와 직선으로 둘러싸인 부분의 넓이를 S라 하면 오른쪽 그림과 같이 S'의 영역과 S''의 영역의 넓이는 서로 같으므로 넓이 S는 삼각형 OAB의 넓이와 같다.

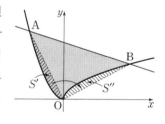

삼각형 OAB에서 밑변을 $\overline{AB}$라 하면 높이는 원점과 직선 $x+3y-10=0$ 사이의 거리이다.

따라서 $\overline{AB}=\sqrt{(4+2)^2+(2-4)^2}=2\sqrt{10}$이고 높이는

$\dfrac{|-10|}{\sqrt{1^2+3^2}}=\sqrt{10}$ ⟶ 점 (x_1, y_1)과 직선 $ax+by+c=0$ 사이의 거리는 $\dfrac{|ax_1+by_1+c|}{\sqrt{a^2+b^2}}$

이므로 $S=\dfrac{1}{2}\times 2\sqrt{10}\times\sqrt{10}=10$

답 10

다른 풀이

구하는 부분의 넓이를 S라 하자.

직선 $x+3y-10=0$이 y축과 만나는 점을 C라 하면 $C\left(0, \dfrac{10}{3}\right)$이다.

⟶ 점 (x, y)를 직선 $y=x$에 대하여 대칭이동하면 점 (y, x)이다.

점 C를 직선 $y=x$에 대하여 대칭이동한 점을 $C'\left(\dfrac{10}{3}, 0\right)$이라 하고, 점 B에서 x축에 내린 수선의 발을 H라 하면 오른쪽 그림과 같이 S'의 영역과 S''의 영역의 넓이는 서

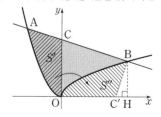

로 같으므로 S의 값은 사다리꼴 COHB의 넓이에서 삼각형 BC′H의 넓이를 뺀 것과 같다.

$\overline{BH}=2$, $\overline{CO}=\dfrac{10}{3}$, $\overline{OH}=4$이므로

(사다리꼴 COHB의 넓이) → B(4, 2), C$\left(0, \dfrac{10}{3}\right)$이므로
$\overline{CO}=$(점 C의 y좌표)$=\dfrac{10}{3}$
$=\dfrac{1}{2}\times\left(2+\dfrac{10}{3}\right)\times 4=\dfrac{32}{3}$
$\overline{BH}=$(점 B의 y좌표)$=2$
$\overline{OH}=$(점 B의 x좌표)$=4$

(삼각형 BC′H의 넓이)$=\dfrac{1}{2}\times\left(4-\dfrac{10}{3}\right)\times 2=\dfrac{2}{3}$

따라서 $S=\dfrac{32}{3}-\dfrac{2}{3}=10$

02

풀이 전략 두 점 P, Q의 좌표를 구하여 두 삼각형 POQ, PB′B의 넓이를 구한 후 산술평균과 기하평균의 관계를 이용한다.

STEP 1 두 점 A, B를 지나는 직선의 방정식을 이용하여 두 점 P, Q의 좌표를 구한다.

두 점 A$(-1, -1)$, B$\left(a, \dfrac{1}{a}\right)$ $(a>1)$을 지나는 직선의 기울기가

$$\dfrac{\dfrac{1}{a}-(-1)}{a-(-1)}=\dfrac{\dfrac{1}{a}+1}{a+1}=\dfrac{\dfrac{a+1}{a}}{a+1}=\dfrac{1}{a}$$

이므로 두 점 A, B를 지나는 직선의 방정식은

$y-(-1)=\dfrac{1}{a}\{x-(-1)\}$ → 기울기가 $\dfrac{1}{a}$이고 점 A$(-1, -1)$을 지나는 직선

즉, $y=\dfrac{1}{a}x+\dfrac{1}{a}-1$

이 직선이 x축, y축과 만나는 점이 각각 P, Q이므로 두 점 P, Q의 좌표는

P$(a-1, 0)$, Q$\left(0, \dfrac{1}{a}-1\right)$

STEP 2 두 삼각형의 넓이 S_1, S_2를 구한다.

$\overline{OP}=a-1$, $\overline{OQ}=1-\dfrac{1}{a}$이므로 삼각형 POQ의 넓이 S_1은

$S_1=\dfrac{1}{2}\times\overline{OP}\times\overline{OQ}$ → 점 Q의 y좌표의 절댓값과 같다.
즉, $\overline{OQ}=\left|\dfrac{1}{a}-1\right|=1-\dfrac{1}{a}$

$=\dfrac{1}{2}\times(a-1)\times\left(1-\dfrac{1}{a}\right)$

$=\dfrac{a^2-2a+1}{2a}$

$=\dfrac{a}{2}-1+\dfrac{1}{2a}$

$\overline{PB'}=a-(a-1)=1$, $\overline{BB'}=\dfrac{1}{a}$이므로 삼각형 PB′B의 넓이 S_2는

$S_2=\dfrac{1}{2}\times\overline{PB'}\times\overline{BB'}$ → $\overline{PB'}=\overline{OB'}-\overline{OP}$

$=\dfrac{1}{2}\times 1\times\dfrac{1}{a}=\dfrac{1}{2a}$

STEP 3 산술평균과 기하평균의 관계를 이용하여 S_1+S_2의 최솟값을 구한다.

산술평균과 기하평균의 관계에 의하여

$S_1+S_2=\left(\dfrac{a}{2}-1+\dfrac{1}{2a}\right)+\dfrac{1}{2a}=\dfrac{1}{a}+\dfrac{a}{2}-1$

$\geq 2\sqrt{\dfrac{1}{a}\times\dfrac{a}{2}}-1$

$=\sqrt{2}-1$ $\left(\text{단, 등호는 }\dfrac{1}{a}=\dfrac{a}{2}\text{일 때 성립한다.}\right)$

따라서 S_1+S_2의 최솟값은 $\sqrt{2}-1$이다. → $a=\sqrt{2}$일 때 등호가 성립한다.

답 ⑤

03

풀이 전략 두 곡선 $y=-\sqrt{kx+2k}+4$, $y=\sqrt{-kx+2k}-4$의 개형을 그린 후 보기의 참, 거짓을 판별한다.

STEP 1 $f(-x)=-g(x)$임을 이용하여 ㄱ의 참, 거짓을 판별한다.

$f(x)=-\sqrt{kx+2k}+4$, $g(x)=\sqrt{-kx+2k}-4$라 하자.

ㄱ. $f(-x)=-\sqrt{-kx+2k}+4$

$=-(\sqrt{-kx+2k}-4)$ → $y=f(x)$를
(1) x축에 대하여 대칭이동: $y=-f(x)$
$=-g(x)$
(2) y축에 대하여 대칭이동: $y=f(-x)$
이므로 $g(x)=-f(-x)$
(3) 원점에 대하여 대칭이동: $y=-f(-x)$

따라서 두 곡선 $y=f(x)$, $y=g(x)$는 원점에 대하여 대칭이다.

(참)

STEP 2 두 곡선 $y=f(x)$, $y=g(x)$의 개형을 그려 ㄴ의 참, 거짓을 판별한다.

ㄴ. $k<0$이면 두 곡선 $y=f(x)$, $y=g(x)$의 개형은 다음 그림과 같다.

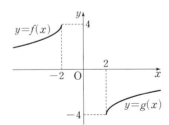

따라서 두 곡선 $y=f(x)$, $y=g(x)$는 만나지 않는다. (거짓)

STEP 3 ㄱ, ㄴ을 이용하여 두 곡선이 서로 다른 두 점에서 만나도록 하는 k의 최댓값을 구한다.

ㄷ. (ⅰ) $k<0$일 때

ㄴ에 의하여 두 곡선 $y=f(x)$, $y=g(x)$는 만나지 않는다.

(ⅱ) $k>0$일 때

ㄱ에서 두 곡선 $y=f(x)$, $y=g(x)$는 원점에 대하여 대칭이다. 또한, k의 값이 커질수록 곡선 $y=f(x)$는 직선 $y=4$와 멀어지고 곡선 $y=g(x)$는 직선 $y=-4$와 멀어진다.

따라서 두 곡선이 서로 다른 두 점에서 만나도록 하는 k의 최댓값은 다음 그림과 같이 곡선 $y=f(x)$가 곡선 $y=g(x)$ 위의 점 $(2, -4)$를 지날 때이다. → $f(2)=g(2)=-4$

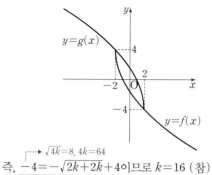

$$\rightarrow \sqrt{4k}=8, \ 4k=64$$

즉, $-4=-\sqrt{2k+2k}+4$이므로 $k=16$ (참)

이상에서 옳은 것은 ㄱ, ㄷ이다.

답 ④

04

풀이 전략 두 함수 $y=f(x)$와 $y=f(x+2a)+a$의 그래프의 점근선의 방정식을 구한 후 $b>0$일 때와 $b<0$일 때로 나누어 함수 $y=g(x)$의 그래프를 그려 본다.

STEP 1 두 함수 $y=f(x)$와 $y=f(x+2a)+a$의 그래프의 점근선의 방정식을 구한다.

$f(x)=\dfrac{bx}{x-a}=\dfrac{b(x-a)+ab}{x-a}=\dfrac{ab}{x-a}+b$이므로 함수 $y=f(x)$

의 그래프의 점근선의 방정식은 $x=a$, $y=b$

이때 함수 $y=f(x+2a)+a$의 그래프는 함수 $y=f(x)$의 그래프를 x축의 방향으로 $-2a$만큼, y축의 방향으로 a만큼 평행이동한 것이므로 함수 $y=f(x+2a)+a$의 그래프의 점근선의 방정식은

$x=a-2a=-a$, $y=b+a$, 즉 $x=-a$, $y=b+a$

STEP 2 $b>0$일 때의 함수 $y=g(x)$의 그래프를 그려 함수 $y=g(x)$의 그래프와 직선 $y=t$의 교점의 개수가 1이 되는 t의 값의 범위가 조건을 만족시키는지 알아본다.

$\underline{\{t \mid h(t)=1\}}$ $\rightarrow$ 함수 $y=g(x)$의 그래프와 직선 $y=t$의 교점의 개수가 $h(t)$이므로 집합 $\{t \mid h(t)=1\}$은 교점의 개수가 1이 되는 모든 t의 값의 집합을 나타낸다.
$=\{t \mid -9 \le t \le -8\} \cup \{t \mid t \ge k\}$ ...... ㉠

를 만족시키는 경우를 찾아보자.

이때 ㉠은 함수 $y=g(x)$의 그래프와 직선 $y=t$의 교점의 개수가 1이 되는 모든 t의 값의 범위는 $-9 \le t \le -8$ 또는 $t \ge k$임을 나타낸다.

(i) $b>0$인 경우

$ab>0$, $b+a>b>0$이므로 함수 $y=g(x)$의 그래프는 오른쪽 그림과 같다.

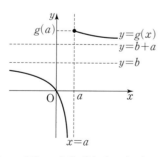

함수 $y=g(x)$의 그래프와 직선 $y=t$의 교점의 개수가 1이 되는 모든 t의 값의 범위는 $t<b$ 또는 $b+a<t \le g(a)$이므로 ㉠을 만족시키지 않는다.

STEP 3 $b<0$일 때의 함수 $y=g(x)$의 그래프를 그려 함수 $y=g(x)$의 그래프와 직선 $y=t$의 교점의 개수가 1이 되는 t의 값의 범위가 조건을 만족시키는지 알아본다.

(ii) $b<0$인 경우

$ab<0$이고 $b<b+a$이다.

$g(a)=f(3a)+a=\dfrac{3}{2}b+a$ ...... ㉡

이므로 다음 세 가지 경우로 나누어 생각해 보자.

ⓐ $b<g(a)$인 경우, 함수 $y=g(x)$의 그래프는 다음 그림과 같다.

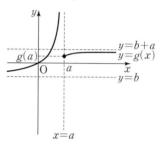

함수 $y=g(x)$의 그래프와 직선 $y=t$의 교점의 개수가 1이 되는 모든 t의 값의 범위는 $b<t<g(a)$ 또는 $t \ge b+a$이므로 ㉠을 만족시키지 않는다.

ⓑ $b=g(a)$인 경우, 함수 $y=g(x)$의 그래프는 다음 그림과 같다.

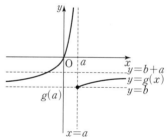

함수 $y=g(x)$의 그래프와 직선 $y=t$의 교점의 개수가 1이 되는 모든 t의 값의 범위는 $t=b=g(a)$ 또는 $t \ge b+a$이므로 ㉠을 만족시키지 않는다.

ⓒ $b>g(a)$인 경우, 함수 $y=g(x)$의 그래프는 다음 그림과 같다.

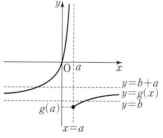

함수 $y=g(x)$의 그래프와 직선 $y=t$의 교점의 개수가 1이 되는 모든 t의 값의 범위는 $g(a) \le t \le b$ 또는 $t \ge b+a$이므로 ㉠을 만족시키려면

$g(a)=-9$, $b=-8$, $b+a=k$

이어야 한다.

ⓛ에서 $g(a)=\dfrac{3}{2}\times(-8)+a=-9$이므로 $a=3$

$k=b+a=(-8)+3=-5$

[STEP 4] 함수 $g(x)$를 구하여 $a\times b\times g(-k)$의 값을 구한다.

(i), (ii)에서

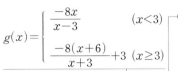

함수 $f(x)=\dfrac{-8x}{x-3}$에 대하여 함수 $g(x)=\begin{cases}f(x) & (x<3)\\f(x+6)+3 & (x\geq3)\end{cases}$의 그래프와 직선 $y=t$는 다음 그림과 같다.

즉, $g(x)=\begin{cases}-\dfrac{24}{x-3}-8 & (x<3)\\[2mm]-\dfrac{24}{x+3}-5 & (x\geq3)\end{cases}$

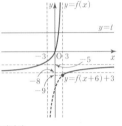

이므로

$g(-k)=g(5)=-\dfrac{24}{5+3}-5=-8$

따라서

$a\times b\times g(-k)=3\times(-8)\times(-8)$

$=192$

따라서 $h(t)=\begin{cases}0 & (t<-9)\\1 & (-9\leq t\leq-8 \text{ 또는 } t\geq-5)\\2 & (-8<t<-5)\end{cases}$

답 192

05

풀이 전략 제한된 범위에서 이차함수의 최솟값은 꼭짓점의 x좌표가 주어진 범위에 속하는지 속하지 않는지에 따라 달라진다.

[STEP 1] 함수 $y=g(x)$의 그래프를 그려 본다.

$x<5$에서 정의된 함수 $g(x)=1-\dfrac{2}{x-5}$의 그래프는 다음 그림과 같다.

→ 점근선의 방정식은 $x=5$, $y=1$이다.

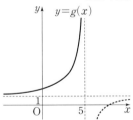

함수 $g(x)$는 $x<5$에서 x의 값이 커지면 $g(x)$의 값도 커지므로

$g(t)<g(t+2)$이다.

[STEP 2] 조건 (가)에 의하여 이차함수 $y=f(x)$의 그래프의 꼭짓점의 좌표를 구한다.

(i) $t<1$일 때

$h(t)=f(g(t+2))$이고 $g(t)\leq x\leq g(t+2)$이므로 함수 $f(x)$는

$x=g(t+2)$에서 최솟값을 갖는다.

즉, $g(t)\leq x\leq g(t+2)$에서 x의 값이

커지면 $f(x)$의 값은 작아진다.

(ii) $1\leq t<3$일 때

$h(t)=6$이므로 $g(t)\leq x\leq g(t+2)$에서 함수 $f(x)$의 최솟값이 6으로 일정하다.

함수 $y=f(x)$의 그래프의 꼭짓점의 좌표를 (a,b)라 하면

a는 $1\leq t<3$인 모든 t에 대하여 $g(t)\leq a\leq g(t+2)$이어야 한다.

즉, $a=g(3)$이고 $b=6$

한편, $g(3)=2$이므로 이차함수 $y=f(x)$의 그래프의 꼭짓점의 좌표는 $(2,6)$이다.

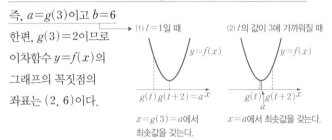

(1) $t=1$일 때
$x=g(3)=a$에서 최솟값을 갖는다.

(2) t의 값이 3에 가까워질 때
$x=a$에서 최솟값을 갖는다.

[STEP 3] 조건 (나)를 이용하여 이차함수 $f(x)$의 최고차항의 계수를 구한 후 $f(5)$의 값을 구한다.

$f(x)=k(x-2)^2+6\ (k>0)$이라 하면 조건 (나)에서 $h(-1)=7$이므로

$h(-1)=f(g(1))=f\left(\dfrac{3}{2}\right)=7$ → $g(1)=1-\dfrac{2}{1-5}=\dfrac{3}{2}$

즉, $k\left(\dfrac{3}{2}-2\right)^2+6=7$에서 $\dfrac{k}{4}=1$, $k=4$

따라서 $f(x)=4(x-2)^2+6$이므로

$f(5)=4\times3^2+6=42$

답 42

06

풀이 전략 함수 $y=g(x)$의 그래프의 개형을 그린 후 $h(n)$의 값에 따른 n의 값 또는 n의 값의 범위를 구한다.

[STEP 1] 함수 $y=g(x)$의 그래프의 개형을 그려 본다.

$f(x)=\sqrt{ax-3}+2\ \left(x\geq\dfrac{3}{a}\right)$에서

$y=\sqrt{ax-3}+2$로 놓으면 $y-2=\sqrt{ax-3}$
$(y-2)^2=ax-3$, $x=\dfrac{1}{a}(y-2)^2+\dfrac{3}{a}$
x와 y를 서로 바꾸면
$y=\dfrac{1}{a}(x-2)^2+\dfrac{3}{a}$

$f^{-1}(x)=\dfrac{1}{a}(x-2)^2+\dfrac{3}{a}\ (x\geq2)$

함수 $y=f(x)$의 그래프와 함수 $y=f^{-1}(x)$의 그래프의 개형은 [그림 1]과 같다.

함수 $g(x)=\begin{cases}f(x) & (f(x)<f^{-1}(x)\text{인 경우})\\f^{-1}(x) & (f(x)\geq f^{-1}(x)\text{인 경우})\end{cases}$는 $x\geq2$인 실수 x에 대하여 $f(x)$와 $f^{-1}(x)$ 중 크지 않은 값이므로 함수 $y=g(x)$의 그래프의 개형은 [그림 2]와 같다.

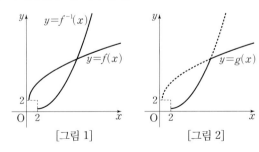

[그림 1]　　　　[그림 2]

STEP 2 $f(x) \geq f^{-1}(x)$일 때, 함수 $y=f^{-1}(x)$의 그래프와 직선 $y=x-n$이 만나는 서로 다른 점의 개수에 따라 n의 값 또는 n의 값의 범위를 구한다.

$f(x) < f^{-1}(x)$인 경우, 자연수 n에 대하여 함수 $y=f(x)$의 그래프와 직선 $y=x-n$이 만나는 서로 다른 점의 개수는 항상 1이다.

그러므로 $f(x) \geq f^{-1}(x)$일 때, 함수 $y=f^{-1}(x)$의 그래프와 직선 $y=x-n$이 만나는 서로 다른 점의 개수와 이에 따른 $h(n)$은 다음과 같다.

(i) 교점의 개수가 1인 경우

① [그림 3]과 같이 직선 $y=x-n$이 함수 $y=f^{-1}(x)$의 그래프에 접하는 경우

이차방정식 $\dfrac{1}{a}(x-2)^2 + \dfrac{3}{a} = x-n$, 즉

이차방정식 $ax^2+bx+c=0$의 판별식을 D라 하면 $D=b^2-4ac$

$x^2-(a+4)x+an+7=0$이 중근을 가지므로 이 이차방정식의 판별식을 D라 하면 $D = \{-(a+4)\}^2 - 4(an+7) = 0$

그러므로 $n = 2 - \dfrac{3}{a} + \dfrac{a}{4}$

② [그림 4]와 같이 함수 $y=f^{-1}(x)$의 그래프 위의 점 $\left(2, \dfrac{3}{a}\right)$이 직선 $y=x-n$의 아랫부분에 있는 경우

x좌표가 2일 때, 직선 $y=x-n$의 y좌표인 $2-n$이 $f^{-1}(2) = \dfrac{3}{a}$보다 크므로 $\dfrac{3}{a} < 2-n$에서 $n < 2 - \dfrac{3}{a}$

①, ②에서 함수 $y=f^{-1}(x)$의 그래프와 직선 $y=x-n$이 만나는 서로 다른 점의 개수가 1인 자연수 n의 값의 범위는

$n = 2 - \dfrac{3}{a} + \dfrac{a}{4}$ 또는 $n < 2 - \dfrac{3}{a}$이고, 이때 $h(n)=2$이다.

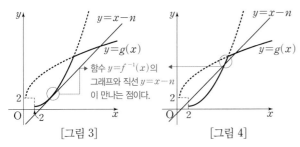

함수 $y=f^{-1}(x)$의 그래프와 직선 $y=x-n$이 만나는 점이다.

[그림 3]   [그림 4]

(ii) 교점의 개수가 2인 경우

[그림 5]와 같이 직선 $y=x-n$이 함수 $y=f^{-1}(x)$의 그래프에 접하고 기울기가 1인 직선의 윗부분에 있고, 직선 $y=x-n$이 함수 $y=f^{-1}(x)$의 그래프 위의 점 $\left(2, \dfrac{3}{a}\right)$을 지나거나 점 $\left(2, \dfrac{3}{a}\right)$이 직선 $y=x-n$의 윗부분에 있는 경우이다.

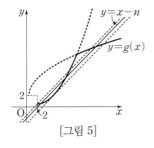

[그림 5]

함수 $y=f^{-1}(x)$의 그래프에 접하고 기울기가 1인 직선 $y = x - 2 + \dfrac{3}{a} - \dfrac{a}{4}$의 y절편인 $-2 + \dfrac{3}{a} - \dfrac{a}{4}$가 직선 $y=x-n$의 y절편인 $-n$보다 작으므로

$-n > -2 + \dfrac{3}{a} - \dfrac{a}{4}$에서 $n < 2 - \dfrac{3}{a} + \dfrac{a}{4}$

직선 $y=x-n$이 함수 $y=f^{-1}(x)$의 그래프 위의 점 $\left(2, \dfrac{3}{a}\right)$을 지나면 $\dfrac{3}{a} = 2-n$에서 $n = 2 - \dfrac{3}{a}$

점 $\left(2, \dfrac{3}{a}\right)$이 직선 $y=x-n$의 윗부분에 있는 경우는 x좌표가 2일 때, 직선 $y=x-n$의 y좌표인 $2-n$이 $f^{-1}(2) = \dfrac{3}{a}$보다 작으므로 $\dfrac{3}{a} > 2-n$에서 $n > 2 - \dfrac{3}{a}$

그러므로 함수 $y=f^{-1}(x)$의 그래프와 직선 $y=x-n$이 만나는 서로 다른 점의 개수가 2인 자연수 n의 값의 범위는

$2 - \dfrac{3}{a} \leq n < 2 - \dfrac{3}{a} + \dfrac{a}{4}$

이고, 이때 $h(n)=3$이다.

(iii) 교점이 없는 경우

[그림 6]과 같이 직선 $y=x-n$이 함수 $y=f^{-1}(x)$의 그래프에 접하고 기울기가 1인 직선의 아랫부분에 있는 경우이다.

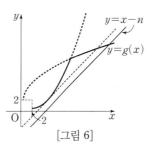

[그림 6]

함수 $y=f^{-1}(x)$의 그래프에 접하고 기울기가 1인 직선 $y = x - 2 + \dfrac{3}{a} - \dfrac{a}{4}$의 y절편인 $-2 + \dfrac{3}{a} - \dfrac{a}{4}$가 직선 $y=x-n$의 y절편인 $-n$보다 크므로 $-n < -2 + \dfrac{3}{a} - \dfrac{a}{4}$에서 $n > 2 - \dfrac{3}{a} + \dfrac{a}{4}$

그러므로 함수 $y=f^{-1}(x)$의 그래프와 직선 $y=x-n$이 만나는 점이 없는 자연수 n의 값의 범위는

$n > 2 - \dfrac{3}{a} + \dfrac{a}{4}$

이고, 이때 $h(n)=1$이다.

(i), (ii), (iii)에서

$$h(n) = \begin{cases} 2 & \left(0 < n < 2 - \dfrac{3}{a}\right) \\ 3 & \left(2 - \dfrac{3}{a} \leq n < 2 - \dfrac{3}{a} + \dfrac{a}{4}\right) \\ 2 & \left(n = 2 - \dfrac{3}{a} + \dfrac{a}{4}\right) \\ 1 & \left(n > 2 - \dfrac{3}{a} + \dfrac{a}{4}\right) \end{cases}$$

[STEP 3] 조건을 만족시키는 함수 $f(x)$를 구한다.

$h(1)=h(3)<h(2)$를 만족시키려면 $h(1)=2$, $h(3)=2$, $h(2)=3$ 이어야 한다. 즉,

$0<1<2-\dfrac{3}{a}$ ...... ㉠

$2-\dfrac{3}{a}\leq2<2-\dfrac{3}{a}+\dfrac{a}{4}$ ...... ㉡

$3=2-\dfrac{3}{a}+\dfrac{a}{4}$ ...... ㉢

㉢에서 $a^2-4a-12=0$

$(a+2)(a-6)=0$ → $\dfrac{a}{4}-\dfrac{3}{a}-1=0$의 양변에 $4a$를 곱하면

$a=-2$ 또는 $a=6$ $a^2-12-4a=0$, 즉 $a^2-4a-12=0$

이때 $a\geq\dfrac{3}{2}$이므로 $a=6$

$a=6$을 ㉠에 대입하면 → 문제의 조건이다.

$0<1<2-\dfrac{3}{6}=\dfrac{3}{2}$

이므로 ㉠을 만족시키고, $a=6$을 ㉡에 대입하면

$2-\dfrac{3}{6}\leq2<2-\dfrac{3}{6}+\dfrac{6}{4}$, 즉 $\dfrac{3}{2}\leq2<3$

이므로 ㉡을 만족시킨다.

따라서 조건을 만족시키는 함수 $g(x)$는 $a=6$일 때인

$g(x)=\begin{cases}\sqrt{6x-3}+2 & (f(x)<f^{-1}(x)\text{인 경우})\\ \dfrac{1}{6}(x-2)^2+\dfrac{1}{2} & (f(x)\geq f^{-1}(x)\text{인 경우})\end{cases}$

이고, 이때 함수 $y=g(x)$의 그래프는 [그림 7]과 같다.

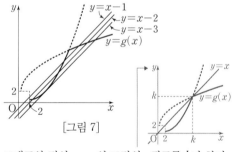

[그림 7]

함수 $y=g(x)$의 그래프와 직선 $y=x$의 교점의 x좌표를 k라 하면

$\dfrac{1}{6}(k-2)^2+\dfrac{1}{2}=k$

$k^2-4k+7=6k$, $k^2-10k+7=0$

$k>2$이므로 $k=5+3\sqrt{2}$ → $k=\dfrac{-(-5)\pm\sqrt{(-5)^2-1\times7}}{=5\pm\sqrt{18}=5\pm3\sqrt{2}}$

따라서 함수 $g(x)$는

$g(x)=\begin{cases}\sqrt{6x-3}+2 & (x>5+3\sqrt{2})\\ \dfrac{1}{6}(x-2)^2+\dfrac{1}{2} & (2\leq x\leq5+3\sqrt{2})\end{cases}$

이므로

$g(4)=\dfrac{1}{6}(4-2)^2+\dfrac{1}{2}=\dfrac{7}{6}$

즉, $p=6$, $q=7$이므로 $p+q=13$

07

(풀이 전략) 이차함수와 유리함수의 그래프를 추론하여 미지수의 값을 구한다.

[STEP 1] 유리함수의 그래프를 이용한다.

$a<1$, 즉 $1-a>0$이므로

$x\leq a$에서 함수 $f(x)=\dfrac{1-a}{x-1}+2$는 x의 값이 커지면 y의 값은 작아진다. ...... ㉠

이때 $x\leq a$에서 함수 $y=f(x)$의 그래프는 직선 $y=2$를 점근선으로 가지므로

$x\leq a$이면 $f(a)\leq f(x)<2$ ...... ㉡

이다.

조건 (가)에 의하여 $x\leq0$에서 함수 $f(x)$는 $x=-2$에서 최소이므로 a의 값의 범위를 다음과 같이 나누어 구할 수 있다.

[STEP 2] a의 값의 범위를 나누어 함수 $f(x)$를 구한다.

(ⅰ) $-2<a<1$인 경우

㉠에서 $f(-2)>f(a)$가 되어 조건 (가)를 만족시키지 않는다.

(ⅱ) $a=-2$인 경우

$f(x)=\begin{cases}\dfrac{3}{x-1}+2 & (x\leq-2)\\ bx(x+2)+1 & (x>-2)\end{cases}$

이다.

㉠에서 $x\leq-2$인 모든 실수 x에 대하여

$f(x)\geq f(-2)$이다.

$f(-2)=f(0)=1$이고

$-2<x\leq0$에서 $f(x)=bx(x+2)+1$이므로

조건 (가), (나)를 만족시키려면 $b<0$이어야 한다.

한편, 조건 (나)에서 함수 $y=f(x)$의 그래프가 직선 $y=2$와 만나는 점의 개수와 함수 $y=f(x)$의 그래프가 직선 $y=-2$와 만나는 점의 개수의 합이 2이어야 한다.

㉡에서

$f(-2)=1\leq f(x)<2$

이므로 $x\leq-2$에서 함수 $y=f(x)$의 그래프는 직선 $y=2$ 또는 $y=-2$와 만나지 않는다.

$x>-2$에서 함수 $f(x)=bx(x+2)+1$ $(b<0)$의 그래프는 직선 $y=-2$와 한 점에서 만난다.

그러므로 조건 (나)를 만족시키려면 [그림 1]과 같이 함수 $f(x)=bx(x+2)+1$의 그래프는 직선 $y=2$에 접해야 한다.

정답 13

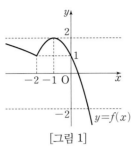

[그림 1]

함수 $f(x)=bx(x+2)+1$은 $x=-1$에서 최대이므로
$f(-1)=2$이다.

$f(-1)=b\times(-1)\times1+1=2$에서 $b=-1$

따라서 이때의 a, b의 순서쌍은 $(-2, -1)$이다.

(iii) $a<-2$인 경우

$f(a)=f(0)=1$이고 ㉠, ㉡에서

$x\leq a$일 때 $1\leq f(x)<2$이다.

$a<x\leq0$에서 $f(x)=bx(x-a)+1$이므로 조건 ㈎를 만족시키
려면 함수 $f(x)$는 $x=-2$에서 최소이어야 한다. 즉, $b>0$이고
$\dfrac{a}{2}=-2$이어야 한다.

$a=-4$이고, 함수 $f(x)$는

$$f(x)=\begin{cases} \dfrac{5}{x-1}+2 & (x\leq-4) \\ bx(x+4)+1 & (x>-4) \end{cases}$$

이다.

한편, ㉡에서

$f(-4)=1\leq f(x)<2$

이므로 $x\leq-4$에서 함수 $y=f(x)$의 그래프는 직선 $y=2$ 또는
$y=-2$와 만나지 않는다.

$x>-4$에서 함수 $f(x)=bx(x+4)+1$의 그래프는 직선 $y=2$와
한 점에서 만난다.

그러므로 조건 ㈏를 만족시키려면 [그림 2]와 같이 $x>-4$에서
함수 $f(x)=bx(x+4)+1$의 그래프는 직선 $y=-2$에 접해야 한
다.

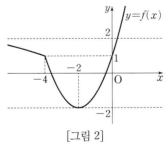

[그림 2]

함수 $f(x)=bx(x+4)+1$은 $x=-2$에서 최소이므로
$f(-2)=-2$이다.

$f(-2)=b\times(-2)\times2+1=-2$에서 $b=\dfrac{3}{4}$

따라서 이때의 a, b의 순서쌍은 $\left(-4, \dfrac{3}{4}\right)$이다.

(i), (ii), (iii)에서 조건을 만족시키는 두 실수 a, b의 모든 순서쌍
(a_1, b_1), (a_2, b_2)는

$(-2, -1)$, $\left(-4, \dfrac{3}{4}\right)$

따라서

$$\begin{aligned} -40\times(a_1+b_1+a_2+b_2)&=-40\times\left\{-2+(-1)+(-4)+\dfrac{3}{4}\right\} \\ &=250 \end{aligned}$$

📖 250

08

풀이 전략 무리함수의 그래프의 개형을 그려서 조건을 만족시키는 함수를 구한다.

[STEP 1] $b\leq0$인 경우와 $b>0$인 경우로 나누어 함수 $y=g(x)$의 그래프의 개형을 그린 후 조건을 만족시키는 경우를 찾는다.

(i) $b\leq0$일 때

$$g(x)=\begin{cases} \sqrt{-x+a} & (x\leq a) \\ -\sqrt{x-a} & (x>a) \end{cases}$$

이므로 함수 $y=g(x)$의 그래프는 다음 그림과 같다.

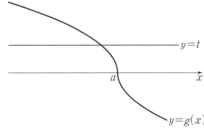

함수 $y=g(x)$의 그래프와 직선 $y=t$의 교점의 개수는 항상 1이
므로 $h(t)=1$

그러므로 조건 ㈎를 만족시키지 않는다.

(ii) $b>0$일 때

$0=\sqrt{-x+a}-b$에서 $x=a-b^2$이므로 함수 $y=f(x)$의 그래프
는 다음 그림과 같다.

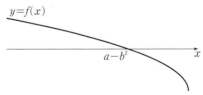

$x\leq a-b^2$이면 $f(x)\geq0$이므로
$g(x)=|f(x)|+b=f(x)+b=\sqrt{-x+a}$

$a-b^2<x\leq a$이면 $f(x)<0$이므로
$g(x)=|f(x)|+b=-f(x)+b=-\sqrt{-x+a}+2b$

$x>a$일 때

$$g(x) = -f(-x+2a) + |b| = -\sqrt{-(-x+2a)+a} + b + |b|$$
$$\qquad = -\sqrt{x-a} + 2b$$

그러므로 함수 $g(x)$는 다음과 같다.

$$g(x) = \begin{cases} \sqrt{-x+a} & (x \le a-b^2) \\ -\sqrt{-x+a} + 2b & (a-b^2 < x \le a) \\ -\sqrt{x-a} + 2b & (x > a) \end{cases}$$

[STEP 2] 함수 $y=g(x)$의 그래프의 개형을 그린 후, 조건 ㈎, ㈏를 이용하여 두 상수 a, b의 값을 구한다.

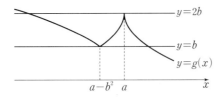

$h(t) \le 3$이고 $h(\alpha) \times h(\beta) = 4$에서 $h(\alpha) = h(\beta) = 2$이므로 조건 ㈎를 만족시키는 실수 α, β의 값은 $\alpha = b$, $\beta = 2b$이다.

조건 ㈏에서 x에 대한 방정식 $\{g(x)-\alpha\}\{g(x)-\beta\}=0$의 서로 다른 실근은 함수 $y=g(x)$의 그래프와 두 직선 $y=\alpha$, $y=\beta$의 교점의 x좌표이므로 방정식의 서로 다른 실근의 개수는 4이다.

그러므로 x에 대한 방정식 $\{g(x)-\alpha\}\{g(x)-\beta\}=0$의 서로 다른 실근 중 최솟값은 함수 $y=g(x)$의 그래프와 직선 $y=2b$의 교점의 x좌표 중 a가 아닌 값이고, 최댓값은 함수 $y=g(x)$의 그래프와 직선 $y=b$의 교점의 x좌표 중 $a-b^2$이 아닌 값이다.

즉, $-30 < a-b^2 < a < 15$이고 $g(-30)=2b$, $g(15)=b$

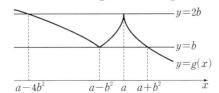

$g(-30)=2b$에서 $\sqrt{30+a}=2b$

$30+a=4b^2$, $a-4b^2=-30$ ······ ㉠

$g(15)=b$에서 $-\sqrt{15-a}+2b=b$

$-\sqrt{15-a}=-b$, $15-a=b^2$

$a+b^2=15$ ······ ㉡

㉠, ㉡을 연립하여 풀면 $a=6$, $b=3$

[STEP 3] 함수 $y=g(x)$를 구한 후 함숫값을 구한다.

따라서

$$g(x) = \begin{cases} \sqrt{-x+6} & (x \le -3) \\ -\sqrt{-x+6} + 6 & (-3 < x \le 6) \\ -\sqrt{x-6} + 6 & (x > 6) \end{cases}$$

이므로

$$\{g(150)\}^2 = (-\sqrt{150-6}+6)^2 = 36$$

⬛ 36